U0921015

TWENTIETH CENTURY PHYSICS

20 世纪物理学

(第 2 卷)

〔美〕Laurie M Brown　Abraham Pais
〔英〕Brian Pippard 爵士　编

刘寄星　主译

科 学 出 版 社
北 京

图字：01-2011-1443

内 容 简 介

20 世纪是物理学的世纪, 物理学在 20 世纪取得了突破性的进展, 改变了世界以及世界和人们对世界的认识. 本书是由英国物理学会、美国物理学会组织发起, 由各个领域的知名学者(有很多是相关领域的奠基者、诺贝尔奖获得者)执笔撰写, 系统总结 20 世纪物理学进展的宏篇巨著, 其内容涵盖了物理学各个分支学科和相关的应用领域. 全书共分 3 卷 27 章, 最后一章为 3 位物理学大家对 20 世纪物理学的综合思考和对新世纪物理学的展望.

本书可供物理学科研工作者、教师、物理学相关专业的研究生、高年级本科生, 以及对物理学感兴趣的人员使用.

Twentieth Century Physics, Volume II by Laurie M Brown, Abraham Pais, Sir Brian Pippard.

© IOP Pubilshing Ltd, AIP Press Inc., 1995.

Authorized translation from English language edition published by CRC Press, part of Taylor & Francis Group LLC; All Rights Reserved.

本书中文简体翻译版权由科学出版社独家出版并限在中国大陆地区销售, 未经出版者书面许可, 不得以任何方式复制或发行本书的任何部分.

Copies of this book sold without a Taylor & Francis sticker on the cover are unauthorized and illegal. 本书封面贴有 Taylor & Francis 公司防伪标签, 无标签者不得销售.

图书在版编目(CIP)数据

20 世纪物理学. 第 2 卷/(美)布朗(Brown, L.M.)等编; 刘寄星等译. —北京: 科学出版社, 2015

书名原文: Twentieth Century Physics

ISBN 978-7-03-044408-0

Ⅰ. ①2… Ⅱ. ①布… ②刘… Ⅲ. ①物理学史-世界-20 世纪 Ⅳ. ①O4-091

中国版本图书馆 CIP 数据核字 (2015) 第 110765 号

责任编辑: 钱 俊 鲁永芳 周 涵 / 责任校对: 彭 涛
责任印制: 吴兆东 / 封面设计: 耕者设计

科学出版社 出版
北京东黄城根北街 16 号
邮政编码: 100717
http://www.sciencep.com

北京虎彩文化传播有限公司印刷

科学出版社发行 各地新华书店经销

*

2015 年 6 月第 一 版 开本: 720 × 1000 1/16
2024 年 4 月第五次印刷 印张: 35
字数: 671 000

定价: 148.00 元

(如有印装质量问题, 我社负责调换)

编辑及撰稿人名单

编辑兼撰稿人

Brian Pippard 爵士
英国剑桥大学卡文迪什实验室前卡文迪什教授 (Cavendish Laboratory, University of Cambridge, Cambridge CB3 0HE, UK)

Abraham Pais
美国纽约洛克菲勒大学 (Rockefeller University 1230 York Avenue, New York 10021-6399, USA)
丹麦哥本哈根大学尼尔斯玻尔研究所 (Niels Bohr Institute, University of Copenhagen, Blegdamsvej 17, DK-2100 Copenhagen, Denmark)

Laurie M Brown
美国西北大学物理学与天文学荣誉退休教授 (Northwestern University, 2145 Sheridan Road, Evanston, Illinois 60208-3122, USA)

撰稿人

Helmut Rechenberg
德国慕尼黑马克斯–普朗克物理研究所, 维尔纳–海森堡研究所 (Max-Planck-Institut, Werner-Heisenberg-Institut, Föhringer Ring 6, 80805 München, Germany)

John Stachel
美国波士顿大学物理系 (Department of Physics, Boston University, 590 Commonwealth Avenue, Boston, Massachusetts 02215, USA)

William Cochran
英国爱丁堡大学物理与天文系 (Department of Physics and Astronomy, James Clerk Maxwell Building, University of Edinburgh, Mayfield Road, Edingburgh EH9 3JZ, UK)

Cyril Domb
以色列巴依兰大学高等技术研究所 (Jack and Pearl Resnick Institute of Advanced Technology, Bar-Ilan University, Ramat-Gan, Israel)

Max Dresden
美国斯坦福直线加速器中心 (Stanford Linear Accelerator Center, PO Box 4349, Stanford, California 94309, USA)

Val L Fitch
美国普林斯顿大学约瑟夫 · 亨利物理实验室 (Joseph Henry Laboratories of Physics, Princeton University, Princeton, New Jersey 08544, USA)

Jonathan L Rosner
美国芝加哥大学恩里科 · 费米研究所 (The Enrico Fermi Institute, University of Chicago, 5640 South Ellis Avenue, Chicago, Illinois 60637-1433, USA)

James Lighthill 爵士
英国伦敦大学学院数学系 (Department of Mathematics, University College London, Gower Street, London WC1E 6BT, UK)

Athony J Leggett
美国伊利诺伊大学物理系 (Department of Physics, University of Illinois at Urbana-Champaign, 1110 W Green Street, Urbana, Illinois 61801, USA)

Roger A Cowley
英国牛津大学克拉林顿实验室 (Clarendon Laboratory, University of Oxford, Parks Road, Oxford OX1 3PU, UK)

Ugo Fano
美国芝加哥大学詹姆斯·弗朗克研究所(James Franck Institute, University of Chicago, 5640 South Ellis Avenue, Chicago, Illinois 60637-1433, USA)

Kenneth W H Stevens
英国诺丁汉大学物理系 (Department of Physics, University of Nottingham, Nottingham NG7 2RD, UK)

David M Brink

英国牛津大学理论物理系 (Department of Theoretical Physics, University of Oxford, 1 Keble Road, Oxford OX1 3NP, UK)

Arlie Bailey

原任职于英国国家物理实验室电气科学部 (Division of Electrical Science, National Physics Laboratory, Teddington TW11 0LW, UK)(个人通信地址：Foxgloves, New Valley Road, Milford-on-see, Lymington, Hampshire SO41 0SA, UK)

Robert G W Brown

英国诺丁汉大学电气电子工程系 (Department of Electrical and Electronic Engineering, University of Nottingham, Nottingham NG7 2RD, UK)(个人通信地址：Sharp Laboratories of Europe Ltd,Edmund Halley Road, Oxford Science Park, Oxford OX4 4GA, UK)

E Roy Pike

英国伦敦国王学院物理系 (Department of Physics, King's College London, The Strand, London WC2R 2LS, and DRA, St Andrews Road, Malvern WR14 3PS, UK)

Robert W Cahn

英国剑桥大学材料科学与冶金系 (Department of Material Sciences and Metallurgy, University of Cambridge, Pembroke Street, Cambridge CB2 3QZ, UK)

Tom Mulvey

英国阿斯顿大学电子工程与应用物理系 (Department of Electronic Engineering and Applied Physics, Aston University, Birmingham B4 7ET, UK)

Pierre Gilles de Gennes

法国物理与应用化学高等学校 (Ecole Supérieure de Physique et de Chimie Industrielles,10 rue Vauquelin, 75231 Paris Cedex 05, France)

Richard F Post

美国罗伦斯 · 利弗莫尔国家实验室 (PO Box 808, Lawrence Livermore National Laboratory, Livermore, California 94550, USA)

Malcolm S Longair
英国剑桥大学卡文迪什实验室 (Cavendish Laboratory, University of Cambridge, Cambridge CB3 0HE, UK)

Mitchell J Feigenbaum
美国洛克菲勒大学物理系 (Department of Physics, Rockefeller University, 1230 York Avenue, New York 10021-6399 , USA)

John R Millard
英国阿伯丁大学生物医学物理与生物工程系前医学物理教授 (Department of Bio-Medical Physics and Bio-Engineering, University of Aberdeen, Aberdeen AB9 2ZD, UK)(个人通信地址：121 Anderson Drive, Aberdeen AB2 6BG, UK)

Stephen G Brush
美国马里兰大学物理科学与技术研究所 (Institute for Physical Science and technology, University of Maryland, College Park, Maryland 20742-2431, USA)

C Stewart Gillmor
美国威斯利大学历史系 (Department of History, Wesleyan University, Middletown, Connecticut 06459-0002, USA)

Philip Anderson
美国普林斯顿大学约瑟夫 · 亨利物理实验室 (Joseph Henry Laboratories of Physics, Princeton University, Princeton, New Jersey 08544, USA)

Steven Weinberg
美国得克萨斯大学物理系 (Department of Physics, University of Texas at Austin, Austin, Texas 78712-1081, USA)

John Ziman
英国布里斯托大学物理学荣誉退休教授 (University of Bristol, Bristol BS8 1TL, UK)(个人通信地址：27 Little London Green, Oakley, Aylesbury HP18 9QL, UK)

译校者名单

第 1 卷

第 1 章: 刘寄星译, 秦克诚校
第 2 章: 秦克诚译, 刘寄星校
第 3 章: 丁亦兵译, 朱重远、秦克诚校
第 4 章: 邹振隆译, 张承民、秦克诚校
第 5 章: 姜焕清译, 宁平治、秦克诚校
第 6 章: 麦振洪译, 吴自勤、刘寄星校
第 7 章: 郑伟谋译, 刘寄星校
第 8 章: 郑伟谋译, 刘寄星校

第 2 卷

第 9 章: 丁亦兵译, 朱重远校
第 10 章: 朱自强译, 李宗瑞、刘寄星校
第 11 章: 陶宏杰译, 阎守胜、秦克诚校
第 12 章: 常凯译, 夏建白校
第 13 章: 龙桂鲁、杜春光译校
第 14 章: 赖武彦译, 郑庆祺校
第 15 章: 姜焕清译, 宁平治、秦克诚校
第 16 章: 沈乃澂译, 刘寄星校

第 3 卷

第 17 章: 阎守胜译, 郭卫校
第 18 章: 宋菲君、张玉佩、李曼译, 聂玉昕校
第 19 章: 白海洋、汪卫华译校
第 20 章: 孙志斌、陈佳圭译校
第 21 章: 刘寄星译, 涂展春校
第 22 章: 王龙译, 刘寄星校
第 23 章: 邹振隆译, 蒋世仰校
第 24 章: 曹则贤译, 刘寄星校

第 25 章: 喀蔚波译, 秦克诚校
第 26 章: 张健译, 马麦宁校
第 27 章: 曹则贤译, 刘寄星校

刘寄星　中国科学院理论物理研究所
秦克诚　北京大学物理学院
丁亦兵　中国科学院大学
朱重远　中国科学院理论物理研究所
邹振隆　中国科学院国家天文台
张承民　中国科学院国家天文台
蒋世仰　中国科学院国家天文台
姜焕清　中国科学院高能物理研究所
宁平治　南开大学物理系
麦振洪　中国科学院物理研究所
吴自勤　中国科学技术大学物理系
郑伟谋　中国科学院理论物理研究所
朱自强　北京航空航天大学流体力学研究所
李宗瑞　北京航空航天大学自动化科学与电气工程学院
陶宏杰　中国科学院物理研究所
常　凯　中国科学院半导体研究所
夏建白　中国科学院半导体研究所
龙桂鲁　清华大学物理系
杜春光　清华大学物理系
赖武彦　中国科学院物理研究所
郑庆祺　中国科学院固体物理研究所
沈乃澂　中国计量科学研究院
阎守胜　北京大学物理学院
郭　卫　北京大学物理学院
宋菲君　大恒新纪元科技股份有限公司
张玉佩　浙江省计量科学研究院
李　曼　大恒新纪元科技股份有限公司
聂玉昕　中国科学院物理研究所
白海洋　中国科学院物理研究所
汪卫华　中国科学院物理研究所
陈佳圭　中国科学院物理研究所

涂展春　北京师范大学物理系
王　龙　中国科学院物理研究所
曹则贤　中国科学院物理研究所
孙志斌　中国科学院空间中心
喀蔚波　北京大学医学部物理教研室
张　健　中国科学院大学
马麦宁　中国科学院大学

原 书 序 言

我们有足够的理由赞美物理学在 20 世纪所得的成就. 1900 年到来之际, 由 Newton、Maxwell、Helmholtz、Lorentz 以及许多其他人的思想奠基的辉煌的经典物理学大厦似乎已近乎完美; 然而经典物理学的这一高度发展状态显现出了某些结构上的瑕疵, 结果证明这些瑕疵远非看起来那样肤浅. 在世纪转折前后几年的实验和理论发现直接导致了改变物理学家基本观念的革命: 原子结构、量子理论和相对论. 但是必须强调, 此前的经典成就并未被抛弃, 它们最终被视为更为一般的概念的特殊情况, 因此现代物理学家仍然必须对经典动力学和电磁学保有正确的理解. 除去最为先进的高技术之外, 把相对论和量子力学掺和到大多数技术应用中毫无必要; 除去极少数例外情况, 经典物理对日常发生的事件和使用的装置都能做出有效的描述.

尽管如此, 朝本质上属于 20 世纪创造的近代物理学的转换极大地扩展了物理科学的范畴. 在近代物理学的框架内, 不仅原子及原子核的结构乃至原子核的组成部分的结构, 而且处于大小尺度的另一端的整个宇宙, 均已变得可以观察、讨论并使研究者能做出有根据的想象. 量子力学阐明了原子的结构并且在它被建立之后的一两年内即表明, 至少在原则上它可以解释化学键的来源.

20 世纪 50 年代, 用晶体学方法对几个最简单的蛋白质和 DNA 双螺旋结构的阐明改变了对生物学机理的研究. 这当然完全不是说化学和生物学是物理学的分支学科, 化学家和生物学家在处理他们那些极为复杂的材料方面有自己独特的方法. 物理学家单独处理这些问题时, 完全没法与化学家和生物学家相匹敌. 但物理学家只要确信其他学科只是运用物理学思想阐明自己的发现, 而不是注入迄今未知的自然规律从而毁掉自己领域的研究, 他们仍然可以在这个方向上继续自己的探索.

从一开始我们就意识到, 我们编辑的这几卷书只是撰写这部历史的第一步. 在当前阶段这部历史的撰写不能仅仅留给专业的科学史专家, 我们期望的是本书可以激励他们在以后承担这个任务. 书写这部历史的第一步, 是由物理学家们指出哪些是他们自认为的本领域中最重要的发展, 并且尽可能地剥离掉那些不仅在外行人看来而且即使从事物理学研究的同行们看来也非常困难的复杂问题, 使得大家都明白物理学是如何发展的. 我们希望给学习物理学的学生们 (也包括教师们和其他领域的专业人士) 讲述一个展现这部历史中某些事件的故事, 这个故事将使他们受到鼓舞而不是使他们感到无所适从. 即使我们最后离达到这个目标仍有一些距离, 我们至少给严肃的科学史专家们提供了一个研究这段近代史的起始点. 事实上, 对近代物理学某些领域的历史已有相当深入研究, 但这三卷书将清楚地表明, 对近代物理学历史的研究还仅仅是开始. 我们这样说, 绝无低估已有成就之意.

20 世纪初还有一些顶尖的物理学家能保持与各个活跃的物理学研究方向接触, 现在已没有人能做到这一点了. 这不仅仅是因为现在已完成的研究工作比过去多得多, 而且因为在不同领域工作的研究者们, 除了他们学生时期所学的东西之外, 已很少有共同的东西了. 基本粒子物理理论和技术近来已很少有能向固体物理转换的内容, 而由超导研究的进展曾激发起来对基本粒子物理的重大贡献, 也已经过去好几十年. 除去要求各位专家们撰写他们所从事领域的内容并希望他们能指出与其他领域的联系之外, 我们别无选择. 书中以页边旁注方式给出的交叉引用汇集了一些领域间的联系, 它们有助于表明某些领域发展的具体思想所涉及的其他领域.

无论如何, 这套书仍不可避免地会存在遗漏, 我们谨向那些发现他们喜好的观点或他们自己的重要贡献被忽略了的读者致歉. 尤其遗憾的是, 我们找不到一个作者来讲述电子线路系统如何由无线电通信开始, 通过雷达和电子计算机, 直到其技术威力支配了实验设计、数学分析及计算的发展史. 今天去参观任何一个物理实验室都会使人惊叹, 如果没有发明晶体管, 还有哪些研究可能进行或值得开展? 这仅是技术发展与物理学研究密不可分的一个事例, 但也许是最惊人的事例, 这段历史完全值得与物理思想发展的历史并行研究.

我们也意识到, 我们对物理学的社会作用没有给予足够的注意. 例如, 物理学发展在战争中的应用以及由军事项目积累起来的对物理学发展的利益 (抑或可能的危害) 等许多问题需要认真研究. 我们还忽略了科学资助政策 (特别是 “大科学” 的资助政策)、研究者之间、实验室之间和国与国之间的科学成果的交流以及其他一些主题. 对于科学哲学与物理学的关系我们仅给予了极少注意, 其实二者关系极大. 我们并非认为这些问题不重要, 与此相反, 阐述这些论题需要远比这几卷书大得多的篇幅, 我们希望这些论题以更为完整的方式得以处理. 也许我们的工作可以为这种努力提供有用的背景.

我们在这几卷书里所采取的低调描述, 可能会引起一些普通读者以及活跃的物理学家们的惊奇: 因为前者已经习惯了新闻记者式的夸张, 后者则对诸多研究论文和快讯中常见的对自己结果首创性吹嘘的现象感到无奈. 如果任何人有资格使用那种高调语气, 一定是那些为自己所撰写的工作付出一生并亲自做出杰出贡献的人. 他们是真正懂得何谓杰出的. 正如那些与 Einstein 或 Heisenberg 或 Feynman(以及其他物理学的英杰) 交谈过的人绝不会不分青红皂白地滥施夸奖一样, 我们的科学英杰们都不会做出夸大的宣称. 当他们最终突然认识到真理时也许会感到激动不已, 一些人在向他人解释自己的发现时甚至会略显炫耀, 但他们都知道所有这些早已在那里等待着被发现. 他们通常并不是从无到有的革命性的创造者, 而是像他们的先辈一样, 先在一件纺织品上发现瑕疵, 然后找到如何去修补这些瑕疵的方法,并为这件纺织品重新展现的美丽所陶醉.

谈到整套书的安排组织, 指出以下几点或许是有益的. 第 1 卷主要涵盖了 20 世纪前半期的材料, 该卷的各章大部分由物理学兼物理学史专家撰写, 也就是说, 这些作者以前曾撰写过有关物理学及其历史的著作. 第 2 卷和第 3 卷则含有更强的专业味道, 主要处理 20 世纪后半期的较重要主题. 20 世纪的一些伟大物理学家的照片和传略散见于全书的各章中. 这些物理学家并不是按代表排名前 50 之类的标准去刻意选择的, 而是要求每位作者在自己所撰写的领域内挑选几个做出最突出成就的学者的结果. 通过这种方法, 我们向读者奉献了一个具有多样性的现代物理缔造者们的样本. 近代物理学的历史告诉我们, 这些学者以及难以计数的其他一些人, 尽管并非个个聪明绝顶, 但却都具有天才并献身于他们所从事的、他们认为无比重要的事业. 这是一个值得大书特书的故事, 如果这一套书的讲解能鼓励他人更好地来讲这个故事, 我们的目的就算达到了.

Laurie M Brown

Abraham Pais

Brian Pippard 爵士

全书所含传略目录

Anderson C D	美国人	1905~1991	第 5 章
Bardeen J	美国人	1908~1991	第 11 章
Blackett P M S	英国人	1897~1974	第 5 章
Bloembergen N	荷兰人	1920 年出生	第 18 章
Bogoliubov N N	俄国人	1909[①]~1992	第 8 章
Bohr N	丹麦人	1885~1962	第 2 章
Boltzmann L E	奥地利人	1844~1906	第 1 章
Born M	德国人	1892~1970	第 12 章
Bragg W L 爵士	英国人	1890~1971	第 6 章
Brockhouse B N	加拿大人	1918 年出生	第 12 章
Chapman S	英国人	1888~1970	第 26 章
Cottrell A H	英国人	1919~2012	第 19 章
Debye P	荷兰人	1884~1966	第 12 章
Eddington A S	英国人	1882~1944	第 23 章
Einstein A	德国/瑞士/美国人	1879~1955	第 4 章
Fermi E	意大利人	1901~1954	第 15 章
Feynman R P	美国人	1918~1988	第 9 章
Flory P	美国人	1910~1985	第 21 章
Frank C 爵士	英国人	1911~1999	第 21 章
Gabor D	匈牙利人	1900~1979	第 20 章
Gibbs J W	美国人	1839~1903	第 7 章
Glazebrook R T	英国人	1854~1935	第 16 章
Gray L H	英国人	1905~1965	第 25 章
Heisenberg W K	德国人	1901~1976	第 5 章
Herzberg G	德国人	1904~1999	第 13 章
Heycock C T	英国人	1858~1931	第 19 章
Hubble E T	美国人	1889~1953	第 23 章
Kamerlingh Onnes H	荷兰人	1853~1926	第 11 章
久保亮五 (Kubo R)	日本人	1920~1995	第 8 章
Landau L D	俄国人	1908~1968	第 22 章
Lawrence E O	美国人	1901~1958	第 15 章
Lorentz H A	荷兰人	1853~1928	第 1 章
Maiman T H	美国人	1927~2007	第 18 章
Massey H 爵士	澳大利亚人	1908~1983	第 13 章
Mayneord W V	英国人	1902~1988	第 25 章
Meggers W F	美国人	1888~1966	第 13 章

① 原文传主出生年有误.—— 译者注

目　　录

第 2 卷

第 1 卷

第 3 卷

第 9 章　20 世纪后半叶的基本粒子物理学

Val L Fitch
Jonathan L Rosner

9.1　引　　言

过去 50 年的基本粒子物理学见证了数据量的大爆炸和紧随其后在分类和坚实的理论基础上带来的简化. 试图从更统一的观点描写基本相互作用的努力, 在一个以自作用量子场为基础的弱相互作用和电磁相互作用组合理论以及一个有相似基础的强相互作用理论中, 已经取得了丰硕成果.

理解元素周期表的过程和粒子物理的故事有着某些相似性. 先是数据的最初系统化, 紧接着是坚实的理论努力, 这种努力终于使得量子力学得以创建. 种类繁多的原子及其同位素都可以借助于基本的质子、中子、电子通过 (有清楚了解的) 电磁力及 (尚未充分了解的) 强力的相互作用的来理解.

在 20 世纪 60 年代, 对强相互作用粒子的一个基于 SU(3) 群的分类方案, 使人们能够开始理解迅速增长的强子谱. 到最后, 对 SU(3) 以及相关对称性成功的追根溯源而发现了几个基本组分 —— 夸克的存在. 现在, 我们面临着夸克和轻子 (电子、μ 子、τ 子以及各自的中微子) 的激增, 对此仍缺少更深刻的解释. 这些粒子列于表 9.1 中.

表 9.1　到 1994 年为止的夸克和轻子

轻子			夸克		
符号	名称	电荷	符号	名称	电荷
ν_e	电子中微子	0	u	上	2/3
e^-	电子	−1	d	下	−1/3
ν_μ	μ 子中微子	0	c	粲	2/3
μ^-	μ 子	−1	s	奇异	−1/3
ν_τ	τ 子中微子①	0	t	顶	2/3
τ^-	τ 子	−1	b	底	−1/3

① 尚未直接观测到

随着越来越多的物质基本组元被发现, 描述基本作用力的方法也取得了进展. 力的统一有着悠久的历史传统, 它始于 Newton 对地球引力和天体引力的综合以及

Maxwell 对电和磁的综合. 在 20 世纪中, 它包括了对弱相互作用及其破坏镜像对称的详尽理解, 以 Glashow,Weinberg 和 Salam 的弱相互作用与电磁相互作用的统一理论及其所预言的弱力传递者 W 粒子和 Z 粒子的发现, 达到了高峰. 仍需在最深层次上理解的是 1964 年发现的电荷反转与镜反射联合对称性的破坏.

弱电理论的成功特别令人鼓舞, 因为它置身于量子场论, 而先前人们认为, 只有在描写电磁过程时量子场论才是有用的. 同样依赖于量子场论的一个并行的进展, 是强相互作用理论的创立, 它现在被称为**量子色动力学**(QCD). 这个理论描写夸克为什么与轻子不同 (夸克带有一种新的荷, 称为**颜色**, 而轻子是无色的), 并定量地预言了夸克之间通过交换称为**胶子**的量子而发生的相互作用. 通过这种相互作用强度对距离的依赖, 阐明了为什么谈论夸克完全是有意义的, 尽管它们似乎永远相互束缚在一起.

表 9.2 列出了强力和弱电力的传递者. 粒子物理的这幅图像, 由通过交换光子、胶子、W Bose 子和 Z Bose 子而相互作用的夸克和轻子组成, 被称为 “标准模型”.

表 9.2 强力和电弱力的传递者

符号	名称	传递的力	质量 (GeV/c^2)
γ	光子	电磁	0
g	胶子	强	0
$\mathrm{W}^{\pm}$	W Bose 子	弱 (带电)	80.3 ± 0.2
Z^0	Z Bose 子	弱 (中性)	90.189 ± 0.004

一个专题讨论会专门研讨过标准模型的涌现[1], 而且有一部内容广泛的书[2] 论述了我们所关心的整个那段时期. 在 20 世纪 30 年代至 50 年代[3] 和 1947~1964 年期间[4], 粒子物理那些特色鲜明的篇章, 也是许多卓越的历史评述的主题. 在本章中, 我们所涉及的是这一硕果累累的领域在过去的 50 年中所取得进步的一些最值得回忆的部分. 我们的希望是, 回味一下它已经走了多远和我们可能预期它将来会把我们带到何处.

我们不希望给人这样一种印象, 即基本粒子物理学中的进步是比其他领域的进步更为有条不紊的过程. 由于篇幅的缘故, 我们的论述略去了许多无结果的努力和错误的实验. 我们选择了讲述一些具有持久价值的发现和观点. 同时, 我们不可能断言我们的处理包罗万象. 对于包括进来的题目做一些挑选是必要的, 对此, 我们负有全部责任.

在 9.2 节, 我们以 20 世纪早期的粒子物理的几个关键要点作为开端, 为我们后来的讨论搭建平台. 关于这个时期, 文献 [5] 中有更广泛的介绍, 其引文可供参阅. 随后, 在 9.3 节我们阐述在量子电动力学 (QED) 方面取得的进展, 直到弱电统一和 QCD 的建立为止, 量子电动力学是我们唯一的一个与量子场论密切相关的成功的例子. 除了处理 QED 之外, 在进一步的阐述之前, 我们把自己的讨论暂停在 20 世纪 60 年代中期, 转而来介绍物质 (9.4 节) 和力 (9.5 节) 的特性.

用夸克 (9.6 节) 的想法来描写强相互作用粒子, 或**强子**, 标志着 20 世纪后半叶粒子物理的转折点. 认真地接受夸克, 便为弱电统一 (9.7 节) 从原始的轻子范围扩展到整个基本粒子铺平了道路. 再者, QCD(9.8 节) 发展的途径现在已经确立. 新形式的物质, 以夸克和轻子第三代 (9.9 节) 的形式, 可以没有什么太大的困难而容纳于新的框架之中.

过去 50 年粒子物理的几乎所有结果, 都决定性地依赖于加速器 (9.10 节) 和探测器 (9.11 节) 的持续不断的进步. 基本粒子物理学极大地得益于它同其他领域的交叉 (9.12 节). 我们在 9.13 节提到一些疑难和希望, 并在 9.14 节给出我们的结论.

9.2 序幕 (1940 年前)

第一个被确定为 "基本粒子" 的是电子, 它的荷质比首先由 J J Thomson 在 1897 年测定. 电荷本身的分立性由 Millikan 在晚些时候证明.

Rutherford 在 20 世纪早期所做的实验表明, α 粒子会以比人们所预期的大得多的角度从物质散射. 当时, 一种流行的原子模型设想物质均匀地分布于原子之中, 而 Rutherfold 散射实验则指出, 绝大部分物质高度密集在比原子线性尺寸的万分之一 (10^{-4}) 还要小得多的范围内. Niels Bohr, 1911~1912 年期间曼彻斯特 Rutherford 实验室的一位年轻的访问学者, 受 Rutherford 实验的启发, 试图构建一个基于一些带负电荷的电子绕一个带正电的原子核旋转的原子模型. 为了防止电子的轨道因发出辐射而导致半径不断减小, 他不得不引入新的物理, 它成为量子力学的先兆. 开始, 他的动机并非来自氢原子发射光谱的实验数据, 但当他得知 Balmer 线状光谱以后, 整个问题对他来讲变得豁然开朗, 一月之内便给出了他的解决方案.

Bohr 的原子用到了与先前已知的一些观念的类比, 例如轨道. 对于以前理论的突破发生于 20 世纪 20 年代中期, 当时由 Heisenberg 、Schrödinger、Born 以及其他的一些人使量子力学飞速地发展起来. 量子力学的一个关键之点是由 Planck 常数 h 所设立的标度, 它具有 (能量) $\times$ (时间) 或 (动量) $\times$ (长度) 的量纲; 而另一点是由 de Broglie 确立的粒子和波之间的关系: (波长) $= h/$(动量), 它由 Davisson 和 Germer 利用电子从实验上证实. 类似地, 尽管从 Maxwell 时代开始人们就已经习惯于以波的观点看待电磁辐射, 1905 年 Einstein 对光电效应的解释表明, 光也可被认为由具有 (能量) $= h$ (频率) 的**量子**亦即不连续单元组成. 这个观点由 Compton**效应**的发现所证实, 这是一种电磁量子 (**光子**) 在电子上的散射伴随波长改变的效应.

20 世纪 20 年代中期发展起来的量子力学的形式, 仅适用于速度比光速小的粒子. 为寻找一个不受这个限制的粒子的运动方程, Dirac 引进了新的自由度. 他的方程适用于一个总共具有四个分量的量. 它的一个二重性 (twofold multiplicity) 可以用来描写像电子那样具有两个可能自旋方向的粒子, 而另一个二重性是狄拉克方程在狭义相对论变换下不变性的必然结果. Dirac 把这个附加的二重性解释为暗指**反粒子**的存在, 它具有与粒子相反的电荷和相同的质量. 所以, 应该存在一个电子的带正电的变种. 这个粒子, 即**正电子**, 由 Anderson 于 1932 年在宇宙射线中发现了.

对各种原子核的电荷及质量之间的比较, 以及它们自旋的详细研究, 清楚地表明不能只用质子构建原子核, 用质子和电子也不行. 还需要一种新的组元, 其质量与质子相似但是是电中性的. 这个粒子, 即**中子**, 由 Chadwick 在 1932 年发现. 它的存在使原子核的图像变得一目了然. 电荷数 (Z) 即质子数, 而质量数 (A) 等于质子和中子的总数. 原子核的质量比各个质子和中子 (**核子**) 质量的总和略小, 这是由于结合能的效应.

来自外空间的辐射在 20 世纪早期就已经由 V Hess 和其他一些人所发现. 到 20 世纪 30 年代中期, 宇宙射线成为了一些实验感兴趣的课题, 人们认识到, 它提供了有用的高度加速的粒子源, 就像放射性衰变的那些产物一样. 然而, 不久许多用于人工加速粒子而发明的装置加入到这些粒子源中来, 这些被加速的粒子借助于电场和/或磁场聚焦. 这些装置包括高压倍加器 (Cockcroft-Walton 起电机)、van de Graaff 起电机以及回旋加速器. 回旋加速器由 Ernest O Lawrence 首创, 并广泛用于粒子物理研究, 直到 20 世纪 50 年代中期为止. 当时, 有各种形式的同步加速器投入了使用.

诸如电子的场能 (自作用能) 等量为无限大量的预言, 意味着直到 20 世纪 30 年代一个自洽的辐射与物质相互作用的量子力学描述尚未建立起来. 尽管在这一时期, 可以采用对相互作用强度最低阶适用的近似去计算许多过程, 但仍然缺乏对所有阶都适用的一种自洽的描写.

β 衰变所释放的电子或正电子能谱的连续特性, 以及初态与末态粒子之间的平衡, 暗示着一种看不见的粒子带走了衰变中的部分动量和角动量. 这个被称为**中微子的**粒子, 总是与 β 衰变中的电子相伴随而产生. 基本过程为 $\mathrm{n} \rightarrow \mathrm{pe}^{-}\bar{\nu}_{\mathrm{e}}$, 其中 n 为中子, p 为质子, e^{-} 为电子, $\bar{\nu}_{\mathrm{e}}$ 为反中微子. 在一个具有大量多余质子的重核中, 过程 $\mathrm{p} \rightarrow \mathrm{ne}^{+}\nu_{\mathrm{e}}$ 也可能发生, 尽管对于自由质子和中子, 这个过程被能量守恒所禁戒. 这两个过程都能用 Fermi 所建议的一种相互作用来描写, 它近似正确但并非完全正确. 它没有对 20 世纪 50 年代发现的 β 衰变相互作用中镜像对称的破坏 (**宇称破坏**) 做出任何预先的准备. Fermi 理论对于电子–中微子对产生的描述是**量子场论**的最早应用之一, 量子场论提供了粒子的产生和湮灭.

核力具有极短的力程导致汤川 (Yukawa) 假设存在一种新的粒子, 即**介子**, 它的交换产生短程相互作用. 1937 年, 在宇宙线中观测到了一种新类型的粒子. 它带电, 并且质量与汤川的预言很接近, 一开始人们把这个粒子 (μ 子) 看成是汤川的介子. 然而, 如果 μ 子真的是强核力的传递者, 它应该与物质发生很强的相互作用. 这种现象一直没有见到, 导致人们逐渐认识到 μ 子**不**是汤川的介子. 正如我们将在 9.4 节看到的, 汤川预言的粒子那时还有待发现.

到 1940 年为止, 基本粒子物理的图像相当简单和自洽. 原子是由一些质子和中子构成的原子核通过电磁力与电子束缚在一起组成的. 中微子是 β 衰变发射出的假想粒子. "自然界的四种力" 已经各就各位: 强力 (使原子核结合在一起)、电磁力、弱力 (与 β 衰变有关) 和引力. 元素周期表中直到铀为止的元素, 差不多都被观测到了, 而且比铀重的元素也开始被发现. 几乎没有什么迹象暗示粒子的丰富多样或者对作用力理解的不断进步会成为下一个 50 年的特征.

9.3 量子电动力学

描写基本粒子物理的理论早期取得的成功, 是在纯电磁相互作用领域. 这个领域, 即**量子电动力学**或 QED, 通过实验与理论的相互促进而得到发展. 多年来, 与弱相互作用和强相互作用更加唯象的描写截然不同, QED 的成功被视为一个例外. 作为事后诸葛亮, 我们现在看到弱相互作用和强相互作用理论遵循了一条与 QED 所开创的路线密切相关的途径. 确实, 弱相互作用现在已经与 QED 统一成了一个**弱电**理论, 而强相互作用由一个将来很可能与弱电相互作用统一的理论描写. 然而, 为了尊重历史, 恰当的做法是按其原貌回溯 QED 的发展. 甚至在今天, 计算方面仍需持续不断地取得进展, 但一些有趣的疑难仍然困扰着百折不挠的实验家和理论家.

我们将首先讨论不受弱相互作用或强相互作用物理不确定性影响的纯电磁过程, 主要举一些光子与电子或 μ 子相互作用的例子. 我们要描述的计算将按**精细结构常数** $\alpha = e^2/\hbar c \approx 1/137$ 升幂的级数组织.

9.3.1 理论中的无穷大量

尽管光子与电子的相互作用在 α 的最低阶上能成功地描写诸如光子–电子散射或在强外场中一个光子产生正–负电子对, 但很早人们就认识到含 α 高阶幂的项会导致困难[6], 这一点在一系列给出无穷大答案的计算中清楚地显示出来.

人们可以发现, 经典电磁理论正是在计算点电子周围的场能时受到无穷大量困扰的. 能量按 $1/r_0$ 发散, 其中 r_0 是对能量密度求积分时所取的到电子的最短距离. 适当的相对论量子力学处理能解决这个问题吗?

以与狭义相对论相容的方式描写电子还必然包括正电子的存在[7]. 在 W Furry 的帮助下, Weisskopf 证明[8], 在电子自能计算中包括正电子的贡献会把发散程度降低至 $\ln(1/r_0)$, 其中 r_0 仍表示最短截断距离. 所以正电子只是提供了部分的、而不是足够的帮助.

量子电动力学另一个无穷大量是以一个光子产生的虚的正–负电子对的结果出现的. 像电子自能一样, 这种**真空极化发散**依赖于一个截断参量的对数. 尽管真空极化有无穷大的特性, 比如在氢原子中, 还是有可能通过比较长距离与短距离时的相互作用, 计算它对库仑相互作用的影响的. 其结果[9] 是预言氢原子的 $2P_{1/2}$ 能级应该高出 $2S_{1/2}$ 能级 27MHz, 而 Dirac 理论预言它们是简并的.

9.3.2　早期的实验发展

1. Lamb 位移

氢原子光谱 Balmer 线系的精细结构首先由 Michelson 和 Morley 于 1887 年在光谱线 $H_\alpha(n=3\to 2)$ 中观测到. 到 20 世纪 20 年代后期 Dirac 方程建立之后, 有了 15 个以上的光谱测量数据可以用来与理论比较. 这时, 马上遇到了一个困难. 观测到的光谱线强度之比不是所预期的值; 更为重要的是, 谱线的劈裂与所预言的值不同. 早在 1933 年,《物理评论》就已经发表了一篇处理这个偏离的快报[10]. 其标题为 "**关于 Coulomb 定律在氢原子上的失败**". 随后的十年里, Houston 和 Williams[11] 关于谱线 D_α 的测量, 使得第三条光谱线 (氘原子显示较小的 Doppler 展宽) 上观测的偏差更为尖锐. 这项工作激励 Pasternack[12] 注意到, 倘若把 $2S$ 能级上移 0.03cm^{-1} (用后来使用的单位是 900MHz), 则观测的结果或许就可以解释. 真空极化单独给出的修正[9] 太小, 而且是在错误的方向上, 解释不了这一偏差. 这种情况一直延续到第二次世界大战以后.

在战时的美国, 许多物理学家或是在致力于雷达研发的多个辐射实验室之一工作, 或是参与同核武器有关的**曼哈顿工程**. 哥伦比亚大学的 Willis Lamb 最初由于通不过必须的忠诚审查而被拒绝在哥伦比亚辐射实验室 (CRL) 工作, 因他的夫人不是美国公民. 他只好给美国海军学生讲授物理学, 包括原子物理学, 从而熟悉了上面讨论的关于 H_α 和 D_α 光谱的问题. 他最后获准到 CRL 参加高频磁控管方面的工作, 并以这一身份亲手制作了最早的连续波长磁控管之中的一个, 虽然他在名义上是一名理论物理学家. 它制作的磁控管运行波长为 2.7cm, 绝非巧合, 这恰好是氢原子精细结构劈裂的频率. 战争一结束, 他与一名叫 R C Retherford 的研究生 (此人在战争期间掌握了高真空和微电流测量的专门技巧) 一起, 立即着手准备一个实验, 用来明确回答氢原子精细结构所提出的问题. 他利用了许多在战争年代发展的新技术和仪器. 这是一个辉煌的成就, 实验取得的成功超越了 Lamb 所有的梦想.

氢原子 $2P$ 和 $2S$ 能级之间的精细结构分裂, 处于 Lamb 的 3 厘米的磁控管范围之内. 名义上, $2S$ 能级是个亚稳态, 它的寿命长得足够使原子穿越仪器所需的长度后, 这个能级依然存在. 然而, 任何小的杂散电场都将使 $2S$ 和 $2P$ 能级混合并缩短 $2S$ 能级的寿命, 也许缩短到这样的程度, 使得没有任何开始处于 $2S$ 能级的原子能够存活到顺利穿过仪器. 针对这些以及其他一些问题, 仪器由五个不同单元组成. 第一, 源是一个封装有热钨表面的炉子, 这种表面把氢分子离解为氢原子. 氢原子从炉中射出后, 通过准直而形成氢原子束. 第二, 将一个电子束安放得能与氢原子束交叉, 至少激发一些氢原子到 $2S$ 态. 这个过程效率极低; 只有大约一亿分之一的原子能被这样激发, 但这就足够了. 第三, 原子束通过一个射频场, 诱发从 $2S$ 到各个 $2P$ 能级的跃迁. 处于 P 态的原子衰变到基态的速率极快, 它们在消失到亚稳原子束中之前只能传播小于千分之一厘米 (10^{-3}cm) 的距离. 第四, 一个均匀磁场包围整个仪器, 以消除通过 Zeeman 效应而产生的 $2S$ 与 $2P$ 能级的 (可能的) 接近简并, 从而使杂散电场缩短原子束寿命的危险降到最低. 最后, 原子束最终进入一个特殊设计的探测器, 它只能选择性地感知 $2S$ 态的氢原子, 而对所有其他原子全不敏感. 继续 Massey 和 Oliphant 的工作, Lamb 和 Cobas 先前已经计算出, 撞击钨板的亚稳态氢原子会退激发, 同时钨板会放出电子从而形成电流. 利用这个事实, 探测器由一个钨的平板组成, 连接于当时可得到的最灵敏的电流计, 一个 FP54 静电计.

实验测量包括设定射频的频率和改变磁场, 直到探测电流发生一个急剧的下降. 这相应于从 $2S$ 到 $2P$ 态之一的射频 (RF) 诱导跃迁. 通过外推到零磁场, Lamb 和 Retherford 发现, 跃迁出现于比理论预言值小 1000MHz 的频率上, 恰与若把 $2S_{1/2}$ 能级上移这么大频率所预期的结果一致. 他们还报告说, 直接看到了在这个频率下 $2S_{1/2}$ 能级和 $2P_{1/2}$ 能级间的跃迁. 而在 Dirac 理论中, 这两个能级具有严格相同的能量. 从这个最早的实验于 1947 年 4 月 16 日得到的结果[13] 示于图 9.1 中. 在这个漂亮的测量中, Pasternack 的推测被证明是正确的, 但其影响远远超出这一推测的领域, 因此立即得到了应有的最认真的关注.

第二次世界大战之前, 有相当多的理论努力投向了电子自能问题的研究. 然而, 因为战争, 这方面的兴趣处于休眠状态. 现在, 受 Lamb 和 Retherford 结果的激励, 潜在的兴趣发展为理论物理学家的主要进攻方向, 而且在几年的时间里这一问题就被解决了, 几乎每个人都很满意. (然而, 直到垂暮之年, Dirac 始终坚持任何包括减除无穷大量的理论都是丑陋的、不能令人满意的、且肯定是不完备的.)

在 1947 年 6 月 2 日至 4 日于纽约长岛的匹考尼克 (Peconic) 湾避难岛 (Shelter Island) 上举行的一次会议上, Lamb 首先宣布了这些结果, 这是他在仅仅 5 星期之前获得的. 这次会议由美国国家科学院资助, 由 Robert Oppenheimer 组织, 绝大多数那时在美国的领袖级理论巨头都参加了这次会议 (图 9.2, 取自文献 [14] 的第二篇, 380 页). 这次会议不仅使 Lamb 和 Retherford 的结果公之于众, 并且 R Marshak 还第一次提出了存在两种介子, H Kramers 奠定了用 “重正化” 重新解释量子场论中的无穷大量的基础[14].

这次会议后的几天内, Bethe 就用老式的非相对论方法巧妙地减除掉了无穷大项, 计算出了 “Lamb 位移” 为 1040MHz[15]. 这个计算导致许多细致的改进 [16], 在三年时间内由 Feynman、Schwinger 和朝永振一郎 (Tomonaga) 以完整地发展成量子电动力学理论而圆满完成 [17].

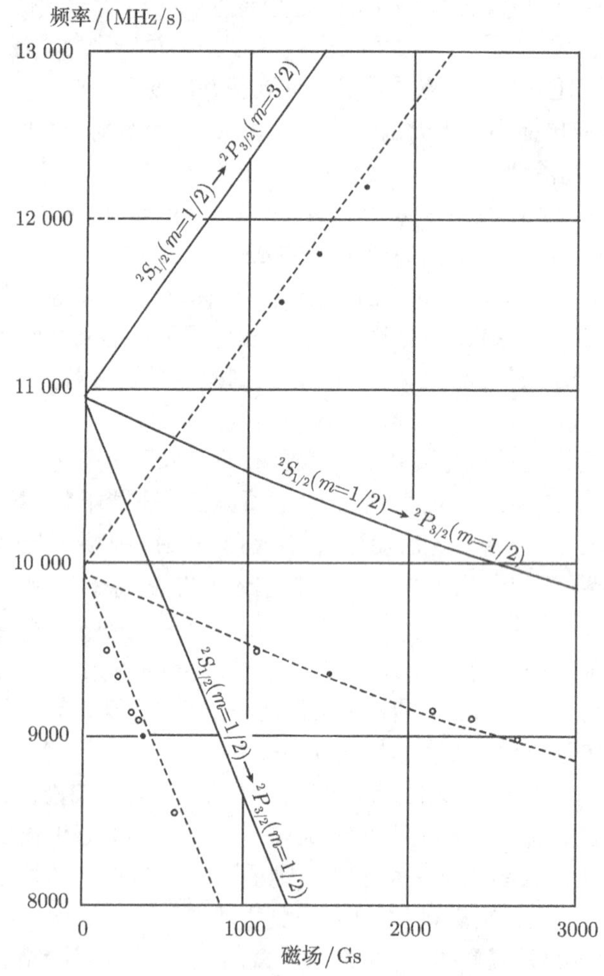

图 9.1　Lamb 位移的证据[13]

实线是不存在能级移动时能级的劈裂作为磁场函数的三个预期值; 虚线是在存在 1000MHz 能级移动时的预期值

图 9.2 1947 年 6 月 2 日至 4 日第一次避难岛 (Shelter Island) 会议的参加者

(1) I I Rabi; (2) L Pauling; (3) J Van Vleck; (4) W E Lamb Jr; (5) G Breit; (6) D Mac Innes (美国国家科学院); (7) K K Darrow; (8) G E Uhlenbeck; (9) J Schwinger; (10) E Teller; (11) B Rossi; (12) N Nordsieck; (13) J von Neumann; (14) J A Wheeler; (15) H A Bethe; (16) R Serber; (17) R E Marshak; (18) A Pais; (19) J R Oppenheimer; (20) D Bohm; (21) R P Feynman; (22) V F Weisskopf; (23) H Feshbach (照片由 D Mac Innes 提供)

2. 电子磁矩

Dirac 电子理论[7] 预言, 在自旋 S 与磁矩 μ 的关系式 $\mu = geS/(2m)$ 中, 因子 g 精确地为 2. 把钠与镓的精细结构与超精细的相互作用相比较, 表明与这个值有偏离[18]: $g-2=0.00229\pm0.00008$. 这个结果曾在 1947 年避难岛会议上宣布过. Schwinger[19] 计算了电子自能对这个量的影响, 发现 $g-2=\alpha/\pi=0.00232$, 与实验相符. 它搭起了更彻底理解这个效应的一个平台. 怎样能从被无穷大量困扰的理论得出与实验相符的结果呢?

3. 电子偶素

前面我们讨论了一些在战时处于休眠状态而战后迅速发展的思想. 比如, 早在 1945 年 12 月, 战争结束后的几个月, 哈佛大学的 Purcell、Torrey、Pound 以及斯坦福大学的 Bloch 和 Packard 独立地发现了核磁共振现象. 1946 年 Wheeler 发表了一篇关于他在战时发展的一个观点的论文[20], 其中给出了包括一个或更多电子 (e^-) 和正电子 (e^+) 束缚态的细节. 这种最简单的系统, 即 (e^+e^-) 束缚态, 我们现在称之为电子偶素. 他计算了单态和三重态的湮没速率和来自单态湮没的两个光子的相对极化. 文章发表于一个不太知名的杂志《纽约科学院年报》(*Annals of the New York Academy of Sciences*) 上, 因为他们当时正在征集最佳论文奖, Wheeler 获得了这个奖. 对这些结果的实验证实则需要发展一些新的工具和仪器. 预言的束缚态最后在 1951 年由 Martin Deutsch 发现[21].

9.3.3 重正化登场

从量子电动力学里消除无穷大的量, 在文献 [14] 和 [17] 中已有回顾. 这项努力的许多参与者示于图 9.3 中. 早期的领军人物包括 Heisenberg 、Dirac 、Oppenheimer 和 Stückelberg. 用一些物理量来重新解释无穷大量的手续由 Kramers 于 1947 年在避难岛会议上提出[14], 并由朝永振一郎 (Sin-Itiro Tomonaga)、Julian Schwinger 和 Richard P Feynman(见插框) 系统地加以发展. 这个方法与微扰论的每一阶都自洽的证明是由 Dyson、Salam 和 Ward 给出的.

图 9.3 1961 年在布鲁塞尔召开的第十二次 Solvay 会议的参加者

前排从左向右: 朝永振一郎; W Heitler; 南部阳一郎; N Bohr; F Perrin; J R Oppenheimer; W Lawrence Bragg 爵士; C Møller;C J Gorter; 汤川秀树; R F Peierls; H A Bethe. 第二行: I Prigogine; A Pais; A Salam; W Heisenberg; F J Dyson; R F Feynman, L Rosenfeld;P A M Dirac;L Van Hove;O Klein. 后排: A S Wightman(略靠前); S Mandelstam; G Chew; M L Goldberg; G C Wick; M Gell-Mann; G Källén, E P Wigner;G Wentzel;J Schwinger;M Cini

量子电动力学中主要出现三种无穷大. 第一种与电子同其自身电磁场相互作用的无穷大能量相联系, 通过重新定义它的质量为其物理质量, 在微扰论中逐阶进行消除. 第二种可通过要求在空间给定点产生的一个自由电子将在其后某时刻和一

Richard P Feynman
(美国人, 1018~1988)

Richard P Feynman 对理论物理学领域的贡献涵盖了从液氦的低温一直到基本粒子的最高能量碰撞的广阔领域. 借助于一些可以看做与实际物理过程等同的图形, Feynman 用路径积分方法发展了量子电动力学的一种相对论理论. 因这项工作他与 Julian Schwinger 和朝永振一郎 (Sin-Itiro Tomonaga) 分享了 1965 年诺贝尔物理学奖. 不仅 Feynman 图已经成为了基本粒子理论的标准语言, 而且它们还被广泛应用于其他领域, 例如核物理和凝聚态物质理论.

Feynman 的另一个给了他巨大乐趣的贡献是, 纳入了当时刚发现的镜像对称性破坏的弱相互作用的描写 (即 V-A 理论, 这是他与 Murray Gell-Mann 合作提出的, 并由 George Sudarshan 和 Robert E Marshak 独立地给出). 还有一个是他与 J D Bjorken 一起, 认识到斯坦福的一些实验所探测的是质子中的一些类点结构 (Feynman 称之为“部分子”, 但不久就被识别为夸克).

Feynman 生于纽约布鲁克林 (Brooklyn) 区, 并在那里的公立中学读书. 在麻省理工学院他接受了大学本科训练, 并于 1942 年在普林斯顿大学获得博士学位. 第二次世界大战期间, 在洛斯阿拉莫斯领导科学计算分部. 在康奈尔大学教了几年书后, 1950 年他受聘于加州理工学院并一直在物理上极为活跃. 基于他在加州理工学院开设的一个入门课程的《Feynman 物理学讲义》, 至今仍是以新奇并简单的方式思考我们的宇宙的最重要的指南之一.

定距离处可以以单位概率探测到而消除. 第三种与试探电荷产生的真空对的极化相关, 通过重新定义电子的电荷为在一定距离处的观测者所看到的电荷值而消除.

9.3.4 高阶修正和实验验证

量子电动力学理论和实验的不断进步是一个漫长而且主要是令人愉快的故事[22].

1. 电子 $g-2$ 因子

电子反常磁矩的测量极大地得益于研究磁性约束自由电子的能力[23]. 最近的实验使用了同时利用电场和磁场的阱[24]. 在这样的阱中, 单个电子曾经维持被约束长达九个月!

电子和正电子的 $a \equiv (g-2)/2$ 的数值结果是[25]

$$a(\mathrm{e}^-) = (1159\ 652\ 188.4 \pm 4.3) \times 10^{-12}$$

$$a(\mathrm{e}^+) = (1159\ 652\ 187.9 \pm 4.3) \times 10^{-12}$$

其中误差是统计的和系统的不确定性的总和. 而理论预言是[26]

$$a(\mathrm{e}) = \alpha/(2\pi) - 0.328\ 478\ 965(\alpha/\pi)^2 + C_3(\alpha/\pi)^3 + C_4(\alpha/\pi)^4 + \delta a(\mathrm{e}) \tag{9.1}$$

它的前两项是由解析计算得到的, 而 C_3 和 C_4 只给出了数值计算的结果, 它们分别为 $C_3 = 1.17611 \pm 0.00042$ 和 $C_4 = -1.434 \pm 0.138$. 最后一项 $\delta a(\mathrm{e}) = 4.46 \times 10^{-12}$, 来自弱电相互作用以及包含内线 μ 子、τ 子和夸克的一些 Feynman 图.

α 值的确定有好几种方法, 其中最精确的是使用量子 Hall 效应[27], 它给出 $\alpha^{-1}(\mathrm{QHE}) = 137.035\ 9979 \pm 0.000\ 0032$. 用这个值, 可以预言:

$$a(\mathrm{e}) = (1159\ 652\ 140 \pm 5.3[C_3] \pm 4.1[C_4] \pm 27.1[\alpha]) \times 10^{-12} \tag{9.2}$$

这个结果在误差范围内与实验符合. 在 α 的不确定性得以减小之前, 人们不可能真正精确地检验 $(\alpha/\pi)^4$ 项.

2. μ 子的 $g-2$ 因子

导致 $a(\mathrm{e})$ 和 $a(\mu)$ 之间的差别的最低阶 Feynman 图, 在 α 的第二阶有贡献. 对于系数 $(\alpha/\pi)^2$ 的值, 求得的是 $+0.754\cdots$, 而不是 $-0.328\cdots$[28].

$\alpha(\mu)$ 的最早测量证实, 它在 5% 范围内是零[29]. 一系列开创性实验于 20 世纪 50 年代后期在欧洲核子研究中心 (CERN) 开始进行, 其中包括先是在长偶极磁铁继而在贮存环中约束 μ 子[30]. 后一类的这些实验的最新结果是

$$a(\mu^+) = (1165\ 910 \pm 11) \times 10^{-9}$$

$a(\mu^-) = (1165\ 936 \pm 12) \times 10^{-9}$, 或者, 将这两个结果组合在一起得到, $a(\mu) = (1165\ 923 \pm 8.5) \times 10^{-9}$, 其中给出了总 (统计和系统) 误差.

理论值包含 QED 的贡献, 中间态包括强相互作用粒子 (“强子”), 也包括弱相互作用的贡献[31], 它们分别为

$$\begin{aligned} a(\mu)_{\mathrm{QED}} &= (1165\ 846.955 \pm 0.046 \pm 0.028) \times 10^{-9} \\ a(\mu)_{\text{强子}} &= (70.27 \pm 1.75) \times 10^{-9} \\ a(\mu)_{\text{弱}} &= (1.95 \pm 0.10) \times 10^{-9} \end{aligned} \tag{9.3}$$

它们的总和给出

$$a(\mu)_{\text{理论}} = (1165\,919.18 \pm 1.76) \times 10^{-9} \tag{9.4}$$

$a(\mu)_{\text{QED}}$ 中的误差反映了理论的不确定性和 α 测量中的不确定性. 在 $a(\mu)_{\text{强子}}$ 中, 从而在式 (9.4) 中, 最主要的误差来自 $\mathcal{O}(\alpha^2)$ 阶贡献中强子的真空极化效应的不确定性.

在布鲁克海文国家实验室安排了一个实验, 以提高 20 多倍的灵敏度测量 $a(\mu)$[30]. 它的解释需要借助于更精确的 e^+e^- 的湮没实验来减小强子真空极化贡献的误差. 随着误差的减小, 人们将可以检验弱贡献 $a(\mu)_{\text{弱}}$ 到它预期值的 20% 左右.

3. Lamb 位移

氢原子能级 $2S_{1/2}-2P_{1/2}$ 劈裂的最近测量值是 (1057851.4 ± 1.9)[32], 与之对照的理论预言值[33] 依赖于如何描写质子结构, 分别为 (1057853 ± 14) kHz 或 (1057871 ± 14) kHz. 正如 $a(\mu)$ 的情况一样, 与实验的符合是令人满意的, 但是为了降低理论的不确定性, 还需要进行强子相关的测量.

4. 超精细相互作用

Ramsey 描述了原子超精细结构的历史[34]. 氢原子中 $^3S_1$ 和 $^1S_0$ 能级之间分裂的最精确值是 $\Delta\nu_H = (1420\,405\,751.7667 \pm 0.0009)$Hz. 理论预言值在这个值的 1kHz 范围内, 但要受到未知的质子结构效应的影响. 尽管实验的精确性远超过理论, 二者的符合仍给人以深刻的印象.

纯轻子系统也显示出超精细结构. μ 子偶素的实验值在与 μ 子质量不确定性相联系的误差范围内, 令人满意地与理论符合. 在电子偶素中, 观测到的超精细分裂是 $\Delta\nu^{\text{exp}} = (203\,389.10 \pm 0.74)$MHz, 可与预言值 $\Delta\nu^{\text{theor}} = (203\,404.5 \pm 9.3)$MHz 相比较, 其中误差的主要来源是未计算的对主导结果的 α^2 阶修正. 这些修正的计算对最具热心的理论家来说也是一个挑战.

5. 电子偶素衰变: 一个目前的难题

电子偶素基态湮没为光子是完全由 QED 主导的. $^1S_\Omega$ (单态) 衰变为两个光子, 而 $^3S_1$ (三重态) 衰变为三个光子. 实验发现单态衰变率[35] 为 $\lambda_s = (7.994 \pm 0.011)\text{ns}^{-1}$, 可与预言值[20,35,36] $\lambda_s = (7.986\,654 \pm 0.000\,001)\text{ns}^{-1}$ 比较, 其误差主要由 α 的误差所决定. 二者的符合是令人满意的. 另一方面, 在真空中测量的三重态衰变率的值[37], $\lambda_t = (7.0482 \pm 0.0016)\mu\text{s}^{-1}$, 与计算值[38] $\lambda_t = (7.03831 \pm 0.00007)$ μs^{-1} 有 6 个以上标准偏差. 或许需要对这个值有一个大的 $\mathcal{O}(\alpha^2)$ 修正, 才会使理论与实验一致. 这一项的计算代表了 QED 的前沿.

9.4 迄至 20 世纪 60 年代中期所知的物质新形式

第二次世界大战之后的 20 年中, 已知的 "基本" 粒子的数量以很大的倍数增长. 在这一节我们将描述这个增长是怎样发生的. 人们终于搞明白了宇宙辐射中具穿透能力的成分, 即 μ 子, 是一种与汤川的粒子, 即 π 介子不同的粒子. Dirac 理论预言的反质子最终被找到了. 许多 "奇异" 粒子被发现了, 而且搜集到许多共振态粒子的证据, 其中的一些寿命小于 10^{-23} s. 这个时期的分类方案广泛使用了对称性原理. 用几种简单组分来理解这几百种粒子是后来出现的.

9.4.1 20 世纪 30 与 40 年代: μ 子、π 介子、K 介子

现代粒子物理学始于 Urey、Brickwedde 以及 Murphy 在 1931 年发现氘核[39]; Chadwick 在 1932 年发现中子[40]; Anderson 在 1932 年发现正电子[41](不久被 Blackett 和 Occhialini 在下面将要讨论的实验中所确认); Neddemeyer 和 Anderson、Street 和 Stevenson, 以及仁科 (Nishina) 研究组发现[42] 现在所谓的 μ 子 (那时称为介子).

尽管 Dirac 的论文[7] 早于正电子的发现三年, 汤川预言介子[43] 比发现 μ 子早了两年, 但它们在促进实验探索方面没起什么作用. 例如, Anderson 认为一个以表面价值接受了 Dirac 理论的人或许在某一个下午就能发现正电子. "然而, 历史没有以这样一种直接和高效方式前进, 这也许是因为 Dirac 理论尽管很成功, 但却带有如此之多的新奇和似乎非物理的概念, 如负质量、负能量、无穷大的电荷密度等. 这些极为深奥的特征明显地与当时的绝大多数科学思考不合拍. " 还有, 尽管今天 Dirac 理论一直被认为是演绎推理的一座纪念碑, 一个 "数学在物理学中超凡效力" 的杰出例子, 但却在很长时间内未被接受. 为首的批评者中包括了 Pauli 和 Heisenberg 这样的人物. 尽管正电子的发现与 Dirac 理论的被接受有很大的关系, 但是该理论决没有促进导致这一发现的活动.

至于汤川的介子理论, 由于日本的科学文献在西方的传播不那么广泛, 一般水平的物理学家完全不知道这种汤川粒子. 只是在 μ 子被发现后, Oppenheimer 和 Serber[44] (有所保留地) 讨论了将它鉴定为汤川粒子的可能性, 这时在西方文献里才第一次提及汤川的论文[45].

在 20 世纪 30 年代期间, 唯一能把握住的理论产物是中微子, 它是由能量守恒强加给物理学家们的. 实验与理论工作的这种明显的独立性与 20 世纪 60 年代所发展的理论和实验之间紧密交流和相互影响成为异常鲜明的对比.

Blackett 和 Occhialini[47] 不仅漂亮地证实了 Anderson 的观测, 并且给出了拍摄的宇宙射线诱发粒子簇射的云室照片作为证据. 此外, 他们的实验开创了那个十年的最重要的新技术之一, 即计数器控制的云室的使用. 先前惯用的方法是使云室

扩张, 在最佳时间之后拍摄. 结果大多数照片是空云室的照片, 或显示一些被扩散变模糊的旧径迹. 用计数器控制扩张, 75%以上的图片显示出电离径迹. 云室绝不会再相对于粒子的穿过在时间上随机地扩张了. 除中性 π 介子外, 接下来的 20 年内所有新粒子都是通过用可视技术对宇宙射线的研究而发现的, 这些可视技术包括使用计数器控制的云室和第二次世界大战后的照相乳胶.

汤川的介子理论 (1935 年)[43] 和 Fermi 的 β 衰变理论 (1934 年)[48] 都是仿照量子电动力学建立的, 在量子电动力学中电荷之间的力被认为来自光子交换. 在原子辐射的情况下, 光子并非预先存在于原子中, 而是在辐射瞬间产生出来的. 与此相似, 在 Fermi β 衰变理论中, 电子和中微子并非预先存在于原子核中, 而是自发地产生的. 这个巨大的观念进步立即解决了很多问题, 包括中子的性质. 从中子的发现到 Fermi 理论的建立, 一个热烈争论的问题是中子是否是与质子地位相同的粒子, 或者它是否是电子和质子的一个复合体. 依据 Fermi 理论, β 衰变就是中子嬗变成质子、电子和中微子. 直到 1948 年之前中子的寿命一直没有被测量, 但在 1934 年 Fermi理论估计它大约为1000s ($\sim 10^3$s). (现在知道它很接近15min: (887 ± 2)s[49].)

【又见 2.12 节】

在汤川理论中, 传递相互作用的粒子被赋予一个质量以产生短程的 "汤川" 势 $V(r) \sim \exp[-r(mc/\hbar)]/r$. 选择力程为当时所知道的核力的特征距离, 即 $\sim 10^{-13}$cm, 可以得到这个质量约为 200MeV. Oppenheimer 和 Serber 曾质疑这是否与 μ 介子 (他们曾预言性地称之为重电子) 是同一粒子. 然而, 这种联想几乎马上陷入与实验的冲突.

如果介子可用来解释核力, 那么它就应该与核物质发生很强的相互作用, 以致相互作用截面应该达到具有平均自由程约为 $100\text{g} \cdot \text{cm}^{-2}$ 的几何截面. 但很快就弄清楚了, 宇宙射线中的那种穿透成分以比这小得多的截面发生相互作用. 此外, Rossi 和 Nereson 在 1940 年通过研究这种成分的通量作为高度的函数证明了[50], 通过大气层时它的衰减只能解释为与核相互作用一起还包括另一种衰变成分. 他们能够测出其寿命为 $(2.15 \pm 0.07) \times 10^{-6}$ s, 比从理论估算的汤川粒子的寿命长约 100 倍. 之后不久, 就在云室中看到了一个衰变为一个电子和一个中性粒子[51] 的介子.

在早些时候, 人们逐渐明白, 可以预期带正电荷和负电荷的介子在物质中达到静止状态时行为会完全不同. 带正电的粒子将很快转化为热能并以其自然衰变率衰变. 而负电粒子将会达到静止, 被带正电的原子核吸引, 通过放出辐射或 Auger 电子而逐级下穿原子的各个能级, 然后, 取决于粒子的性质, 或者衰变, 或者与原子核发生相互作用. 这整个过程, 包括停止下来和在原子中跃迁到 $1S$ 态, 估计需要不足 10^{-11} s 的时间, 比预期的衰变时间要短得多.

明确指证 1937 年发现的介子不是汤川粒子的实验由 Conversi、Pancini 和

Piccioni(1945 年)[52] 所完成. 利用磁化的铁块作为电荷选择器, 他们证明了这种正电介子和负电介子在碳中达到静止时看来都要衰变, 而如果粒子在铁中达到静止时, 只有带正电的介子衰变. 因为预期具有汤川类粒子那样性质的负电介子, 甚至会与像碳那样轻的元素发生相互作用, 所以这个证据确凿无疑地证明, 这种介子不是强相互作用的汤川类介子. **【又见 5.6.1 节】**

在这期间, 对探测轻的电离粒子足够敏感的照相乳胶的生产取得重大进展. 继最初在核物理中的应用之后, 1946 年伦敦皇家学院的 Perkins 以及布里斯托尔的 Powell 同他的研究组首先将一些这种新乳胶暴露于宇宙射线中[53]. (文献 [54] 优美地记载了照相乳胶技术的历史和它对粒子物理的贡献.)

尽管最初的乳胶对最小电离的粒子不敏感, 但这项技术几乎马上显示了它的价值. Perkins 在三万英尺高空飞行的飞机上曝光的乳胶中, 发现了一个介子达到了静止, 其静止的能量在一片乳胶的强电离部分沉积为一个 “星” 形事例. 布里斯托尔小组在法国阿尔卑斯山的米迪峰 (Pic du Midi) 实验室里将他们的乳胶曝光 (图 9.4), 很快发现 π 介子衰变为具有 600 微米长的特征径迹的 μ 子事例. (这个小组最早将这两种介子标记为 π 和 μ, 这是 Powell 的打字机上仅有的两个希腊字母). π 介子的衰变显然是两体的. (当时乳胶还没有足够灵敏到能看到来自次级 μ 衰变的电子径迹.)**【又见 5.6.2 节】**

图 9.4 米迪峰, 早期宇宙线实验所在处

布里斯托尔的 Powell 小组的论文, 发表于 1947 年 5 月 24 日的《自然》杂志上, 通常将其作为宣布发现了 π 介子的一个标志[55]. 日本的坂田小组曾预言过两

种类型介子的存在, 但他们的工作只是在数年后才为人所知, 在西方 R E Marshak 和 H A Bethe 对此做过讨论[56].

七个月后, 同一杂志上登出了一篇 C D Rochester 和 C C Butler 写的文章[57], 题为 "存在新的不稳定基本粒子的证据", 报道了在云室中 "奇异" 粒子衰变的最初两个事例. 我们现在称它们为 K 介子 (即中性的 K_S 和一个带电的 K^+) 的优美事例. 接下来的四分之一世纪, 基本粒子物理的地盘将被 π 介子、μ 子和 "奇异" 粒子的性质所占据.

9.4.2 π 介子的性质

人们预期, 核力是**电荷无关**的, 它遵从一种对称性, 实际上是指在一个抽象的**同位旋** (isotopic spin 或 isospin) 空间中的转动不变性. 正因为如此, 汤川理论不仅需要带电 π 介子, 也需要中性 π 介子[58], 后者于 1950 年前后在各种加速器和宇宙射线实验中被首次观测到.

1. 自旋和宇称

带电 π 介子的自旋是通过比较 $p+p \to \pi^+ + d$ 和 $\pi^+ + d \to p+p$ 的速率而确定下来的. 第一个过程的速率和第二个过程的速率之比正比于 $2S_\pi + 1$, 其中 S_π 是 π 介子的自旋. 对这两个反应的测量结果导致结论: $S_\pi = 0$[60].

所有的粒子都可以用一个描写它们的场在空间反演下行为的内禀**宇称**来表征. 通过比较[61] 过程 $\pi^- + p \to n + \gamma$ 与 $\pi^- + p \to n + \pi^0$ 的反应速率、过程 $\pi^- + d \to 2n$ 与 $\pi^- + d \to 2n + \gamma$ 和 $\pi^- + d \to 2n + \pi^0$ 的反应速率以及质子与轻核碰撞中带电 π 介子和中性 π 介子的产额[62], 推论出带电 π 介子和中性 π 介子均有负宇称. 一个早期的电荷无关性检验, 是由 R Hildebrand 通过比较 $n + p \to d + \pi^0$ 和 $p + p \to d + \pi^+$ 的反应截面而完成的[63].

2. 带电 π 介子和中性 π 介子的衰变

带电 π 介子的寿命最早是用在加速器上人工产生的 π 介子测量的[64]. 在几年的时间内, 精确的电子计时技术就给出了一个很接近于目前所知的 (26 纳秒) 结果[65], 它比 μ 子的寿命短得多. 主导的衰变道是 $\pi^\pm \to \mu^\pm \nu$.

中性 π 介子的性质那时仍是未解决的问题. 它是在衰变为两个光子的过程中看到的, 但还需要直接测量它的自旋、宇称和寿命. 坂田 (S Sakata)、L D Landau 和杨振宁[66] 证明了一个自旋为 1 的粒子不能衰变为两个光子, 并指明如何通过比较两个光子的线极化来确定宇称. 平行极化意味着偶宇称, 而垂直极化意味着奇宇称. 后来的测量[67] 表明宇称是奇的, 与参考文献 [61] 的结果一致.

通过直接测量, 确定了中性 π 介子的寿命小于 10^{-13}s[68]. J Steinberger 的估计[69] 指出, 其寿命有可能甚至比这个上限还要短, 超出了当时直接探测方法的可测范围. H Primakoff 提议[70], 利用在原子核的Coulomb场中的中性π介子光生几率, 间接测量衰变几率. 数年后, 这个方法被首次采用, 测得的数值略小于 10^{-16}s[71]. 也发展了利用夹层金属箔来测量如此短寿命的直接方法[72], 这是目前最精确的方法.

9.4.3　反质子

令人吃惊地被正电子的发现所证实的 Dirac 的反粒子理论还预言了质子的一种带负电的变种, 即**反质子**或 $\bar{p}$. 人们预期, 尽管并非毫无异议, 质子和反质子具有相等的质量. 当年正考虑建在伯克利的新加速器的能量被选定处于反应 $\mathrm{p+p \rightarrow p+p+p+\bar{p}}$ 的阈值之上. 在这个加速器上, 即贝伐加速器 (Bevatron, 高功率质子稳相同步加速器) 上, 不仅发现了反质子, 并且还发现了很多其他的粒子, 迎来了高能物理的一个新时代.

有几个研究组那时在这个贝伐加速器上寻找反质子. 中心人物包括 O Chamberlain、O Piccioni、E Segre、W Wenzel 、C Wiegand 和 T Ypsilantis. 建造反质子束流是该发现的决定性的特征. 在这个机器内, 质子撞击一个内部靶, 然后所产生的那些带负电的粒子聚焦为动量分布范围很窄的高准直外部粒子束流. 通过精确的飞行时间测量, 并借助于对实验成功贡献巨大的一种工具, 即聚焦 Cherenkov 计数器, 能把反质子与数量大得多的带负电 π 介子区别开. 知道了束流中粒子的动量和速度, 就可以测量它们的质量. 观察到具有一个质子质量的带负电粒子的清晰信号[73]. 通过观测到它们在核乳胶中的湮灭, 证实了它们的确为反物质的一些事例[74].

9.4.4　奇异粒子

"奇异粒子" 的发现和分类的故事, 正如这类粒子的名称那样, 算得上是从混乱中涌现秩序的一个生动的例子[75].

1. 宇宙线中的发现

在 20 世纪 40 年代, 人们使用两种技术来研究宇宙线：核乳胶和云室. 在前者中, 粒子的通过路径显示为一张三维照片; 而在后者中, 带电粒子在过冷蒸汽中会留下液滴形成的一条径迹. 二者中都取得了除正电子、μ 子、π 介子之外的一些新粒子的证据.

通过研究在乳胶中带电粒子的径迹与电子的弹性散射, Leprince-Ringuet 和 Lhéritier[76] 推论出, 存在一种质量约为电子质量 990 倍的新粒子. 现在回顾起来, 这似乎是带电 K 介子 (K-meson 或 kaon) 质量的最早测量.

用曼彻斯特的一个云室, Rochester 和 Butler[57] 观测到两个我们现在视为 K 介子衰变特征的事例, 正如 9.4.1 节提到的那样. 中性粒子导致出现一对 "叉" 型径迹 (图 9.5), 而对带电粒子的观测则是它衰变为一个电子和一个或者几个丢失了的中性粒子. 随后而来的是曼彻斯特小组的漫长的 "干旱期", 在这段期间里的一个乳胶实验[77] 观察到了一个带电的 K 介子衰变为 $\pi^+ + \pi^+ + \pi^-$ 的过程, 可用于对其质量进行决定性的测量. 与此同时, 从最初运行于加利福尼亚高海拔处的一个云室, 传来了对 Rochester 和 Butler 事例存在的确证[78]. 于是, 曼彻斯特小组在比利牛斯山脉的米迪峰安排了实验, 在那里发现了更多的事例.

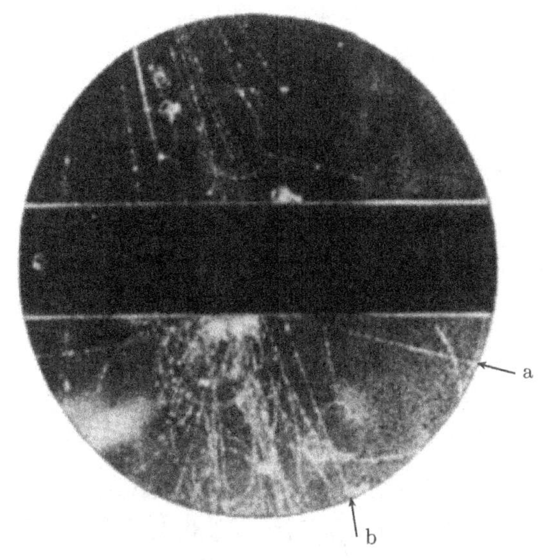

图 9.5 中性奇异粒子的第一个证据, 取自 Rochester 和 Butler 的云室实验[57]. 该粒子在一块铅板中产生 (显示在中央部位) 然后衰变成两个带电粒子 (a 和 b)

中性 K 介子被观测到衰变为 $\pi^+ + \pi^-$. 因为两个 π 介子质量相等, 它们径迹的动量分布也相同, 所以它们相对于入射 K 介子方向形成的特征角度也相等. 然而在 1950 年, 观测到一个事例, 其正电径迹似乎是个质子[79]. 在一个中性粒子衰变为 $p + \pi^-$ 的过程中, 因为质子质量大得多, 它将带有绝大部分动量, 导致不对称构形. 由 R Armenteros 领导的米迪峰小组[80] 和 R Thompson 领导的印第安纳州的云室小组[81], 将衰变 $K^0 \to \pi^+ + \pi^-$ 与我们现在理解为 $\Lambda \to p + \pi^-$ 的过程分辨了开来. Λ 是**超子**的第一个例子, 超子指的是比质子还重的一种粒子. 宇宙线研究也得到了带电超子 Ξ^- 和 Σ^+ 的最早证据. Ξ^- 被称为 "级联" 粒子, 因为它是在先衰变为 $\Lambda + \pi^-$, 而随后 Λ 也衰变的过程中看到的[82]. Σ^+ 是在衰变为 $n + \pi^+$ 和 $p + \pi^0$ 的过程中看到的[83].

与中性 K 介子形成对比的是, 人们发现带电 K 介子有许多不同的衰变模式. 把这些结果分类整理需要一些时间和努力, 在这方面乳胶研究提供了巨大的帮助.

2. 加速器中的发现

布鲁克海文的高能质子同步稳相加速器 (Cosmotron)1952 年开始运行, 属于新一代加速器, 是为了研究前所未有的能量下的基本相互作用而建造的[84]. 它的注意力很快转向了奇异粒子. 在一系列用氢扩散云室所做的实验中, Ralph Shutt 和他的研究组[85] 得以展示当时宇宙线实验所不能揭示的现象: 比如在 $\pi^- + \mathrm{p} \to \Lambda^0 + \mathrm{K}^0$ 反应中新的重粒子的对产生, 这证实了早些时候由日本的几个研究组[86] 和 A Pais [87] 提出的假设. 除了刚提到的 Λ 的协同产生, Shutt 小组是最早产生和观测到中性和带负电的 Σ 超子的研究组.

3. 协同产生和奇异性

新的重粒子产生数量相当多 (约占所有宇宙线事例的 1%), 但衰变却非常慢 (假如它们的产生和衰变是由同样的相互作用控制的话, 其实际寿命比预期寿命长了约 10^{12} 倍). 这个佯谬很早就由南部 (Nambu)、西岛 (Nishijima) 和山口 (Yamaguchi) 在他们参考文献 [86] 的第二篇里给出了清晰的陈述:

> …… 产生和衰变不是相反的过程和/或某种选择定则 (在一种非常普遍的意义上) 在衰变反应中起作用.

对于这种定则的一种选择是引进一个量子数 (“isotopic parity” 即 “同位宇称”): 对于核子、π 介子、μ 子, 取值为 1; 而对于其他新粒子 (相应于我们现在所称的 K 介子和 Λ 超子), 取为 -1. 这个量子数在产生过程中被取为**相乘性**守恒, 但在很弱的衰变过程中这个守恒律可被破坏. 譬如, 一个 K 介子必须总是要和一个 Λ 一起产生, 这个规则被称为 “协同产生”.

如上面所表述的那样, 协同产生要求赋予 Σ 超子一个奇同位宇称, 但并不禁戒像 $\mathrm{p} + \mathrm{p} \to \Sigma^+ + \Sigma^+$ 或 $\mathrm{n} + \mathrm{n} \to \Lambda + \Lambda$ 这样一些没被观测到过程. 还有, 协同产生在处理带负电的级联粒子 Ξ^- 上遇到了困难, 它以数量级为 10^{-10}s 的典型的 “慢” 寿命衰变为 $\Lambda\pi^-$. 按上面的方案, 我们会赋予 Ξ^- 一个偶同位宇称. 但如果是这样, 是什么在禁戒 $\Xi^- \to \mathrm{n} + \pi^-$ 这样一个至今仍未观测到的衰变过程呢?

在 9.4.2 节的开始曾提到, π 介子和核子的强相互作用遵从同位旋对称性守恒. π 介子具有同位旋 $I = 1$, 而核子具有同位旋 $I = 1/2$. π 介子的电荷是它的同位旋的第三分量, 而核子的电荷平移了二分之一个单位. 对这两种粒子, 都可写出 $Q = I_3 + B/2$, 其中 B 为**重子数**, 对 π 介子为 0, 对核子为 1.

M Gell-Mann[88] 和西岛 (K Nishijima)[89] 推广这个关系到新粒子, 办法是假定一些 “平移了的” 同位旋多重态. 对 Λ, $I = 0$; 对 Σ^+ 和 Σ^-, $I = 1$ (从而预言了 Σ^0); 对带电的和中性的 K 介子, $I = 1/2$. 于是强相互作用中的电荷和 I_3 守恒要求每一个多重态还要由一个附加的量子数表征, 它被称为**奇异数**, 在强相互作用中也守恒.

现在, 电荷和同位旋第三分量之间的关系可以写为 $Q = I_3 + Y/2$, 其中**超荷** $Y = R + S$, **对**每一个强相互作用粒子都赋予一个新的可加量子数 S 来描述同位旋多重态的这种移动 . **令** K^0 和 K^- 取 $S^- = 1$, 而 Λ 和 Σ 被赋予 $S = -1$. 这个方案禁戒反应 $\mathrm{p}+\mathrm{p} \to \Sigma^- + \Sigma^+$ 和 $\mathrm{n}+\mathrm{n} \to \Lambda + \Lambda$. 诸如 $\mathrm{K}^0 \to \pi^+ + \pi^-$ 和 $\Lambda \to \mathrm{p} + \pi^-$ 这些破坏了 S 一个单位的衰变过程是允许发生的, 但只是很微弱.

为使 $\Xi^- \to \Lambda + \pi^-$ 成为破坏奇异数一个单位的弱衰变, 而禁止发生 $\Xi^- \to \mathrm{n} + \pi^-$, 必须取 $S(\Xi^-) = -2$. 此时 $\mathrm{K}^- + \mathrm{p} \to \mathrm{K}^+ + \Xi^-$ 过程应该很强地进行, 这在后来得到了证实. 还有, $I_3(\Xi^-)$ 应该等于 $-\dfrac{1}{2}$, 因此需要存在一个中性伙伴粒子 Ξ^0, 其 $I_3 = +\dfrac{1}{2}$, 这个粒子最后在气泡室中被发现[90].

4. 中性 K 介子和它们的寿命

在 Gell-Mann、中野 (Nakano)和西岛 (Nishijima) 提出带正电荷和负电荷的两种 K 介子具有同位旋 $\dfrac{1}{2}$ 的建议之前相当一段时间, 人们就已经知道这两种 K 介子都存在了. 但这个建议意味着还存在两种**中性** K 介子, K^0 (像 K^+ 一样具有奇异数 $S = 1$) 和 $\bar{\mathrm{K}}^0$ (像 K^- 一样具有奇异数 $S = -1$). 如何识别它们呢? 在1954年6月Gell-Mann给出描述奇异数方案的研讨会上, Fermi提出了这个问题.

这个问题的解决[91] 提供了量子力学的一个漂亮的应用. K^0 和 $\bar{\mathrm{K}}^0$ 是两个简并态; 没有什么能确定它们的何种组合对应于具有一定质量和寿命的态. 然而, 如果假定在 K 的衰变过程中电荷反转不变 (20 世纪 50 年代中期就是如此假定的), 则 K^0 和 $\bar{\mathrm{K}}^0$ 的一个线性组合可以衰变为 $\pi^+ + \pi^-$, 而另一个则不能. 这两个态分别被表示为 K_1^0 和 K_2^0. K_1^0 已经被观察到, K_2^0 是一个新预言的粒子, 寿命应该比 K_1^0 长得多, 因为它到 $\pi^+ + \pi^-$ 的衰变被禁戒.

在布鲁克海文的 Cosmotron(高能质子同步稳相加速器) 做的一个实验[92], 很快证实了所预言的这种中性 K 介子的存在, 它具有典型的长寿命和占优势的三体衰变模式. 支持的证据来自四个事例, 它们似乎都非常可信地起源于 K_2^0 粒子在照相乳胶中的相互作用[93].

9.4.5 共振态

1. π 介子–核子散射

π 介子–核子组合系统的同位旋只可能为 $\dfrac{1}{2}$ 或 $\dfrac{3}{2}$, 这使得 π 介子–核子散射振幅之间有一些简单的关系[94]. (同位旋的其他早期应用在参考文献 [95] 中有记载.) 当 20 世纪 40 年代晚期因回旋加速器能量的增长而使人工产生的 π 介子可供使用的时候, 人们的注意力转向 π 介子–核子散射的性质. 能够达到几百 MeV 能量的电子同步加速器的研发, 导致高能量光子的产生, 对产生 π 介子也很有用[96]. 这些实验的一个关键性结果是第一个**同量异位素**(isobar) 的发现, 它是一个核子的激发态.

2. 核子同量异位素

随着 π 介子和光子能量的增长, π 介子–核子弹性散射和单 π 介子光生截面以非常特有的模式增加 [97]. 理论家们 [98]提出, 这种模式可能是存在一个核子的 $I=J=\frac{3}{2}$ 短寿命激发态的信号. 能量再高时[99], 截面的曲线描画出一个清晰的 π 介子–核子共振态, 因为它的自旋和同位旋的取值而称为 (3,3) 共振态. 它现行的称呼是 Δ(1232), 括号中的数字 (这里和以后) 表示以 MeV/c^2 为单位的质量. 观察到相应反应道的相移跨过了 90°, 符合共振态的要求.

更高的能量导致截面中另外一些峰的发现, 它们对应于具有明确定义的自旋和同位旋的一些状态. 到 20 世纪 50 年代后期, 已经识别出了这些 π 介子–核子共振态中的几个[97].

3. 共振态激增

20 世纪 50 年代中期, 气泡室的发明[100] 可以使人们对粒子反应作非常详细的研究. 包括 Luis Alvarez 及其合作者在内的几个研究组[101] 引进了扫描相互作用照片的自动方法. 人们发现, π 介子、核子和奇异粒子都参与了具有明确定义的质量和自旋的共振态的形成过程. 这些态的宽度均为典型的几十 MeV, 与对通过强相互作用形成和衰变的态所作出的预期值一致[102].

一些最早的共振态已经从核力的自旋和同位旋性质预言到了. 似乎需要一种不只是汤川提出的粒子的 “介子混合物”[103]. 我们将在 9.6.2 节的第一小节讨论的那些有关核子**形状因子**的实验[104], 可以解释为好像光子通过一个自旋为 1 的同位旋标量粒子[105] 与核子耦合、该粒子衰变为三个 π 介子. 基于核子形状因子实验, 一个衰变为 $\pi^++\pi^-$ 的 $I=J=1$ 共振态也被建议了[106]. 这个共振态, $\rho(776)$, 是最早发现的介子共振态[107]; 此后不久, 三个 π 介子的同位旋标量共振态 $\omega(783)$ 就被发现了[108].

搜寻共振态应用了两项主要技术: 一个叫 “形成”, 或者说改变粒子束能量然后像发现 (3, 3) 共振态那样观测截面的一个峰值; 另一个叫 “产生”, 或者说将末态粒子分成一些组合, 研究它们的 “有效质量” 谱中的增强. 我们已经注意到在 π 介子 — 核子和光子 — 核子碰撞中的那些形成实验, 导致了共振态的大量产生. 带负电 K 介子束的出现, 揭示了许多在 $\mathrm{K^-p}$ 和 $\mathrm{K^-n}$ 反应中形成的具有负奇异数的共振态. Λ 和 Σ 超子的激发态正是以这种方式开始被发现的. 产生实验具有独特的能力观察介子共振态, 而且也最早探测到了几个重子激发态. 到 20 世纪 60 年代初期, $\rho(776)$、$\omega(783)$ 和另一个三介子共振态 $\eta(547)$[109]、一个 $J=1$ 的 “K 介子激发态” $\mathrm{K}^*(892)$ 和 1385 MeV 处的一个 $J=\frac{3}{2}$ 的 Σ 态, 都被观测到了. 这样, 在 20 年的时间内, "基本粒子" 已从一小撮增长为真正的粒子大家族[102].

9.4.6 幺正对称性

1. *序幕*

到 1960 年, 一批具有 $\frac{1}{2}$ 自旋的重子已被确认. 证明了同位旋是对所有强相互作用粒子分类的一种成功的指导, 但一些特殊的多重态的存在和重子态的质量仍然是一个谜. 类似地, 似乎 K 介子是 π 介子的奇异的变种, 他们有着相同的自旋和内禀宇称.

2. *SU(3) 群*

统一非奇异粒子和奇异粒子的最早的努力[110] 包括了强相互作用的一种 "整体对称性"、介子的复合模型和寻找含有同位旋 [SU(2)] 作为子群的各种李群. 1959 年提出[111] SU(3) 群作为强相互作用粒子的对称性, 将质子、中子、和 Λ 安排成为一个 3 重表示. π、K 和一个到那时尚未发现的第八个介子 (现在称为 η) 都由 P、n、Λ 和它们的反粒子组成, 形成一个八重态.

Murray Gell-Mann 花了几年时间一直在寻找含有同位旋而且可以把重子统一起来的更高对称性. 1960 年他意识到 SU(3) 八重态表示是自旋为 $\frac{1}{2}$ 的态 N、Λ、Σ 和 Ξ 的完美归宿. 他关于这个 "八重态方法" 的结论, 最早只是以预印本形式发表[112]. 一个在伦敦攻读物理博士学位的以色列陆军武官 Yuval Ne'eman, 应他的导师 Abdus Salam 的要求, 独立地从事寻找一个含有同位旋的合适的群来将观测到的强子分类的研究. 他将杨振宁和 Mills [113]关于自相互作用场的工作推广到了更高的对称性, 并意识到了 SU(3) 的重要性. 他也建议自旋为 $\frac{1}{2}$ 的重子属于一个八重态[114]. Gell-Mann 的方法是一个更大方案的一部分, 在这个方案中流(如电磁流)起着决定性的作用[115]. 我们将在 9.5 节回到 SU(3) 的这个方面.

3. *关于质量的推论; 实验的证实*

把 SU(3) 方案与一个关于对称性破缺性质的假设结合在一起, Gell-Mann 和大久保 (Okubo)[116] 得到了重子质量之间和介子质量之间的如下关系:

$$M(\mathrm{N}) + M(\Xi) = [3M(\Lambda) + M(\Sigma)]/2 \quad M(\mathrm{K}) = [3M(\eta) + M(\pi)]/4$$

重子质量之间的关系很好地得到满足: 用观测到的质量, 我们有 2257MeV ≈ 2270MeV. 而对于介子, 对称性破缺更大一些, 我们有 495MeV ≈ 446MeV. 重子质量公式的成功和所预言的 η 介子的发现[109], 是支持 SU(3) 方案的重要标记. 另一种基于 G_2 群的更高对称性, 只容许七个介子和七个重子.

当 SU(3) 被提出时, 一个同位旋为 $\frac{3}{2}$ 的非奇异多重态 ($\Delta(1232)$) 和一个同位旋为 1 的奇异多重态 ($\Sigma(1385)$) 已经为人所知. 1962 年在日内瓦召开的国际高能物理会议上, 宣布了一个位于 $1530\text{MeV}/c^2$ 的 Ξ 的激发态衰变为 $\Xi+\pi$. 如果 $\Delta(1232)$、$\Sigma(1385)$ 和 $\Xi(1530)$ 属于同一个激发态, 则 SU(3) 方案和另一个竞争对手, 上面提到的 G_2 群, 对其余的粒子有非常不同的预言.

SU(3) 的一个 10 维表示是可以容纳 Δ 及其伙伴的最小表示. Gell-Mann— 大久保质量关系预言, 它的成员的质量之间具有相等的间隔. $\Xi(1530)$ 遵从这个预言. 预期它的同位旋为 $\frac{1}{2}$. 那时, 十个态里面的九个已被观测到了: 四个 Δ、三个 Σ 和两个 Ξ. 缺少的第十个态预期具有奇异数 -3 和质量大约为 1675MeV. 具有这个质量的重子, 关于强相互作用会是**稳定的**, 代之以弱衰变到像 $\Lambda+\text{K}^-$ 这样的道. 重子的最低八重态和十重态的成员如图 9.6 所示.

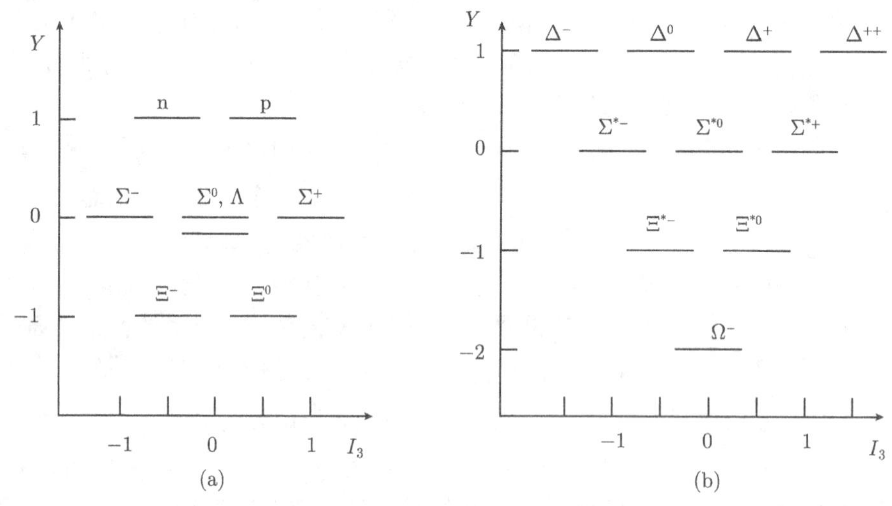

图 9.6 SU(3) 分类中低能重子态

(a) 八重态; (b) 十重态

可以衰变为一对八重态而且可以容纳一个 Δ 的 SU(3) 次最大表示是 27 维表示. 它含有一些正奇异数的多重态, 它们能衰变为诸如 K^++p 和 K^++n 这样的一些态. 然而, 没有观测到这样的共振态[117].

能容纳 Δ 的最小 G_2 多重态是 14 维表示. 尽管它包括奇异数 -3 的态 (像 SU(3) 的 10 重态一样), 但它有一个同位标量正奇异数的共振态. 所以, 这个态的不存在对 G_2 方案不利, 而有利于 SU(3) 框架内的 10 重态 (而不是 27 重态) 安排.

Gell-Mann 和 Ne'eman 在 1962 年日内瓦会议[118] 上强调了 SU(3) 对奇异数为 -3 态的预言. 此后不久, 在布鲁克海文, 一束 K^- 介子穿过一个新的 80 英寸气泡室. 这个理论所预言的粒子 Ω^- 如何在 1964 年被发现的故事[119], 是粒子物理历史上激动人心的篇章之一. 它的质量几乎准确地就是预言的值, 且第一个事例 (图 9.7) 是一个特别清晰的信号, 其中所有衰变产物都将它们自身显示了出来.

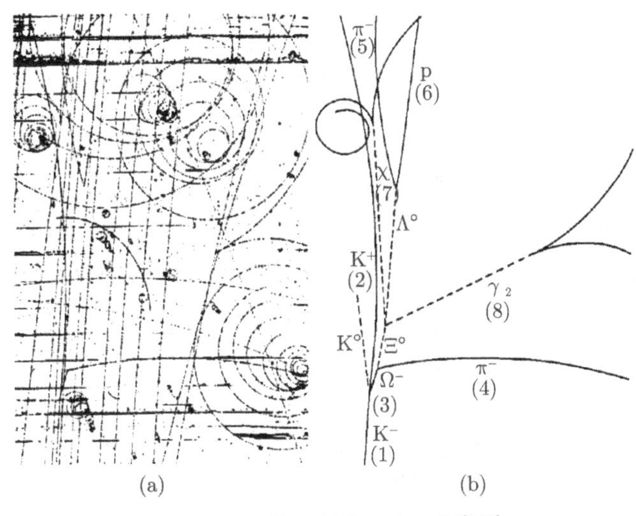

图 9.7 Ω^- 粒子的第一个证据[119]

(a) 气泡室的照片; (b) 解释

9.5 迄至 20 世纪 60 年代中期所知的相互作用

9.5.1 弱相互作用和 V-A 理论

1. 中微子的观测

在 20 世纪 30 年代早期, 人们假设中微子带走了 β 衰变过程 $n \to p + e^- + \nu$ (9.2 节) 中丢失的能量和动量. 然而并没有找到其存在的任何直接证据. 第二次世界大战以后, F Reines 和他的一些同事曾经考虑过用核爆炸作为丰富的中微子源[120]. 但最后他和 Clyde Cowan 决定利用核反应堆产生的中微子, 对此 Fermi 写了一封赞扬的信, 说新方法简单得多, 易操作, 具有 "可以重复测量任意次的优点".

他们研究了 β 衰变的逆反应, 即过程 $\bar{\nu} + p \to n + e^+$. 这个过程的发生频率比质子–质子反应要小 10^{18} 倍, 为观测它, 需要一个很大的能有效地屏蔽掉一些偶然反应的靶.

最早的实验是 1953 年在汉福德①反应堆上做的. 他们比较了反应堆开和关时的信号. 反应堆关闭时观察到的很大信号, 最后被归结为是宇宙线相互作用造成的,

① 美国华盛顿州南部原子能研究重要中心.—— 译者注

阻碍了观测的判定性[121]. 于是他们把实验移到了萨凡纳河并产生了一个足以令人信服的信号[122], 据此 Reines 在 1953 年 6 月给 Pauli 发了一封电报, 告诉他 25 年前他预言的粒子已经被找到了.

观测到了反应 $\bar{\nu}+\mathrm{p}\to\mathrm{e}^{+}+\mathrm{n}$, 而没有任何 $\bar{\nu}+\mathrm{n}\to\mathrm{e}^{-}+\mathrm{p}$ 的事例, 这是对弱相互作用中**轻子数守恒**的最早的证明. 按惯例, 电子和中微子被赋予的轻子数是 $L=1$. 因而反应堆中微子源的 β 衰变中伴随电子而产生的中性轻子必须是一个 $L=-1$ 的反中微子, 只能产生正电子 ($L=-1$).

2. β 衰变的早期分类

9.2 节中曾提到的 Fermi 在 1934 年的 β 衰变理论[5], 是基于 Fermi 子对之间的一种**矢量** (V) 型相互作用, 它是与 Lorentz 不变性和镜像对称性自洽的五种可能性之一. 其他四种是标量 (S)、张量 (T)、轴矢量 (A) 和赝标量 (P), 这些名称指的是每个 Fermi 子对在 Lorentz 变换下的性质.

标量 (S) 和矢量 (V) 相互作用的非相对论极限对应于在旋量间计算的一个单位算符. 这种类型的 β 衰变跃迁称为 Fermi 跃迁; 这类跃迁中的许多已由实验认定. 而张量 (T) 和轴矢量 (A) 相互作用的非相对论极限涉及的是 Pauli 矩阵 σ. 这种跃迁称为 Gamow-Teller 型跃迁[123], 通过其特征性的核自旋一个单位的改变, 也在很早就被认定, 暗示了对 Fermi 假设的一些补充.

β 衰变谱对能量的依赖取决于耦合的形式. 当 S、V、T 和 A 相互作用共存时, 出现 $m_\mathrm{e}/E_\mathrm{e}$ 形式的项, 其中 m_e 和 E_e 分别是电子的质量和能量. 然而实验中没有观测到这样的 Fierz 干涉项[124], 限制了可允许的相互作用.

β 衰变中电子和中微子的关联使人们能够选出不同的相互作用类型, 其分布正比于 $1+b\,\hat{p}_\mathrm{e}\cdot\hat{p}_\nu$, 对纯 (S、V、T、A) 相互作用, b 的取值分别为 (b = −1、1、1/3、−1/3)[125]. 在 20 世纪 50 年代中期, 关于 $^{6}\mathrm{He}\to{}^{6}\mathrm{Li}+\mathrm{e}^{-}+\bar{\nu}$、$^{19}\mathrm{Ne}\to{}^{19}\mathrm{F}+\mathrm{e}^{+}+\nu$ 和 $^{35}\mathrm{Ar}\to{}^{35}\mathrm{Ce}+\mathrm{e}^{+}+\nu$ 的实验给出了一些相互冲突的结果, 但很快就被区分开了.

3. 普适性假设

尽管弱相互作用最初只与核 β 衰变相关, 但很快就发现, 它以相同的强度参与 $\mu\to\mathrm{e}\nu\bar{\nu}$ 和原子核的 μ 子俘获过程. 这个观测导致了**弱普适性**的假设[126], 根据这个假设, (p, n)、(e, ν) 和 (μ, ν) 中的任何一对, 与其自身或其他任何一对的相互作用都相等. 如果带电 π 介子的衰变由核子–反核子中间态所主导, 则其衰变率与弱普适性相一致. 奇异粒子的衰变似乎是由于一种与 β 衰变相似、但稍微更弱一点的相互作用引起的.

4. 推翻宇称守恒

当带电奇异介子的衰变在 20 世纪 50 年代早期被识别时, 以不同模式衰变的一些粒子的质量, 越来越近地朝一个单一值集中, 现在知道是 $m(\mathrm{K}) = 493.6\mathrm{MeV}/c^2$, 其寿命也以相似方式趋近一个共同值[127]. 然而, 假如弱相互作用在镜像对称下不变, 则被称为 $\theta^+ \to \pi^+ + \pi^0$ 和 $\tau^+ \to \pi^+ + \pi^+ + \pi^-$ 的两个不同的衰变, 不可能对应于同一个粒子.

对三个 π 介子 ("τ^+") 衰变的运动学分布的检验[128] 支持两个相同 π 介子之间以及它们和那个不同的 π 介子之间的相对角动量均为零. 在这种情况下, τ^+ 一定具有等于零的自旋 J 和负的内禀宇称 P(因为每一个 π 介子的宇称被认定为负, 参见9.4.2节第一小节). 一个导致 $J^P(\tau^+)=2^-$ 的内部相对角动量的混合也是可能的.

两个 π 介子的 ("θ^+") 衰变只能对 $P = (-1)^J$ 的粒子发生. 于是, 因为上面的分析支持 $J^P(\tau^+) = 0^-$, 或也可能是 2^-, 所以如果**弱衰变中宇称守恒**, 则 τ^+ 和 θ^+ 就不可能是同一个粒子.

弱相互作用宇称不守恒的可能性开始在 1956 年早期的一些研讨会上非正式地争论起来. 那年的早春, 在纽约罗彻斯特的第六届高能物理国际会议上, Feynman 引用了 Martin Block 提出的一个问题, 问 θ 和 τ 是否可能是没有确定宇称的同一个粒子的不同宇称态, 这意味着宇称不守恒[129]. 从那次会议回来后, 并考察了所有证据, 李政道和杨振宁 (图 9.8) 意识到对弱作用中宇称守恒还没有做过任何判定性的检验; 这样的一种检验应当测量在一个在空间反射下为奇的算符的平均值, 诸如动量和自旋的一个标量积. 他们建议了几个这样的检验[130] (对于两个互为补充的历史叙述, 见参考文献 [131]).

图 9.8　1957 年的李政道 (左) 和杨振宁, 由 Alan W Richards 拍照

在李政道和杨振宁的论文发表之前, R Oehme 向他们指出[132], 如果电荷共轭不变性 (C) 和时间反演对称性 (T) 都保持, 则在 β 衰变实验中不会看到宇称 (P) 不守恒的效应. 另外, 在没有显著的末态相互作用时, 单只一个 C 不变性就会阻碍

违反宇称守恒的观测. 所以, 李政道和杨振宁关于 β 衰变中 P 破坏的建议也意味着 C 破坏. 他们发表的工作中纳入了这个建议, 紧接着他们一起合写了一篇文章[133], 在其中也指出, 粒子和反粒子具有相等的质量和寿命可从 CPT 不变性得出, 这是 Lorentz 不变性和定域场论的结果[134]. 所以, 例如, 观测到的带正电和带负电 μ 子有相等的寿命, 不能作为电荷共轭不变性的证据, 因为它是从弱得多的假设得出的.

哥伦比亚大学的吴健雄与她在华盛顿国家标准局的同事, 以及芝加哥的 V L Telegdi 和他的学生 J I Friedman 一起, 开始研究李 - 杨的建议. 吴健雄和她的同事发现, 在极化 ^{60}Co 的 β 衰变中宇称确实不守恒[135]. Friedman 和 Telegdi 开始研究在乳胶中的 $\pi \to \mu \to e$ 衰变过程中的宇称破坏, 并最终获得成功[136].

吴健雄 1957 年初带着她的结果的初步消息, 回到了哥伦比亚大学. 在一个周末, Garwin、Lederman 和 Weinrich[29] 设计并做了一个实验, 寻找在 $\pi \to \mu \to e$ 过程中的宇称不守恒. 参加者之一在参考文献 [137] 中讲了这个故事.

李和杨提出, 一个宇称破坏的可观测量, 可以是极化 Λ 超子弱衰变中的上–下不对称性. 这个不对称性的观测[138] 进一步证实, 在弱相互作用中宇称确实不守恒.

现在写下的弱相互作用可由这样一个理论来描述, 它违反空间反射 (P) 和电荷共轭 (C) 对称性, 但在时间反演 (T) 下不变, 从而乘积 CP 满足 CPT 不变性理论的要求. 弱相互作用的 T 守恒, 如刚刚所表述的那样, 解释了为什么中子似乎没有电偶极矩. 实验对这样的一个矩给出了严格的限制[139]. 中子不存在电偶极矩曾被认为是反对宇称不守恒的证据, 但现在人们认识到, 单只 T 不变性就会禁戒任何基本粒子的电偶极矩.

5. V-A 理论和守恒矢量流 (CVC)

在最初证明 β 衰变中宇称不守恒的实验中, 人们发现电子沿着与初始核自旋有关联的一个方向发射. 不久以后, 很多实验都发现, β 衰变中的电子和正电子的自旋与其自身速度方向相关联. 电子绝大多数以左手方式自旋, 或具有左手**螺旋性**, 而正电子发生时主要具有右手螺旋度.

在弱相互作用宇称不守恒的观测之前, Salam 和 Landau 就曾建议过, 中微子有可能以单一的螺旋度态存在[140]. 确实, Weyl 更早就曾考虑过具有两个分量的旋量, 但对于中微子, 这种可能性在 20 世纪 30 年代就被 Pauli 否定了, 因为它不能使宇称守恒[141]. 满足 Dirac 方程的普通的自旋为 1/2 的粒子有四个自由度 —— 粒子和反粒子每一自旋各有两个. 然而, 当静止质量为零时, 四分量的解分解为两个二分量解, 一个描写左手粒子和右手反粒子, 第二个描写左手反粒子和右手粒子.

二分量中微子是为描写 β 衰变实验中观测到的高度宇称破坏而量身打造的[142]. 如果一个中微子具有一个螺旋度而它的反粒子具有相反的螺旋度, 则 β 衰变中以速度 v 释放出的电子必须具有等于 $\pm v/c$ 的极化, 而相同速度的正电子必须具有相反的极化. 这的确被证实了. 电子无例外地具有极化 $P(e^-) = -v/c$, 而正电子具有极化 $P(e^+) = v/c$.

看到参与 β 衰变的中微子明显的二分量特性以及二分量形式的优美与简单性, Feynman、Gell-Mann、Sudarshan 和 Marshak 提出[143−145], **所有的**粒子都以相同的二分量方式参与弱相互作用. 其结果是, 每一粒子对 (如 (e, ν)、(μ, ν) 和 (p, n)) 都必须以矢量 (V) 和轴矢 (A) 强度的确定的组合参与弱相互作用, 按惯例称之为 V-A. 在二分量假设下, 标量 (S)、张量 (T) 和赝标量 (P) 相互作用都不复存在.

普适的 V-A 相互作用与其被提出时的许多结果相符合. 除了预言 β 衰变中电子和正电子的极化外, 它重新得出了观测到的 μ 子的寿命和绝大多数 β 衰变过程中的电子–中微子关联. 然而, 它似乎与某些观测不相容, 包括在 ^{6}He 的 β 衰变中明显起主导作用的 S 和 T 相互作用[146], 以及明显观测不到 $\pi \to e\nu$ 衰变过程[147]. 没过多久, 一个新的 ^{6}He 实验证实了 V-A 预言[148], 而 $\pi \to e\nu$ 过程最终也以预言的强度被发现了[149]. 理论还预言了纯**非轻子**过程的宇称破坏, 这样就解决了前面提到的 τ-θ 之谜. 它意味着 β 衰变中放出的中微子是左手的, 它被 M Goldhaber、L Grodzins 和 A Sunyar[150] 在一个漂亮的实验中使用图 9.9 所示的仪器所证实. 这些以及其他一些 V-A 理论的检验的更详细讨论包含在参考文献 [151] 中.

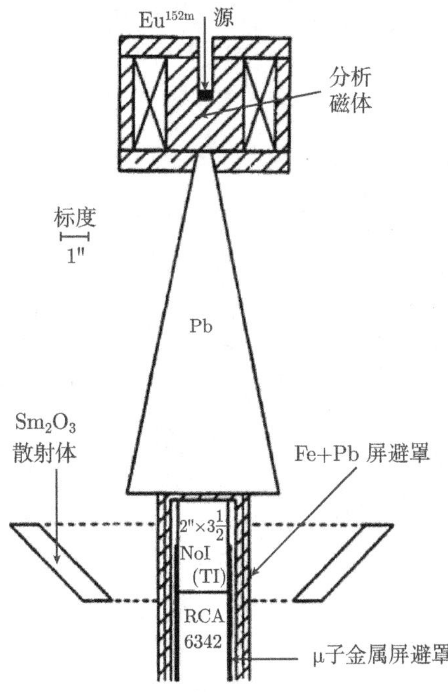

图 9.9 Goldhaber、Grodzins 和 Sunyar 利用测量共振散射 γ 射线的圆极化来确定中微子螺旋性的实验中的仪器, 该仪器具有绕垂直轴的柱对称性

对 μ 子衰变中耦合的 Lorentz 结构的一般检验, 在 1950 年就被建议了[152]. μ 子衰变中电子的能谱, 可用一个参量 ρ 和在 μ 子静止参考系中电子的能量与其最大值的比值 x 来描写. 归一化后对 $0 \leqslant x \leqslant 1$ 区间求积分, 则能谱的形式为 $N(x) = 6x^2[2(1-x) + (4/9)\rho(4x-3)]$. V-A 理论的含义是, 将电子作为粒子而 μ 子作为反粒子, 则会得到 $\rho = 0$, 而将电子和 μ 子都作为粒子, 则会得到 $\rho = \dfrac{3}{4}$. 实验最后都收敛于后一个值.

普适的 V-A 相互作用也被推广到了奇异粒子. 在结果中最值得注意的是[143], 在 β 衰变中奇异数 S 和电荷 Q 之间由经验法则 $\Delta S = \Delta Q$ 表示的关系. 如果允许 $\Delta S = -\Delta Q$ 的跃迁, 则将导致诸如 $\Xi^- \to \pi + n$ 等观测不到的过程.

普适的 (流)×(流) 弱相互作用 (其中每一个 V-A 流都带单位电荷) 意味着, β 衰变中所有 Fermi 型相互作用都产生于核子的 V 流, 而所有的 Gamov-Teller 型跃迁均产生于 A 流. 这些流的一个显著特征, 特别是矢量流, 是它们的普适强度. 例如, 在零自旋核之间的 Fermi 跃迁中, 如 ^{14}O 的 β 衰变, 耦合强度看来几乎与 μ 子衰变相同, 尽管由于强相互作用的存在原则上可能会改变核子的流.

为解释弱矢量流的普适性, Feynman 和 Gell-Mann[143]、Gershtein 和 Zel′dovich[153] 提出, 带电的弱矢量流属于守恒矢量流的一个同位旋**三重态**. **守恒矢量流**假设认为弱矢量流是同位旋对称性的生成元, 其矩阵元由简单的同位旋考虑所给定, 不依赖于强相互作用的细节. 例如, 衰变过程 $\pi^+ \to \pi^0 + e^+ + \nu_e$ 的衰变率被精确地预言了[143]; 几年后这个过程以预言的衰变率被观测到[154].

6. 两种中微子假设及其证实

弱相互作用的流–流形式, 带有费米耦合强度 $G_F \approx 10^{-5} m_p^{-2}$, 导致在高能下的截面违反 S 矩阵的幺正性. 这个问题的一种解决方法是, 认为弱相互作用产生于介子交换, 类似于强力交换 π 介子和电磁力交换光子, 这种建议最早出现于汤川的介子理论, 后来又以各种各样的形式出现 [143,155]. 弱相互作用的 V-A 特性要求这个粒子的自旋为 1, 也就是说, 是个**矢量**Bose 子. 这个 Bose 子的现代名称是 W.

矢量 Bose 子的建议预言, 发生 $\mu \to e\gamma$ 过程的分支比远在 20 世纪 60 年代早期所设定的上限之上. 这个过程包括了 μ 子到某个带电中间态和一个中微子的虚跃迁. 然后这个带电中间态将会放出一个光子并再吸收那个中微子而变成一个电子. 然而, 如果 μ 子和电子与**各自的**中微子耦合, 则预言的衰变将不会发生.

图 9.10 所示的参与者们在布鲁克海文国家实验室做了一个实验, 研究 π 介子在衰变过程 $\pi^\pm \to \mu^\pm \nu$ 中所产生的中微子的相互作用. 这些中微子与 β 衰变中放出的那些中微子不同, 将会在诸如 $\nu + n \to \mu^- + p$ 和 $\bar{\nu} + p \to \mu^+ + n$ 的过程中, 只产生 μ 子而不是电子. 结果是决定性的: μ 子中微子和电子中微子是不同的[156].

图 9.10 布鲁克海文两种中微子实验的参加者[156]

从左到右：J Steinberger, K Goulianos, J-M Gaillard, N Mistry, G Danby, W Hayes, L Lederman, M Schwartz. 上图为当年的照片; 下图为最近的照片

两种中微子实验的历史在文献 [157] 中有叙述. 发展中微子束流, 最早是由 B Pontecorvo 和 M Schwartz 提出的[158], 他们利用了李政道和杨振宁在一篇预见性的文章[159] 中所预期的物理结果.

中微子实验的一个目标是寻找上面提到的 W Bose 子. 大西洋两岸的结论都是否定的[160], 对 W 的质量提出了一个 2 GeV/c^2 的下限, 现在人们知道它重得多. 当时 (1963 年) 中微子相互作用实验事例是如此之稀少, 以致在欧洲的欧洲核子研究中心 (CERN) 所做的实验中, 每发现一次这样的反应, 都会打开一瓶香槟.

插注 9A 中微子的螺旋度

人们都知道, 中微子是最难捉摸的粒子, 只是为了探测它就需要几吨材料. 谁会有这种勇气, 甚至认真地考虑去测量相对于它的运动方向的自旋取向, 即它的螺旋度? M Goldhaber、L Grodzins 和 A Sunyar(GGS) [150] 以一个天才地构思并最终实现的实验, 成功地做到了这一点. 它是一个要求具有原子核同位素的百科全书式的知识以及熟练的技术的实验.

原子核 ^{152}Eu 借助从 K-壳层的电子俘获衰变到 ^{152}Sm, 同时发射一个能量为 0.840 MeV 的中微子. ^{152}Eu 自旋为 0 而伴随着中微子的 ^{152}Sm 处在激发态, 记为 Sm*, 其自旋为 1. 它在 3×10^{-14}s 内衰变到自旋为 0 的基态同时发射 γ 射线. GGS 是如何把所有这些放到一块, 用来测量中微子的螺旋度的呢? 根据角动量守恒, 中微子的自旋加上 Sm* 的自旋必须等于俘获电子的自旋, 这迫使 Sm* 的自旋与中微子的自旋沿相反方向. 因为 Sm* 核发生反冲而离开中微子, 所以 Sm***核的螺旋度一定和中微子相同**. 测量中微子的螺旋性度被简化为测量反冲的 Sm* 的螺旋度.

Sm* 的角动量将会被发射的 γ 射线带走. 利用让 γ 射线穿过磁铁, 由于吸收截面依赖于散射电子的自旋方向, γ 射线圆极化是可以测量的. 为了得到 Sm* 的螺旋性, 还必须确定它相对于 γ 射线的传输方向. GGS 注意到这个 γ 射线的能量是 0.960MeV, 与中微子的能量相差不大. 如果这个 γ 射线沿着 Sm* 的传播方向发射, 则该能量会被提升到恰好足够使 γ 射线从基态的 Sm 共振散射 (因此具有很大的截面), 只要散射角大约为 90°. 于是这就确定了 γ 射线是沿着 Sm* 的方向发射的.

这个引人注目的、复杂的方案用一台图 9.9 所示意性地描绘的仪器实现. 通过测量 γ 射线在碘化钠 (NaI) 晶体中的强度作为磁铁的磁化方向的函数, 人们发现了中微子是左手的.

9.5.2 CP 破坏

1. 中性 K 介子系统 P 和 C 破坏的含义

弱相互作用的 V-A 理论, 既破坏宇称 (P) 不变性也破坏电荷共轭 (C) 不变性, 而保持时间反演不变和乘积 CP 不变. 现在, 两种类型中性 K 介子的原始预言, 即衰变为 ππ 的短寿命 K 介子和禁戒这种衰变的长寿命 K 介子, 是基于弱相互作用 C 不变性的假设得出的[91]. 类似的结果被证明可以从乘积 CP 的联合不变性得出[161]. 所以如果 CP 不变性在弱相互作用中有效, 则 9.4.4 节提到的 K_2^0 仍然被预期不能衰变到 ππ.

2. 初始的实验

20 世纪 50 年代末和 60 年代初, 寻找 $K_2^0 \to \pi^+\pi^-$ 衰变的实验在三百分之一的水平上没发现任何信号. 随着允许选择性触发一种给定类型事例的火花室的发明, 布鲁克海文国家实验室的 J Christenson、J Cronin、V Fitch 和 R Turlay 开始了一个更灵敏的实验. 其早期历史和这个实验的动机在参考文献 [162] 中有叙述. 他们确实观测到了一个信号 (图 9.11), 相应于每 500 个衰变中有一个这样的事例[163].

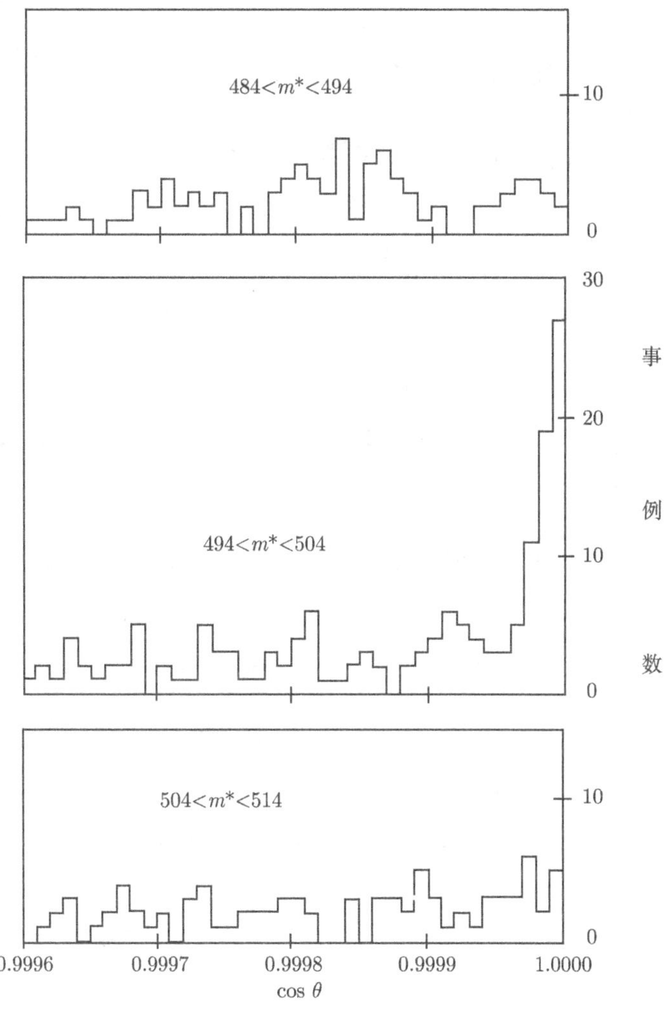

图 9.11 $K_L \to \pi^+\pi^-$ 衰变的证据[163]

显示了三个质量区的双 π 系统相对于束流的角分布, 其中中间的质量区对应于信号

理论分析[133,164] 已经为描述中性 K 介子衰变中的 CP 破坏设定了平台. 这种现象发现之后, 吴大峻和杨振宁建议了一些进一步的实验[165], 建立起了今天仍在

使用的许多约定. 因为现在观测到 K_1^0 和 K_2^0 都可衰变到一对 π 介子, 它们的名称被改变以表示不同寿命的态. K_S 表示短寿命中性 K 介子, 其寿命为 0.09 纳秒①, K_L 表示长寿命中性 K 介子, 其寿命为 52 纳秒.

$K_L \to \pi^+\pi^-$ 衰变的存在表示在弱相互作用中 CP 破坏. 假定 CPT 定理有效, 这也意味着 T 破坏, 这个结论不是轻易被接受的. 在得出他们的数据确实是 CP 破坏的证据这一结论之前, 实验家们花了 6 个多月的时间分析他们的信号. 后来不用 CPT 不变性假设所作的详细分析 (请看参考文献, 例如 [166]) 表明, 这些数据也确实给出了 T 破坏的信号.

确证 $\pi^+\pi^-$ 末态确实产生于长寿命 K 介子的一个关键性检验, 是观测到了 $K_L \to \pi^+\pi^-$ 衰变和 $K_S \to \pi^+\pi^-$ 衰变之间的干涉[167]. K_S 产生于**相干性再生**[164,168]. 当 K_L 束流穿过物质时, 束流中的 K^0 和 $\bar{K}^0$ 成分的相位和大小以不同方式变化, 它诱导出 K_S 的混合. 结果, 人们不仅可以测量 $K_L \to 2\pi$ 和 $K_S \to 2\pi$ 振幅之比的大小, 而且还可以测量这个比率的相位.

迄今为止, CP 破坏的证据仅限于中性 K 介子系统. 自从发现 CP 破坏以来主要结果的评述, 可在参考文献 [166] 和 [169] 中找到.

3. 衰变为带电粒子和中性粒子

中性 K 介子衰变中 CP 破坏的起源仍不能用基本理论来理解. 于是, 马上产生了一个问题, 即观测到的效应是完全起源于混合还是部分地产生于衰变过程中的直接 CP 破坏.

具有确定质量和寿命的 K_{S1}^0 态可认为是具有偶 CP 和奇 CP 的 $K_{1,2}^0$ 态的混合. 在一个 CPT 守恒的理论中[133], 人们可以将它们写成

$$|K_S\rangle = \frac{1}{\sqrt{(1+|\epsilon|^2)}}(|K_1\rangle + \epsilon|K_2\rangle) \quad |K_L\rangle = \frac{1}{\sqrt{(1+|\epsilon|^2)}}(|K_2\rangle + \epsilon|K_1\rangle)$$

其中复参量 ϵ 表示混合效应. K_L 到 $\pi^+\pi^-$ 或 $\pi^0\pi^0$ 衰变的振幅可由它们对于相应的 K_S 衰变振幅的比来表征, 即

$$\frac{A(K_L \to \pi^+\pi^-)}{A(K_S \to \pi^+\pi^-)} \equiv \eta_{+-} \quad \frac{A(K_L \to \pi^0\pi^0)}{A(K_S \to \pi^0\pi^0)} \equiv \eta_{00}$$

其中如果 CP 破坏只通过混合发生时, $\eta_{+-} = \eta_{00} = \epsilon$. 一般地, 可写为 $\eta_{+-} = \epsilon + \epsilon'$ 和 $\eta_{00} = \epsilon - 2\epsilon'$. 这里 ϵ' 描写衰变振幅中直接 CP 破坏 (即不是由于混合) 的效应, 它导致一个同位旋为 2 的末态.

中性 K 介子系统 CP 破坏的首要候选理论, 是 Cabibbo- 小林 - 益川矩阵 (9.9 节) 中相位的出现, 它预言 ϵ' 应该具有与 ϵ 很接近的相位, 而且 $\mathrm{Re}\,(\epsilon'/\epsilon)$ 为万分

① 纳秒为毫微秒. —— 译者注

之几. 然而, 一个具有 $\epsilon'=0$ 的模型, 其中中性 K 介子的 CP 破坏完全由于 $\Delta S=2$ 的 "超弱" 相互作用使 K^0 和 $\bar{K}^0$ 混合[170], 仍不能被现有的数据最后排除.

一个实验[171] 得出 $\mathrm{Re}\,(\epsilon'/\epsilon)=(7.4\pm5.9)\times10^{-4}$, 与零一致; 而另一实验[172] 发现 $\mathrm{Re}(\epsilon'/\epsilon)=(23\pm6.5)\times10^{-4}$, 在大于 3 个标准偏差的水平上非零. 如果 $\mathrm{Re}(\epsilon'/\epsilon)$ 在 14×10^{-4} 附近, 则这两个结果之间没有严重的矛盾. 这两个实验的改进形式都已经计划好了. 该理论也可由 B 介子的研究 (9.9 节) 来检验.

4. 半轻子衰变中的不对称性

通过比较中性 K 介子衰变到诸如 $\pi^-e^+\nu_e$ 和 $\pi^+e^-\bar{\nu}_e$ 态的衰变率, 可以了解到在每一个中性 K 介子的波函数中 K^0 和 $\bar{K}^0$ 的相对混合[173]. 上面提到的奇异数改变的弱相互作用 $\Delta S=\Delta Q$ 的规则, 意味着带负电 π 介子只能由 K^0 产生, 而带正电 π 介子只能由 $\bar{K}^0$ 产生. CP 破坏意味着在 K_L 衰变为这些末态的衰变率中有一个正比于 $2\mathrm{Re}\epsilon$ 的不对称性. 人们寻找这个不对称性并发现了它; 结果与预期符合得相当好[174].

5. CP 破坏与宇宙中重子的不对称性

CP 破坏被发现不久, Sakharov 就指出[175], 它对理解为什么观测到的宇宙含有的重子要多于反重子是一个关键因素. 其他的一些关键特征是, 破坏重子数守恒的一些相互作用, 以及在早期宇宙的一个时期这些相互作用主导的反应脱离了热平衡态. 这些条件已在后来的一些模型中实现了[176], 在 9.12 节和 9.13 节我们还要回到这些模型.

9.5.3 流代数

1. π 介子的作用

在新提出的 V-A 理论中, 强相互作用粒子的弱相互作用仍然是个谜. 尽管核子的矢量流似乎几乎不受强相互作用影响, 而轴矢耦合强度 (由 $G_A\approx1.25$ 参数化) 与假设核子与轻子行为相同时所期望的 $G_A=1$ 有很大偏离. 再者, 强相互作用粒子到纯轻子末态的衰变由一些任意常数描述, 比如 $\pi\to\mu+\nu$ 过程的 π 介子衰变常数 f_π.

掌握了强相互作用和弱相互作用的经验, M L Goldberger 和 S B Treiman 着手计算 f_π[177]. 他们的结果包含核子–反核子中间态从而 π 介子–核子耦合常数 $g_{\pi NN}$ 的重要作用. 他们得到了关系 $f_\pi=m_N G_A/g_{\pi NN}$, 精确到了百分之几. 这里 m_N 是核子质量.

对全空间积分后, 矢量流的时间分量就是**同位荷**, 即同位旋变换的生成元. 所以矢量流守恒与同位旋不变性相联系. **轴**矢流时间分量的空间积分也作同位旋变换, 它使左手 Fermi 子和右手 Fermi 子在同位旋空间中作相反方向转动. 在左手 Fermi 子和右手 Fermi 子各自的同位旋转动下的不变性, 被称作**手征不变性**.

但轴矢流守恒吗? 很显然不; 轴矢流在单核子态间矩阵元的散度正比于 m_{N}, 所以除非核子没有质量, 否则它不会为零. 在这样的情形下, 确实会有手征不变性. 通过运动方程和它们的解的明显不变性, 手征对称性会在 Wigner-Weyl 意义下实现. 明显的手征对称性的一个含义是预言: 对每一个给定宇称的粒子都应该有一个具有相反宇称的简并粒子. 当然情况似乎不是这样.

在他们关于π介子衰变常数的第一篇文章的后续文章中, Goldberger和Treiman证明[178], 轴矢流守恒的要求造成在 β 衰变振幅中有一个零质量的极点. 受此结果的启发和与超导性的类比, 南部一郎 (Y Nambu) 发现了另一种模式, 在其中手征对称性可以实现[179]. 若**真空本身**不是手征对称的, 从而轴矢流所产生的那部分对称性是**自发破缺**的, 那么在像核子这样的状态谱中就无须宇称成对. 作为替代, 一个无质量赝标量粒子即 π 介子奇迹般地出现; 核子的宇称的伴态则是由一个核子和一个 π 介子组成的态. 这种行为以实例说明了一般的 J Goldstone 定理[180] : 一个整体的即不依赖于空间对称性 (如手征对称性) 的自发破缺, 必然导致谱中有一些无质量粒子. 对核子和 π 介子组成的系统, 手征对称性被称为在南部 -Goldstone 意义上实现了: 经由对称性自发破缺实现. 在南部的方法中, π 介子作为它在手征不变性破缺中所起的作用的一个自然结果而满足 Goldberger -Trieman 关系. 事实上, 在精确手征不变性的极限下, Goldberger 和 Treiman 发现的零质量极点可认同为 π 介子.

M Gell-Mann 和 M Lévy 把轴矢流的散度看作为 π 介子场本身[181], 其动机就是为了理解轴耦合常数与 1 的偏离. 他们构建了几个的确满足这一要求的场论模型. Goldberger-Trieman 关系是一个受欢迎的结果. 轴矢流的散度非零且被看作与 π 介子场相同的这个事实, 被称为**轴矢流部分守恒**(PCAC).

2. Gell-Mann-Lévy 普适性讨论

尽管人们预期矢量流不被强相互作用重整化, 但在 $^{14}\mathrm{O}$ 的 β 衰变中测量的 Fermi 常数 G 似乎比在 μ 子衰变中测量的 G_{μ} 要低 3%. Gell-Mann 和 Lévy 建议[181], 丢失的 “强度” 由 Λ 粒子通过 β 衰变到质子的耦合所补偿: 在现代观念中, 强子的 β 衰变流包括电荷改变的跃迁 $\mathrm{p} \leftrightarrow \mathrm{n}\cos\theta + \Lambda\sin\theta$. 取 $\sin^2\theta \approx 0.06$, 既可以理解 $G/G_{\mathrm{v}} \approx 0.97$, 又可以理解奇异数改变的弱衰变 (特别值得注意的是 $\Lambda \to \mathrm{pe}^{-}\bar{\nu}$ 过程[182]) 的相对压低.

3. Gell-Mann 的流代数

为寻找幺正对称性成功背后的动力学原理, Gell-Mann(图 9.12) 意识到[183], 同位旋 (SU(2) 群) 和它到 SU(3) 推广, 都是由**荷** —— 矢量流时间分量的空间积分 —— 产生的. 这些荷 $F_i(i=1,\cdots,8)$ 遵从一种形式为 $[F_i,F_j]=\mathrm{i}f_{ijk}F_k$ 的代数, 其中 f_{ijk} 是完全反对称的**结构常数**.

图 9.12 Murray Gell-Mann(上); Yuval Ne′emann(下)

轴矢流时间分量的空间积分给出荷 F_i^{A}, 在这种对称性下它必须作为矢量变换: $[F_i,F_j^{\mathrm{A}}]=\mathrm{i}f_{ijk}F_k^{\mathrm{A}}$. 轻赝标介子 8 重态的存在, 是轴荷不守恒的原因; 当它们作用在真空上时, 将产生一个 π 介子、K 介子或 η 介子.

当人们有了一种对称性的一组生成元时, 很自然地要寻求**所有**对易子的行为. Gell-Mann假设, 这个代数可以由两个**轴**荷的对易关系的最简单的可能性$[F_i^{\mathrm{A}}, F_j^{\mathrm{A}}] = \mathrm{i}f_{ijk}F_k$来完成. 对轻子确实是这样. 假如强相互作用粒子由更基本的组分组成 —— 至少可以设想相互作用不影响这些基本的关系 —— 则这个做法对于它们也可能是正确的. 这些组分可被认为是**夸克**[184]——SU(3) 三重态表示的成员. 我们将在 9.6 节讨论它们.

那时 $(F_i + F_j^{\mathrm{A}})/2 \equiv F_i^{\mathrm{R}}$ 和 $(F_i - F_j^{\mathrm{A}})/2 \equiv F_i^{\mathrm{L}}$ 这两种组合将遵从两个独立的 SU(3) 代数. 这个 SU(3)×SU(3) 结构, 导致了对先前认为很难处理的强相互作用物理领域的许多量给出了一些成功的预言.

4. 奇异粒子衰变的 Cabibbo 理论

如果矢量流和轴矢流按照 SU(3) 的生成元变换, 则它们在 SU(3) 多重态的各种态之间的矩阵元可以建立一些相互的关系. 到 1963 年, 关于重子 8 重态中各种超子 β 衰变的数据一直在积累, 对于做这样一种分析的时机已经成熟了.

N Cabibbo[185] 假设电荷改变的弱流的行为像是一个 SU(3) 8 重态的成员, 它由像带电 π 介子 (带有系数 $\cos\theta$) 一样变换的一部分与像带电 K 介子 (带有系数 $\sin\theta$) 一样变换的一部分的线性组合组成. 其中的 θ 角是 Gell-Mann 和 Lévy 为挽救弱强子流的普适性而提出的, 因此以后我们将称之为 θ_{C}.

矢量流守恒唯一地确定了矢量流在重子态之间的矩阵元. 然而轴矢流的不守恒却容许存在轴矢流的两类矩阵元. 在 SU(3) 中有分别称为 F(全反对称的) 和 D(全对称的) 的两种方式使一个 8 重态流与初态和末态的 8 重态重子耦合.

轴矢流的 F 和 D 耦合的一种组合是核子的轴荷, $F + D = G_{\mathrm{A}} \approx 1.25$. Cabibbo 理论用一个单独的 θ_{C} 值和一个自洽的 F/D 值来描写诸如 K→πeν、Λ→peν、$\Sigma^- \to \mathrm{ne^-\nu}$ 和 $\Sigma^- \to \Lambda^0\mathrm{e^-\nu}$ 的衰变. 在现代的拟合中, 还包括关于几种其他超子的 β 衰变 (及它们中某些轴矢耦合与矢量耦合的比) 的数据, 人们发现[186]$\sin\theta_{\mathrm{C}} \approx 0.22$ 和 $F/D \approx 2/3$. 结果证明后一个值与重子的夸克图像中的预期值很接近.

5. Adler-Weisberger 关系

PCAC 假设允许计算软 π 介子的发射[187], 其方法与使用电磁学普遍原理计算软光子发射类似[188]. Stephen Adler 是这种技术的高超的专家, 他用之研究了一系列过程, 包括低能 π 介子–核子散射[189]. 听说 Murray Gell-Mann 和他的学生 Roger Dashe 用两个轴同位旋生成元的对易子得到了轴矢量–矢量耦合常数和 π 介子–核子散射的关系后, Adler 意识到他的经验对这一问题非常理想. 很快地他将 G_{A} 与正 π 介子和负 π 介子对核子总截面的差对能量的积分联系了起来[190]. 同时, W I

Weisberger 做了类似的计算, 并且接着推广了这个结果, 将 $|\Delta S| = 1$ 跃迁与 K 介子–核子散射联系了起来[191].

在零质量 π 介子的极限下, Adler-Weisberger 关系可写为

$$G_{\mathrm{A}}^2 = 1 - 2\frac{f_\pi^2}{\pi}\int_0^\infty \frac{\mathrm{d}\nu}{\nu}(\sigma^{\pi^- p}(\nu) - \sigma^{\pi^+ p}(\nu))$$

其中 ν 代表 π 介子的实验室能量. 它对 G_{A} 的预言在一定程度上依赖于对有质量的 π 介子修正的处理, 但所得数值 $G_{\mathrm{A}} \approx 1.2$ 与实验充分接近, 以至于流代数的威力立即被承认.

6. 其他流代数关系

Adler-Weisberger 关系利用流对易关系的非线性来归一化轴荷. 轴荷与矢量荷之间的对易子也包含有用的信息, 它提供了半轻子过程 $\mathrm{K} \to \pi e\nu$ 与纯轻子衰变 $\mathrm{K} \to \mu\nu$ 之间的一个关系[192]. 如 Weinberg 所证明的[193], 甚至纯强子过程如 π 介子–π 介子散射也可用这种方法研究. 流代数的许多其他成功已被记载于一些当代教科书和综述文章中[194].

9.5.4 强相互作用方案

在 20 世纪 50 年代弱相互作用理论取得重大进步的同时, 强相互作用仍是一个谜. 对称性的论证对许多结果就足够了, 但直到 20 世纪 70 年代量子色动力学出现, 人们才理解了这些基本力. 然而, 即使在不存在基本理论的情况下, 理解强力的这些努力在很多领域也产生了成果.

1. S 矩阵理论和色散关系

Wheeler 在 20 世纪 30 年代在非相对论核反应的讨论中引入[195] 了一个联系入射和出射散射态的幺正矩阵, Heisenberg 则独立地发展了完整的相对论处理[196]. 这个散射矩阵或, 正如人们对它的称谓, S 矩阵, 在第二次世界大战中有一段有趣的历史[197]. Heisenberg 的工作的消息以 Heisenberg 写给仁科 (Nishina) 的一封信的形式由德国潜艇带到了日本. 一个幺正 S 矩阵出现在 20 世纪 40 年代的日本文献上, 即出现在由朝永 (Tomonaga) 和他的小组对微波结点所作的一些分析中[198]. 美国战时微波工作也用 S 矩阵描写结点[199]. 这个时间的前后, Stückelberg 独立地引进了 S 矩阵的类似物[200]. 在天线阻抗匹配物理学中, 甚至更早地提出了一个变换, 与 Stückelberg 所建议的变换极其相似, 它形成经常使用的 **Smith 图**的基础[201]. 战后相对论性 S 矩阵的发展, 很大程度上归功于 Møller 的工作[202].

当 π 介子与核子的强耦合在 20 世纪 50 年代开始清楚时, 物理学家们对如此成功地用于 QED 的量子场论描述强相互作用感到非常失望. 人们希望[203], 通过描

述 S 矩阵的奇点, 一个理论可以避免将振幅展开为微扰级数, 因为 π 介子–核子之间耦合常数很大, 这种展开是不可能的. 于是开始了一段集中研究散射振幅解析性和 “靴袢” 理论的时期, 在这个理论中所有已知粒子都被看作是相互的复合体. 这种作法的一个早期成功, 是散射振幅色散关系的发展[204], 它把散射振幅的实部与对总截面的积分联系起来. π 介子–核子总截面和振幅实部的精确测量[205] 提供了一个这些关系的令人印象深刻的证明. 色散关系也可同时以相应于能量和动量转移的相对论推广的量写出来[206], 提供了对控制强力力程参量的理解.

2. Chew-Low 理论和同量异位素

第一个 π 介子–核子共振态, 即前面提到的 Δ(1232), 由Chew和Low 利用把一个π介子和一个重子 (核子或Δ) 之间的力视为主要由于重子交换的理论描写[207]. 确实, 对其低能行为最重要的散射振幅中的奇点, 正好与交叉道中的重子相联系.

3. $\pi-\pi$ 散射和靴袢程序

强相互作用粒子都可视为相互的复合体的观点 (受 Chew 和 Low 关于 Δ、核子和 π 介子结果的鼓励), 在 20 世纪 50 年代发展为一个完全成熟的靴袢程序, 它只处理自然界中实际发现的 S 矩阵的那些自洽的奇点. 这个程序的关键成分是 S 矩阵的幺正性和散射振幅的解析性和**交叉对称性**. 最后的这个特征把 $A+B \to C+D$ 这样的过程与其**交叉反应**如 $\bar{C}+B \to \bar{A}+D$ 这样的过程联系起来.

靴袢程序的一个简单的检验, 由 $\pi-\pi$ 散射提供. 因为实验室中得不到 π 介子, 怎么能利用它作为靶呢? Chew 和 Low 给出了答案[208]: 利用虚 π 介子 (图 9.13). 例如, 在反应 $\pi+\mathrm{p} \to \mathrm{X}+\mathrm{n}$ 中, 散射振幅在不变动量转移中有一个极点, 相应于一个 π 介子的交换, 它主导了数值足够小的动量转移的散射.

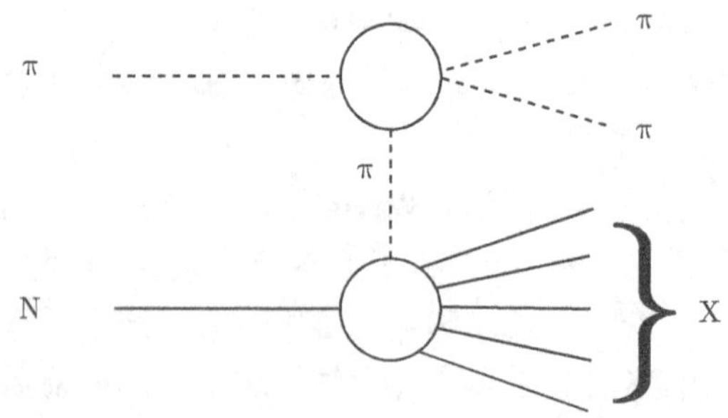

图 9.13 描写 Chew-Low 研究 $\pi-\pi$ 散射建议[208] 的图

人们作了许多 $\pi-\pi$ 散射的靴袢计算[203], 在重新产生占优势的低能特征方面取得了不同程度的成功. 这包括一个在 $I=1$ 道明显的 P 波共振态, 即 $\rho(770)$(数值指以 MeV/c^2 为单位的质量), 和在 $I=0$ 道 S 波相移的缓慢增加. 一旦确定了流代数[193] 所预言的低能特征, 确实展示了靴绊计算的成功[209]. 但是, 解析性、幺正性和交叉对称性被证明不足以唯一地确定散射振幅.

4. Regge 极点

Tullio Regge 的一篇处理非相对论势散射的文章[210], 迈出了粒子物理学中描写散射的重要一步. 散射振幅在复角动量中有一些极点, 这些复角动量使它们的极点的位置作**为能量函数而变化**, 这解决了一个困扰散射振幅场论描写多年的难题.

强作用力的幺正性和短程性质, 使 Froissart 能够证明, 高能时总截面不能比 $\sigma_{\mathrm{T}} \sim (\log s)^2$ 增加得更快, 其中 s 是质心能量的平方[211]. 对于交换任何自旋为 J 的粒子, 总截面和弹性截面应该分别按 $\sigma_{\mathrm{T}} \sim s^{J-1}$ 和 $\sigma_{\mathrm{e}} \sim s^{2J-2}$ 增加, $J > 1$ 时超出了 Froissart 限 (并破坏了 $\sigma_{\mathrm{e}} \leqslant \sigma_{\mathrm{T}}$). 具有高自旋的粒子已被观测到了, 但截面没有表现出破坏 Froissart 限的迹象.

为使 Regge 的结果适用于相对论性散射, Chew 和 Frautschi 提出[212], 粒子位于 **Regge 轨迹**上, 具有相应于角动量 $J = \alpha(s)$ 为整数和半整数值的特定的状态. 因为对 $t \leqslant 0$ 的散射区, 所有已知的 Regge 轨迹具有小于或等于 1 的 $\alpha(t)$ 值, 其中 t 代表不变动量转移变量, 与 Froissart 限并不冲突. 要理解总截面在高能情况下近似接近一个常数, 需要引入另一具有 $\alpha(0) = 1$ 数值的 Regge 轨迹, 叫做 **Ponmeranchuk 轨迹**, 以表彰 Pomeranchuk 对总截面高能行为的描写[213].

使用色散关系从场论导出复角动量平面中的奇点是由 Gribov、Bardakci、Barut 和 Zwanziger、Oehme 和 Tiktopoulos 在 1962 年完成的[214].

Regge 极点交换假设还意味着散射振幅的一个确定的相位. 有关这个相位的证据证实了这个假设. 结果依靠散射振幅对能量的渐进依赖和与它的解析性和交叉性相关的一些性质. Regge 轨迹的一个例子示于图 9.14 中, 显示出对 $s = m^2$ 的高度的线性关系, 这个特征在 9.8.3 节中还要讨论.

5. 对偶性和弦理论的前兆

一个理论领域里取得的进步常常导致另一个领域里的一些结果. 譬如, 理解强相互作用的努力导致了量子引力的一个候选理论.

在 20 世纪 60 年代, 通过对 Regge 极点交换求和来描写高能散射过程是很流行的做法. 对于没有量子数交换的过程, Pomeranchuk 轨迹 (简称 Pomeron, 一般译为波密子) 起主导作用. 在各种这样的过程之间的区别由一些非领头轨迹的贡献控制. 如果量子数被交换了, 则波密子就没有贡献. 例如, 在 π 介子–核子电荷交换的过程 $\pi^- + \mathrm{p} \rightarrow \pi^0 + \mathrm{n}$ 中, 起主导作用的是 ρ 介子所在的轨迹 (图 9.14), 高能下对能量的依赖由 ρ 轨迹交换很好地描述. 但当共振态导致振幅的急剧振荡时, 低能行为将会如何呢?

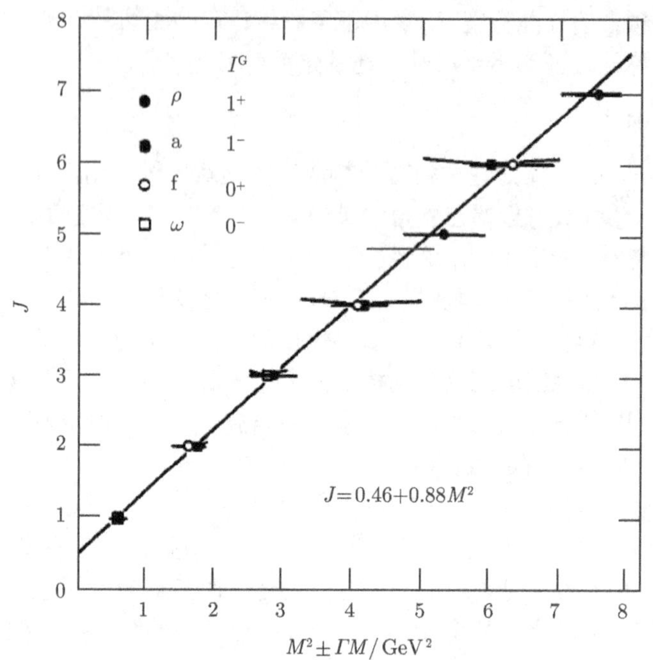

图 9.14 非奇异介子 Regge 轨迹的例子

点代表质量 (平方) 的值; 误差棒代表自然宽度效应. 在这种情况下, 可以看到同位旋为 $I=0$ 和 1 以及正的和负的 G 宇称轨迹在此情况下是重合的 (G 宇称是同位旋多重态中性成员的电荷共轭本征值)

R Dolen、D Horn 和 C Schmid 发现[215], π 介子–核子电荷交换的 Regge 描写和共振态描写相互间不能相加, 而是同一物理的互补描述, Regge 轨迹提供了一个**共振行为的平均描述**. 此外, 共振的这种平均描述需要散射振幅的一个类似于在更高能量下从 Regge 极点交换所预期的相位. 这种共振态和 Regge 行为之间的对偶性, 只适用于非 Pomeranchuk 轨迹[216], 它可用夸克图来形象化表示[217].

M Ademollo、H Rubinstein、G Veneziano 和 M Virasoro 研究了 π+π → π+ω 过程的 Dolen-Hom-Schmid 对偶性结果, 它在交叉对称下特别简单. 在一年的时间里他们共同打造了一个具有对偶性不断增加特征的模型散射振幅[218]. 最后, Veneziano 在乘船从以色列经意大利以开始他在 CERN 的第一个博士后工作的途中, 发现了一个用两个运动学变量表示的既具有极点又具有 Regge 行为的散射振幅的引人注目的公式[219]

$$A(s,t)\sim B(1-\alpha(s),1-\alpha(t))\equiv\frac{\Gamma(1-\alpha(s))\Gamma(1-\alpha(t))}{\Gamma(2-\alpha(s)-\alpha(t))}$$

这个 Veneziano 振幅在习惯于强相互作用的难处理性的物理学家们中间产生了相当大的轰动. C Lovelace 和 J Shapiro[220] 提出了一个 π – π 散射振幅模型, 与刚才引用过的模型振幅很相似, 具有很多吸引人的特征, 其中包括一个与流代数结果一致的低能极限[193]. 构建产生 Veneziano 振幅的理论的努力, 导致了弦理论[221] 和超对称[222] 的前兆.

强子的弦理论最初被视为强相互作用的模型, 也许在某种极限下适用. 表面上看, 它们不让人喜欢的特征之一是它们需要存在于 26 维时空中, 而不是普通的 4 维时空中. 1974 年, J Scherk 和 J Schwarz[223] 意识到, 这些理论具有一个无质量的自旋为 2 的粒子 —— 引力子的一个很好的候选者 —— 并且与其他几个追随者一起, 开始将它们作为量子引力的可能形式来研究. 后来, 在 1984 年, M Green 和 J Schwarz 发现[224], 某些弦理论的超对称形式可以存在于 10 维时空, 而不是 26 维时空, 并且开始用粒子内部对称性来解释额外的 6 维. 这些**超弦**理论曾成为狂热的理论活动的课题, 在 9.13 节我们将进一步描述.

总之, 尽管缺少基本理论, 在 20 世纪 50 年代和 60 年代, 从强相互作用的研究中, 人们还是学到了很多东西. 我们将在 9.8 节从量子色动力学的角度回到这个话题.

9.6 夸克革命

在 20 世纪 60 年代和 70 年代早期, 粒子物理学经历了一场变革. 借助于几个通过杨-Mills 场 (9.7 节) 相互作用的基本组元, 几百个强相互作用共振态以及令人眼花缭乱的相互作用的混乱状态逐渐地得到了理解. 夸克和胶子物理学就这样诞生了. 在这一节我们描述这些基本组元; 而在 9.7 节和 9.8 节我们回到相互作用.

9.6.1 夸克模型

1. 三重态作为 SU(3) 的基

对称群如 SU(2) 或 SU(3) 的许多行为可以由它们对其**基础表示**的作用得知, 对于 SU(3) 群, 基础表示相应于粒子三重态. 由足够多的三重态或反三重态人们可以构建 SU(3) 的任何表示.

坂田[225] 和他的几位同事[111](前面在 SU(3) 情形下提到过他们) 为了构建基本粒子模型, 利用了一个由质子、中子和 Λ 粒子作为基本组元的基本三重态. 然而, 随着八重态方法 (9.4.6 节第 2 小节) 的发明, 质子、中子和 Λ 粒子不再可能被视为基本的; 它们与 3 个 Σ 粒子和 2 个 Ξ 粒子一起, 属于一个粒子 8 重态. 此外, 似乎还存在一个自旋为 3/2 的重子 10 重态, 包括 $\Delta(1238)$、$\Sigma(1385)$、$\Xi(1530)$ 和预言的 $\Omega(1675)$. Goldberg 和 Ne'eman[226] 很早就曾用一些三重态来构建这样的一些态.

能认为所有重子 (和正在出现的自旋为 0 和 1 的介子多重态) 是更基本组分的复合体吗? Murray Gell-Mann 在 1963 年对哥伦比亚大学的一次访问中, 提出将

SU(3) 三重态真正看做强子的基本亚单元[184,227]. 将这些亚单元称为**夸克**(如在《芬尼根的守灵夜 (Finnegans Wake)》① 中 "三呼夸克 (Three Quarks for Muster Mark)" 的一段[228]), 他发现所有重子都可视为三个自旋为 1/2 的夸克组成的状态, 而介子可由夸克–反夸克对表示. SU(3) 三重态的成员是一个同位旋二重态 (u, d) 和一个单态 (奇异)s. 它们必须具有分数电荷: $Q(\mathrm{u}) = \dfrac{2}{3}, Q(\mathrm{d}) = Q(\mathrm{s}) = -\dfrac{1}{3}$. 但这样做极为冒险, 因为自然界从没观测到带分数电荷的实体. George Zweig 在 CERN 独立地提出了一幅相同的带分数电荷的物质组分的图像[229], 他称之为 "爱斯"②. 在选择名字时, 夸克胜过爱斯, 诗歌胜过扑克.

Zweig 希望理解为什么一些衰变是允许的而其他一些是禁戒的. 一个自旋为 1 的称为 ϕ 的介子, 据推测为 SU(3) 单态和 8 重态的混合[230], 它被观测到衰变为 $\mathrm{K^+K^-}$ 和 $\mathrm{K^0\bar{K}^0}$[231]. 它到 $\rho\pi$ 的衰变, 尽管被电荷共轭与同位旋的组合对称性 (称为 **G 宇称**) 所允许[232], 但似乎是压低的. 这个事实很难用群论来理解, 但通过夸克图马上就能领悟 (图 9.15). 初始夸克互相湮没而不出现于末态粒子中的这种衰变的被压低, 称为 Zweig 规则.

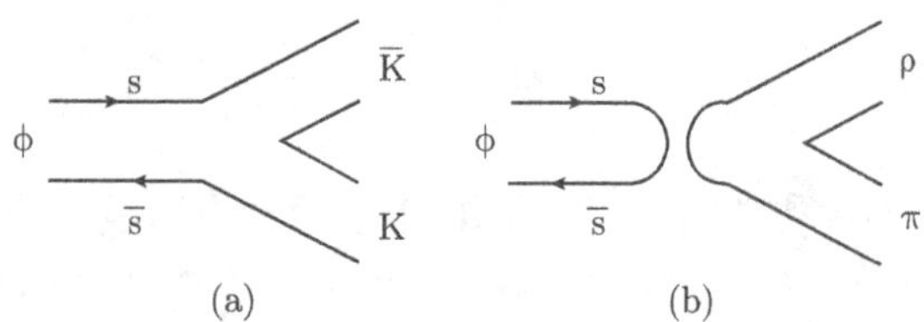

图 9.15 说明 Zweig 规则的图

(a) 允许衰变; (b) 禁戒衰变

夸克图像马上就可以解释为什么重子只出现 SU(3) 单态、8 重态和 10 重态, 因为这些都是可以由 3 个 3 重态形成的态. 介子只出现单态和 8 重态, 它们是可以由一个三重态和一个反三重态形成的态. 对于没有轨道角动量的态, 可以组成自旋为 1/2 和 3/2 的偶宇称重子和自旋为 0 和 1 的奇宇称介子. 这些与观测到的最低质量的强相互作用粒子家族精确一致. 额外的轨道角动量将产生更高自旋的奇宇称或偶宇称态.

2. 共振态粒子谱

将夸克组合成强子的规则是简单的. 对于介子, 一个夸克和一个反夸克可形成自旋为 0 或 1 的态. 对于重子, 3 个夸克可形成自旋为 1/2 或 3/2 的态. 这些夸克的自旋与一个轨道角动量 L 按矢量耦合形成具有各种总角动量 J 的态. 这些态的

① 爱尔兰文学家 James Joyce(1882～1941) 的著名小说, 中文版 (戴从容译)2012 年由上海人民出版社出版. —— 译者注

② "aces" 为扑克牌中的 "尖". —— 译者注

内禀宇称也可用轨道组态很好地定义. 因为夸克和反夸克的相对宇称相反, 介子应该具有宇称 $\mathrm{P} = (-1)^{L+1}$. 确实, 最低能态介子具有 $J^{\mathrm{P}} = 0^-$ 和 1^-, 与对 $L = 0$ 态的预言相同. 次最低能态介子具有 $J^{\mathrm{P}} = 0^+$、1^+、和 2^+, 也和预言一致. 最低能态重子 (八重态和十重态, 如图 9.6 所示) 确实具有 $J^{\mathrm{P}} = \left(\frac{1}{2}\right)^+$ 和 $\left(\frac{3}{2}\right)^+$, 和对 $L = 0$ 态的预言相同, 而它们的第一激发态显示具有奇宇称和 $J = \frac{1}{2}$、$\frac{3}{2}$ 和 $\frac{5}{2}$, 也和对 $L = 1$ 态的预言一致.

夸克模型使得人们相当成功地描述了基本粒子的质量和磁矩[233]. 一个体现了夸克模型许多成功的更代数性的表述是在 SU(6)(由 SU(3) 和夸克自旋 SU(2) 的乘积形成) 的基础之上建立的[234].

有相当数量的轨道激发的证据以及若干径向激发的证据. 然而, 重子基态的本性提出了一个问题, 它可以从 Δ 粒子最清楚地看出来.

3. 夸克统计问题

$\Delta(1232)$ 多重态具有同位旋 $I = \frac{3}{2}$ 和自旋 $J = \frac{3}{2}$. 它是 3 夸克的 S 波态的自然候选者. 它是同位旋对称的 (例如, 包含 3 个 u 夸克组成的 Δ^{++}). 在不存在夸克间的轨道角动量时, 它是自旋对称的 (例如含有 3个夸克的自旋都沿 $+z$ 轴排列的 $J_z = \frac{3}{2}$ 态). 如果它是空间基态, 似乎它必是空间对称的, 但这种行为对由 3 个相同 Fermi 子组成的态是不可接受的, 因为它必须遵从 Pauli 不相容原理.

在某些假设下[235], 人们曾经证明了具有整数自旋的粒子遵从 Bose-Einstein 统计, 而具有半整数自旋的粒子遵从 Fermi-Dirac 统计. 这些性质可用 Bose 子场算符的对易关系与 Fermi 子场的反对易关系来表示. 1953 年, H S Green[236] 发现了这些规则的一种推广, 它是在场的一个新的内部自由度的假设的基础上建立起来的, 称为仲统计 (parastatistics). 1964 年, Greenberg[237] 建议夸克遵从 Green 统计, 其行为像 3 阶仲 Fermi 子.

夸克的仲 Fermi 子假设等价于设想夸克以三种形式出现, 重子由每一种形式中的一个组成. 在这个新自由度中的反对称波函数在所有其余的自由度中都是对称的. 然后 Greenberg 就可以对所有三夸克波函数的对称性分类, 发现了与许多已知重子态的密切对应.

对于夸克一个额外自由度的更具体的建议是由韩 (Han M Y) 和南部[238] 提出的. 夸克明显的分数电荷产生于对 3 种具有**整数**电荷类型的平均. 于是, 两个 u 夸克会具有电荷 1, 而一个 u 夸克将具有电荷 0, 求平均得到 2/3; 同时, 两个 d 夸克将具有电荷 0 和一个 d 夸克具有 −1, 求平均得到 −1/3. 再一次, 重子将具有每一种类的一个夸克.

在 9.8 节讨论量子色动力学时, 我们会看到夸克统计问题的最后结果. Greenberg、韩和南部提出的内部 "三重性" 已被称为 "颜色". 比起 20 世纪 60 年代的 u、d 和 s 来, 现在已知更多的夸克的 "味", 而颜色数仍保持 3. 所以 "三呼夸克" 的引用仍然合适.

9.6.2 深度非弹性散射

1. 弹性散射和形状因子

第二次世界大战后新电子加速器和灵敏的探测技术的发明, 使电子对质子和中子的散射在动量转移大到足以探测核子结构处的研究成为可能[104]. 人们发现质子和中子是半径为 1fm(10^{-13}cm) 数量级的结构. 人们发现它们的形状因子 (它们的电荷和磁矩分布的 Fourier 变换[239]) 在大动量转移 q 下约按 q^{-4} 减小.

2. SLAC 的设计和运行

20 世纪 50 年代开始筹划一个位于斯坦福大学校园西边的大型直线加速器. W K H Panofsky 和其他人不懈的努力导致了斯坦福直线加速器中心 (SLAC) (图 9.16) 的建造, 于 1967 年开始运行.

图 9.16 斯坦福直线加速器中心 (SLAC)1969 年的鸟瞰图

关于 SLAC 加速器的努力和代价是否值得, 观点有分歧[240]. 当构思机器时, 许多人认为质子的形状因子会随着动量转移的增加而不断减小. 对如 Δ 粒子这样的特定共振态的激发态, 每个形状因子也被预期具有相似的行为. 如果真是这样, 这个行为将意味着电子对质子的高能散射所要检验的是一片荒漠.

3. 标度现象的发现和解释

MIT-SLAC 合作组做了一个研究电子对质子的**非弹性**散射的实验. 人们只探测散射后的电子, 打算单从电子的方向和能量推知末态强子的一些性质.

其结果[241] 就像半个世纪以前 Rutherford 所得到的结果一样令人惊奇. 大角度散射数目远远超出了基于迅速减小的形状因子得到的预期值, 似乎质子本身含有一些类点组分. Bjorken[242] 在 1966 年发表的一篇基于流代数预言这种行为的论文已预期到了这种观点.

两个相对论不变量表征了一个轻子在质量为 M 的靶上的深度非弹性散射, 这两个不变量分别是不变动量转移的平方 Q^2 和一个乘积 $2M\nu$, 其中 $\nu = E - E'$ 是轻子在实验室系统中初态能量 E 和末态能量 E' 的差. Bjorken[242] 的结果预言, 除了明确定义的运动学因子之外, 散射可用一个**标度**变量 $x \equiv Q^2/2M\nu$, 即上面提到的两个量的比来描述. 观测证实了这种行为. 弹性散射和特定的共振态激发的形状因子随能量的减少, 被激发越来越多高质量态的能力所补偿.

4. 初始的中微子实验

在 Fermi 实验室的早期计划中, 人们认为中微子在质子和中子上的深度非弹性散射可以对 SLAC 实验起补充作用. 电子深度非弹性散射是受电磁相互作用控制的, 所以它对于核子内组分的电荷敏感; 而当时已知能够发生的中微子反应, 对于电荷能够改变 ±1 个单位的那些组分的存在很敏感.

在 Fermi 实验室运行的早期, 做了两个实验来研究中微子在核子上的深度非弹性散射. 一个是宾夕法尼亚–威斯康星的哈佛大学合作组[243] (E-1), 另一个是加州理工学院–哥伦比亚大学–Fermi 实验室–洛克菲勒基金会协作组[244] (E-21). 在 CERN 用气泡室, 如 GGM 泡室 (Gargamelle)[245] 进行的实验, 使用了 CERN 质子同步加速器 (PS) 在较低能下产生的中微子, 也作了中微子对核子深度非弹性散射的早期研究. 与在 SLAC 实验中一样, 标度现象得到戏剧性的证实. 此外, 电磁散射和弱散射的比较使得组分电荷的确定成为可能[246], 确证了几年前提出的假设, 即质子和中子的组分带有 $\pm\frac{1}{3}$ 和 $\pm\frac{2}{3}$ 的电荷.

5. 部分子假设及其成功

Bjorken 注意到, 他的流代数结果 (预言了在 SLAC 实验和中微子深度非弹性相互作用所证实的标度现象), 可以用质子中的类点客体来解释. Feynman[247] 认真地考虑了这种类点组分的观点, 将标度变量 $x = Q^2/2M\nu$ 解释为从散射的轻子吸收动量和能量的组分或**部分子**所携带的质子动量的份额. 不久由 C Callan 和 D Gross[248] 提出的组分自旋的检验, 支持了质子中的类点客体确实是夸克的观点.

Bjorken 和 Paschos 对部分子假设进行了系统的研究[249], 针对当时已知的所有的深度非弹性散射数据, 提出了质子和中子中部分子动量分布的自洽描述. 这些分布可用**结构函数**参数化, 它的一个例子示于图 9.17 中 (取自参考文献 [240]152 页).

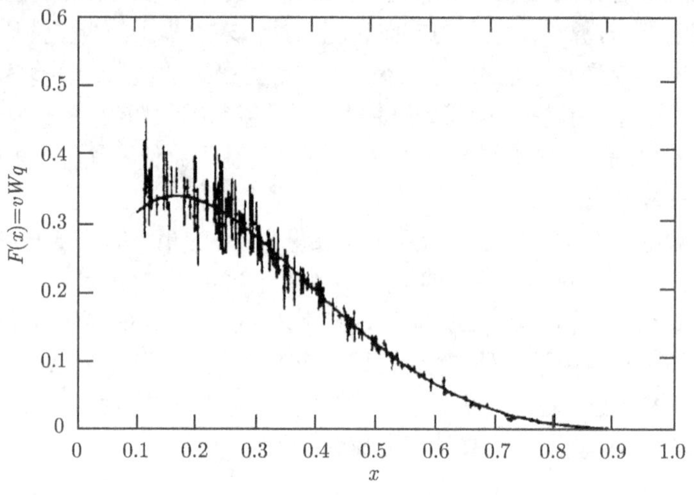

图 9.17 部分子的结构函数对标度变量 x 图

当一个强子中的一个部分子与另一强子中的另一个部分子湮没为一个轻子对时, 结构函数也被探测. 这个过程首先由 Drell 和颜东茂 (Yan T M) 在 1971 年提出[250], 今天它在部分子分布研究和 QCD 检验中, 仍起主要作用, 并且也是 9.7 节讨论的 W 和 Z 玻色子产生的关键. 强子中类点组分的另一个效应是作为质子–质子碰撞结果的大横动量强子的产生, 它由 Berman、Bjorken、和 Kogut [251] 在 1971 年预言并在 CERN 和 Fermi 实验室的一系列实验中观测到了[252].

9.6.3 电子–正电子湮没

$e^+ + e^- \to$ 强子过程的截面, 可以通过定义一个比值 $R \equiv \sigma(e^+ + e^- \to$ 强子$)/\sigma(e^+ + e^- \to \mu^+ + \mu^-)$ 来归一化. 在夸克模型中, 这个比值的大小正好量度了所产生的电荷的平方和, 当能量超过新的一类夸克的阈值时, 预期它会增加. 例如, 恰在产生由 u 夸克和 d 夸克组成的 π 介子对的阈值 (约 300MeV) 之上时, 这个比值应该为 $R = 3(q_u^2 + q_d^2)/q_\mu^2$, 其中 q_u、q_d 和 q_μ (上夸克、下夸克、μ 子的电荷) 分别为 $+\frac{2}{3}$、$-\frac{1}{3}$ 和 −1. 因子 "3" 代表夸克的 "颜色" 的数目, 而 μ 子以唯一的一个种类出现. 如果这些大胆的猜测是正确的话, 即如果赋予夸克的电荷是正确的而且夸克有 3 种颜色, 则 R 应该等于 5/3. (截面中尖锐共振峰的出现妨碍了这种平均行为在实际中的实现.) 当碰撞粒子的能量超过如 K 介子对所清楚显示的奇异夸克产生阈 (约 1GeV) 时, R 值应该上升到 2. 当在高能下共振峰变宽并发生重叠时, 这种平均行为应该能观测到.

电子–正电子碰撞的研究由几个小组在 20 世纪 50 年代后期所开创 (9.10.9 节), 导致了在斯坦福、奥尔赛 (法国)、弗拉斯卡蒂 (意大利) 和诺沃西比尔斯克 (俄罗斯) 的机器的建造. 在 20 世纪 60 年代后期, 在弗拉斯卡蒂的一个小组使 ADONE 对撞机①进入运行状态, 其质心能量达到 3GeV, 首次能够在凸出的共振导致截面涨落的区域之上研究 $e^+ + e^- \to$ 强子的过程. 这个机器具有足够能量产生 u、d 和 s 夸克对, 应当能得到 $R = 2$. 结果与此一致, 尽管如图 9.18 所示具有很宽的误差[253].

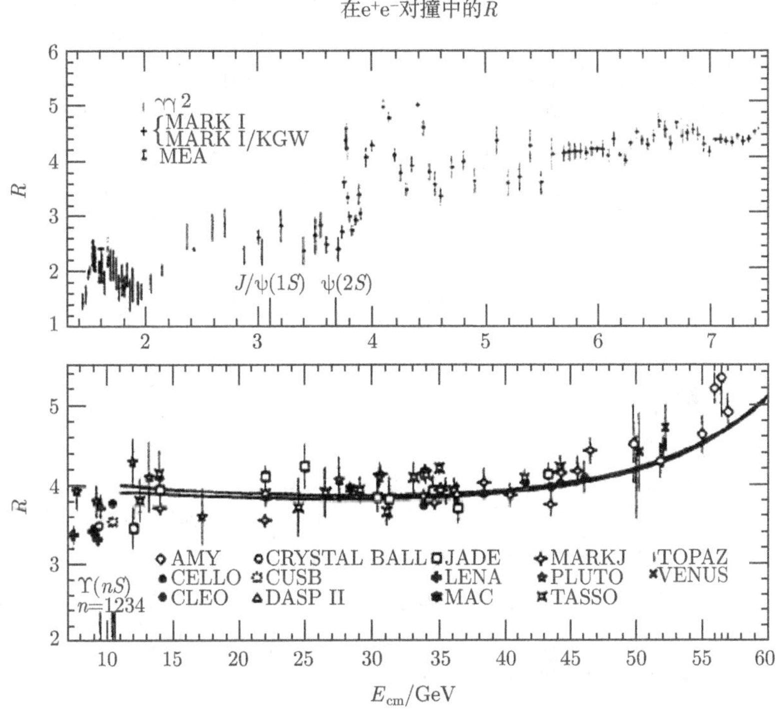

图 9.18 比值 $R \equiv \sigma(e^+e^- \to$ 强子$/\sigma(e^+ + e^- \to \mu^+ + \mu^-))$ 作为质心能量 E_{CM} 函数的行为

为达到更高的对撞能量, 剑桥电子加速器或 CEA, 在 20 世纪 70 年代早期改造为电子–正电子对撞机 (9.10.9 节). 在 “粲” 夸克 ($q_c = +2/3$) 产生阈值 (稍低于 4GeV) 之上, 夸克模型预言 R 应该上升到 $3\frac{1}{3}$. 然而, 当在 CEA 达到 4 和 5 GeV 的更高的能量时, 发现 R 值上升到 5[254]! 这些结果最后被斯坦福电子–正电子对撞机 SPEAR(9.9.1 节和 9.10.9 节) 所证实. 新物理以 τ 轻子 (9.9 节) 形式出人意料地出现了, τ 的衰变产物被认为是强子. (图 9.18 的 R 值减去了这种贡献.) 清

① 该机器已于 1993 年关闭. —— 译者注

理这种一开始很混乱的情况用了几年时间[255], 但通过比值 R 最终对夸克计数, 被证明为一种很有用的技术.

9.6.4 寻找自由夸克

自由夸克的缺席是吸引很多人持续关注的根源. 因此寻找带分数电荷的粒子 (有关综述见参考文献 [256]) 一经提出立即着手进行; 甚至连 Millikan 的早期测量也被认为有可能找到夸克而被仔细考察. 宣称在宇宙线中探测到了自由夸克[257]的工作没有得到进一步的证据支持[256]. 物理学家们甚至在诸如牡蛎 (具有奇特化学性质的物质可能聚集在那里[258]) 和采自月球的样品中等广泛地寻找[259]. 关于自由夸克的激动在 20 世纪 70 年代末达到了高峰, Fairbank 及其合作者的实验[260]似乎在一个钨基底上加热的铌球中显示了分数电荷. 然而, 其他实验都没有看到这种效应[256,261], 它最后被理解为是由于球表面的不均匀性而产生的结果.

到今天为止, 自由的夸克仍没有被观测到. 如我们将在 9.8 节所看到的, 量子色动力学提供了为什么它们会永远被禁闭于强子中的一个似乎可信的理由.

9.7 弱电统一

9.7.1 轻子理论

1. *杨-Mills 场*

正如在 9.5.1 节第 6 小节提到的, 汤川[43] 和后来的一些作者[143,155] 提出, 弱相互作用产生于交换自旋为 1 的 Bose 子, 与电磁学中交换光子类似. 一个关键的步骤为基于这个观点的一种自洽理论奠定了基础. 1954 年杨振宁和 R L Mills 建议, 同位旋对称性与电磁规范不变性以同样的方式发生. 他们建立的彼此有**相互**作用也与外部物质相互作用的场的理论, 被证明不仅可用来统一电磁相互作用和弱相互作用, 也可用来描述强力[262].

以下的讨论很大程度上归功于杨振宁的阐述[263]. 在电磁学中, 考虑一个慢速运动的检验电荷经历了一个四矢量虚位移 $\mathrm{d}\boldsymbol{x}_\mu$. 其波函数相位的变化 (除了任何 $\boldsymbol{p}\cdot\boldsymbol{x}$ 贡献, 其中 $\boldsymbol{p}$ 是它的四动量) 是 $e\boldsymbol{A}^\mu(x)\mathrm{d}\boldsymbol{x}_\mu$ (在 $h=c=1$ 单位之中), 其中 $A^\mu(x)$ 是矢量势, e 是所讨论的问题中粒子的电荷.

根据**定域规范不变性**, 粒子的相位约定可在每一时空点 x 独立地设定, 相应于将矢量势改变一个依赖于 x 的标量的散度. 当将一个粒子沿一条路径从一点移到另一点时, 这种**定域规范变换**只改变端点相位的差. 当端点重合, 从而粒子沿时空中的一条**闭合**路径运动时, 这种相位差就消失了.

每一个实验都相应于或者使粒子沿时空中闭合路径运动, 或者比较从一点 x_1 到另一点 x_2 的两条**不同**路径的结果. 所以, 可以使粒子通过两个个狭缝的任意一个或沿螺线管任一个侧面运动 (如在 Aharonov 和 Bohm[264] 建议的经典实验中那样). 人们测量的不是 $A^\mu(x)$, 而是**场强**$F^{\mu\nu} \equiv \partial^\nu A^\mu - \partial^\mu A^\nu$ 对于粒子在时空中所经过的闭合路径所围区域 (或从 x_1 到 x_2 两条路径之间区域) 的空间积分. 场强在一个局域的规范变换下是不变的. 因为相位改变互相对易, 此规范理论被称为 Abel 的 (Abelian). 相位改变的群是 U(1), 一维幺正群.

杨振宁和 Mills 对定域规范不变性的推广不仅包括相位变换, 而且也包括同位旋空间中的定域转动. 所以量 $A^\mu(x)$ 诱导同位旋空间的变换, 起着同位旋空间的一个矩阵的作用. 它的维数依赖于对于同位旋选择的表示: 对于质子和中子为 2 维, 而对于 π^+、π^0 和 π^- 为 3 维, 等等. 因为绕不同轴的转动互相不对易, 相应的场强具有一个附加项

$$F^{\mu\nu} \equiv \partial^\nu A^\mu - \partial^\mu A^\nu + g[A^\mu, A^\nu]$$

这里 g 是规范耦合强度, 类似于电荷 e. 这样一个理论, 被称为**非 Abel 的,** 它具有一些因为 $F^{\mu\nu}$ 中所存在的附加项而引起彼此相互作用的场. 同位旋群被记为 SU(2) 群; 其中的 2 代表其最小非平庸表示的维数.

2. Glashow 模型

把电荷改变的弱相互作用与电磁相互作用统一起来的最早尝试[143,155] 假设, 带电的中间 Bose 子 (在 9.5.1 节 6 所提到的 W^+ 和 W^-) 和 (中性的) 光子一起形成 SU(2) 群的一个三重态. 然而, 两个 W 粒子只与左手 Fermi 子耦合, 而光子却与左手 Fermi 子和右手 Fermi 子都耦合. 为了允许这种不同, Glashow[265] 将 SU(2) 群扩展到 SU(2)×U(1) 群. 相应于 SU(2) 群的规范 Bose 子由 W^+、W^- 和一个 W^0 组成, 而同时一个附加的中性 Bose 子 (用今天的符号为 B^0) 对应于 U(1) 规范变换. W^0 和 B^0 将由也给出带电 W 粒子质量的一种相互作用而混合起来. 那时这两个场的两个线性组合出现了: 对应于 $A^\mu(x)$ 场的无质量光子和对应于 $Z^\mu(x)$ 场的有质量中性矢量 Bose 子 Z

$$A = B\cos\theta + \mathrm{W}^0\sin\theta \quad Z = -B\sin\theta + \mathrm{W}^0\cos\theta$$

Z 的质量以 θ 角和 W 粒子的质量通过关系式 $M_\mathrm{Z} = M_\mathrm{W}/\cos\theta$ 预言. 涉及交换一个 Z 粒子的弱过程 (“中性流反应”) 就这样被这个理论预言了.

3. 对称性破缺和 Higgs 机制

在 Glashow 的理论中, W 和 Z 质量的起源仍不清楚. 在一个基于**可重整化**杨-Mills 理论 (在这样的理论中, 发散量可由重新定义如质量和耦合常数等一些基

本参量来消除) 的弱电理论中, 规范 Bose 子看来必须保持无质量. 特别引进的规范 Bose 子质量会破坏可重整性、规范不变性或两者都破坏. 如何能使 SU(2)×U(1) 对称性破缺而又不破坏理论吸引人的特性呢?

在 20 世纪 50 年代后期与 60 年代早期, 已经显而易见, 对称性可表现为两种方式 (9.5.3 节第 1 小节). 在 Wigner-Weyl 实现中, 对称性表现为谱的简并性. 在南部-Goldstone 模式中, 真空破坏了对称性而运动方程却保持了它. 在这种模式中, 每一种使对称性破缺的操作都对应一个无质量、无自旋粒子, 称为南部-Goldstone Bose 子.

在一个无质量的矢量 Bose 子的理论中, 如电磁相互作用, 只允许两种极化态: 与 Bose 子传播方向垂直的两个方向, 或等价地, 左和右圆极化. 一个自旋为 1 的有质量粒子还有另外一个纵向极化态. J Schwinger 、P W Anderson 和 Peter Higgs 以及其他一些人注意到[266], 在含有南部 -Goldstone Bose 子的规范理论中, 这样的 Bose 子可作为所需的一个有质量矢量 Bose 子的第三分量. 可以把这个无质量标量粒子描述为被规范 Bose 子 "吃" 掉了, 规范粒子因此而变重. 这个过程现在被称为 Higgs 机制.

4. Weinberg-Salam 模型

Higgs 机制不久被 Weinberg 和 Salam[267,268] 用在了弱电统一相互作用中 (图 9.19). 该理论的最简单形式只引进一个 SU(2) 二重态 (ϕ^+, ϕ^0) 及其复共轭 $(\phi^-, \bar{\phi}^0)$. 通过这些场的适当的自相互作用, 组合 $\eta \equiv (\phi^0 + \bar{\phi}^0)/\sqrt{2}$ 将获得一个非零的真空平均值 v, 从而如所期望的那样将 SU(2)×U(1) 破缺为电磁学的 U(1). 场 $\phi^\pm$ 和 $(\phi^0 - \bar{\phi}^0)/\sqrt{2}$ 对应于破缺对称性的南部 -Goldstone Bose 子, 将被 W$^\pm$ 和 Z"吃" 掉, 而差 $H \equiv \eta - \nu$ 通常被称为 "所谓的"Higgs Bose 子, 将作为有质量粒子存留于谱中.

5. 可重正性

在好几年的时间里, Weinberg-Salam 理论一直被人们视为一种稀奇古怪的东西, 甚至连它的发明者们也很少再提到这个理论. 它预言了一些没有观测到的**弱中性流**, 它会导致一些诸如产生一个中微子而不是一个带电轻子的中微子相互作用, 以及 $\mathrm{K}^+ \to \pi^+\nu\bar{\nu}$ 这样的奇异数改变的衰变. 对这样一些衰变的限制特别严格, 它远远低于普通弱相互作用. 这正是为什么 Weinberg 称他的模型为 "轻子的理论" 的原因.

此外, 一开始并不清楚, Higgs 机制解决了弱相互作用的重正化问题, 直到 1971 年在荷兰乌德勒支大学 Martinus Veltman 的一名学生 Gerard't Hooft 给出了它的证明[269](关于这个工作的一些历史, 请参看文献 [270]), 并由 Benjamin W Lee 和

Jean Zinn-Justin[271] 进一步推广.

(a) (b) (c)

图 9.19 (a)S Glashow; (b) S Weinberg; (c) A Salam

Glashow-Weinberg-Salam 弱电理论自洽性的证明, 是它被广泛接受的主要因素, 而且使粒子物理界陷入了一种亢奋状态. Weinberg 马上意识到这个结果的重大意义[272]. 中性流过程反应速率的早期计算开始出现了[273]. 与实验家们开始了认真的讨论: 难道把中性流漏掉了吗? 人们提出了各种没有中性流但是有新粒子的不同模型. 将理论扩展到强子的努力重新开始了[274]; 这些将在 9.7.3 节讨论.

9.7.2 中性流的实验证实

20 世纪 70 年代早期, 随着对 Glashow-Weinberg-Salam 理论兴趣的增长, 寻找弱中性流进入一个更认真的状态[275]. 先前在许多过程中对这样的一些效应给出的上限被重新考察. 那些由中微子引起的反应似乎存在特别严格的限制.

1. 中微子散射

20 世纪 60 年代后期和 70 年代早期, 在 CERN 的 GGM(Gargamelle) 协作组已经在研究中微子深度非弹性散射. 在 1972 年国际高能物理会议上[246], Perkins 报告了一些中性流事例的上限. 如在 9.6.2 节第 4 小节提到的, Fermi 实验室的实验家们也正在开始研究中微子深度非弹性散射.

在加速器上中微子主要通过 $\pi \to \mu\nu$ 和 $K \to \mu\nu$ 过程产生, 因此都是 μ 子型的. 当通过带电流在物质中发生相互作用时, 它们在末态产生强子簇射和一个可以清晰识别的的 μ 子. 出现的是一个 μ 子而不是一个电子, 乃是断言 μ 子中微子与电子中微子不同的基础 (9.5.1 节第 6 小节). 甚至在最早的一些中微子实验中就观测到的偶然的没有 μ 子同时产生的强子簇射, 通常都被归结为粒子束被一些中性粒子 (特别是中子) 所污染[276]. 可以通过详细研究沿探测器距离或从横向边界向内距离的事例分布, 来检验这种可能性. 当任一种距离增加时, 中子诱发的事例会变得越来越少, 而中微子诱发的事件将与距离无关.

GGM 合作组正在看到中性流事例的可能性, 在 1973 年初的几个月中曾在 CERN 进行了非正式的讨论. 然而, 首先必须对背景作仔细校验[277]. 当实验家完全确信中子和其他背景都不可能是产生他们所发现的信号的原因时, 他们立刻正式宣布在中微子弱作用中发现了中性流. 在深度非弹性散射[278] 和一个中微子–电子弹性散射的 “黄金” 事例[279] 中, 也都观测到了这种效应. Fermi 实验室的 E-1A 合作组也看到了中微子的深度非弹性中性流相互作用[280]. 他们的信号在实验的早期是存在的, 但通过重新配置探测器来更好地理解它的尝试导致一段时间丢失了这种效应[281].

中性流效应怎么会被忽视了这么长的时间呢? 识别它们时遇到的困难的一个来源可以从图 9.20 看出. 定义 R_μ 和 $R_{\bar{\nu}}$ 为中微子深度非弹性散射的中性流事例和带电流事例的比. Glashow-Weinberg-Salam 理论的预言作为 θ 角的一个函数 (9.7.1 节第 2 小节), 产生一个给出 R_μ 和 $R_{\bar{\nu}}$ 关系的鼻子型曲线. 目前的数据, 如图上的点所示[282], 位于 “鼻子” 的底部. 预期的 R_μ 比值在很大的 $\sin^2\theta$ 数值范围内都相当小, 而比值 $R_{\bar{\nu}}$ 尽管比 R_μ 大, 但也是取其可能达到的小值. 在弹性中微子–质子散射中, 也预期有中性流事例 (且最终被发现了[283]).

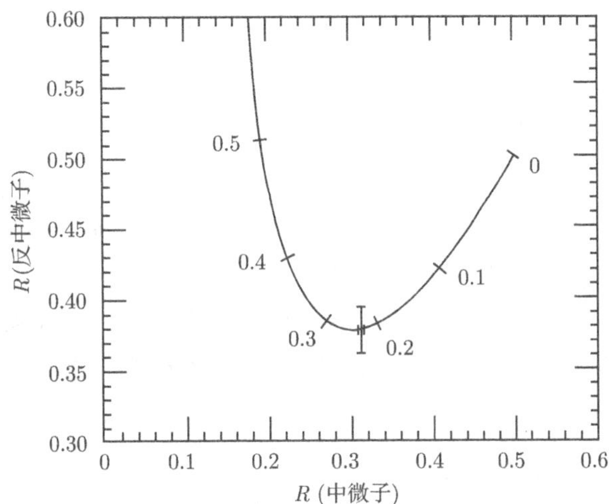

图 9.20 中微子和反中微子深度非弹性散射中中性流与带电流之比 R, 其参量化的曲线作为 $\sin^2\theta$(在曲线上标出) 的函数. 图中的点表示对于最新数据的平均

2. 电子–氘核散射中的宇称破坏

Glashow-Weinberg-Salam 理论还预言了涉及带电轻子的中性流弱过程. 这些过程一般被强得多的电磁相互作用所掩盖. 但与电磁学相反, 中性弱力不保持宇称守恒. 尽管它很弱, 它的效应可通过电磁相互作用和弱相互作用的**干涉**而观测到. **【又见 9.5.1 节第 4 小节】**

由 V W Hughes 和 C Y Prescott 领导的合作组在 SLAC 寻找预言的在极化电子深度非弹性散射中的宇称破坏[284]. 左圆极化和右圆极化电子相互作用的不同会证实预言的这种效应. 需要制备一个极化电子源, 并且作出安排使它们到达靶时具有期望的 (而且是已知) 的极化. 靶的选择也很重要: 结果证明, 所预言的效应在氢中比在氘中要小得多, 所以对于二者都进行了研究.

结果在 1978 年宣布. 电子具有中性弱相互作用, 恰如理论所预言. 能够观测到交换光子和 Z^0 的干涉. 1978 年在东京的国际高能物理会议[285] 上, 这个证实成为引起轰动的主要来源.

3. 原子中的宇称破坏

电子–核子相互作用中的基本的宇称破坏, 可以导致原子中的光学转动这类效应[286]. 初始的实验 (记述于文献 [284] 的第一篇和文献 [287] 的综述中) 并没有观测到预期的效应, 导致了理论最简单形式的一些怪诞的变种. 最后, 激光的稳定性得到了控制, 原子物理效应的计算也作到了高阶. 第一个宣告观测到宇称破坏的实验是用铋原子做的, 接着, 先前没有观测到信号的其他一些组也发现了这一现象.

最新的一些实验[288], 已经实现了测量原子宇称破坏精度的不断改进. C Wieman 组用铯原子的最新结果, 当与原子物理计算[289] 配合起来时, 不仅在好于 3%的水平上证实了弱电理论, 而且对超出标准模型的物理提供了有用的限制[290].

4. 其他中性流过程

许多其他中性流效应在它们首次被预言后的几年时间内都被观测到了. 它们包括电子–正电子反应中的前–后不对称性、极化电子在除氢和氘核之外原子核上散射的宇称破坏、仔细地研究 $\nu_\mu e$ 和 $\bar{\nu}_\mu e$ 弹性散射以及在 $\nu_e e$ 和 $\bar{\nu}_e e$ 弹性散射中带电流和中性流之间的干涉. 要追寻这些数据如何被平稳地改进, 参考文献 [291] 的一系列综述是出色的信息源.

9.7.3 扩展到强子和粲夸克假设

在 9.5.3 节第 4 小节所讨论的 Cabibbo 的奇异粒子衰变理论, 可以用夸克和 W Bose 子重新表述. 一个带电 W Bose 子可以在 u 夸克和线性组合 $\mathrm{d}' \equiv \mathrm{d}\cos\theta_C + \mathrm{s}\sin\theta_C$ 之间的跃迁中辐射或吸收, 其中 $\sin\theta_C \approx 0.22$. 也存在电荷共轭的耦合.

把一个左手 u 夸克变成 d′ 的带电流可被认为是一个 3 重态的一部分. 这个 3 重态中性成员的性质, 可由回顾 SU(2) 对易关系而推得. 例如, 角动量的上升和下降算符 J_+ 通过 $[J_+, J_-] = 2J_3$ 与第三分量联系起来. 流的归一化则可以由性质 $[J_3, J_\pm] = \pm J_\pm$ 确定. 但以这种形式定义的中性流含有奇异数改变的部分. 这些如何能避免呢?

每一个带电轻子 (电子和 μ 子) 都通过电荷改变流与自己的中微子耦合 (类似于 J_+). 那时相应的中性流对各种中微子是**对角的**. 此外, 假如定义中微子的一些线性组合与电子和 μ 子耦合, 那时只要这些线性组合相互正交, 则中性流就可以避免.

1964 年, Gell-Mann[184]、Bjorken 和 Glashow[292] 、原 (Y Hara)[293] 以及牧 (Z Maki) 和大贯 (Y Ohnuki)[294] 提出的一种夸克–轻子类比, 建议只要每一带电轻子都有它自己的中微子, 则 d 夸克和 s 夸克在弱跃迁中不必共有 u 夸克. 而是代之以一个线性组合 $\mathrm{d}' = \mathrm{d}\cos\theta_C + \mathrm{s}\sin\theta_C$ 与 u 夸克耦合, 同时与其正交的组合 $\mathrm{s}' = -\mathrm{d}\sin\theta_C + \mathrm{s}\cos\theta_C$ 将与一个新夸克耦合, Bjorken和 Glashow 称之为**粲夸克**. 这个粲夸克 c 比 u 夸克重, 但像它一样, 具有电荷 $\dfrac{2}{3}$. 由带电流对易子定义的中性流则自动地对于味道是对角的.

几年以后, Glashow、J Iliopoulos 和 L Maiani 意识到, 不仅 Bjorken-Glashow 假设保证了中性流在最低阶保持了奇异性不变, 而且在高阶弱作用过程中奇异数改变的中性流效应也被强烈压低了[295]. 一个中性 K 介子与其反粒子之间的混合就是一个这样的过程. 因为这种混合似乎不比两个一级弱跃迁的乘积更强 (例如, 正

如人们在两步过程 $K^0 \leftrightarrow \pi\pi \leftrightarrow \bar{K}^0$ 中所遇到的), 有可能对粲夸克的质量得出一个上限. Glashow、J Iliopoulos 和 L Maiani(GIM) 预言粲夸克约在 $2\text{GeV}/c^2$ 之下, 并建议了一些寻找它的方法.

Gaillard 和 Lee[296] 将 GIM 机制应用到 K 介子稀有衰变的系统研究中, 为实验研究搭建了一直延用至今的平台. 许多寻找粲夸克的建议开始提出[297], 特别是在所预言的中性流的证据开始出现以后. 粲夸克在在抵消**三角形反常**(出现于更高阶的弱电计算) 中的作用也被强调了[298].

9.7.4 粲夸克的实验证实

1. 早期迹象

粲粒子在日本很早就被认真接受了. 强子四重态模型的一些最初的建议就是由日本作者们提出的[293,294]. K Niu 和他的名古屋大学的合作者们在乳胶中观测到的一个事例, 于 1971 年就被解释为有可能是粲粒子的候选者[299]. 它似乎以 $2\text{GeV}/c^2$ 的质量和约 10^{-14}s 的寿命衰变到 $\pi^+\pi^0$. Niu 的事例 (及其他类似的事例) 意味着夸克总是成对出现: u 与 d 一起及 c 与 s 一起. 小林和益川[300] 认识到利用一个第三对夸克就可以解释 CP 破坏. 他们所建议的两个夸克现在都被观测到了 (9.9 节).

2. J/ψ 的发现和粲偶素谱

Leon Lederman 及其合作者们对 Drell- 颜东茂过程的早期研究 (9.6.2 节第 4 小节) 在 μ 子对的有效质量谱中观测到一个肩膀型结构[301], 可能被解释为用很差的质量分辨率看到的一个新粒子. 受到低质量双轻子对研究的经历和这个结果的激励, 丁肇中及其合作者们设计了一个测量双轻子质量谱的实验, 其质量分辨率远远好于以前曾经达到的水平. 实验将一束取自布鲁克海文交变梯度同步加速器 (AGS) 的高强度质子与铍靶相撞, 用一个双臂谱仪来观测电子–正电子对, 两臂间约成 30° 角. 用充满氢的 Cherenkov 计数器来识别电子, 利用一些弯曲磁铁和正比室中十一块极板来精确测量动量.

到 1974 年 9 月, 丁肇中的研究组已经很清楚地认识到, 他们确实遇到了某种不是极端错误就是非常激动人心的东西. e^+e^- 的有效质量于 $3.1\text{GeV}/c^2$ 处显示了一个峰, 在它的两侧几乎没有任何背景. 在进行很多交叉检查的同时, 丁肇中谨慎地向他的同事们说起他的结果, 他们都催促他发表这个结果[240]. 同时, 在西海岸, 用 SPEAR 探测器 (9.6 节) 对电子–正电子湮灭的研究一直在继续. 以质心能量 0.2GeV 的步长测量了截面. 在 3.2GeV 和 4.2GeV 得到的数值与在其他能量相比似乎高了一些. 1974 年 6 月这些区域的截面被重新进行了测量, 但没有察觉到任何结构.

SLAC-LBL 协作组在 1974 年 10 月重新开始了对这些依赖于能量的数据的复

查. 更仔细考查的结果, 似乎在 3.1GeV 处的截面是不可重复的. 在这个能量下的 10 次运行中, 有两次给出了比其他运行大得多的截面值. 测量在 11 月 9 和 10 日的周末再一次重新开始, 以便核对这些异常.

丁肇中带着他的发现的消息[302] 在 11 月 11 日到达 SLAC 组参加项目委员会的一次例会. 他和他的同事观测到的外号为 "J" 的峰 (图 9.21), 几乎没有任何背景. 回敬他的是关于 SLAC 小组在 Mark I 探测器上发现一个电子–正电子湮灭截面的峰 (图 9.22) 的消息, 他们称这个效应为 ψ[303]. 对具有 3.1GeV/c^2 质量的这个粒子的双重称呼 J/ψ 被保留了下来. 10 天时间内, SLAC-LBL 组就提高了 SPEAR 的能量, 在 3.7GeV 处发现了另一个峰 ——ψ′[304]. 在意大利的弗拉斯卡蒂和德国汉堡的电子–正电子环几天时间内就能证实了这个 ψ 的存在[305].

J/ψ 和 ψ′ 可视为具有相对角动量为零和自旋平行的一个粲夸克与一个反粲夸克的基态和第一径向激发态. 类似于对一个电子和一个正电子束缚态命名为**电子偶素**, 这个系统被称为**粲偶素**. 几组作者发表了基于粲夸克假设对新粒子的一些解释[306]. 然而, 在这种解释可以被认为已经确立而其他可替换的方案 (例如, 见参考文献 [307]) 被排除之前, 还有一些问题必须阐明.

(a)

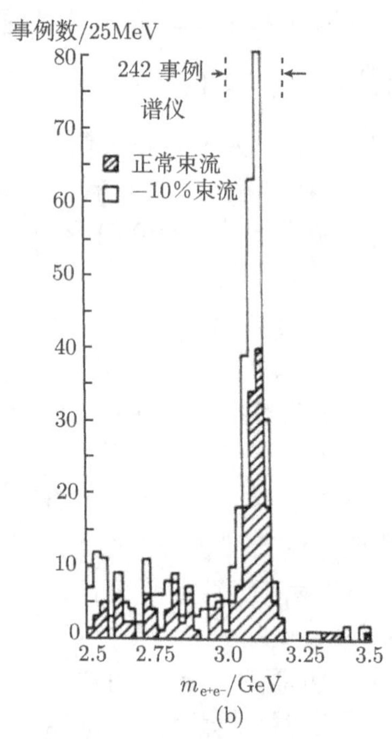

(b)

图 9.21　(a) 丁肇中和他的研究组与一张 J 共振态的图合影; (b) 显示了 J 共振峰的 e^+e^- 对的质量谱[302]

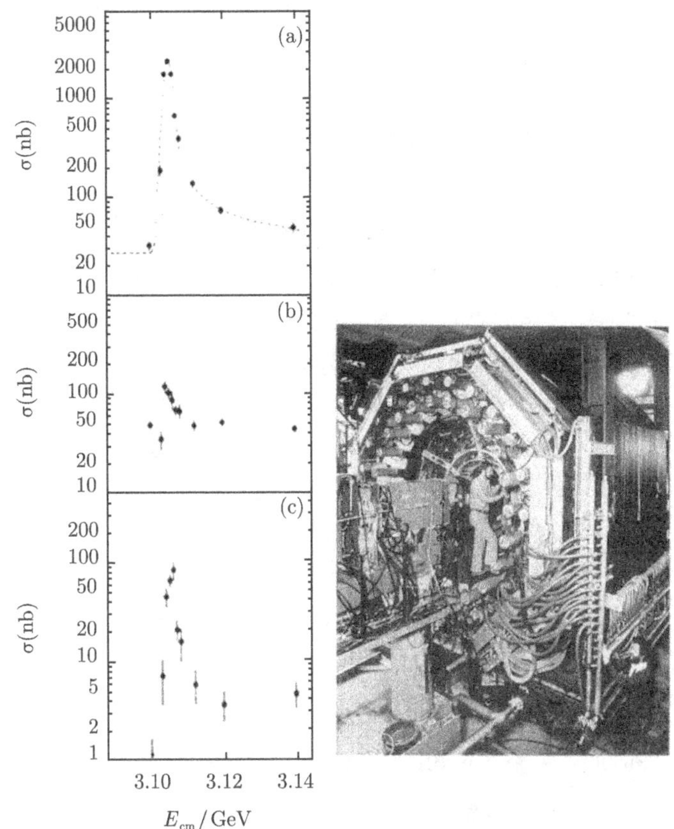

图 9.22 左：由探测器 Mark I 测得的 e^+e^- 湮没到各种终态的截面[303]
(a) 多强子; (b) e^+e^-; (c) $\mu^+\mu^-$; 右：Mark I 探测器, 图中的人物是 Roy Schwritters

3. 寻找粲夸克的早期困惑

粲夸克假设预言了一些位于 J/ψ 和 ψ′ 之间的 P 波 $c\bar{c}$ 态. ψ′ 似乎应该能够电磁地衰变到这些态. 在 SPEAR 的一个探测器 (位于 SLAC-LBL 装置的环的另一边) 起初并没看到这些跃迁. 它们最早是在 DORIS 贮存环中被发现的, 然后在 SLAC 被证实[308].

曾期望有些介子含有一个粲夸克和一个轻 (u 和 d) 反夸克, 它们会衰变到如 $\bar{K}\pi$ 这样的一些末态. 早期的寻找没有发现此类衰变[309].

$e^+e^-\to$ 强子的截面在高于 4GeV 的质心能量处确实在增长, 增长的方式显示了新粒子的产生. 然而, 这一增长与基于粲夸克所预期的值相比, 实在是**太大**了. 此外, 因为粲夸克最主要的衰变应当是到奇异夸克, 从而使得所预期的 K 介子数量会有增加并没有实现.

参考文献 [255] 追溯了这种令人困惑的状况是如何解决的. 原来, 不仅有粲粒子成对地产生, 而且一个新的轻子 τ 也在大约同样的能量下成对地形成了. 许多粲夸克的信号都被这个新轻子的信号抵消了! 直到这个新轻子[310] 被识别出来以后, 粲夸克的 "完整" 信号才有可能被挑选出来.

4. 粲粒子的观测

到 1976 年春在 SPEAR 实验中没有观测到粲介子信号成了人们的关注点. De Rújula、Georgi 和 Glashow 所作的计算指出 [311], 最轻的粲介子应该在 1.8GeV/c^2 和 1.86GeV/c^2 之间, 最轻的粲重子应该具有约 2.2GeV/c^2 的质量. 有关重子的预言被两个粲重子的候选者的发现所证实, 这是在一次单个中微子相互作用[312] 中, 一个 $\Sigma_c^{++}(= \mathrm{uuc})$ 衰变为一个 $\Lambda_c^{+}(= \mathrm{udc})$ 和一个 π 介子. 在中微子实验中对额外轻子[313] 的观察和在强子过程中对直接轻子[314] 的观测, 也都强烈地暗示了粲粒子的存在. Gerson Goldhaber 和 F M Pierre 仔细梳理了 Mark I 的数据, 想看一看是否有粲介子信号潜藏在那里. 结果确实如此; 最轻的称为 D(作为二重态[292]) 的粲介子被发现了, 它具有预言的两个电荷态, $\mathrm{D}^0 = \mathrm{c\bar{u}}$ 和 $\mathrm{D}^+ = \mathrm{c\bar{d}}$, 其分支比接近最初在文献 [295] 中的估计.

插注 9B 粲粒子的发现

Glashow、Iliopoulos 和 Maiani [295] 描述了假如存在一个新的第四种夸克即粲夸克的话, 奇异数改变的中性流不存在之谜将会如何巧妙地得到解释. 实验家们马上开始询问: "我们怎样才能找到它? 这样一种夸克的实验信号会是什么呢?" 各种细节逐渐充实起来[297,316]. 到了 1974 年夏天, 粲介子和粲重子的质量以及它们的衰变模式和分支比都被预言出来了. 当 1974 年 11 月 J/ψ 被发现时, 它作为矢量介子 ϕ_s 的 $c\bar{c}$ 类似物, 完美地符合了这一方案. 全世界各个实验室中开始寻找粲介子和粲重子.

在强子加速器上开始寻找粲介子和粲重子的缔合产生, 类似于早在 20 多年前奇异粒子的产生, 主要利用所预言的赝标粲介子的衰变 $\mathrm{D}^0 \to \mathrm{K}^-\pi^+$ 作为识别信号. SLAC 组用 $\mathrm{e}^+\mathrm{e}^-$ 对撞机的探测器也开始了寻找粲粒子. 然而, 粲重子的第一个轮廓清晰的例子, 却来自于由一个高能中微子产生的泡室事例[312]. 在 SPEAR 上对粲粒子的寻找, 由于 τ 轻子的出现而复杂化了. 一直到 1976 年, 在 J/ψ 被发现一年半以后, 这种混乱局面才得以澄清, D 介子被清晰的识别出来[315].

在这段期间, 在强子机器上寻找粲粒子的努力令人无法理解地一直没有成功, 只给出了产生截面的上限. 粲粒子即使大量地产生出来, 也被伴随的强子相互作用的复杂的背景所淹没. 直到有着卓越的空间分辨率和允许高计数率的硅条探测器得到发展, 粲粒子才在强子机器上被探测到[318]. 这个方法获得了巨大的成功. 在电子–正电子对撞机上几乎立即有几千个数据样本被记录到了，而以前只是几十个.

目前，强子机器上的实验正在记录着几百万个带有粲夸克的事例. 而粲偶素本身的研究也已经通过质子–反质子湮没扩展到了 e^+e^- 对撞中没有的那些状态.

Glashow 1974 年曾在一次介子谱学家会议上恳求大家去寻找粲夸克[316]. 并说：如果到下次会议他们还不这样做，他将吃掉自己的帽子. 如果“外人”(非介子谱学家) 发现了粲夸克，谱学家们则吃掉他们的帽子. 结果下一届会议 (1977 年) 的组织者优雅地给所有与会者分发了糖帽子[317].

5. 粲偶素和粲粒子谱

粲偶素和粲粒子谱的研究从 20 世纪 70 年代以来已经取得很大进步. 粲偶素谱 (图 9.23) 已经比电子偶素丰富得多，同时大量非奇异和奇异粲介子和粲重子已被发现. 这些系统，作为微扰量子色动力学 (9.8 节) 观点开始适用的最轻的粒子，成为了对兴起于 20 世纪 70 年代的强相互作用新理解进行检验的场所之一.

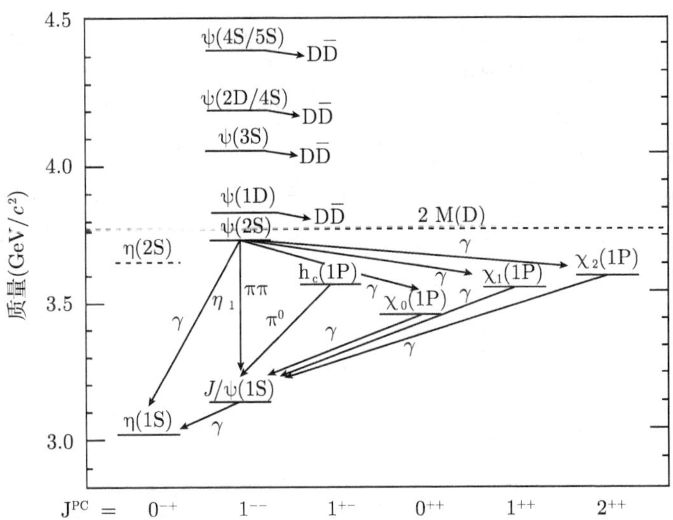

图 9.23 粲偶素谱. 正如参考文献 [319] 所引证的，已经观测到的和预言的能级分别用实线和虚线代表. 箭头标记跃迁中发射的粒子

6. 粲粒子衰变

因为粲夸克以正比于 Cabibbo 角余弦的强度与奇异夸克耦合 (9.7.2 节)，因此，粲粒子的寿命很短，约在 10^{-14}s 和 10^{-13}s 之间. 这些寿命的**差异**产生于强相互作用，是目前很有兴趣的一个课题.

9.7.5 W 和 Z

1. 发现

在一个具有中间矢量 Bose 子 W 的理论中, Fermi 耦合常数 $G_{\mathrm{F}} = (1.166\,39 \pm 0.000\,02) \times 10^{-5}\mathrm{GeV}^{-2}$ 可以被重新表述为具有数量级为一的一个常数乘以一个耦合常数的平方除以 W 质量的平方. 于是, 质量可以从这个耦合常数得出.

早期寻找 W Bose 子时, 其耦合常数是不知道的, 探测的质量范围为几个 GeV[160,320], 这一点在 9.5.1 节第 6 小节提到过. Fermi 实验室研究中微子深度非弹性散射的部分动机, 就是寻找交换 W 的间接效应 (例如, 请看参考文献 [243] 和 [244]). 因此对质量的灵敏度可达到几十 GeV.

Glashow-Weinberg-Salam 弱电理论, 通过 $G_{\mathrm{F}}/\sqrt{2} = g^2/8M_{\mathrm{W}}^2$ 将 Fermi 耦合常数、SU(2) 耦合强度 g 和 W 的质量 M_{W} 联系起来. 此外, g 和电荷 e 之间的关系依赖于角度 θ: $e = g\sin\theta$. 把这些结合在一起, 结果预言 $M_{\mathrm{W}} = 37.2\mathrm{GeV}/\sin\theta$ (其中用到了电磁精细结构常数 $\alpha = e^2/(4\pi\hbar c) = 1/137$).

20 世纪 70 年代末对中微子深度非弹性散射和极化电子相互作用的研究, 逐渐得出略小于 1/2 的一个 $\sin\theta$ 的值, 意味着 W 的质量在 $75\mathrm{GeV}/c^2$ 以上. 弱电理论还预言了 Z 的质量略高于 W 的质量 $M_{\mathrm{Z}} = M_{\mathrm{W}}/\cos\theta$. 由 W 和 Z 质量的这些估计, 可以预言它们在夸克–反夸克湮灭中产生的截面. 质心能量为几百 GeV 的质子–质子或质子–反质子碰撞, 将会给夸克提供足够的能量产生所期望的粒子. 在 Fermi 实验室和 CERN 的超级质子同步加速器 (SPS) 上使质子与反质子碰撞的方案, 在 20 世纪 70 年代后期开始形成, 在 9.10.10 节第 2 小节中有极详细的描述. 每个设计中的一个主要步骤都是在一个很窄的空间和动量区域内聚集足够多的反质子. 这个 "冷却" 计划中的一些重要步骤是由在 CERN 工作的 Simon van der Meer 实施的[321]. 而要求将 CERN 的 SPS 改为质子–反质子对撞机的努力由 Carlo Rubbia 协调完成[322]. 1982 年看到了第一次对撞. Fermi 实验室的设计, 需要建造一个环形超导磁铁, 几年后才投入运行.

在 CERN 建造了两个探测器来研究对撞碎裂物. UA1 协作组 (UA 代表地下区域) 由 Rubbia 领导, 而 UA2 的发言人是 Pierre Darriulat. 1983 年 1 月, 两个小组都看到了 W 产生的第一个信号[323]: 一个具有大横动量的电子, 在相反的方向伴随有明显不均衡的横向动量, 与一个 W 衰变为一个电子和一个中微子所预期的相同. 6 个月时间内, 两个小组都报告了 Z 的观测 (图 9.24), 它衰变为一对带电轻子[324].

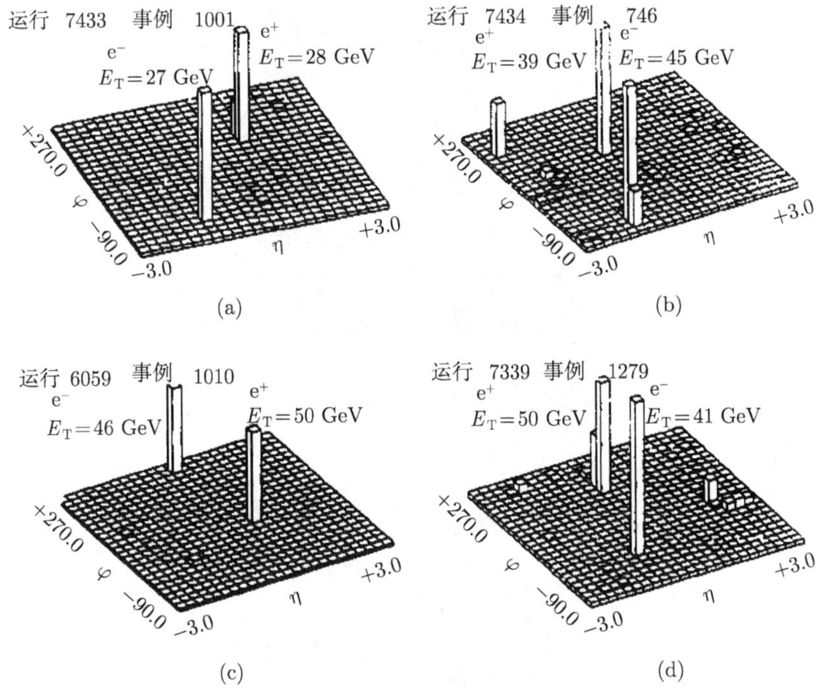

图 9.24 取自参考文献 [324] 的 Z 产生的早期证据. 图中棒的高度代表沉积在 UA1 探测器各个区域的束流的横能量

W 和 Z 的质量略高于在最低阶理论 (取 $\alpha = 1/137$) 的基础上所预言的值. 在表征 W 和 Z 的 Compton 波长的短距离上, 9.3 节提到的真空极化效应预言 $\alpha \approx 1/128$. 考虑到这个简单的修正, W 和 Z 的质量与理论符合得极好.

2. 强子对撞机上 W 和 Z 的性质

CERN 发现了 W 和 Z 后, 紧接着是以不断提高的精度研究它们的产生和衰变, 由 UA1 和 UA2 合作组和 Fermi 实验室的对撞机探测器设备 (CDF)(图 9.25) 进行. Z 的质量被精确确定了[325], 不久, 在电子–正电子对撞机上开始进一步提高这个量的精度. 测量了产生截面; 比较在 W 和 Z 衰变中产生的轻子, 从而得到 W 和 Z 宽度比值的间接测量[326], 帮助确定 W 开放的衰变道, 由此得到顶夸克的质量的间接下限. 我们将在 9.9 节回到顶夸克.

最近① Fermi 实验室的 D0 探测器 (图 9.25) 开始运行 (图中的 “D0” 标示它在加速器环附近的位置). 它具有微粒量热器和大角度的覆盖范围, 目的是精确测量 W 的质量.

① 指 1992 年.—— 译者注

(a)

(b)

(c)

图 9.25 (a) CDF 探测器; (b)D0 探测器的中央量热器模块; (c) 费米实验室最新的鸟瞰图

3. SLAC 和 LEP 关于 Z 的结果

弱电理论预言 Z 的质量约为 90GeV/c^2. 20 世纪 70 年代后期和 80 年代早期在 SLAC 和 CERN, 开始提出建造至少要具有那么大质心能量的电子–正电子对撞机 (“Z 工厂”) 的计划.

斯坦福直线对撞机 (SLC) 包括将 SLAC 直线加速器升级到 50GeV 的束流能量、添加一个正电子源、安装正电子和电子冷却装置和建造两个弧形区使电子和正电子碰撞 (图 9.26(a)). 1989 年获得的第一批结果[327], 包括了 Z 质量和宽度的精确测量. 更近一些时候, 纵向极化电子与正电子的对撞, 通过左手电子和右手电子截面之间的差别, 提供了 $\sin^2\theta$ 的精确测量[328].

在位于法国–瑞士边界的侏罗山脚下 (图 9.26(b) 和早期进展报告的参考文献 [330]) 的 LEP(大型电子–正电子) 对撞机内, 从 CERN 节点注入的正电子和电子在围绕环的四个对称位置进行探测. 探测器的缩写词分别为 ALEPH(LEP 物理仪器)、DELPHI(带有轻子、光子和强子识别的探测器)、L3(CERN 内部的实验编号) 和 OPAL(LEP 万能仪器).

LEP 对 Z 的宽度的测量, 达到了得以确定其不可见衰变模式为三个已知的中微子对 $\nu_e\bar{\nu}_e$、$\nu_\mu\bar{\nu}_\mu$ 和 $\nu_\tau\bar{\nu}_\tau$ 的精度. Z 质量、其总宽度、各种末态的分支比和各种不

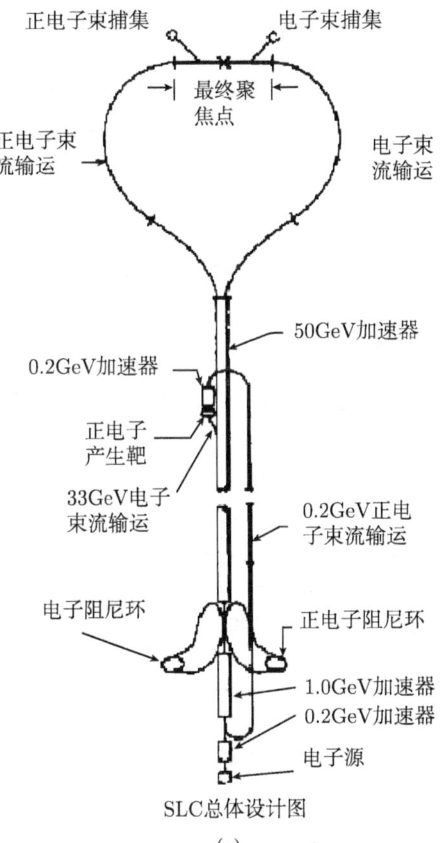

(a)

(b)

图 9.26 (a) 斯坦福直线对撞机 (SLC) 的示意图 [329]; (b) 大型电子正电子对撞机 (LEP) 的照片, 小圆和大圆分别标志 SPS 和 LEP 环的位置, 而点线标记法国和瑞士的边界

对称性的精确测量, 不仅检验了电弱理论, 而且检验了来自顶夸克和 Higgs Bose 子的一些高阶修正[331]. 从而顶夸克质量被预言为在 200GeV/c^2 之下, 恰如实际发生的那样 [332](9.9 节).

9.8 量子色动力学

9.8.1 色三重性的早期建议

在 9.6 节中, 我们曾简略地提到过, 正如以下几种情形显示的那样, 夸克表现为可用三种 "颜色" 来分类.

1. *夸克统计*

对于重子, 夸克的自旋、空间和 "味道"(u、d、s 等) 波函数的乘积, 在交换任意两个夸克时, 表现为对称的. 因为夸克自旋为 1/2, 所以应该遵从 Fermi 统计, 人们会预期, 在交换任意两个夸克时它们的总波函数是反对称的. 通过添加一个新自由度, 对于它一个重子中所有夸克是反对称的, 这个目的就能达到.

根据 Greenberg[237]、韩和南部[238], 重子的 3 夸克结构意味着一个新的 SU(3) 对称性, 在这个对称性下夸克将作为三重态 (**3**) 变换, 而所有已知强子都将是单态. 因为

$$\mathbf{3}\times\bar{\mathbf{3}}=\mathbf{1}+\mathbf{8}\quad \mathbf{3}\times\mathbf{3}\times\mathbf{3}=\mathbf{1}+\mathbf{8}+\mathbf{8}+\mathbf{10}$$

所以已知介子都将是 $\mathbf{3}\times\bar{\mathbf{3}}$ 中的单态 (即夸克–反夸克对), 而重子将是 $\mathbf{3}\times\mathbf{3}\times\mathbf{3}$ 中的单态 (3 夸克态). 南部[333] 证明了, 自然中出现的唯一的一些状态都是单态看来是合理的, 它还讨论了这种新 SU(3) 对称性对应于一个规范理论的可能性.

2. 中性 π 介子的衰变

1949 年, Steinberger[69] 将 $\pi^0 \to \gamma\gamma$ 衰变归之于包含一个虚质子的图 (图 9.27). 大约 20 年后, Adler、Bell 和 Jackiw 将类似计算 (改为包括夸克圈图) 建立在更牢固的基础之上. 发现这个过程的振幅正比于绕着圈传播的夸克数, 实验上 $\pi^0 \to \gamma\gamma$ 的反应率[334] 表明这个数是 3.

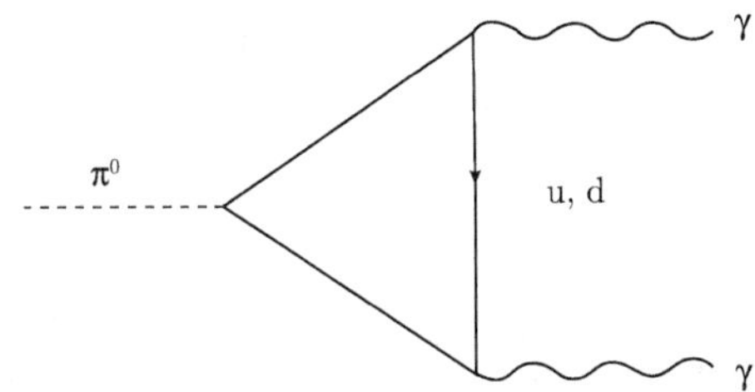

图 9.27 导致 $\pi^0 \to \gamma\gamma$ 衰变的图, Steinberger[69] 给出的最早的计算包括的是质子而不是 u 和 d 夸克绕着圈传播

3. 电子–正电子湮没的截面

电子–正电子碰撞的研究 (9.6.3 节), 进一步地确证了 3 种夸克 "颜色". 截面 $\sigma(\mathrm{e}^+\mathrm{e}^- \to$ 强子) 正比于夸克颜色的数目 N_c. 一旦完全了解了任何已知能量下产生的夸克的电荷, 数据表明 $N_\mathrm{c} = 3$.

9.8.2 一个强相互作用规范理论的要求

1972 年, Murray Gell-Mann 和 Harald Fritzsch[335] 强调了夸克的色 3 重态特性, 总结了这个自由度的三重性的证据, 并强调了需要一个不会破坏流代数的成功的强相互作用规范理论.

一个与电磁学相似的类矢量相互作用, 它在大距离时强到足以将夸克束缚成强子, 而短距离时又弱到足以使夸克在深度非弹性散射中是准自由的, 是会受到人们偏爱的. 而像电磁学那样的理论具有不同的行为. 它们的真空极化效应 (9.3 节) 会增强短距离时的电磁相互作用. 一个系统考查适于描写强相互作用的量子场论的平台, 就这样被搭建起来了.

9.8.3 渐近自由和红外奴役

杨-Mills 理论的真空极化效应最早是由 Khriplovich 在 1969 年用非协变方法正确地计算出来的[336]. 杨-Mills 场的自相互作用导致它与量子电动力学的一个重要差别, 杨-Mills 理论中的力在短距离时如一个强相互作用理论所要求的那样变弱.

直到在 20 世纪 70 年代早期被重新发现为止, Khriplovich 的结果似乎一直没有引起普遍的注意. 那时, 有几个人开始考查杨-Mills 理论作为强相互作用的候选者[337]. 耦合强度的距离依赖关系的两个明显协变的计算, 出现于 1973 年[338]. 哈佛大学 Sidney Coleman 的一个学生,H David Politzer 和普林斯顿大学的 David Gross 以及他的学生 Frank Wilczek , 都发现了 SU(N) 规范理论的一个这样的结果, 它把在一个动量标度 μ_1 下**一个巡行耦合常数**α_N 的测量值与在另一标度 μ_2 下的值联系起来, 有

$$[\alpha_N(\mu_1)]^{-1} = [\alpha_N(\mu_2)]^{-1} + \frac{1}{4\pi}\left(\frac{11}{3}N - \frac{2}{3}n_f\right)\log\frac{\mu_1^2}{\mu_2^2}$$

这里 n_f 是对一个规范 Bose 子真空极化有贡献的 Fermi 子种类的数目. 这个结果使用了**重正化群**概念, 它确定了量子场论的参量对标度变化的依赖关系[339].

依赖于 N 的对数项的系数来源于规范 Bose 子圈图. 它的正号意味着杨-Mills 理论中相互作用在大动量标度时 (等价地, 在短距离处) 减弱, 这个特性被称为**渐近自由.** 为使它成立, 圈中的 Fermi 子数 n_f 必须足够小, 以使正比于 N 的项占主导地位.

对一个 Abel 规范理论如电磁学, 不存在正比于 N 的项; Fermi 子圈对于对数项贡献一个负号, 因而在大动量标度或短距离时相互作用变强.

Abel 理论和非 Abel 理论耦合常数的**长距离**行为也明显不同. 在一个 Abel 理论中, 因为在比对真空极化有贡献的最轻 Fermi 子的质量低得多的标度 μ 下, 耦合强度停止 “巡行”, 所以在长距离处可以测量到一个有明确定义的电荷. 在非 Abel 理论中, 与规范 Bose 子圈相联系的对 μ 的对数依赖, 最终将导致耦合常数在某个较小的 μ 值下发散. 那时相互作用变强, 而微扰理论不再成立.

很早就有人建议, 强相互作用的杨-Mills 理论将导致相互作用能量正比于夸克间分开的距离; 在大距离下夸克和反夸克之间这样的一个力将使它们彼此永远不能被分开. 这个建议导致[340] 具有角动量 J 与 M^2 成线性关系的一些家族, 它得到了沿着一些最高 Regge 轨迹上排列的粒子谱的支持 (参考 9.5.4 节第 4 小节和图 9.14). 作为渐近自由的对立面, 夸克被一个不断增加的位势所禁闭有时被称为**红外奴役**.

以作用于色自由度上的杨-Mills 量子场为基础的强相互作用理论, 已经被称为**量子色动力学**或 QCD. QCD 的量子称为胶子, 因为它们提供了使强子结合在一起

的“胶”.

9.8.4 深度非弹性散射中的标度破坏

虽然轻子深度非弹性散射实验 (9.6 节) 揭示了质子中的类点组分, 核子结构的细节对于轻子转移给靶的动量仍有轻微的依赖关系. 图 9.28 所示的最新的数据[49], 表明了 QCD 预言的这种行为. 夸克可以发射或吸收胶子, 从而改变它们的动量. 所以一个被探测到以高动量转移质子, 似乎具有“较软”且比较多的组分. Bjorken 所预言的标度现象被轻微破坏, 达到能提供在任意选定的动量标度 μ 下强耦合常数 $\alpha_s(\mu)$(下标 s 表示“强”) 的信息的程度. 从渐近自由的最初发现开始, 对这个特征的几种定量处理在 20 世纪 70 年代中期出现, Altarelli 和 Parisi 的工作[341] 清晰地表述了这些结果. 因为 α_s 的很多测量是在 Z Bose 子质量标度下所做的, 一个方便的参考点是 $\mu = M_Z$, 尽管深度非弹性散射实验探测的是比较低的动量标度. 深度非弹性散射的一个最近的分析[342] 发现 $\alpha_s(M_Z) \approx 0.12$, 与其他的测定一致.

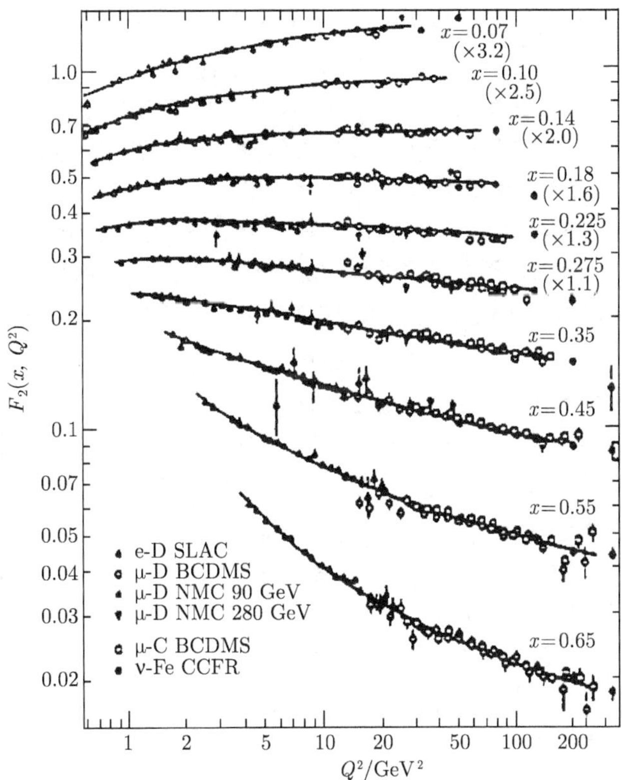

图 9.28 结构函数的非标度行为

9.8.5 喷注和其他一些大横动量 ($p^{\perp}$) 现象

在 9.6.2 节第 5 小节提到的部分子图像的一个早期应用, 预言了大横动量强子的产生[251], 由 CERN 的 ISR(交叉贮存环) 和 Fermi 实验室[252] 的一些实验所证实. 大横动量下截面的行为表明, 对撞质子的组分在基本的层次上彼此相互作用.

胶子的直接证据来自于电子–正电子湮没中的 3 喷注事例, 其细节见参考文献 [343]. 在量子色动力学中, $e^+ + e^- \rightarrow$ 强子的过程分两个阶段演化. 首先 (本质上是瞬时的) 一个夸克–反夸克对 ($q\bar{q}$) 通过电磁流产生. 然后, 在一个较长的时间标度上, 这些夸克通过产生另外一些具有相对于原始夸克横动量很小的夸克–反夸克对, 物质化为一些强子. 原始的夸克和反夸克从而决定了这些粒子的两个**喷注**的方向, 随着能量的增加它们会变得越来越清晰. 因为 QCD 相互作用在低于 $1\text{GeV}/c$ 的动量标度下逐渐变得比较强, 需要几个 GeV 的质心能量才开始看到两喷注现象. 20 世纪 70 年代中期, 这样的一些喷注在 e^+e^- 湮没[344] 和强子对撞[345] 中被识别了出来.

在 1978 年东京国际高能物理会议上, 讨论很多的一个粒子是 Υ(9.9 节), 它是由第五种夸克 (b) 与其反夸克以一种与 J/ψ 作为粲–反粲夸克的束缚态相同的方式组成的. Υ 的三胶子衰变真的被观测到了吗? 当时还不清楚究竟实验数据真的显示出了三个不同的胶子喷注, 还是由于数据的选择产生了类似三喷注的效果. 两个新的电子–正电子对撞机 (在汉堡的 PETRA 和在斯坦福的 PEP) 的更高能量, 允许更有力地搜寻胶子的喷注. QCD 预言了**第三个喷注**, 它对应于末态夸克之一放出一个胶子, 在 e^+e^- 湮没为强子的过程中会有一小部分发生这种现象. 如果胶子在相对于夸克之一以足够大的角度发射, 这个胶子喷注应该是可识别的.

PETRA 的 TASSO 合作组的两位成员, 吴 (Wu S L) 和 Zobernig 提出了一种识别胶子喷注的技术[346]. 1979 年夏初的国际会议上, 一幅漂亮的三喷注事例的图片 (图 9.29) 呈现在人们面前[347]. 1979 年 8 月在 Fermi 实验室召开的的轻子–光子会上, 在 PETRA 工作的所有四个组都提交了三喷注事例的一些证据.

当可用的质心能量增加时, 在 CERN 的 SPS 对撞机[348] 和 Fermi 实验室 Tevatron[349] 上, 相对于初始粒子束流成大角度的壮观的粒子喷注被观测到. 在 LEP 观测到的 Z 玻色子到强子的衰变, 已经产生了大量具有三、四甚至更多喷注事例的样品. $n+1$ 喷注的反应率与 n 喷注的反应率以 α_s 的一次幂关联, 从而由多喷注产生的反应率可以得到 α_s 的一个估计值: $\alpha_s(M_Z) \approx 0.12 \pm 0.01$, 与从深度非弹性散射得到的值相容.

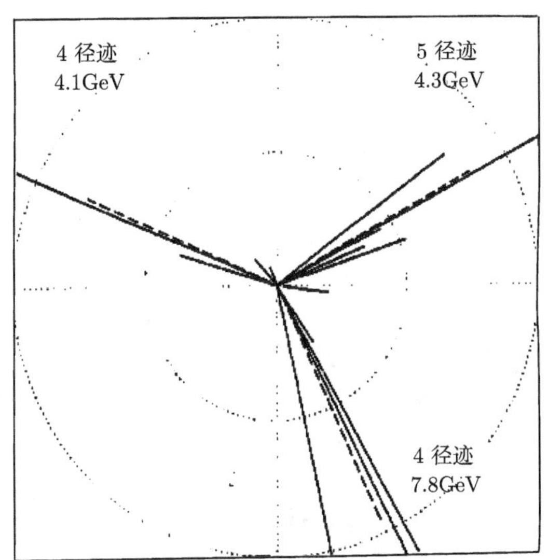

图 9.29 在电子-正电子湮没中一个早期三喷注实例的粒子径迹示意图

9.8.6 其他应用

1. 夸克偶素衰变

诸如 9.7 节提到的 J/ψ 这样的粲夸克束缚态, 提供了微扰 QCD 应用于衰变过程的第一个实验室[350]. 第五种夸克 b 和相应的 $b\bar{b}$ 束缚态如 Υ (9.9 节) 的发现, 大大有助于这些研究. 例如, 通过比较 $\Upsilon \to 3g$ ($g=$ 胶子) 和 $\Upsilon \to 2g+\gamma$ 的衰变, 可以测量 $\alpha_s(m_b)$. 加上高阶 QCD 修正, 结果是 $\alpha_s(m_b) \approx 0.19$, 相应于 $\alpha_s(M_Z) \approx 0.11$.

2. 电子-正电子湮没中的强子产生

对表征电子-正电子湮没中的强子产生的比值 R (9.6.3 节) 的最低阶 QCD 修正, 总计贡献一个因子 $1+(\alpha_s/\pi)$. 从几 GeV 直到 M_Z 的很宽的质心能量范围内所取的数据, 确实与这个修正一致.

3. 计数规则

在高能量和固定角度下的微分截面[351], 其行为方式可以通过跟踪夸克层次的散射图的高动量转移流而由 QCD 推导出来.

4. 非微扰效应

并非所有高能对撞现象都可在 QCD 框架内定量地理解. 小动量转移散射仍然是在 Regge 极点 (9.5.4 节) 的框架内得到最经济的描述. Pomeranchuk 轨迹可以反

映一对 (或更多的) 胶子的交换[352]. 高能下总截面的增加[353] 是一个有趣的课题, 最近的数据[354] 总结于图 9.30 中.

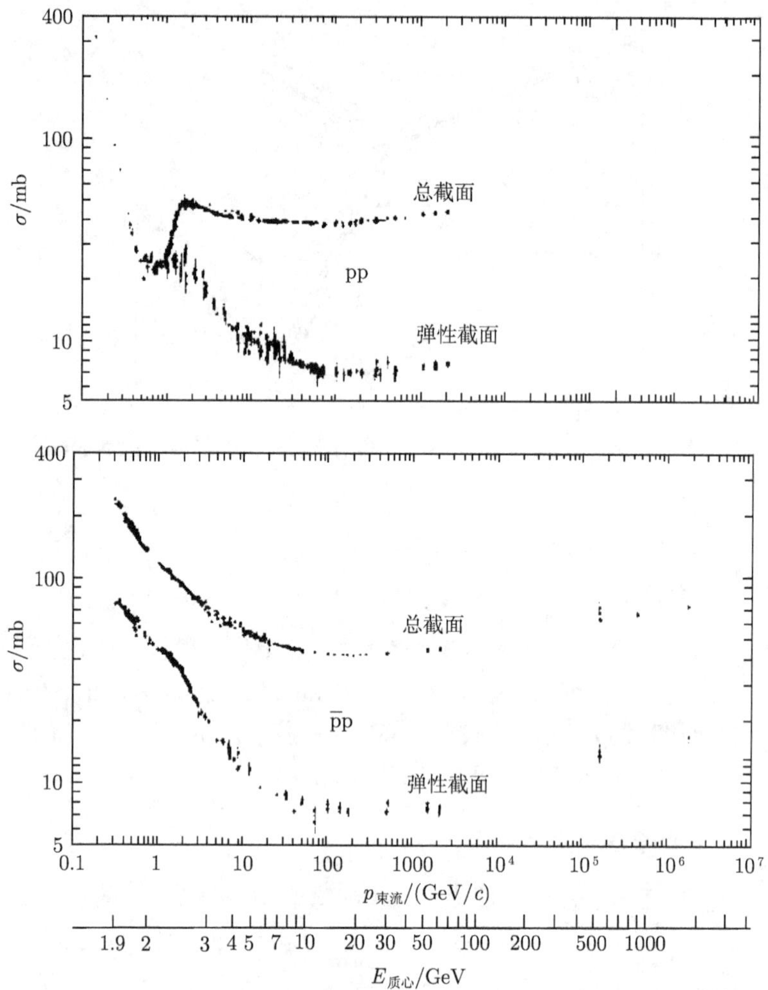

图 9.30　pp 和 $\bar{\mathrm{p}}\mathrm{p}$ 对撞的总截面和弹性截面作为能量的函数图

强子相互作用中的多粒子产生[355], 显示了一些主要在唯象基础上理解的简单规律. 一个粒子的**快度**可以定义为 $y \equiv \left(\dfrac{1}{2}\right) \log[(E+p_z)/(E-p_z)]$, 其中 E 为能量, p_z 是它沿粒子束流轴向的动量. 强子对撞导致每单位快度的粒子数目只随能量稍微增长. 对这种行为在夸克碎裂[356] 的基础上有一种定性的理解.

于是, QCD 被证明可以描述非常广泛的强相互作用现象. 尽管 QCD 只允许在一个或几个 GeV 之上的能量和动量处的微扰计算, 这不应该用于否定它的正确性. 处理非微扰区的方法, 包括格点规范理论[357] 和 QCD 求和规则[358], 正在被积极地推进.

9.9 三代夸克和轻子

9.9.1 τ 轻子

1. **发现**

轻子的重复性结构 (电子和其中微子, μ 子和其中微子) 激发人们去寻找由一个重的带电轻子及其中微子组成的另外的 "后继" 二重态, 而直到 20 世纪 70 年代早期, 结果是否定的[359]. 那个时间前后, 几位理论家[360] 已经导出了一些带电重轻子的结果. 在新的电子–正电子对撞机上详细核查的 $e^+ + e^- \to 1^+ + 1^-$ 过程, 是产生这些轻子的一种途径.

1973 年夏, 剑桥电子加速器 (9.6.3 节) 报道了, 在质心能量为 4 和 5GeV 时, 比值 $R = \sigma(e^+ + e^- \to \text{强子}) / \sigma(e^+ + e^- \to \mu^+\mu^-)$ 超过了关于 u、d 和 s 夸克的预期值 2 [354]. 这些结果在那年的稍晚些时候被 SPEAR 对撞机证实[361]. 1974 年发现的粲夸克 (9.7 节), 解释了部分 R 值的增加. 它对 R 值贡献了 $\frac{4}{3}$, 导致总的值 $3\frac{1}{3}$. 然而, SPEAR 在 4GeV 以上的结果表明 R 值大大地超过 4.

SPEAR 在 4GeV 及其以上的数据的其他一些令人惊奇的特征, 似乎不能归结为粲粒子的产生. 有一个电子、一个相反符号电荷的 μ 子而没有任何其他带电粒子及伴随的丢失能量的事例, 意味着产生一对新轻子: $e^+ + e^- \to \tau^+ + \tau^-$, 其中的一个衰变为 $e\nu\bar{\nu}$, 另一个衰变为 $\mu\nu\bar{\nu}$①. 在弗拉斯卡蒂的 ADONE 电子–正电子对撞机早些时候曾搜寻过这个信号[359]. 然而, 回顾起来, 它的能量相对于 τ 对产生太低了.

1975 年, Martin Perl 及其合作者发表了一篇文章, 标题为 "**存在异常轻子产生的证据**", 在结论部分他们宣称: "这些事例的一种可能解释是一些新粒子的产生和衰变, 它们中每一个都具有 1.6 到 2 GeV/c^2 的质量". 两年后他们能够给出 τ 轻子 $(1.80 \pm 0.045)\text{GeV}/c^2$ 的质量值[310]. 最初在汉堡的 DESY 的 DORIS 贮存环未能探测到关键的衰变模式 $\tau \to \pi\nu$, 导致某些怀疑一直延续到 1977 年, 但这个模式和其他一些模式的确证, 在那之后不久便由 DESY 实验得到了[362].

τ 子确实是在没有任何直接理论预言所预期的情况下的一个新发现, 它是第三代夸克和轻子的第一位成员.

① 似应为 $\bar{\mu}\bar{\nu}\nu$.—— 译者注

2. 性质

τ 衰变为 ν_τ (它的存在仍是推测, 尚未直接探测到) 和一个虚 W Bose 子, 后者物质化为 $u\bar{d}$、$u\bar{s}$ (以一个较小衰变率)、$e\bar{\nu}_e$ 或 $\mu\bar{\nu}_\mu$. 这些末态的衰变几率与标准的弱电理论一致, 导致约 0.3ps 的总寿命. $u\bar{d}$ 的衰变率与 $e\bar{\nu}_e$ 或 $\mu\bar{\nu}_\mu$ 衰变率的比值, 是 3 乘以一个小的修正因子, 提供了夸克 3 种颜色的进一步证据. 参考文献 [363] 提供了一个从不断提高精度的 τ 子性质测量学到的物理学的样品.

9.9.2　第五种夸克

1. 小林和益川的建议及其含义

受核乳胶[299] 中粲粒子的一些迹象的启发 (9.7.4 节第 1 小节), 小林诚 (M Kobayashi) 和益川敏英 (T Maskawa)[300] 问道 "既然似乎存在两代夸克和轻子, 为什么不是三代呢?" 通过在夸克的电荷改变的弱耦合中引入一个非平庸的相位, 夸克的第三代将会允许 CP 破坏的参数化.

对粲夸克的寻找, 部分动机曾经是存在两代轻子, 其中一种代的结构特别适合于消除三角形反常[298] (9.7.3 节). 所以第三个夸克二重态将意味着第三个轻子二重态, 反之亦然. 随着 τ 子的发现, 很自然预期一种电荷为 $-\dfrac{1}{3}$的第三代夸克 (除 d 和 s 之外), 命名为 b 或 "底" 夸克; 和一种电荷为 $\dfrac{2}{3}$ 的第三代夸克 (除 u 和 c 之外), 称为 t 或 "顶" 夸克. b 夸克所带的量子数已被称为 "美".

真实信号的一些虚假警示和预兆成了寻找第三代夸克的标记. 在反中微子深度非弹性散射中一个明显的异常[364], 曾意味着已经跨过了 b 夸克的产生阈值. (这个效应, 没有被其他实验确证, 后来被理解为仪器偏差.) 在 Fermi 实验室对一个衰变为轻子对而又比 J/ψ 更重的粒子的寻找, 在 e^+e^- 道 6GeV 处产生了一个明显的峰 ("Υ"), 但没有被 $\mu^+\mu^-$ 道证实. 然而在那个道 9.5GeV/c^2 处的一个峰引起了当时参加这个实验的一位博士后 John Yoh 的兴趣, 他在小组的冰箱里放了一瓶贴上 "9.5" 标签的玛姆香槟 (不久将被打开)[365]. 另一个组也在 Fermi 实验室研究 μ 子对, 在 9.5GeV/c^2 处也得到了一个事例, 被亲切地标为 "麦当劳的巨无霸". 在 1976 年参考文献 [366] 的实验中的 $\mu^+\mu^-$ 谱, 在约 10GeV/c^2 处显示了一个小异常.

2. Υ 家族的发现

Fermi 实验室对强子产生轻子的研究经历了几个阶段, 以实验 E-288 达到顶峰, 这个实验是在 Leon Lederman 领导下专门用来研究大质量的轻子对的. 在 1976 年 6GeV 处的 Υ 的伪信号和 1977 年春天的一场火灾 (它的损害很快被修复) 之后, 这个组在 1977 年晚春开始以高流强和改进的分辨率运行. 数据不久证明 John Yoh

的香槟酒瓶的标签贴对了. 不仅在 9.5 GeV/c^2 处有一个峰, 而且另一较小的峰似乎跨在它的尾部, 约在比前者大 0.6 GeV/c^2 处[367] (图 9.31(a)), 这种方式不禁令人联想起粲夸克, 在那里 ψ′ 比 J/ψ 高出约 0.6 GeV/c^2. 然而, 与粲偶素不同的是, 似乎出现了**三个**窄峰[368]. 称为 $\Upsilon(1S)$、$\Upsilon(2S)$ 和 $\Upsilon(3S)$, 分别对应于一个重夸克与其相应反夸克的第一个、第二个和第三个 S 波束缚系统 (图 9.31(b) 给出了最近的谱).

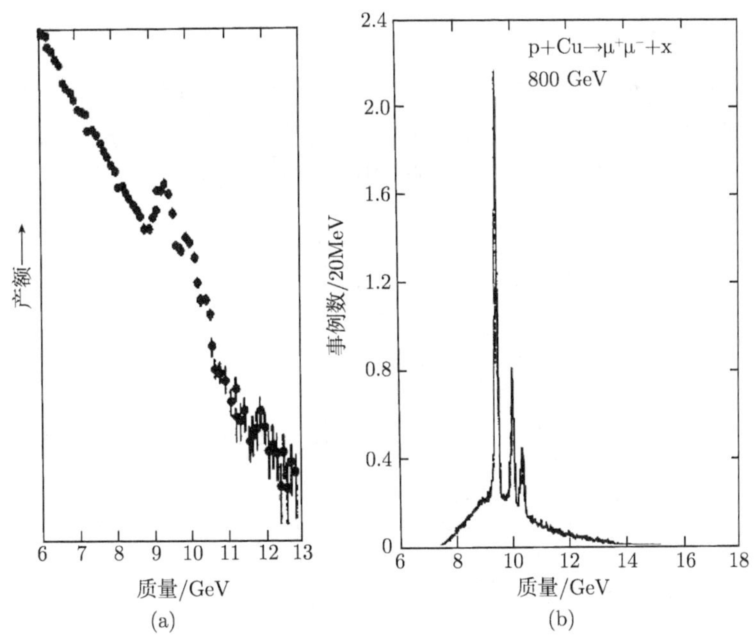

图 9.31 强子相互作用中 Υ 共振态的证据

(a) 取自参考文献 [367]; (b) 取自参考文献 [368] 的第二篇的最新的谱

在 DORIS 贮存环测量到的 Υ 衰变为轻子对的分宽度[369], 表明这个粒子由电荷为 $-1/3$ 的夸克组成, 这个结论在第二个峰即 Υ′ 被观测到后[370] 得到进一步加强, 因为 Υ′ 的强子参数是以更大的置信度被预言的. 一旦产生含有一个单独的重夸克的介子的阈值被超过, e^+e^- 中的 R 值就增加 1/3, 从而证实了新夸克的电荷为 $-1/3$, 并识别出它就是 b 夸克 Υ 和它的激发态都是 $b\bar{b}$ 态.

3. B(美) 介子

1967 年第一次运行的 12GeV 康奈尔电子同步加速器, 在 20 世纪 70 年代后期改造为康奈尔电子贮存环 (CESR), 其电子和正电子的束流能量达到了 8GeV. 这个机器正好出现于可遇而不可求的幸运时间, 马上就探测到了 $\Upsilon(1S)$、$\Upsilon(2S)$ 和 $\Upsilon(3S)$. 在更高的能量, 第四个 Υ 激发态也被观测到了, 它具有[371] 表明它衰变到一对 b 味介子 (现在称为 B 介子) 的自然宽度. 这些新介子最初是由它们的衰变产物中[372] 存在一个轻子和一些附加的 K 介子 (相应于 b 夸克的弱衰变) 而被识别出来的. 具体衰变道的重建[373] 得到了一个质量在 5.28GeV/c^2 附近的 B 介子. 因为产生一对 B 介子的阈值是这个值的两倍, 所以质量为 10.575GeV/c^2 的 $\Upsilon(4S)$ 对于产生接近静止的 B 介子对非常理想.

4. b 夸克的谱

我们关于 $\mathrm{b\bar{b}}$ 能级的知识的现状, 总结于图 9.32 中. 至少有六个 S 波能级和两组 P 波能级均已被识别, 迄今它们都是自旋三重态. 它们到自旋单态能级的电磁跃迁, 要求一个 b 夸克的自旋方向反转, 因而预期其发生的几率低于现有灵敏度的水平.

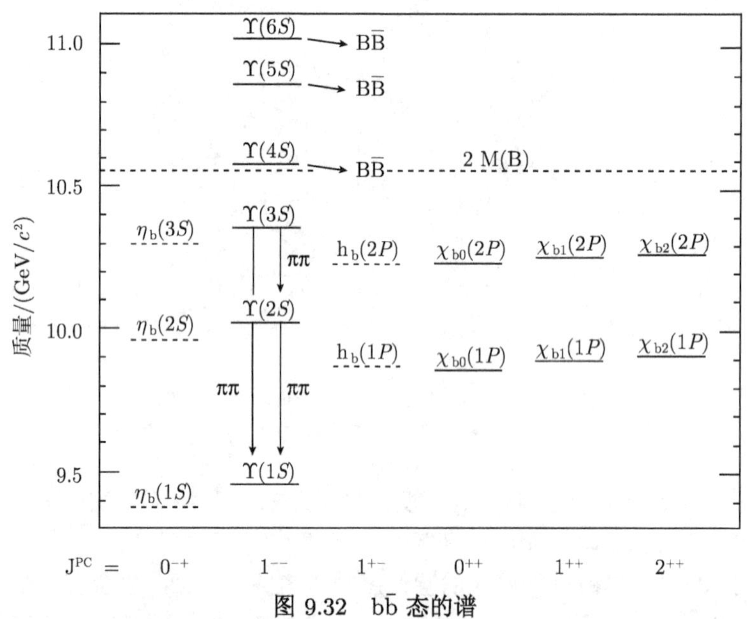

图 9.32　$\mathrm{b\bar{b}}$ 态的谱

参考文献 [319] 所给出的观测到的和预言的能级分别用水平的实线和虚线表示. 除了用箭头表示的跃迁之外, 在 Υ 和 χ_b 态之间许多电偶极跃迁如 $3S \to 2P \to 2S \to 1P \to 1S$、$3S \to 1P$ (非常弱) 和 $2P \to 1S$ 等也都被观测到了

$\mathrm{b\bar{b}}$ 系统显示出 QCD 短距离效应和长程效应的交错[374,375]. 夸克之间的势把由单胶子交换所预期的短距离类 Coulomb 行为与南部[340] 提出的长程线性行为结合在一起.

5. 含有 b 夸克粒子的衰变

一旦 b 夸克被识别出来, 则可以发现它的电荷改变的弱衰变有利于 c 夸克, 而不利于更轻的 u 夸克[376], 这个结论是在发射的轻子动量谱的基础上得到的.

$b \to ul\bar{v}_1$ 衰变开始根本观测不到, 最后在 $b \to cl\bar{v}_1$ 过程约 1%~2%的水平上被看到了[377]. 考虑到 $b \to cl\bar{v}_1$ 和 $b \to ul\bar{v}_1$ 这两个衰变过程可用的相空间不同, 这个结果意味着 $b \to u$ 耦合与 $b \to c$ 耦合的比值在 0.05 与 0.1 之间.

b 夸克衰变的另一独具的特征在于 $b \to c$ 弱耦合相对比较弱. 质量在 2 GeV/c^2 以下的粲介子的寿命约为 0.4 至 1 皮秒 (ps), 依赖于其所含有的轻夸克而不同. 相比之下, 含有一个 b 夸克的介子的平均寿命约为 1.5 皮秒 (ps)[378], 尽管它们有大得多的质量. b 夸克的这个出奇长的寿命首先是在 SLAC 由 David Ritson 领导的的 MAC 合作组观测到的[379].

9.9.3 Cabibbo–小林–益川 (CKM) 矩阵

1. 在 CP 破坏中的作用

在小林和益川[300] 的三代模型中, 夸克的电荷改变的耦合可用一个 3×3 矩阵表示, 它的行属于电荷为 −1/3 的夸克 d、s、b, 而列属于电荷为 2/3 的夸克 u、c、t. 这个矩阵的幺正性, 是它在夸克质量矩阵的对角化中起的作用所要求的, 意味着正如两代模型一样, 不存在味道改变的中性流.

对 n 代夸克, 一个幺正 $n \times n$ 矩阵有 n^2 个实参数. $n = 2$ 时, 只要一个角度 (Cabibbo 角) 就足以确定这个矩阵, 其余三个参量确定夸克的相对相位. 三代夸克除了五个任意夸克相对相位外, 还需要四个实参数.

CKM 矩阵的一个方便的参数化[380] 是

$$\mathrm{V}_{\mathrm{CKM}} = \begin{bmatrix} V_{\mathrm{ud}} & V_{\mathrm{us}} & V_{\mathrm{ub}} \\ V_{\mathrm{cd}} & V_{\mathrm{cs}} & V_{\mathrm{cb}} \\ V_{\mathrm{td}} & V_{\mathrm{ts}} & V_{\mathrm{tb}} \end{bmatrix}$$

$$\approx \begin{bmatrix} 1-\lambda^2/2 & \lambda & A\lambda^3(\rho-\mathrm{i}\eta) \\ -\lambda & 1-\lambda^2/2 & A\lambda^2 \\ A\lambda^3(1-\rho-\mathrm{i}\eta) & -A\lambda^2 & 1 \end{bmatrix}$$

其中的 A、ρ 和 η 的数量级均为一. 这里只给出了矩阵元的领头阶, 当详细写到 λ^4 阶时, 矩阵是幺正的. CP 不变性的破坏, 由非零的 η 值代表, 为了这个目的, 至少需要三代夸克.

2. 有关矩阵元的实验信息

参量 $\lambda \approx 0.22$ 是 Cabibbo 角的正弦, 是从奇异粒子衰变的分析而为人们所熟知的. b 夸克寿命的信息给出 A 约为 0.8, 而观测到的 $|V_{ub}/V_{cb}| = 0.05 - 0.1$ 意味着 $(\rho^2+\eta^2)^{1/2}$ 在 1/4 和 1/2 之间.

单独的 η 和 ρ 值并不广为人知. ρ 值在 -0.4 和 0.4 之间, 而 η 值在 0.2 和 0.6 之间, 与现有的数据一致. 间接信息是由 K 介子系统的 CP 破坏与 1987 年首次发现[381] 的中性 B 介子 $\bar{B}^0 \equiv b\bar{d}$ 与其反粒子 $B^0 \equiv \bar{b}d$ 的混合提供的. 给从这些图估算 η 和 ρ 值的带来麻烦的一些不确定性包括, 顶夸克质量 ($m_t = 180 \pm 12\mathrm{GeV}/c^2$, 见下) 的误差和各种强子矩阵元中的误差, 对于后一种情况, 从格点规范理论[357] 和 QCD 求和规则[358] 作估算刚开始变得有用.

一个 "超弱" 理论[170](不依赖于 CKM 矩阵中的 η 值), 依旧可以解释 K 介子系统中观测到的所有 CP 破坏现象. 对 CP 破坏的 CKM 理论的两个主要检验, 依靠的是 K 介子的稀有衰变和寻找 B 衰变中的 CP 破坏[382].

探测 K_L 和 K_S 衰变为带电和中性 π 介子对的振幅比之差, 提供了否定超弱模型的证据, 这一点在 9.5.2 节第 3 小节曾提到过. 对于这个差的寻找已经达到了比 0.2%更好的水平. 对这个探测, 两个实验[171,172] 给出了某种程度上不同的回答; 这两个实验的改进形式都正在计划之中.

B 介子衰变的研究起始于 DESY 的 ARGUS 和 CESR 的 CLEO 这样的 e^+e^- 对撞机中的探测器 (图 9.33). 亮度更大的 B 介子的 e^+e^- 源, 具有在研究时间相关的衰变效应时很有用的能量不对称性, 现在正在几个实验室被筹划中. 在强子对撞机中从很强的背景孤立出 B 强子信号也正在变成可能.

(a)

(b)

图 9.33 ARGUS 探测器 (a) 和 CLEO 探测器 (b)

9.9.4 寻找顶夸克; 观测

尽管夸克和轻子的代结构简单且重复, 但也许正如过渡金属与元素周期表的改变有关那样, b 夸克也可能脱离这个模式. 然而, 几组数据都表明, b 夸克必须是弱 SU(2) 二重态的一个成员.

假如 b 夸克是一个单态, 则诸如 $\mathrm{b} \to \mathrm{s}\mu^+\mu^-$ 这样的味道改变中性衰变, 就会以比标准弱电模型所预期的高得多的衰变率发生[383]. 没有观测到任何如此增强的衰变率. 此外, 在能量的变化范围内反应 $\mathrm{e}^+ + \mathrm{e}^- \to \mathrm{b} + \bar{\mathrm{b}}$ 的截面和前–后不对称性, 都意味着 b 夸克是一个二重态的成员, 恰如 d 夸克和 s 夸克一样. 基于中性 B 介子与其反粒子混合的箱子图的一些计算的自洽性, 也支持一个重的顶夸克存在.

从发现 b 夸克开始, 在诸如 PEP (斯坦福)、PETRA (汉堡)、TRISTAN (日本) 和 LEP (CERN) 的电子–正电子对撞机以及在 CERN 的强子对撞机上, 对顶夸克的寻找不停地继续着. 随着在 Fermi 实验室的更高强子对撞能量的可供使用, 用一种涉及几种不同衰变模式的分析绝技, CDF 合作组于 1994 年提出了顶夸克的证据[332], 并于 1995 年证实了它, 且测量到它的质量为 $m_\mathrm{t} = 176 \pm 8 \pm 10\mathrm{GeV}/c^2$. D0 合作组也观测到统计上很明显的信号[384], 指出 $m_\mathrm{t} = 199^{+19}_{-21} \pm 22\mathrm{GeV}/c^2$.

大的顶夸克质量对弱电参量的影响, 是由 Veltman[385] 首先指出的. 虚顶夸克对 W 和 Z 自能的贡献, 改变了对于比值 $M_\mathrm{W}^2/M_\mathrm{Z}^2 = \cos^2\theta$ 和 Z 质量本身的最低阶预言. 因为对弱电角 θ 和 Z 质量存在独立的 (非常精确的) 确定, 例如从 LEP 实验确定, 由此曾预言顶夸克质量在 200 GeV/c^2 之下. 在这个范围内对它的质量的测量, 是弱电理论的出色验证, 而且还间接地对其他效应如 Higgs Bose 子给出了限制范围.

9.10 加 速 器

我们关于原子核以及其后的基本粒子的知识是与能量越来越高的粒子加速器的建造密切地平行进展的. 关于直到对撞束时代 (1960 年左右) 的加速器发展的出色的和详细的评述已经由这个进程的两位主要的参加者, Livingston 和 Blewett 给出了[386]. 对于每种类型的机器, 我们在这里只给出实际上已经在世界各地建成的那些机器的几个例子. **【又见 15.4.2 节】**

9.10.1 静电起电机

将质子加速到高电压以撞击实验室中的一个静止的靶所产生的第一例核反应是由 Cockroft 和 Walton 观测到的[387]. 他们的工作直接受到了 Gurney 和 Condon 以及 Gamow 关于势垒穿透理论工作的激发. 为了产生所需要的高电压, 他们通过整流二极管和电容器的精巧组合开发出一种使变压器的输出电压加倍的设计. 鉴于几乎任何加倍因子都可以达到, 这个技术的好处就在于, 如果这个变压器的次级产生一个电压 V, 则并不要求任何电容器和整流器承受高于 2V 的电压.

当时最困难的技术问题出现在提供一个高压离子源和一个抽成真空的管道, 通过这个管道离子可以被加速. 该管道必须是绝缘的, 以便能承受离子源与靶之间的很高的电位差, 而且经过恰当的安排使沿着管道有均匀的电位梯度以便把假性放电减低到最小.

Cockcroft 和 Walton 的惊人的技术成就得到了 1951 年诺贝尔奖金的褒奖. 直到发明射频四极子为止, 他们的加速器一直作为每一个质子加速器的低压级. 尽管他们的设计并非第一个电压倍增方案, 但却是最优秀的一个, 他们的设备变成普遍为人所知, 称为 Cockcroft-Walton 起电机或高压倍加器.

另一种为加速核粒子广泛使用的静电压源是 van de Graaff 静电起电机[388]. 1927~1928 年在牛津大学作罗得奖学金资助的学者时, van de Graaff 开始对于用皮带充电产生高压的可能性发生了兴趣. 在他返回美国担任普林斯顿大学国家研究委员会研究员时, 建造了他的第一批模型 (图 9.34), 一个用于正的电位, 一个用于负电位. 每一个都有一个安在底座上的发动机, 它使一个皮带轮转动, 以便驱动一条绝缘的皮带. 皮带竖直地移动 7 英尺后进入一个直径约为 24 英寸的铜球内, 其中含有一个折转滑轮. 球和折转滑轮装置由一个直径约为 2 英寸的玻璃管支撑. 电荷在底部 “喷射” 到皮带上, 然后在顶部用一些毛刷把电荷移到球上.

图 9.34 Robert van de Graaff 与其静电起电机的最早形式

Van de Graaff 的头两个起电机在普林斯顿大学一年级学生的物理演示课上用了很多年. 最后, 其中之一给了史密森学会用于展览, 但对方答应提供一个复制品让演示能够得以继续. 后来, 这个复制模型 (用现代材料制成的) 演示起来不像原始的那个那样好, 这是对于发明者的技巧的一个奇妙的证据.

Van de Graaff 的这个起电机在相对容易地产生高电压方面立即取得了成功. 然而, 当把 Cockcroft–Walton 起电机与离子源和加速管组合到一起时遇到了一个令人望而生畏的问题. 随着 van de Graaff 的成功, 许多组都对采用这种起电机加速粒子产生了兴趣. 其中包括 Ray Herb 和他的威斯康星研究组、Merle Tuve 和他的华盛顿的卡内基研究所的研究组以及 Compton 和 Van Atta 在 MIT 的研究组, van de Graaff 加入了最后的这个组[389], 他们把电位势提高到了 5.1MV. 在更适中的电压下, 威斯康星组[390] 和卡内基研究所[391] 的研究组建造了用于加速粒子的第一个实用的 van de Graaff 起电机. 使用这台机器卡内基组作出了显示尖锐的核共振的第一批激动人心的测量.

静电起电机一直用于加速电子和产生高能 X 射线. 由于这种能力, 它们在工业和医学上有着广泛的应用. 在核物理方面, 它们长期保持着优异的电压稳定性, 允许在核子–核子散射的精确测量中很好地控制束流能量. 不久前, 氢离子源的发展使建造所谓的串接式起电机成为可能. 这些机器把负的氢离子从底部加速到一个高正电位, 在那里一个薄的金属箔把它的两个电子都剥掉, 然后把正的离子加速送回底部, 因而其能量增加了一倍. 尽管有了这些发展, 这些依赖于高的静电压的机器所能达到的最高能量一直仅限于 50MeV 左右, 从而限制了它们在核物理研究中的应用.

9.10.2 回旋加速器

就在静电高压机器发展的同时, 关于共振回旋式加速器的研究工作也开始了. 其中的第一个是由 Wideröe[392] 设计和建造的直线型机器, 它由三个圆柱形管衔接成一串, 彼此绝缘. 一个射频电压作用于中间的柱形管, 适当调整相位使一个离子加速, 从第一个管穿到第二个管中. 当这个离子通过中间的管的下部时, 通过调整射频让电压反转, 使得离子从第二个管穿过到第三个管时再一次加速. 当在伯克利图书馆读到有关这个装置的报道时, E O Lawrence 意识到, 通过用一个磁场把粒子弯回到原来的路径可以使离子一次又一次地反复穿过射频电压. 他很快地看出, 在磁场中的一个圆形路径上离子回转角频率 $\omega = eB/mc$ 保持为一个常数, 与半径和动量都没有关系! 就这样, 回旋加速器及整个一类磁共振机器诞生了[393]. **【又见 15.4.2 节】**

第一个应用于物理研究的回旋加速器有一些直径为 10 英寸的磁极, 产生出超过 1MeV 的质子. 1932 年, 就在 Cockcroft 和 Walton 宣布锂由于质子引起蜕变之后几个月, 这个回旋加速器开始运行, 并立即证实了他们的结果[394].

成功的回旋加速器运行的许多重要特点, 在一开始并没有被认识到. 幸运的是, 无论如何这个装置运行了. 只要 B 和 m 不变, 回转角频率 $\omega = eB/mc$ 就保持不变. 与磁场恒定的要求相反的是需要某种竖直方向的聚焦以防止具有某种初始竖直速度的离子还没等迴转几圈就撞到了磁体的磁极上. 竖直聚焦要求磁场随半径的增大而减小. 对于回旋加速器发明家幸运的是, 任何具有圆形磁极的端部除了在场的形状上一些大胆的尝试之外, 都自然地显示了场随半径的增加而缓慢的减少, 因此提供了某种竖直的聚焦. 而与此同时, 场随半径的变化又不应当大到严重地破坏回旋加速器方程. 第一个回旋加速器的情况正是如此. 此外, 相对论效应引起质量随着能量增加. 上帝又一次眷顾了发明者, 因为这个效应在质子能量达到约 25MeV 之前不会带来限制.

回旋加速器在伯克利得到成功之后, 世界各地建造了很多类似的机器. 20 世纪 30 年代美国的每一所研究型大学都安排有一个回旋加速器用于核物理研究. 当然, 通过建造越来越大的回旋加速器, 伯克利引导了这个潮流. 这种活动以建造一个 184 英寸的大加速器达到了高峰, 这个机器直到第二次世界大战之后才完成.

9.10.3 相位稳定性和同步回旋加速器

第二次世界大战后不久, 伯克利的 McMillan 和苏联的 Veksler 各自独立地证明了, 在场随着半径减小以便竖直聚焦与场随半径增加以补偿相对论引起的质量增加这两种要求之间的矛盾, 可以靠离子加速时改变频率来解决[395]. 下面一段话引自 McMillan 文章.

> 这里建议的设备利用了回旋加速器中某些轨道具有的一种"相位稳定性". 例如, 考虑一个具有这样能量的粒子, 它的角速度恰与电场的频率相匹配. 这个能量将称为平衡能量. 再假定粒子跨过加速间隙恰与电场通过零点的时刻相同, 这种变化具有这样一种意义, 即一个稍早些时候到达的粒子结果被加速了. 这个轨道显然是稳恒的. 为了证明它是稳定的, 假定相移就是按照恰使粒子也过早到达间隙调整的. 那时粒子被加速了; 能量的增加引起角速度的减小, 这又会使到达时间倾向于推后. 类似的论证表明能量偏离平衡值的变化倾向于修正其自身. 这些移动了的轨道将不断振荡, 相位及能量都在平衡值附近变化.
>
> 为了加速粒子, 现在必须改变平衡能量值, 可以通过或者改变磁场、或者改变频率来做到这一点. 而当平衡能量正在改变时, 运动的相位将会向前移动, 其移动量恰好足够提供必要加速力; 这个行为与同步发动机的行为的相似性正好为这个设备的名称作了提示 ……

稳相的优点远远超过了在粒子获得能量时要求改变频率的这个缺点. 离子在一个循环周期的高频端入射, 加速时这个频率降低. 最终离子在最高能量 (最低频率) 时被引到一个内靶上或者从机器出射. 然后, 频率的这种循环周而复始地重复着. 因为只有在整个频率的循环周期的一小部分离子才受到加速, 所以束流强度相应地要低得多, 约为通常回旋加速器的 1%.

这种想法的基本优越性不久即得到了公认. 由 McMillan 表述的这一想法, 被用到随后发展的每一个加速器中. 第二次世界大战后不久, 那个 184 英寸的回旋加速器在经过某些模型的研制之后, 转换为一个"同步回旋加速器". 它第一次投入运行是在 1946 年的 11 月, 把氘核加速到了 190MeV, 后来, 又把质子加速到了 350MeV. 于是从一开始就取得了巨大的成功, 紧随其后, 在 1948 年和 1952 年之间另外五个能量范围从 150~450MeV 的同步回旋加速器在美国的几所大学中建造起来, 在世界各地还建了另外的六个. 从这些加速器得到的物理涉及范围极广, 主要是由于它们的能量在很多情况下超过 π 介子的产生阈 290MeV. 利用这些机器, 详细地阐明了 π 介子和 μ 子的一些性质. 发现了 π 原子和 μ 原子, 而且也进行了这些新型原子的定量测量. 观测到了 π 介子–μ 子–电子的衰变链中的宇称破坏被并对它们作了透彻的研究. 这是粒子物理发展史中的一个极为多产的时期.

9.10.4　电子同步加速器

稳相概念也用到了电子加速器上, 导致了第一台电子同步加速器. 同步加速器在一个半径恒定的轨道上加速粒子. 在电子能量达到 $4 \sim 5$MeV 后, 它的速度实际上已经是光速了, 这使得它绕固定半径的轨道上的飞越时间几乎是个常数, 它要求加速电压频率的变化为最小. 因此, 利用一个单独的像 van de Graaff 起电机那样的系统作为加速到几个 MeV 的预加速器, 大大简化了其后的同步加速器的设计.

在一个圆形引导场中加速电子伴随有由于辐射造成的严重能量损失. 这种损失意味着更小的轨道和更小的绕环飞越的时间. 如果粒子是在射频电压下降的那一侧被加速, 那么较早些时刻到达的那些粒子将被较高的电压加速, 从而使辐射损失得到补偿. 在 McMillan 的指导下, 第一个电子同步加速器于 1946 年在伯克利开始建造, 1949 年完成, 产生出 335MeV 的电子. 利用由电子撞击铅靶而产生的光子做的一些实验立即开始了, 很快就探测到了第一批光生的带电 π 介子[396]. 由这个机器得到的一个重要结果是 1950 年发现的中性 π 介子[68] (9.4.2 节). 尽管已经有了一些同步回旋加速器, 很多大学仍建造了一些电子同步加速器, 其中很多是在 300MeV 能区. 9.4.5 节第 2 小节中提到的著名的 (3, 3) 共振的完整的峰, 就是靠这些同步加速器描绘出来的.

9.10.5　电子感应加速器

实际上倒退到 1940 年, 与专心致力于电子同步加速器的一切活动完全无关, D W Kerst 研发了第一台能量为 2.3MeV 的成功的电子感应加速器[397]. 电场与一个变化的磁场联合一起用来加速电子, 同时这同一个磁场还起着引导粒子的作用, 这是一种似乎相当明显的组合. 然而, 随之产生的一些技术问题却被证明是严重的, 它们使 Kerst 之前的许多尝试都遭受了挫折. Kerst 的机器遵照了在 Kerst 和 Serber[398] 所作的复杂的轨道计算的基础上给出的详细的磁体设计. 关于这个电子感应加速器的一个有趣的技术要点已经变成了一个很受欢迎的电磁学课程考题：易证, 对于一个恒定的轨道半径, 轨道上的磁场必须只是被该轨道所链接的磁场平均值的一半. 把电子感应加速器原理外推到高能量时, 与之相关的一个问题就在于面对磁铁饱和等情况还要保持 2 这个因子. 1950 年伊利诺伊大学建成的一个 300MeV 的装置达到了电子感应加速器发展的顶峰[399]. 我们已经注意到了在一个同步加速器中电子被 van de Graaff 起电机预加速的要求. 而更为流行的另一种方法, 是在同步加速器本身利用电子感应加速器原理把电子预加速.

9.10.6　质子同步加速器

到 1948 年, 人们清楚地了解到, 要使质子达到比用同步回旋加速器所达到的还要高的能量, 要依赖同步加速器原理. 回旋加速器要求磁铁的数目大约按照质子最大动量的立方增加, 而同步加速器的要求却只是随动量线性增加. 交叉点已经由建造中的一些回旋加速器达到了. 美国原子能委员会计划建造两台机器; 一台建在长岛新建立的布鲁克海文国家实验室, 其能量范围为 2~3GeV, 而另一台能量为 5~6GeV 的建在伯克利.

前面关于电子同步加速器的那些考虑使人们清楚地认识到为什么物理学家在着手考虑质子机器时胆子更小些, 这种机器需要频率变化比较大. 此外, 必须使频率与瞬时磁场密切同步. 在布鲁克海文的那台机器 (最后, 有点夸张地命名为宇宙级加速器 Cosmotron) 上, 质子从一个 van de Graaff 起电机带着 4MeV 能量注入. 起初机器的设计包含一个 311 高斯的磁场和注入时绕磁铁环的回转频率为 0.4 兆赫兹 (MHz). 在 3GeV 的全部能量时, 平均磁场达到 13 千高斯 (kGs), 频率为 4.2 兆赫兹 (MHz). 与早期的加速时间为 5 毫秒 (ms) 的电子的机器相对照, 其加速周期为 1 秒 (s), 每一圈加速电压仅需大约 2 千伏 (kV) 就可以达到最终能量 3GeV.

这个宇宙级加速器于 1952 年开始在 2.3GeV 能量下运行. 它几乎立即就开始产生了重要的物理, 比如第一次观测到了奇异粒子的缔合产生 (9.4.4 节). 1954 年初, 它开始以完全设计能量 3GeV 开始运行.

伯克利的同步加速器, 称之为 Bevatron (这是一个基于 GeV 的早期缩写 BeV 命名的, 意即 GeV 加速器) , 在 1954 年 10 月达到它的设计能量 5.4GeV. 把回转速率降低一些可以把能量推高到 6.4GeV. 表面上, Bevatron 的设计能量的选择超过了反质子的产生阈, 质子撞击静止的质子时这个阈能为 5.6GeV. 在 Bevatron 上产生的反质子于 1955 年由 Chamberlain-Segré 小组[73] 不失时机地发现了 (9.4.3 节).

9.10.7 强聚焦

1952 年 1 月在纽约市哥伦比亚大学召开的美国物理学会会议上, 最精彩的场面是由 Enrico Fermi[400] 所做的特邀演讲, 他描述了前一年开始运行的芝加哥大学 450MeV 同步回旋加速器上开展的一些研究工作. 它是当时投入运行的能量最高的加速器. 在他的演讲快要结束的时候, Fermi 以开玩笑的口吻描述了未来的终极加速器, 一个环绕地球的机器.

在这同一个会议上, 另一个演讲包含了使极高能量加速器成为可能的一种思想的萌芽. 下面引用一篇文章的摘要[401] 中的一段话, 这篇文章描写了被设计用来使普林斯顿回旋加速器的外部束流聚焦的独创的四极磁铁对.

> 在这些条件下, 由于边缘场的曲率, 它们在场平面上的焦距长度非常接近等于磁极平面上它们的焦距长度, 但符号相反. 然而, 如果这些像散体中的两个间隔的距离可与它们的焦距长度相比而与场的方向正交, 则就可以得到一个点源的像点. 如果源的距离、像散体的间隔以及想要得到的像的距离都是确定的, 则双聚焦所要求的焦距长度可以可靠地从薄透镜方程计算出来.

这是关于最终称之为强聚焦原理的最早发表的参考文献. 这个思想很快就在 1952 年夏初被哥伦比亚的尼维斯回旋加速器利用来聚焦其外部 π 介子束流[402].

强磁聚焦依然悬而未决. 在一篇有重要影响的文章中, Courant、Livingston 和 Snyder 指出, 那个原理可以如何以很大的优越性用于同步加速器的设计中[403], 而且特别证明了, 通过交替变化引导电子的磁场的梯度, 强聚焦能保持在加速器所要求的闭合轨道上, 而且稳相可以维持不变, 大的 "动量压缩" 会导致束流相对小的偏移而不管那些相当大的动量弥散. 这篇文章还给出了一个磁四极设计, 它不会产生束流净弯曲, 而后者是普林斯顿组原来的设计中的一个缺陷.

该文发展为在希腊工作的一位电气工程师 Nicholas Christofilos 于 1950 年申请的一份关于用交变–梯度聚焦的加速器的概念设计的美国专利. 他的创新性贡献没有得到认可, 因为他的工作从来没有发表过, 但是他的专利 (1956 年 2 月授予) 包含在参考文献 [404] 中.

遵照 Courant、Livingston 和 Snyder 的文章中提供的方案, 两个运行能量约为 30GeV 的交变–梯度聚焦同步加速器的设计立即开始了, 一个在布鲁克海文而另一个在 CERN. 然而, 第一个利用交变–梯度强聚焦原理、产生出 1.1GeV 电子的加速器是 1954 年是在 R R Wilson 指导下在康奈尔大学建造的. CERN 的 28GeV 的机器 (称为质子同步加速器, 或简称 PS) 1959 年开始运行, 而布鲁克海文使用运行于 33GeV 的机器 (AGS) 的实验开始于 1960 年, 直到 20 世纪 90 年代中期编写这本书时仍在运行.

许多年来, 质子同步加速器都是向不断提高能量的方向发展的首选机器. 1971 年在俄罗斯的谢尔普科夫一个加速器开始在 76 GeV 下运行. Fermi 实验室的加速器计划能量为 200GeV, 由 Robert R Wilson(见框注) 负责建造, 结果不仅日程提

Robert Rathbum Wilson
(美国人, 1914~2000)

当 Robert Rathbum Wilson 于 1967 年被选中领导建造一台 200GeV 加速器时, 给了他芝加哥以西一块 10 平方英里的农田和一笔两亿四千万美元的预算. 承担着采用高技术的风险和超常规的工程实践, Wilson 以低于预算的开支建成了一台产生出为原定能量两倍的机器. 同时, 与这台机器一起建成的是一个巨大的实验室, 吸引了世界各地的粒子物理学家. 作为一位业余雕刻家, Wilson 对建筑风格与加速器设计一样都有着强烈的兴趣. 这个地方的每一处建筑都深深留下了他的创造性的印记.

Wilson 于 1914 年生于怀俄明州的边远地区, 在那里他的一家有一个养牛场. 在当地的学校读完高中后, 他进入了伯克利的加利福尼亚大学, 在那里拿到学士学位后, 紧接着在 Lawrence 的指导下完成了博士学位. 1940 年作为物理系的一名讲师, 他进入了普林斯顿 (在那里 Richard Feynman 还是一名研究生). 由于第二次世界大战, 他几乎立即成了一个研究项目的领导人, 这个项目打算基于他自己发明的设备同位素分离器去分离铀同位素. 在他的伯克利老相识 Robert Oppenheimer 的坚持下, 1943 年 Wilson 去了洛斯阿拉莫斯, 成了实验核物理部的领导人.

战后在哈佛待了一段很短的时间后, Wilson 转到了康奈尔大学, 在那里他担任了原子核研究实验室的主任. 以这种身份, 他监管一系列能量不断提高的电子加速器的设计和建造, 其中之一就是真正的第一台利用交变梯度强聚焦的那个机器. 由于他在实验物理和加速器建造方面极为丰富的经验, 1967 年推举他在伊利诺伊州的农田中创建 Fermi 国家加速器实验室是非常自然的.

前而且低于政府的预算, 运行能量达到 400GeV . 它揭示了 Υ 粒子并产生了范围广泛的各种其他的物理结果. 现在, 它已经装备了一个超导磁体的环, 使束流的能量达到 0.9~1TeV 而且可以让质子与反质子对撞, 产生出质心能量直到 2TeV (9.10.10 节第 2 小节). 与费米实验室最早的加速器在规模上类似的一个机器 SPS 在 CERN 建成, 束流能量为 400GeV. 它比 Fermi 实验室提早几年实现了质子–反质子对撞, 使发现 W 和 Z 粒子成为可能 (9.7.5 节).

9.10.8 直线加速器

正如我们已经看到的, 对于诸如利用磁约束的回旋加速器的这些加速器, 注入和引出均带来一些特殊的问题. 而对于像 van de Graaff 起电机那样的直线机器, 这些问题几乎算不上是什么挑战. 然而, 处理超过大约 25MV 的大的固定电位是不可能的. 人们研发了直线加速器 (简称为 linacs), 旨在不限制循环共振电压所回避的高电位的情况下, 保持固定电位机器束流的注入和引出的流畅.

关于以射频电压为动力的直线加速器的第一个建议是由瑞典人 G Ising 在 1925 年提出的. 然而, 他并没有做任何尝试去实现这个一般的想法, 一直到 Wideröe 在 1928 年成功地加速了钾和纳离子为止. 正如上面特别指出的, Wideröe 的设备启发了 E O Lawrence 的回旋加速器的灵感.

Lawrence 显然受到了要让加速器做物理的驱动. 在他和他的学生 M S Livingston 一起开发回旋加速器的同时, 他的另外一个学生 D H Sloan 以更接近 Wideröe 的方案在直线设备上工作. 这个早期的机器由一些柱形管组成, 它们被安置在一条直线上, 管之间的间隔足以防止作用于相邻部分的射频电压的击穿. 粒子的加速仅发生在管子之间. 离子沿每根管子的轴线漂移, 所用的时间足够使交变电压变号. 随着加速器一代一代的改进, 这些管子不断加长以便补偿离子在加速中的损失. 到 1931 年, Lawrence 和 Sloan 用十根管子把水银离子加速到 1.25MeV. 不幸的是, 当时可用的射频 (RF) 发生器不允许在高频下运行. 这些早期的机器仅限于加速慢速运动的重离子, 它们运动得太慢而且高度带电, 因而不能克服 Coulomb 势垒并诱发靶材料中的核反应.

现代的直线加速器起源于斯坦福大学的 William W Hansen 于 20 世纪 30 年代中期开始的工作. 最初的工作集中于研发一个用来加速电子的单独的腔体, 它要求大量的高频射频功率. 与之相应, Hansen 与 Varian 兄弟一起开始发明一种合适的射频发生器. 其成果是造出了速调管, 它对第二次世界大战中的雷达起了重要的作用. 在这期间, Kerst 成功研发的电子感应加速器对直线设备究竟能否与之竞争提出了疑问.

战时雷达的发展, 特别是有关大功率射频源的发展, 带来了希望. 战后, Hansen 与 E L Gintzon 和 J J Woodward 一起得到一个结论, 当时可用的磁控管只适合用于几个 MeV 的直线加速器, 而取得更高的能量就需要进一步发展射频电源. Hansen 继续研究用一个在圆柱形波导管中传播而且靠加载波导管维持与电子同步的电磁场加速电子, 导致了第一个能量为 6MeV 的斯坦福直线加速器 (Mark I).

与此同时, 由 Chodorow 和 Gintzon 所开创的工作是在一个高功率脉冲速调管上进行的. 在 1949 年一次成功的试验之后, 计划演变成一个 GeV 的直线加速器, 这个计划在 1952 年完成了 (斯坦福 Mark III)[405]. 不幸的是, W W Hansen, 一位充满灵感的领导人, 于 1949 年过早地离开了人世, 但他在有生之年有幸看到了那次高功率脉冲速调管的成功的试验.

Mark III 直线加速器是两英里长的斯坦福直线加速器的前身, 它在其主任 W K H Panofsky(图 9.35) 领导下, 于 20 世纪 60 年代初建于斯坦福大学校园. 起初,

图 9.35　Wolfgang K H Panovsky, 斯坦福直线加速器中心的建造者和第一任主任

以平均流强 50μA 运行于能量 20GeV, 而现在, 这台机器常规运行在 50GeV, 相应的平均加速场大约为 150 000V·cm^{-1} .

第二次世界大战后, 电子直线加速器的发展与质子机器的运作并驾齐驱, 后者主要是在伯克利, 在 L Alvarez 和 W K H Panofsky[406] 指导下进行的. 因为相等能量的质子比电子飞行要慢得多, 要求低得多的射频频率 (200MHz 量级), 这使得这些加速器明显地更为笨重. 事实上, 用波导管中的行波加速电子的技术, 不可能成功地用于质子, 所以不得不采用的方法更类似于老的漂移管的思想. 特别是, 脱颖而出的是一个 40 英尺长和 39 英寸直径的共振腔, 在 202.5MHz 的 TM_{010} 模式下运行, 用 42 只漂移管填充. 伯克利的这项开创性的工作制成了一台机器, 它接收来自一个 4MeV 的 van de Graaff 起电机的质子, 把它们加速到 31.5MeV.

质子直线加速器有低角发散度大束流的优点, 这使得它们在加速器家族中保有独特的位置. 它们被用作大的质子同步加速器的注入器, 典型地, 接在一个 Cockroft-Walton 机器或者射频四极子之后. 伯克利组原始的驻波设计的精心之作在洛斯阿拉莫斯的介子工厂 LAMPF 中获得了极大的成功, 在那里质子以 1mA 的平均束流被加速到 800MeV.

9.10.9 对撞束

正如上面指出的, Courant、Livingston 和 Snyder 的开创性文章, 提出了利用强聚焦原理的加速器的可能性. 它还引领了进入改进机器设计的一个新时代. 特别是可以期待这样一些设计, 它们不论是环绕加速器的闭合轨道还是在机器外部的束流线上, 都能提供束流处理和传输的新的精确水平.

1956 年人们第一次认识到, 适当安置并高精度聚焦一个高亮度束流, 并让它指向另一个动量大小相等而方向相反的束流, 可能会获得足以引起有兴趣的物理结果的反应速率. 只是设想一下这种可能性都有点令人惊奇, 因为在一个束流中的靶粒子的密度比起诸如液氢或固体材料等更常用的靶实在太小了. 正是 Kerst[407] 首先认识到, 可以使储存在一些固定轨道上的束流彼此反复对撞, 以此补偿它们的数量微少的特征. 而所有以前的加速器, 都是把束流指向在实验室中静止的靶, 无论在机器本身的内部的束流或者是完成加速循环以后抽取出来的束流, 都是如此.

两束方向相反能量相等的束流, 它们的全部能量都储存在质心 (CM) 系中, 这一点与一个粒子撞击另一个静止粒子相反, 后一种情况下, 动量守恒的要求极其显著地减少了高能下质心系中可用的能量. 例如, 两个能量均为 E 而相向运动的质子, 质心能量为 $2E$, 而当能量为 E 的一个质子撞击另一个静止的质子时, 质心能量是 $\sqrt{2m(m+E)}$, 其中 m 是质子质量. 当然, 在固定靶的机器上能量并非消耗掉了; 它产生了像介子以及中微子这样的一些次级粒子的高能束流. 不管怎么说, 获取产生新粒子的最大能量依赖于对撞束技术. 1956 年, 当对撞束流概念提出的时候, 布鲁克海文和 CERN 的 30GeV 质子加速器正在建造. 以 30GeV 撞击固定靶, 有效的质心能量只有 7.6GeV; 而若将这些机器安排成让束流彼此对撞, 则将会获得几乎是八倍高的质心能量.

Kerst 等关于**利用粒子束流的交叉获取极高能量**的建议[408] 认识到, 两个固定场交替梯度加速器[409] 可以安排成两个高能束流沿相反方向环行, 穿过一个同属于两个加速器的一段直线区域. 差不多同时, G K O'Neill 发表了一篇文章, 标题为 "储存环同步加速器: 用于高能物理研究的装置"[410] (参考文献 [411] 提供了对于这一思想的起源和第一个实用的储存环的非技术性的评述). 因为束流已经成功地从宇宙级加速器抽取出来了, 他建议把这样抽取出来的束流储存在两个磁体环中, 让这些储存的束流沿着相反的方向转. 如果这两个环相切于一点, 就可以让束流对撞. O'Neill 建议中关于注入的某些细节实现不了, 但在其后建造的许多对撞束流的机器中, 每一个都遵循了其总的方案.

提一些建议和表明一些想法是很容易的, 而且也是一种乐趣. 但很少有人能充分地认识到它们的终极价值并在许多年里花费最主要的时间和精力来这样做. 当时作为普林斯顿大学物理系的一位讲师, O'Neill 就是这样的一个人. 他很快认识到, 储存环用电子实现起来可能比质子更容易. 利用电子, 辐射很快地把横向振荡衰减掉, 使束流截面减小, 这是一个重要的优点, 因为束流粒子的相互作用几率反比于面积 (当时, 没有任何已知的机制可以使质子机器中横向振荡衰减.) 此外, 辐射自动地提供能量的损失机制, 它是在粒子注入后最终到达一个稳定的轨道上所必需的.

带着一个电子–电子对撞机的试探性设计, O'Neill 来到了斯坦福, 在那里电子直线加速器已经提供了一个理想的注入器. 他使那个实验室的主任 W K H Panofsky 以及 Burton Richter 和 Carl Barber, 相信这个建议是值得采纳的. 稍后, O'Neill 把在普林斯顿的一位同事 B Gittelman 吸收到这个项目中. 在仔细地设计了一年并获得了美国海军研究署的资助之后, 1959 年在斯坦福开始建造一对 0.5GeV 的电子储存环. 由 Barber、Gittelman、O'Neill 和 Richter 组成的一个研究组承担了这件开创性的工作.

这确实是一件开创性的工作. 就在储存了第一批电子之后不久, 一些全新的和没有预料到的困难就出现了. 摘引 O'Neill 的一句话来说: "人们直言不讳地提醒我们, 自然界是个非常机敏的麻烦制造者". 例如, 在真空室中, 大的峰值电流诱导了对于束流起着破坏作用的电磁场. 这些问题一个接一个地得到了解决, 对此很多人做出了贡献. 终于, 在 1965 年, 得到了第一个电子–电子散射结果. Feynman, Schwinger 和朝永的量子电动力学经受了一次特别明确的检验. 正如 Feynman 所说的 "实验检验所有的知识. 实验是科学真理的唯一的审判官".

电子–电子对撞机仅限于研究和检验量子电动力学. 从一开始人们就清楚, 电子–正电子对撞会提供丰富得多的有趣物理的机会. 电子–正电子湮没通过一个虚光子进行, 因此对产生矢量粒子以及粒子反粒子对最为理想. 这种选择曾经被普林斯顿和斯坦福考虑过, 但是被拒绝了, 因为担心正电子的流强也许永远不可能达到为获得物理结果所需要的水平.

对于储存环的发展做出最重要贡献的是在意大利罗马附近的弗拉斯卡蒂实验室以 B Touschek 为首的研究组. 早在 1960 年, 他们就决定制造一台 0.25GeV 的电子–正电子储存环. 一个立即得到的简化与电子和沿相反方向传播的正电子可以用同一个磁场和真空室引导相关. 然而, 正是这个意大利组的精神保证了电子–正电子对撞机 (称为 ADA, 意大利文储存环的缩写) 成为一个有用的试验设备.

在弗拉斯卡蒂最早只是为了电子而建造和试验的 ADA 于 1962 年被装在了一辆货运汽车上, 和它的极高真空的真空室一起原封不动地运到了巴黎附近的的奥尔赛. 储存环的发展有一个特征, 这就是每逢把强度或者能量提高到一个新的范围时, 总会出现一些预料不到的不稳定性. 符合这一特征的事实是, 用一个 1GeV 的直线加速器可以注入更强的束流, 而与这种新的强度相关的新的不稳定性 (Touschek 效应) 被发现了. 这些新的困难的来源最终被识别了出来, 问题得到了控制. 1963 年第一例电子正电子湮没被 ADA 记录到. 尽管它们的强度太低, 产生不了重要的物理, 但显而易见的是正电子强度低的问题可以解决. 情况确实如此, 从那时以后建造的每一台对撞机都是这种类型的.

ADA 作为正负电子对撞机的一种试探性的基础有过一番光荣的历程, 1965 年它合乎时宜地引退了. 1965 年初, 意大利小组就开始了建造一个更大的机器 ADONE, 它具有的能量为每束流 1.5GeV. 1967 年初, 来自这个机器的第一例束流–束流相互作用被观测到了. 事实证明, ADONE 的最大能量是一个最为不幸的选择. 1974 年在 SLAC 于 3.1GeV 能量处产生的 J/ψ 粒子本来可以在 ADONE 上早得多就发现, 只要把这机器设计成能达到比如每束流 1.6GeV 即可.

20 世纪 60 年代初期, 法国的一个组在奥尔赛开始建造一个电子–正电子机器, 其能量为每束流 0.385GeV. 储存环的设计和建造活动在 G.Budker 的领导下也在俄罗斯新西伯利亚的诺沃西比尔斯克展开. 1967 年在斯坦福大学召开的电子–光子会议上, 给出了来自三个储存环实验结果的报告[412]: 奥尔赛 (385MeV)、诺沃西比尔斯克 (510MeV) 和斯坦福 (550MeV). 奥尔赛和诺沃西比尔斯克的机器都是电子–正电子对撞机.

在美国电子–正电子对撞机也在筹划之中. 政府机构收到了来自剑桥电子加速器 (CEA) 和斯坦福直线加速器中心 (SLAC) 的竞争性建议. SLAC 的建议胜出了, 但是没有拿到任何资助. 最后, 斯坦福电子–正电子对撞机 SPEAR 作为一个试验建了起来, 虽然造价有点高, 能量达到了每束流 3.5GeV , 1972 年开始运行. 与此同时, CEA 的研究组仍然想要建一个对撞机, 他们通过发明 “低 β 相互作用区” 开始,这个方案可以把相互作用几率增加 10 到 100 倍. 这个想法和精巧而且困难的束流处理的设计, 把 CEA 的电子同步加速器转变成了一台对撞束流机器, 产生了比其他地方的机器可能达到的能量都要高得多的对撞, 而且显示了曾在 9.6.3 节和 9.9.1 节提到过的高的 R 值.

CEA 的结果当时被大大低估了. 一种流行的印象把 CEA 对撞机的运行看作是件极难的事, 因此不可能得到好的物理. 最终, CEA 组被证明是正确的; 它们的结果也被 SPEAR 对撞机的更广泛的测量证明是正确的.

我们已经在图 9.18 上展示了 R 作为能量的函数的行为. 在顶夸克质量以下, 从简单的夸克和色的计数知道 R 的值应当趋近 $3\frac{1}{3}$. 它的确是这样的, 在最高能量处随着接近 Z^0 的低能尾部而升高.

在 SPERA 之后, 很多电子–正电子对撞机在世界各地建造起来了, 每一台机器都以某种适当的首字母缩写词命名. 到 20 世纪末尚存的一些机器的清单列在了表 9.3 中.

表 9.3　质心能量 10GeV 以上的电子－正电子对撞机

机器	束流能量/GeV	位置
DORIS	4~5.3	DESY(德国)
VEPP-4	5	Novosibirsk(俄罗斯)
CESR	8	Cornell
PEP	17	Stanford
PETRA	23	DESY(德国)
TRISTAN	35	KEK(日本)
LEP	50~ 100	CERN

这种发展态势以 CERN 的大型电子–正电子对撞机 LEP 的建造达到了高峰, 它的圆周长为 27km, 第一阶段运行时, 其单束能量直到 50GeV 左右. 1989 年所完成的这台机器的能量是设计来产生质量为 91GeV 的 Z^0 粒子. 运行的第二阶段, 束流能量将提高到 90GeV , 用于产生 $W^+ - W^-$ 对. 这个能量代表着对于电子–正电子储存环的实际极限, 因为同步辐射的能量损失正比于束流能量的四次方除以偏转磁体的曲率半径. 当运行在每束能量 50GeV 时, 在设计亮度下这个损失为 1.6 兆瓦 (MW), 而在更高能量时提高到 14 兆瓦. 这部分能量损失必须依靠给束流供电的相当大的射频电源弥补.

为了避免同步辐射带来的限制, 1979 年 SLAC 提出了一个大胆的建议[413], 打算沿着两英里长的的机器把电子和正电子的交替脉冲加速到 46GeV. 然后把每种粒子分别引导开来, 使它们对头碰撞. 显然, 为了使这些对撞以可观的机会发生相互作用, 束流必须惊人的小 (可见光的两个波长的量级), 而且要以更高的精度引导这些束流. 为了欣赏这种技术上的壮举, 可以想象一下形状象一根针的一束电子,有着针一样的直径, 即相当于人的头发丝的五分之一, 其长度或许为 1cm, 与一个沿相反方向运动的类似的正电子束流对撞, 而每一束粒子都要飞过半径为半英里的半圆. 这个称为 SLC(斯坦福直线加速器) 的项目成功地完成了; 尽管由它得到的 Z^0 的通量远低于 LEP 得到的通量, 但它的电子和正电子可以是极化的, 给结果添加了重要的信息. 人们普遍同意, 能量更高的电子–正电子的对撞将要求直线对撞机思想的进一步发展.

9.10.10 强子对撞机

1. 质子–质子对撞机

正如上面指出的, 企图让质子对撞的机器, 设计起来有多得多的内在困难. 辐射阻尼的缺乏使注入及储存大大复杂化. 正如已经提到的, 在不存在阻尼时, 每个质子都会永远地记住它的历史. 第一个质子储存环对撞机联合体 (ISR 或交叉储存环) 是在 CERN 利用同步加速器 PS 提供的 28GeV 的质子建造的, 1971 年第一次运行. 从技术上讲, 它是一个非常复杂的设备, 极好地解决了涉及束流处理与质子的堆积和储存方面的很多难题. 它的最重要的新的技术发展是 Simon van der Meer[321] 发明的随机制冷, 这种方法取代了电子机器中的辐射制冷, 使所有其后发展的强子对撞机成为可能. 这一发明认识到质子的径向位置绕着中心轨道以所谓的电子感应加速器频率振荡. 该技术从平均束流位置与其在磁体环上一个特殊点处的标称半径之间的偏差抽样, 把放大了的信号通过一根弦反馈回去, 补偿由于放大和信号传输带来的延迟. 放大了的信号加到利用电子感应加速器波长相对于集电极适当定位的矫正电极上, 使质子朝向它的中心轨道偏转. 因为集电极只能读出束流的平均位置, 因此有些质子会被 "加热", 但是, 平均来看, 束流是被冷却了; 因此命名为 "随机制冷".

与此同时, 在诺沃西比尔斯克的 G Budker 发展了一种不同的制冷方法. 它的方法是用一束电子的强束流包围一束质子束流, 它们有相同的速度并沿相同的方向. 任何速度不同于电子的质子都将散射出去, 并丢失了能量. 这种技术对于低能束流最有用, 因此成功地应用于回旋加速器上.

2. 质子–反质子对撞机

在下一代加速器, 即在 9.7.5 节提到的质子–反质子对撞机上, van der Meer 的制冷方法成为极为重要的特点. 早在 1976 年, C Rubia、P McIntyre 和 D Cline[414] 准备了一个建议, 想把当时的一些最高能量的加速器改装成质子–反质子对撞机, 其物理动机可以从它们的建议的标题 "用现有的加速器产生重的中间玻色子" 明显地看出来. 这个建议包括了 $W^{\pm}$ 和 W^0 (到发现该粒子时, 被称为 Z^0) 产生截面的估算. 它要求大大超出流行方法的束流处理技术.

> 此一技术主要的因素为: ① 用以产生 3.5 GeV 的强反质子源的一个抽取出的质子束流; ② 用以引导与储存反质子束的一个小的磁体环和四极子; ③ 一种适当地衰减反质子的横向和纵向相空间的机制 (或者电子制冷, 或者随机制冷); ④ 一个使质子聚集到主环和制冷环中形成束流的射频系统; ⑤ 把制冷后的射频形成的反质子束流送回主环以便注入和加速.

作者们还提供了在伊利诺伊州巴达维亚的 Fermi 国家加速器实验室实施他们的建议的一幅草图, 这个建议意味着设计的产生截面允许建造一个这样的质子-反质子对撞机, 它有足够的亮度产生出探测 W 和 Z 粒子的合理的速率. 当 Fermi 实验室因预算限制不许可实验室着手该计划, 而无视其可能的结果的重要性时, 作者们带着他们的建议来到了 CERN , 那里一个类似能量的机器 (SPS) 也在运行. 在这里, 他们的计划被接受了, 有关这个规模宏大的实验的建造开始了. 正如在 9.7.5 节中提到的, 它导致 1983 年初 $W^{\pm}$ 的发现, 以及几个月后 Z^0 的发现.

1984 年 Simon van der Meer 和 Carlo Rubbia “为了他们对导致传播弱相互作用的场的 W 和 Z 粒子的发现的大项目所做的决定性的贡献” 而被授予了诺贝尔奖[321,322].

在这同时, Fermi 实验室的计划在 20 世纪 70 年代晚期演变成制造一台更高能量的 $p\bar{p}$ 对撞机, 它采用一些超导环加在原来的铁磁体环上一起运行. 由于与使用以脉冲方式环绕一个 6.3km 的环的超导磁体相联系的一些额外的复杂性, 这个机器成为了又一个技术上的创举. 1985 年它开始运行. 每个束流的能量接近 1TeV , 因此它的名字为 Tevatron (TeV 加速器或一万亿电子伏加速器). 从其初始运行起, 它就成为了寻找顶夸克的领头加速器, 而以顶夸克的观测达到了高峰 (9.9.4 节).

9.11 探测器: 从 Rutherford 到 Charpak

Newton 力学、Maxwell 方程组和 Einstin 相对论被公认为演绎推理的丰碑. 它们在历史中的地位无论是在时间方面还是我们对于自然的理解上, 都是众所周知的, 并且都是物理学文化宝库的一部分. 从改变我们看待事物的方式的那些实验数据推出的一些结论 ——Rutherford 散射、Bohr 原子、Hubble 半径 —— 也都是任何一本教科书的一部分. 科学史上一些主要的概念发展极少不受到人们关注的. 太阳本身是颗恒星[415] 得到了认可就是一个例子. 这对了解宇宙肯定是个最为影响深远的贡献, 但是谁第一个提出了这个建议以及它是如何被人们接受的, 完全无从考证. 类似的, 物理学家们所使用的并且曾取得了一些重要结果的仪器和工具方面的一些发展在起源上往往也是这样含混不清的, 很难辨识功劳归之于哪些个人. 晶体管应归功于 Badeen 、Brattain 和 Shockely. 从 20 世纪 40 年代后期开始, 人们就非常信服地承认这是一件重大的发明. 它对 20 世纪后半叶物理学研究的性质产生了比任何其他发明都更为巨大的冲击. 但是真正不仅对物理学研究而且对生活的几乎每一方面带来了一场革命的进一步发展的是, 晶体管电路大规模集成在单独的一块硅片上. 这一影响深远的发展, 发生在 20 世纪 60 年代, 是来自很多不同的实验室不断推进的结果, 有着更为模糊的历史. 接近 20 世纪末, 商品化的可用设备中一块单独的硅片上已经集成了四百万只晶体管.

在一篇题为**实验物理学的技巧**的令人陶醉的随笔中[416], P M S Blackett 开始写道: "写得比较多的是实验物理学家发现了什么而不是他如何发现它. 依靠要弄清楚那些隐晦难解事物的强烈的好奇心, 他改变了生存的技巧, 他的发现中许多都已经变成了普通的常识. 但是他的实验发现所用的方法以及他如何工作和思考, 却鲜为人知. "

再有, 实验物理学家们为做实验所发明的和研发的工具中有很多没有得到它们所应该引起的注意. 因为这些研究都并非终结于它们自身, 没有任何东西比一种过时的技术更快地被遗忘, 不管其概念是多么地聪明和原创. 从 1920 年到 1960 年对物理学家们来说一个重要的器件是真空管. 很难让今天的学生认识到这一点, 而发明者们也早就被忘掉了. 在本节, 我们评述一些曾经对我们今天的粒子物理学知识做出过最多贡献的工具和技术的发展.

在上一次世纪转折点的 1900 年, 电子刚刚被发现. 放射性也是这样. 马上遇到的一个问题是阐明刚刚发现的 α、β 和 γ 射线的性质. 主要的工具由测量电离的验电器和静电计组成.

1903 年 Crookes 以及 Elster 和 Geitel 发现了暴露于 α 粒子中的硫化锌发出磷光. 相当早人们还曾发现纯的硫化锌不发荧光; 为了让它发荧光, 某种杂质, 例如铜, 是必要的. 一薄层硫化锌细粉末撒在一块玻璃板上, 然后暴露在像镭或者钋这样的 α 粒子源下, 借助适应了黑暗的眼睛通过一个低倍显微镜可以看到闪烁现象. 这种闪烁技术不仅可以用于粒子计数, 而且还可以确定它们在空间的位置. 后来, 当用于研究 α 粒子散射时, 这种方法变得很有名, 它导致 Rutherford 发现了原子核. 更早些时候, Rutherford 和 Geiger 曾集中精力研究 α 粒子本身的性质. 它的电荷问题是极为重要的. 通过测量在一段时间内来自于一个特殊的源沉积在静电计上的总电荷, 并且从同一个源在相同的一段时间内的闪烁次数知道了粒子的通量, 每个粒子的电荷就可以求得. 当然, 这种方法假定 α 粒子产生闪烁的效率为 100%, 那时这是一个从来没有被检验过的假设. 在 1908 年发表的经典实验中, Rutherford 和 Geiger 给出了一个解决这个问题的发明[417].

9.11.1 电离探测器

个别的 α 粒子产生的电离不会在一个静电计上提供一个足够的信号. 下面引用 Rutherford 和 Geiger 的一段话.

> 利用特别制造的灵敏验电器, 通过让 α 粒子产生直接电离, 我们做了探测单个 α 粒子的初步的实验. 直到穷尽了我们的经验, 利用小的直接的电效应发展一种可靠的和满意的 α 粒子计数方法受到了许多困难的困扰.
>
> 后来, 我们求助于一种把 α 粒子产生的电效应自动放大的方法. 为了这个目的, 我们利用了通过碰撞产生新离子的原理. 在一系列文章中 Townsend[418] 计算出了一些条件, 在这些条件下, 离子可以用中性气体分子在一个强电场中通过碰撞产生出来.

当 Rutherford 和 Geiger 做这个实验时, 通过把电压作用在一条细导线上来产生出强电场, 而这条细导线沿着一个 25cm 长而直径为 1.7cm 的导电圆柱形管子的中心穿过. 他们运行这个装置, 只有几百倍的增益, 但是这足以给出他们的静电计辨别得出的突然偏转.

该文以六个结论作为结束.

> (1) 通过利用碰撞使电离放大的原理, 由单个 α 粒子产生的电效应可以被增强到足够容易地被一个通常的静电计观测到.
>
> (2) 由单个 α 粒子产生的电效应的大小依赖于使用的电压, 它可以在一个很宽的范围内改变.
>
> (3) 这种电方法可以用于从各种发射 α 射线的放射性物质发射出来的 α 粒子的计数.
>
> (4) 利用镭 C ①作为一个 α 射线源, 每秒从 1 克镭发射出的 α 粒子的总数已经被精确地计数. 对于平衡态的镭, 其本身和它的三种 α 射线的产物中的每一种, 这个数都是 3.4×10^{10}.
>
> (5) 在适当制备的一个硫化锌屏上观测到的闪烁次数, 在实验误差的范围之内, 等于落在屏上的 α 粒子数, 它可以用电方法计数. 由此可以得到每个 α 粒子产生一次闪烁的结论.
>
> (6) α 粒子随时间的分布遵从概率定律.

在这些结论之后, 作者们继续说道: "计算表明, 在良好的条件下, 用这种方法应该可以探测单个的 β 粒子, 因此直接计数从放射性物质发出的 β 粒子.

关于这篇文章, 有两个评论很有意思. 一个是 Rutherford 和 Geiger 取电子的电荷为 $e = 3.6 \times 10^{-10}$esu, 与现在所接受的值 $e = 4.8 \times 10^{-10}$esu 有极大的差别. 这个值是通过对 J J Thomson 测量值 (3.4)、H A Wilson 测量值 (3.1) 和 R A Millikan 测量值 (4.06)(括号内数值均乘以 10^{-10}esu) 求平均得到的, 他们的测量值都是通过观测电场对一些带电水滴的的效应获得的. 在随后发表的一篇文章[419]中, Rutherford 和 Geiger 报告了 α 粒子的电荷是 9.3×10^{-10}esu. 他们独立地得到

① 镭 C 为镭的放射性衰变产物, 实际为元素铋的同位素. —— 终校者注

一个结论, 即 α 粒子的电荷必须为 $2e$, 因此 $e = 4.65 \times 10^{-10}$esu, 靠近了现在接受的数值. 然后, 他们继续鉴别出以前确定的 e 值误差的来源, 即水滴在测量过程中的蒸发. Millikan 最后用油滴避免了这个问题.

第二个评论是关于结论 (6), 它是正确的, 但是没有得到他们的数据的支持. 讨论相继的那些 α 粒子之间的间隔分布时, 作者们非常定性地展示了一条曲线, 它从零开始升高然后降了下来. 看来, 他们忽略了允许这个仪器有死时间误差. 我们现在从泊松分布知道, 这个间隔分布必定是纯指数型的.

正比计数器就这样诞生了, 其一般形式与今天使用的没有什么不同. 整个 20 世纪的余下的时间中, 这个装置一直是最重要的带电粒子探测器之一. 计数器被发明, 回答了粒子物理学的一个问题. 需要的确是发明之母.

或许令人感到惊奇的是, 花了 20 多年, 所谓的 Geiger-Müller(G-M) 计数器才出现[420]. 当然, 第一次世界大战从这段时间中耗费掉了四年, 不同于第二次世界大战, 原子核粒子的计数几乎不可能排在战时优先级清单的顶级. 不过, 花的时间这么长, 仍然令人感到惊奇. 回顾往事, 很难想象那样一种情况, 即实验物理学家们辛勤地劳动着, 只有一些相对粗糙的材料可用. 这简直就是一个因陋就简的绳子和封蜡的时代. 例如, 读一下参考文献 [421] 中关于 Geiger 计数器的那一章, 便会有一种清醒的体验. 在它们被发明之后十年, 制造 G-M 管显然仍像是在施展某种魔法一样.

Geiger-Müller 计数器 (或按德语称 "Zählrohr"), 由于它的很多应用, 立即取得了成功. 它们对于外部圆筒的投影面积很敏感, 当时这是一个很大的面积, 产生的信号足够大以致只需最小量的真空管放大即可驱动列表显示读数的机械计数器. G-M 计数器不加区分地对于任何的和所有类型的电离辐射都做出响应, 这在很多应用中都是个严重的缺点. 然而, 当安排成时间符合测量时, 这种计数器可以用于确定粒子束流. 应用这种模式, 最初在 Bothe[422] 和 Rossi 手中这些设备成为研究宇宙线的一种主要的工具. 1954 年 W Bothe "由于符合方法和他以此所作的一些发现" 而荣获了诺贝尔物理学奖. (Rossi 的电路是一个非常重要的改进: 它是一个三重符合装置, 而且对所有的输入都是对称的, 而 Bothe 的原始电路是二重的并且是反对称的. 符合电路, 现在称之为逻辑 "与"("AND") 电路, 从那时起就不断地改进时间分辨率, 不过先是以真空管形式, 而现在是以晶体管形式).

稍早一些时候, 物理学家们已开始和电离室一起使用真空管放大器. 1926 年 Greinacher [423] 证明了可以把 α 粒子产生的电流放大到足以在耳机中听到咔哒一声而记录下来. 随后, 他还用同样的方法探测到了单个的质子. 高压电源为使用中的变压器和真空二极管供电已经成为一种标准, 大量地取代以前使用的电池组.

与 G-M 管一起使用的机械计数的计数器限于最大速率为每秒十次左右. 相应地, 对于低到每秒一次的速率计数会发生数量级为 10%的丢失, 它促进了发明一种在记录机械计数之前使用 2 进分频电路①对计数做电子设备“预标度”. 第一个这种二进位计数电路是 1932 年由 Wynn-Williams 设计的[424], 它由两个真空管耦合组成, 在同一时刻只有一个真空管可以导通. 激励脉冲会关断导通管, 但是在这个激励脉冲的末端, 在不存在某种预先安排的情况下, 两个真空管中的任意一个都会变成导通, 而原来想要的是靠相继的激励脉冲使两个管子交替导通. 保持对以前的导通状态的记忆成为一种必需的内在特性, 靠一个 RC 电路提供, 它的时间常数应长到足以大于激励脉冲的持续时间. 2 进分频电路可以级联到 2 的任意次方. 在机械计数器记录之前, 通常用六次 2 进分频电路 (64 进分频).

2 进分频器可靠性方面的非常重要的进展是早在 20 世纪 40 年代由 W A Higinbotham 在各部分间用二极管耦合所完成. 尽管他既没有把结果发表, 也没有把他的贡献申请专利, 但是参考文献 [425] 把它包括了进去. 早期的真空管电路响应时间为微秒范围, 因此避免了机械计数器的计数丢失问题. 这些电路的基本组分, 即带有记忆能力的双稳单元, 在今日的高度精致的双晶体管电路中保持了下来.

20 世纪 60 年代, 晶体管的大规模集成伴随着复杂电路成本的显著降低. 以故障之间的平均间隔时间度量的它们的可靠性使得一些包含大量电子学的实验计划成为可能. 正是在这种技术环境下, CERN 的 G Charpak 构造了大面积多丝正比室, 引发了一场粒子探测器的革命 (又见参考文献 [3] 274 页中的 Thompson 一节).

自从闪烁计数器出现以来, 正比计数器几乎已经要偃旗息鼓了, 但是现在它又在一个巨大的规模下复苏了. 多丝正比室在早些时候已经用过, 但从来没有接近 Charrpak 所达到的大小. 每一根丝都有自己的固态放大器和鉴频器, 以产生记录到磁带上便于以后计算处理的必需信号. Charpak 进一步改进了漂移室的思想; 在粒子穿越漂移室和在“检测”丝上出现信号之间的这段时间, 表明了粒子轨迹到这根丝的距离. 在某些气体中, 电子漂移速度明显不依赖于电场, 这使这个装置非常线性. 漂移室的各层有着一些彼此成固定角度的丝, 它们提供 $x-y$ 位置的信息, 这些信息关键性地依赖于检测丝本身的位置. 尽管这个方案要求一些新奇的电子学电路, 但这样的电路并不昂贵, 而且, 更重要的是, 它们是可靠的. 这些装置运行速度快, 在短时间内就可以获得大量的数据, 而且非常理想地提供了在现代数字计算机上进行分析所需要的那类数据. 漂移室现在是粒子物理学家工具库中的一个标准的部分. 由于这个工作, Charpak 荣获了 1992 年诺贝尔物理学奖.

9.11.2 闪烁计数器和 Cherenkov 计数器

到 1903 年时人们就知道了硫化锌在 α 粒子的轰击下可以发出可见的闪光, 但相对而言它对最常伴随 α 粒子的 γ 辐射和 β 辐射并不敏感. 靠适应了黑暗的眼睛在暗室里数那些可见的闪光, 是很多年中选来用于获取关于 α 辐射源、α 粒子的性

① 输入 2 个脉冲产生一个输出脉冲的电路. —— 译者注

质以及 Coulomb 散射等的信息的技术. 只有能够探测闪烁并把它们转化为电信号的光电倍增管的发明才使闪烁现象得到充分利用. **【又见 15.4.1 节】**

早在 20 世纪开端的几年里, 某些材料显示出一种倾向, 即当用一些能量相当低的 (大约 100 eV) 电子轰击它们时, 会发射出比撞击其表面的电子数目更多的电子. 因此这些表面本身就表现为一个电子倍增器! 利用这些材料放大一些小电流的第一个专利于 1919 年授予了 Joseph Slepian [426], 但并没有导致实际的应用. 只是在后来[427], 在 1936 年, 既用磁聚焦又用静电聚焦的一些多级器件才被发明出来, 并应用于放大光电流. 虽然这种早期的光电倍增管几乎没有真正的应用, 但人们公认, 它们提出了一种独特的噪声问题, 这个问题后来被 Shorckley 和 Pierce 阐明[428].

与现在使用的那些器件相类似的最早的器件是 1939 年[429] 由 Zworykin 和 Rajchman 所描述的. 在仔细地考虑了静电聚焦的情况下, 这些发明者们设法避免了一些早期模型中严重的空间电荷限制. 按照美国无线电公司 (RCA) 的命名法, 这个新的器件称为 931A 光电倍增管. 这种管子在读出电影胶片声带方面有了商用价值, 并且还远离其最初的目的, 在第二次世界大战中用作掩蔽无线电和雷达信号的白噪声发生器. 那些专门挑出来的具有特殊灵敏度的管子被标记为 1P21.

在此期间, 发现了与带电粒子穿过物质发生能量损失相关的一种新的效应. 1934 年, Cherenkov[430] 观测到由于 β 射线穿过一种透明液体而产生的 "微弱可见辐射". 1937 年 Frank 和 Tamm[431] 导出了一个能量损失公式, 其中包括了相对于粒子径迹成一个特殊角度的辐射. 而这个以特征角度发射的辐射, 很快就被 Cherenkov 证实[432]. 光电倍增管又有了另一个应用：探测 Cherenkov 辐射.

虽然对于探测运动缓慢的 α 粒子, 硫化锌几乎已经成为理想材料, 但是生产出用于探测电子和 γ 射线的大块晶体似乎很困难, 即使并非不可能. 由于这个原因, 1947 年由 Kallman[433] 所发现的各种有机晶体的闪烁现象被证明极为重要, 它立即促进了各种材料的研究. P R Bell[434] 发现蒽以及后来的芪都是很好的闪烁体, 而且可以长成大尺寸晶体. 具有极短的恢复时间的这些材料, 很快就被实验家们采用了. 用 RCA 的 1P21 光电管做观测, 他们制成了具有极快响应的、能够覆盖相当大范围的灵敏计数器. 这些器件对于发现中性 π 介子、电子偶素的早期寿命测量及电子偶素湮没生成的两束 γ 射线相对极化的测量等都起了关键作用.

某些发射荧光的化学材料也找到了, 把它们添加到一些有机液体中时, 会制成一种有着很高效率的闪烁溶液[435]. 这些液体闪烁体被证明对于大体积探测器极为有用. 后来, 在 20 世纪 50 年代中期, 人们发现像聚苯乙烯这样的塑料可以作为溶剂. 现在 (20 世纪末), 塑料已经成为除 γ 射线谱学之外在各种应用中选用的闪烁材料, 有各种形状和大小的商品可供使用.

与 40 年代晚期有机闪烁体的研发并行, Hofstadter[436] 发现用杂质铊激活的碘化钠被证明是一种非常有效的闪烁体. 和硫化锌不同, 它可以生长成很大的透明晶体, 尽管它的潮解度很高, 还是可以封装成相当稳定的形式. 碘的很高的原子序数使这种晶体对 γ 射线高度敏感. 事实上依赖于 γ 的能量和晶体的尺寸, 俘获 γ 射线的全部能量是完全可能的. 当把这种晶体同一个光电倍增管及一个测量脉冲高度的合成谱的器件耦合在一起时, 可以制成一台极有价值的 γ 射线和介子的 X 射线谱仪.

需要再一次刺激了发明. RCA 1P21 光电管对于光子具有高度的灵敏度, 但是把晶体发出的光有效地引导到光电管内的光阴极上是件难事. 为了纠正这个缺点, RCA 公司以及英国电气与音乐工业公司 (EMI) 研发了第一个端窗光电管 5819(RCA) 和 5060(EMI)(见参考文献 [437]). 这些新的光电管证明对于新的谱仪至关重要, 为使它们切实可用必不可少.

与脉冲高度分析器 (在英国称为振幅分析器 (kick-sorter)) 相关的电子学的发展, 第二次世界大战期间就已在洛斯阿拉莫斯开始与电离室和正比计数器一起使用. 一般来说, 它们都是相当笨重和复杂的设备, 出了名地难以维护. 每个通道的阈值都会相对于相邻的通道漂移, 转而又会使脉冲振幅的谱变形. 正是 Wilkinson[438] 最早想到, 这个问题可以通过 "把脉冲向它的一侧放倒", 即把脉冲的高度转换成时间来解决. 他用这个输入脉冲把一个电容器充电, 然后, 让它随时间线性地放电, 同时简单地用一个振荡器来测量在输入和放电结束之间的时间. 那时, 得到的时间间隔正比于原来脉冲的振幅. 从电子学上讲, 保持时间间隔为常数比保持电压振幅的阈值为常数要容易得多. 今天, 这些称之为 ADC (模拟–数字转换器) 的电路, 在电子工业中随处可见. 用电压比较器设置通道间隔的老技术仍在继续使用, 因为它有着速度优势. 当用于晶体管电子学时, 这种器件称为 "闪烁型 ADC".

9.11.3 可视技术

我们已经提到过 (9.4.1 节), 在探测基本粒子轨迹方面, 照相乳胶起着关键作用. 而云室、气泡室和火花室也都很重要.

1. 云室

甚至在 20 世纪开始之前, C T R Wilson 就曾一直在研究饱和水蒸气中水滴形成的过程. 这个过程并不简单. 即使在一个过饱和蒸气中, 在不存在像灰尘颗粒那样能有效地提供平展的凝聚表面的形成核的情况下, 细小的水滴不可避免地要蒸发掉. 作为替代的方式, Wilson 弄清楚了带电的分子离子也提供液滴形成的核心, 因为电荷的斥力引起液滴变大, 从而克服蒸发掉的倾向.

实验家们很快抓住了 Wilson 揭示的这个效应. 正如我们曾经提到的, 早在 20 世纪初, 带电水滴在电场中行为的研究提供了电子电荷的最早的测量. 然而, 直到 1911 年, Wilson 才第一次观测到并且拍摄到了[439] 在过饱和蒸气中通过突然使其体积膨胀而沿着单个带电粒子的路径上水滴径迹的形成. 由此诞生了粒子物理学最重要的工具之一 —— 膨胀云室. 1927 年 “由于他的利用蒸气凝结使带电粒子的踪迹可见的方法”, Wilson 赢得了诺贝尔奖.

当人们发现, 离子的踪迹可以维持一段足够长的时间, 足以允许云室膨胀和沿着踪迹的液滴长大时, 这种技术对于宇宙线研究的应用大大增强了. 云室的膨胀可以用计数器发出的信号触发[47] (9.4.1 节). 正电子、μ 子和奇异粒子都是利用这种膨胀云室发现的.

20 世纪 30 年代很多人都想到, 要让云室成为连续灵敏的. 第一个简陋的设备是由 Hoxton[440] 制成的, 但是它的普遍原理被 Langsdorf 发挥而精心制成了一个所谓的 “扩散云室” 装置, 成了所有以后的云室的模型[441] (见参考文献 [442]). 人们在气体中设计了一个竖直的温度梯度, 使得其顶部非饱和而底部高度饱和. 在中间部位, 液滴会形成狭窄的水平层. 灵敏区趋向于成为相当薄的一层, 使得这个设备不适合于像宇宙线粒子这样的竖直运动的粒子, 而对于来自加速器的水平运动的粒子表现出了明显的优越性.

布鲁克海文的 Ralph Shutt 实验组开始在尼维斯回旋加速器上[443], 后来在布鲁克海文利用了这种扩散室. 室的尺寸做得对于研究最新发现的奇异粒子的产生和衰变非常理想. 习惯的做法是把铜或铅这类材料的薄片放到扩散室中, 当从室外入射的别的粒子撞击其上时, 成为新粒子源. 理想的靶材料是氢. 为了这个目的, Shutt 等人的扩散室包含了 21 个大气压的混有甲醇蒸气的氢气. 当这个扩散室对 BNL 的宇宙级加速器产生的 1.5GeV 的负 π 介子敞开时, 发现了奇异粒子的缔合产生.

2. 气泡室

利用扩散室既可作为靶, 又可作为一个探测器, 这是一个明显的优点. 然而, 即使运行在 21 个大气压下, 一个 π 介子在室中发生相互作用的概率也只有大约千分之一. 即使每张照片上都有 10 个入射粒子之多, 每观测到一次相互作用仍然必须拍照 100 张照片. 因此, 当 Glaser 发明的气泡室[100] (9.4.5 节第 3 小节) 证明了液氢 (其密度是 21 个大气压下的氢气的 500 倍) 可以使用时[444], 扩散室作为研究物理学的工具就寿终正寝了.

Glaser 采用液氢的气泡室极为迅速的发展, 在 20 世纪 50 年代以伯克利的 72 英寸的泡室达到了高峰. Alvarez 组的一项开发, 正如我们在 9.4 节所讨论的, 成为发现许多不稳定粒子的源泉.

1960 年的诺贝尔奖理所当然地授予了 Donald Glaser, 表彰他 “发明了气泡室”, 而 1968 年的诺贝尔奖授给了 Luis Alvarez[101], 表彰 “他对于基本粒子物理, 特别是大量的共振态的发现所作的决定性的贡献, 这些发现是通过他开发的利用氢气泡室和数据分析的技术取得的”.

3. 火花室

20 世纪 40 年代晚期, 人们努力寻找一种能改进 Geiger 计数器相当可怜的时间分辨特征的计数设备. Keuffel[445] 以及 Pidd 和 Madansky [466] 建造了 “火花计数器”, 它由其间施加高电压的平行导电板组成, . 每当一个带电粒子在板中间的缝隙穿过时, 就会有一次放电发生. 当 Keuffel 观测到放电沿着粒子的路径发生时, 由于当时的侧重点是电子计时, 所以踪迹轮廓的特点被忽略了. 就在这之后不久, 发明了具有极好计时特性的闪烁计数器, 除去了进一步发展火花计数器的主要动力. 此外, 带有稳定电压的火花计数器受到一些与粒子穿过无关的虚假放电的困扰. 当使用脉冲电压时[447] 人们发现这些虚假放电可以避免, 但是只能记录单个径迹.

火花室可用来记录粒子踪迹最早是由福井 (S Fukui) 和宫本 (S Miyamoto) 证明的[448]. 利用以闪烁计数器启动的脉冲电压, 在板之间充以氖和氩的混合气体, 他们证明了不止一个粒子的踪迹可以被记录下来. 收到他们的文章的预印本后, 在美国掀起了一股投身到进一步研发活动的热潮. 在这一发展的带头人中最重要的当属普林斯顿的 Cronin [449] 以及伯克利的 Cork 和 Wenzel[450]. 到 1960 年时, 这些组利用火花室作了一些非常有趣的物理. 受到他们的工作的引导, 哥伦比亚 - 布鲁克海文研究组建造了一个大而重的火花室, 用于探测布鲁克海文的 AGS(交变梯度同步加速器) 上的中微子相互作用 (9.5.1 节第 6 小节).

与气泡室相比, 火花室有明显的优点, 在它里面粒子的相互作用和踪迹可以分开, 而限制气泡室动量分辨率的多重 Coulomb 散射能够大大减少. 此外, 火花室还可以在一些有兴趣的事例上被触发, 这些事例由计数器给出的附属信息来决定. 这些优点很快得到了应用, 靠这种技术不久就取得了至少两个重要的发现 (两种中微子的存在[156] 和 CP 破坏[163]).

起初, 火花室的信息是由拍照的方法得到的. 火花的位置从胶片记录中数字化, 然后在一些大的主机上处理. 后来, 在一些实验中用声音探测器记录下来了雷声而不是闪电. 再往后, 火花室的电极就用横跨磁致伸缩线的金属丝制成. 放电电流会在线上产生一种声音信号, 在它的末端被读出来. 到达时间提供了火花位置的一种测量. 这样的声学方案本身适合于在计算机环境下完全自动化. 在 20 世纪 60 年代开发了一些变形火花室, 包括宽隙火花室和流光室. 在非可视模式下运行的火花室, 变成了很多实验中选用的探测器, 直到被能够以高得多的速率获取数据的多丝正比室和 Charpak 漂移室[451] 所代替为止.

9.12 与其他学科的交叉

正如我们在早些时候强调指出的, 粒子物理学在大约 1960 年以前和 1970 年以后的两个时期是很不一样的. 在 20 世纪 60 年代之前, 各个粒子的性质被分别研究, 没有用夸克和轻子统一它们. 类似地, 对于强相互作用与弱相互作用的理解, 在 20 世纪 70 年代初之后, 由于利用了非 Abel 规范理论而发生了重大的变化.

在取得这些发展的期间里, 粒子物理学还促进了对许多其他领域的深入理解及一些实验结果. 我们这里仅略提其中的几个.

9.12.1 核物理

1. 中子的寿命及其衰变性质

核反应堆提供了丰富的中子源, 而中子的平均寿命和轴矢量对矢量耦合之比是弱相互作用理论演化过程中的重要组成部分. 鉴于很难把一个中子约束长达其平均寿命的时间间隔 (大约 15 分钟), 因此精确地测量这个量依然困扰了人们很多年. 容纳中子的 "磁瓶" 技术导致了重要的进展. 目前的值[49]887 ± 2 秒不仅提供了关于轴矢量耦合常数的重要信息[452] (9.5.1 节和 9.5.3 节), 而且还对早期宇宙中氢合成为氦的速率给出了限制 (9.12.4 节第 4 小节).

2. 无中微子的双 β 衰变

迄今观测到的所有过程都保持轻子数守恒, 轻子数是一个可加的量子数, 对于带负电的轻子它等于 1, 而对于相应的反粒子它等于 -1. 然而, 因为原则上中微子可以与它们的反粒子混合[453], 一种改变轻子数两个单位的相互作用是可以接受的. 这样一种 Majorrana 质量可能通过图 9.36 的那种图示导致无中微子双 β 衰变.

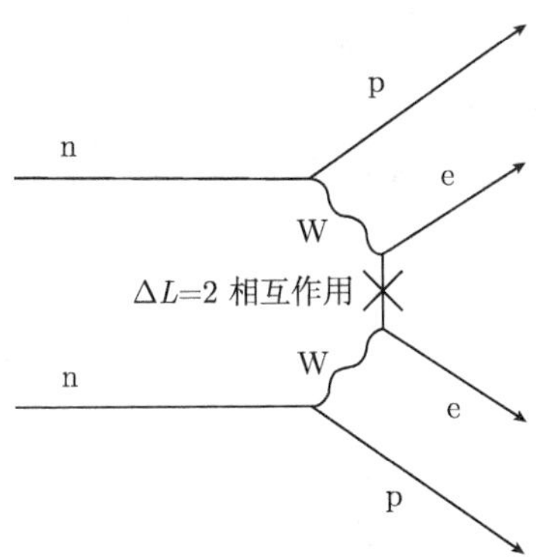

图 9.36 对无中微子的双 β 衰变做出贡献的图

用叉线标注的线是一个 Majorana 中微子, 它包含有轻子数 $L = 1$ 和 $L = -1$ 的分量目前对于无中微子的双 β 衰变的寻找, 尚没有观测到这个过程的任何信号, 这导致相关中微子的 Majorana 质量的有效上限为几个电子伏[454].

3. β 衰变对于中微子质量的限制

在原子核 β 衰变中, 电子能谱的细节能显示起源于中微子质量的形状改变. 一直都没有观测到过任何这样的效应, 这导致电子中微子质量的上限为几个电子伏[455].

9.12.2 原子物理学

我们在 9.7.3 节第 3 小节中提到过原子物理中寻找由于中性流相互作用引起的宇称破坏的实验. 这些结果中很多都依赖于从第二世界大战后初期发展起来的详细的原子俘获方法. 这种方法还极大地帮助了测量轻子的反常磁矩 (9.3 节)、研究中子衰变 (9.12.1 节第 1 小节) 和寻找中子的电偶极矩 (迄今仍未成功).

9.12.3 凝聚态物质

1. 南部 -Jona-Lasinio 模型

由南部和 Jona-Lasinio[179] 建议的 π 介子束缚态模型受到了与超导类比的启发[456]. 在这两种情况下, 一对费米子都可以形成一个束缚态, 导致出现一个能隙和一个零质量激发.

2. 重正化群

物理量在标度改变时的行为不仅在基本粒子物理中被研究[339], 在凝聚态物质问题中也被研究, 在那里特别明显地发生了标度变化的一些 "真实空间" 情况[457].

3. 格点规范理论

非相对论场论在分立的格点上得以表述, 如同在实际固体上所发生的那样, 产生了元激发和集体激发的很多性质. 例如, 人们可以确定存在或者不存在相变、束缚态的质量和空间范围以及诸如临界温度和比热等大块物体的性质. 通过用一个分立格点来逼近连续的时空, 描写这些现象的方法可以很容易地改写成连续的场论. 这个程序[357] 已经特别富有活力地被应用于构建量子色动力学 (QCD) 的一种格点形式, 其目的在于充分理解所有的低能强子物理. 那时, 格点的间距必须远小于一个强子的大小 (10^{-13}cm). 这种做法当前遇到的一个障碍是它不能令人满意地重新产生 π 介子. 在精确的 (自发破缺的) 手征对称性下, π 介子将是无质量的, 具有无穷大的 Compton 波长, 为了表示它, 要求一个无穷大的晶格. 实际的 π 介子具有超过 10^{-13}cm 的 Compton 波长, 因此为了正确地模拟 π 介子和强子物理的其他部分, 要求很多的格点数 (因此需要更大的和更快的计算机).

4. 弦理论和二维可解模型

在 9.5.4 节第 5 小节我们曾经提到过对偶模型, 在 9.13.5 节还将谈到它们目前的具体体现 (弦理论). 人们还发现, 这样的理论与凝聚态物质体系中临界行为的二维模型也有关[458].

9.12.4 天文学、天体物理学、引力和宇宙学

粒子物理和天体物理之间的相互交叉及相互影响是个很大的话题 (例如, 见有重大影响的参考书 [459]), 对于它, 我们仅能触及几个有选择的题目. 粒子物理是很多天体物理过程的核心 (例如超新星的演化), 而天体物理给出的一些约束证明在预测基本粒子性质中是有用的 (例如轻的中微子类型的数目). 对于很多天体物理中的问题, 基于基本粒子物理得到的那些解属于几种可能的选择.

1. 太阳中微子

探测来自太阳的中微子, 很早以前就由 Pontecorvo[460] 提出了建议. 第一次寻找太阳中微子是由 R Davis 与他的合作者们一起实现的[461], 他们利用反应 $\nu+{}^{37}\mathrm{Cl}\rightarrow e^-+{}^{37}\mathrm{Ar}$, 其中的氯取的是干净的液体形式, 盛放在一个大水罐中, 然后安放在南达科他州的霍姆斯塔克 (Homestake) 金矿内, 以便屏蔽宇宙线背景. 信号的探测依赖于从这个水罐每天抽取出不到一个的氩原子, 氩原子的放射性衰变就是其产生的识别标志.

对于 Davis 的实验的预期数值由 Bahcall 和他的合作者们详细地计算出来[462]. 在这个氯实验中观测到的几率低于预期值而且在 20 多年的时间内仍然会如此. 目前实验对理论的比值为 0.3 左右.

更近的一段时期, 对于不同的中微子能量敏感的其他几个实验也表明太阳中微子的比率低于预期值. 在日本的神冈矿井做的只对最高能量的中微子 (5MeV 以上) 敏感的一个实验, 观测到的比率只有大约预期值的一半. 它的探测器是由装满一个大储水池的非常纯净的水组成, 通过 Cherenkov 光来观测中微子–电子的相互作用[463]. 两个对于比较低中微子能量阈值敏感的实验[464] 都依赖于反应 $\nu+{}^{76}\mathrm{Ga}\rightarrow e^-+{}^{76}\mathrm{Ge}$, 他们抽取出放射性锗, 随后探测它的衰变. 这些实验也都显示了一个比标准太阳模型的预言低一些的信号.

这些结果如果都对的话, 究竟是表明太阳模型 (以及所有那些伴随的核物理的细节) 有缺陷, 还是指出了新的基本粒子物理呢[465]? 例如, 是否一些电子中微子 (太阳所发射的那种) 由于振荡[466] 而变成上述实验不探测的其他类型中微子了呢? 这样的一些振荡或者可能在真空中发生, 或者通过与太阳物质相互作用而被诱发.

进一步的一些实验正在建造或者筹划之中[467]. 一个理想的探测器应该对于下列几种情况敏感: ① 宽的中微子能量范围, 从小于几百个 keV 到几个 MeV; ② 中

微子的方向, 就像神冈实验那样; 以及③除了 ν_e 之外, 通过中性流效应发生的中微子相互作用.

2. 超新星中微子

神冈探测器是早在 20 世纪 80 年代初为了完全不同的寻找质子衰变的目的而建造的许多探测器之中的一个 (9.13.3 节). 另一个大的水 Cherenkov 探测器是在美国俄亥俄州克里夫兰的莫顿岩盐矿为同样的目的建造的 (图 9.37[468]). 运行了几年

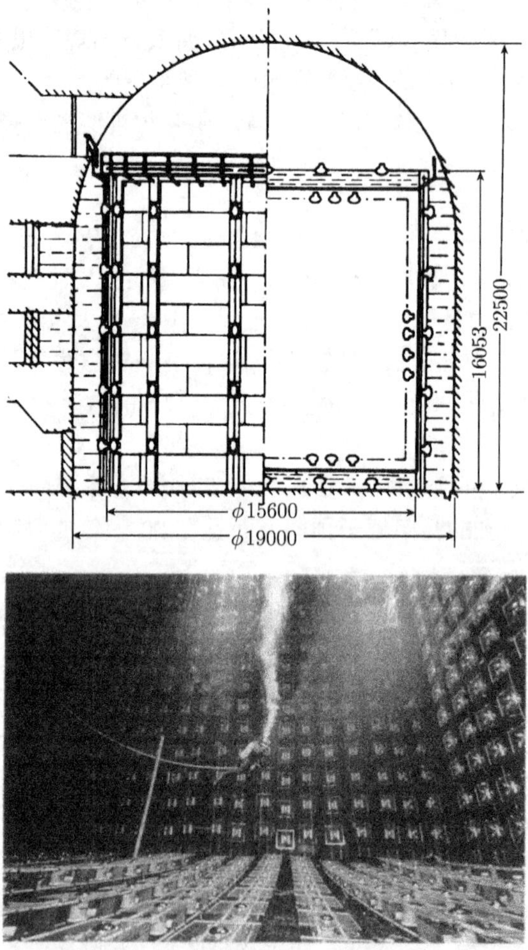

图 9.37　上图: 神冈 II 探测器的示意图; 下图: IMB-3 探测器的广角照片. 在那些正方形的塑料薄板中部分可见的半球都是光电倍增管. 这些塑料方板, 称作波移位器 (waveshifters), 它捕获没有直接撞击光电倍增器上的那部分光. 还可以看得见一位潜水员. 这幅照片是透过大约 20m 厚的水拍摄的, 表明纯化后的水的清澈透明

之后, 没有任何一个探测器看到质子衰变的任何信号. 然而, 1987 年 2 月 23 日这两个探测器都记录到了由大麦哲伦星云中一颗超新星爆炸而引发的中微子计数的爆发[469]. 用神冈探测器所做的观测特别幸运, 因为离这个探测器按计划关闭仅仅还有一分钟. 这颗超新星是在 1987 年第一次看到的, 因此被命名为 SN1987A.

这个观测证实了一个超新星生命周期的一些基本预言[469,470], 它反过来又决定性地依赖于弱相互作用的中性流以及带电流的存在. 此外, 这些中微子尽管传播的距离大约有 16 万光年, 彼此相继在几秒钟内到达地球, 这允许我们估算出它们的质量的上限[471].

假如在我们自己所在的银河系 (它的直径大约 6 万光年) 发生一个超新星爆炸, 则发射的中微子将会产生一个比 SN1978A 更强的信号. 在 9.13.5 节第 5 小节将要介绍的几种其他的探测器可能对这种信号是灵敏的.

3. 宇宙微波背景

1948 年 George Gamow, R A Alpher 和 R C Herman 预言[472], 从宇宙起源开始存留下来的黑体辐射, 应当具有几度 K 的温度. 1964 年, 这个预言被 Penzias 和 Wilson 证实, 他们的微波辐射计显示了一种持续的噪声信号[473]. 普林斯顿的一个一直在寻找同样效应的小组给出了一种解释[474].

微波背景已被证明是非常均匀和各向同性的, 有着黑体温度 2.74K, 但是, 也显示了一种由于我们的星系具有一个指向室女座的 $600\text{km}\cdot\text{s}^{-1}$ 的速度引起的畸变, 还有一些量级为十万分之一 (10^{-5}) 的涨落, 后者最近被宇宙背景探索者 (COBE) 人造卫星及其他一些实验识别了出来[475]. 这些涨落, 追溯起来, 都是产生现在被看作星系和星系团的更大涨落的物理过程的一种遗留物.

4. 核合成与中微子数目

正如前面提到的[452], 中子寿命影响到早期宇宙中氢合成为氦的速率. 在这个计算中, 另一个起决定作用的变量是轻的中微子的种类数. 微波背景辐射提供了氦核合成时由每一种中微子对于宇宙的质量密度所作贡献的标度. 这个密度影响宇宙膨胀的速率, 从而影响中子的衰变与它们合成为氦之间的竞争. 中微子的种类太多就意味着有太多的氦. 由此给出的上限为不多于四种[476]; 尽管当中子的寿命的限制更紧一些时, 这个数目开始看上去不太像. 正因为如此, 当 LEP 上进行的 Z 衰变的研究 (9.7.5 节第 3 小节) 表明正确的数目是 3 时, 理论物理学家们松了一口气 (而且至少有一位理论家赢得了一箱葡萄酒).

5. 宇宙的重子不对称性

宇宙的已经观测到的部分包含的重子远远多于反重子. 正如 9.5.2 节第 5 小节提到的, 理解这种不对称性的基础工作是 1967 年由 A Sakharov[175] 提出的. 在任

何一个当前的理论[176] 中仍然重要的必不可少的要素包括:

(1) CP 破坏;

(2) 重子数破坏 (将在 9.13.3 节第 2 小节中讨论);

(3) 宇宙离开热平衡的一段时间.

实现这些条件的可能性颇为不同, 但是包含在 CKM 矩阵的相角中的 CP 破坏形式似乎还不充分. 或许不如说 CKM 相角可能仅仅是 CP 破坏的更广泛作用的一种表现更确当.

6. 宇宙线物理学

正如 9.4 节提到的, 直到 20 世纪 50 年代中期加速器出现为止, 宇宙线在粒子物理中一直起着重要的作用. 而且, 即使是今天, 一些基本相互作用的信息依然来自宇宙线研究. 作为一个例子, 粒子相互作用的总截面似乎随着能量的增加而增长, 超出了地球上加速器的能量限制[477].

由于观测到 TeV 以及更高能量的 γ 射线的许多点源, 宇宙线物理学的一个新领域产生了. TeV 的大气簇射的 Cherenkov 探测, 准确地描述了这些发射物来自蟹状星云 (1054 年由中国天文学家看到的一颗超新星的残余物), 以及甚至可能来自河外星系[478]. 正在利用一些广延阵列, 寻找更高能量的 γ 射线的一些点源和最高能量的宇宙射线, 有些阵列的面积大到 1 亿平方米 ($10^8\mathrm{m}^2$)[479].

7. 黑洞

一颗恒星可能由如此大的质量形成, 以至于它自己的引力场阻止任何东西, 甚至是光, 逃离它的表面. 引用 Laplace(1798) 的话说[480]:

> 一个有着和地球相同密度的发光恒星, 其直径应当比太阳大 250 倍, 那时由于引力, 它不会允许它发出的任何光线射到我们这里; 因此, 很可能由于这个原因, 宇宙中的那些最大的发光体都是看不见的.

天文学的证据现在在逐渐积累, 表明现在称之为 "黑洞"[480] 的这样一些物体的确存在.

黑洞和基本粒子物理的关系是 20 世纪最吸引人的未解决问题之一. Stephen Hawking 证明了一个黑洞有能力在它的附近产生粒子对, 其中一个粒子被抛射出去, 而另一个掉进黑洞中[481]. 抛出的那个粒子带走了黑洞必须靠丢失质量来提供的能量. 因此, 黑洞最终要蒸发. 这种行为是一种佯缪的来源吗? 一个量子力学纯态因而转换成一个混合态, 导致许多修改经典引力定律、量子力学规律或者两者一起修改的建议. 作为候选者, 引力的量子理论、弦理论 (9.13.4 节) 正被用于构建这样一些过程的模型.

8. 暗物质

大量证据表明, 宇宙中并非所有物质都具有可以看得见的恒星、气体和尘埃等形式. 例如, 我们可以通过画出物体绕中心转动的速度相对到中心距离的函数图, 来测量我们星系(或其他星系)的质量[482]. 由此推论出的质量比我们看到的要多得多.

宇宙中的 "暗物质" 是以未成型的星体 (木星般大小的物体) 还是更奇特的形式存在呢? 有过许多建议, 其中包括各种各样还没有见到过的基本粒子, 比如非常轻的无自旋粒子 (例如, 称作轴子的粒子[483])、超对称性预言的一些粒子 (9.13.1 节第 2 小节) 以及有质量的中微子等. 每一种建议似乎都能解释暗物质的某些但不是全部想要的性质. 例如, 质量约为 10eV 的、在宇宙寿命的时间标度下稳定的一个中微子, 恰好可以提供既非无限膨胀又不能在有限时间收缩为一点的宇宙的正确的质量. 但是一个 10eV 的中微子形成不了星系中见到的小尺度结构的种子, 需要另外的星系形成机制.

9. *暴涨和重子产生*

宇宙的早期状态的研究导致 20 世纪 80 年代的一个非常引人注目的看法, 尽管其细节几经修改[484], 但其实质延续至今. 很可能, 宇宙的尺度在某个阶段遭遇了一种指数式膨胀, 抹掉了所有的涨落. 我们从今天的宇宙非常明显的各向同性和均匀性可以推知这种行为. 这种 "暴涨图像" 的一个后果是: 宇宙精确地处于开放 (永远膨胀) 与封闭 (缩回一点) 的边界上. 这种看法中的问题留待上述宇宙暗物质的研究解决.

10. *偏离爱因斯坦引力理论的探索*

广义相对论不区分任何一种物体受到的引力; 一切取决于质量. 证实这个 "等价原理" 的一些早期的检验[485] 到 20 世纪 60 年代中期改进到了相当高的精度[486]. 而 80 年代中期对于一些原始实验的重新分析[487] 似乎显示出对于等价原理的一种偏离, 从而导致了一轮改进检验和寻找 "第五种力" 的热潮. 但没有得到任何证据使这些改进实验存活下来[488].

9.13 尚未解决的问题和对未来的希望

9.13.1 弱电理论: 对称性破缺部分

1. *寻找 Higgs Bose 子*①

9.7 节所描述的弱电理论, 尽管在重新产生当前的所有实验数据方面取得了极大的成功, 但却是不完备的, 我们不知道 W 粒子、Z 粒子、夸克或轻子的质量 (它们都破坏原始的对称性) 实际上是如何获得的.

① 寻找 Higgs 粒子的长期努力在 2012 年取得重要结果, 研究者们在 CERN 的重子对撞机 (LHC) 的实验中发现了可靠的 Higgs 粒子的事例, 2012 年 7 月 CERN 正式宣布实验证实了 Higgs 粒子的存在. 为此 2013 年的 Nobel 物理学奖授予了提出 Higgs 机制的比利时物理学家 F Englert 和英国物理学家 P Higgs. —— 终校者注

使弱电对称性 SU(2)×U(1) 破缺的 Weinberg–Salam 机制, 包括了存在一个 Higgs Bose 子 H, 它相应于一个中性场对于其真空期待值 v 有一个涨落. 非零的 v 值使 W 和 Z 粒子获得质量, 这个 v 值由 Fermi 耦合常数确定, 即 $v = 2^{-1/4}G_{\mathrm{F}}^{-1/2} = 246\mathrm{GeV}$. 夸克和轻子的质量通过它们与 Higgs 场的汤川耦合获得.

Higgs Bose 子的质量不是由弱电理论确定的, 它是个任意值, 是在实验确定的下限[489](目前, 大约为 $60\mathrm{GeV}/c^2$) 与 1TeV 左右之间的某个值. 这个上限反映了两个纵极化规范 Bose 子的散射需要保持 S 矩阵幺正性的要求[490]. 对于 π 介子–π 介子的散射, 观测到的 ππ 共振态的能谱满足一个类似的要求.

寻找 Higgs Bose 子, 是在支持建造几个 TeV 的强子对撞机时经常列举的一个理由 (9.13.5 节). 一个最直接的 Higgs 信号或许是在 $\mathrm{W}^+\mathrm{W}^-$ 和 ZZ 反应道中的一个共振峰; 这一点以及一些许多其他方面的内容, 例如, 在参考文献 [491] 和 [492] 中被讨论了.

2. Higgs 粒子的替代物: 超对称性和复合粒子

有两种主要的理论思想潮流与理解 Higgs Bose 子的性质有关. 其中之一是把 Higgs Bose 子看做是一种基本的标量粒子, 它的质量应该受到某种机制的保护, 以免发生大的 (而且不可控制的) 辐射修正. 这类方案中最为流行的当属**超对称性**[493], 它假定对于每一种自旋为 S 的粒子都存在一种自旋为 $S \pm \dfrac{1}{2}$ 的伴粒子, 只要后者的质量与原来的粒子严格简并, 则它在辐射修正中的存在就会把它的 "超伴粒子" 的贡献精确的抵消掉. 当然, 通过观测到超伴粒子, 其质量与它的对应粒子差别不是大到提供不了所期望的相消, 则超对称性就会得到证实. 超对称理论的很多通行版本都预言至少应当存在某些质量低于 1TeV 的超伴粒子.

另一类理论把 Higgs Bose 子看做是一个由一些更基本的组分组成的复合粒子[494]. 这样一些**动力学弱电对称性破缺理论**要求 Higgs Bose 子在能量为一个或两个 TeV 左右时显露出它的结构, 这意味着在 W – W、Z – Z 和 W – Z 散射中, 在这个能区开始出现一个丰富的共振峰谱.

9.13.2 中微子质量

1. 直接寻找

过去几年中在 β 衰变实验中测量电子中微子的质量已经有了很大的改进, 正如 9.12.1 节第 3 小节中提到的, 有望取得进一步的进展[495]. 预计以加速器为基础的实验将会在目前的 μ 和 τ 中微子质量界限上取得适度而不是惊人的进展.

2. 振荡

未来观测中微子质量的一个主要的希望寄托于中微子振荡 (9.12.4 节第 1 小

节), 它可以用几种方法探测.

(1) 进一步的一些实验, 通过测量太阳中微子谱并把它与太阳模型做比较, 或许可以证实一些人所建议的中微子振荡在太阳中微子物理中的作用.

(2) 研究由宇宙线在大气中产生的不同种类的中微子的通量可以检验中微子振荡. 当前观测到的 μ 子中微子对电子中微子的比似乎比理论预期值要小一些[496], 但需要进一步的数据.

(3) 在加速器上对中微子振荡的直接寻找[497] 正在探测新的质量区和混合参量. 已经提出把加速器的中微子束流指向地下几百米或上千米深处的一个靶[498] 的实验建议.

9.13.3 大统一理论

1. 容纳的粒子

20 世纪的 70 年代早期, 弱电相互作用与强相互作用分别用两种杨 -Mills 理论描写, 它暗示或许可以用一个单一的这类理论来描写粒子物理. 这个 "大统一" 群应当把直乘群 $\mathrm{SU}(3)_{\mathrm{QCD}}\times\mathrm{SU}(2)_{弱}\times\mathrm{U}(1)_{弱}$ 作为其子群. 但是这些群的耦合常数在低能时是不相同的, 差别的大小依赖于动量标度的变化, 这暗示高能时这些耦合常数会彼此靠近. 在这样一个 "统一能量" 下, 夸克和轻子的行为彼此非常类似[499].

最早建议的大统一群包括 SU(5)[500] 和 SO(10)[501]. 特别是, SU(5) 的结构非常容易直观地想像, 如图 9.38 所示, 它以块状对角的形式包含一个 3×3 的 SU(3) 矩阵和一个 2×2 的 SU(2) 矩阵. U(1) 自然地被容纳成为一个与 SU(3) 和 SU(2) 都对易的 SU(5) 对角矩阵. 该理论的一个小的缺陷是挑选夸克和轻子作为 SU(5) 的 5 维和 10 维表示的成员有些任意性. 这个方面的处理在 SO(10) 方案中要漂亮得

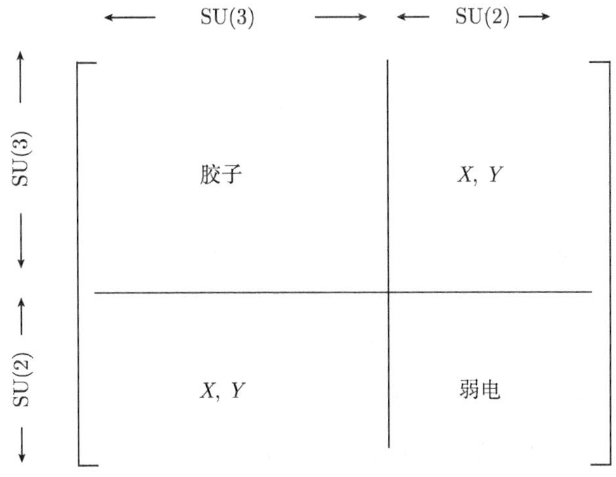

图 9.38 在大统一群 SU(5) 中包含的规范 Bose 子

多, 在那里一个单独的 16 维表示对于每一代夸克和轻子就足够了. 一个小的但是非零的中微子质量的存在在 SO(10) 中也可以容纳, 因为该理论既包括左手也包括右手的中微子[502].

SU(5) 中的耦合常数在高能时不趋于一个共同的值, 这一点可以通过使理论变成超对称[503] 或允许统一发生在不止一个质量标度[504] 而绕过去. 这些可能性与 SU(5) 方案的比较如图 9.39 所示.

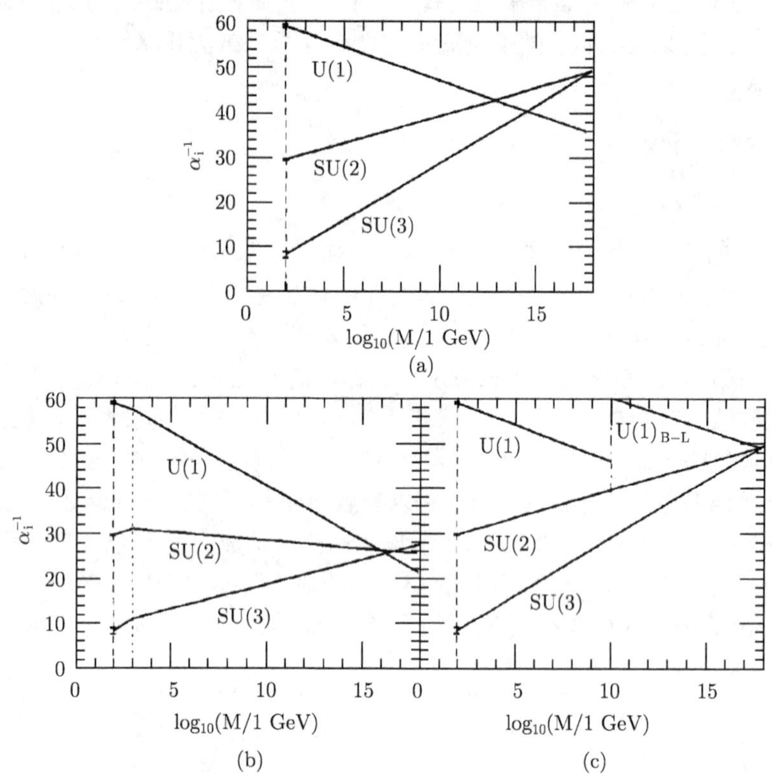

图 9.39 在各种大统一理论中由重整化群所预言的耦合常数的行为[504]. 在标记点上的误差棒表示在 $M = M_Z$ 处 (虚线所示) 测得的耦合常数的不确定性

(a) SU(5), 显示了耦合常数不能交于一点; (b) 带有超伴粒子质量为1TeV(虚线) 的超对称SU(5) 方案[503]; (c) 带有一个中间质量标度 (竖直的点划线) 的两个标度的 SO(10) 的例子

2. 质子衰变; 实验

大统一预言质子可以衰变, 通过交换扩展群的一个规范 Bose 子, 它的一对夸克变成一个反夸克和一个轻子 (图 9.40). 更早些时候, Sakharov 就曾预期这一普遍

特点[499] 作为存在 CP 破坏时产生宇宙中重子不对称性[175] 的一种方式, 在 9.5.2 节第 5 小节和 9.12.4 节第 5 小节中我们曾经提到过这一点. 20 世纪 70 年代晚期很多实验开始寻找质子衰变. 最简单的 SU(5) 大统一理论预言质子的寿命大约低于 10^{30} 年[176], 可以利用几十吨的探测器做这个实验.

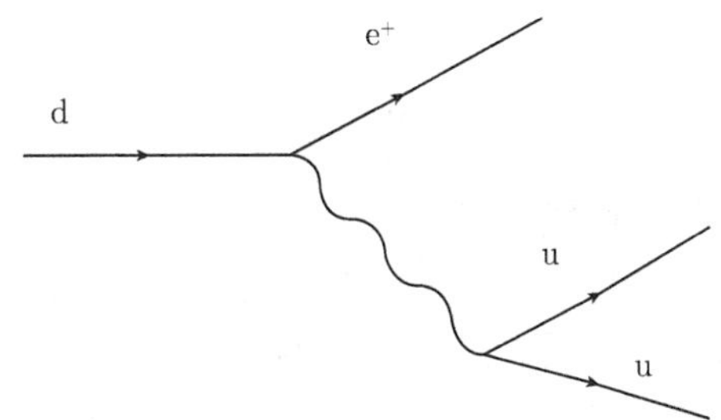

图 9.40 对质子衰变有贡献的一个过程的实例

到现在为止, 几个几千吨的探测器给出了质子寿命的限度[505] 差不多为 $\tau > 10^{32}$ 年. 两个最大的探测器, 即我们在 9.12.4 节第 2 小节曾经提到过的神冈和 IMB 用水作的 Cherenkov 探测器的确记录到了来自 SN1987A 的中微子. 一个五万吨神冈探测器 (超级神冈) 现在正在建造[506], 其目的是把寿命的下限扩展到约 10^{34} 年.

3. *磁单极*

在早期宇宙中从一个对称相转换到具有破缺对称性的相可以产生大量的磁单极[507]. 对它们的存在的限制非常严格[508], 这样的要求意味着极大地降低它们的丰度或者避免它们产生. 磁单极的明显缺少会对我们在 9.12.4 节第 9 小节提到的暴涨宇宙方案有贡献.

9.13.4 弦理论

在 9.5.4 节第 5 小节我们已经提到过对偶共振模型和它们同弦物理学相联系的一些方面. 而弦理论与凝聚态物质问题的联系在 9.12.3 节第 4 小节中提到过. 一种既有 26 维又有 10 维性质的 "杂化" 弦版本给出了一种实际可行的大统一方案的希望[509]. 人们希望, 观测到的那些夸克和轻子, 都有可能借助于当多余维度蜷缩成一些不可见结构时产生的表面上的奇点来解释[510].

不久人们就认识到, 弦理论对于能标为 100GeV 物理的预言能力是有限的, 这一点和那些其基本标度为 Planck 质量 $m_{\mathrm{P}} \equiv (\hbar c/G_{\mathrm{N}})^{1/2} \approx 10^{19}\mathrm{GeV}/c^2$ 的理论所预期的一样, 其中 G_{N} 为 Newton 引力常数. 虽然如此, 但是弦理论的结构本身就具有一种使大统一方案持续下去的含义. 最近, 人们还密切地关注弦理论中内部自洽性问题以及量子引力模型的建造. 正如在 9.12.4 节第 7 小节中曾经提到的, 弦理论目前正被用来研究伴随黑洞的蒸发带来的量子力学信息丢失现象[511].

9.13.5 未来的设备

在基本粒子物理中的问题转移到更高的能区和一些不同的粒子的同时, 研究新能区的新设备已经在建造或在考虑之中. 这些设备包括第一个电子–质子对撞机 (HERA)、几个 TeV 的强子对撞机、产生丰富的 B 介子的设备 ("B 工厂") 和大型电子正电子对撞机.

1. HERA

这个第一个电子–质子对撞机于 1991 年在德国汉堡的实验室 DESY 开始运行[512], 在其中 27GeV 的电子束与 820GeV 的质子束以大约 300GeV 的质心总能量对撞. 迄今为止, HERA 测量了光子–质子总截面、产生了它的第一组质子结构函数的数据并且观测到了预期的反应 $e^- + p \to \nu_e +$ (任何产物). 它将是一台用来测量在新的运动学区域的结构函数行为 (9.2 节) 和寻找新粒子的受欢迎的设备.

2. 几个 TeV 的强子对撞机

在 20 世纪 80 年代初, 随着预期的 W 粒子和 Z 粒子被发现, 利用几个 TeV 的强子对撞机探索弱电对称性破缺的计划就已经做出了安排. 这些计划具体化成一个利用 CERN 的 LEP 隧道建一个大型强子对撞机 (LHC) 的建议和在美国得克萨斯州建造一台超导超级对撞机 (SSC) 的规划. 这些机器可以采用的好的物理样本可以在参考文献 [491] 中找到. LHC 设计的质心能量为 14TeV, 亮度为 $10^{34}\text{cm}^{-2}\cdot\text{s}^{-1}$, 有能力产生像 W–W 散射 (图 9.41) 那样的过程. SSC 本来应有 40TeV 的质心能量和大约比 LHC 小 10 倍的亮度, 但是在已经建造了几年之后, 对它的财政资助被撤销了[513].

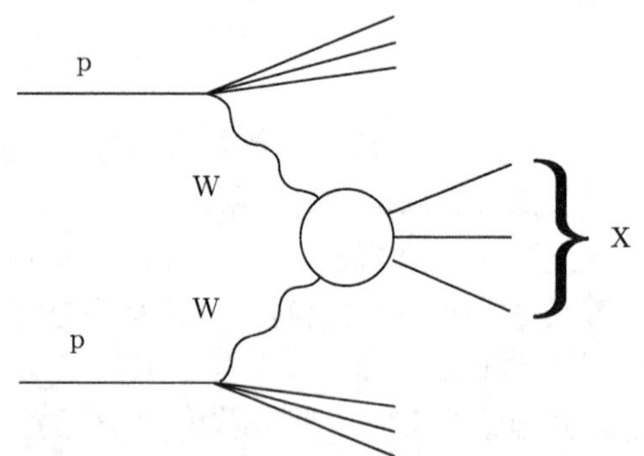

图 9.41 由强子对撞诱发的 W–W 散射

3. B 工厂

(在 9.9 节对于三代夸克和轻子所描述的) 标准弱电理论预言, 显示可能有相当大的 CP 破坏不对称性的 B 介子衰变, 依赖于一些尚待确定的参数数值. 然而, 因为到任何给定终态的 B 介子衰变的典型概率都小于 10^{-3}, 所以为了能允许进行这样的研究, 需要有很多 B 介子: 或许至少需要 10^8 个 $B\bar{B}$ 对, 超出目前电子–正电子对撞机达到的水平.

恰巧在 $B\bar{B}$ 产生域值之上的最纯的 B 介子源是 e^+e^- 对撞产生的 $\Upsilon(4S)$ 共振态, 截面大约为 1nb. 康奈尔的 e^+e^- 对撞机 CERS 更新之后在 $\Upsilon(4S)$ 共振峰处运行了几年, 亮度为 $10^{33}\text{cm}^{-2}\cdot\text{s}^{-1}$ 的好几倍, 可以产生 10^8 个 $B\bar{B}$ 对在 4S 共振峰处最清晰的 CP 破坏信号要求人们观测这两个 B 介子衰变的时间依赖性, 利用不同能量的电子和正电子最容易实现这种观察. 在日本的 KEK 和美国的 SLAC 都正在建造不对称的 B 工厂.

4. 大型直线电子–正电子对撞机

很可能存在 200GeV 以下的顶夸克, 希望存在质量为几百个 GeV/c^2 以下的 Higgs Bose 子和超伴粒子以及在能量和亮度再上一个台阶带来的纯技术上的挑战催生了建造质心能量为 500GeV 和亮度为 $10^{33}\text{cm}^{-2}\cdot\text{s}^{-1}$ 的大型电子–正电子对撞机的计划. 关于这个设备的工作会议, 几年来已经召开了好多次. 与斯坦福直线对撞机(SLC)为了达到对撞而把束流弯曲呈弧形相反, 这台机器将会是真正直线的, 它的尺寸大小依据它可得到的加速梯度来设置; 总长约为20km是各计划的典型长度.

5. 非加速器设备

几个不需要加速器的正在建造或正在考虑之中的大型设备将会给粒子物理学提供新信息. 早些时候曾经提到过的 “超级神冈” 探测器将采取进一步的措施去观测质子的衰变或者设法改进质子寿命的实验下限. 它还将会对于中微子相互作用灵敏, 就像许多地下的 (明尼苏达的 Soudan[514]、意大利的 MACRO[515] 和加拿大的萨德伯利中微子观测站 [SNO][516])、水下的 (沿夏威夷海岸的 DUMAND[517]) 或甚至是在冰下的 (在南极的 AMANDA[518]) 等其他设备一样. MACRO 探测器还将以前所未有的灵敏度寻找磁单极.

低温技术的发展给暗物质的寻找增加了新的维度, 用某种简单化的术语来讲, 这将能探测到 “那些在黑夜撞上的东西”, 在别的情况下是不可能看见它们的[519].

人们设想用大型阵列面探测宇宙线大气簇射. 或许可以让一个其面积大到 5000 平方公里的阵列用电子学同步运行[520]. 比当前正在使用中的那些海拔更高更合理的阵列面也在计划之中[521].

9.14　结　语

20 世纪后半叶, 粒子物理学在复杂与简单、混乱与秩序之间波浪式地前进.

第二次世界大战后的多年里，已知的基本粒子数目急剧的增长要归功于新的产生和探测技术. 在 20 世纪 50 年代和 60 年代，正当某些物理学家对究竟能否理解这个急速膨胀的基本粒子动物园及它们之间的相互作用感到绝望的时候，诸如 SU(3) 这样的对称性开始把这些粒子整理成一些家族; 夸克模型的建立引入了进一步的规律性. 然而，直到 20 世纪 70 年代基于量子色动力学的强相互作用的名副其实的理论建立之前，人们不可能以一种基本的方式理解这些成功.

在 20 世纪中期，弱相互作用同样像是一团乱麻. 对于最基本的 β 衰变过程都未能正确地描述，使得难以推论出这种基本相互作用的结构. 弱相互作用宇称不守恒的发现，摘下了蒙在物理学家眼睛上的眼罩，帮助他们识别某些实验是对的而某些实验是错的，并且几乎立即导致基于所谓的 V-A 理论的满意的描写. 不过虽然如此，弱相互作用仍然未能完全理解. V-A 理论不可能用来作更高精度或更高能量的计算. 要构建一个具有这些特点的理论，需要把弱相互作用和电磁相互作用综合在一起.

我们目前对于强相互作用和弱电相互作用的理解，都依赖于量子场论. 在 20 世纪中期，场论似乎只用于粒子物理的一个小的领域，即量子电动力学 (QED)，这个限制在 20 年期间就完全消失了.

现在，我们知道了强相互作用的粒子是由夸克组成的，而夸克靠胶子维系在一起，并且我们还了解了强力和弱电力两者的基础，但一些新的问题产生了. 其中最早的问题之一在宇称破坏发现后七年就提出了，它与电荷反演 (C) 和宇称 (P) 的组合对称性的破坏有关. 这个破坏要求至少存在三代夸克的建议，已经从第三代的发现得到了支持，但是我们仍然不知道观测到的 C P 破坏是否就是由这个来源引起的.

依旧是一个谜团而且可能与 C P 破坏的起源有关的是夸克和轻子的质量及弱电耦合的模式. 夸克的质量必然破坏弱电对称性. 而弱力的媒介，即带电荷的两个 W 和中性的一个 Z 粒子的质量也是这样. 这种对称性破缺的来源一般被称之为 "Higgs 机制"，而对于 "Higgs Bose 子" 存在一些不精确的预言，这个粒子的发现无疑会提供弱电对称性破缺机制的线索. 然而，涉及 Higgs 粒子的任何方案，其背景中都潜藏着很多其他的新粒子或效应，有待下一代实验去探测.

在过去的这五十年中，基本粒子物理的研究一直是伴随着成功与挫折的共享而成就的宏伟事业. 让我们期望 21 世纪取得的进展和 20 世纪一样辉煌.

9.14.1 附加文献

除了本文一开始[1−5] 以及在我们讨论的进程中提到的那些会议文集和历史著作 (例如见参考文献 [14], [129], [137], [227], [240], [275], [359]) 之外，其他几个有用的参考文献值得提一下. 它们包括由 Jeremy Bernstein 给出的一本可读性很高的著名总结[522], 由美国能源部给出的一份简短报告[523], Steven Weinberg 撰写的一本富有有创见的书[524], Victor Weisskopf 写的一部横跨七十年的回忆录[525], Sam Treiman 撰写的有关发表在《物理评论》上的一些结果的简明叙述[526], Murray Gell-Mann 的一本新作品[527], Robert Marshark 的最后一部大作[528], 以 Rolf Wideröe 的生平及其著作为基础的而编写的一部有关粒子加速器的早期历史的书籍[529]. 每两年一本的相关数据汇编[49] 是由粒子数据组负责编订的, 它继承了由 Arthur H Rosenfeld 与他的合作者一起在 20 世纪 50 年代开创而形成的长期传统.

致谢

本工作部分地在阿斯本物理中心完成, 受到了美国能源部的部分资助, 批准号为 DE FG02 90ER 40560. 作者之一 (JLR) 希望藉此感谢费米实验室的理论组在完成本章的写作期间给予的友好款待.

我们感谢 J Bernstein, J D Bjorken, M M Block, L M Brown, U Fano, P Freund, H Frisch, R Hildebrand, 南部阳一郎, R Oehme, A Pais, M Perl, P Ramond, R Sachs, M M Shapiro, F C Shoemaker, V Telegdi, and A Tollestrup 提出的有益的建议, 并感谢 Gordon Fraser 与 Adrienne Ko1b 帮助我们得到一些插图. Ugo Fano 在仔细地阅读本书原稿的过程中提出了非常宝贵的编辑建议.

(丁亦兵译, 朱重远校)

参 考 文 献

[1] Brown L M, Dresden M, Hoddeson L and Riordan M (ed) 1995 Third Int. Symp. on the History of Particle Physics: The Rise of the Standard Model (Stanford, CA, June 24-27, 1992) (Cambridge: Cambridge University Press)

[2] Pais A 1986 Inward Bound (Oxford: Clarendon)

[3] Brown L M and Hoddeson L (ed) 1983 Int. Symp. on the History of Particle Physics: The Birth of Particle Physics (Cambridge: Cambridge University Press)
Colloque International sur l'Histoire de la Physique des Particules (International Colloquium on the History of Particle Physics) (Paris, 21-23 July, 1982) (Les Ulis, France: Les éditions de Physique); 1982 J. Physique Coll. 43 C8, supplement 12

[4] Brown L M, Dresden M and Hoddeson L (ed) 1989 Pions to Quarks: Particle Physics in the 1950s (Proc. Second Int. Symp. on the History of Particle Physics (Fermilab, 1985)) (Cambridge: Cambridge University Press)

[5] Brown L M 1995 Nuclear forces, mesons and isospin symmetry Twentieth Century Physics (Bristol: Institute of Physics) Chapter 5

[6] Heisenberg W and Pauli W 1929 Z. Phys. 56 1-61; 1930 Z. Phys. 59 168-190
Oppenheimer J R 1930 Phys. Rev. 35 461-477

Heisenberg W 1934 Z. Phys. 90 209-231
Dirac P A M 1934 Proc. Camb. Phil. Soc. 30 150-163

[7] Dirac P A M 1928 Proc. R Soc. A 117 610-624; 1928 Proc. R. Soc. A 118 351-361; 1930 Proc. R. Soc. A 126 360-365; 1931 Proc. R. Soc. A 133 60-72

[8] Weisskopf V F 1939 Phys. Rev. 56 72-85

[9] Uehling E A 1935 Phys. Rev. 48 55-63
Serber R 1935 Phys. Rev. 48 49-54

[10] Kemble E C and Present R D 1933 Phys. Rev. 44 1031-1032

[11] Houston W V 1937 Phys. Rev. 51 446-449
Williams R C 1938 Phys. Rev. 54 558-567

[12] Pasternack S 1938 Phys. Rev. 54 1113

[13] Lamb W E Jr and Retherford R C 1947 Phys. Rev. 72 241-243
Lamb W E Jr in the first of references [3] ch 20

[14] Schweber S S 1984 Relativity, Groups and Topology II (1983 Les Houches Lectures) ed B S de Witt and R Stora (Amsterdam: North-Holland) pp 37-220
See also Marshak R E in the first of references [3] pp 376-401

[15] Bethe H A 1947 Phys. Rev. 72 339-341

[16] Kroll N M and Lamb W E 1949 Phys. Rev. 75 388-398
Feynman R P 1949 Phys. Rev. 76 769-789 (see in particular footnote 13)
Schwinger J 1949 Phys. Rev. 75 898-899
French J B and Weisskopf V F 1949 Phys. Rev. 75 388, 1240-1248
Nambu Y 1949 Prog. Theor. Phys. 4 82-94

[17] Schwinger J (ed) 1958 Selected Papers on Quantum Electrodynamics (New York: Dover); see also the second of references[3] pp C8-409-23

[18] Foley H M and Kusch P 1947 Phys. Rev. 72 1256-7; 1948 Phys. Rev. 73 412

[19] Schwinger J 1948 Phys. Rev. 73 416-7; Erratum 1949 Phys. Rev. 76 790-817

[20] Wheeler I A 1946 Ann. NY Acad. Sci 48 219-38
又见 Pirenne J 1944 Thesis University of Paris; 1946 Arch. Sci. Phys. Nat. 28 273; 1947 Arch. Sci. Phys. Nat. 29 121

[21] Deutsch M 1951 Phys. Rev. 82 455-456

[22] Kinoshita T (ed) 1990 Quantum Electrodynamics (Singapore: World Scientific)

[23] Schupp A R, Pidd R W and Crane H R 1961 Phys. Rev. 121 1-17

[24] Dehmelt H 1990 Rev. Mod. Phys. 62 525-530
Van Dyck R S Jr 1990 in reference[22] ch 8

[25] Van Dyck R S Jr, Schwinberg P B and Dehmelt H G 1987 Phys. Rev. Lett. 59 26-29

[26] Kinoshita T and Yennie D 1990 in reference [22] ch 1

[27] Cage M E et al 1989 IEEE Trans. Instrum. Meas. 38 284-289

[28] Suura H and Wichmann E 1957 Phys. Rev. 105 1930-1931
Petermann A 1957 Phys. Rev. 105 1931

[29] Garwin R, Lederman L M and Weinrich M 1957 Phys. Rev. 105 1415-1417

[30] Farley F J M and Picasso E in reference [22] ch 11

[31] Kinoshita T and Marciano W J in reference [22] ch 10

[32] Pal′chikov V G, Sokolov Yu L and Yakovlev V P 1983 Pis. Zh. Eksp. Teor. Fiz. 38 347-349 (Engl. Transl. JETP Lett. 38 418-420)

[33] Sapirstein J R and Yennie D R in reference [22] ch 12

[34] Ramsey N F in reference [22] ch 13

[35] Mills A P and Chu S in reference [22] ch 15

[36] Harris I and Brown L M 1957 Phys. Rev. 105 1656-1661

[37] Nico J S, Gidley D W, Rich A and Zitzewitz P W 1990 Phys. Rev. Lett. 65 1344-1347

[38] Ore A and Powell J L 1949 Phys. Rev. 75 1696-1699
Caswell W G and Lepage G P 1979 Phys. Rev. A 20 36-43
Adkins G S 1983 Ann. Phys., NY 146 78-128

[39] Urey H, Brickwedde F G and Murphy G M 1932 Phys. Rev. 39 164-165, 864

[40] Chadwick J 1932 Nature 129 312; 1932 Proc. R. Soc. A 136 692-708, 744-748

[41] Anderson C 1932 The positive electron Science 76 238-239; the first of references [3] ch 7

[42] Neddermeyer S H and Anderson C D 1937 Phys. Rev. 51 884-886
Street J C and Stevenson E C 1937 Phys. Rev. 51 1005
Nishina Y, Takeuchi M and Ichimaya T 1937 Phys. Rev. 52 1198-1199

[43] Yukawa H 1935 Proc. Phys. -Math. Soc. Japan 17 48-57

[44] Oppenheimer J R and Serber R 1937 Phys. Rev. 51 1113

[45] Pais A in reference [2] p 433

[46] Pauli W as described in reference [2] p 315

[47] Blackett P M S and Occhialini G P S 1933 Proc. R. Soc. A 139 699-726

[48] Fermi E 1934 Nuovo Cimento 11 1-19; 1934 Z. Phys. 88 161-171

[49] Montanet L et al (Particle Data Group) 1994 Phys. Rev. D 50 1173-1825

[50] Rossi B and Nereson N 1942 Phys. Rev. 62 417-422
Nereson N and Rossi B 1943 Phys. Rev. 64 199-201
Rossi B in the first of references [3] ch 11

[51] Williams E J and Evans G R 1940 Nature 145 818-819

[52] Conversi M, Pancini E and Piccioni O 1947 Phys. Rev. 71 209-210
Piccioni O in the first of references [3] ch 13
Conversi M in the first of references [3] ch 14

[53] Perkins D H in reference [4] ch 5
Perkins D H 1947 Nature 159 126-127

Occhialini G P S and Powell C F 1947 Nature 159 93-94

[54] Powell C F, Fowler P H and Perkins D H 1959 The Study of Elementary Particles by the Photographic Method (New York: Pergamon)

[55] Lattes C M G, Muirhead H, Occhialini G P S and Powell C F 1947 Nature 159 694-697
Lattes C M G, Occhialini G P S and Powell C F 1947 Nature 160 453-456, 486-492

[56] Sakata S and Inoue T 1946 Prog. Theor. Phys. 1 143-150
Tanikawa Y 1947 Prog. Theor. Phys. 2 220-221
Marshak R E and Bethe H A 1947 Phys. Rev. 72 506-509

[57] Rochester G D and Butler C C 1947 Nature 160 855-857

[58] Kemmer N 1938 Proc. R. Soc. A 166 127-153
Sakata S 1941-2 Unpublished correspondence with S Tomonaga (Y Nambu, private communication)

[59] Bjorklund R, Crandall W E, Moyer B J and York H F 1950 Phys. Rev. 77 213-18
Steinberger J, Panofsky W K H and Steller J 1950 Phys. Rev. 78 802-5
Steinberger J in reference [4] ch 20
Carlson A G, Hooper J E and King D T 1950 Phil. Mag. 41 701-724

[60] Clark D C, Roberts A and Wilson R 1951 Phys. Rev. 83 649
Durbin R, Loar H and Steinberger J 1951 Phys. Rev. 83 646-8

[61] Panofsky W K H, Aamodt R L and Hadley J 1951 Phys. Rev. 81 565-574

[62] Hales R W, Hildebrand R H, Knable N and Moyer B 1952 Phys. Rev. 85 373-374

[63] Hildebrand R H 1953 Phys. Rev. 89 1090-1092

[64] Richardson J R 1948 Phys. Rev. 74 1720-1721

[65] Chamberlain O, Mozley R F, Steinberger J and Wiegand C 1950 Phys. Rev. 79 394-395

[66] Sakata S 1942 (unpublished) (Y Nambu, private communication)
Landau L D 1948 Dokl. Akad. Nauk SSSR 60 207-209
Yang C N 1950 Phys. Rev. 77 242-245

[67] Samios N P, Plano R, Prodell A, Schwartz M and Steinberger J 1962 Phys. Rev. 126 1844-1849

[68] Kaplon M F, Peters B and Bradt H L 1950 Phys. Rev. 76 1735-1736

[69] Steinberger J 1949 Phys. Rev. 76 1180-1186

[70] Primakoff H 1951 Phys. Rev. 81 899

[71] Tollestrup A V, Berman S, Gomez R and Ruderman H 1960 Proc. 1960 Ann. Int. Conf. on High Energy Physics at Rochester (Rochester, August 25-September 1, 1960) ed E C G Sudarshan et al (New York: Interscience [University of Rochester]) pp 27-30
Ruderman H A 1962 PhD Thesis Caltech (unpublished)

Bellettini G, Bemporad C, Braccini P L and Foà L 1965 Nuovo Cimento A 40 1139-1170

[72] von Dardel G, Dekkers D, Mermod R, Van Putten J D, Vivargent M, Weber G and Winter K 1963 Phys. Lett. 4 51-54
Atherton H W et al 1985 Phys. Lett. 158B 81-84

[73] Chamberlain O, Segrè E, Wiegand C and Ypsilantis T 1955 Phys. Rev. 100 947-950
Goldhaber G in reference [4] ch 16
Chamberlain O in reference [4] ch 17
Piccioni O in reference [4] ch 18

[74] Chamberlain O et al 1956 Phys. Rev. 102 921-923
Barkas W H et al 1957 Phys. Rev. 105 1037-58

[75] Gell-Mann 1982 in the second of references [3] pp C8-395-408; reference [2] ch 20
Perkins D H in reference [4] ch 5
Rochester G D in reference [4] ch 4

[76] Leprince-Ringuet L and Lhéritier M 1944 C. R. Acad. Sci., Paris 219 618-620; 1946 J. Phys. Radium 7 65-69
但参见 Bethe H A 1946 Phys. Rev. 70 821-831 的批评

[77] Brown R, Camerini U, Fowler P H, Muirhead H, Powell C F and Ritson D M 1949 Nature 163 82-7
又见 Fowler P H, Menon M G K, Powell C F and Rochat O 1951 Phil.Mag. 42 1040-1049

[78] Seriff A J, Leighton R B, Hsiao C, Cowan E W and Anderson C D 1950 Phys. Rev. 78 290-1

[79] Hopper V D and Biswas S 1950 Phys. Rev. 80 1099-1100

[80] Armenteros R, Barker K H, Butler C C , Cachon A and Chapman A H 1951 Nature 167 501-503
Armenteros R, Barker K H, Butler C C and Cachon A 1951 Phil. Mag. 42 1113-1135

[81] Thompson R W, Cohn H O and Flum R S 1951 Phys. Rev. 83 175
Thompson R W Buskirk A V, Etter L R, Karzmark C J and Rediker R H 1953 Phys. Rev. 90 329-30. 这一小组的后续工作由 Thompson R W 在文献 [3] ch 15 给出.

[82] Armenteros R, Barker K H, Butler C C, Cachon A and York C M 1952 Phil. Mag. 43 597-612
Leighton R B, Cowan E W and van Lint V A J 1953 Proc. Conf. Int. Ray. Cosmique (Bagnères de Bigorre) (Toulouse: University of Toulouse) pp 97-101
Anderson C D, Cowan E W, Leighton R B and van Lint V A J 1953 Phys. Rev. 92 1089

[83] York C M, Leighton R B and Bjornerud E K 1953 Phys. Rev. 90 167-168
Bonetti A, Levi Setti R, Panetti M and Tomasini G 1953 Nuov Cimento 10 345-346,

1736-1743

[84] Blewett J P in reference [4] ch 10

Livingston M S and Blewett J P 1962 Particle Accelerators (New York: McGraw-Hill)

Blewett M H (ed) 1953 Rev. Sci. Instrum. 24 723-870

[85] Fowler W B, Shutt R P, Thorndike A M and Whittemore W L 1953 Phys. Rev. 90 1126-1127; 1953 Phys. Rev. 91 1287; 1954 Phys. Rev. 93 861-867; 1955 Phys. Rev. 98 121-130

又见 Walker W D 1955 Phys. Rev. 98 1407-10

历史性记述见 Fowler W B in reference [4] ch 22.

[86] Nambu Y, Nishijima K and Yamaguchi Y 1951 Prog. Theor. Phys. 6 615-619, 619-622

Miyazawa H 1951 Prog. Theor. Phys. 6 631-633

Oneda S 1951 Prog. Theor. Phys. 6 633-635

[87] Pais A 1952 Phys. Rev. 86 663-672; 1953 Physica 19 869-887

[88] Gell-Mann M 1953 Phys. Rev. 92 833-834; 1953 On the classification of particles (unpublished)

Gell-Mann M and Pais A 1955 Proc. 1954 Glasgow Conf. on Nuclear and Meson Physics ed E H Bellamy and R G Moorhouse (London: Pergamon)

Gell-Mann M 1956 Nuovo Cimento 4 (Supplement) 848-866

[89] Nakano T and Nishijima K 1953 Prog. Theor. Phys. 10 581-2

Nishijima K 1954 Prog. Theor. Phys. 12 107-108; 1955 Prog. Theor. Phys. 13 285-304

[90] Alvarez L W, Eberhard P, Good M L, Graziano W, Ticho H K and Wojcicki S G 1959 Phys. Rev. Lett. 2 215-219

此一和相关发现的历史见 Alvarez L 1969 Science 165 1071-1091.

[91] Gell-Mann M and Pais A 1955 Phys. Rev. 97 1387-1389

[92] Lande K, Booth E T, Impeduglia J and Lederman L M 1956 Phys. Rev. 103 1901-1904 (此一实验的报道见 Chinowsky W in reference [4] ch 21)

[93] Fry W F, Schneps J and Swami M S 1956 Phys. Rev. 103 1904-1905

[94] Heitler W 1946 Proc. Ir. Acad. 51A 33-39

Nambu Y and Yamaguchi Y 1951 Prog. Theor. Phys. 6 1000-1006

[95] Brueckner K A and Watson K M 1951 Phys. Rev. 83 1-9

Watson K M 1952 Phys. Rev. 85 852-857

Adair R K 1952 Phys. Rev. 87 1041-1043

[96] Walker R L in reference [4] ch 6

[97] Bishop A S, Steinberger J and Cook L J 1950 Phys. Rev. 80 291

Steinberger J, Panofsky W K H and Steller J 1950 Phys. Rev. 78 802-805

Chedester C D, Isaacs P, Sachs A and Steinberger J 1951 Phys. Rev. 82 958-959

Anderson H L, Fermi E, Long E A, Martin R and Nagle D E 1952 Phys. Rev. 85 934-935

Fermi E, Anderson H L, Lundby A, Nagle D E and Yodh G B 1952 Phys. Rev. 85 935-936

Anderson H L, Fermi E, Long E A and Nagle D E 1952 Phys. Rev. 85 936

[98] Marshak R E 1950 Phys. Rev. 78 346

Fujimoto Y and Miyazawa H 1950 Prog. Theor. Phys. 5 1052-1054

Brueckner K A and Case K M 1951 Phys. Rev. 83 1141-1147

Brueckner K A 1952 Phys. Rev. 86 106-109

Brueckner K A and Watson K M 1952 Phus. Rev. 86 923-928

这些工作中的许多参考了 Wentzel G 1940 Helv. Phys. Acta 13 269-308; 1941 Helv. Phys. Acta 14 633-635; 1947 Rev, Mod. Phys. 19 1-18 等早期文献提出的方案.

Pauli W and Dancoff S M 1942 Phys. Rev. 62 85-108

[99] Walker R L, Oakley D C and Tollestrup A V 1953 Phys. Rev. 89 1301-1302

Anderson H L, Fermi E, Martin R and Nagle D E 1953 Phys. Rev. 91 155-168

Yuan L C L and Lindenbaum S J 1953 Phys. Rev. 92 1578-1579

Ashkin J, Blaser J P, Feiner F, Gorman J and Stern M O 1954 Phys. Rev. 93 1129-1130

[100] Glaser D A 1952 Phys. Rev. 87 665; 1953 Phys. Rev. 91 496, 762-763

[101] Alvarez L A 1969 Science 165 1071-1091; reference[4] ch 19

[102] 这些发现的简史由 Samions N P 在文献 [1] 中给出.

[103] Moller C and Rosenfeld L 1940 Kong. Danske Vid. Selsk., Matt-fys. Medd. 17 no 8 pp 1-72

Schwinger J 1942 Phys. Rev. 61 387

Rosenfeld L 1948 Nuclear Forces (New York: Interscience) p 322

[104] Hofstadter R in reference [4] ch 7 pp 126-143

[105] Nambu Y 1957 Phys. Rev. 106 1366-1367

[106] Frazer W R and Fulco J R 1959 Phys. Rev. Lett. 2 365-368

[107] Stonehill D C, Baltay C, Courant H, Fickinger W, Fowler E C Kraybill H, Sandweiss J, Sanford J and Taft H 1961 Phys. Rev. Lett. 6 624-625

Erwin A R, March R, Walker W D and West E 1961 Phys. Rev. Lett. 6 628-630

[108] Maglic B C, Alvarez L W, Rosenfeld A H and Stevenson M L 1961 Phys, Rev, Lett. 7 178-182

[109] Pevsner A et al 1961 Phys. Rev. Lett. 7 421-423

[110] 这些努力均记载于 Gell-Mann M and Ne′eman Y 1964 The Eightfold Way (New York: Benjamin) 的导论中.

[111] Ikeda M, Ogawa S and Ohnuki Y 1959 Prog. Theor. Phys. 22 715-724; 1960 Prog. Theor. Phys. 23 1073-1099

[112] Gell-Mann M 1961 The eightfold way Caltech Report CTSL-20, reprinted in Gell-Mann M and Ne′eman Y 1964 The Eightfold Way (New York: Benjamin) p 11

[113] Yang C N and Mills R L 1954 Phys. Rev. 96 191-195

[114] Ne′eman Y 1961 Nucl. Phys. 26 222-229

[115] Gell-Mann M 1962 Phys. Rev. 125 1067-1084

[116] Okubo S 1962 Prog. Theor. Phys. 27 949-966 Gell-Mann M 1962 Proc. 1962 Int. Conf. on High Energy Physics at CERN (Geneva, 4-11 July, 1962) ed J Prentki (Geneva: CERN)p 805

[117] Goldhaber S, Chinowsky W, Goldhaber G, Lee W, O′Halloran T, Stubbs T F, Pjerrou G M, Stork D H and Ticho H 1962 Presented at the conference by Goldhaber G Proc. 1962 Int. Conf. on High Energy Physics at CERN (Geneva, 4-11 July, 1962) ed J Prentki (Geneva: CERN) pp 356-358

[118] Gell-Mann M 1962 Proc. 1962 Int. Conf. on High Energy Physics at CERN (Geneva, 4-11 July, 1962) ed J Prentki (Geneva: CERN)
Ne′eman Y 1962 Personal conversation with G Goldhaber at 1962 CERN Conference (Geneva, 4-11 July, 1962)
Goldhaber G in reference [1]

[119] Barnes V E et al 1964 Phys. Rev. Lett. 12 204-206
See also Barnes V E et al 1964 Phys. Lett. 12 134-136
Abrams G S et al 1964 Phys. Rev. Lett. 13 670-672

[120] Reines F 1979 Science 203 11-16; reference [4] ch 24

[121] Reines F and Cowan C L Jr 1953 Phys. Rev. 92 830-831

[122] Cowan C L Jr, Reines F, Harrison F B, Kruse H W and McGuire A D 1956 Science 124 103-104
Reines F, Cowan C L Jr, Harrison F B, McGuire A D and Kruse H W 1960 Phys. Rev. 117 159-170

[123] Gamow G and Teller E 1936 Phys. Rev. 49 895-899

[124] Fierz M 1937 Z. Phys. 104 553-565

[125] 例如参见 Gasiorowicz S 1966 Elementary Particle Physics (New York: Wiley) p 502

[126] Pontecoryo B 1947 Phys. Rev. 72 246-247
Klein O 1948 Nature 161 897-899
Puppi G 1948 Nuovo Cimento 5 587-588
Lee T D, Rosenbluth M and Yang C N 1949 Phys. Rev. 75 905
Tiomno J and Wheeler J A 1949 Rev. Mod. Phys. 21 144-152, 153-165

[127] Fitch V and Motley R 1956 Phys. Rev. 101 496-498
Motley R and Fitch V 1957 Phys. Rev. 105 265-266
Alvarez L W, Crawford F S, Good M L and Stevenson L 1956 Phys. Rev. 101 503-505.
其他参考文献见文献 [2] sec 20(c) 所引用的文献.

[128] Dalitz R H 1953 Proc. Conf. Int. Ray. Cosmique (Bagnères de Bigorre) (Toulouse: University of Toulouse) p 236; 1953 Phil. Mag. 44 1068-1080; 1954 Phys. Rev. 94 1046-1051
Fabri E 1954 Nuovo Cimento 11 479-491
更全面的记述由 Dalitz R H 在文献 [4] ch 30 中给出.
[129] Polkinghorne J Rochester Roundabout: The Story of High Energy Physics (New York: Freeman) p 57
[130] Lee T D and Yang C N 1956 Phys. Rev. 104 254-258
[131] Lee T D 1971 Elementary Processes at High Energy (International School of Subnuclear Physics, Erice, Italy, 1970) ed A Zichichi (New York: Academic Press)pp 827-840
Yang C N C N Yang: Selected Papers 1945-80, With Commentary (San Francisco: Freeman) pp 26-31
[132] Oehme R C N Yang: Selected Papers 1945-80, With Commentary (San Francisco: Freeman) pp 32-33
Lee T D and Yang C N C N Yang: Selected Papers 1945-80, With Commentary (San Francisco: Freeman) pp 33-34
[133] Lee T D, Oehme R and Yang C N 1957 Phys. Rev. 106 340-345
又见 Ioffe B L, Okun′ L B and Rudik A P 1957 Zh. Eksp. Teor. Fiz. 32 396-7 (Engl. Transl. 1957 Sov. Phys.-JETP 5 328-330)
[134] Schwinger J 1953 Phys. Rev. 91 713-728 (特别注意 720 页的脚注); 1954 Phys. Rev. 94 1362-1384 (特别注意 1366 页的方程 (54) 和 1376 页的脚注)
lüders G 1954 Kong. Danske Vid. Selsk., Matt-fys. Medd. 28 5; 1957 Ann. Phys., NY 2 1-15
Pauli W (ed) 1955 Niels Bohr and the Development of Physics (New York: Pergamon) pp 30-51
Bell J S 1955 Proc. R. Soc. A 231 479-495
[135] Wu C S, Ambler E, Hayward R W, Hoppes D D and Hudson R P 1957 Phys. Rev. 105 1413-1415
[136] Friedman J I and Telegdi V L 1957 Phys. Rev. 105 1681-1682; 1957 Phys. Rev. 106 1290-1293
[137] Lederman L M 1993 The God Particle: If the Universe is the Answer, What is the Question? (Boston: Houghton Mifflin) pp 256-273
[138] Crawford F S Jr, Cresti M, Good M L, Gottstein K, Lyman E M, Solmitz F T, Stevenson M L and Ticho H 1957 Phys. Rev. 108 1102-1103
Eisler F et al 1957 Phys. Rev. 108 1353-1355
Leipuner L B and Adair R K 1958 Phys. Rev. 109 1358-1363
[139] Purcell E M and Ramsey N F 1950 Phys. Rev. 78 807

Smith J, Purcell E M and Ramsey N F 1951(unpublished)

Smith J 1951 PhD Thesis Harvard University (unpublished) as quoted by Ramsey N F 1953 Nuclear Moments (New York: Wiley) p 8

[140] Salam A 1957 Nuovo Cimento 5 299-301

Landau L 1957 Zh. Eksp. Teor. Fiz. 32 407-408 (Engl. Transl. 1957 Sov. Phys.-JETP 5 337-338); 1957 Nucl. Phys. 3 127-131

[141] Pauli W 1933 Quantentheorie (Handbuch der Physik 24/1) (Berlin: Springer) pp 83-272

[142] Lee T D and Yang C N 1957 Phys. Rev. 105 1671-1675

Jackson J D, Treiman S B and Wyld H W 1957 Phys. Rev. 106 517-521

[143] Feynman R P and Gell-Mann M 1958 Phys. Rev. 109 193-198

[144] Sudarshan E C G and Marshak R E 1958 Proc. Int. Conf. on Mesons and Newly Discovered Particles (Padua-Venice, 22-28 September, 1957) ed N Zanichelli (Bologna: Società Italiana di Fisica), reprinted in Kabir P K (ed) 1963 The Development of Weak Interaction Theory (New York: Gordon and Breach) pp 118-128; 1958 Phys. Rev. 109 1860-1862

[145] Sakurai J J 1958 Nuovo Cimento 7 649-660

[146] Rustad B M and Ruby S L 1955 Phys. Rev. 97 991-1002

[147] Anderson H L and Lattes C M G 1957 Nuovo Cimento 6 1356-1381

[148] Allen J S, Burman R L, Herrmannsfeldt W B, Stähelin P and Braid T H 1959 Phys. Rev. 116 134-143

[149] Fazzini T, Fidecaro G, Merrison A W, Paul H and Tollestrup A V 1958 Phys. Rev. Lett. 1 247-249

Impeduglia G, Plano R, Prodell A, Samios N, Schwartz M and Steinberger J 1958 Phys. Rev. Lett. 1 249-251

[150] Goldhaber M, Grodzins L and Sunyar A W 1958 Phys. Rev. 109 1015-17

[151] Telegdi V L in reference [4] ch 32

[152] Michel L 1950 Proc. Phys. Soc. 63 514-31

[153] Gershtein S S and Zel′dovich Ya B 1955 Zh. Eksp. Teor. Fiz. 29 698-699 (Engl. Transl. 1956 Sov. Phys.-JETP 2 576-578)

[154] Depommier P, Heintze J, Mukhin A, Rubbia C, Soergel V and Winter K 1962 Phys. Lett. 2 23-26

Depommier P, Heintze J, Rubbia C and Soergel V 1963 Phys. Lett. 5 61-63

[155] Klein O 1939 Les Nouvelles Théories de la Physique (Paris: Inst. Int. de Coöperation Intellectuelle) pp 81-98

Schwinger J 1957 Ann. Phys., NY 2 407-434

Bludman S A 1958 Nuovo Cimento 9 433-445

Feinberg G 1958 Phys. Rev. 110 1482-1483

Glashow S L 1959 Nucl. Phys. 10 107-117
Gell-Mann M 1959 Rev. Mod. Phys. 31 834-838
Lee T D and Yang C N 1960 Phys. Rev. 119 1410-1419
[156] Danby G, Gaillard J M, Goulianos K, Lederman L M, Mistry N, Schwartz M and Steinberger J 1962 Phys. Rev. Lett. 9 36-44
[157] Schwartz M 1989 Rev. Mod. Phys. 61 527-532
[158] Pontecorvo B 1959 Zh. Eksp. Teor. Fiz. 37 1751-1757 (Engl. Transl. 1960 Sov. Phys.-JETP 10 1236-1240)
Schwartz M 1960 Phys. Rev. Lett. 4 306-307
[159] Lee T D and Yang C N 1960 Phys. Rev. Lett. 4 307-308
[160] Block M M et al 1964 Phys. Lett. 12 281-285
Bernardini G et al 1964 Phys, Lett. 13 86-91
Burns R, Goulianos K, Hyman E, Lederman L, Lee W, Mistry N, Rehberg J, Schwartz M, Sunderland J and Danby G, 1965 Phys. Rev. Lett. 15 42-45
[161] Landau L 1957 Zh. Eksp. Teor. Fiz. 32 405-406 (Engl. Transl. 1957 Sov. Phys.-JETP 5 336-337); 1957 Nucl. Phys. 3 127-131
[162] Fitch V L 1981 Rev. Mod. Phys. 53 367-371
[163] Christenson J H, Cronin J W, Fitch V L and Turlay R 1964 Phys. Rev. Lett. 13 138-140
[164] Sachs R G 1963 Ann. Phys., NY 22 239-262
[165] Wu T T and Yang C N 1964 Phys. Rev. Lett. 13 380-385
[166] Bell J S and Steinberger J 1966 Proc. Oxford Int. Conf. on Elementary Particles (19-25 September, 1965) ed T R Walsh (Chilton: Rutherford High Energy Laboratory) pp 193-222
Cronin J W 1981 Rev. Mod. Phys. 53 373-383
[167] Fitch V L, Roth R F, Russ J S and Vernon W 1965 Phys. Rev. Lett. 15 73-76
[168] Pais A and Piccioni O 1955 Phys. Rev. 100 1487-1489
Case K M 1956 Phys. Rev. 103 1449-1453
Good M L 1957 Phys. Rev. 106 591-595
[169] Lee T D and Wu C S 1966 Ann. Rev. Nucl. Sci. 16 511-590
Kleinknecht K 1976 Ann. Rev. Nucl. Sci. 26 1-50
Kabir P K 1968 The CP Puzzle: Strange Decays of the Neutral Kaon (New York: Academic)
Sachs R G 1987 The Physics of Time Reversal (Chicago: University of Chicago Press)
Jarlskog C (ed) 1989 CP Violation (Singapore: World Scientific)
[170] Wolfenstein L 1964 Phys. Rev. Lett. 13 562-564
[171] Gibbons L K et al 1993 Phys. Rev. Lett. 70 1203-1206
[172] Barr G D et al 1993 Phys. Lett. 317B 233-242

[173] Treiman S B and Sachs R G 1956 Phys. Rev. 103 1545-1549
Wyld H W Jr and Treiman S B 1957 Phys. Rev. 106 169-170

[174] Lüth V 1974 Thesis University of Heidelberg
Geweniger C et al 1974 Phys. Lett. 48B 483-486

[175] Sakharov A D 1967 Pis. Zh. Eksp. Teor. Fiz. 5 32-35 (Engl. Transl. JETP Lett. 5 24-27)

[176] Langacker P 1981 Phys. Rep. 72 185-385 and references therein

[177] Goldberger M L and Treiman S B 1958 Phys. Rev. 110 1178-84; 1958 Phys. Rev. 111 354-61
Treiman S B in reference [4] ch 27

[178] Goldberger M L and Treiman S B 1958 Phys. Rev. 110 1478-1479

[179] Nambu Y 1960 Phys. Rev. Lett. 4 380-382
Nambu Y and Jona-Lasinio G 1961 Phys. Rev. 122 345-358; 1961 Phys. Rev. 124 246-254
Nambu Y in reference [4] ch 44

[180] Goldstone J 1961 Nuovo Cimento 19 154-164
Goldstone J, Salam A and Weinberg S 1962 Phys. Rev. 127 965-970

[181] Gell-Mann M and Lévy M 1960 Nuovo Cimento 16 705-725

[182] Crawford F S Jr, Cresti M, Good M L, Kalbfleisch G R, Stevenson M L and Ticho H K 1958 Phys. Rev. Lett. 1 377-380
Nordin P, Orear J, Reed L, Rosenfeld A H, Solmitz F T, Taft H T and Tripp R D 1957 Phys. Rev. Lett. 1 380-382

[183] Gell-Mann M 1962 Phys. Rev. 125 1067-1084; 1964 Physics 1 63-75

[184] Gell-Mann M 1964 Phys. Lett. 8 214-215

[185] Cabibbo N 1963 Phys. Rev. Lett. 10 531-533

[186] Bourquin M et al 1983 Z. Phys. C 21 27-36
Leutwyler H and Roos M 1984 Z. Phys. C 25 91-101
Donoghue J F, Holstein B R and Klimt S W 1987 Phys. Rev. D 35 934-938

[187] Nambu Y and Lurié D 1962 Phys. Rev. 125 1429-1436

[188] Bloch F and Nordsieck A 1937 Phys. Rev. 52 54-59
Low F E 1958 Phys. Rev. 110 974-977

[189] Adler S L 1965 Phys. Rev. B 137 1022-1033; 1965 Phys. Rev. B 139 1638-1643

[190] Adler S L 1965 Phys. Rev. Lett. 14 1051-1055; 1965 Phys. Rev. B 140 736-747; 1966 Phys. Rev. 149 1294(E)

[191] Weisberger W I 1965 Phys. Rev. Lett. 14 1047-1051; 1966 Phys. Rev. 143 1302-1309

[192] Callan C G and Treiman S B 1966 Phys. Rev. Lett. 16 153-157

[193] Weinberg S 1966 Phys. Rev. Lett. 16 879-83; 1966 Phys. Rev. Lett. 17 616-621

[194] Adler S L and Dashen R F 1968 Current Algebras (New York: Benjamin)
Gasiorowicz S and Geffen D A 1969 Rev. Mod. Phys. 41 531-573
Lee B W 1972 Chiral Dynamics (New York: Gordon and Breach)

[195] Wheeler J A 1937 Phys. Rev. 52 1107-1127

[196] Heisenberg W 1943 Z. Phys. 120 513-538, 673-702; 1944 Z. Phys. 123 93-112

[197] Rechenberg H in reference [4] ch 39

[198] Tomonaga S-I 1947 J. Phys. Soc. Japan 2 151-71; 1948 J. Phys. Soc. Japan 3 93-105 (reprinted in Miyazima T (ed) 1971-6 Scientific Papers of Tomonaga vol 2 (Tokyo: Misuzu Shhobo) pp 1-48)

[199] Dicke R H 1948 Principles of Microwave Circuits vol 8, ed C G Montgomery (New York: McGraw-Hill) ch 5 pp 130-161

[200] Stückelberg E C G 1943 Helv. Phys. Acta 16 427-428; 1944 Helv. Phys. Acta 17 3-26

[201] Smith P H 1939 Electronics 12 29-31; 1944 Electronics 17 130-133, 318-325

[202] MØller C 1945 Kong. Danske Vid. Selsk., Matt-fys. Medd. 23 on 1 pp 1-48; 1946 Kong. Danske Vid. Selsk., Matt-fys. Medd. 22 19

[203] 例如参见 Zachariasen F 1964 Strong Interactions and High Energy Physics: Scottish Universities′ Summer School 1963 ed R G Moorhouse (Edinburgh: Oliver and Boyd) pp 371-409
Chew G F 1968 Science 161 762-765

[204] Toll J S 1952 PhD Thesis Princeton University (unpublished)
Gell-Mann M, Goldberger M L and Thirring W E 1954 Phys. Rev. 95 1612-1627
Goldberger M L, Miyazawa H and Oehme R 1955 Phys. Rev. 99 986-988
Goldberger M L 1955 Phys. Rev. 97 508-510; Phys. Rev. 99 979-985
Goldberger M L, Nambu Y and Oehme 1956 Ann. Phys., NY 2 226-282
remermann H J, Oehme R and Taylor J G 1958 Phys. Rev. 109 2178-2190
Bogoliubov N N, Medvedev B V and Polivanov M V 1958 Voprosy Teorii Dispersionnykh Sootnoshenii (Moscow: Fizmatgiz)

[205] Anderson H L, Davidon W C and Kruse U E 1955 Phys. Rev. 100 339-343
Foley K J, Jones R S, Lindenbaum S J, Love W A, Ozaki S, Platner E D, Quarles C A and Willen E H 1967 Phys. Rev. Lett. 19 193-198, 622(E); 1969 Phys. Rev. 181 1775-1793

[206] Mandelstam S 1958 Phys. Rev. 112 1344-1360; 1959 Phys. Rev. 115 1741-1751, 1752-1762

[207] Chew G F and Low F E 1956 Phys. Rev. 101 1571-1579, 1579-1587

[208] Chew G F and Low F E 1959 Phys. Rev. 113 1640-1648

[209] 例如参见 Brown L S and Goble R L 1968 Phys. Rev. Lett. 20 346-9; 1971 Phys. Rev. D 4 723-725
Basdevant J L and Lee B W 1970 Phys. Rev. D 2 1680-1701

[210] Regge T 1959 Nuovo Cimento 14 951-976; 1960 Nuovo Cimento 18 947-956

[211] Froissart M 1961 Phys. Rev. 123 1053-1057

[212] Chew G F and Frautschi S C 1961 Phys. Rev. Lett. 7 394-397
Blankenbecler R and Goldberger M L 1962 Phys. Rev. 126 766-786

[213] Pomeranchuk I Ya 1958 Zh. Eksp. Teor. Fiz. 34 725-728 (Engl. Transl. 1958 Sov. Phys.-JETP 7 499-501)

[214] Oehme R 1964 Strong Interactions and High Energy Physics: Scottish Universities′ Summer School 1963 en R G Moorhous (Edinburgh: Olver and Boyd) pp 129-222 and references [20-23] therein

[215] Dolen R, Horn D and Schmid C 1967 Phys. Rev. Lell. 19 402-407; 1968 Phys. Rev. 166 1768-1781

[216] Freund P G O 1969 Phys. Rev. Lett. 20 235-237
Harari H 1968 Phys. Rev. Lett. 20 1395-1398

[217] Harari H 1969 Phys. Rev. Lett. 22 562-565
Rosner J L 1969 Phys. Rev. Lett. 23 689-692

[218] Ademollo M, Rubinstein H R, Veneziano G and Virasoro M A 1967 Phys. Rev. Lett. 19 1402-1405; 1968 Phys. Lett. 27B 99-102; 1968 Phys. Rev. 176 1904-1925
See also Mandelstam S 1968 Phys. Rev. 166 1539-1552

[219] Veneziano G 1968 Nuovo Cimento 57A 190-197

[220] Lovelace C 1968 Phys. Lett. 28B 264-268
Shapiro J A 1969 Phys. Rev. 179 1345-1353

[221] Nambu Y 1970 Symmetries and Quark Models, Int. Conf. on Symmetries and Quark Models (Wayne State University, 18-20 June, 1969) en R Chand (New York: Gordon and Breach) pp 269-278
Susskind L 1969 Phys. Rev. Lett. 23 545-547; 1970 Phys. Rev. D 1 1182-1186
Fubini S, Gordon D and Veneziano G 1969 Phys. Lett. 29B 679-682

[222] Ramond P 1971 Phys. Rev. D 3 2415-2418

[223] Scherk J and Schwarz J H 1974 Phys. Lett. 52B 347-350

[224] Green M B and Schwarz J H 1984 Nucl. Phys. B 243 475-536; 1984 Phys. Lett. 149B 117-122

[225] Sakata S 1956 Prog. Theor. Phys. 16 686-688

[226] Goldberg H and Ne′eman Y 1963 Nuovo Cimento 27 1-5

[227] Gell-Mann M 1987 Symmetries in Physics (1600-1980), Proc. First Int. Meeting on the History of Scientific Ideas (Sant Feliu de Guíxols, Catalonia, Spain, 20-26 September, 1983) ed M G Doncel et al (Barcelona: Servei de Publicacions, Universitat Autònoma de Barcelona) pp 473-497

[228] Joyce J 1939 Finnegans Wake (New York: Viking) p 383

[229] Zweig G 1964 CERN reports 8182/TH 401 and 8419/TH 412 (unpublished); second paper reprinted in Lichtenberg D B and Rosen S P (ed) 1980 Developments in the Quark Theory of Hadrons vol 1 (Nonantum, MA: Hadronic) p 22

[230] Gell-Mann M in the first of references [183]
Sakurai J J 1962 Phys. Rev. Lett. 9 472-475

[231] Bertanza L et al 1962 Phys. Rev. Lett. 9 180-183
Schlein P, Slater W E, Smith L T, Stork D H and Ticho H K 1963 Phys. Rev. Lett. 10 368-371
Connolly P L et al 1963 Phys. Rev. Lett. 10 371-376

[232] Lee T D and Yang C N 1956 Nuovo Cimento 3 349-353
Goldhaber M, Lee T D and Yang C N 1958 Phys. Rev. 112 1796-1798

[233] Dalitz R H 1967 Proc. XIII Int. Conf. on High Energy Physics (Berkeley, CA: University of California Press) pp 215-236
Zel'dovich Ya B and Sakharov A D 1966 Yad. Fiz. 4 395-406 (Engl. Transl. 1967 Sov.J.Nucl. Phys. 4 283-290)
Lipkin H J 1973 Phys. Rep. 8 173-268 及其中所引文献
Sakharov A D 1975 Pis. Zh. Eksp. Teor. Fiz. 21 554-557 (Engl. Transl. JETP Lett. 21 258-259)
De Rújula A, Georgi H and Glashow S L 1976 Phys. Rev. D 12 147-162
Lipkin H J in reference [1]

[234] Gürsey F and Radicati L 1964 Phys. Rev. Lett. 13 173-175
Pais A 1964 Phys. Rev. Lett. 13 175-177
Gürsey F, Pais A and Radicati L 1964 Phys. Rev. Lett. 13 299-301
Bég M A B, Lee B W and Pais A 1964 Phys. Rev. Lett. 13 514-517
Sakita B 1964 Phys. Rev. 136 B1756-1760; 1964 Phys. Rev. Lett. 13 643-646

[235] Reference [2] p 528

[236] Green H S 1953 Phys. Rev. 90 270-273
Greenberg O W and Messiah A M L 1965 Phys. Rev. B 138 B1155-1167
See also Gentile G 1940 Nuovo Cimento 17 493-497

[237] Greenberg O W 1964 Phys. Rev. Lett. 13 598-602

[238] Han M Y and Nambu Y 1965 Phys. Rev. 139 B1006-1010

[239] Sachs R G and Wali K C in reference [4] ch 8 pp 144-146

[240] Riordan M 1987 The Hunting of the Quark (New York: Simon and Schuster)

[241] Bloom E D et al 1969 Phys. Rev. Lett. 23 931-934
Breidenbach M, Friedman J I, Kendall H W, Bloom E D, Coward D H, DeStaebler H, Drees J, Mo L W and Taylor R E 1969 Phys. Rev. Lett. 23 935-938

[242] Bjorken J D, Friedman J I, Kendall H W, Bloom E D, Coward D H, DeStaebler H, Drees J, Mo L W and Taylor R E 1966 Phys. Rev. 148 1467-1478; 1967 Phys. Rev.

160 1582(E); 又见 1966 Phys. Rev. Lett. 16 408; 1967 Phys. Rev. 163 1767-1769; 1969 Phys. Rev. 179 1547-1553

[243] Benvenuti A et al 1973 Phys. Rev. Lett. 30 1084-1087

[244] Barish B C et al 1973 Phys. Rev. Lett. 31 565-568

[245] Budagov I et al 1969 Phys. Lett. 30B 364-368

[246] Perkins D H 1972 Proc. XVI Int. Conf. on High Energy Physics (Chicago and Betavia, IL, September 6-13, 1972) vol 4, ed J D Jackson et al (Batavia, IL: Fermilab) pp 189-247

[247] Feynman R P 1969 Phys. Rev. Lett. 23 1415-1417; 1972 Photon-Hadron Interactions (Reading, MA: Benjamin)

[248] Callan C G and Gross D J 1969 Phys. Rev. Lett. 22 156-159

[249] Bjorken J D and Paschos E A 1969 Phys. Rev. 185 1975-1982

[250] Drell S D and Yan T-M 1970 Phys. Rev. Lett. 25 316-320, 902(E)

[251] Berman S M, Bjorken J D and Kogut J 1971 Phys. Rev. D 4 3388-3418

[252] Büsser F W et al 1973 Phys. Lett. 46B 471-476

Cronin J W, Frisch H J, Shochet M J, Boymond J P, Piroué P A and Sumner R L 1973 Phys. Rev. Lett. 31 1426-1429; 1975 Phys. Rev. D 11 3105-3123

Appel J A et al 1974 Phys. Rev. Lett. 33 719-722

Albrow M G et al 1978 Nucl. Phys. B 135 461-485; Nucl. Phys. B 145 305-348

[253] 例如参见 Richter B in reference [1]

[254] Litke A et al 1973 Phys. Rev. Lett. 30 1189-1192, 1349(E)

Tarnopolsky G, Eshelman J, Law M E, Leong J, Newman H, Little R, Strauch K and Wilson R 1974 Phys. Rev. Lett. 32 432-435

[255] Gilman F J 1976 Proc. 1975 Int. Symp. on Lepton and Photon Interactions (Stanford University, August 21-27, 1975) ed W T Kirk (Stanford, CA: Stanford Linear Accelerator Center) pp 131-154

Harari H 1976 Proc. 1975 Int. Symp. on Lepton and Photon Interactions (Stanford University, August 21-27, 1975) ed W T Kirk (Stanford, CA: Stanford Linear Accelerator Center) pp 317-353

Harari H in reference [1]

[256] Jones L W 1977 Rev. Mod. Phys. 49 717-752

[257] McCusker C B A and Cairns I 1969 Phys. Rev. Lett. 23 658-659

Cairns I, McCusker C B A, Peak L S and Woolcott R L S 1969 Phys. Rev. 186 1394-1400

[258] Rank D M 1968 Phys. Rev. 176 1635-1643

[259] Stevens C M, Schiffer J P and Chupka W 1976 Phys. Rev. D 14 716-727

[260] LaRue G S, Fairbank W M and Hebard A F 1977 Phys. Rev. Lett. 38 1011-1014

[261] Marinelli M, Gallinaro G and Morpurgo G 1981 Nucl. Instrum. Methods 185 129-140
Morpurgo G 1987 Fundamental Symmetries: Proc. Int. School of Physics with Low-Energy Antiprotons (Erice, Italy, 27 September-3 October, 1986) ed P Bloch et al (New York: Plenum) pp 131-159

[262] Sachs R G 1948 Phys. Rev. 74 433-441 (特别注意方程 (24))

[263] Yang C N 1974 Phys. Rev. Lett. 33 445-447

[264] Aharonov Y and Bohm D 1959 Phys. Rev. 115 485-491

[265] Glashow S L 1961 Nucl. Phys. 22 579-588

[266] Schwinger J 1962 Phys. Rev. 125 397-398
Anderson P W 1963 Phys. Rev. 130 439-442
Higgs P W 1964 Phys. Lett. 12 132-133; 1964 Phys. Rev. Lett. 13 508-509; 1966 Phys. Rev. 145 1156-1163
Englert F and Brout R 1964 Phys. Rev. Lett. 13 321-323
Guralnik G S, Hagen C R and Kibble T W B 1965 Phys. Rev. Lett. 13 585-587
Kibble T W B 1967 Phys. Rev. 155 1554-1561

[267] Weinberg S 1967 Phys. Rev. Lett. 19 1264-1266

[268] Salam A 1968 Proc. of the Eighth Nobel Symp. ed N Svartholm (Stockholm: Almqvist and Wiksell/New York: Wiley) pp 367-377
See also Salam A and Ward J C 1964 Phys. Lett. 13 168-171

[269] 't Hooft G 1971 Nucl. Phys. B 33 173-199; 1971 Nucl. Phys. B 35 167-188
't Hooft G and Veltman M 1972 Nucl. Phys. B 44 189-213

[270] Veltman M J G in reference [1]
't Hooft G in reference [1]
Veltman M J G 1994 Neutral Currents: Twenty Years Later (Paris, 6-9 July, 1993) ed U Nguyen-Khac and A M Lutz (River Edge, NJ: World Scientific)

[271] Lee B W 1972 Phys. Rev. D 5 823-835
Lee B W and ZINN-Justin J 1972 Phys. Rev. D 5 3121-3137, 3137-3155, 3155-3160

[272] Weinberg S 1971 Phys. Rev. Lett. 27 1688-1691

[273] 't Hooft G 1971 Phys. Lett. 37B 195-196
Weinberg S 1971 Phys. Rev. D 5 1412-1417

[274] Georgi H and Glashow S L 1972 Phys. Rev. Lett. 28 1494-1497

[275] Galison P 1983 Rev. Mod. Phys. 55 477-507; 1987 How Experiments End (Chicago: University of Chicago Press); 1994 Discovery of Weak Neutral Currents: The Weak Interaction Before and After (AIP Conf. Proc. 300) ed A K Mann and D B Cline (New York: AIP) pp 244-286

[276] Galison P in the second of references [275] p 208

[277] Fry W F and Haidt D 1973 CERN-TCL, Technical memorandum, 22 May, as quote in reference [275]

Haidt D 1994 Discovery of Weak Neutral Currents: The Weak Interaction Before and After (AIP Conf. Proc. 300) ed A K Mann and D B Cline (New York: AIP) PP 187-206

[278] Hasert F J et al 1973 Phys. Lett. 46B 138-140; 1974 Nucl. Phys. B 73 1-22

[279] Hasert F J et al 1973 Phys. Lett. 46B 121-124

[280] Benvenuti A et al 1974 Phys. Rev. Lett. 32 800-803

Aubert B et al 1974 Phys. Rev. Lett. 32 1454-1460

[281] Cline D B 1994 Discovery of Weak Neutral Currents: The Weak Interaction Before and After (AIP Conf. Proc. 300) ed A K Mann and D B Cline (New York: AIP) PP 175-186

Mann A K 1994 Discovery of Weak Neutral Currents: The Weak Interaction Before and After (AIP Conf. Proc. 300) ed A K Mann and D B Cline (New York: AIP) pp 207-243

[282] Rosner J L 1992 IV Mexican School of Particles and Fields (Oaxtepec, Mexico, 3-14 December, 1990) ed M J L Lucio and A Zepeda (Singapore: World Scientific) pp 355-405

数据取自 Bogert D et al (FMM Collaboration) 1985 Phys. Rev. Lett. 55 1969-1972.

Allaby J V et al (CHARM II Collaboration) 1987 Z. Phys. C 36 611-628

Blondel A et al (CDHSW Collaboration) 1990 Z. Phys. C 45 361-379

Reutens P et al (CCFRR Collaboration) 1990 Z. Phys. C 45 539-550

[283] Lee W et al 1976 Phys. Rev. Lett. 37 186-189

[284] Prescott C Y in reference [1]

Prescott C Y et al 1978 Phys. Lett. 77B 347-352; 1979 Phys. Lett. 84B 524-528

[285] Baltay C 1979 Proc. 19th Int. Conf. on High Energy Physics (Tokyo, 1978) ed S Homma et al (Tokyo: Physical Society of Japan) pp 882-903

Weinberg S 1979 Proc. 19th Int. Conf. on High Energy Physics (Tokyo, 1978) ed S Homma et al (Tokyo: Physical Society of Japan) pp 907-918

[286] Zel′dovich Ya B 1959 Zh. Eksp. Teor. Fiz. 36 964-966 (Engl. Transl. 1959 Sov. Phys.-JETP 9 682-683)

Bouchiat M A and Bouchiat C 1974 Phys. Lett. 48B 111-114; 1974 J. Physique 35 899-927; 1975 J. Physique 36 493-509

[287] Commins E D and Bucksbaum P H 1980 Ann. Rev. Nucl. Part. Sci. 30 1-52

Fortson E N and Lewis L L 1984 Phys. Rep. 113 289-344

Khriplovich I B 1991 Parity Nonconservation in Atomic Phenomena (Philadelphia: Gordon and Breach)

Stacey D N 1992 Phys. Scr. T40 15-22

Sandars P G H 1993 Phys. Scr. T46 16-21

[288] Drell P S and Commins E D 1984 Phys. Rev. Lett. 53 968-971; 1985 Phys. Rev. A

32 2196-2210
Tanner C E and Commins E D 1986 Phys. Rev. Lett. 56 332-335
Bouchiat M A, Guéna J, Pottier L and Hunter L 1986 J. Physique 47 1709-1730
Noecker M C, Masterson B P and Wieman C E 1988 Phys. Rev. Lett. 61 310-313
Macpherson M J D, Zetie K P, Warrington R B, Stacey D N and Hoare J P 1991 Phys. Rev. Lett. 67 2784-2787
Wolfenden T M, Baird P E G and Sandars P G H 1991 Europhys. Lett. 15 731-736
Meekhof D M, Vetter P, Majumder P K, Lamoreaux S K and Fortson E N 1993 Phys. Rev. Lett. 71 3442-3445

[289] Blundell S A, Johnson W R and Sapirstein J 1990 Phys. Rev. Lett. 65 1411-1414
Blundell S A, Sapirstein J and Johnson W R 1992 Phys. Rev. D 45 1602-1623
Dzuba V A, Flambaum V V and Sushkov O P 1989 Phys. Lett. 141A 147-153

[290] Sandars P G H 1990 J. Phys. B: At. Mol. Phys. 23 L655-658
Marciano W J and Rosner J L 1990 Phys. Rev. Lett. 65 2963-2966; 1992 Phys. Rev. Lett. 68 898(E)
Peskin M E and Takeuchi T 1992 Phys. Rev. D 46 381-409

[291] Kim J E, Langacker P, Levine M and Williams H H 1981 Rev. Mod. Phys. 53 211-252
Amaldi U, Böhm A, Durkin L S, Langacker P, Mann A K, Marciano W J, Sirlin A and Williams H H 1987 Phys. Rev. D 36 1385-1407
Langacker P, Luo M and Mann A K 1992 Rev. Mod. Phys. 64 87-192

[292] Bjorken B J and Glashow S L 1964 Phys. Lett. 11 255-257

[293] Hara Y 1964 Phys. Rev. 134 B701-704

[294] Maki Z and Ohnuki Y 1964 Prog. Theor. Phys. 32 144-158

[295] Glashow S L, Iliopoulos J and Maiani L 1970 Phys. Rev. D 2 1285-1292

[296] Gaillard M K and Lee B W 1974 Phys. Rev. D 10 897-916

[297] Carlson C E and Freund P G O 1972 Phys. Lett. 39B 349-352
Snow G 1973 Nucl. Phys. B 55 445-454
Gaillard M K, Lee B W and Rosner J L 1975 Rev. Mod. Phys. 47 277-310

[298] Bouchiat C,Iliopoulos J and Meyer P 1972 Phys. Lett. 38B 519-523
Georgi H and Glashow S L 1972 Phys. Rev. D 6 429-431
Gross D J and Jackiw R 7 Phys. Rev. D 4 7-93.

[299] Niu K, Mikumo E and Maeda Y 1971 Prog. Theor. Phys. 46 1644-1646

[300] Kobayashi M and Maskawa T 1973 Prog. Theor. Phys. 49 652-657
Kobayashi T in reference [1]

[301] Christenson J H, Hicks G S, Lederman L M, Limon P J, Pope B G and Zavattini E 1970 Phys. Rev. Lett. 25 1523-1526; 1973 Phys. Rev. D 8 2016-2034
Lederman L M in reference[1]

[302] Aubert J J et al 1974 Phys. Rev. Lett. 33 1404-1406

[303] Augustin J-E et al 1974 Phys. Rev. Lett. 33 1406-1408

[304] Abrams G S et al 1974 Phys. Rev. Lett. 33 1453-1455

[305] Bacci C et al 1974 Phys. Rev. Lett. 33 1408-1410
Braunschweig W et al 1974 Phys. Lett. 53B 393-396

[306] Appelquist T and Politzer H D 1975 Phys. Rev. Lett. 34 43-45
De Rújula A and Glashow S L 1975 Phys. Rev. Lett. 34 46-49
Borchardt S, Mathur V S and Okubo S, 1975 Phys. Rev. Lett. 34 38-40
Callan C G, Kingsley R L, Treiman S B, Wilczek F and Zee A 1975 Phys. Rev. Lett. 34 52-56
Appelquist T, De Rújula A, Politzer H D and Glashow S L 1975 Phys. Rev. Lett. 34 365-369
Eichten E, Gottfried K, Kinoshita T, Lane K D and Yan T-M 1975 Phys. Rev. Lett. 34 369-372
Gaillard M K, Lee B W and Rosner J L 1975 Rev. Mod. Phys. 47 277-310

[307] Goldhaber A S and Goldhaber M 1975 Phys. Rev. Lett. 34 36-37
Schwinger J 1975 Phys. Rev. Lett. 34 37-38
Barnett R M 1975 Phys. Rev. Lett. 34 41-43
Nieh H T, Wu T T and Yang C N 1975 Phys. Rev. Lett. 34 49-52
Sakurai J J 1975 Phys. Rev. Lett. 34 56-58

[308] Braunschweig W et al 1975 Phys. Lett. 57B 407-412
Feldman G J et al 1975 Phys. Rev. Lett. 35 821-824
Tanenbaum W et al 1975 Phys. Rev. Lett. 35 1323-1326; 1978 Phys. Rev. D 17 1731-1749 及其中所引文献

[309] Boyarski A M et al 1975 Phys. Rev. Lett. 35 196-199

[310] Perl M L et al 1975 Phys. Rev. Lett. 35 1489-1492; 1976 Phys. Lett. 63B 466-470; 1977 Phys. Lett. 70B 487-490

[311] De Rújula A, Georgi H and Glashow S L 1976 Phys. Rev. D 12 147-162

[312] Cazzoli E G, Cnops A M, Connolly P L, Louttit R I, Murtagh M J, Palmer R B, Samios N P, Tso T Tand Williams H H 1975 Phys. Rev. Lett. 34 1125-8

[313] Benvenuti A et al 1975 Phys. Rev. Lett. 34 419-22
Blietschau J et al 1976 Phys. Lett. 60B 207-10
von Krogh J et al 1976 Phys. Rev. Lett. 36 710-3
Barish B C et al 1976 Phys. Rev. Lett. 36 939-41

[314] 例如参见 Boymond J P, Mermod R, Piroué P A, Sumner R L, Cronin J W, Frisch H J and Shochet M J 1974 Phys. Rev. Lett. 33 112-115
Appel J A et al 1974 Phys. Rev. Lett. 33 722-725

[315] Goldhaber G et al 1976 Phys. Rev. Lett. 37 255-259
Peruzzi I et al 1976 Phys. Rev. Lett. 37 569-571

[316] Glashow S L 1974 Experimental Meson Spectroscopy—1974 ed D A Garelick (New York: AIP) pp 387-392

[317] Riordan M in reference [240] p 321

[318] Anjos J C et al 1989 Phys. Rev. Lett. 62 513-516

[319] Eichten E and Quigg C 1994 Phys. Rev. D 49 5845-5856

[320] Lederman L M and Pope B G 1971 Phys. Rev. Lett. 27 765-768

[321] van der Meer S 1985 Rev. Mod. Phys. 57 689-697

[322] Rubbia C 1985 Rev. Mod. Phys. 57 699-722

[323] Arnison G et al 1983 Phys. Lett. 122B 103-116; 1983 Phys. Lett. 129B 273-282
Banner M et al 1983 Phys. Lett. 122B 476-485

[324] Arnison G et al 1983 Phys. Lett. 126B 398-410
Bagnaia P et al 1983 Phys. Lett. 129B 130-140

[325] Abe F et al (CDF Collaboration) 1989 Phys. Rev. Lett. 63 720-723

[326] Abe F el al (CDF Collaboration) 1993; D0 Collaboration 1993, as reported by Swartz M 1994 Lepton and Photon Interactions: XVI Int. Symp. (Ithaca, NY, August, 1993) (AIP Conf. Proc. 302) ed P Drell and D Rubin (New York: AIP) pp 381-424

[327] Abrams G S et al (Mark II Collaboration) 1989 Phys. Rev. Lett. 63 724-727

[328] Abe K et al 1993 Phys. Rev. Lett. 70 2515-2520

[329] Seeman J T 1991 Ann. Rev. Nucl. Part. Sci. 41 393

[330] Schopper H 1985 Proc. Int. Symp. on Lepton and Photon Interactions at High Energy (Kyoto, August 19-24, 1985) ed M Konuma and K Takahashi (Kyoto: Kyoto University) p 769

[331] Swartz M 1994 Lepton and Photon Interactions: XVI Int. Symp. (Ithaca, NY, August, 1993) (AIP Conf. Proc. 302) ed P Drell and D Rubin (New York: AIP)pp 381-424

[332] Abe F et al (CDF Collaboration) 1994 Phys. Rev. Lett. 73 225-231; 1994 Phys. Rev. D 50 2966-3026; 1995 Phys. Rev. Lett. 74 2626-2631
Abachi S et al (D0 collaboration) 1995 Phys. Rev. Lett. 74 2632-2637

[333] Nambu Y 1966 Preludes in Theoretical Physics in Honor of V F Weisskopf ed A De-Shalit A et al (Amsterdam: North-Holland/New York: Wiley) pp 133-142

[334] Adler S L 1969 Phys. Rev. 177 2426-2438
Bell J S and Jackiw R 1969 Nuovo Cimento 60A 47-61
Okubo 1970 Symmetries and Quark Models, Int. Conf. on Symmetries and Quark Models (Wayne State University, 18-20 June, 1969) ed R Chand (New York: Gordon and Breach) pp 59-79

[335] Fritzsch H and Gell-Mann M 1972 Proc. XVI Int. Conf. on High Energy Physics (Chicago and Batavia, IL, September 6-13, 1972) vol 2, ed J D Jackson et al (Batavia, IL: Fermilab) pp 135-65

又见 Gell-Mann M 1972 Acta Phys. Austriaca Suppl. IX 733-761
Bardeen W A, Fritzsch H and Gell-Mann M 1973 Scale and Conformal Symmetry in Hadron Physics ed R Gatto (New York: Wiley) p 139

[336] Khriplovich I B 1969 Yad. Fiz. 10 409-424 (Engl. Transl. 1970 Sov. J. Nucl. Phys. 10 235-342)

[337] 't Hooft G in reference [1]
Gross D in reference [1]

[338] Gross D J and Wilczek F 1973 Phys. Rev. Lett. 30 1343-1346; 1973 Phys. Rev. D 8 3633-3652; 1974 Phys. Rev. D 9 980-993
Politzer H D 1973 Phys. Rev. Lett. 30 1346-1349; 1974 Phys. Rep. 14C 129-180

[339] Stückelberg E C G and Petermann A 1953 Helv. Phys. Acta 26 499-520
Gell-Mann M and Low F E 1954 Phys. Rev. 95 1300-1312
Bogoliubov N N and Shirkov D V 1955 Dokl. Akad. Nauk SSSR 103 203-206; 1956 Nuovo Cimento 3 845-863
Wilson K 1969 Phys. Rev. 179 1499-1512; 1970 Phys. Rev. D 2 1438-1472; 1971 Phys. Rev. D 3 1818-1846
Callan C G Jr 1970 Phys. Rev. D 2 1541-1547
Symanzik K 1970 Commun. Math. Phys. 18 227-246
Wilson K G and Kogut J 1974 Phys. Rep. 12C 75-199

[340] Nambu Y 1974 Phys. Rev. D 10 4262-4268

[341] Altarelli G and Parisi G 1977 Nucl. Phys. B 126 298-318

[342] Bethke S 1993 Proc. XXVI Int. Conf. on High Energy Physics (Dallas, TX, August 6-12, 1992) ed J R Sanford (New York: AIP) PP 81-133
Voss R 1994 Lepton and Photon Interactions: XVI Int. Symp. (Ithaca, NY, August, 1993) (AIP Conf. Proc. 302) ed P Drell and D Rubin (New York: AIP) pp 144-171

[343] Newman H et al (Mark J Collaboration) 1979 Proc. Int. Symp. on Lepton and Photon Interactions at High Energies (Fermilab, August 23-29, 1979) ed T B W Kirk and H D I Abarbanel (Batavia, IL: Fermilab) pp 3-18
Berger Ch et al (PLUTO Collaboration) 1979 Proc. Int. Symp. on Lepton and Photon Interactions at High Energies (Fermilab, August 23-29, 1979) ed T B W Kirk and H D I Abarbanel (Batavia, IL: Fermilab) pp 19-33
Wolf G et al (TASSO Collaboration) 1979 Proc. Int. Symp. on Lepton and Photon Interactions at High Energies (Fermilab, August 23-29, 1979) ed T B W Kirk and H D I Abarbanel (Batavia, IL: Fermilab) pp 34-51
Orito S et al (JADE Collaboration) 1979 Proc. Int. Symp. on Lepton and Photon Interactions at High Energies (Fermilab, August 23-29, 1979) ed T B W Kirk and H D I Abarbanel (Batavia, IL: Fermilab) pp 52-69

[344] Hanson G J et al 1975 Phys. Rev. Lett. 35 1609-1612

[345] Selove W 1979 Proc. 19th Int. Conf. on High Energy Physics (Tokyo, 1978) ed S

Homma et al (Tokyo: Physical Society of Japan) pp 165-170
McCarthy R L 1979 Proc. 19th Int. Conf. on High Energy Physics (Tokyo, 1978) ed S Homma et al (Tokyo: Physical Society of Japan) pp 170-171
Cool R L 1979 Proc. 19th Int. Conf. on High Energy Physics (Tokyo, 1978) ed S Homma et al (Tokyo: Physical Society of Japan) pp 172-173
Clark A G 1979 Proc. 19th Int. Conf. on High Energy Physics (Tokyo, 1978) ed S Homma et al (Tokyo: Physical Society of Japan) pp 174-176
Hansen K H 1979 Proc. 19th Int. Conf. on High Energy Physics (Tokyo, 1978) ed S Homma et al (Tokyo: Physical Society of Japan) pp 177-181
Nakamura K 1979 Proc. 19th Int. Conf. on Hight Energy Physics (Tokyo, 1978) ed S Homma et al (Tokyo: Physical Society of Japan) pp 181-183; summarized by Sosonowski R 1979 Proc. 19th Int. Conf. on High Energy Physics (Tokyo, 1978) ed S Homma et al (Tokyo: Physical Society of Japan) pp 693-705

[346] Wu S L and Zobernig G 1979 Z. Phys. C 3 107-110

[347] Wiik B 1979 Proc. Neutrino 79, Int Conf. on Neutrinos, Weak Interactions, and Cosmology (Bergen, June 18-22, 1979) ed A Haatuft and C Jarlskog (Bergen: University of Bergen) pp 113-154
Söding P 1980 Proc. European Physical Society Int. Conf. on High Energy Physics (Geneva, 27 June-4 July, 1979) vol 1, ed W S Newman (Geneva: CERN) pp 271-281

[348] Banner M et al (UA2 Collaboration) 1982 Phys. Lett. 118B 203-210
Bagnaia P et al (UA2 Collaboration) 1983 Z. Phys. C 20 117-134

[349] Abe F et al (COF Collaboration) 1993 Phys. Rev. Lett. 70 1376-1380

[350] Novikov V A, Okun L B, Shifman M A, Vainshtein A I, Voloshin M B and Zakharov V I 1978 Phys. Rep. 41C 1-133

[351] Gunion J F, Brodsky S J and Blankenbecler R 1972 Phys. Rev. D 6 2652-2658; 1973 Phys. Rev. D 8 287-312
Brodsky S J and Farrar G R 1973 Phys. Rev. Lett. 31 1153-1156; 1975 Phys. Rev. D 11 1309-1330
Blankenbecler R, Brodsky S J and Gunion J F 1975 Phys. Rev. D 12 3469-3487

[352] Nussinov S 1975 Phys. Rev. Lett. 34 1286-1289
Low F E 1976 Phys. Rev. D 12 163-173

[353] Block M M and Cahn R N 1985 Rev. Mod. Phys. 57 563-598; 1990 Czech J. Phys. 40 164-175

[354] Hikasa K et al (Particle Data Group) 1992 Phys. Rev. D 45 S1-S584

[355] Dremin I M and Quigg C 1978 Science 199 937-941

[356] Field R D and Feynman R P 1978 Nucl. Phys. B 136 1-76

[357] Wilson K 1974 Phys. Rev. D 10 2445-2459
Mackenzie P B and Kronfeld A S 1993 Ann. Rev. Nucl. Part. Sci. 43 793-828

[358] Shifman M A, Vainshtein A I and Zakharov V I 1979 Nucl. Phys. B 147 385-447,

448-518, 519-534
Shifman M A 1983 Ann. Rev. Nucl. Part. Sci. 33 199-233
Reinders L J, Rubinstein H and Yakazi S 1985 Phys. Rep. 127 1-97

[359] Alles-Borelli V, Bernardini M, Bollini D, Brunini P L, Massam T, Monari L, Palmonari F and Zichichi A 1970 Lett. Nuovo Cimento 4 1156-1159
Bernardini M, Bollini D, Brunini P L, Fiorentino E, Massam T, Monari L, Palmonari F, Rimondi F and Zichichi A 1973 Nuovo Cimento 17A 383-389
Perl M in reference [1]; 1994 Stanford Linear Accelerator Center Report SLAC-PUB-6584 (to be published in Proc. Int. Conf. on the History of Original Ideas and Basic Discoveries in Particle Physics (Erice, Sicily, 29 July-4 August, 1994))

[360] Tsai Y-S 1971 Phys. Rev. D 4 2821-2837
Thacker H B and Sakurai J J 1971 Phys. Lett. 36B 103-105

[361] Augustin J-E et al 1975 Phys. Rev. Lett. 34 764-767

[362] Alexander G et al (PLUTO Collaboration) 1978 Phys. Lett. 78B 162-166

[363] Drell P and Patterson J R 1993 Proc. XXVI Int. Conf. on High Energy Physics (Dallas, TX, August 6-12, 1992) ed J R Sanford (New York: AIP) pp 3-32 Schwarz A S 1994 Lepton and Photon Interactions: XVI Int. Symp. (Ithaca, NY, August, 1993) (AIP Conf. Proc. 302) ed P Drell and D Rubin (New York: AIP) pp 671-694

[364] Benvenuti A et al 1976 Phys. Rev. Lett. 36 1478-1482

[365] Lederman L in reference [1]

[366] Kluberg L, Piroué P A, Sumner R L, Antreasyan D, Cronin J W, Frisch H J and Shochet M J 1976 Phys. Rev. Lett. 37 1451-1454

[367] Herb S W et al 1977 Phys. Rev. Lett. 39 252-255
Innes W R et al 1977 Phys. Rev. Lett. 39 1240-1242, 1640(E)

[368] Ueno K et al 1979 Phys. Rev. Lett. 42 486-489
Lederman L 1989 Rev. Mod. Phys. 61 547-560

[369] Berger Ch et al (PLUTO Collaboration) 1978 Phys. Lett. 76B 243-245
Darden C W et al (DASP Collaboration) 1978 Phys. Lett. 76B 246-248

[370] Bienlein J K et al 1978 Phys. Lett. 78B 360-363
C W Darden et al (DASP Collaboration) 1978 Phys. Lett. 78B 364-365

[371] Andrews D A et al (CLEO Collaboration) 1980 Phys. Rev. Lett. 45 219-220
Finocchiaro G et al(CUSB Collaboration) 1980 Phys. Rev. Lett. 45 222-225

[372] Bebek C et al (CLEO Collaboration) 1981 Phys. Rev. Lett. 46 84-87
Chadwick K et al (CLEO Collaboration) 1981 Phys. Rev. Lett. 46 88-91
Spencer L J et al (CUSB Collaboration) 1981 Phys. Rev. Lett. 47 771-774
Brody A et al (CLEO Collaboration) 1982 Phys. Rev. Lett. 48 1070-1074
Giannini G et al (CUSB Collaboration) 1982 Nucl. Phys. B 206 1-11

[373] Behrends S et al (CKEO Collaboration) 1983 Phys. Rev. Lett. 50 881-884
Giles R et al (CLEO Collaboration) 1984 Phys. Rev. D 30 2279-2294

[374] Buchmüller W and Cooper S 1988 High Energy Electron-Positron Physics ed A Ali and P Söding (Singapore: World Scientific) pp 410-487

[375] Rosner J L 1991 Testing the Standard Model (Proc. 1990 Theoretical Advanced Study Institute in Elementary Particle Physics (Boulder, CO, 3-27 June, 1990)) ed M Cvetič and P Langacker (Singapore: World Scientific) pp 91-224

[376] Spencer L J et al (CUSB Collaboration) 1981 Phys. Rev. Lett. 47 771-774

[377] Fulton R et al (CLEO Collaboration) 1990 Phys. Rev. Lett. 64 16-20
Albrecht H et al (ARGUS Collaboration) 1990 Phys. Lett. 234B 409-416; 1991 Phys. Lett. 255B 297-304

[378] Venus W 1994 Lepton and Photon Interactions: XVI Int. Symp. (Ithaca, NY, August, 1993) (AIP Conf. Proc. 302) ed P Drell and D Rubin (New York: AIP) PP 274-291

[379] Fernandez E et al (MAC Collaboration) 1983 Phys. Rev. Lett. 51 1022-1025

[380] Wolfenstein L 1983 Phys. Rev. Lett. 51 1945-1947

[381] Albrecht H et al (ARGUS Collaboration) 1987 Phys. Lett. 192B 245-252

[382] Ellis J, Gaillard M K, Nanopoulos D V and Rudaz S 1977 Nucl. Phys. B 131 285-307
Carter A B and Sanda A I 1980 Phys. Rev. Lett. 45 952-954; 1981 Phys. Rev. D 23 1567-1579
Bigi I I and Sanda A I 1981 Nucl. Phys. B 193 85-108
Winstein B and Wolfenstein L 1993 Rev. Mod. Phys. 65 1113-1147

[383] Kane G L and Peskin M E 1982 Nucl. Phys. B 195 29-38

[384] Abachi S et al (D0 Collaboration) 1995 Phys. Rev. Lett. 74 2632-2637

[385] Veltman M 1977 Nucl. Phys. B 123 89-99

[386] Livingston M S and Blewett J P 1962 Particle Accelerators (New York: McGraw-Hill)

[387] Cockcroft J D and Walton E T S 1932 Proc. R. Soc. A 136 619-630; 1932 Proc. R. Soc. A 137 229-242

[388] van de Graaff R J 1931 Phys. Rev. 38 1919-1920
有关早期使用脉冲静电起电机的工作, 见 Breit G and Tuve M A 1928 Nature 121 535-536 以及其他作者在文献 [2] pp 405-406 所加的注解.

[389] van de Graaff R J, Compton K T and Van Atta L C 1933 Phys. Rev. 43 149-157
Van Atta L C, Northrop D L, Van Atta C M and van de Graaff R J 1936 Phys. Rev. 49 761-176

[390] Herb R G, Parkinson D B and Kerst D W 1935 Phys. Rev. 48 118-124

[391] Tuve M S, Hafstad L R and Dahl O 1935 Phys. Rev. 48 315-337

[392] Wideröe R 1928 Arch. Elektrotech. 21 387, 486 (Engl. Transl. Livingston M S (ed) 1966 The Development of High-Energy Accelerators (New York: Dover) pp 92-114)

[393] Lawrence E O and Livingston M S 1931 Phys. Rev. 37 1707; 1931 Phys. Rev. 38 834; 1931 Phys. Rev. 40 19-35

[394] Lawrence E O, Livingston M S and White M G 1932 Phys. Rev. 42 150-151

[395] McMillan E M 1945 Phys. Rev. 68 143-144

Veksler V 1945 J. Phys. (USSR) 9 153-158, 重印于 Livingston M S (ed) 1966 The Development of High Energh Accelerators (New York: Dover) pp 202-10

[396] McMillan E M, Peterson J M and White R S 1949 Science 110 579-583

[397] Kerst D W 1940 Phys. Rev. 58 841; 1941 Phys. Rev. 60 47-53

[398] Kerst D W and Serber R 1941 Phys. Rev. 60 53-58

[399] Kerst D W, Adams G D, Koch H W and Robinson C S 1950 Phys. Rev. 78 297

[400] Fermi E 1952 Phys. Rev. 86 611

[401] Shoemaker F C, Britton R J and Carlson B C 1952 Phys. Rev. 86 582

[402] Fitch V L and Rainwater J 1953 Phys. Rev. 92 789-800

[403] Courant E D, Livingston M S and Snyder H S 1952 Phys. Rev. 88 1190-1196

[404] Christofilos N 1956 US Patent No 2,736,799, 重印于 Livingston M S (ed) 1966 The Development of High-Energy Accelerators (New York: Dover) pp 270-80

[405] Chodorow M, Ginzton E L, Hansen W W, Kyhl R L, Neal R B and Panofsky W K H, 1955 Rev. Sci. Instrum. 26 134-204

[406] Alvarez L W, Bradner H, Franck J V, Gordon H, Gow J D, Marchall L C, Oppenheimer F, Panofsky W K H, Richman C and Woodyard J R 1955 Rev. Sci. Instrum. 26 111-133

[407] Kerst D W 1955 (unpublished). 此一工作首次在由 the Midwest Universities Research Association, (MURA), 于 1955 年晚期主办的一次会议上作了讨论 (Shoemaker F C, private communication).

[408] Kerst D W, Cole F T, Crane H R, Jones L W, Laslett L J, Ohkawa T, Sessler A M, Symon K R, Terwilliger K M and Nilsen N V 1956 Phys. Rev. 102 590-591

[409] Symon K R, Kerst D W, Jones L W, Laslett L J and Terwilliger K M 1956 Phys. Rev. 103 1837-1859

[410] O'Neill G K 1956 Phys. Rev. 102 1418-1419

[411] O'Neill G K 1966 Sci. Am. 215 107-116

[412] Marin P 1967 Proc. Third Int. Symp. on Electron and Photon Interactions (SLAC, 1967) ed S M Berman (Stanford, CA: SLAC) pp 376-386

[413] Schwarzschild B M 1980 Phys. Today 33 January pp 19-21

[414] Rubbia C, McIntyre P and Cline D 1977 Proc. Int. Neutrino Conf. (Aachen, 1976) ed H Faissner (Braunschweig: Vieweg) pp 683-687

[415] 例如参见 Manchester W R 1992 A World Lit Only by Fire (Boston: Little Brown) p 294

[416] Blackett P M S 1933 Cambridge University Studies ed H Wilson (London: Nicholson and Watson) pp 67-96

[417] Rutherford E and Geiger H 1908 Proc. R. Soc. A 81 141-161

[418] Townsend J S 1901 Phil. Mag. 1 (Ser. 6) 198-227; 1902 Phil. Mag. 3 557-576; 1903 Phil. Mag. 5 389-398; 1903 Phil. Mag. 6 358-361, 598-618

[419] Rutherford E and Geiger H 1908 Proc. R. Soc. A 81 162-173

[420] Geiger H and Müller W 1928 Phys. Z. 29 839-841

[421] Neher H V 1938 (seventeenth printing in 1952) Procedures in Expeimental Physics ed J Strong et al (New York: Prentice-Hall) pp 259-304

[422] Bothe W 1929 Z. Phys. 59 1-5
Rossi B 1930 Nature 125 636

[423] Greinacher H 1926 Z. Phys. 36 364-373

[424] Wynn-Williams C E 1932 Proc. R. Soc. A 136 312-324

[425] Elmore W C and Sands M 1949 Electronics (New York: McGraw-Hill) p 210

[426] Slepian J 1919 US Patent No 1,450,265 (April 3, 1919)

[427] Zworykin V K, Morton G A and Mather L 1936 Proc. IRE 24 351-375

[428] Shockley W and Pierce J R 1938 Proc. IRE 26 321-332

[429] Zworykin V K and Rajchman J A 1939 Proc. IRE 27 558-566

[430] Čerenkov P A 1934 C. R. Acad. Sci. URSS 2 451-454

[431] Frank I and Tamm I 1937 C. R. Acad. Sci. URSS 14 109-114

[432] Čerenkov P A 1937 Phys. Rev. 52 378-379

[433] Kallman H 1947 Nat. Tech. July

[434] Bell P R 1948 Phys. Rev. 73 1405-1406

[435] Reynolds G T, Harrison F B and Salvini G 1950 Phys. Rev. 78 488

[436] Hofstadter R 1948 Phys. Rev. 74 100-101; reference [4] ch 7 pp 126-143

[437] Morton G A 1949 RCA Rev. 10 525-553

[438] Wilkinson D H 1950 Proc. Camb. Phil. Soc. 46 508-518

[439] Wilson C T R 1911 Proc. R. Soc. A 85 285-288; 1912 Proc. R. Soc. A 87 277-292

[440] Hoxton L G 1933-4 A continuously operating cloud chamber Proc. Virginia Acad. Sci. 9 23

[441] Langsdorf A Jr 1936 Phys. Rev. 49 422; 1939 Rev. Sci. Instrum. 10 91-103

[442] Vollrath R E 1936 Rev. Sci. Instrum. 7 409-410

[443] Shutt R P, Fowler E C, Miller D H, Thorndike A M and Fowler W B 1951 Phys. Rev. 84 1247-1248

[444] Hildebrand R H and Nagle D E 1953 Phys. Rev. 92 517-518

[445] Keuffel J W 1948 Phys. Rev. 73 531

[446] Pidd R W and Madansky L 1949 Phys. Rev. 75 1175-1180

[447] Cranshaw T E and DeBeer J F 1957 Nuovo Cimento 5 1107-1117

[448] Fukui S and Miyamoto S 1959 Nuovo Cimento 11 113-115

[449] Cronin J W 1967 Bubble and Spark Chambers vol 1, ed R P Shutt (New York: Academic) pp 315-405

[450] Wenzel W A 1964 Ann. Rev. Nucl. Sci. 14 205-238

[451] Charpak G 1993 Rev. Mod. Phys. 65 591-598

[452] Freedman S J 1990 Comments Nucl. Part. Phys. 19 209-220

[453] Majorana E 1937 Nuovo Cimento 14 171-184

[454] Kayser B, Gibrat-Debu F and Perrier F 1989 The Physics of Massive Neutrinos (Teaneck, NJ: World Scientific)
Boehm F and Vogel P 1987 Physics of Massive Neutrinos (Cambridge: Cambridge University Press)
Bilenky S M and Petcov S T 1987 Rev. Mod. Phys. 59 671-754; 1989 Rev. Mod. Phys. 61 169(E)

[455] Kawakami H et al 1991 Phys. Lett. 256B 105-111
Robertswon R G H, Bowles T J, Stephenson G J Jr, Wark D J, Wilkerson J F and Knapp D A 1991 Phys. Rev. Lett. 67 957-960
Decman D and Stoeffl W 1992 Bull. Am. Phys. Soc. 37 1286
Holzschuh E, Fritschi M and Kündig W 1992 Phys. Lett. 287B 381-388
Weinheimer Ch et al 1993 Phys. Lett. 300B 210-216

[456] Bardeen J, Cooper L N, and Schrieffer J R 1957 Phys. Rev. 108 1175-1204
Anderson P W 1958 Phys. Rev. 112 1900-1916

[457] See, for example, Kadanoff L P 1966 Physics 2 263-272; 1975 Phys. Rev. Lett. 34 1005-1008
Kadanoff L P, Götze W, Hamblen D, Hecht R, Lewis E A S, Palciauskas V V, Rayl M, Swift J, Aspnes D and Kane J 1967 Rev. Mod. Phys. 39 395-431
Kadanoff L P and Houghton A 1975 Phys. Rev. B 11 377-386
Wilson K G 1971 Phys. Rev. B 4 3174-3183, 3184-3205; 1975 Rev. Mod. Phys. 47 773-840
Wilson K G and Kogut J 1974 Phys. Rep. 12C 75-199
Fisher M E 1974 Rev. Mod. Phys. 46 597-616

[458] Friedan D, Qiu Z and Shenker S 1984 Phys. Rev. Lett. 52 1575-1578; 1985 Phys. Lett. 151B 37-43

[459] Weinberg S 1972 Gravitation and Cosmology: Principles and Applications of the General Theory of Relativity (New York: Wiley)

[460] Pontecorvo B 1946 Chalk River Laboratory Report PD-205 (unpublished)

[461] Davis R Jr, Mann A K and Wolfenstein L 1990 Ann. Rev. Nucl. Part. Sci. 39 467-506

[462] Bahcall J N 1989 Neutrino Astrophysics (Cambridge: Cambridge University Press)

[463] Hirata K S et al 1991 Phys. Rev. D 44 2241-2260; 1992 Phys. Rev. D 45 2170(E)
Totsuka Y 1992 Rep. Prog. Phys. 55 377-430

[464] Abazov A I et al 1991 Phys. Rev. Lett. 67 3332-3335
Gavrin V et al 1993 Proc. XXVI Int. Conf. on High Energy Physics (Dallas, TX, August 6-12, 1992) ed J R Sanford (New York: AIP) pp 1101-1110 Anselmann P et al 1992 Phys. Lett. 285B 376-389, 390-397; 1993 Phys, Lett. 314B 445-448

[465] Bludman S, Hata N, Kennedy D C and Langacker P 1993 Phys. Rev. D 47 2220-2233

[466] Pontecorvo B 1967 Zh. Eksp. Teor. Fiz. 53 1717-1725 (Engl. Transl. 1968 Sov.

Phys.-JETP 26 984-988)
Wolfenstein L 1978 Phys. Rev. D 17 2369-2374
Mihkeev S P and Smirnov A Yu 1985 Yad. Fiz. 42 1441-1448 (Engl. Transl. Sov. J. Nucl. Phys. 42 913-917); 1986 Nuovo Cimento 9C 17-26; 1987 Usp. Fiz. Nauk 153 3-58 (Engl. Transl. 1987 Sov. Phys.-Usp. 30 759-790)

[467] Norman E B et al 1992 The Fermilab Meeting DPF 92 (Proc. 1992 Division of Particles and Fields Meeting (Fermilab, 10-14 November, 1992)) ed C H Albright et al (Singapore: World Scientific) pp 1450-1452
Raghavan R S and Pakvasa S 1988 Phys. Rev. D 37 849-857

[468] Hirata K S et al 1988 Phys. Rev. D 38 449

[469] Hirata K et al 1987 Phys. Rev. Lett. 58 1490-1493
Bionta R M et al 1987 Phys. Rev. Lett. 58 1494-1496

[470] Colgate S A and White R H 1966 Astrophys. J. 143 626-681
Arnett W D 1982 Astrophys. J. Lett. 263 L55-57

[471] Bahcall J and Glashow S L 1987 Nature 326 476-477
Arnett W D and Rosner J L 1987 Phys. Rev. Lett. 58 1906-1909
Abbott L F, De Rújula A and Walker T P 1988 Nucl. Phys. B 299 734-756

[472] Gamow G 1948 Phys. Rev. 74 505-6; 1948 Nature 162 680-682
Alpher R A and Herman R C 1948 Nature 162 774-775; 1949 Phys. Rev. 75 1089-1095 及所附文献

[473] Penzias A A and Wilson R W 1965 Astrophys. J. 142 419-421

[474] Dicke R H, Peebles P J E, Roll P G and Wilkinson D T 1965 Astrophys. J. 142 414-419
Dicke R H and Peebles P J E 1966 Nature 211 574-575

[475] Smoot G F et al 1992 Astrophys. J. Lett. 396 L1-5

[476] Steigman G, Schramm D N and Gunn J E 1977 Phys. Lett. 66B 202-204
Walker T P, Steigman G, Schramm D N, Olive K A and Kang H S 1991 Astrophys. J. 376 51-69

[477] Yodh G B First Aspen Winter Physics Conf. ed M M Block (Ann. NY Acad. Sci. 461 239-259)

[478] Weekes T C 1988 Phys. Rep. 160 1-121
Weekes T C et al 1989 Astrophys. J. 342 379-395
Punch M et al 1992 Nature 358 477-478

[479] Alexandreas D E et al 1991 Phys. Rev. D 43 1735-1738; 1992 Nucl. Instrum. Methods A 311 350-367
Cronin J W et al 1992 Phys. Rev. D 45 4385-4391
Nagano M et al 1992 J. Phys. G: Nucl. Phys. 18 423-442
Chiba N et al 1992 Nucl. Instrum. Methods A311 338-349
Bird D J et al 1993 Phys. Rev. Lett. 71 3401-3404

[480] Misner C W, Thorne K S and Wheeler J A 1973 Gravitation (San Francisco: Freeman) p 872

[481] Hawking S 1975 Commun. Math. Phys. 43 199-220; Quantum Gravity: An Oxford Symposium, 1975 ed C J Isham et al (Oxford: Clarendon) pp 219-267; 1981 Encyclopedia of Physics ed R G Lerner and G L Trigg (Reading, MA: Addison-Wesley) pp 81-83

[482] Trimble V 1987 Ann. Rev. Astron. Astrophys. 25 425-472
Primack J R, Seckel D and Sadoulet B 1988 Ann. Rev. Nucl. Part. Sci. 38 751-807

[483] Peccei R D and Quinn H R 1977 Phys. Rev. Lett. 38 1440-1443; 1977 Phys. Rev. D 16 1791-1797
Weinberg S 1978 Phys. Rev. Lett. 40 223-226
Wilczek F 1978 Phys. Rev. Lett. 40 279-282

[484] Guth A 1980 Phys. Rev. D 23 347-356
Linde A 1983 Phys. Lett. 129B 177-181 及所附文献

[485] Eötvös R v, Pekár D and Fekete E 1922 Ann. Phys., Lpz 68 11-66

[486] Dicke R H, Roll P G and Krotkov R 1964 Ann. Phys., NY 26 442-517

[487] Fischbach E, Sudarsky D, Szafer A, Talmadge C and Aronson S H 1986 Phys. Rev. Lett. 56 3-6, 1427(E)

[488] Adelberger E G, Heckel B R, Stubbs C W and Rogers W F 1991 Ann. Rev. Nucl. Part. Sci. 41 269-320

[489] 近期文献例如参见 Buskulic D et al (ALEPH Collaboration) 1993 Phys. Lett. 313B 299-311.

[490] Veltman M 1977 Acta Phys. Pol. B8 475-492; 1977 Phys. Lett. 70B 253-254
Lee B W, Quigg C and Thacker H B 1977 Phys. Rev. Lett. 38 883-885; 1977 Phys. Rev. D 16 1519-1531

[491] Eichten E, Hinchliffe I, Lane K and Quigg C 1984 Rev. Mod. Phys. 56 579-707; 1986 Rev. Mod. Phys. 58 1065(E)

[492] Dawson S, Gunion J F, Haber H E and Kane G L 1990 The Higgs Hunter′s Guide (Redwood City, CA: Addison-Wesley)

[493] Wess J and Bagger J 1983 Supersymmetry and Supergravity (Princeton, NJ: Princeton University Press)
Freund P 1986 Introduction to Supersymmetry (Cambridge: Cambridge University Press)

[494] Weinberg S 1976 Phys. Rev. D 13 974-996; 1979 Phys. Rev. D 19 1277-1280
Susskind L 1979 Phys. Rev. D 20 2619-2625

[495] Decman D and Stoeffl W in reference [455]

[496] Hirata K S et al 1992 Phys. Lett. 280B 146-152
Beier E W et al 1992 Phys. Lett. 283B 446-453
Fukuda Y et al 1994 Phys. Lett. 335B 237-245

[497] Arik E et al (CHORUS Collaboration) 1991 CERN Experiment WA-95, approved September 1991, K Winter, spokesperson
Kadi-Hanifi M et al (NOMAD Collaboration) 1991 CERN Experiment WA-96, approved September 1991, F Vannucci, spokesperson

[498] Bernstein R H and Parke S J 1991 Phys. Rev. D 44 2069-2078 及所附参考文献

[499] Pati J C and Salam A 1974 Phys. Rev. D 10 275-289

[500] Georgi H and Glashow S L 1974 Phys. Rev. Lett. 32 438-441

[501] Georgi H 1975 Proc. 1974 Williamsburg DPF Meeting ed C E Carlson (New York: AIP) pp 575-582
Fritzsch H and Minkowski P 1975 Ann. Phys., NY 93 193-266

[502] Gell-Mann M, Ramond P and Slansky R 1979 Supergravity ed P van Nieuwenhuizen and D Z Freedman (Amsterdam: North-Holland) pp 315-321
Yanagida T 1979 Proc. Workshop on Unified Theory and Baryon Number in the Universe ed O Sawada and A Sugamoto (Tsukuba, Japan: National Laboratory for High Energy Physics)

[503] Amaldi U, Bohm A, Durkin L S, Langacker P, Mann A K, Marciano W J, Sirlin A and Williams H H 1987 Phys. Rev. D 36 1385
Amaldi U, de Boer W and Fürstenau H 1991 Phys. Lett. 260B 447-455
Langacker P and Polonsky N 1993 Phys. Rev. D 47 4028-4045

[504] Rosner J L 1994 DPF 94 Proc. DPF 94 Meeting (Albuquerque, NM, August, 1994) (Singapore: World Scientific)

[505] Seidel S et al 1988 Phys. Rev. Lett. 61 2522-2525
Hirata K S et al 1989 Phys. Lett. 220B 308-316

[506] Totsuka Y 1992 Rep. Prog. Phys. 55 377-430

[507] Preskill J P 1979 Phys. Rev. Lett. 43 1365-1368

[508] 例如参见 Adams F C, Fatuzzo M, Freese K, Tarlé G, Watkins R and Turner M S 1993 Phys. Rev. Lett. 70 2511-2514

[509] Gross D J, Harvey J A, Martinec E and Rohm R 1985 Phys. Rev. Lett. 54 502-505; 1985 Nucl. Phys. B 256 253-284; 1986 Nucl. Phys. B 267 75-124

[510] Candelas P, Horowitz G T, Strominger A and Witten E 1985 Nucl. Phys. B 258 46-74
Witten E 1985 Nucl. Phys. B 258 75-100

[511] Callan C G Jr, Giddings S, Harver J A and Strominger A 1992 Phys. Rev. D 45 1005-1009

[512] 例如参见 Derrick M et al (ZEUS Collaboration) 1992 Phys. Lett. 293B 465
Ahmed T et al (H1 Collaboration) 1993 Phys. Lett. 299B 374-384, 385-393

[513] Ritson D 1993 Nature 366 607-610

[514] Ayres D S et al 1991 Proc. 25th Int. Conf. on High Energy Physics (Singapore, August 2-8, 1990) ed K K Phua and Y Yamaguchi (Singapore: World Scientific [South

East Asia Theoretical Physics Association and the Physical Society of Japan]) pp 480-481

Thron J L 1993 Proc. XXVI Int. Conf. on High Energy Physics (Dallas, TX, August 6-12, 1992) ed J R Sanford (New York: AIP) pp 1232-1237

[515] Calicchio M et al 1988 Nucl. Instrum. Methods A 264 18-23

Ahlen S P et al 1993 Nucl. Instrum. Methods A 324 337-362

[516] Norman E B et al 1992 The Fermilab Meeting DPF 92 (Proc. 1992 Division of Particles and Fields Meeting (Fermilab 10-14 November, 1992)) ed C H Albright et al (Singapore: World Scientific) pp 1450-1452

[517] Roberts A 1992 Rev. Mod. Phys. 64 259-312

[518] Barwick S et al 1993 Proc. XXVI Int. Conf. on High Energy Physics (Dallas, TX, August 6-12, 1992) ed J R Sanford (New York: AIP) pp 1250-1253

[519] Sadoulet B 1990 Proc. First Int. Symp. on Particles, Strings, and Cosmology (Boston, MA, 27-31 March, 1990) ed P Nath and S Reucroft (Teaneck, NJ: World Scientific) pp 147-184

[520] Cronin J W 1992 Proc. Symp. on the Interface of Astrophysics with Nuclear and Particle Physics (Zuoz, Switzerland, 11-18 April, 1992) ed M P Locher (Villigen: Paul Scherrer Institute) pp 341-343

[521] Klein S et al 1992 The Fermilab Meeting DPF 92 (Proc. 1992 Division of Particles and Fields Meeting (Fermilab, 10-14 November, 1992)) ed C H Albright et al (Singapore: World Scientific) pp 1364-1366

[522] Bernstein J 1989 The Tenth Dimension: An Informal History of High Energy Physics (New York: McGraw-Hill)

[523] United States Department of Energy 1990 The Ultimate Structure of Matter: The High Energy Physics Program from the 1950s through the 1980s (Washington, DC: USDOE Office of Energy Research)

[524] Weinberg S 1992 Dreams of a Final Theory (New York: Pantheon)

[525] Weisskopf V 1991 The Joy of Insight (New York: Basic Books)

[526] Treiman S B 1993 A Century of Particle Theory

[527] Gell-Mann M 1994 The Quark and the Jaguar: Adventures in the Simple and the Complex (New York: Freeman)

[528] Marshak R E 1993 Conceptual Foundations of Modern Particle Physics (River Edge, NJ: World Scientific)

[529] Waloschek P (ed) 1994 The Infancy of Particle Accelerators: Life and Work of Rolf Wideröe (Braunschweig: Vieweg)

第10章 流体力学

James Lighthill 爵士

10.1 20 世纪物理学的又一伟大成就

10.1.1 流体力学上并行的革命

本书用了很大篇幅关注纯物理和应用物理科学在 20 世纪初通过革命性的发现而开始的具有深远影响的变化. 这些发现包括放射性、量子理论、原子的核式结构、相对论、热离子学、X 射线等以及它们的很多应用. 正是这些发现以其炫目的成功指出了 19 世纪物理学世界观中许多公认的错误并改变了物理学的世界观.

本章回顾 20 世纪物理学中与其他革命性发现一样对人类有深远意义的又一成功的事件. 它基于非常聪明的实验, 但最重要的是其诠释实验的革命性观点. 这一观点既证明了过去观点的某些惊人的错误, 又首次为物理学中流体力学这一重要分支奠定了坚实的基础.

在我们地球环境中, 对人类最重要的两种流体是空气和水. 因此, 我们将仅涉及这两种流体的力学进展史. 事实上, 19 世纪的流体力学对这些人类熟知的低黏性流体的研究却是特别失败的; 对于具有较高黏性的流体, 比如其在轴承中承受载荷的润滑作用等性质, 到 1886 年已有坚实的流体力学理论对其进行很好的说明[1].

另一方面, 空气的低黏性曾诱导 19 世纪的物理学家用完全没有任何黏性的 "理想" 流体来研究其动力学. 很多优秀的物理学家并为这种理想流体建立了精致且内容广泛的理论[2](有时是为了应答以太这一假定!). 然而, 因受物体运动的扰动而引发的真实空气的运动却与这些理论给出的结果毫不相干.

很显然, 相关的科学家们虽承认该理论有问题, 但只过多注意于一个错误的预言 —— 著名的 d'Alembert 悖论, 即流体中匀速运动的物体不受阻力, 而不承认该理论预言的流场总体上和实际发生的流场是非常不同的. 所预言的流场仅仅是我们在静电场和静磁场中所熟知的标量势导出的 "势" 场, 与物体后存在旋涡状尾迹[3] 的真实流场 (图 10.1) 形成鲜明的对比. 该理论的另一错误预言是固定翼飞机不可能飞行, 因为空气不能在定常运动的物体上产生任何力 —— 不论是升力还是阻力.

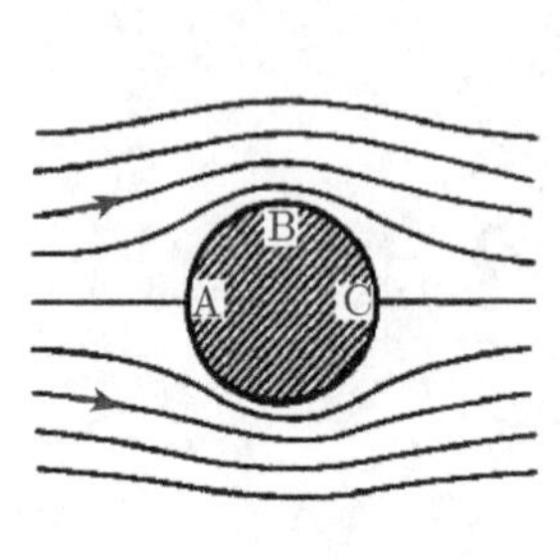

图 10.1 绕圆柱流动的势流流场 (左) 与实验观察到的流场[3] (右) 的对比

注意: 流场来流均为定常的 (不随时间改变), 但右图中 “尾迹”(在圆柱后方) 却是高度非定常的

应当主要归功于 Ludwig Prandtl 这位科学家, 他用自己天才的发现[4] 解释了这些异常的现象. 确实, 1904 年他的边界层发现之于流体力学, 与 Einstein1905 年的发现之于物理学其他领域一样, 具有相同的革命性影响.

对 Prandtl 这种极为特殊的评价有两方面原因: 在理论上, 他给出的解除代表奇异摄动 (10.1.2 节) 非常早期的例子外, 还可成功地应用于完全非线性的场方程. 在实用上, Prandtl 的新见解导致 “流线型” 外形的出现. 这种外形允许对势流场只作适度的修正即可只承受很小的阻力. 而 Prandtl 则继续对作用在固定翼飞机上的升力 (和阻力) 做了第一个基于坚实物理原理的定量分析[5].

Ludwig Prandtl

(德国人, 1875~1953)

Ludwig Prandtl 1875 年 2 月 4 日出生于巴伐利亚的弗赖辛. 在 A Foeppl 的指导下在慕尼黑学习机械工程, 在 1900 年发表的博士论文中, 他提出了关于梁的扭矩的创新发现并立即获得好评. 次年, 被任命为汉诺威大学的力学教授并开始了在流体力学中的开拓性研究. 在第三届国际数学大会 (海德堡, 1904 年) 上, 他宣读了其具有划时代意义的发现边界层的论文. 同年, 著名的哥廷根数学家 Felix Klein 为 Prandtl 争得了哥廷根大学应用物理 (后改名为应用力学) 教授的位置. 这里遂成为他持续地革新对空气动力阻力、升力及高 Mach 数下流体流动等的理解的基地. 他后来的很多贡献都是以一个优良团队的领导者身份做出的. 这一团队的成员包括 A Betz、W Tollmien、M Munk、J A Ackeret、H Schlichting、A Busemann 等. 他们也都赢得了国际的承认. 1909 年 Prandtl 与

Gertrude Foeppl 结婚并育有两个女儿. 他对流体力学的精辟理论以 1952 年英文版的《流体力学基础》(Essentials of Fluid Dynamics) 的出版而最终完成. Prandtl 1953 年 8 月 15 日在哥廷根去世. 1963 年施普林格出版社出版了他的全集[4].

20 世纪基于边界层理论的许多极其重要进展的历史将在 10.2 节中介绍, 包括 Prandtl 及其哥廷根团队的科学家们 (A Betz, H Schlichting, 特别是 T Von Kármán, 后者后来先是在亚琛, 后于美国的加州理工学院很快建立了新的研究团队) 将他们自己的新思想结合来自其他方面, 包括俄罗斯的 Zhukovski 的思想, 发展丰富了边界层、尾迹流及与之相关的空气动力知识; 包括对剪切层不稳定性 (其早期的进展是由其他领域的卓越物理学家, 如 L Rayleigh 和 A Sommerfeld, 推动的) 及其趋于发展为流体运动的混沌形式即湍流的重要研究. 湍流的关键文献首先是 O Reynolds 1880 年代发表的有关管流中的湍流的文章. 随后的重要进展不仅有 Prandtl 的贡献, 还有美国的 H L Dryden, 英国的 G I Taylor 和俄国的 A N Kolmogorov 等的贡献.

在更详细地介绍学科发展史前, 这里先从对奇异摄动概念的简单解释 (10.1.2 节) 开始作一个简洁的导言, 然后简要地指出 (10.1.3 节) 边界层和尾迹的最初发现对航空的新发展意味着什么, 这一新发展到适当时候将以 10.4 节中所描述的方式改变人类的生活状态.

随后在 10.1.4 节中简要地描述从阐明激波物理本质开始的对于流体中波 (包括声波和水波) 的产生和传播的非线性效应在认识上并行发生的革命. 实际上这提供了奇异摄动概念应用于非线性场方程的另一个杰出例子. Rayleigh[6] 和 Taylor[7] 在 1910 年各自发表的论文中对此独立地做出了关键性的发现. 这方面总的科学研究构成了后来被通称为 "突变论 (Catastophe theory)" 的早期范例, 如同湍流流体力学成为后来混沌一般概念的重要先驱一样. 而且, 20 世纪的流体力学家们对非线性场理论的一贯介入使他们首创了很多新的概念, 从孤立子到非线性 Schrödinger 方程的应用. 这些概念首先在水波的深入研究中提出, 后应用于物理学的其他领域.

10.4 节将介绍 20 世纪流体力学两个伟大革命在随后很多发展中的结合. 例如, 飞机在接近或超过声速下飞行时可能呈现边界层和激波间很复杂的相互作用. 又如, 靠近海洋表面的物体, 不论是船只还是海洋平台, 其动力学问题常涉及对水波和剪切层两者的现代非线性研究的类似结合.

除介绍流体力学对这些工程挑战响应的历史外, 在 10.5 节中我们将提供对地球整个流体包层 (包括海洋、河流和大气) 的力学的非常宏观的考察. 流体力学在 20 世纪成功地应用于理解和预报如暴风雨、洪水等灾害以及一般的天气和气象, 其中很多进展也都可追溯至 1904 年 Prandtl 在流体力学上的革命.

Geoffrey Ingram Taylor
(英国人, 1886~1975)

Boole 代数学创始者 George Boole 的外孙 Geoffrey Ingram Taylor1886 年 3 月 7 日出生于伦敦. 在剑桥大学学习数学和物理. 在量子光学方面取得早期实验研究成功后, 他在 1910 年发表了论激波物理本质的革命性论文. 1911 年被聘为剑桥新设立的动力气象学讲师后开始发表关于空气中湍流的开创性实验研究论文. 进而, 他论证了海潮流动中能量湍动耗散的重要性 (1919 年); 开展了旋转流体运动 (1922 年) 和流体稳定性 (1923 年) 的基础性研究. 而他 1921 年发表的论文 “连续运动形成的扩散” 将湍流和表观上相似的动理学理论现象做了关键性的对比, 从而导致 1935 年湍流统计理论的大发展. 1923 年被聘任为英国皇家学会研究教授, 使他随后可更集中精力从事个人研究. 伴随着对固体力学做出关键性贡献 (包括创立位错理论), 他继续发展了激波和大气过程 (如浮力羽流和热流等) 理论, 与此同时, 他还对生物流体力学做了重要的开创性研究 (1951~1952 年). 1925 年他与 Stephanie Ravenhill 结婚. 他的四卷本全集由剑桥大学出版社出版 (1958~1971 年). 他于 1975 年 6 月 27 日在剑桥去世.

10.1.2 奇异摄动的一个极简单的例子

Prandtl 引入的我们现称为奇异摄动[8] 的方法是应用于完全非线性场方程的, 但其核心思想可通过将其简单地应用于线性常微分方程予以说明, 且也很容易通过与方程精确解的比较验证方法的正确性.

假设要求微分方程

$$\varepsilon y'' + y' + ky = 0,\ 当 0 < x < 1 时 \tag{10.1}$$

满足边界条件

$$x = 0 时,\ y = 0;\ x = 1 时,\ y = 1 \tag{10.2}$$

的解. 我们已知方程中二阶微分项 y'' 所乘以的系数 ε 很小 (在流体力学应用中可为表示黏性的量). 在物理学中普遍应用的一般摄动理论是首先寻找 $\varepsilon = 0$ 时的解, 再在逐步逼近的过程中, 例如通过 ε 的幂函数级数, 予以改进.

此方法粗看似乎可以成功, 因当 $\varepsilon = 0$ 时方程 (10.1) 有更简单的形式:

$$y' + ky = 0 \tag{10.3}$$

其众所周知的通解为

$$y = a\mathrm{e}^{-k\cdot x} \tag{10.4}$$

其中 a 为任意常数. 然而这却不可能找到同时满足式 (10.2) 中两个边界条件的 a 值; 如选取 $a = \mathrm{e}^k$ 可满足第二个边界条件, 则解

$$y = \mathrm{e}^{k(1-x)}, \text{当} x = 1 \text{时}, \ y = 1 \tag{10.5}$$

却不能满足第一个边界条件, 因将 $x = 0$ 代入时

$$y = \mathrm{e}^k \tag{10.6}$$

而不为零. 而且, 可以容易地证明, 通过一般的 ε 幂级数展开做高阶近似也完全不能得到任何改进.

上述困难的出现显然是因为二阶微分方程 (10.1) 固然应当有两个边界条件, 如式 (10.2), 而一阶微分方程 (10.3) 的解却应由式 (10.5) 中的一个边界条件唯一地确定. $x = 0$ 时 $y = 0$ 这一 "额外的边界条件"(在流体力学中, 这可能是固壁边界处的无滑移条件) 使常规的摄动方法完全无法使用.

但是, 若只探究错在哪里, 则必须承认满足第二个边界条件的解 (10.5) 一般应当非常逼近地满足真正的微分方程 (10.1), 因为与方程中其他项相比, $\varepsilon y''$ 项是很小的. 只有当解 (10.5) 趋近 $x = 0$ 时, 情况才变得非常不一样, 这时解必须经历由式 (10.6) 给出的值到 $x = 0$ 时 $y = 0$ 这样一个变化非常剧烈的区间.

在此区间变化率 y' 非常大, 且 y' 的变化率 y'' 可变得使方程 (10.1) 中的 $\varepsilon y''$ 项变到一个大值的程度. 如 $\varepsilon y''$ 和 y' 两者都远大于 ky 项, 则方程 (10.1) 可近似为

$$\varepsilon y'' + y' = 0 \tag{10.7}$$

即 $\varepsilon y' + y$ 的变化率为零, 它本身必须为常值 c.

$$\varepsilon y' + (y - c) = 0 \tag{10.8}$$

的解为

$$y - c = A\mathrm{e}^{-x/\varepsilon} \tag{10.9}$$

其中 A 为另一任意常数. 对比后可见, 这里用 A 和 $1/\varepsilon$ 分别代替了方程 (10.3) 的通解 (10.4) 中的 a 和 k.

现给定 $x = 0$ 时 $y = 0$(第一个边界条件), 于是 A 值可确定为 $-c$. 这样

$$y = c\left(1 - \mathrm{e}^{-x/\varepsilon}\right) \tag{10.10}$$

即为剧烈变化区间的解. 图 10.2 中的虚线表明, 这种快速变化在 y 趋于渐进值 c 时很快消失.

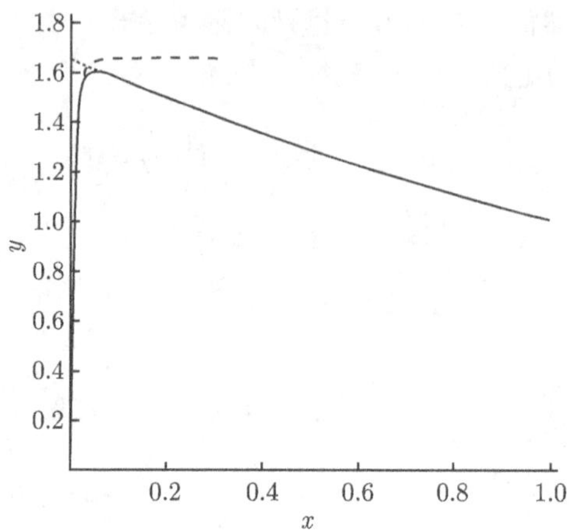

图 10.2　实线为方程 (10.1) 满足条件 (10.2) 的精确解; 点线为 "外部解"(10.5); 虚线为 "边界层" 解 (10.10)

奇异摄动论概念的最简单形式即方程 (10.7) 及其解 (10.10) 适用于 x 非常小时 y 值快速变化的 "边界层" 区域, 而方程 (10.3) 及其解 (10.4) 则适用于所有其他区域. 并且, 若

$$\text{给定}c\text{值为}\mathrm{e}^{k} \tag{10.11}$$

则恰在快速变化区外 y 的 c 值与 x 趋于 0 时公式 (10.5) 中 y 的极限值相一致.

图 10.2 表明了此方法的准确性. 图中实线表示方程 (10.1) 满足条件 (10.2) 的精确解, 虚线表示 c 值由式 (10.11) 给定的 "边界层" 解 (10.10), 点线表示边界层外的解 (10.5). 很简单, 真实解为这两个近似解之间的光滑过渡. 奇异摄动理论的概念在此例中非常具体地得到体现①.

上述关于奇异摄动方法的介绍集中于一个非常简单的例子, 目的是使读者可以很容易地了解其思想及其为何如此奏效. 这个例子的精确解 (图 10.2) 是不难求得的. 在下面两节我们将看到流体力学中的革命正来自于将同样的方法用于完全非线性的场方程 (即偏微分方程). 若不采用这种根本上的新方法, 对后者的研究是不可能取得进步的.

---

① 奇异摄动理论更高级的形式[8] 可通过 y 的两个 ε 幂级数展开的匹配而得到任何精度的解. 在变化剧烈区内 y 的 ε 幂级数展开系数为 x/ε 的函数, 在该区外 y 的 ε 幂级数展开系数为 x 的函数.

10.1.3 d'Alembert 悖论如何变为 d'Alembert 定理

在引言剩下的两节中, 本节阐述 Prandtl 对于边界层的发现, 描述对匀速运动物体是如何扰动其周围空气的这一问题认识上的转变. 在 10.1.1 节中已提及 d'Alembert 悖论, 即无黏 "理想" 流体理论认为势流场在匀速运动物体上不产生阻力[9]. Prandtl 的研究解释了为什么尽管空气的黏性非常小, 一般外形物体的真正的流场仍会与势流场如此的不同 (图 10.1). 并第一次指出了对于特别设计的外形, 其流场可以非常接近势流场, 而可使物体上的阻力虽不为零却变得很小 (图 10.3).

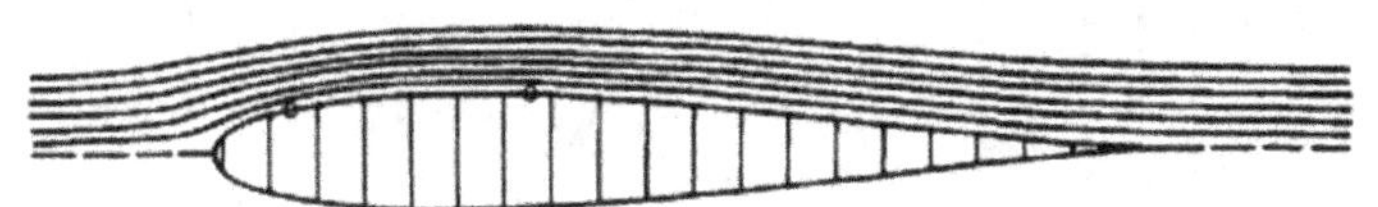

图 10.3 对于特别设计的外形除在很薄的边界层内, 其他处可实现势流 (图示为绕横截面为 Zhukovski 翼型[10] 的对称于破折线的流动). 流动在靠近边界层两圆圈标注区域内的放大情况如图 10.4

Prandtl 的研究是将 d'Alembert 悖论变为 d'Alembert 定理的一个很有成效的进展: 给出这样一个鼓舞人心的断言, 即若绕定常运动物体的流场非常接近于势流场, 则作用在物体上的阻力同样会变得非常接近完全势流场时所具有的零值. 这一断言立即促使人们考虑: 为使低黏性流体的流动变得很接近于势流流动, 究竟需要什么?

虽然 (正如不止一次指出的) 这种 (低黏性) 流体流动的方程是完全非线性的, 其非线性项与线性项具有同样的量级和重要性, 但是势流场确实能满足黏性流体的这种非线性方程. 只是势流场在固壁处只能满足一个边界条件, 不像真实黏性流体那样满足两个边界条件. Prandtl 的天才在于认识到势流场能满足的边界条件不足时, 极富想象力地创造了现代称为奇异摄动理论的革命性方法.

绕静止空气中匀速运动物体的流场在相对物体静止的参考系内描述实际上是最容易的. 这时问题变得和静止物体扰动均匀流动完全一样. 此问题的经典势流解只满足一个边界条件, 具体地说, 流体显然不能穿透物面, 因此其在物面上的速度必然沿着物面 (即切向流动).

然而, 真实流体必须满足第二个边界条件, 即当趋于物面时, 流动速度趋于零. 确实, 在物体表面流体与其他处流体偏离局部热力学平衡的程度必须同样小 (由于在这两处分子碰撞的巨大频率), 故壁面处的流体满足相对于物面为零速的平衡条件, 温度等于物面温度.

任何势流场都不可能满足这第二个边界条件, 因为在物面上其速度值总是很大的 (实际上, 在物面的某点达到其最大值). 但正如 10.1.2 节中的简单例子所示, 外部势流流动因由很薄的边界层将其与固壁隔离仍可继续保持[4,11]. 在边界层中速度由其势流值急速降低至零 (图 10.4).

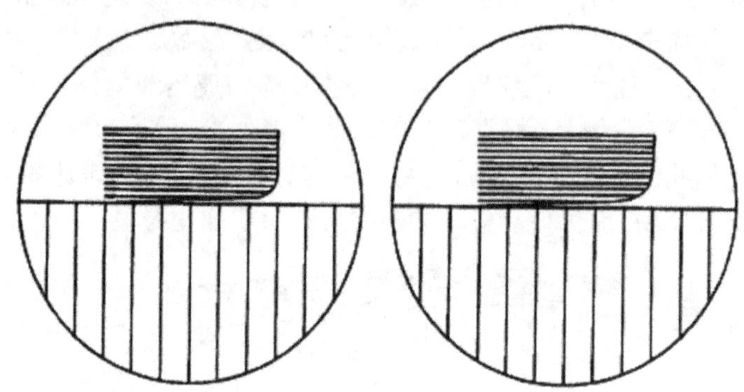

图 10.4 图 10.3 中两圆圈处的流动放大图 (由左至右). 近流动边界处, 每条水平线的长度对应当地流速. 左图中速度降为零的边界层是很薄的; 右图中虽因动量扩散, 边界层稍许增厚, 但仍紧贴边界

正如方程 (10.1) 在边界层内具有简化形式方程 (10.7) 一样, 可以期望流场方程的简化形式亦能应用于边界层 (如存在边界层的话). 这里, 我们仅从物理上解释一下这些对于边界层的简化方程的本质. 因下述理由, 这样做是很有意思的.

(1) 对某些物体外形的解代表了薄且贴附于物面的边界层, 这些边界层是 “流线型” 外形. 因绕它们的流动与势流流动差别不大, 而使它们承受低阻.

(2) 对于更多的外形, 边界层方程的解在物面某点的下游不再存在, 此点附近沿物面的流动可描述为发生了从固壁的 “分离”.

正是 (2) 情况下的流动分离可能在钝体后面产生显著的螺旋状尾迹; 而 (1) 情况下的附着流则可能在流线型物体后形成薄的、很不显著的尾迹.

这些明显的差异表明了 Prandtl 早在 1904 年就已推出的边界层方程[4,11] 的极端重要性. 方程表达的物理意义可表述如下.

首先, 即使流体的黏性很小, 边界层中陡峭的速度梯度 (从外边界处的势流值 V 减至壁面处的零值) 也使黏性影响变得重要. 事实上, 边界层的厚度 δ 随流体的黏性 μ 调整. 量级为 V/δ 的速度梯度产生 $\mu V/\delta$ 这样量级的黏性应力. 而应力应当是指单位面积上的力, 这样在厚度为 δ 的薄层中单位体积的力即为 $\mu V/\delta^2$. 简单地从单位体积上这些黏性力和其他效应 (见下述内容) 的平衡已很清楚, 不同黏性 μ 的流体, 其边界层厚度 δ 随黏性的平方根 $\mu^{1/2}$ 变化.

对于 μ 值非常小的流体, 其边界层确实可能非常薄, 同时边界层中的实际黏性应力 (量级为 $\mu V/\delta$) 本身也可能很小 (量级为 $\mu^{1/2}$), 故当边界层保持附体时, 这些应力可能在 d'Alembert 定理所建议的外形的物体上只稍许增加一点阻力.

上面提到的单位体积内黏性力必须平衡的与黏性无关的其他效应共有两个. Newton 第二定律告诉我们, 作用在任何质点上的总力等于其质量乘以加速度. 故作用在流体单位体积上的力等于其密度 ρ 乘以加速度. 这是在流体力学场方程中的非线性项. 而在绕物体的定常流动中, 流体任何质点沿其 (曲线) 路径上的加速度必须写作 $v\mathrm{d}v/\mathrm{d}s$(因为速度 v 是该路径上距离 s 增大的变化率 $\mathrm{d}s/\mathrm{d}t$), 于是单位体积的质量乘以加速度为 $\rho v\mathrm{d}v/\mathrm{d}s$.

同时, 平衡单位体积总力的不仅有黏性力, 还有沿路径流体压强的梯度 $(-\mathrm{d}p/\mathrm{d}s)$①, 其中的负号是因为随 s 增大的压强是反抗运动的. 在边界层外假设 v 为其势流值 V, 压强梯度 $(-\mathrm{d}p/\mathrm{d}s)$ 是和质量乘以加速度项 $\rho V\mathrm{d}V/\mathrm{d}s$ 相平衡的唯一的力. 这就是著名的 Bernoulli 方程[12]:

$$\rho+\frac{1}{2}\rho V^2=\text{常数} \tag{10.12}$$

这个不考虑黏性效应、定常运动的方程由 D Bernoulli 于 1738 年给出[12].

Prandtl 明智地认识到, 在整个边界层内压强可同样取决于边界层外的速度 V 并由方程 (10.12) 给定 (简单地说, 因为垂直于流动方向的压强梯度被限制为其离心力值, 故必须忽略在非常薄边界层内的压强变化). 这样, 沿流动方向的压强梯度, $(-\mathrm{d}p/\mathrm{d}s)$, 为 $\rho V\mathrm{d}V/\mathrm{d}s$, 并与黏性力一起, 在边界层内平衡质量与加速度的乘积 $\rho v\mathrm{d}v/\mathrm{d}s$. 即

$$\rho v\frac{\mathrm{d}v}{\mathrm{d}s}-\rho V\frac{\mathrm{d}V}{\mathrm{d}s}=\text{单位体积的黏性力} \tag{10.13}$$

从物理上讲, 这就是 Prandtl 的边界层方程, 决定着速度 v 如何从薄边界层外的 V 值降低至固壁处的零值 (这里, 因黏性应力为 $\mu\mathrm{d}v/\mathrm{d}n$, 正比于垂直流动方向的 v 的梯度, 因而流体中每个质点受到的单位体积黏性力为 $\mu\mathrm{d}^2v/\mathrm{d}n^2$. 此黏性力与作用在单位体积两侧的应力差相关, 且如前所预言的, 具有量级 $\mu V/\delta^2$).

这些方程具有非常重要的意义, 因为它们集中关注的薄层的动力学真正决定着整个运动特性. 从数学上说, 它们是非常复杂的 "抛物型" 非线性方程. 正是因其复杂性和对大量物体外形的重要性 (见上述 (1) 和 (2)), 人们对它们进行了超过半个世纪的大量研究[11]. 10.2 节将介绍这些研究中的一些, 这些分析确认通过沿下游方向的系统逼进可以求解这些方程; 逼进或如 (1) 的情形, 平稳地进行; 或如 (2) 的情形而突然中止. 这里, 我们将重述 Prandtl 1904 年论文中包含的那些方法的物理本质.

当然, 黏性是一个流体动量沿其梯度向下扩散的物理过程. 这在以下三种不同的边界层中有着不同的效应: ①沿流动方向外流速度 V 是增加的 ($\mathrm{d}V/\mathrm{d}s$ 为正);

① 严格地讲, 这里 p 应为 "过压"(流体压强超过其静压值的值), 故梯度 $(-\mathrm{d}p/\mathrm{d}s)$ 也计及了重力沿路径的分量, 不过在空气中这种差别一般是不重要的.

②外流速度稍有减小 ($\mathrm{d}V/\mathrm{d}s$ 为负, 数值很小); ③外流速度急剧减小 ($\mathrm{d}V/\mathrm{d}s$ 为负, 不是小量). 在情况①中, 压强梯度 $\rho V\mathrm{d}V/\mathrm{d}s$ 加速边界层中的流体 (因此边界层保持很薄), 任何过剩的动量都通过扩散输运给固壁. 在情况②中, 压强梯度逐渐降低壁面附近的流体动量, 这本会导致流体静止下来, 但事实上从外流扩散过来的动量补充了这一动量的减小. 在情况③中, 外流扩散来的动量不足以维持流体运动, 于是在壁面处形成一个停滞区, 流体从该区分离.

因此, 简单地说, 通过保持薄且附着的边界层而从 d'Alembert 定理获益的外形, 是其外部势流与①型和②型边界层相结合而避免③型区域的外形. 这样, 沿物体前部流速增加至最大值, 这里流线最为密集; 然后通过光滑收缩的尾部逐渐减速 (图 10.3). 例如, 鲱鱼突然起动后严格滑行前进时, 其速度的降低率就因其外形满足这一条件而很小.

这些思想在工程中的广泛应用将在 10.2 节中讲述. 在 10.2 节中这些思想的进一步发展大体上采取三种形式. 首先, 不再使用如 "很低黏性" 等不精确的术语, 而代之以流动量与 μ 的乘积 ——"Reynolds 数" 的定量比较, 因此, 我们说边界层随 Reynolds 数的增大而变得更薄 (相对于物体的尺度).

其次, 阐述了边界层内 Reynolds 数进一步增大而使流动变成湍流的趋势及某些推论. 尤其是边界层内扩散的增大有助于阻止分离的倾向 (正如 Prandtl 本人所要发现的), 故外流发展迟缓的大量边界层被包含在上述②类中.

最后, Prandtl 还以另一种甚至更引人注目的方式发展了边界层理论[5], 即解释了从设计得很好的机翼外形拖出的薄尾迹如何能使机翼经受垂直于流动方向的很大升力, 并同时符合 d'Alembert 定理的精神而保持低阻.

10.1.4 激波的物理本质

本节是引言的最后一节, 讨论与边界层完全不同的另一论题. 20 世纪初期再一次应用目前称为奇异摄动理论的基本思想 (10.1.2 节), 揭开了流体力学中一个长期未解的谜, 正是这个谜的谜底首次阐明了激波的物理本质.

本节对此重要成就的简单说明是为了对 10.3 节中将专门讨论的一个广泛的论题 —— 波在流体中生成和传播中的非线性效应略加介绍. 流体中存在着很多不同类型的波. 其中, 空气中的声波和水面上的重力波可能分别是我们耳朵和眼睛最为熟悉的波动. 非线性效应包括这些波和流体的相互作用. 这种相互作用正是流体中的波与其他类型的波的物理本质如此不同的主要特征.

波的线性理论在 19 世纪已发展得很好了. Rayleigh 的杰出专著《声波理论》[13] 深刻地阐述了线性波动理论应用于声波产生和传播的大量知识. 在此一伟大著作的第 253 节中 Rayleigh 惊人地表明了, 即使是声波的非线性理论中可能最简单的问题, 凭借当时的知识也会是不可能解决的谜题. 简言之, 在任何大振幅的声波中, 压强的较高值可比较低值传播得更快并 “赶上” 它们. 因此, 连续运动显然可能中止.

我们在这里将空气视为具有常比热比 $\gamma \approx 1.4$ 的理想气体来说明此谜题. 在 Laplace 1816 年的著名论文[14] 发表后, 人们已认识到在声波中, 声速 c 的平方等于比率 $\mathrm{d}p/\mathrm{d}\rho$ 公式里的压强 p 和密度 ρ 的变化是以 “绝热” 条件相关联的. 这意味着流体中的质点没有得到热的输入 (或没有热输出), 因此流体膨胀时变冷 (通过做功), 且压强较其在等温过程降低得更多. 对于压强 p_0 和密度 ρ_0 的未受扰动空气来说, 此绝热关系可写为

$$\frac{p}{p_0} = \left(\frac{\rho}{\rho_0}\right)^{\gamma} \text{和} \quad c^2 = \frac{\mathrm{d}p}{\mathrm{d}\rho} = c_0^2 \left(\frac{\rho}{\rho_0}\right)^{\gamma-1}, \text{其中 } c_0^2 = \frac{\gamma p_0}{\rho_0} \tag{10.14}$$

按线性理论, 声波以未扰声速 c_0 传播; 而按非线性理论, 较高压强以增大了的声速运动, 计及一阶近似, 此声速可写为

$$c = c_0 + \frac{\gamma - 1}{2}\frac{p - p_0}{\rho_0 c_0} \tag{10.15}$$

这是相对于空气运动的传播速度, 而空气在传播方向上的运动速度按线性理论可写成大家熟知的关系式:

$$p - p_0 = \rho_0 c_0 u \tag{10.16}$$

(在以线性理论速度 c_0 运动的波中, 流体中任何质点的加速度均为 $-c_0\mathrm{d}u/\mathrm{d}x$, 故方程 (10.16) 允许单位体积的质量乘以加速度 $(-\rho_0 c_0 \mathrm{d}u/\mathrm{d}x)$ 和压强力 $(-\mathrm{d}p/\mathrm{d}x)$ 相平衡).

上述论证表明, 按非线性理论压强变化的传播速度 $c + u$ 可根据方程 (10.15) 和 (10.16) 写为

$$c_0 + \frac{\gamma + 1}{2}u (= c_0 + 1.2u, \text{当}\gamma = 1.4\text{时}) \tag{10.17}$$

于是, 对于空气, 超过的传播速度约为 $1.2\,u$. 既然其中 1/6 是由于方程 (10.15) 中 c 的增加, 而 5/6 是由于声波以空气速度 u 的对流, 这里早已存在了流体运动和波的重要相互作用.

我们这里虽仅以粗略的论证向读者介绍了传播速度的表达式 (10.17), 伟大的数学家 Bernhard Riemann 却早在其 1859 年的卓越分析[15] 中, 就证明了该式对于任意振幅的平面声波在绝热条件下一维地传播进入静止空气中是绝对正确的. 简言之, 关系式 $c = c_0 + \frac{1}{2}(\gamma - 1)\,u$ 是准确的. 压强和密度的表达式可用方程 (10.14) 由 c 推出. 最重要的是, 每个 u 值都精确地以式 (10.17) 的速度传播.

Rayleigh 勋爵很清楚这些结论, 他还看出了这些结论不同寻常的含义. 图 10.5 以流体速度 u 随距离变化的一个正压差脉冲来表明这些结论. 图中实线为初始波

形. 一维声波的线性理论认为每个 u 值均以速度 c_0 传播. 因此当横坐标取 $x-c_0t$ 时, 脉冲形状应保持不变.

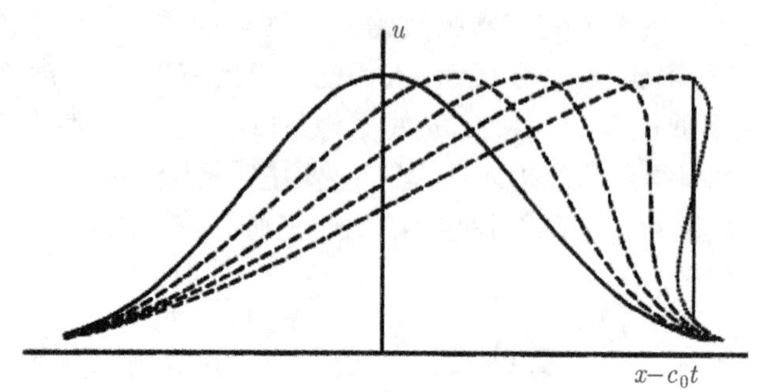

图 10.5　流体速度相对于 $x-c_0t$ 的图形

实线为初始波形; 虚线为由于 u 不按 c_0 而按 $c_0+1.2u$ 的速度传播稍后变化的波形; 点线为更后时刻理论上应有但实际明显不可能的波形; 垂线为 Riemann 提出的试探解

然而准确的非线性理论指出, 每个 u 值是以 $c_0+1.2u$ 的速度传播的, 因此经过时间 t 它运动了 $(c_0+1.2u)\,t$ 的距离, 在图 10.5 中 (u 相对于 $x-c_0t$ 变化) 每个 u 值都向右移动距离 $1.2ut$. 这样, 较小的 u 值移动很小, 较大的 u 值则移动得大得多, 正如前面提到过的, 它们 "赶上" 了较小的 u 值的移动.

图 10.5 给出了随时间增长一系列变形了的脉冲波形 (虚线所示). 直到某一时刻脉冲波形出现了垂直的切线, 这时随时间增长, 理论上可继续预言脉冲的形状, 如点线所表示的, 但该波形实际上明显不可能, 因为此时在同一点处有三个不同的速度值!

解决此谜题的一种诱人的思路是假设解发展为一个间断. Riemann 本人提到可用图 10.5 中插入的垂直实线所代表的间断解来代替点线, 同时保持系统的总质量和总动量守恒, 且曲线的所有连续部分 (虚线) 满足绝热条件下声波传播的准确方程. 但 Rayleigh 反对, 认为此思路①未解释清楚间断解如何产生, 且更严重的是, ②不能满足总能量守恒.

很久以后, 直到 1910 年 Rayleigh 本人[6] 和年轻的 G I Taylor[7] 在皇家学会同一编号的会议集上各自独立地发表了解决此谜题的论文. 他们都采用了后来被称为 "奇异摄动论" 的思想克服了上述两点反对意见.

在我们对此思想的首次简单介绍 (10.1.2 节) 及其空气动力应用的讨论中 (10.1.3 节), 间断发生在外部流动状态和一个边界条件之间, 需要在边界处引入 "非常快速变化的区域", 其梯度要大得足以使 "扩散" 效应变得重要. 在这里讨论的应用中, 不会出现这样的 "边界层", 间断就出现在流体中, 再次出现了一个梯度大得足以使扩散变得重要的区域 (Rayleigh 和 Taylor 的分析表明, 10.1.3 节中的动量扩散具有与热扩散可比拟的重要性). 这是因为, 如果非常快速变化的区域足够薄, 则扩散效应 (正比于梯度) 就能达到足以抵消过大的传播速度效应 (即趋于形成图 10.5 中点线所示不实际的 “倾覆” 波形的效应) 所要求的任何水平, 而形成接近于图中垂直实线所表示的间断解. 不过, 这里的间断具有一定的厚度 δ(“Taylor 厚度”) 和相应的内部结构 (图 10.6), 以保证那些 “倾覆” 和 “扩散” 效应能精确地平衡[16].

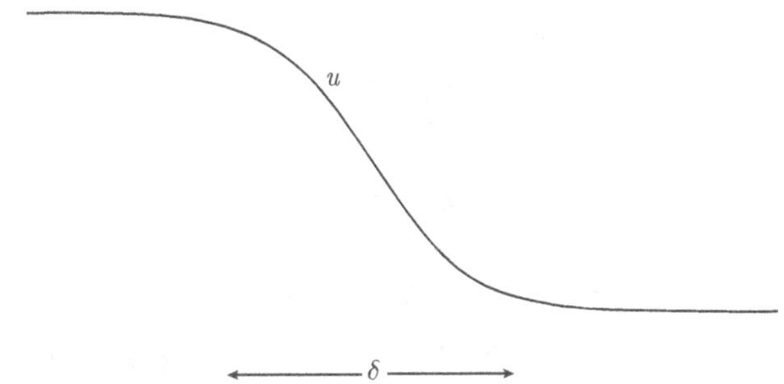

图 10.6　在 (不太强) 激波非常小的 “Taylor 厚度”δ 内, 速度 u 的急剧变化所采取的使扩散平衡非线性效应的分布形式

在解释被称为激波的接近间断的波是如何出现的以回应 Rayleigh 的反对理由①的同时, 上述关于扩散效应在其中重要性的表达也推翻了任何关于此过程是绝热的思想. 相反, 流体通过激波时偏离绝热条件. 当然, 按照热力学第二定律, 这伴随着熵的增加 (所以对于给定的 ρ/ρ_0, p/p_0 大于方程 (10.14) 给出的值). 这也就回应了 Rayleigh 的反对理由②, 因为激波是通过放弃熵的守恒, 而不是通过其他方式, 实现能量守恒的.

激波远比边界层薄. 本质上是因为在流体力学场方程中的主要非线性项 $\rho v\mathrm{d}v/\mathrm{d}s$ 包含了沿流动方向, 即横穿激波厚度 δ 的变化率 $d/\mathrm{d}s$, 于是在边界层内式 (10.13) 的平衡是量级为 $\mu V/\delta^2$ 的扩散项与和 δ 无关的项 (流动是沿固壁的) 相等; 而在激波中类似的平衡则是扩散项与量级为 $\rho V^2/\delta$ 的非线性项相等; 这样一来, 激波厚度正比于相关的扩散项而非其平方根. 在大气中典型的 δ 的取值为从很弱激波的 1mm 至很强激波的几个 μm 之间.

对于实际工程应用, 将激波处理成满足质量、动量和能量守恒方程的陡峭间断常常就够了. 这些方程虽早在 1889 年就由 H Hugoniot 给出[17], 但他本人却从未能意识到为什么在包括空气在内的大多数流体中激波形成的物理 (见上面) 只允许出现压缩性间断.

10.4 节将叙述这些方法在超声速空气动力学中的重要应用. 这些应用都基于对形状变化喷管中超声速流动的深入研究[18]. Prandtl 的这些研究成果与他的边界层理论发表于同一年, 即改变了流体力学的 “奇迹年”1904 年.

10.2　边界层和尾流, 不稳定性和湍流, 传热和传质

10.2.1　最活跃的无量纲参数

10.2 节跟踪在 10.1.3 节中已简单介绍过的很多思想, 特别是与边界层和尾流相关的思想的进一步发展. 这里描述的历史围绕着静止固态物体如何扰动定常气流的问题 (如在 10.1.3 节所述, 这与静止的空气如何受定常物体的扰动一样, 只是实际上处理成空气运动比物体运动更方便些).

物理学的一些分支在 20 世纪的发展表明无量纲参数有助于对问题的研究. 无量纲参数在流体力学中的特别重要性可通过评估其对空气绕流意义的两个对照实例予以说明. 这里的空气绕流具有不同的物理性质：可压缩性和黏性.

若空气的压强 p 相对于 p_0 变化很小, 则按照方程 (10.14), 其密度 ρ 相对于未扰值 ρ_0 的变化亦应很小, 故可忽略压缩性. 但 Bernoulli 方程 (10.12) 指出, 若风速为 U, 压强的变化可能达 $\frac{1}{2}\rho V^2$ 量级, 其中流速 V 与 U 的大小有同样的量级. 故只有比值

$$\frac{1}{2}\frac{\rho_0 U^2}{p_0}=\frac{1}{2}\gamma\left(\frac{U}{c_0}\right)^2 \tag{10.18}$$

很小时, 压强相对于未扰值 p_0 的变化才很小.

大量的实验研究证实了风速和声速的比值

$$\frac{U}{c_0}=M \tag{10.19}$$

这一无量纲参数的重要性, 这个参数取小值 (如小于 0.2) 可用以断定任何可压缩性影响均可忽略, 这时流场像磁场一样是 “无散度” 的, 因为流管内体积通量不变, 其流线聚集处流速增大.

“Mach 数” M 这一名称是为了纪念 Ernst Mach 而起的. 他在 1887 年解释了子弹飞行的照片 (10.4.2 节), 表明了当 M 超过 1 时空气流的样式如何发生了令人激动的变化[19], 即激波的引人注目的出现. 但在 10.2 节, 我们只关注小 M 值的流动, 即可压缩性的不那么令人兴奋的趋向, 而不讨论流动中刚才提到的重要特征. **【又见 10.4.2 节】**

实际上, 流体力学中多种其他无量纲参数[11] 都具有这种不太令人激动的特性, 即其取小值意味着某些物理特性可以忽略. 然而, 正如在 10.1.3 节中所描述过的, 在固态物体周围绝对不存在可忽略黏性的空气流动, 因为黏性影响在边界层内总是重要的, 而边界层的发展对整个流动的特性又有着关键性的影响.

出于各种不同的理由 (当然不是用以判断黏性何时可以忽略的理由), 涉及黏性的一个无量纲参数被证实确实是重要的. 这个参数不仅取决于风速 U, 也取决于物体的线性尺度 l.

于是对于所有形状相同而大小不同 (一般称为 "几何相似") 的物体, 常用它们在流向的尺度 l 作为度量其大小的量. 参数

$$\frac{\rho U l}{\mu} = R \tag{10.20}$$

是无量纲的, 因为黏性 μ 的定义为应力 (和压强一样, 有 ρU^2 的量纲) 与速度梯度 (有 U/l 的量纲) 之比.

只要 Mach 数 (10.19) 小, 压缩性即可忽略. 静止物体对气流的扰动图样只取决于 (实际均匀的) 空气密度 ρ、黏性 μ、风速 U 和物体尺寸 l. 量纲分析的一般原则告诉我们, 这个看起来取决于四个变量的关系实际上只取决于一个无量纲参数 (10.20). (简言之, 只要保持 R 值不变, l、U、ρ 和 μ 的任何改变都可简单地视为等效于长度、时间和质量等基本单位的简单变化, 既不影响力学定律, 也不影响黏性应力与速度梯度的关系.)

这样, 对于相同 R 值下的几何相似物体, 绕大物体的气流模式就是绕小物体气流模式的尺度放大. 这一原理对气流的风洞实验有很多应用. 例如, 一个缩小了尺寸 l 的模型可在利用高压或低温 (分别增加 ρ 或减小 μ) 空气的风洞中保持 R 值不变进行实验.

无量纲参数 R(10.20) 的一个更重要的应用是鉴定在某一特定情况下几种流动形态中的哪一种会出现. 于是, 在 10.1 节中曾粗略描述过的 "很低黏性流体" 的流动可更准确地描述为具有高 R 值的流动. 确实, 正是对于大约 $R \geqslant 10^3$ 时, 才出现薄的边界层. 边界层厚度 δ 与黏性平方根 $\mu^{1/2}$ 的关系亦可更好地表为无量纲形式的厚度与长度之比[11]:

$$\delta/l \text{ 趋向于随 } R^{-1/2} \text{ 而变化} \tag{10.21}$$

当然, 边界层随 R 越来越大而越来越薄的趋势并不能无限继续.

曼彻斯特的工程师 Osborne Reynolds 在 1880 年代对管道流动的出色研究[20] 中曾用过如式 (10.20) 那样的比值, 不过式中的 l 为垂直于流动的管道直径 (内径). 他发现当比值超过约 2000 时, 流动开始变成湍流 (混沌的). 为了纪念他, 空气动力学家们将比值 (10.20) 冠以他的名字, 称为 Reynolds 数. 而把代入垂直于流动方向的边界层尺度 δ 的比值用 R_δ 表示:

$$R_\delta = \frac{\rho U \delta}{\mu} = \left(\frac{\delta}{l}\right) R \tag{10.22}$$

当比值 (10.22) 达到量级约为 10^3 这一临界值时, 边界层内的流动开始变成湍流 (10.2.3 节). 因为 R_δ 趋于随 $R^{1/2}$ 而变化 (根据方程 (10.21)), 所以对于 R 值来说, 将在 10^6 而不是 10^3 的很宽范围内边界层变为湍流.

Prandtl 很早就已认识到[21] 边界层中这样一种向湍流的转捩有三个重要的作用, 均与混沌运动引起动量扩散的增强相联系, 它们是:

(1) 使边界层变得相当厚, 且

(2) 由于向壁面动量扩散的增强而使阻力大大增加. 不过

(3) 同样的扩散使边界层相对不易分离; 即在外流速度沿表面随距离 s 的减速 $(-\mathrm{d}V/\mathrm{d}s)$ 相对更大时仍能保持边界层附着于固壁表面 (10.1.3 节).

Prandtl 还意识到 (2) 和 (3) 处于一种有趣的抵触之中. 例如, 为了避免在 $R=10^4$ 时分离, 让边界层保持着定常的 "层流" 形式 (图 10.4), "翼型" 外形可能需要如图 10.3 所示的那样薄. 可是当 Reynolds 数达 10^6 或更大时, 由于边界层内流动向湍流转捩, 翼剖面厚度几乎要达其两倍 ($(-\mathrm{d}V/\mathrm{d}s)$ 也几乎达两倍) 才能避免分离. 这时与 (2) 相关的阻力增加虽然显著, 但却远小于由于流动分离引起的阻力增加.

除文献 [21] 的讨论外, 流过空气动力 "很坏" 的外形如球体的流动, 在边界层分离前从层流到湍流转捩时 (图 10.7 和图 10.8), 阻力会减小约 2/3. 此转捩的发生

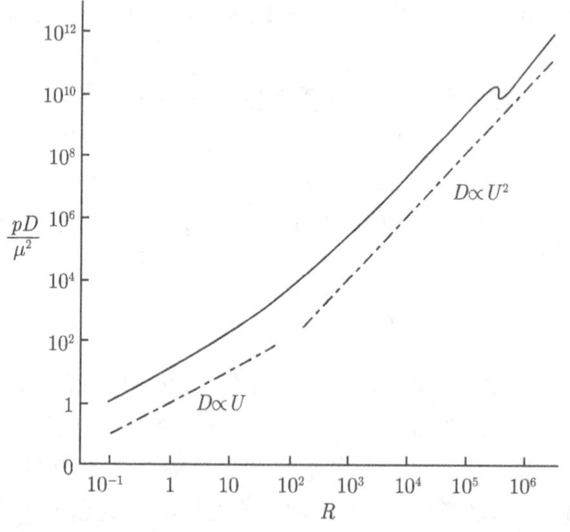

图 10.7　阻力随 Reynolds 数 $R=\rho Ul/\mu$ 变化紧密程度的初步表示. 在速度为 U 的定常气流中, 直径为 l 的光滑球体上阻力 D 在 $R<10$ 时正比于 U(由于黏性应力的量级为 $\mu U/l$), 而在 $R>10$ 时随 U^2 变化 (由于压强的量级为 ρU^2 量级). $R\approx 3\times 10^5$ 时, 由于边界层中的流动向湍流转捩, 阻力减小了约 2/3[29]

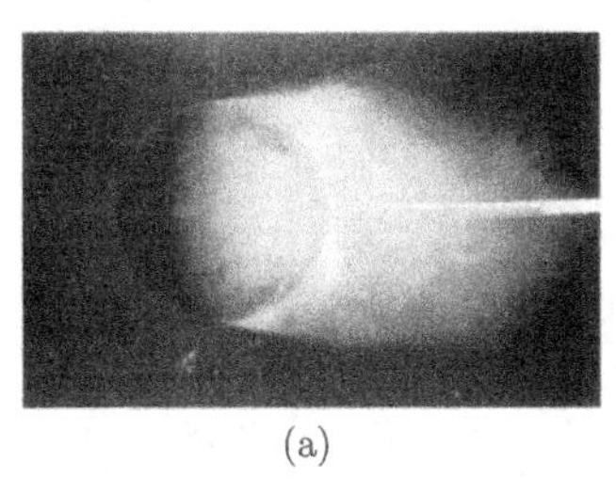
(a)

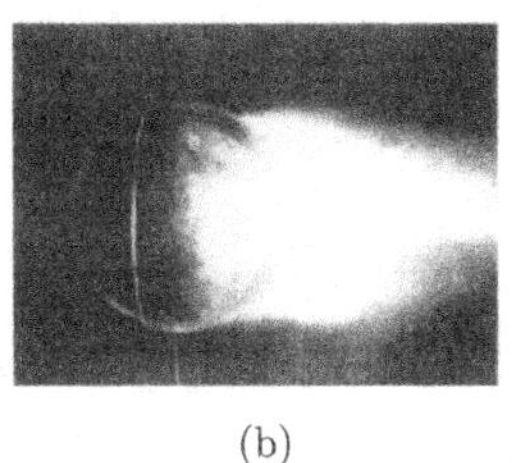
(b)

图 10.8 绕光滑球体的流动 (从左到右) (a) 无绊网; (b) 有绊网[22]

可能是由于 (a)R 数增加至较大的值 (超过 10^5); 或在 R 数较低时 (b) 人工生成湍流, 如文献 [22] 中某些引人注目的绕球流动的图片所示. 图中的球上布了或不布助长转捩的 "绊网". 众所周知, 很多球类比赛都是利用力与运动中球的速率 (或更准确地说, 与 Reynolds 数) 及不同表面扰动的这种敏感关系使之更复杂、更引人入胜的.

Reynolds 数被描述为 "最活跃的无量纲参数"[11], 因为在很宽的 R 数量级范围内, 流动状态的变化如此惊人, 不论是 R 从 10^3 增大至一系列更高的量级 (如上简述的), 还是 R 在较低的值降低至甚至小于 1 的小值 (如显微镜下揭示的微小生物游泳的奇妙世界中[23]), 都可找到这种显著的变化.

10.2.2 涡度的新作用

简直不可思议, 为理解作用在气流中静止物体上的力 (包括飞行器非常重要的升力), 20 世纪最灵验的工具竟然是**涡度**这一概念! 过去远未被忽视的涡度概念曾是 19 世纪流体力学理论家特别偏爱的一个工具. 他们迷恋涡度, 却用它做了很多无益的探索 (例如, 将原子表示为在以太中的旋涡等), 当然没有必要在此回顾这些, 然而其最有意义的成果之一, 注定对空气动力升力理论将起关键作用的 Kelvin 环量定理, 竟被其作者错误地认定与固定翼飞机维持升力的可能性完全不相容.

涡度的某些新作用是在 20 世纪涌现出来的. 它们主要是在用涡度分布重新诠释边界层和尾迹的发现时获得的, 涡度分布具有确定的动量并产生相应的空气动力后果.

涡度的重要性可以从下述概念导出：一旦黏性应力可忽略时, 流体小球只受到通过小球中心而不改变小球角动量的压力[11](图 10.9). 小球的运动可分为三个部分：(i) 以中心速度 v 进行的匀速平移; (ii) 以角速度 $\frac{1}{2}\boldsymbol{\omega}$ 进行的刚性旋转, 其中 $\boldsymbol{\omega}$ 是涡度; (i) 和 (ii) 两部分运动分别具有小球的全部动量和角动量; (iii) 对称的挤压或 "变形" 运动, 小球瞬时地变化其外形为具有同样体积的椭球. 第 (iii) 部分运动包含某些方向的拉长和其他方向的缩短, 也分别减小或增大了相应方向上的转动惯量, 于是, 角动量守恒意味着涡度沿拉长或缩短的轴向分量也相应增加或减小. 确实, 涡度矢量本身在大小和方向上的变化与通过小球中心的流体质点线在小球变形运动过程中的变化精确地一致.

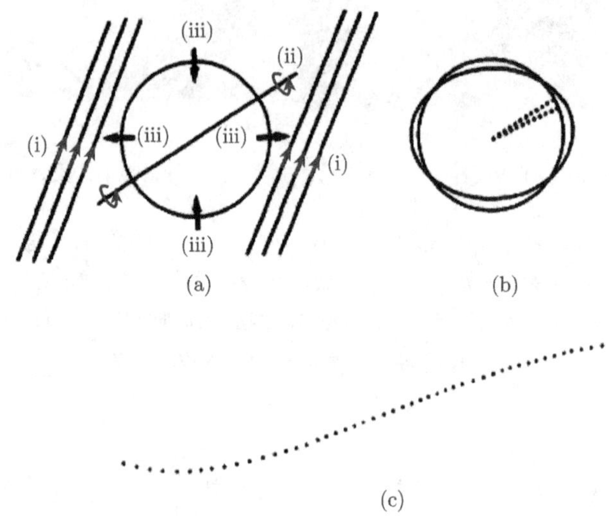

图 10.9　(a) 流体小球的瞬时运动可分为三部分, 其中部分 (ii)—— 以角速度 $\frac{1}{2}\omega$ 的旋转 —— 携带着全部角动量, 这时作用在球上的压力通过小球中心, 因此不改变此角动量; (b) 由于 “变形” 运动 (iii) 以涡度矢量受到和流体质点线同样变形运动的方式改变绕不同轴的惯性矩, ω 可能改变; (c) 因此若流体质点 “项链” 在某一时刻与一涡线吻合, 则将继续吻合

上述分析引出了 “涡线” 的概念, 即流体运动的质点线或 “项链” 凡在可忽略黏性应力处总是连续地指向涡度矢量的方向, 矢量的模与 “项链” 的局部拉伸成正比等. 大家熟悉的烟圈就是一束可见的涡线.

典型的剪切运动区如边界层 (图 10.4) 是强涡度区, 其涡度大小 ω 等于速度梯度 $\mathrm{d}v/\mathrm{d}n$. 具有角速度 ω 的纯旋转运动可通过两个互相垂直的剪切运动的矢量相加而获得, 每个剪切运动的旋转分量 (ii) 为 $\frac{1}{2}\omega$(图 10.10).

两个剪切运动以矢量相加方式合成一个角速度为 ω 的纯旋转运动, 故每个剪切运动中的旋转分量 (ii) 角速度为 $\frac{1}{2}\omega$

上述讨论导出了旋转分量是速度分量梯度的组合这一经典的矢量关系 $\boldsymbol{\omega} = \mathrm{curl}\boldsymbol{v}$, 它有两个主要含义: 首先, 涡度场本身是无散矢量场 ($\mathrm{div}\boldsymbol{\omega}=0$), 故涡线永不会终止于流体中; 进而, 如同在静磁场中的关系 $\mathrm{curl}\boldsymbol{H} = \boldsymbol{J}$ 允许我们根据 Biot-Savart 定律由电流分布 $\boldsymbol{J}$ 精确地确定其相关磁场一样, 由涡度分布可完全确定流体的流场 $\boldsymbol{v}$.

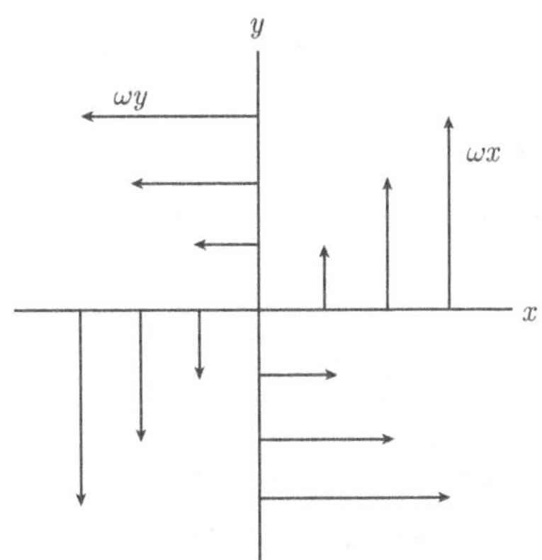

图 10.10 两个剪切运动以矢量相加方式合成一个角速度为 $\boldsymbol{\omega}$ 的纯旋转运动, 故每个剪切运动中的旋转分量 (ii) 角速度为 $\frac{1}{2}\boldsymbol{\omega}$

在黏性应力不可忽略处, 如在边界层内, 黏性效应不仅产生速度分量的扩散, 还有速度梯度的扩散 (10.1.3 节), 故涡度也以同样的扩散系数值 (μ/ρ) 扩散; 因此, 涡线不仅因流体运动经受对流的影响, 还要经受这种扩散的影响.

静止物体扰动均匀气流时, 物体表面是唯一有效的涡度源. 依此观点, 当涡度的扩散在物面上产生时边界层形成, 与向下游的对流一起, 允许涡度始终保持在薄的边界层和尾迹内, 在边界层外则是势流 (即涡度为零的流动).

在固壁单位面积上涡度的生成率是 $V\mathrm{d}V/\mathrm{d}s$(采用 10.1.3 节中的符号). 示意图 10.11 方便地示出了为什么此单位质量的压强梯度趋于使一个满足壁面无滑移条件 (像个橡皮球似的) 的流体小球发生旋转.

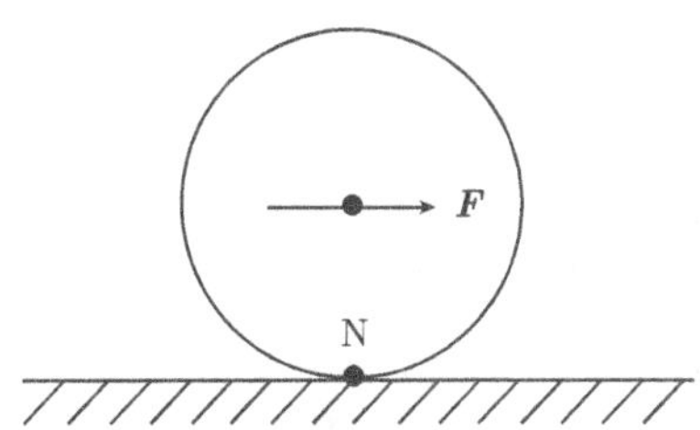

图 10.11 单位质量力 $\boldsymbol{F}$ 使在 N 处满足无滑移条件的与固壁接触的流体小球发生旋转, $F = -(1/\rho)(\mathrm{d}p/\mathrm{d}s) = V(\mathrm{d}V/\mathrm{d}S)$(10.1.3 节)

根据这一观点, 在 10.1.3 节定义的边界层区 (a) 具有正的 $\mathrm{d}V/\mathrm{d}s$ 时, 有正的涡度生成率; (b) 具有负的但小的 $\mathrm{d}V/\mathrm{d}s$ 时, 有小而负的涡度生成率 (涡度的逐渐减小使扩散足以抵消其作用); (c) 具有负而不小的 $\mathrm{d}V/\mathrm{d}s$ 时, 将导致在壁面附近的回流 $(\mathrm{d}v/\mathrm{d}n < 0)$. 三种情况中只有 (c) 造成边界层分离.

Prandtl 对避免分离的流动 (因不存在 (c) 区) 做出其创造性解释后约十年, 又做出了另一个关于这些流动的卓越发现[5], 即物体后面发出的涡度对气流和空气动力都有决定性的影响. 这里, 内容为涡度分布 $\boldsymbol{\omega}$ 不仅决定流场 $\boldsymbol{v}$, 还很直接地确定此流场的动量 (用数学符号表示为 $\frac{1}{2}\rho$ 乘以涡度分布的矩) 的这个 19 世纪的定理, 是十分宝贵的.

显然, 这些效应对于如图 10.3 中所示的完全对称流动可能相对不那么重要, 因为物体上下表面的边界层发出了相等和相反的涡度 (分别是顺时针和逆时针的), 在单位长度的尾迹中没有合成涡度. 虽然在尾迹中含有对应于前向动量生成率的 (很小的) 矩, 并根据牛顿第三定律这必定伴随有作用在物体上的 (很小) 的阻力.

但当如图 10.3 中的对称物体以正 "攻角" 置于气流中, 或其横截面的中心线不是直线而是弯曲 (弧形) 的, 使流动偏离对称时, 情况就大不一样了. 这时, 上下表面涡度相等的倾向被彻底改变 (图 10.12), 于是尾迹可带有一大的且逐渐增长的向下的动量. 此动量的增长率代表了作用在物体上的空气动力升力 (这个作用在物体上向上的力等于并反向于物体对空气的向下的动量传播率).

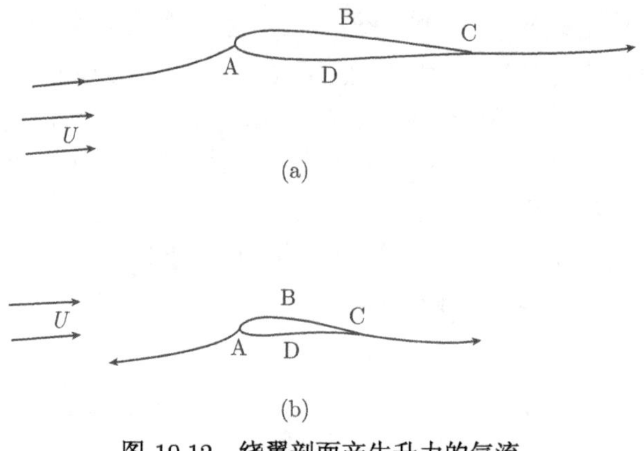

图 10.12　绕翼剖面产生升力的气流

(a) 绕一对称外形 (与图 10.3 中一样), 但气流向量 $\boldsymbol{U}$ 与 "弦线"(前后缘的连接线) 之间有 6° 的 "攻角". 由于边界层外的势流速度 V 在上表面的值大于在下表面的值, 故环量 ($\int V\mathrm{d}s$ 沿 ABC 的积分值减去沿 ADC 的积分值) 为正; (b) 在同样攻角下绕有弯度剖面的流动. 环量值中除了攻角的作用外还包含了弯度的作用

相对低 Mach 数下机翼空气动力学在 20 世纪的发展 (10.2 节主要讨论的内容) 集中于在 Prandtl 的协同涡度模式基本图像[5] 的每一要素内获得更高的定量精度. 此协同涡度模式很关键地包含 "附着涡度"(贴附于机翼的一切合成涡度), 作为在尾迹中有 "尾缘" 涡的涡线连续场的一部分. 这里我们以最简单的形式对此模式做一描述.

显然, 边界层中的涡度表达式 $\boldsymbol{\omega} = \mathrm{d}\boldsymbol{v}/\mathrm{d}\boldsymbol{n}$, 其中速度 $\boldsymbol{v}$ 从壁面处为零升至边界层外缘处的 V, 意味着机翼上表面单位面积有合成 (总) 涡度 $+V$, 下表面有类似的合成涡度 $-V$, 代表整个翼剖面单位翼展上正合成涡度的附着涡度遂取沿上、下表面积分 $\int V\mathrm{d}s$ 的差. 此差值被称为绕翼剖面的 “环量”Γ. 只要上表面顺时针方向的 V 值大小和范围超过其下表面逆时针向的 V 值大小和范围, 就会出现此环量. (图 10.12)

环量产生升力, 因此是重要的. Bernoulli 方程 (10.12) 已经以在 V 最小处压强有最大值预示了这一点, 而 Zhukovski 定理[10] 以更普遍的数学分析给出, 对于 (均匀的) 任意形状翼剖面的翼展很大的机翼, 其单位翼展上 “二维” 特征[9] 势流的升力为 $\rho U\Gamma$[10]. 另一方面, Prandtl 则应用涡线的基本特性做了更为物理的分析[5], 即:

(1) 推论了对于一般 “三维” 机翼形状, 每个截面单位翼展上的升力为 $\rho U\Gamma$; 且

(2) 用现在普遍称为 “升力阻力” 的附加阻力形式量化了相应的 “代价”.

这些成就的本质在于认识到涡线不能在流体内终止, 任何附着涡度必与尾迹中的尾缘涡连接为一连续系统.

图 10.13(a) 粗略地表示了沿翼展位置 z 而变化的附着涡度 Γ(在超出翼梢 $z=\pm b$ 区域因无涡度源而当然变为零) 如何结合进这样的涡系. (注意: 图中的点线故意过分简化地表示涡线必须闭合; 并表示绕任何带正弯度和/或正攻角的机翼建立具有加入附着涡 Γ 的贴体边界层的光滑流动是可能的, 只要在运动开始时拖出了一个与附着涡数值相等方向相反的 “启动涡”. 这种认识可与前面提及的 Kelvin 环量定理相联系. 实际上, 远离机翼的尾涡倾向于 “卷起” 一对集中的旋涡, 如在潮湿天气中常可见到的 “凝结的尾迹”.)

紧跟机翼的涡迹 (实线) 具有如 Prandtl 给出的[5]图 10.13(b) 所示的流动形态, 具有数值为 $\frac{1}{2}\rho$ 乘以涡度分布的矩这样一个向下的动量. 此动量增大的变化率代表机翼上的升力

$$L = \rho U\int_{-b}^{b}\Gamma\mathrm{d}z \tag{10.23}$$

机翼每个剖面上的升力如 (1) 中所述. 同样重要的是, 增大的尾迹每单位长度具有可计算的动能 D_L, 它由保持机翼在空气中做定常相对运动时通过单位距离所做的功提供. 此动能正如上述 (2) 中所提到的是由升力引起的阻力.

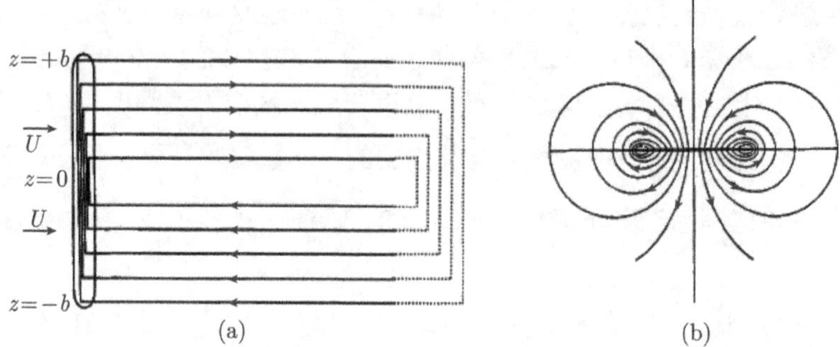

图 10.13　(a) 实线示意地表示定常气流中有升力的机翼上涡线的总体形态; 结合了附着于机翼的附着涡 $\Gamma(z)$ 和尾涡; 附着涡中涡线最密处涡强最大. (点线, 见正文)(b)Prandtl 给出的紧跟机翼后缘下游垂直平面内与上述附着涡分布相关联的尾迹流模式. 机翼上的力由连续拖出此模式产生; 升力 L 是其附加的单位时间内向下的动量; 尾迹单位长度上的动能为由升力引起的阻力 D_L

对于给定的翼展 $2b$, Prandtl 成功地证明了由升力而产生的最小可能阻力是

$$D_L = \varepsilon L \quad 其中, \quad \varepsilon = \frac{L}{2\pi\rho U^2 b^2} \tag{10.24}$$

当 Γ 沿翼展方向的各种分布取如图 10.14(a) 所示的 “椭圆” 形分布时可获得此最小值. Prandtl 还揭示了看待此升力阻力的另一种有启发性的方法: 尾迹涡度 $\boldsymbol{\omega}$ 产生速度场 $\boldsymbol{v}$, 该场在机翼上取向下运动 εU 的形式, 局域地看, 这等效于来流下转了角度 ε, 这样, 垂直于此有效来流的力 L 也就向后倾斜了 ε 角, 从而包含了一 “阻力” 分量 εL(图 10.14).

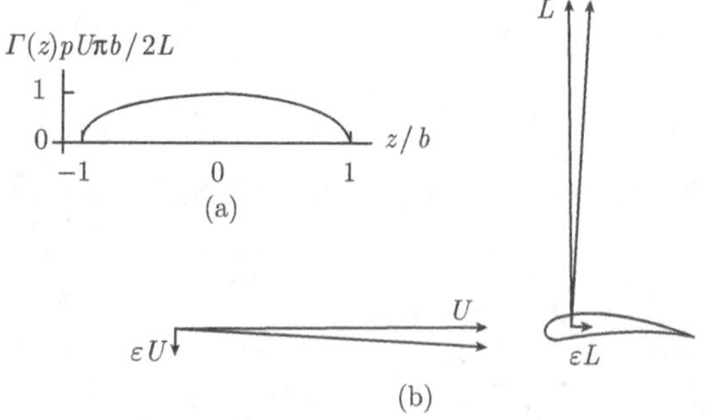

图 10.14　(a)Prandtl 提出的可将升力阻力减至最小值 εL 的 “椭圆” 形环量分布; 相关的尾涡在机翼上产生一均匀的向下运动 εU. (b) 确实, 速度为 U 的水平气流产生向上的升力, 而其因向下运动 εU 引起的向下偏转必会产生一附加的水平力 εL

当然, D'Alambert 定理不适合于这些因受复杂涡度分布强烈影响而远非接近

于势流的流动, 但因飞机的翼展 $2b$ 远远大于其其他方向的尺寸, ε 只是一个 10^{-2} 量级的小量. 因而如 10.1.3 节最后指出的, D'Alambert 定理的一般精神仍适用于这些能产生足以支持数百吨金属于空中的巨大升力而只需付出不大阻力代价的流动.

10.2.3 转捩的类型, 湍流的类型: (1)1940 年前的奋斗

不论一位 20 世纪流体力学史学者在采用颂歌式的史诗描述第一个 1/4 世纪内边界层和尾迹方面的重大发现时是多么正确, 他也必须承认以这种方式描述 20 世纪湍流研究的发展是不适当的. 尽管 Reynolds 1880 年代的研究[20] 建立了良好开端, 这一领域在 20 世纪内的发展缓慢得多. 只是在 1940 年代对湍流的理解才开始实质性地超过 Reynolds 的研究和他 1895 年有力的理论分析[24] 所达到的高度.

尽管 (10.2.1 节)Reynolds 1880 年代的研究集中于管流中的湍流, 这些研究已确认了存在不同的形成强烈对比的湍流和向湍流转捩的形式. 但是, 在随后的半个世纪中, 研究者们表现出把 "湍流" 过度地视为单一的整体现象的倾向, 以为对其任何一方面的研究都可以阐明这个领域的整体, 从而导致研究在死胡同中做长期的挣扎. 这些努力虽可能在技术上取得了某些改进, 我们却没有必要在此简短的综述中对其做编年记述.

著名的论文很少整个地被回忆起来! 就管流而言, Reynolds 不仅确定了一个很容易记住的向湍流转捩的最小 Reynolds 数, 其实作为细微的观察者他还揭示了两个极不寻常的特征 —— 转捩的间歇性和突发性; 即在原本的层流中间歇性地突然出现了强烈混沌运动的突发 "闪现". 但是直到 1951 年这两个特征才被 Howard Emmons 在哈佛大学所做的平板边界层转捩实验[25] 中再一次发现: 高度混沌流动不断生长的 "斑块" 间歇地突发开始, 分别为周围层流流动的明显边界隔开, 又在下游合并成完全的湍流边界层 (图 10.15).

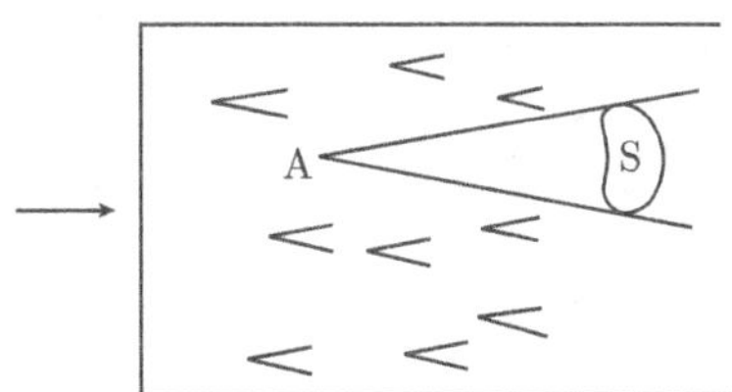

图 10.15 Emmons 对平板边界层中湍流斑块的观察. 不同的 "斑点" 随机地在某楔形顶点 A 产生, 随后在楔内如斑块 S 所示地增大. 其他楔 (全都有几乎一样的角度) 内的斑块向下游也不断增大. 在每个斑块内湍流流动充分发展, 因此斑块随机地开始互相合并, 最终形成完全的湍流边界层

在很长一段时间内, 研究者们同样很少注意到 Reynolds 列举的其他流动形式, 这些流动

(1) (和管流相比) 显示出更强的转捩的倾向. 但

(2) 使转捩以他称之为 “正弦式” 的更受抑制的方式进行.

这包括平行流中那些在流本身而非固壁上有涡度最大值的流动和曲线流中那些速度最大值在 “内侧” 的流动. 更广泛地说, 这是那些流体力学理论已经证明更易预见到不稳定性的流动 (如 Rayleigh 在文献 [26], [27] 情况首次预测的) 和最初预见会不稳定发展的扰动与实际观察到的扰动很相似的那些流动. 然而直到 20 世纪的后半个世纪, “突发” 和 “受抑制” 转捩的差别才被恰当地认识到, 并用非线性稳定性理论的思想予以解释. 伟大的俄罗斯物理学家 L D Landau [28] 于 1944 年首次提出了这种思想.

Reynolds 1895 年的论文[24] 同时还很好地揭示了由分子黏性和由湍流产生的两类动量扩散的差别. 我们这里以在 x 方向有速度 U 的 (其在垂直方向上随坐标 y 变化) 平行气流 $U(y)$ 为例做一说明 (图 10.16). 若流动是湍流, 此 $U(y)$ 代表流动速度随机脉动的平均值, 其分量为:

$$U(y) + u, v, w \text{分别沿} x, y, z \text{方向} \tag{10.25}$$

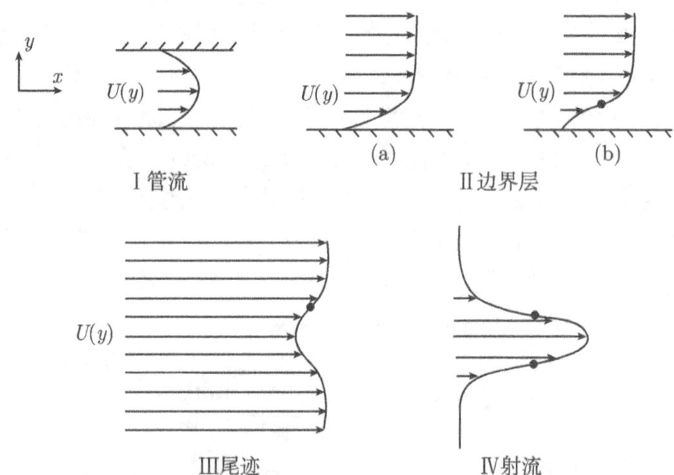

图 10.16 某些接近平行流的流动: (Ⅰ) 管流; (Ⅱ) 平板的边界层. 其中 (a)$\mathrm{d}V/\mathrm{d}s$ 为正, (b)$\mathrm{d}V/\mathrm{d}s$ 小而负; (III) 尾迹; (Ⅳ) 射流. 涡度最大值发生在 I 和 II (a) 中位于固壁而在 II (b), (III) 和 (Ⅳ) 中出现在流动中 (黑色圆点)

虽然脉动速度 u, v, w 的平均值为零, 但像 uv 这样的乘积却可能有非零平均值 $\langle uv\rangle$. 这时多余的 $x-$ 动量 (单位体积的为 ρu) 沿 y 方向按现在称为 Reynolds 应力的平均速率

$$\rho\langle uv\rangle \tag{10.26}$$

输运, 于是单位体积的能量以速率

$$-\rho\left\langle uv\right\rangle\frac{\mathrm{d}U}{\mathrm{d}y} \tag{10.27}$$

从平均流中抽出补充给湍流.

对比之下, 在层流中, 动量输运仅由黏性扩散来实现. 这当然可以用气体动理论以表面上与上述类似的方式来解释, 也可以有类似式 (10.25)、式 (10.26)、式 (10.27) 那样的方程 (方程 (10.25) 代表分子速度, 式 (10.26) 和式 (10.27) 中的角括号表示基于分子重量的加权平均). 但这种表面上的相似会严重地误导人们, 分子速度 u, v, w 极大 (声速的量级), 但其如式 (10.26) 那样的平均只有很小的值 (黏性应力, $-\mu\mathrm{d}U/\mathrm{d}y$), 因为分子碰撞不断地恢复热力学平衡, 且从统计意义上分子动量仅在碰撞之间的平均自由程 (在大气条件下为 10^{-4}mm) 上才显示出任何有效的"存留".

这种反差不仅表明分子动理论中分子速度的统计值和湍流中流体速度值绝对尺度的差别, 还提示人们在湍流中寻找类似于平均自由程这种量的任何企图可能都是无效的. 最终, 这种企图 (在 20 世纪的第二个 25 年内不断追求的"混合长度理论"[29]) 在承认 Reynolds 应力式 (10.26) 取决于能和整个平行流厚度相比拟的长度尺度上的速度脉动后被放弃了.

尽管如此, 在 1940 年代前对湍流和转捩问题成果不大的很多努力中, 还是积累了一些相对有价值的知识. Tollmien 1935 年提出了在流体中存在涡度的最大值是流体对小扰动不稳定的必要和充分条件, 从而完成了 Rayleigh 对零黏性极限下的平行流工作[30]. 图 10.17 表示了扰动增长率随频率变化 (实线) 的典型情况. 对有限 Reynolds 数下的研究结果 (破折线) 表明黏性效应, 正如我们所期望的, 使该增长率减小[11]. 此流动向湍流的转捩始于最大增长率频率附近有规则的"正弦"扰动的最初发展.

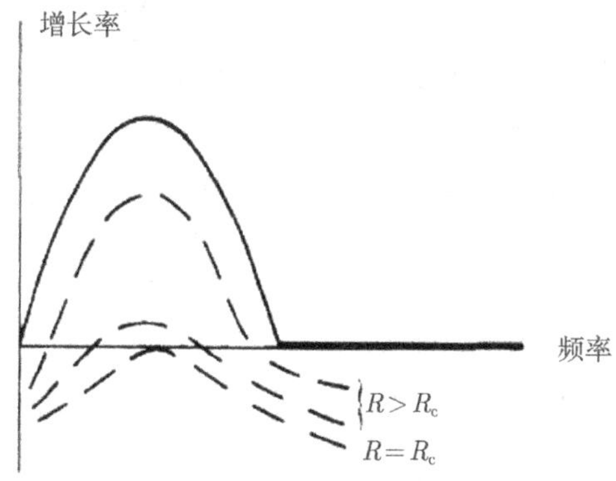

图 10.17 正弦小扰动对平行剪切流的增长率. 涡度最大值在流体中的典型情况[11]

实线, 可忽略黏性; 虚线, 有限 Reynolds 数 R 下的增长率 (R 超过临界值 R_c 时存在增大的扰动)

对于稍微弯曲的流动, Rayleigh 于 1916 年就已证明[27]. 在无黏极限下小扰动引起类似不稳定性的条件是较大速度发生在弯曲内侧. 7 年后 G I Taylor 表明在一种重要的特殊情况下可以计算出黏性致稳效应[31], 且计算和实验所得的稳定边界吻合. 在边界附近实验 "毫无疑问地" 检测到了计算所预言的扰动 (沿流动方向排列的轴向变号涡环)(图 10.18).

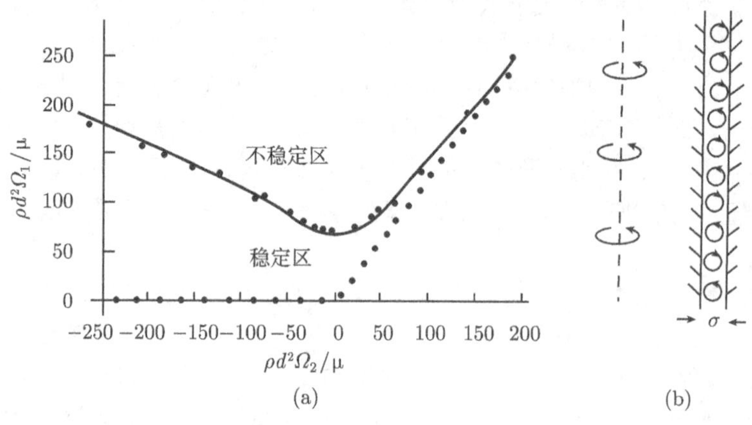

图 10.18　在内壁为实心圆柱外壁为中空圆柱且分别以角速度 Ω_1 和 Ω_2 绕虚线旋转而成的环状缝隙中流体运动的不稳定性. (a) 实线：Taylor 计算而得的稳定边界及实验所得的值 (用点表示)[31]; 点线：忽略黏性的稳定边界. (b) 计算和实验的扰动的形状

1940 年以前, 所有的科学家实际上都把不稳定性解释为对这种小扰动的的不稳定. 然而, 令他们迷惑不解的是, 因为按这样的解释, 内部没有涡度最大值的流体的通常流动 (无论在管中还是在平板边界层中) 在无黏极限时对小扰动应是稳定的 (见上述), 而且, 任何黏性效应还都会加强这样的稳定性.

这一佯谬是分为两半解决的. 1921 年 Prandtl 用另一种奇异摄动论开始解决头一半. 他证明了[32] 当未扰涡度在固壁达到其最大值时, 黏性对小扰动的效应首先在比主边界层 (在管流情况下为管径) 薄得多的 "内边界层" 被感知到. 在这里, 黏性作用使壁面摩擦力的脉动相位超前当地的速度脉动 45°, 从而驱使扰动不稳定化. (相位的超前基于下列事实, 即对于频率为 ω 的正弦扰动, 在方程 (10.13) 左边附加的项 $\rho i\omega v$ 会在此薄层内起主要作用.)Prandtl 1921 年的论文因预示了主边界层内层的一般 "三层甲板模型" 理论而体现了更广范围内的重要性.

于是又一次需要 M Tollmien 的熟练分析技巧来实现对平板边界层充分考虑黏性效应的完备稳定性计算[33](1929 年). 将不稳定扰动取作按指数规律增大的行波, 黏性效应的分析不仅对 Prandtl 的内边界层进行, 也对波速与当地流速一致的区域内的薄的 "临界层" 进行. 四年后, Schlichting 又对 Tollmien 的卓越分析做了某些重要的改进[34]. 这些波 (其重要意义只有在以后解决此佯谬的第二部分时才会显现出来) 现在被称为 Tollmien-Schlichting 波.

除了这些有关湍流的转捩是如何起始的研究之外, Taylor 1922 年的论文 "连续运动产生的扩散"[35] 把对充分发展的湍流所做的分析向前推进了一大步. 他推广了在 Reynolds 应力中出现的两个速度涨落的平均乘积 (10.26) 这一概念, 获得了表征如何将由混沌但仍为连续流形成的扩散与气体分子两次碰撞间自由运动实现的扩散加以区分的有效工具.

Reynolds 应力的全张量包括的平均值不仅有如式 (10.26) 的 uv 的平均值, 还有 u^2, v^2, w^2, wu 和 vw 等的平均值. 这每一个平均乘积 (再乘以 ρ) 代表动量输运的一个分量. Taylor 的改进是考虑某速度脉动分量 (u, v, w) 在点 P 处和在该点邻近的点 Q 处的平均乘积. 例如, 若点 Q 位于 P 点下游的距离 r 处, 当 r 很小时, 平均乘积 (或 "协方差")

$$\langle u_P u_Q \rangle \tag{10.28}$$

与平均平方 $\langle u_P^2 \rangle$(或 "方差") 吻合; 当 r 变大时, 湍流的混沌本质意味着 u_P 和 u_Q 没有关联, 故协方差 (10.28) 趋于零.

式 (10.28) 随 r 变化的函数曲线于是给出了湍流中协调运动 (或 "涡") 的空间尺度的第一个指标 (图 10.19). 另一个这样的指标由其傅里叶变换 $\Phi(k)$ 给出. 根据一般的统计学定理, $\Phi(k)\,\mathrm{d}k$ 代表着方差 $\langle u^2 \rangle$ 中由 u 的正弦分量 $a\sin(kx+\alpha)$ 所贡献的部分, k 为间隔 $\mathrm{d}k$ 中的波数. 从这个意义上说, 傅里叶变换 $\Phi(k)$ 表示作为下游波数 k 的函数的湍流谱.

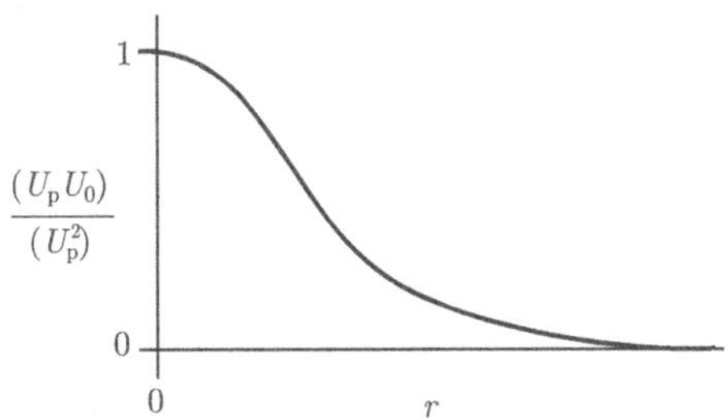

图 10.19 协方差 (10.28) 随 Q 点与 P 点距离 r 变化的典型曲线[39]

应用了 Taylor 的创新的一类湍流是 H Dryden 和他的同事们[36] 在 1929~1936 年研发回流风洞过程中所研究的. 这些风洞后来成为研究静止物体如何扰动定常气流这一中心问题 (10.2.1 节) 的主要测试设备. 不过, 在研究中需要非常小心地确保气流在风洞的实验段中实际上是定常的 (图 10.20). 气流在实验段的下游被风扇加速后, 又在截面逐渐增大的扩张段中被减速得足够慢 (167 页中的情况 (b), $\mathrm{d}V/\mathrm{d}s$ 为负的小值), 从而避免了气流从风洞壁上的分离. 然后气流慢速地通过所

谓的蜂窝器 (Reynolds 数足够低而保持为层流), 再到达仔细设计形状的收敛通道, 以实现条件 (a), 即 $\mathrm{d}V/\mathrm{d}s$ 为正. 这样, 在恢复了速度的气流变得非常接近均匀的同时, 实验段的壁面边界层也可保持很薄. 为了证明实验段中气流实际上是定常的, 需要采用精致的 "热线" 技术来测量气流中剩下的极低的残留湍流水平.

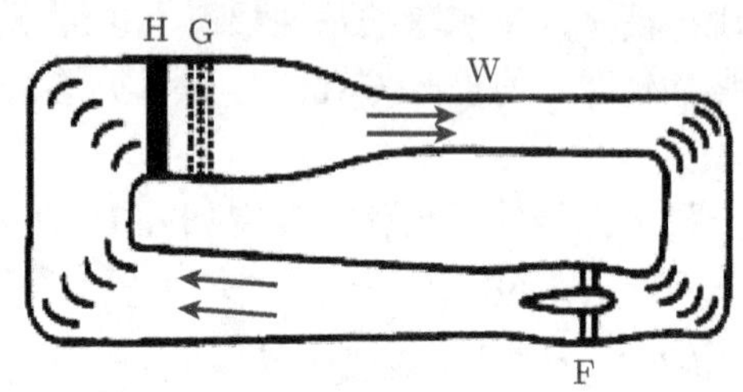

图 10.20 典型回流式风洞的示意图

W 为实验段; F 为风扇; H 为蜂窝器; G 为阻尼网. 注意: 在风洞拐角处有导流片引导气流

半径 5μm 的铂丝嵌入半径为其 10 倍的银导线中形成的金属丝称为 Wollston 导线. 采用蚀刻法使很小一段长度的铂丝裸露, 从而为电路提供了阻值对铂丝的温度变化十分灵敏的主要电阻. 在气流中, 铂丝的温度由电阻生成热和气流带走热之间的平衡确定. 这样, 采用一个恰当的电路即可测得气流的瞬时速度. Dryden 证实了若电路中包括对该导线热惯性的补偿, 则这样的测量可达到非常高的准确度.

同时, 从测量速度涨落得到的频率谱可直接导出相对于下游波数的 Taylor 谱 $\Phi(k)$(因为以速度 U 扫过热线的正弦分量 $a\sin(kx+\alpha)$ 变为频率为 kU 的 $a\sin(kx-kUt+\alpha)$). 而用两根热线在点 P 和点 Q 还可测得协方差 (10.28) 作为两点间距离 r 函数的关系.

他们发现在实验段中残留的湍流是 "各向同性" 的. 即对坐标轴的任意旋转 (或反射) 其统计特性相同. 这样, 只要已知作为 r 函数的一个分量 (10.28)(r 为 P 点与其下游 Q 点之间的距离), 就可依照矢量分解原理确定相邻的 P、Q 两点处不同速度分量之间整个协方差张量[39]. Taylor[37] 和 von Kármán[38] 都对这个有价值的确定做出过贡献. 类似地, 速度涨落的全能量谱 $E(k)$ 作为三维波数矢量模 k 的函数也可以一个微分关系用 Taylor 一维谱 $\Phi(k)$ 表示出来:

$$E(k)=k^3\left[\frac{\Phi'(k)}{k}\right]' \tag{10.29}$$

然而, 各向同性湍流仅是又一种 "湍流类型", 不具有普遍性. 特别是, 在各向同性情况下, Reynolds 应力分量 (10.26) 为零, 不可能再从平均流中获得能量 (10.27), 湍流能量必定总是随时间而衰减.

10.2.4 转捩的类型, 湍流的类型: (2) 新的分类学

1940 年代初期出现的论文开始逐渐解决上面提到的很多困难, 然而由于当年科学家之间的交流不便, 这些论文直到后来才得到了广泛的承认. 这里仅简单地表述一下这些论文中开始的工作如何引导了对转捩和充分发展湍流分类学的系统研究.

关于边界层中的转捩, 1940 年的两篇非常不同的论文都远远超出了对平板边界层的 Tollmien-Schlichting 波的分析, 给出了关于小扰动稳定性的知识. 其中之一为 Schlichting 的将边界层按平行流处理的文章[40], 表明了对于稍受制动的流动 (即 167 页的 (b) 形式, $\mathrm{d}V/\mathrm{d}s$ 为小的负值, 壁面上拖出涡度), 边界层中存在涡度的最大值如何意味着对很宽频率范围的扰动有不稳定性 (图 10.17), 且相对低的 Reynolds 数就足以使此不稳定性出现[40]. 另一篇 H Görtler 的论文[41] 则表明, 相对于气流为内凹曲壁的边界层 (故曲壁内侧的速度最大) 如何受不稳定发展的扰动支配, 产生沿流动方向排列的涡度, 如 Taylor 曾研究过的那样 (图 10.18)[31]. 这样的边界层涡旋称为 Taylor-Görtler 涡旋 (图 10.21).

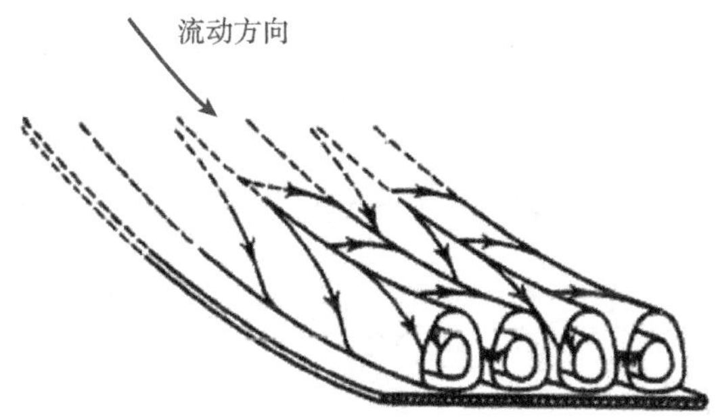

图 10.21 凹壁表面上的薄边界层对 (Görtler[41]) 产生如图 (放大的) 所示的 Taylor-Görtler 涡旋是不稳定的, 可视为与 Taylor 发现的内圆柱相对于不动的外圆柱旋转时 (图 10.18 中 $\Omega_2 = 0$) 产生的涡旋类似

在对解决边界层转捩这一佯谬的第一部分 (174 页) 做出上述这些巨大贡献之后四年, 俄罗斯人 Landau 的论文[28] 播下了一个根本性新理论的大部分种子. 这一理论将发展得远超出对解决转捩问题第二部分做出贡献的小扰动稳定性研究, 虽然其非线性部分后来发展得极为复杂, 但 Landau 1944 年论文的简单总结中已抓住了某些本质.

在那篇论文中, Landau 事实上试图给出 "突发" 和 "受限" 转捩的差别 (172 页) 的模型. 例如, "突发" 转捩可在涡度最大值位于壁面的系统中出现, 当 Reynolds 数 R 达到相对高的 "临界值" R_c 时, 系统趋于对小扰动不稳定. R_c 值可这样来定义,

即这种小扰动的振幅 A 按如下的指数律变化:

$$\mathrm{e}^{\gamma t}\text{在}R < R_c\text{时}, \gamma < 0; \text{而当}R > R_c\text{时}, \gamma > 0 \tag{10.30}$$

进而, 在这种系统中增长率 γ 即使为正也只有中等数值. 而且任何稍大的扰动都能引起涡度从壁面脱离, 使涡度的最大值移至流体中, 瞬时地产生 R_c 值低得多且扰动振幅大得多的不稳定的局部运动. 与此形成对照的是, 系统倾向于展现出 (至少在转捩初期) 规则或 "正弦" 形式扰动, 通常变得更易失稳 (即 R_c 值低得多), 但可能由于某种效应而至少在初期出现更大的振幅反倒 "抑制" 了扰动的指数增长 (10.30).

Landau 描写这些差别的高度简化数学模型具有如下方程的形式:

$$\frac{\mathrm{d}\left(A^2\right)}{\mathrm{d}t} = 2\gamma A^2 - \alpha A^4 \tag{10.31}$$

其中的变量 "振幅平方"(A^2) 正比于相对于平均流扰动的能量. 对于非常小的 A 值, 式 (10.31) 的右端第一项占主导地位 (很明显, 这时式 (10.31) 与小扰动时的形态式 (10.30) 完全一致); 但 Landau 的第二项仍给出了关于振幅的增长如何可能是受抑制的 ($\alpha > 0$) 或放大的 ($\alpha < 0$) 基本概念, 虽然这是基于只有单模态的振幅 A 是重要的这一 Landau 自己承认是过于简化的假设之上的.

若以 $y = \left(1/A^2\right) - (\alpha/2\gamma)$ 代入, 则方程 (10.31) 变为非常简单的形式 (10.3). 只是这里用 2γ 替代 k, 用 t 替代 x, 其通解如式 (10.4). 这意味着 Landau 的方程 (10.31) 具有通解

$$A^2 = \frac{1}{(\alpha/2\gamma) + a\mathrm{e}^{-2\gamma t}} \tag{10.32}$$

图 10.22 画出了下述两种情况下解的形式:

(1) 受限的转捩 ($\alpha > 0$); 实线为 $\gamma > 0$ 时 (根据式 (10.30), 意味着 $R > R_c$) 扰动的行为; 以及

(2) 突发转捩 ($\alpha<0$); 虚线为 $\gamma<0$ 时 (亚临界 Reynolds 数 $R<R_c$) 扰动的行为.

(注意: 全部解都取图示曲线形状中的一种, 只是可能有水平的移动.)

对于情况 (1), 很小的扰动开始时指数地增大, 一段时间后则保持为一有限值, 如 Taylor 涡的例子 (图 10.18) 那样.

而对于情况 (2), "突发" 转捩在亚临界 Reynolds 数 ($\gamma < 0$) 下即已可能. 这里存在一个能量的阈值 $A^2 = 2\gamma/\alpha$; 当初始扰动能量低于该值时, $a > 0$, 扰动能衰减趋于零; 而若初始扰动能超过该值时, $a < 0$, 则出现控制不住的不稳定 ——"突发" 形式的转捩, 在有限的时间内能量无限制地增长 (当然, 会达到某个有限的程度, 这时在方程 (10.31) 中保留那些项以外的其他形式的项变成重要的).

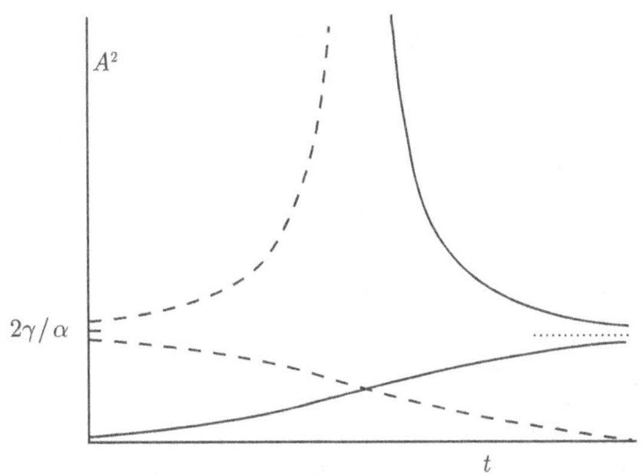

图 10.22 方程 (10.31) 的解

实线表示 $\alpha > 0, \gamma > 0$ 的情况; 虚线表示 $\alpha < 0, \gamma < 0$ 的情况

这种基于超过一定水平的扰动会加强边界层不稳定性的考虑开辟了解决平板上边界层如何转换成湍流这一佯谬 "第二部分" 的途径. 不久, G Schubauer 及其在华盛顿国家标准局的同事们 (Dryden 气动力精确测量技术的后继者和发展者) 成功地证实了这两部分解.

他们表明了[42], 虽努力压制风洞实验段的流动扰动和固壁面上的粗糙度 (通常的扰动源), 但与表面齐平的 "细带" 非常小的振动都有可能在一定频率上激发出不断增长的 Tollmien-Schlichting 波 (图 10.23). 这一发现此后在探索增长波发展其三

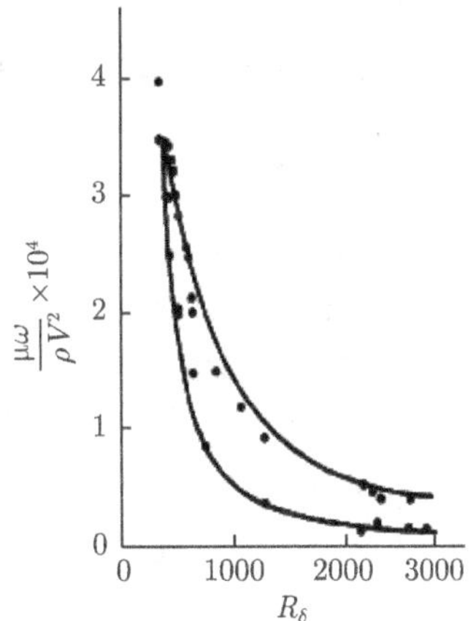

图 10.23 平板上边界层对波状小扰动的不稳定性. 这些扰动在给定 Reynolds 数 R_δ 下可以图中所示的 "中性曲线" 上下两支之间的频率 ω 增长.(实线为理论预言的中性线, 点线为实验观察到的中性线)

此处用以定义 R_δ 的 δ 是边界层的 "位移厚度"; δ 是由质量流损失为 $V\delta$ 来定义的

维特征并最后发展为具有混沌特性的湍流所经历的各个阶段的细节的研究中得到了进一步发展.

不过这同一研究团队接下来继续对 Emmons 随机发生湍流 “斑” 的发现[25] 做了全面的研究[43], 指出这些湍流 “斑” 确实是平板边界层中转捩的典型形式 (管道流和渠道流也一样), 在周围层流向下游扫掠时, 每个斑的尺度以相当有规律的速度增大. 从每个斑内已存在充分发展的湍流这个意义上来看, 这种转捩局部地呈现 “突发” 形式, 流进湍流斑内的流体几乎是瞬间地以混沌形式运动. 另一方面, 某些平均量, 如壁面的摩擦应力, 可能仍呈现渐进的变化. “转捩区” 始于斑首先出现处, 止于斑的统计集合已充满整个边界层处 (图 10.15).

接下来的揭示被外围层流流动包围的湍流斑在层流中增大时保持清晰边界的机理的工作进展得相当慢, 主要是利用非线性波传播理论中的一些概念 (类同于 10.1.4 节中的), 尽管需将湍流斑视为三维 “波包”[44](10.3 节) 而非任何类似于长峰波的波. 直到 20 世纪的最后十年, 才似乎最终出现了对此挑战性问题的解答[45].

同时, 研究亚临界 Reynolds 数下转捩的很多其他理论多多少少更接近于 Landau 附加高阶项以改进小扰动模态发展方程这一思想. 但现在人们是以流体力学方程来计算[46,11]. 高阶项最重要的影响是与平均流分布 $U(y)$ 因 Reynolds 应力 (10.26) 而变形相联系的, Reynolds 应力又是根据小扰动速度 u 和 v 计算的. 对于给定的亚临界 Reynolds 数, 这会再一次得到一振幅水平; 超过它, 则模态将无限制地增长.

受抑制转捩 (前述之情况 (1)) 的理论研究结合实验研究解释了扰动的 “谱演化”. 在足够大的超临界 Reynolds 数下, 此谱演化在系统最不稳定的频率上随任意一初始振幅发展. 到 1960 年代, 很多论文中都已展示了以后被确认为达到混沌的标准途径的 “倍周期分叉” 序列. 这些序列或作为时间的进程发生[47,48], 或以另一种方式[49], 在如图 10.18 那样的系统中超过 R_c 后, 随 R 数增加而渐进发展. 无论是哪一种情况, 最终结果都是充分发展的湍流.

至于湍流本身, 和转捩一样, 在 1940 年代初期俄罗斯出现了一篇关于增大拟序性的重要文献. Kolmogorov 1941 年的论文[50] 解释了尽管将湍流当作 “单一的整体现象” 的概念是错误的 (10.2.3 节), 尽管湍流 (如转捩一样) 存在多种多样的类型, 但所有这些类型都在非常高的 Reynolds 数下具有共同的小尺度特征.

因为湍流的一种类型是各向同性湍流 (10.2.3 节), 服从包括湍流能量谱 $E(k)$ 的方程 (10.29) 在内的某些特殊规律; 又因为任何小尺度特征都与波矢量的模 k 相当大时的谱特性相关; 故此 Kolmogorov 定律意味着湍流的各种类型在波数相当大时都变成各向同性的, 且服从那些特殊规律. 于是, 各向同性湍流体现这一 “普适” 特性 (10.2.3 节末), 即所有湍流在很高的 Reynolds 数下都具有局部各向同性的小尺度特性.

简而言之, Kolmogorov 的分析表明这样一个事实, 即当 $E(k)$ 为单位质量动能 $\frac{1}{2}\left(u^2+v^2+w^2\right)$ 的谱时,

$$\text{单位质量湍动能黏性耗散为热的相应速率}\varepsilon \tag{10.33}$$

的对应谱则是 u, v, w 梯度平方 (和乘积) 的谱, 即其应正比于 $k^2E(k)$; 结果, 例如对于各向同性湍流, 该谱为 $(2\mu/\rho)\,k^2E(k)$. 这样, 在很长的谱内 $k^2E(k)$ 达到其最大值的波数会远远大于 $E(k)$ 的相应值, 从而导致能量在小涡 (即大 k 值运动的谱分量) 被耗散的概念, 即使主要的含能涡具有大得多的尺度 (较小的 k 值). 还有, 能量馈送入湍流的速率表达式 (10.27) 包括速度 u 和 v 的乘积 (而非其梯度的乘积), 故其谱峰很靠近湍动能本身的谱峰.

湍流其实是个过程. 即主要含能涡旋在直接接受能量时, 通过涡的尺度 "级联" 将能量传送至小涡, 能量在小涡中耗散为热. 在级联的每一级中, 动量输运的基本非线性引起的非线性效应都趋于生成某种更高波数的 "泛音" 或 "和音", 而且要达到大波数还需要全都包含随机因素的若干相继的级. 实际上, 经过几级后, 波数谱 $E(k)$ 即变得与主要含能涡 "统计上解耦", 呈现与嵌入小涡的湍流类型无关的普适 "平衡" 形式.

量纲分析原理 (10.2.1 节) 告诉我们, 这种仅取决于 $k, \rho, \mu, \varepsilon$(见式 (10.33)) 等四个变量的能量谱 $E(k)$ 的大波数特性必定使谱具有仅取决于无量纲变量 ηk 的无量纲形式:

$$\varepsilon^{-2/3}k^{5/3}E(k) \tag{10.34}$$

其中

$$\eta=(\mu/\rho)^{3/4}\,\varepsilon^{-1/4} \tag{10.35}$$

被称为 Kolmogorov 耗散长度, 表征耗散能量涡的尺度. 大量实验数据都支持上述结论. 表达式 (10.34) 随 ηk 的变化曲线很接近于图 10.24 中的 log-log 曲线 (其中实线由 1965 年 Y H Pao 的研究[51] 给出). 值得注意的是, 在应用此函数关系的波数的 "平衡" 区域内还存在一个 $\eta k<0.1$ 的子域 (一般称为 "惯性" 子域), 在此子域内式 (10.34) 近似为常值, $E(k)$ 按 $k^{-5/3}$ 的规律减小, 而正比于 $k^2E(k)$ 的能量耗散谱仍增大 (虚线), 至 $\eta k=0.3$ 的附近达到峰值.

与研究这些不同湍流类型共有的大波数特征相平行, 研究在含能涡水平上各湍流类型的特性方面也取得了稳定的进展. 本书的篇幅不允许对其作深入的描述, 但注意一下首先由 A Townsend 在其 1956 年的书中[52] 提出的所有湍流类型都有的一种独特的性质恐怕仍是很有趣的.

Townsend 收集的证据表明, 在湍流的发展中他称为的 "大涡" 起着某种重要的作用. 这些大涡在尺度上比主要含能涡大得多, 并趋于填满任何剪切层 (边界层、

尾迹、射流等). 近年来, 在某些高度混沌的剪切层中它们常被描述为 “拟序结构”.

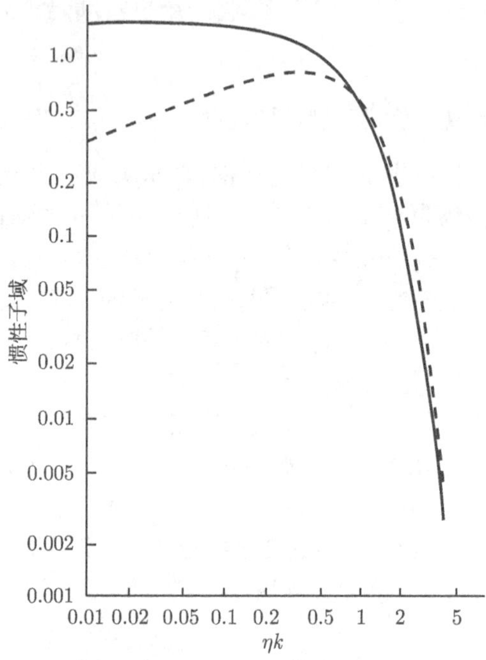

图 10.24　平衡区域中的湍流能谱. 实线反映 (34) 式随 ηk 的变化; 虚线反映正比于能量耗散谱的量 $\left(\varepsilon^{-2/3}\eta^{1/3}\right)k^2E(k)$ 随 ηk 的变化

这样, 湍流的完整波数谱可分为 “大涡”、“含能涡” 和 “小涡”(图 10.25); 其中 “小涡” 平衡区又可进一步分为惯性子区和主耗能涡旋 (如图 10.24 中的 log-log 曲线所示). 这里我们把 Townsend 的图复制为图 10.25, 这是从一种特殊的各向同性湍流实验[53] 中测得 $\Phi(k)$, 再由方程 (10.29) 推出的谱 (1951 年). 这种 “四分区” 的谱现被看作湍流的普适特点.

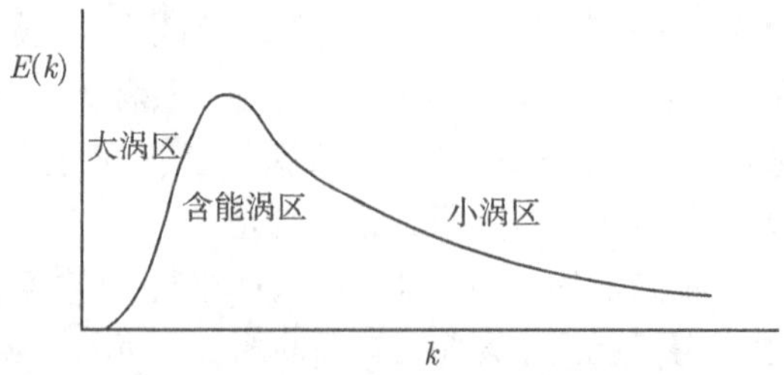

图 10.25　能量谱 $E(k)$ 分为 “大涡”、“含能涡” 和 “小涡” 区的分析 —— 文献 [53] 从对流速为 U 的气流通过由每平方吋 M 个网眼组成的格栅后形成的各向同性湍流的测量导出. 实验中 $\rho UM/\mu = 5300$

注意此处采用 k 和 $E(k)$ 的线性尺度; 小涡区在 log-log 尺度上的延续如图 10.24 所示

在湍流发展中起重要作用的大涡在临近固壁的任何类湍流中都具有细长的形状, 沿着流向, 在横流方向上符号交替变化. 它们如图 10.26(图中平均流垂直于纸面) 所表明那样, 对平均涡 (方向自左到右) 产生两个重要的效应:

(1) 引起了涡线拉伸 (165 页) 与进流之间的相关性, 大大提高了壁面附近涡的强度[11]; 而

(2) 在别处, 它们将涡度极大值推入流体中, 以至于在此高度不稳定结构中出现强烈湍流的 "猝发", 并发展至整个系统[54].

(1) 和 (2) 两种效应也影响壁面附近平均速度 $U(y)$ 的分布 (图 10.27): 与壁面上给定的摩擦应力相关, 存在着 $U(y)$ 的平衡 (和近似对数的) 分布, D Coles 在其 1955 年的研究中恰当地称其为 "壁面律"[55]. 他对此分布做了比 1930 年代那些迷恋于 "混合长度" 概念的研究者们更深入、更令人信服的解释.

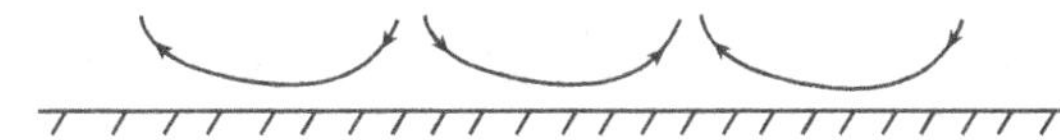

图 10.26 "大涡" 在湍流边界层中产生 (a) 涡线拉伸与进流相关性及 (b) 将涡度极大值推入流体中的效应

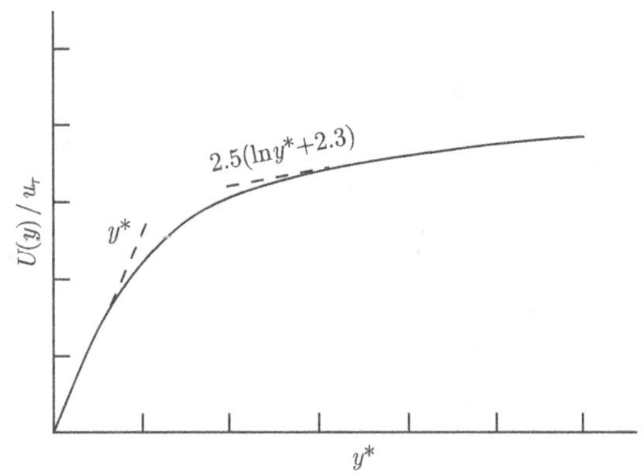

图 10.27 此图演示在作用有摩擦应力 $\tau = \mu \cdot U'(0)$ 的光滑固壁附近的湍流中, 平均速度 $U(y)$ 是如何与 "摩擦速度" $u_\tau = (\tau/\rho)^{1/2}$ 及离壁面的无量纲距离 $y^* = \rho u_\tau y/\mu$ 相关的

大涡对远离壁面的湍流与 Coles 称之为 "尾迹律" 的平均流分布[56] 却有着非常不同的影响. 大涡的混合作用不是增大平均流分布形状与层流分布形状之间的差异, 而是使之更为接近. 一个极端的例子是湍流射流. 这种射流因产生数量等同于射流中总动量输运率的推力 F 而在航空上十分重要 (10.4 节). 量 $(\rho F)^{1/2}$ 有黏性的量纲. 充分发展的射流有一个与距喷口距离无关的有效 Reynolds 数 $(\rho F)^{1/2}/\mu$(确实, 射流直径的增加与距离呈线性关系, 与平均速度的减小成反比). 事实上, 黏性

约为

$$0.055\,(\rho F)^{1/2} \tag{10.36}$$

的层流射流所具有的速度分布 (图 10.28) 几乎与充分发展湍流中的平均速度分布[58] 完全一样! 这使式 (10.36) 常被称为有效 "涡黏性".

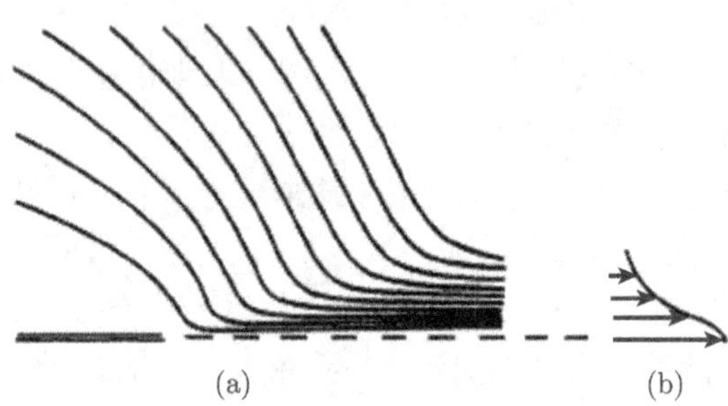

图 10.28 (a) 具有动量通量 $\boldsymbol{F}$ 的空气射流的流线, 由文献 [57] 对黏性如 (10.36) 式的层流射流计算而得 (流动对虚线对称). 注意, 外部空气裹入射流引起射流质量通量 (虽非其动量通量) 随离喷口的距离增加而增大. (b) 射流中的速度分布

10.2.5 标量的扩散–对流平衡

在来流中静止的固体 (10.2 节主要讨论对象) 除受力之外, 还常被冷却和/或干燥. 换言之, 在边界层中不仅像动量 (或涡度) 等矢量, 同时还有像热或水蒸气等标量, 都可能受到对流和扩散的联合作用. Prandtl 早已认识到[59], 这将必定会颠覆人们对传热模式 (辐射、对流、传导) 的传统见解.

人们过去总认为位于气流中的物体除辐射损失外, 全部通过对流失去热量. 但这是不可能的, 因在物体表面上空气是静止的 (10.1.3 节). 因此必须通过传导将热量从表面输送到边界层中, 然后通过对流才能将其带走.

热量由温度为 T_s 的固壁表面单位面积上传至温度为 T_w 的气流中的速率可写为

$$k\frac{T_s - T_w}{h} \tag{10.37}$$

其中 k 是导热率, h 是边界层 δ 厚度的一部分. (Prandtl 的同事 E Pohlhausen[60] 于 1921 年对一种重要的流动情况计算了这一 h 值, 并在以后又对许多其他流动作了计算.) 于是, 如同黏性一样, 热传导也再不能被忽视了.

类似的说法也适用于从潮湿表面传输出的水蒸气, 可得其传输率为

$$D\frac{q_s - q_w}{h} \tag{10.38}$$

其中 D 是水蒸气的扩散率, 定义为单位面积水的质量传输速率除以其体积浓度 q 的梯度. 在气流中 q 即为 q_w, 在壁面上取饱和值 q_s. 实际上, 水蒸气的扩散率在数

值上几乎与热传导率 ($k/(\rho c_p)$ 等同, 因为热量体积浓度的梯度是 ρc_p 与温度梯度之比) 一样, 且式 (10.37) 和式 (10.38) 中的 h 是 δ 的同一分数, 都由同样的扩散–对流平衡确定[11].

G I Taylor 在 1933 年首先认识到[61], 这一机制解释了为何气流中的潮湿物体达到其平衡 (“湿球”) 温度

$$T_s = T_w - \frac{L_v D}{k}(q_s - q_w) \tag{10.39}$$

的. 式中 L_v 为蒸发潜热. 方程 (10.39) 由显热传输率 (10.37) 和潜热 (式 (10.38) 乘以 L_v) 传输率的总和为零这一条件得出.

在湍流边界层中湍流本身实际上生成无论是动量、热或水蒸气等的所有扩散 (相反, 层流中动量扩散率 μ/ρ 比热或水蒸气的扩散率小 30%). 在很早以前的 1874 年 Reynolds 就已注意到[62], 这意味着在任何湍流中有几乎相同的动量和能量的扩散–对流平衡 (现称之为 Reynolds 相似).

于是, 位于速度为 U 的风中的物体, 若 τ 是表面的摩擦应力 (单位面积的动量输运率), Q 是热量输运率, 则在湍流中可得到很逼近的近似关系式:

$$\frac{Q}{\rho c_p (T_s - T_w)} = \frac{\tau}{\rho U} \tag{10.40}$$

因为同样的扩散–对流平衡控制着右端项 (动量输运率除以气流中单位体积的动量) 及左端项 (热量输运率除以物体表面的和气流的单位体积热容量之差). 方程 (10.40) 加上湍流中水–水蒸气输运的类似结果, 被广泛地应用于 20 世纪的流体力学中[29].

尽管关于 “强迫对流”(热量从气流中的物体上传出或输入) 的所有进一步讨论将推迟至 10.4.2 节, 这里我们对 “自由对流” 还是要做些简单的说明. 不存在任何气流时的自由对流是简单地由作用在因物体传出热而受热的空气上的浮力而产生的. 对于从竖直表面发生的自由对流现象 (首先要讨论的), 通过与天才的实验家 E Schmidt 合作, Pohlhausen 透彻的分析给出了恰当的边界层描述, 且达到了理论与实验极好符合 (图 10.29)[63].

因边界层外无流动, 边界层方程 (10.13) 中的 $\rho V \mathrm{d}V/\mathrm{d}s$ 项可以删除, 但在右端需增加一单位体积的附加力项, 即浮力 $\rho g(T - T_0)/T_0$, 其中 T_0 是周围空气的温度, 即

$$\rho v \frac{\mathrm{d}v}{\mathrm{d}s} = \rho g \frac{T - T_0}{T_0} + \mu \frac{\mathrm{d}^2 v}{\mathrm{d}n^2} \tag{10.41}$$

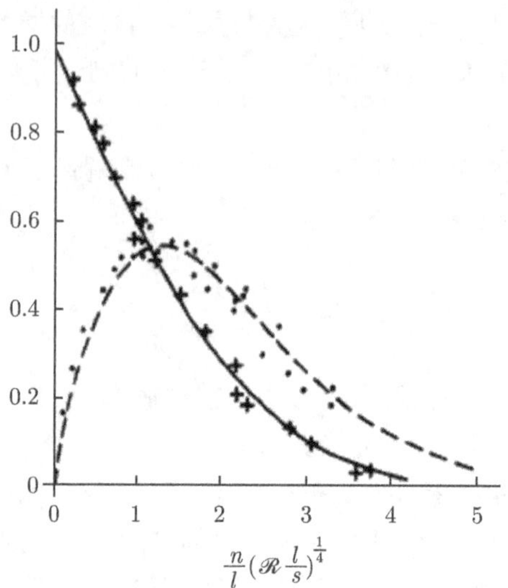

图 10.29　周围空气温度为 T_0 时高度为 l, 壁温为 $T_1(T_1 > T_0)$ 的竖直平板上的自由对流边界层. 位于距底部的高度为 s 且离壁面法向距离为 n 处的边界层中温度 T 和速度 v 变化的计算值与实验值的比较[63]

温度 T 的扩散–对流平衡可类似地表示为:

$$\rho c_p v \frac{\mathrm{d}T}{\mathrm{d}s} = k\frac{\mathrm{d}^2 T}{\mathrm{d}n^2} \tag{10.42}$$

Pohlhausen 曾经仅用方程 (10.42) 求解强迫对流问题[60], 其中 v 从方程 (10.13) 独立解出, 但为获得图 10.29 的结果, 有必要[64] 联立求解 (10.41) 和 (10.42).

在这种自然对流问题中, 不存在任何外流 U 意味着应采用另一无量纲参数, Rayleigh 数 Ra(如此命名的理由后述) 来代替 Reynolds 数 (10.20). 对于高度为 l, 壁面温度为 T_1 的竖直壁面, 基于式 (10.41) 中的扩散率 μ/ρ 和式 (10.42) 中的扩散率 $k/(\rho c_p)$ 几乎同等重要的考虑, Rayleigh 数

$$Ra = g\frac{T_1 - T_0}{T_0} l^3 \left(\frac{\rho}{\mu}\right)\left(\frac{\rho c_p}{k}\right) \tag{10.43}$$

Pohlhausen 得到了竖直壁面单位宽度上的总传热率为

$$0.52 Ra^{1/4} k\left(T_1 - T_0\right) \tag{10.44}$$

与 Rayleigh 数的 1/4 次方成正比.

类似地可计算与竖直方向呈某种角度的平板传热问题, 只要此角度为小的锐角, 且用平行于板面方向 g 的分量代替 g. 然而, 水平壁面上的自由对流因完全取决于底部受热流体的不稳定性而在性质上就完全不同了.

此问题的与 10.5 节将描述的气象学相关的长度尺度 l 极为巨大 (更确切地说, Rayleigh 数极大) 的方面涉及到高度混沌的运动. 被称为 "上升暖气流" 的大团热空气从热的地面在空间 (和时间) 上随机地穿过冷空气上升. 然而在 10.2 节结束之时, 我们自然地按照前述不稳定性和转捩讨论, 对实验室尺度下自由对流的不稳定性做一简单的说明. **【又见 10.5.2 节】**

在实验室中从底部加热流体的实验可取下述方式之一进行:

(1) 加热两水平固壁面间的气体或液体;

(2) 加热固壁面和自由表面间的液体.

H Bénard 1901 年的某些著名实验[65] 采用了方式 (2). 然而很久以后 (1958 年), 文献 [66] 却指出他们所演示的不稳定性主要并非由浮力驱动, 而是由表面张力对温度的相关性驱动的! (冷液体因其更大的表面张力将暖液体向上拉到表面.)

另一方面, 以方式 (1) 加热的问题可写出一般特征与式 (10.41) 和式 (10.42) 类似但不作任何边界层简化近似的耦合方程, 并在小扰动范围内做解析计算. Rayleigh 于 1916 年首先做了这项工作[67], 但却未能针对实际边界条件求得解. 后来的科学工作者们[68] 给出了 (1) 情况下的临界 Ra_c 值 (对小扰动不稳定的最小 Ra 值) 为 1700.(在液体中, 应以液体的体积膨胀系数代替方程 (10.41) 和 (10.43) 中的 T_0^{-1} 因子.)

使系统最不稳定的扰动模态具有长 "卷" 形式; 加之转捩为受抑制类型 (对应着 Landau 方程 (10.31) 中的 α 为正), 故当 Ra 超过 Ra_c 不多时, 卷呈现有限振幅. E L Koschimieder 1966 年的实验[69] 表明, 在容器内卷的具体形式主要地是反映了容器侧壁的几何特征. 给出两水平玻璃板间液体内自由对流不稳定性的真实形式的图 10.30, 可作为对历史上曾过分强调的 "Bénard 原胞" 的一种平衡.

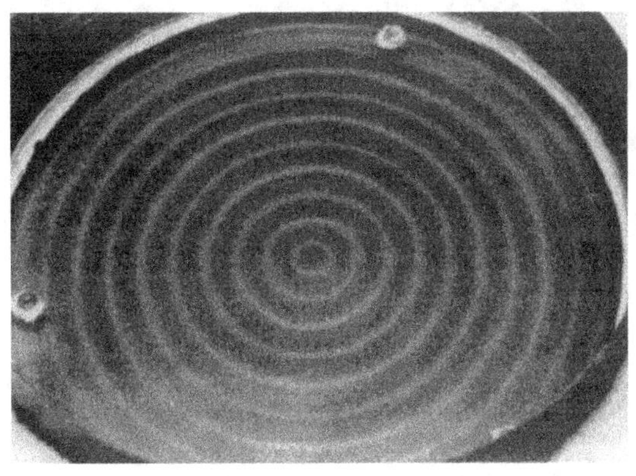

图 10.30 自然对流: Koschimieder[69] 得到的圆柱容器内两水平玻璃圆板间液体底部受热的流动可视图

10.3 波产生和传播的非线性效应

10.3.1 隐含能量损失的波

波与流动是相互作用的[70]. 例如, 在声波中空气速度 u 以信号速度 $u+c$(c 为相对于当地空气运动的当地声速) 传播 (159 页), 超过未扰声速 c_0 的量为 $1.2u$, 其中 5/6①来自因空气运动 u 引起的声波的对流. 10.3 节将概要地阐述 20 世纪期间在理解波/流动相互作用方面的发展. 以介绍较大 u 值 "赶上" 较小 u 值的进一步结果开始 (10.3.1 节); 进而讨论更复杂的流动 (如湍流) 对声波的影响 (10.3.2 节); 然后再说明流动和色散波 (其小扰动波速不是如声波 c_0 那样的常数而可能依赖于频率) 之间某些非常不同类型的相互作用.

对于平面声波, 1910 年的基础性发现 (10.1.4 节) 为: "赶上" 过程一直进行到形成一个非常尖锐的间断 —— 激波; 激波的厚度正比于扩散率, 因此在该厚度中扩散可平衡对流, 同时将波能耗散为热能. 此基础性发现在 20 世纪后半世纪逐渐得到了一系列后续成果. 从本质上说, 文献 [70] 给出了如下结论: 因为被变动强度激波横切的空气中只有很小的熵不均匀性, 其对声传播的影响可以忽略, 所以在激波外声波的传播继续由等熵律支配 (10.1.4 节). 与此相反, 由于 "隐含" 于此一明显间断中能量损失的累积效应, 波的总能量会逐渐减小.

在此过程中不仅有能量损耗, 信息也一样会消失! 这可由对图 10.5 所示的激波形成的非线性传播的连续跟踪 (图 10.31) 表明. 每一时刻在何处出现所需的间断由总质量保持守恒来确定. 此条件, 亦称为 G B Whitham 的 "等面积" 定律[71], 要求间断使曲线下面积不变 (严格地说, 应为密度 ρ 随距离的相应曲线下的面积[70], 尽管 ρ 和 u 的近似线性关系允许此定律很接近地用于 u 本身的相应曲线).

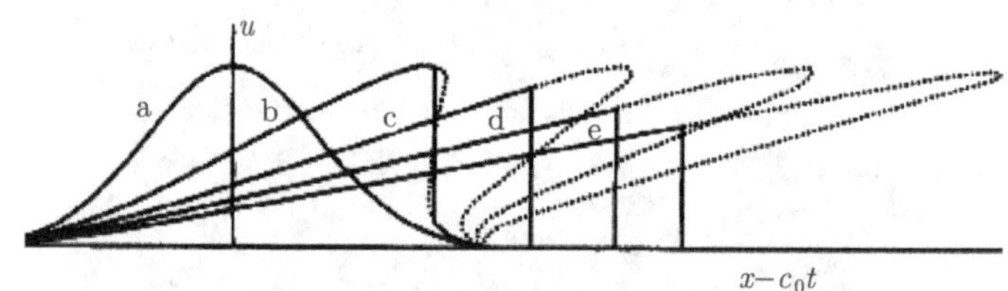

图 10.31 平面脉冲声波的传播. 曲线 a 和 b 为由图 10.5 复制的初始波形和有激波形成的早期波形; 曲线 c, d, e(具有相同的时间间隔) 表示随后发展的波形 (应用 Whitham 等面积律由点线推出)

在此过程的后续时刻中, 压缩脉冲初始波形的所有信息 (除曲线下面积 Q 外)

① 声波在水中 (水的压缩性与空气不同) 也有类似的性态, 只是系数由 1.2 变为 4, 因此在此情况下超出的信号速度中仅有 1/4(而非 5/6) 来自对流.

都绝对消失了, 波形变成了面积为 Q, 斜边斜率为 $(1.2t)^{-1}$ 的直角三角形. (斜率倒数 $\delta x/\delta u$ 按 1.2 倍增大, 因 $u+\delta u$ 值比 u 值的传播快一个信号速度超过值 $1.2\delta u$.) 这样的三角形波高度为 $(5Q/(3t))^{1/2}$(激波强度) 和长度为 $(12Qt/5)^{1/2}$. 此外, 正比于长度和振幅平方的波能量按 $t^{-1/2}$ 规律减小 (与小振幅波能量按指数规律衰减形成何等鲜明的对比!), 且发现正比于 $t^{-3/2}$ 的波能衰减率与间断中 "隐含" 的能量损失率非常一致.

对于有正、负 u 值的脉冲声波, 相应的结论为: 声波渐进地发展成 "N 形波"(图 10.32), 由两个直角三角形组成; 一个在 $u=0$ 轴上方, 面积为 Q_+; 另一个在 $u=0$ 轴下方, 面积为 Q_-; 两者的斜边共线, 斜率为 $(1.2t)^{-1}$. 激波强度分别为 $(5Q_+/(3t))^{1/2}$ 和 $(5Q_-/(3t))^{-1/2}$, 总长度为 $(12Q_+t/5)^{1/2}+(12Q_-t/5)^{-1/2}$. 波能量再一次按 $t^{-1/2}$ 规律减小, 且所有能量损失都 "隐含" 在此二激波内.

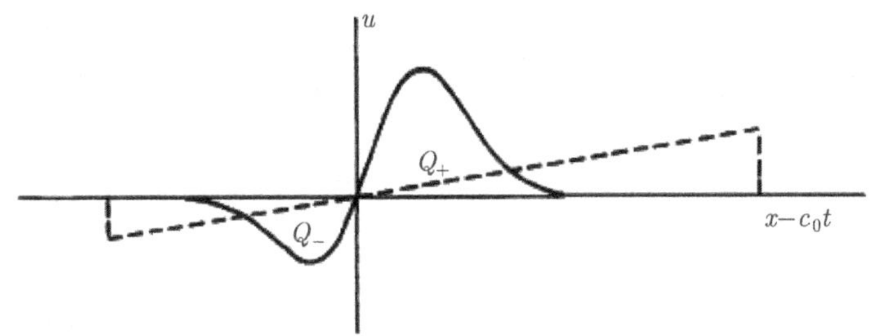

图 10.32 正负波瓣面积分别为 Q_+ 和 Q_- 的初始波形 (实线). 虚线表示随后发展成的正负波瓣面积仍分别为 Q_+ 和 Q_- 的 N 形波

上述行为并非仅在平面波中发现. 按 Whitham[71] 的条件分析电容器通过非常细的金属丝瞬时放电出现的 "爆丝" 现象可证明这一点. 由于细丝的突然汽化, 在周围空气中生成一圆柱状扩展的声波. 然而, 从 19 世纪的物理学家们熟悉的那类简单线性分析已出现了与平面波情况的有趣的差异: 在这一分析中, 圆柱波的传播将声源 (向外喷的蒸汽) 转换为速度 u 有正、负值的向外运动的波. 于是在径向距离大于某一定值 r_1 的 r 处

$$u=\left(\frac{r_1}{r}\right)^{1/2}u_1\left(t-c_0^{-1}r\right) \tag{10.45}$$

其中波形 $u_1(t)$ 包含具有相同面积 Q 的正相和紧跟其后的负相 (使 $\int u_1(t)\,\mathrm{d}t=0$, 从而使能量通量所需的 r^{-1} 依赖关系与总向外位移 $2\pi r\int u\mathrm{d}t$ 不可能随 r 无限增大相一致).

这意味着, 按非线性理论需形成一 N 形波 (实际上是一面积相等 $Q_+=Q_-=Q$ 的 "平衡的"N 形波). Whitham 的分析表明 $u_1=(r/r_1)^{1/2}u$ 如何再一次以信号速

度 $\mathrm{d}r/\mathrm{d}t = c_0 + 1.2u$ 传播 (代替式 (10.45) 中的简单的 c_0 值), 且给出了十分接近的近似:

$$\frac{\mathrm{d}t}{\mathrm{d}r} = c_0^{-1} - 1.2uc_0^{-2} = c_0^{-1} - 1.2\left(\frac{r_1}{r}\right)^{1/2} u_1 c_0^{-2} \tag{10.46}$$

将式 (10.46) 积分所得的

$$t = c_0^{-1}r - 0.6\,(r_1 r)^{1/2}\,u_1 c_0^{-2} + \text{常数} \tag{10.47}$$

即为找到给定的 u_1 值时所改变的时间.

于是, 作为时间 t 函数的 u_1 的瞬时波形以斜率倒数 $\delta t/\delta u_1$ 取渐进值

$$-0.6\,(r_1 r)^{1/2}\,c_0^{-2} \tag{10.48}$$

的方式向后剪切, 该渐进值随 r 无限增大.

最终的 N 形波具有面积均为 Q 的两个直角三角形的形状, 它们的斜边共线, 斜率的倒数为式 (10.48), 每一三角形的高度 (u_1 的间断) 等于

$$\left[Qc_0^2\Big/\left(0.3\,(r_1 r)^{1/2}\right)\right]^{1/2} \tag{10.49}$$

按 $r^{-1/4}$ 规律变化. 但由于 $u = (r_1/r)^{1/2}\,u_1$, 于是得到了 Whitham 著名的激波强度为 r 的 $-3/4$ 次幂的预言. 此预言已为爆丝实验 (图 10.33) 准确地证实. 激波分开的时间间隔为

$$\left[1.2Q\,(r_1 r)^{1/2}\,c_0^{-2}\right]^{1/2} \tag{10.50}$$

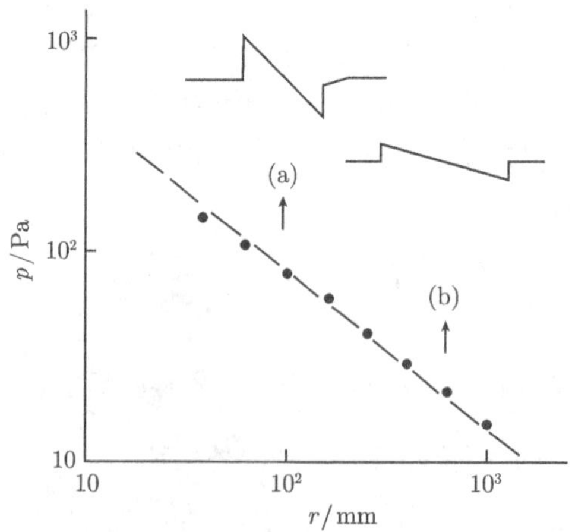

图 10.33 此图示出爆丝是如何在不同径向距离 r 处产生 N 形波形状的压强–时间曲线 (a) 和 (b) 以及初始激波的压强跃升与 $r^{-3/4}$ 律 (虚线) 的比较

按越过距离的 $r^{1/4}$ 关系增大; 而波的能量按 $r^{-1/4}$ 的关系衰减, 且能量的耗散再一次隐含在两激波内.

尽管在第 10 章中仅提到所选取的 20 世纪激波动力学研究中的一小部分, 以有意回避有关军事性的爆炸研究, 但这些简要介绍 (连同 10.1.4 节中的叙述) 会在 10.4.2 节中得到进一步的引申和加强. 那里, 在描述航空上产生的激波[72] 时, 上面描述为 N 形波的 "双突跃" 特征将再次被发现.

10.3.2 来自流动的声音

当人们基于已有的知识无法解释某一现象时 (10.1.4 节), Rayleigh 的认知天赋再次在其 1879 年关于 "风弦琴" 的论文中显示了出来[73]. 风弦琴是一种放在风中会发出 "神秘" 或 "幽雅" 声音的乐器. V Strouhal 积累了直径为 l 的金属丝置于速度为 U 的气流中所发出音调的数据, 并将音调频率 f 以无量纲形式的

$$S = fl/U \tag{10.51}$$

表示. 这就是目前在很多场合仍使用的 Strouhal 数. 但他本人却将这些音调错误地类比于弓在小提琴上拉动的效应而称其为摩擦调 (Reibungstöne). Rayleigh 则乐于称其为 "风奏调", 并表明了它们在金属丝有或没有振动时都有可能出现, 如果发生了振动, 则振动必垂直于风的方向. 他正确地指出[13], 风奏调的产生必定是某种尚待发现的流体–机械现象的结果.

对一系列实验的解释回答了这一挑战 (从 Bénard 1908 年发表的一篇论文 [74] 开始, 这一次, 他的论文没有瑕疵). Von Kármán 在其著名的 1911 年论文[75] 中做出的解释是: 当 Reynolds 数在约 50 和 2000 之间时, 通过金属丝的整个流场表现出 "受抑制" 类型的不稳定性 (10.2.4 节). 流动中包含从金属丝上、下表面向下游拖出的周期性的反向旋涡而形成有明确定义的 "Kármán 涡街"(图 10.34). 尾迹的动量 ($\frac{1}{2}\rho$ 乘以涡度分布的矩) 在与流动相反的方向上有定常的增长率, Kármán 将其等同于阻力 (与金属丝作用于空气的力大小相等而方向相反). 同时周期性拖出的涡旋留下了一个绕圆柱的交替改变方向的周期性变化的环量, 与之相关的是振荡升力. 升力振荡的 Strouhal 数 (式 (10.51) 与 "风奏调" 的 Strouhal 数相等 (约为 0.2. 在 Reynolds 数范围内的低端可降至 0.1).

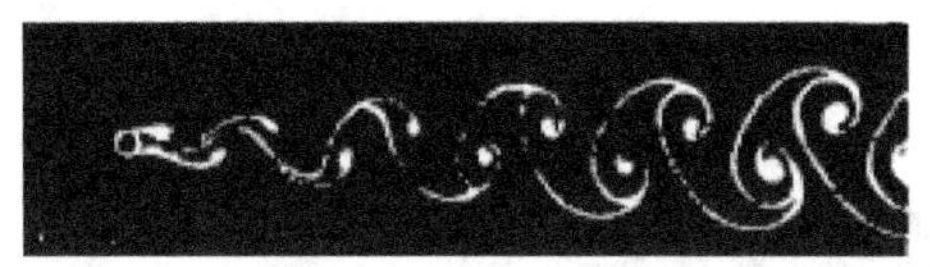

图 10.34 细金属丝尾迹中的 Kármán 涡街 (在 $R = 71$ 时的观察[76])

反过来, 金属丝作用于空气一个大小相等方向相反的振荡力, 就像 19 世纪的声学家所设想的声波偶极子源的作用一样. 人们逐渐认识到上述生成的波确实是与此力相关联的偶极子场. 1955 年 N Curle 的论文[77] 首先证实了流场对辐射声场不那么显著的影响. 他还指出辐射功率以整个金属丝长度上总升力变化率的平均平方表示, 具有形式

$$\left\langle \dot{L}^2 \right\rangle / \left(12\pi\rho c_0^3\right) \tag{10.52}$$

其中 $\langle \dot{L}^2 \rangle$ 在频率 f 时为 $(2\pi f)^2 \left\langle L^2 \right\rangle$. 因此流速 U 增加时, 由于升力与 U^2 成正比及式 (10.51) 中 f 与 U 的关系, 声波辐射随风速按 6 次方 (如 U^6) 的关系增加.

不论振荡升力是否引起金属丝振动, 声辐射的表达式 (10.52) 都是完全有效的. 另一方面, 沿整个金属丝相位不完全一致的环量脉动可相当大程度地抵消总升力 L 的脉动. 于是, 金属丝的共振振荡 (如风弦琴的不同音调的弦中的一根那样) 可通过将所有这些脉动 "锁相" 于该共振振动的相位而产生声音强度的增大.

在音乐上更重要的是那许许多多利用很窄的空气射流和尖缘相互作用而产生声音的管乐器. 它们常常通过这种 "锁相" 于某个共振频率上 (在相邻的管中) 的方式来强化声音. Curle 在射流—尖缘系统中将使空气在尖缘上作用振荡升力的基本反馈回路等同于与该回路相关的偶极子声场[78].

特别地, 偶极子场在射流孔口处沿流动方向产生一微小振荡, 此扰动向下游运动时由于与射流中平行流相关联的不稳定性 (也是 "受抑制" 类型的) 而被放大. 反馈是有效的, 因此在被放大的方向变化到达尖缘处时有正确相位的那些频率上加强了升力脉动 (图 10.35).

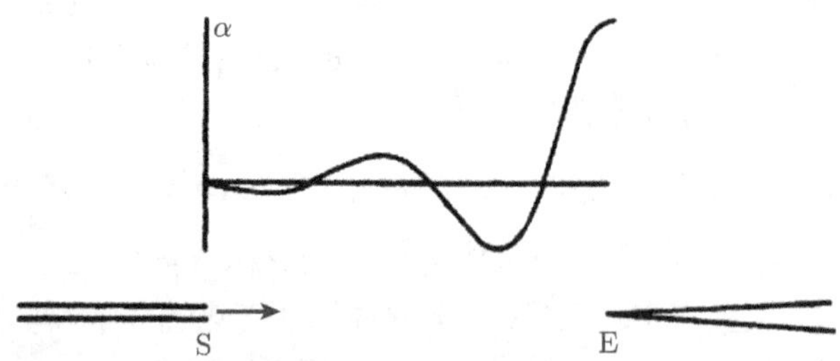

图 10.35　空气射流从长狭缝 S 水平射出 (有中等 Reynolds 数) 时, 射流向上偏转极小角度 α 的变化采取振幅以指数增大的正弦行波形式. 在所示瞬间, 尖缘 E 有正攻角 α, 对流体作用一向下的力, 导致 S 处的偏转 α 具有正增长率而倾向于加强行波

于是, 如果流动对沉浸于其中的固态物体作用一脉动力 L, 来自流动的声音可能取偶极子的形式, 输出功率如式 (10.52); 在中等 Reynolds 数下, 且 "受抑制" 的不稳定性能在 L 中产生周期性脉动时, 发出的声音可能是一个乐调; 而当

Reynolds 数更高时, 脉动变得混沌, 发出的就是噪声了. 而且湍流中典型频率 f 的连续 "Strouhal 标度"(式 (10.51)) 保证了声功率输出与气流速度 U 之间连续的 U^6 关系. 高速气流的 "咆哮" 是气流和固态物体相互作用生成的脉动力产生的.

但是, 多种更快的气流即使没有与固壁的相互作用也能产生显著的噪声. 估计湍流射流 (其中未置尖缘或其他物体) 可能辐射噪声问题的研究始于约 1950 年, 当时引入了一种名为 "声学比拟" 的有效方法[79].

在射流之外的任何地方都可应用声波的一般线性方程, 那里所产生的任何声音只不过是湍流的次要副产品. 这些方程实质上是认为 (1) 盒形体积元 B 中的质量变化率等于单位时间流入 B 的净质量; (2)B 中的动量变化率等于作用于它的压力. (方程组是封闭的, 因为单位体积的动量和质量通量一致, 而单位体积的质量绝热地与压强相关联.)

但是, 在精确的流体力学中, B 中的动量变化率还应包括单位时间内进入 B 的净动量 (图 10.36). 动量输运应包含两个速度的乘积, 即其平均值如出现在 Reynolds 应力 (10.26) 中那样的乘积, 尽管在声学比拟中我们必须关注的是其脉动. 这两个速度的乘积在应用线性声学方程的射流之外可合理地被忽略, 但在湍流内却不能忽略, 并以等于进入体积元净动量输运率的附加力形式出现在第二个声学方程中. 这样, 如果在一般的声学方程中包括这样一个附加力, 则该方程组在湍流中就变得正确了.

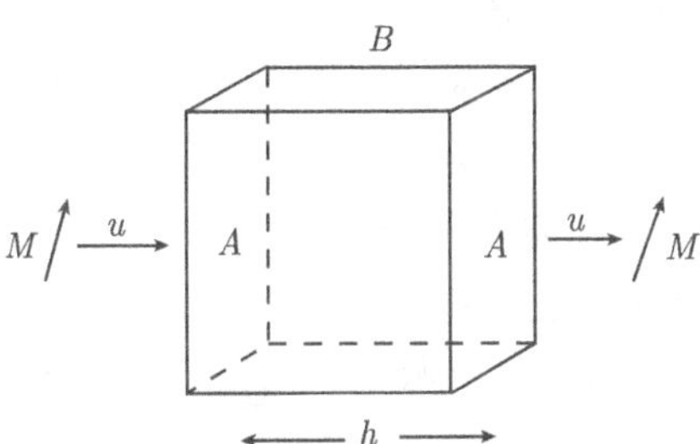

图 10.36 输运进入盒形体积元 B 的动量示意图. 输运发生在面积为 A 相距 h 的二相对面间

上述论述表明, 在湍流的声场与这样的分布附加力在线性声介质中形成的声场间作声学比拟的合理性. 这种比拟在很多方面都是有成效的, 尤其是表明气流中没有任何固态物体时, 如何造成对辐射声的本质差别这一点上.

事实上, 脉动外力 L 及其相应的偶极子辐射 (10.52) 未对流体有任何合成作用时, 声音的产生完全取决于各体元之间内力分布 (合力为零) 的净效应. 相距 h 的两个强度相等方向相反的偶极子 (在 θ 角方向) 发射的净辐射完全由很远处的观察者同时收到信号的发射时间差 $c_0^{-1}h\cos\theta$ 引起 (图 10.37). 故这种辐射被描述为四

极子 (其强度等于 h 乘以偶极子强度) 辐射, 它取下述形式

$$(c_0^{-1}h\cos\theta)\left(\frac{\mathrm{d}}{\mathrm{d}t}\right)(\text{偶极子辐射}) \tag{10.53}$$

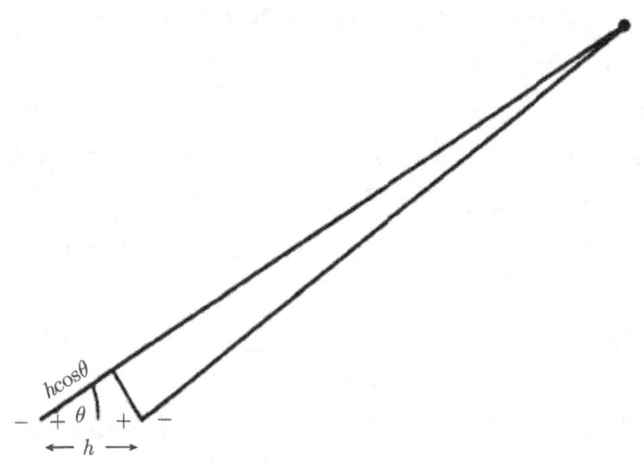

图 10.37　相距 h 的两个强度相等方向相反偶极子对于与两偶极子连线成 θ 角方向的远场有传播距离差 $h\cos\theta$, 使同时接受到的信号在发射时间上差 $c_0^{-1}h\cos\theta$

这里, 新的对时间的微分 (除强度为 L 的偶极子辐射场中已存在的外) 在声场中产生一个附加的频率因子; 此因子与 Strouhal 标度 (10.51) 及 (10.53) 中的 c_0^{-1} 因子一起使振幅中多出了一个 Mach 数因子 (U/c_0), 辐射功率中多出 $(U/c_0)^2$. 从本质上说, 这就是为什么存在脉动体积力的低 Mach 数流动中产生纯偶极子型声音的原因; 与之相比, 任何四极子辐射均可忽略.

然而在射流中不存在体积力的脉动. 因此由脉动产生的声功率的 U^6 函数关系被附加的 $(U/c_0)^2$ 因子转变成了射流噪声辐射的八次方关系 (如 U^8)[80]. 射流噪声的 U^8 律与射流推力的 U^2 律 (10.2.4 节) 间的巨大差别, 将被证明是喷气发动机能否成为在环保上可接受的运输机动力的决定性因素.

对盒形体积元 B(图 10.36) 的重新考虑给出了四极子如何出现的简单概念. 通过任一对面积为 A 的相对面元进入 B 的净动量输运涉及在一个面元上的 $\boldsymbol{M}uA$ 和另一面元上的 $-\boldsymbol{M}uA$, 其中 u 是垂直于两面元的速度, 矢量 $\boldsymbol{M}$ 为单位体积的动量. 每一动量变化率等价于一个力, 因此等价于一个偶极子; 两个偶极子合在一起就形成了在体积元 Ah 中强度为 $\boldsymbol{M}uAh$ 的一个四极子; 这样, 单位体积强度 $\boldsymbol{M}u$ 的四极子就与这样一对面相联系 (对于另外两对面也有类似的关系).

由上述粗略的论证可见, 四极子声源的单位体积强度等于动量输运的结论的确是近于正确的. 力或与其等效的偶极子都是既有方向又有大小的矢量, 因此动量输

运涉及两个方向 (动量的方向和输运的方向), 故是个张量, 而这正好像是涉及组分偶极子方向和它们之间位移的方向的四极子强度.

有效的四极子源强与动量输运张量的同一性奠定了流动声学 (在其航空应用中被称为航空声学[81]) 在 20 世纪后半期发展的坚实基础. 在这些发展中必需计及的许多其他考虑包括如:

(1) 仅当点 P 和 Q 的距离足够近, 使图 10.19 中所示的协方差足够大时, 点 P 和 Q 处的源之间才存在相位的相干性;

(2) 在射流中, 平均速度分布使所有的脉动对流[80].

上述关于流动引起的声音的简要叙述可以用一个甚至更简短的关于声音引起流动的附言来总结. 虽然 Rayleigh 的《声学理论》已很好地涵盖了 "声学流动" 的某些方面, 但压电石英晶体作为强有力的超声波源的广泛利用这一全新方面却是出现在 20 世纪的第二个 25 年中. 早期的实验者们常被观察到伴随这种源的 "石英风" 所迷惑.

超声波束中的声能密度为 $\rho\left\langle u^2\right\rangle$(由于动能和位能的均分故有两倍的动能密度). 然而这一表达式也是波束中的平均动量通量 (在 u 方向的单位面积的 u 动量输运). 在波束的横截面面积上积分, 即得到这样的结论: 波束中总动量输运等于单位长度上的声能, 或等于 c_0^{-1} 乘以总能量输运 (正如与光比拟时所期望得到的那样).

在兆赫范围内的超声波束其能量因各种耗散效应而急剧减少, 而动能却必须守恒, 因此必需形成一射流型的平均流以携带波束原始动量输运的一部分, 这部分动量输运在能量损耗后不再出现于波束中[82]. 最终射流取图 10.28 中所示的形式, 对应于射流中动量总输运率 F 等于 c_0^{-1} 乘以超声波源的功率. 在这个 "声音产生湍流射流" 和前面讨论的 "湍流射流产生声音" 问题之间, 存在令人振奋的倒易关系 —— 两种现象的关键都是动量输运.

10.3.3 色散和非线性的竞争

传播速度可变 (例如随波长不同而改变) 的波, 即使是振幅很小的波, 都因为初始局部扰动的各正弦分量将以不同的速度传播而变得彼此 "弥散", 故统称为色散波. 例如, 在海洋中局部的暴风可对水面产生极为复杂的扰动, 而在经过很长的时间 t 后, 在离暴风区 $c_g t$ 处又可观察到近似正弦波形的 "涌浪"(10.5 节). 其中 c_g 对不同波长 λ 的波取不同的值.

19 世纪的物理学家们称 c_g 为 "群速度", 或在一群近似正弦波中能量的传播速度. 它们推翻了认为此速度等于正弦波列波峰移动的 "波速" c 这种假象, 证明了[13] 若 c 随 λ 变化, 一群波中的能量不能以这种迷惑人的速度 c 运动, 而是以群速度

$$c_g = c - \lambda\frac{\mathrm{d}c}{\mathrm{d}\lambda} \tag{10.54}$$

传播. 通过测量远离暴风发生处 (若干千公里以外) 的海浪, 20 世纪的海洋学家们系统地证明了这一点[83].

对于那些满足经典关系

$$c=\left(\frac{g\lambda}{2\pi}\right)^{1/2}, \text{故} c_g=\frac{1}{2}c \tag{10.55}$$

"海洋表面" 上的波 (10.3.4 节), 两个速度均随 λ 变化得十分剧烈, 以致于对信号速度任何不大的非线性效应 (如 10.3.1 节中对声波讨论过的) 相比之下都变得不重要了. 20 世纪研究了的重要的非线性效应对海洋波的影响具有完全不同的特征. 但在叙述这些研究前, 我们在本节将专注于讨论波传播中一个有趣的问题, 即非线性和色散对信号速度有几乎相当的影响时所存在着的竞争[70].

"浅" 水中波的传播是典型的这类传播. 所谓浅水指水的平均深度 h_0(比如说高于水平底部的高度) 远小于波长 λ. 一种虽然肤浅但具有启发性的与声波的类比指出, 任何局部深度值 h 应以波速 $c=(gh)^{1/2}$ 水平传播; 控制这些本质上是纵波并作二维 (水平的) 传播的是密度和压强的垂向积分值 ρ_v 和 p_v 之间的关系. ρ_v 和 p_v 由下述公式给出

$$\rho_v=\rho h, \quad p_v=\frac{1}{2}\rho g h^2$$

故波速的平方

$$c^2=\frac{\mathrm{d}p_v}{\mathrm{d}\rho_v}=\frac{\rho g h \mathrm{d}h}{\rho \mathrm{d}h}=gh \tag{10.56}$$

继续作类比, 我们知道超过 h_0 值的 h 值以增大了的波速传播, 而此增大了的波速的一次近似

$$c=c_0\left(1+0.5\frac{h-h_0}{h_0}\right), \text{其中} c_0=(gh_0)^{1/2} \tag{10.57}$$

即线性理论的波速. 当然, 这里 c 是相对于水流动的传播速度, 而水流动的速度基于线性理论为

$$u=c_0\frac{h-h_0}{h_0} \tag{10.58}$$

因为以速度 c_0 传播的波中, 深度的增长率必取 $-c_0\dfrac{\mathrm{d}h}{\mathrm{d}x}$ 值, 并为向下的动量梯度 $-\mathrm{d}(h_0 u)/\mathrm{d}x$ 所平衡. 这些粗略的近似论证得出的波速和信号速度的增大值分别为

$$c=c_0+0.5u \quad \text{和} \quad c+u=c_0+1.5u \tag{10.59}$$

这里用因子 1.5 代替了方程 (10.17) 中的 1.2, 意味着信号速度的增加值的 2/3 来自水速为 u 时波的对流, 1/3 来自 c 的增大.

再次用 Riemann 方法[15] 对这种浅水波传播 (假设为单向且纵波传播) 所作的完全非线性分析证明, 方程 (10.59) 对任意振幅的波都是完全正确的; 深度变化以

式 (10.56) 与 c 的变化相联系, 且以 u 值准确地以速度 $c_0 + 1.5u$ 传播. 因此, 正如声波一样, 波形按图 10.5 所示那样发展 (除去 1.2 以 1.5 替代外) 并同样提出了形成间断的趋势如何与不可避免的波能损失相协调这一难题. Rayleigh 在 1914 年[84] 给出了深度从 h_1 不连续地增加至 h_2 处时, 水的单位质量的波能损失为

$$\frac{g\left(h_2 - h_1\right)^3}{4h_1h_2} \tag{10.60}$$

很久以后这个难题找到了解答, 这个解答与 Rayleigh[6] 和 Taylor[7] 对声波所揭示的解答从根本上不同. 简单说来, 浅水波的色散特性很小, 但当如图 10.5 中那样的波形的梯度增大时, 色散变得重要起来并和非线性效应相竞争. 这就是这个难题的解答.

甚至在线性理论中也可找到色散. 在线性理论中, 水速为式 (10.58) 时, 正弦波形

$$h - h_0 = a\sin\left[k\left(x - c_0t\right)\right], \text{波长}\lambda = 2\pi/k \tag{10.61}$$

给出的单位质量水的位能和动能分别为

$$\frac{ga^2}{4h_0} \text{ 和 } \frac{c_0^2a^2}{4h_0^2} \tag{10.62}$$

关于 c_0 的 (10.57) 式保证了两者的均分. 然而并非全部动能都对应着水运动的水平分量 u, 深度的变化涉及从表面处为 $\dfrac{\mathrm{d}h}{\mathrm{d}t}$ 线性变化至底部为零的垂直速度分量, 此垂直运动对单位质量动能有附加贡献 $(k^2c_0^2a^2/12)$. 于是动、位能的均分现将波速从 $c_0 = \left(gh_0\right)^{1/2}$ 修正为一减小了的值.

$$\left[(gh_0)\Big/\left(1+\frac{1}{3}k^2h_0^2\right)\right]^{1/2} \simeq c_0\left(1-\frac{1}{6}k^2h_0^2\right) \tag{10.63}$$

用此 c 值代入方程 (10.54), 则群速度 c_g 变为

$$c_g = c - \lambda\frac{\mathrm{d}c}{\mathrm{d}\lambda} = c + k\frac{\mathrm{d}c}{\mathrm{d}k} = c_0\left(1-\frac{1}{2}k^2h_0^2\right) \tag{10.64}$$

可见在这些稍带色散的波中, 能量的传递速度略慢于波峰的速度.

于是, 一个运动着的深度的不连续增大 (或 "水力突跃") 可在其后会拖出一个规则的波列, 其中各波峰均以相同的速度运动; 而其运动得慢一些的能量则相对于突跃向后传运并实际上达到式 (10.60) 表示的全部能量损失[70]. 涨潮的水传播至狭窄的塞弗尔 (Severn) 湾和塞弗尔河时生成的英国著名的塞弗尔涌潮常有这种形式 (图 10.38).

图 10.38　D H Peregrine 拍摄的塞弗尔河上的波状涌潮

D J Korteweg 和 G de Vries 1895 年引入的方程获得了对弱非线性与弱色散效应之间竞争的相当协调的描述[85]. 但直到很久以后, 这种描述才被他人用于分析浅水波传播和受这种竞争效应影响的其他物理现象. 该方程将 u 的变化率写为几项之和: 适合于常信号速度的项 $-c_0\dfrac{\mathrm{d}u}{\mathrm{d}x}$, 分别给出对信号速度的修正线性色散关系 (10.63) 与非线性效应 (10.59) 的另两项[70]

$$-\frac{1}{6}c_0h^2\frac{\mathrm{d}^3u}{\mathrm{d}x^3}-1.5u\frac{\mathrm{d}u}{\mathrm{d}x} \tag{10.65}$$

该方程给出的水力突跃后的规则波不是正弦形而是 “椭圆余弦” 形, 其形状可用 Jacobi 椭圆函数描写.

Korteweg-Vries 方程还有著名的 “孤立子” 解, 即在浅水中可观察到的以深度的局域增长形式传播的 “孤波”. 其有限波长对于色散效应来说小到足以完全消除图 10.5 中变得陡峭的趋势, 从而保持波形不变. 孤立子虽在流体力学中是一种奇特现象, 但却因其显示出奇特形式的相互作用而普遍引起理论物理学家们的广泛兴趣[86].

10.3.4　海洋的表面

地球流体包层的相互作用的两大组分 (10.5 节) 是海洋及其上的空气. 湍流边界层中的气流产生从海洋向大气的水蒸气输运 (10.2.5 节) 及它们之间 (向任一方向) 的传热; 同时还有大部分以表面波形式从空气向海洋的动量输运. 如同物理学中的其他领域一样, 能量为 E(比如说, 单位水平面积的能量) 的海洋波沿其传播方向携带动量 E/c, 其中 c 为波速[70]. 当诸如波破裂这样的减小能量 E 的因素同样地减小波所携带的动量 E/c 时 (当然, 总动量没有任何变化), 剩余的动量需转换为水流 (比较 10.3.2 节中的声流).

20 世纪中已证明, 在不存在这样的能量耗散以及任何从气流中更新的动量输运的情况下, 即使是在波幅大到非线性效应很重要时, 海洋波仍必须满足一些守恒律, 这使我们饶有兴趣地联想起波—粒二象性原理. 这里我们将概述这些守恒律, 而在 10.5 节中再进一步提供表面波应用于地球物理方面的知识.

二象性将波和携带有特定数量的作用量的质点相联系; 类似地, 海洋波的一个关键的概念是单位水平面积的波的作用量 A. 对于静水中的小振幅波, A 的定义为: $A\omega$ 表示波的能量, 其中 ω 为频率; $A\boldsymbol{k}$ 表示波的动量, $\boldsymbol{k}$ 为波数矢量 (其模如上所述为 E/c).

对于规则的长峰波, 甚至其是大振幅的, 当表面波 (不像 10.3.3 节中色散效应很小的波) 没有因非线性效应使波长 λ 的周期波形连续变陡, 仅有限地偏离正弦形, 成为波峰更尖、波谷更平的形状 (图 10.39) 时[87], 仍可定义上述这些量[86]. 这时, $\boldsymbol{k}$ 简单地定义为沿传播方向, 模为 $2\pi/\lambda$ 的一个矢量, ω 等于 2π 除以波的周期. Whitham 1965 年的出色研究[88]证明了水的运动具有动量 $A\boldsymbol{k}$ 和动能 $\frac{1}{2}A\omega$, 尽管因非线性效应引起的动能、位能均分偏离使相关的位能略有减小.

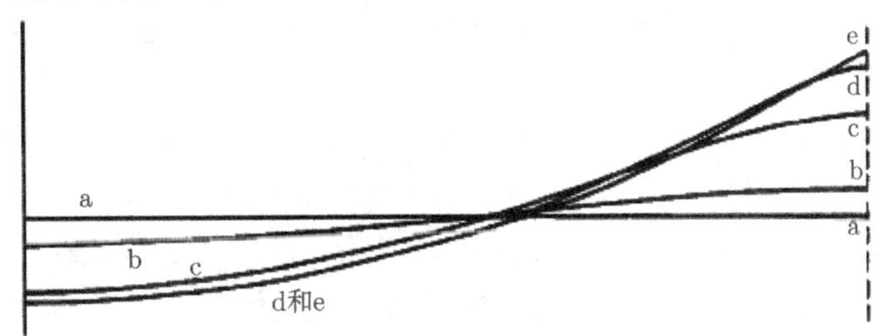

图 10.39 波长 λ 的周期深水波在波峰和波谷间有不同高度 H 时的波形[87]. 破折线表示各波峰处的对称面. (a) 未扰的水表面; (b)$H = 0.030\lambda$ 的波形; (c)$H = 0.100\lambda$ 的波形; (d)$H = 0.130\lambda$ 的波形; (e) 最大波高 $H = 0.141\lambda$ 的波形

图 10.40 示出了 M S Longnet-Higgins1975 年对波数为 k 的规则长峰波能量的准确计算结果[89](图中还标出频率 ω 稍高于其小波幅时的值 $(gk)^{1/2}$). 动能、位能及它们的和总波能 E 都随波幅而增大到各自的最大值, 超过最大值后波形变得波峰更尖 (图 10.39), 以至于随能量的进一步增加, 通过在波峰处出现泡沫 (著名的"白马" 现象) 而发生耗散[90].

另一方面, 当不存在这样的耗散时波作用量的守恒性仍有效. 确实, 甚至波传播到洋流区处 (这时因与洋流能量的交换波能无需守恒), Whitham 的作用量守恒定律仍适用. 在速度为 $\boldsymbol{V}$ 的洋流中波的动能变为 $\frac{1}{2}A\left(\omega - \boldsymbol{V}\cdot\boldsymbol{k}\right)$, 其中 $\omega - \boldsymbol{V}\cdot\boldsymbol{k}$

描述了由 Doppler 效应引起的对有效频率的修正. 因此, 那些从静水传播至逆流区 (负的 $\boldsymbol{V} \cdot \boldsymbol{k}$) 的波可能得到显著的波能增益.

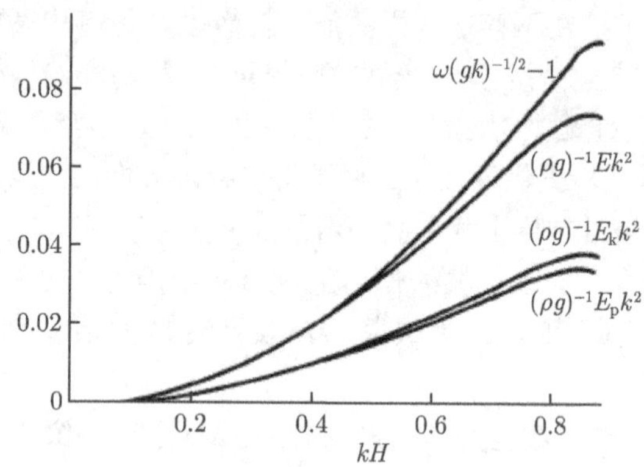

图 10.40　对波数为 k 的深水波计算所得的频率 ω 和波能 E(又分为动能 E_k 和位能 E_p)[89]

受篇幅限制, 我们只能再提及非线性海洋波理论的另两个进展. 第一个, 由于基于作用量守恒定律的研究仅当每个波长上波幅变化很小时才保有良好的准确性, 对非线性传播更精确研究的需求促使 K Stewartson 和他的同事们出色地使用非线性 Schrödinger 方程对波列的变化包络做出了卓有成效的描述, 极好地被用于得到方便的数值解 [91].

第二个, "漫涌碎浪"(慢变波列中的波, 如上所述, 在达到取最大能量的波幅时即在波峰处生成泡沫而损失某些能量) 的研究得到波进入浅水时出现的 "卷涌碎浪" 研究的有价值的补充. 对有复杂形状自由表面的水的非定常运动研究的超级计算流体力学现代成果, 已可更深入地探究这后一种更为壮观的碎浪类型 (图 10.41).

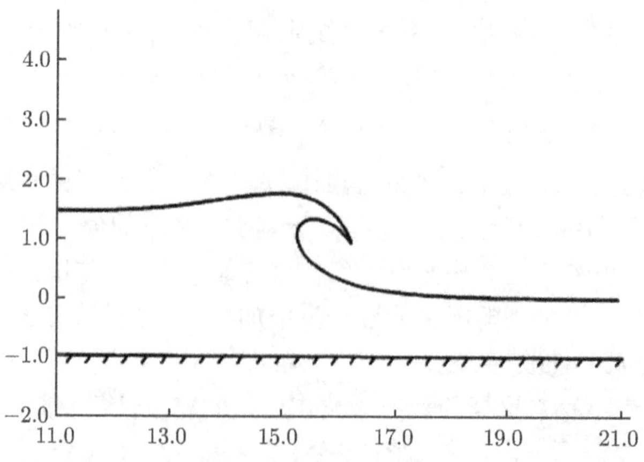

图 10.41　D H Peregrine 教授计算的 "卷涌碎浪" 形状

10.3.5 能量沿波峰传播

群速度矢量 $\boldsymbol{c}_g$ 或流体中波能传播的速度与波峰在垂直于自身方向上传播的波速 $\boldsymbol{c}$ 不仅大小而且方向都可能不一样. 本节专注于此二速度正交 (!) 的色散波, 即波能沿波峰而不是在与其垂直的方向上传播[70].

图 10.42 显示了均匀分层盐溶液中的实验结果. 该溶液的密度随高度以常数梯度减小. 垂杆的作用只是为了支持在杆最低端处浸没于溶液中的水平圆柱. $t=0$ 时赋予该圆柱一短暂的水平位移, 从此源发出的波可由 $t=10\text{s}$ 和 $t=25\text{s}$ 时的纹影照相术显示.

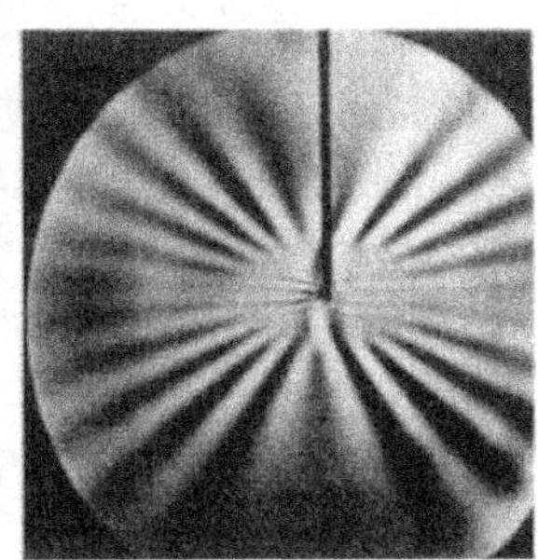

图 10.42 波沿波峰传播能量的纹影照片[92] (左图为 $t=10\text{s}$, 右图为 $t=25\text{s}$)

可以看到, 因为能量沿波峰传播这些波的波峰径向排列, 远非如源处产生的能量以垂直于波峰传播时出现的同心圆排列. 有关电影片显示, 所有的波峰运动方向垂直于它们自身, 处于源上方的波峰向下运动, 处于源下方的波峰向上运动; 波能则径向向外传播, $t=25\text{s}$ 时比 $t=10\text{s}$ 时传得远得多.

因为在大气和海洋中的密度分层 (10.5 节), 分层流扰动的基本特性在地球物理学上是重要的[93]. 不过本节只集中注意沿波峰能量传播的基本物理本质.

在任何系统中都会存在波的频率 ω 仅取决于波数 $\boldsymbol{k}$ 的方向而与其大小无关的地方[70]. 一维传播中群速度的最简单公式 $c_g=\mathrm{d}\omega/\mathrm{d}k$(因 $\omega=ck$, 它与式 $c+k\mathrm{d}c/\mathrm{d}k$ 一致) 可在三维传播中推广为: 群速度矢量 $\boldsymbol{c}_g$ 是频率在波数空间内的梯度 (确实, 根据二象性原理, 波像质点一样, 以质点速度的 Hamilton 表示式即能量在动量空间的梯度运动 (这一关系由能量和动量分别与频率和波数相联系得到)). 在 ω 仅取决于 $\boldsymbol{k}$ 的方向处, ω 沿矢量 $\boldsymbol{k}$ 必保持为常数, 所以 $\boldsymbol{k}$ 与 $\boldsymbol{c}_g$(作为频率 ω 的梯度) 正交.

图 10.43 示出了在如图 10.42 那样的分层液体中平面波的性质. 在该液体中密度随高度的变化满足线性关系

$$\rho=\rho_0\left(1-\varepsilon z\right) \tag{10.66}$$

液体实际上的不可压缩性阻止质点运动具有任何 "纵向分量"(如同声波中的垂直于波峰的分量), 质点运动被限制位于等相面内, 受到垂直于这些面的压强梯度力 BC

和铅垂的重力 BD 作用, 只能沿最陡下降的 BE 方向作上下运动. 若质点沿与铅垂线成 θ 角的方向上移一小距离 s, 则该质点就比周围质点的密度大了 $\rho_0\varepsilon\,(s\cos\theta)$, 从而受到一个向下的单位体积重力 $g\rho_0\varepsilon s\cos\theta$. 这样, 在 BE 方向上的总恢复力即为:

$$g\rho_0\varepsilon s\cos^2\theta \tag{10.67}$$

因此单位体积内质量为 ρ_0 的这样一个质点是在做简谐运动. 其频率为

$$\omega = N\cos\theta, \text{其中} N = (g\varepsilon)^{1/2} \tag{10.68}$$

被称为 V Väisälä -D Brunt[94,95] 频率. (注意：将此论证在 10.5.2 节中应用于大气中的空气时, 仅有的实质性修正是 N 的明显降低. 这是由于随高度的压强损失使质点的绝热密度下降, 与此相联系的恢复力有了变化引起的.)

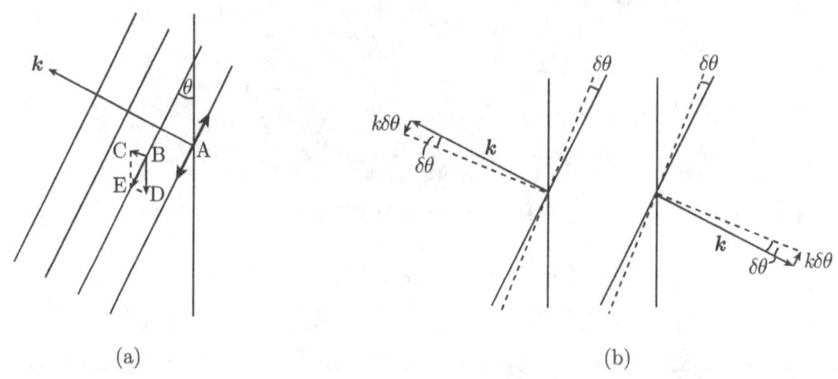

图 10.43　(a) 示出均匀分层液体中的平面波, 包括在 A 处质点沿与铅垂线成 θ 角平行于波峰的运动和在 B 处压强力 BC 和重力 BD 的合力; (b)θ 减小至 $\theta-\delta\theta$ 时, 波矢量 $\boldsymbol{k}$ 的变化 (大小为 $k\delta\theta$) 有垂直分量, 其符号与 $\boldsymbol{k}$ 的垂直分量的符号相反

于是, 正如所预计的那样, 波频率 ω 仅取决于波数矢量的方向. 若 θ 稍稍减小为 $\theta-\delta\theta$, 则频率增大

$$(N\sin\theta)\,\delta\theta = \left(Nk^{-1}\sin\theta\right)k\delta\theta \tag{10.69}$$

波数 $\boldsymbol{k}$ 经受一位移 $\boldsymbol{k}\delta\theta$. 取决于 $\boldsymbol{k}$ 有向上还是向下的分量, 此位移相应地指向下或指向上 (图 10.43)[70]. 故群速度矢量 $\boldsymbol{c}_g$ 有如下性质:

(1) 大小为 $Nk^{-1}\sin\theta$(见 (10.69) 式)

(2) 方向与铅垂向呈 θ 角,

(3) 垂直分量与 $\boldsymbol{k}$ 的垂直分量符号相反.

性质 (3) 解释了为何波的 $\boldsymbol{c}_g$ 有正或负的垂直分量时 (存在于图 10.42 中源的上方或下方), 波的传播方向分别向下或向上. 性质 (1) 表明在时间 t 内波能的径向

传播距离用波长 λ 表示为 $c_g t = (N\lambda t/(2\pi))\sin\theta$, 故在离源 λ 处波峰所对的小角度之值为

$$2\pi/(Nt\sin\theta) \tag{10.70}$$

这再一次与图 10.42 一致 (角度随 t 以 t^{-1} 方式变化, 随 θ 以 $(\sin\theta)^{-1}$ 方式变化).

这些在分层流体中的 "内" 重力波, 除表现出刚才讨论的不寻常特征外, 还显示出波和流之间有趣的相互作用, 这正是 10.3 节的中心论题. 这样的相互作用可首先在均匀流, 然后在剪切流中举例说明之.

只要波数的模 $k = N/U$, 则内重力波的二维流花样可在速度为 U 的均匀流中保持定常[96], 故可使其成为通过沿垂直流动方向拉伸的长障碍物后的定常流的一部分. 由于方程 (10.68) 的波峰维持定常, 波速 $c = \omega/k$, 波峰以此波速沿垂直于其自身的方向运动, 抵消了气流垂直于波峰的反向速度分量 $U\cos\theta$. 这种波内的能量, 若是在障碍物处产生的, 则根据上述性质 (1), 该能量平行于波峰传播了距离 $Ut\sin\theta$, 并在下游扫掠过更大的距离 Ut(图 10.44(a)). 用简单的平面三角即可算出波峰与从障碍物发出径向矢量垂直. 故它们呈圆弧状, 且由于能量在障碍物下游的净距离必为正值, 故波峰不呈整圆状, 而为半圆 (图 10.44(b))

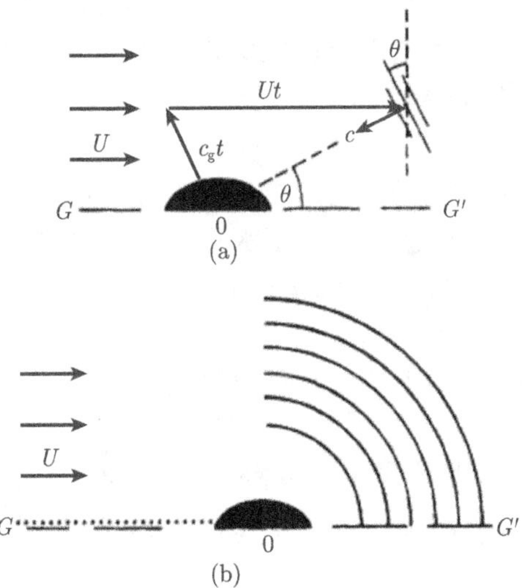

图 10.44 (a) 在速度为 U 的均匀气流中, 波数 $k = N/U$ 的内重力波有两个显著特点: (i) 波峰保持定常, 它们以波速 $c = \omega/k = (N\cos\theta)/k$ 的传播抵消了气流垂直于波峰的分量 $U\cos\theta$; (ii) 除被气流以速度 U 对流传送外, 能量以群速度 $c_g = Nk^{-1}\sin\theta = U\sin\theta$ 从源处 (障碍物 O) 沿与铅垂线成 θ 角的方向传播 (沿波峰传播), 在下游则沿与水平方向成 θ 角的方向传播, 即垂直于波峰的方向. (b) 随之而来的圆弧状波峰. 图中还示出了 "上游尾迹"(见下页)

GG' 平面可表示气流下方平坦的地面 (这时波峰是 1/4 个圆弧) 或表示大流动的对称平面 (这时波峰及其在对称面上的镜像一起构成半圆弧)

早期的理论研究曾表明在分层均匀流中障碍物引起的扰动满足定常圆柱波的方程, 但却得出了波峰是圆周的错误结论. 这里所要强调的是, 这一错误只是从数百个对于流体中波的研究中挑出的一个有代表性的例子. 在这些研究中确定流体中波的正确形态不仅需要应用运动方程, 还需应用上述条件 (类似于电磁理论中的 Sommerfield 辐射条件), 即能量流必定从源指向外的条件.

伴随此能量流的是波的动量在反流动方向分量的流. 设能量流为每障碍物单位长度 E, 则该分量的流为

$$(E/c)\cos\theta = E/U \tag{10.71}$$

此一动量也是在障碍物处产生的. 这样障碍物必定承受着一个相等相反的力, 即每单位长度 E/U, 称为兴波阻力. 与此相关的动量输运不像摩擦阻力那样传输到物体后的 (几乎与障碍物等高的) 尾迹流中, 而是如 F B Bretherton 最先强调指出的[97] 那样, 传输到垂直地远离障碍物的流体中.

虽然这些结论是在均匀分层、均匀流、均匀截面长障碍物这种很特殊的情况下阐述的, 因为这样可以很容易地推出简单的结果, 但本质上类似的结果完全可以在上述特殊情况的任何或全部因素都非均匀的非常广泛范围的情况下推出. 在每种情况下都可在 (垂直远离) 障碍物的下游发现驻波, 障碍物本身受到与驻波动量的上游分量相关的兴波阻力. 在为跨越山脉的大气流动建模时, 必须考虑这种向垂直远离处流体的动量输运 (10.5.2 节).

看来好像很不合理的是, 所有这些情况下都还可能出现 “上游尾迹”! 在上述的简单情况下只要允许 θ 取极限值 $\pi/2$(水平的波峰, 早期分析中不言而喻地忽略了的一种可能性) 即可得到. 这时频率式 (10.68) 为零, 任何 (垂向的) 波数 k 的波都可能是定常的, 若 $k < N/U$, 它们沿波峰的能量传播速度 (由上述 (1) 可知, 速度为 Nk^{-1}) 就可能超过流速 U. 于是当障碍物的高度足够高从而产生垂向波数 $k < N/U$ 的很大扰动时, 物体前方就可存在这样的波. (对这种奇怪现象的另一种处理方法是指出流动的动能可能不足以提供其较低部分越过高障碍物所必需的重力位能.)R R Long 首先对上游尾迹 (再次与一阻力相关联) 做了全面的非线性解释[98].

在速度 $\boldsymbol{V}$ 随高度 z 变化的剪切流中沿波峰的能量传播赋予内重力波一种非常特殊的能力: 内重力波可将其全部能量给予气流而强化气流. 确实, 波作用量的守恒性 (10.3.4 节) 告诉我们, 在 “临界” 高度 $z = z_{cr}$ 上, 相对频率 $\omega - \boldsymbol{V}\cdot\boldsymbol{k}$ 降为零, 波能通过与气流的交换减小为零.

这里的相对频率指在静止空气参考系中的频率, 由方程 (10.68) 给出等于 $N\cos\theta$, 故在 “临界” 高度上 θ 角必趋于 $\pi/2$. 波通过剪切流传播时必须保持其绝对频率 ω 和波数的水平分量 k_H 为常值, 而其变化的垂直分量 $k_H\tan\theta$ 则可变

得愈来愈大, 即群速度的垂直分量 $Nk_H^{-1}\cos^2\theta\sin\theta$ 随其与临界高度 $z=z_{cr}$(这里 $\omega-Vk_H=N\cos\theta$) 距离的平方成零而趋于零, 这就允许能量达到临界高度的时间变得无限. 从而使得在该高度上许多其他物理问题中常出现的纯粹反射成为不可能 (如 Booker 和 Bretherton[99] 首先指出的那样), 而代之以全部吸收. 某些高空类射流气流就是以这种从内重力波吸收能量而维持的.

沿波峰的能量传播也会发生于其他流体–机械系统中, 如以等角速度 Ω 旋转的均匀液体中. 这里, 波峰与旋转轴成 θ 夹角的平面波具有仍只依赖于波数矢量方向的频率 $\omega=2\Omega\sin\theta$, 且内重力波的各种特征也再次出现, 只是要以 2Ω 和 $\dfrac{\pi}{2}-\theta$ 来分别代替 N 和 θ. 最引人注目的是上游尾迹的类似物变成了在 $\theta=\dfrac{\pi}{2}$ 时的尾迹 ——"Taylor 柱". G I Taylor 证明[100], 当与旋转轴成直角的慢速流动遇到三维物体时, 就变成了绕 "流体柱" 的二维流动. 此流体柱相当于物体外形沿轴向的某种扩展.

10.4 航空和海洋工程对人类生活环境的改变

10.4.1 研究提高飞行效率的流体力学

各种技术, 包括能够快速运输人与物而使地球 "变小" 的技术, 使地球上人类的生活在 20 世纪有了很大的改变. 本节 (10.4 节) 将概述流体力学对这些 (特别在空中以及海洋中) 技术发展的重大贡献. 当然这种发展与全球范围内信息传送的发展 (基于物理学其他方面的进步) 是密不可分的.

作为 Prandtl 两个伟大发现的直接后果, 航空对人类生活环境的改变有决定性的贡献. 这两个伟大发现是: 避免壁面边界层分离可在零升力物体上保持很小的阻力 (158 页) 和大翼展的机翼可使得机翼升力引起的附加阻力 (170–171 页) 很小. 以更大航程 (飞机一次飞行的距离) 标志的 "缩地" 效应正是对这两个发现以及后来的某些发现的灵敏反应.

洞察这种效应的基本 "航程方程"(例如, 见 D Küchemann[101]) 描述了客机在升力 L 基本上平衡飞机重量 W, 阻力 D 由发动机推力平衡的 "航行" 条件下 (构成飞行的主要部分) 飞越的距离. 定义发动机的比燃油消耗为

$$s=\frac{\text{单位时间内消耗燃油的重量}\ (-\mathrm{d}W/\mathrm{d}t)}{\text{单位时间内所做的有用功}\ (UT)} \tag{10.72}$$

于是可得

$$\frac{\mathrm{d}W}{\mathrm{d}t}=-sUT=-sUD=-sU\frac{D}{L}W \tag{10.73}$$

合理地假设在航行条件下 L/D 和 $1/s$ 都基本保持不变(非常接近于它们各自

的最大值), 由上式可算得航行距离 X(即以速度 U 飞越的距离 $\int U\mathrm{d}t$, 且飞机重量 W 由航行开始时的 W_0 减小至航行结束时的 W_1):

$$X=\int U\mathrm{d}t=\frac{L}{D}\frac{1}{s}\int_{W_0}^{W_1}\left(-\frac{\mathrm{d}W}{W}\right)=\left(\frac{L}{D}\right)\left(\frac{1}{s}\right)\left(\ln\frac{W_0}{W_1}\right) \tag{10.74}$$

虽然总航程会大于 X(超过部分为爬升至航行高度以及由该高度下降所飞越的距离), 但方程 (10.74) 是一个有价值的基本指标, 表明可达到的航程主要由三个不同因子的乘积控制, 而这三个因子分别与构成航空工程的三个专业 (空气动力、推进技术、结构) 的成就相关. 显然, 空气动力学家和推进技术工程师须分别保证 L/D 和 $1/s$ 具有很高的极大值; 而免除不必要重量的安全、可靠结构设计的成功决定了总重量 W_0 中除其他重量外可携带的航行需用燃油的重量 W_0-W_1. W_0 中的其他重量首先包括结构重量, 还有爬升、下降以及应付可能的航线改变等所需的燃油重量, 当然还有 "商业载荷"(体现运输功能的所有重量).

Prandtl 的发现[4,5] 使我们认识到最大升阻比 L/D 可能达到多高. 简单地说, 阻力包括机翼和机身与 (主要是湍流) 边界层相关的 "摩擦" 阻力 D_f 及由升力产生的阻力 D_L. 后者与形成产生升力 L 的尾迹涡所做的功相关. 方程 (10.24) 表明 D/L 的最小可能值为

$$\frac{D_f}{L}+\varepsilon=\frac{D_f}{L}+\frac{L}{2\pi\rho U^2b^2} \tag{10.75}$$

当式中两项相等时达最小. 这就给出了

$$L=\left(2\pi\rho U^2b^2D_f\right)^{1/2}\text{和 }\mathrm{Max}\frac{L}{D}=\left(\frac{\pi\rho U^2b^2}{2D_f}\right)^{1/2}. \tag{10.76}$$

若通过精细的设计确保在整个飞机表面上避免了边界层分离, 则 "摩擦" 阻力 D_f 可表示为 $k_f\rho U^2S$, 主要与机翼和机身总表面 S 上动量的湍流扩散相关. 这里 k_f 是 10^{-2} 量级的小常数 (当然, 这个值之所以小是由 D'Alembert 定理决定的). 这样, 由方程 (10.75) 和式 (10.76) 得出

$$\varepsilon=\left(\frac{k_f}{2\pi}\frac{S}{b^2}\right)^{1/2}\text{和 }\mathrm{Max}\frac{L}{D}=\frac{1}{2\varepsilon}=\left(\frac{\pi}{2k_f}\frac{b^2}{S}\right)^{1/2} \tag{10.77}$$

上式表明了充分长的翼展, 或更精确地说, 足够大的 b^2/S 值, 会带来的好处. 现已可容易地获得 20 或更大些的升阻比[101](相应于 $\varepsilon<0.025$).

于是, 流体力学通过实现大的升阻比对提高航程 (10.74) 做出了巨大的贡献. 同时, 航空工程的结构分支通过安全可靠的结构设计, 减少结构重量在总重量中的比例, 提高 W_0/W_1 而做出了另一方面的巨大贡献. 当然, 不同的要求相互制约. 因

此机翼半翼展 b 的确定, 从根本上说, 只能是增大半翼展 b 的升阻比获益和随之例如增大机翼 “根部” 弯矩而增加结构重量的代价之间的折中.

对增大航程 (10.74) 的第三方面重大贡献来自大大减小比燃油消耗的动力装置的进步. 这方面的成就除精密的热力学和发动机设计的发展外, 也依赖于流体力学的进展, 并再一次与获得最大升阻比的要求相互制约.

看似不可思议[101], 比燃油消耗 (10.72) 的重大减小居然出现在提高飞行速度时. 对于螺旋桨飞机, 若单位时间内以速度 U 进入桨盘的空气质量为 Q, 并经过螺旋桨加速至 V, 则空气的动量和动能增加率分别为

$$T = Q\left(V-U\right) \text{和 } \mathrm{d}E_K/\mathrm{d}t = Q\left(\frac{1}{2}V^2 - \frac{1}{2}U^2\right) \tag{10.78}$$

方程 (10.72) 遂变为

$$s = \frac{(-\mathrm{d}W/\mathrm{d}t)}{\mathrm{d}E_K/\mathrm{d}t}\frac{\frac{1}{2}V^2 - \frac{1}{2}U^2}{(V-U)\,U} = \frac{(-\mathrm{d}W/\mathrm{d}t)}{\mathrm{d}E_K/\mathrm{d}t}\frac{V+U}{2U} \tag{10.79}$$

上式右端的第一个因子与燃油的化学能转变为机械能的热力效率 (反比地) 相关; 而第二个因子, 严格地说是流体力学因子, 显著地依赖于空气速度并随 U 的增加而大大减小 (无论是对于已知 V, 或已知 $V-U$, 或已知 $\frac{1}{2}V^2 - \frac{1}{2}U^2$, 都是如此).

对于喷气飞机, 类似的方程尽管会因喷出的气体不是空气而是空气—燃油的燃烧产物而变得稍复杂些, 所给出的 s 中与流体力学相关联的因子仍非常类似地随 U 的增加而减小 (实际上还会减小得更多). 考虑到通过燃烧获得的典型的能量增加为 $\frac{1}{2}V^2 - \frac{1}{2}U^2$, 这些讨论启示我们, s 的极有价值的减小可通过将空气速度 U 提高到很大的值而获得.

这一结论与最大化升阻比的相互制约表现在两个主要方面. 首先, $W = L$ 的航行条件 (10.76) 固定了比值

$$W/\left(\rho U^2\right) = \left(2\pi b^2 k_f S\right)^{1/2} \tag{10.80}$$

的取值, 故在航行中大的空气速度 U 要求低的空气密度值 ρ, 且 W 从 W_0 减小至 W_1 的过程中 ρ 应随之进一步减小. 换言之, 航行必须在相当高的高空进行, 并在飞行中还要稍提高高度. (当然, 飞行的这一航行状态包括了其他更简短的起飞和爬升、下降和着陆等状态; 这些简短状态下, $W/\left(\rho U^2\right)$ 需远远高于最大化升阻比的公式 (10.80) 给出的值.)

其次, 速度 U 趋于声速 c_0 时, 增大 U 的潜力受到极为严格的限制. 正如 10.4.2 节中将要指出的, 航空激波中的能量损失代表了飞机超声速飞行的另一强大附加阻

力源. 而且, 甚至当 Mach 数 (19) 还略小于 1 时, 流过机翼的气流就可加速至超声速而形成激波. 另一方面, 后掠机翼 (图 10.45) 可允许巡航 Mach 数增大至相当高的亚声速[102], 约为 0.85; 这是因为气流通过机翼时, 实际上仅其垂直机翼方向的分量被加速, 而平行方向的分量保持不变.

图 10.45　采用罗尔斯–罗伊斯公司 RB211-524G 涡扇发动机的波音 747-400 客机, 总重量 395t, 巡航 Mach 数 0.85, 最大航程 15400km

对喷气推进飞机早期发展的另一流体力学限制是难以容忍的喷流高噪声辐射. 这个噪声问题限制了既增大功率又为机场周边社区可接受的环境上兼容的喷气发动机的发展.

在历史上颇不寻常的是上述两个巨大问题却归结于一个共同的解决方法! 发展高效喷气飞机的两大障碍, 即巡航 Mach 数的上限制约 s 的减小和环境上对发动机噪声辐射的限制, 实际上是通过同一个解决方法克服的[80].

194 页给出的射流噪声理论表明, 辐射的声能按射流出口速度的 8 次方变化, 这一速度当时用 U 表示, 这里我们改用 V. 在空气速度 U 不是很大的起飞和爬升初期需要大的发动机推力, 在发动机横截面给定时, 与噪声向附近社区辐射的 V^8 规律相反, 推力随 V^2 变化. 这一对比指出了实现增大推力并同时减小噪声的可能性在于大大增加发动机横截面并伴随以 V 的减小.

在实现这一目标上涡轮–风扇发动机取得了巨大的成功. 虽然空气—燃油燃烧产生的能量给其生成物形成的简单喷流以非常高的速度, 但这一机械能的绝大部分首先被用于使涡轮带动一大风扇旋转而加速大量空气绕过燃烧室. 此空气和燃烧生成物的速度 V 遂可被降为中等数值, 以致辐射的噪声和起作用的推力之比 (正比于 V^6) 被大大降低, 发动机既更安静又更有推力.

同时, 这些进步又导致了航程 (10.74) 的进一步增大, 甚至在巡航 Mach 数 U/c_0 上限的严苛条件下, 它们实际上仅仅因为 V 本身的减小就使比燃油消耗 (10.79) 中的流体力学项 $(V+U)/(2U)$ 大为减小.

Wright 兄弟于 1904 年首次实现了人类有动力的飞行, 虽然只飞过了 1km; 但正是同一年开始的流体力学科学的进步, 对 20 世纪内客机航程超过 15000km 并伴随以飞行成本降低从而大大改变地球人类生活特点的发展做出了巨大的贡献.

10.4.2 航空激波

本节将概述定义为流速 U 对声速 c_0 比值的 Mach 数 (10.19) 超过 1 时, 气流模式发生的 "明显出现激波的令人兴奋的变化"(162 页). (当然, 在航空学上, 流速 U 指空气相对于运动飞机的速度.) 气流模式变化后, 不仅 "波与流相互作用"(10.3.1 节), 而且流几乎完全由波组成, 这些波的传播已被流抵消 (使之静止).

例如, 相对气流成 θ 角以未扰声速 c_0 传播的弱声波可被气流的反向分量 $U\cos\theta$ 抵消, 只要

$$U\cos\theta = c_0 \tag{10.81}$$

若 $U > c_0$, 则存在一满足式 (10.81) 的 θ 角, 使这种波成为流的一个不变特征[19].

对于并不如此弱的波, 方程 (10.81) 中的 c_0 应以真实信号速度 (10.17) 代替, 因此对于正 u 值 (或正过压值)θ 减小, 而对负 u 值 θ 增大. 若出现激波, 则式 (10.81) 中的 c_0 应以激波本身的传播速度代替.

激波中出现的 "隐含能量损失"(10.3.1 节) 代表一附加的阻力源[103]. 为克服这一阻力需通过推力的额外做功补上这一能量损失, 因此应使 "航空激波" 尽可能弱.

低 Mach 数流绕具有适合于它的 "翼型" 剖面的模式 (图 10.3) 与高 Mach 数流绕超声速翼型的模式 (图 10.46) 之间存在着巨大的差异. 超声速翼型必须更薄, 且具有尖锐的前缘, 以保持所有扰动对超声速来流都是小的, 生成的激波都是弱的, 而且整个可见模式取以 θ 角传播的驻波形式[103], 该 θ 角满足方程 (10.81) 或修正了右端项的类似方程.

这些波中的每一个都是由翼型表面对入射流的扰动引起的. 在扰动为零 ($u = 0$) 的 A 点按方程 (10.81) 发出一个波; 在机翼表面 B 点的驻波方向, 如图 10.46(b) 所示, 与取正的 u 值以增大的速度 $c_0 + 1.2u$ 传播的波相关联, θ 值应减小; 在机翼表面 C 点的驻波方向, 如图 10.46(c) 所示, 则符合 $u < 0$, θ 增加. 在 B 点为正与在 C 点为负的过压值产生一合成阻力, 相当精确地与这种非线性传播引起的 N 形波中隐含的能量损失相关[103](比较图 10.46(d) 和图 10.32). 实际上, 在尾激波后的区域中因入射流未受到扰动, 故不出现波.

同时, 如同图 10.3 所示的薄边界层附着于表面一样, 在超声速翼型上也存在着速度 v 的大体类似分布的边界层 (试完成比较). 然而其温度分布却与 10.2.5 节中所讨论的有惊人的差异; 在超声速下, 冷气流不再冷却物体, 反而加热物体!

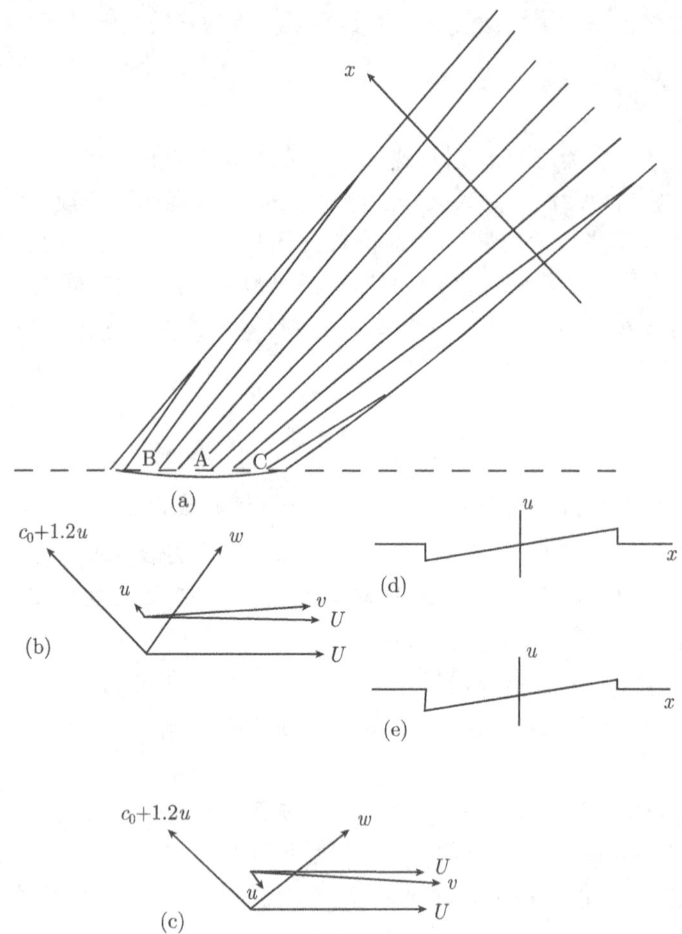

图 10.46 (a) 绕薄翼型的超声速流中产生的驻波 (相对于虚线对称); (b) 在 B 点, 气流速度 U 和波速 u 的合速度 v 偏上 (沿翼型表面的切向), 驻波沿方向 w(U 和信号速度的合速度); (c) 在 C 点, 负的 u 值使合速度 v 偏下 (同样沿表面切向), 驻波此时相对于气流的夹角减小; (d) 截面上平衡的 N 形波形状; (e) 正攻角时变为具有向下动量的不平衡的 N 形波

此 “气动加热” 现象之所以出现[103], 是因为在边界层中扩散的单位质量的能量不再仅是热能 c_pT, 而是加上了动能的总能量 $c_pT+\dfrac{1}{2}v^2$. 温度 T_0 的来流中该总能量为 $c_pT_0\left(1+0.2M^2\right)$, 在固壁 ($v=0$ 处) 处温度 T 倾向于增大到接近

$$T=T_0\left(1+0.2M^2\right) \tag{10.82}$$

例如, 当 $M=2$ 时, 取 T_0 为同温层温度 210K, 式 (10.82) 的温度达 378K, 约为水的沸点!

还可做进一步的比较：正像在正攻角时图 10.3 中的对称流动变为图 10.12(a) 那样的产生升力的流动一样，这样的正攻角也使图 10.46(a) 中的对称流动变为具有升力的流动. 简言之，由于各 u 值在上表面都减小，而在下表面的都增大，故下表面的所有压强值都超过了相应上表面的压强值. 同时翼型又施以一相等相反的力，给予流体一向下的动量，不过此动量并不出现在翼型后面的任何尾涡区内，几乎全部出现在激波之间的流中！这时图 10.46(d) 中的平衡 N 形波变成了如图 10.46(e) 所示的包含有一向下的动量分量[103] 的非平衡的 N 形波 (也见图 10.47).

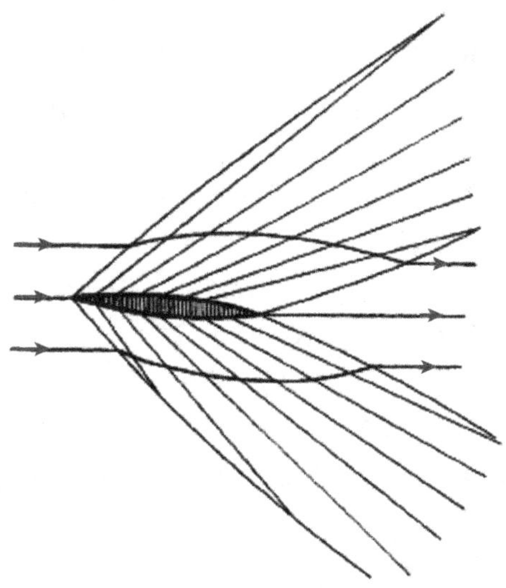

图 10.47 绕升力翼型的完整流场[103](此处的翼型较图 10.46 中的翼型厚一倍)

然而由于航空激波的严酷事实，20 世纪超声速飞机的设计者们已越来越不采用这种翼型剖面的机翼. 实现使激波保持微弱以降低激波阻力 (常常还为了降低激波噪声，即地面听到的 “超声速音爆”) 的目的的最好的方法，不是仅采用一维方向薄的机翼形状 (图 10.46)，而是采用在垂直于流的二维方向上细长的机翼形状[103]. 这样，为了有效地利用 $M>1$ 所需的 “细长体空气动力学” 的基本特征，要求将相当简单的超声速翼型概念 (图 10.46) 用 10.3.1 节中描述的思想很小心地推广至包括三维波传播[104,72] 的情况.

所需的第一个好启示来自分析空气中 “爆丝” 产生的激波 (189 页). 这里声源是流体中出现的外来物质，即向外喷射的蒸气，其横截面积 S 随时间突然增大，按线性分析，产生式 (10.45) 所描述的空气运动，再由非线性效应转化为一 N 形波.

穿过大团空气的超声速飞行类似地引入了外来物质 (飞机)，其与气团相接触的总横截面积 S 也随时间突然增大，虽然它之后又急剧地变为零. 对于以超声速飞行的细长体, 这暗示了描述物体垂直于气流方向的横截面积 S 在气流方向 x 上变化的函数 $S(x)$ 可能具有的重要性.

细长体空气动力学表明, $S(x)$ 沿飞机长度平滑而缓慢变化的物体形状有两个优点: ① 激波强度可保持比较低的水平; ② 激波强度能被很好地估算[71]; 像对爆丝一样, 分析分为线性、之后的非线性两步, 且源强度只取决于每一横截面的总面积 $S(x)$ 而非其具体形状. 当然, 正如分析的线性部分因方程 (10.81) 代表 "定常状态" 条件已清楚表明了的, 波不是以圆柱状而是按方程 (10.81) 定义的 θ 角以圆锥状传播.

如果通过增加一个指向下的强度为 $L(x)$ 的偶极子分布来修正非方向性的简单源的辐射, 可使上述初始的线性分析得到进一步的改进[105]. 此偶极子分布代表与作用在飞机横截面上的升力大小相等方向相反的作用在流体中的力 (10.3.2 节). 通过必要的非线性效应修正后, 这种改进适当地增大了飞机下方的 N 形波强度, 而减小了飞机上方的 N 形波强度.

20 世纪中将空中运输推进到超声速的首要一步是建造了协和号客机[106]. 它为繁忙的旅客提供了只需 3 小时飞行时间即可横跨约 6000km 航程的优质服务. 其巡航 Mach 数在 15km 至 16km 的同温层高度上达 $M=2$. 此 Mach 数将空气动力加热限制至式 (10.82) 表示的温度时飞机材料仍保持安全性. 协和号尖缘细长三角翼的外形 (图 10.48) 实现了其飞行的超声速和低 Mach 数部分空气动力要求间的非常好的折中.

图 10.48　装有罗尔斯–罗伊斯公司/SnecmaOlympus593 涡轮喷气发动机的法国宇航/英国宇航的协和号客机. 总重 185t, 巡航 Mach 数 2.0, 最大航程 6500km

这样, 尽管有很大的激波阻力, 协和号实现了超声速升阻比约为 10. 飞机下方的激波在传播至地面稠密得多的空气中后只有约 1 毫巴的压强突跃. 协和号机翼设计最富创造性之处是其为实现在低 Mach 数时稳定地获得升力而采用的流体力学方法：对达此目至关重要的一对旋涡不是从机翼后缘 (如图 10.13(b) 所提示的) 而是从机翼尖锐的前缘拖出 (图 10.49), 这样产生的向下动量稳定地支持了协和号以超过 20° 的攻角起飞的重量.

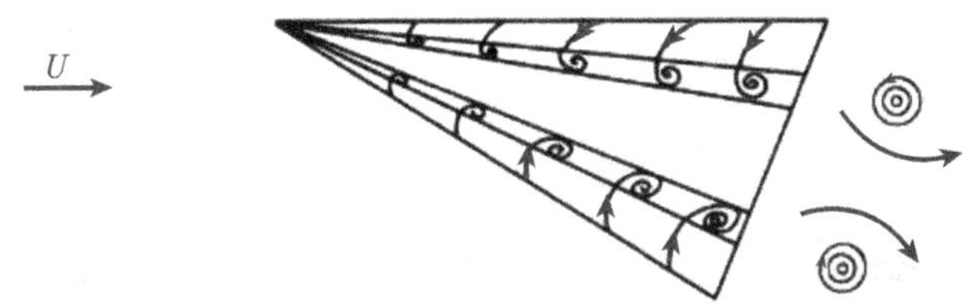

图 10.49 尖缘三角翼在低 Mach 数时产生升力的示意图. 在中等攻角时, 像协和号这样的三角翼从尖前缘拖出涡度, 并卷成类似于图 10.13(b) 所示的从后缘拖出的一对涡旋. 这个涡对在流动中产生向下的动量来平衡飞机的重量

研制出这样的外形经过了大量普通低速风洞 (图 10.20) 还有超声速风洞的模型实验. 实际上早在 1904 年 Prandtl 在其另一篇优秀论文[18] 中就提出了如何实现超声速风洞实验的精辟看法, 开始了这方面的研究.

气流的 "收敛"(即横截面积减小造成单位面积质量流 ρV 增加) 获得了亚声速所期望的加速 (图 10.20), 却对超声速产生了相反的影响. 实际上, 质量加速和压强梯度的平衡 (10.1.4 节)

$$\rho V \frac{\mathrm{d}V}{\mathrm{d}s} = -\frac{\mathrm{d}p}{\mathrm{d}s}\left(= -c^2\frac{\mathrm{d}\rho}{\mathrm{d}s}, \text{在绝热运动时}\right) \tag{10.83}$$

使 ρV 随距离 s 的变化率为

$$\frac{\mathrm{d}(\rho V)}{\mathrm{d}s} = \rho\frac{\mathrm{d}V}{\mathrm{d}s} + V\frac{\mathrm{d}\rho}{\mathrm{d}s} = \rho\left(1-\frac{V^2}{c^2}\right)\frac{\mathrm{d}V}{\mathrm{d}s} \tag{10.84}$$

正如伟大的瑞典工程师 C G Laval 在 1880 年首先认识到的, 这意味着为了加速至超声速需要风洞截面先收缩后扩张. 此外还需要什么？

Prandtl 用一个图形 (图 10.50) 给出了回答. 图中细实线表示给定上游压强 p_0 时某 "收缩—扩张喷管" 中所有可能的绝热压强分布. 描述整个为亚声速流动的细线要求下游压强超过某一定值 p_1; 而描述连续加速至超声速流动的粗实线则于下游压强为 p_2 时获得; 下游压强处于 p_2 和 p_1 之间时不存在连续解. Prandtl 从理论上建议并从实验上证实了, 压强实质上将不连续地从粗实线变化到那些点线之一, 这些点线描述熵增加了的解. 这一具有洞察性的发现表明, 某点处的超声速运动常只由上游条件确定, 尽管有下游压强影响很大的例外.

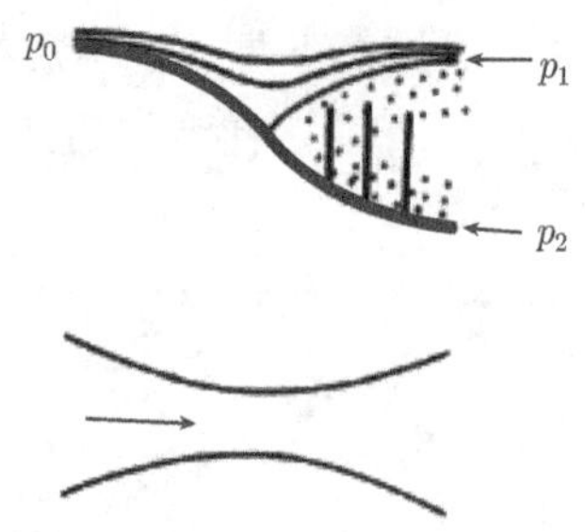

图 10.50　收缩—扩张喷管中可能的压强分布. 实线为绝热分布, 其中粗实线表示加速至超声速, 细实线描述全部亚声速流. 点线表示有较高熵值的压强分布, 压强经过所示的间断后升高至点线

推广这种 "一维" 分析至包括非定常流动使得精细设计和有效地 "启动" 超声速风洞成为可能, 正如由哥廷根的 A Busemann 开始[107] 的在 20 世纪中积累了深入的 $M > 1$ 空气动力学实验知识的那些专家们所实现的. (图 10.51 为在哥廷根的早期超声速风洞中拍摄的一张精细纹影照片[108].) 这里我们不再进一步深究此论题, 也不将其推广至航天器再入的所谓 "高超声速" 空气动力学[109]. 对于航天器再入 (M 可高达 20) 激波阻力可能在实际上是朋友, 而敌人则是气动加热. 本节最后将以对亚声速与超声速过渡区的跨声速空气动力学[110] 作某些评述来结束.

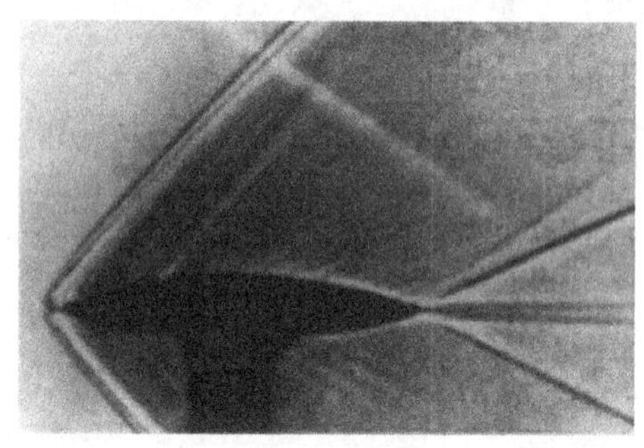

图 10.51　超声速空气动力学的另一先驱 J Ackeret(当时在哥廷根, 以后去了苏黎世)1927 年发表的绕超声速翼型的纹影照片

10.4.1 节强调了不付出激波阻力代价而达到高亚声速巡航 Mach 数对于飞行效率的重要性. 为了有助于了解激波如何会产生, 可在 $M > 1$ 的图 10.46 和低 Mach 数的图 10.3 之间的对比中 "插入" 一幅绕以高亚声速 Mach 数飞行的翼型的对称流动的图形 (图 10.52).

这时空气在翼型表面上方的加速产生了一个局部超声速流区. 正如在 Prandtl 的喷管例子中所示的 (图 10.50) 那样, 此流动只能通过 "间断" 才能将其压强调整至下游压强的水平. 而且现已认识到, 在这两种情况下这个间断所涉及的都不仅仅是简单的激波, 而是复杂的包括激波对边界层上游影响的 “激波/边界层相互作用”[111](即影响伸展到比所预期远得多的上游). 这里值得注意的是, 需要对把空气流动分成两部分 (外部流动和边界层) 的标准分析 (10.1.3 节) 作修正, 通常是借助于 “三层” 分析, 即边界层进一步分出了贴近壁面的边界层内区, 该内区非常薄且对外部流动特别敏感[112~114].

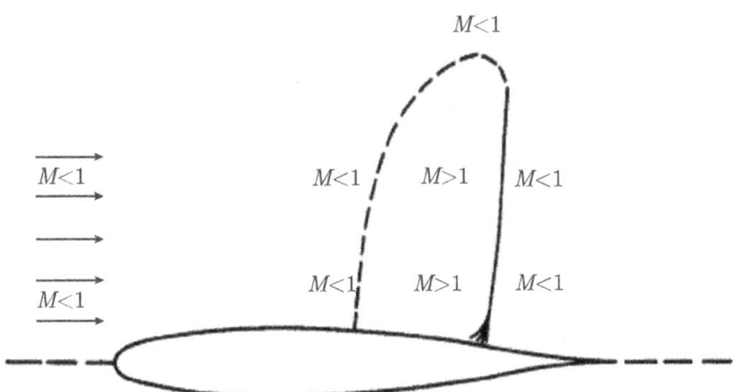

图 10.52 绕以高亚声速 Mach 数飞行翼型的流动 (对称于虚线). 流动中出现了以 “间断” 结束的有限的超声速区. 间断包括了激波/边界层的相互作用

在跨声速运输机的设计中, 尤其重要的是要用如后掠 (图 10.45) 等概念来避免这种对升阻比和其他方面都有害的激波效应. 跨声速设计中其他有价值的概念包括著名的 R T Whitcomb“面积法则”[115]. 简单地说, 如前定义的横截面积分布 $S(x)$ 随 x 光滑且缓慢变化的飞机所承受的气动力, 在跨声速时甚至比在超声速时更大程度地几乎完全由此分布确定. (但在跨声速情况下确定此一气动力时, 必需用单步的完全非线性分析来取代早先先是线性然后非线性的两步分析.)

然而, 除去这些对于气动力设计有助的概念之外, 对如以跨声速飞行为特征的复杂条件下飞机外形所期望的性能, 飞机公司尤其是依靠先进的计算流体力学 (CFD) 作深入的分析. 现代的 CFD 软件[116] 可以很好地描述出绕三维复杂飞机外形的边界层外的定常流动, 且在流动不连续处, 这些软件还可以给出激波的位置和强度, 尽管没能描述激波和边界层的相互作用. 所得的数据结合外部流动与边界层真实相互作用的实验知识对于设计的各个方面, 包括为直接提高飞行效率 (10.4.1 节) 的方面都是极为宝贵的.

10.4.3 快速船只和安全的海洋平台

与由航空工程引发的旅客和高价货物远距离运输的革命一道, 也出现了海运大宗货物和海洋工程内其他领域的巨大变化. 本节 (10.4.3 节) 将指出流体力学对这些变化的贡献.

海面 (10.3.4 节) 对以货轮或油轮运输固态或液态的重物有显著的优越性, 因船只的总重量可以与其排开的水的重量静力平衡. 然而, 海面具有传播波的能力又产生了若干抵消这些优越性的缺点, 包括速度和天气局限.

在海上相对快速的航行可带来一系列好处, 首先是船只和船员每年可完成更多的航行. 但正如经济的空中运输的速度会由于激波的生成而引起额外阻力的出现而受到限制一样, 经济的海洋运输的速度也会由于表面波的生成引起显著阻力的出现而受到限制. 本节将概述将阻力发生推后到更高速度的方法 (类似于航空中后掠机翼的使用). 另一方面, 使风暴引起的延误达到最小的现代 “舶定线制” 方法依赖先进的天气预报技术, 这将推迟至 10.5.2 节进行讨论.

除了风暴施加的力之外, 作用于船只上的流体动力, 可由其周围的海洋波 (特别因远方风暴而加强的波) 引起的力和船只以速度 U 在平静海洋中作定常运动产生的力的线性组合来估计[117]. 不过我们集中注意力讨论的这种平静海洋力还可能受船只自身动力产生的波的影响.

这样产生的波相对船只保持驻立, 故若它们以波速 c 与船体的运动呈 θ 角传播时, 它们就满足类似于声波中方程 (10.81) 的方程

$$U\cos\theta = c \tag{10.85}$$

式中 c 用线性化理论值 (10.55) 代入, 方程 (10.85) 给出了波长

$$\lambda = \frac{2\pi U^2}{g}\cos^2\theta \tag{10.86}$$

但表面波与声波有巨大的差异, 表面波中能量不是以波峰运动的波速 c 而是以群速度 $c_g = \frac{1}{2}c$ 输运的. 从图 10.53 中可以看出此差异: 经过时间 t, 船只移动了距离 Ut, 所产生的波运动了距离 $c_g t$. 若 c_g 取值 $c = U\cos\theta$, 则所产生的任一波都将位于通过船只目前位置的一条线上 (如图 10.46 中的声波那样). 但以 $c_g = \frac{1}{2}c$ 运动的波仅前进了一半的路程. 三角学表明[70], 基于 Kelvin 勋爵在 1880 年[118] 首先提供的线性理论论证, 所有的波都位于半顶角为

$$\arcsin\frac{1}{3} = 19.5^\circ \tag{10.87}$$

的 “楔形” 内, 并取图 10.54 所示的形态. 但我们将看到: 对一给定速度的船只, 只观察到 Kelvin 船波形态的一部分; 如果考虑非线性对分析的改进, 则楔形范围将扩大.

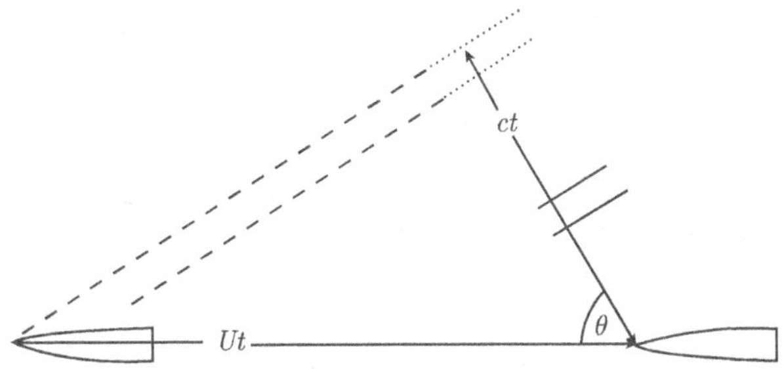

图 10.53 以速度 U 运动的船只产生的波以不同的 θ 角传播, 但每个波的速度都是 $c = U\cos\theta$. 若经过时间 t 它们移动距离 ct, 而船只移动距离 Ut, 则由简单的三角学可知, 波峰 (点线) 将位于通过船只当前位置的 (虚) 线上. 实际上, 波峰中的能量 (实线) 仅按群速度 $c_g = \frac{1}{2}c$ 前进至距波峰线一半的距离. 包括对所有的 θ 角进行的这些论证导致图 10.54 所示的 Kelvin 船波模式

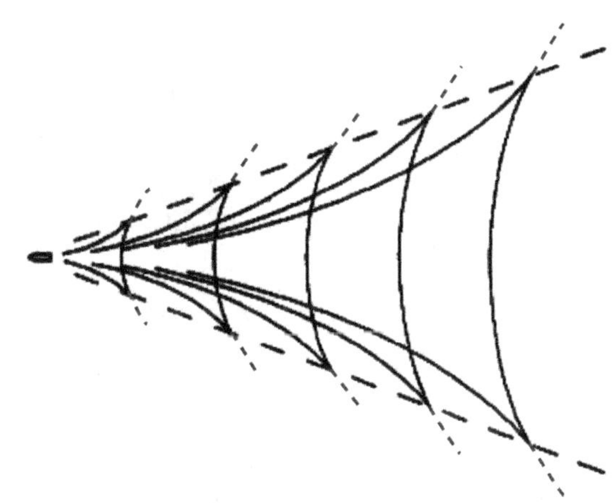

图 10.54 L Kelvin 以简单的群速度论证所建议的船波流态 (实线)[118]. 点线为越出由精确线性理论计算得到的破折 "散焦线" 的扩展[70](注意非线性效应产生稍微扩大的 Kelvin 楔角)

因为船只产生波的最大可能波长 (10.86) 为 $2\pi U^2/g$(图 10.54 中那些以较小 θ 角传播的较长波可达到的波长), 将这些波中能量最小化的经典方法 (以使波形成的阻力保持很小) 是确保船的长度和沿长度的船形光滑度两者足够大, 以致实际上不能激发 $\lambda \leqslant 2\pi U^2/g$ 的相对短的波. 优秀的日本造船学家乾崇夫 (Takao Inui)1962 年对这一经典方法做了一个重要的改进[119]. 对此, 这里作一简短的说明[70].

在速度 U 足够低时, 船只因没有产生波而只受到摩擦阻力. 平静的自由水面就像物理学家采用"镜像法"的反射面. 实际上对于给定形状的船舶设计, 估计摩擦阻力的常用实验方法就是建造一个"双重模型"(将船体的浸润部分及其在自由水面上的"镜像"合在一起的一个模型) 并在水洞中浸润模型的整体来做实验 (实验中应让边界层形成湍流以模拟全尺度的 Reynolds 数). 将这样估得的摩擦阻力从在有自由水面的流动中测得的阻力减去即可得到波产生的阻力值.

在双重模型实验中, 对称平面下部的流动代表真实海洋表面下的流动, 仅在一个方面不能完全准确地代表, 即该平面上的压强分布是变化的, 而不像在海洋表面上那样取定值 (大气压强). 近似地来看, 以速度 U 运动的这一压强分布所产生的波就和将其用于自由海洋表面会产生的波一样. 这些波变得重要的 U 值是此压强分布对 x 的谱中最大波数约为 g/U^2(对应着 $\lambda = 2\pi U^2/g$) 的值.

对于对称平面上压强的实验和计算研究证实[70], 最高波数与船头前缘处陡峭的正压峰值有关 (图 10.55), 而此峰值又根据 Bernouli 方程 (10.12) 与该区域内流动的剧烈减速相关. 因此, 可附加一船体元件, 使之在同一区域内产生一负压强的抵消峰值.

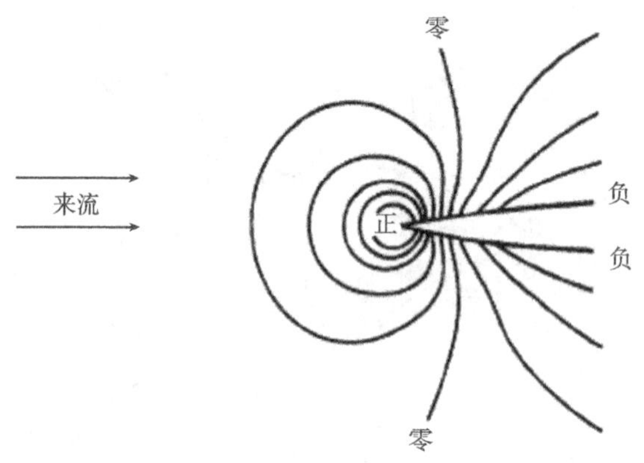

图 10.55　常规船头的船体在"双重模型"(船体的浸润部分加上其在对称平面的反射) 对称平面上测得的 (或算得的) 典型过压分布. 正在船头前的陡峭正压峰值引起具有最高波数的谱成分

乾崇夫提出的在水面下突出于可见船头前的"球状船头"就是这样的一种元件[119]. 在对应的双重模型实验中, 利用两个球状突出间流动的会合在对称平面上产生一局部速度峰值. 根据方程 (10.12), 它对应一局部负压峰值, 抑制了前述的正压峰值, 并将前述的阻力升高推迟至更高的 U 值时才发生.

现代油轮和货轮运输的经济性都通过采用更长的船体和水面下的球状船头而得到提高. 且这种较长船体靠近尾部的厚边界层还因进入螺旋桨盘的水大都来自此边界层而给出颇为有趣的流体力学方面的好处. 简短地说, 由于这些水的速度相

对于船速小些, 即 $v < U$, 在加上动能 E 之后, 其单位质量的动量增益 (贡献给推力)

$$\left(2E + v^2\right)^{1/2} - v \tag{10.88}$$

在 v 减小时显著地变大.

和航空工程一样, 船舶设计师们联合使用模型实验和不断改进的分析绕船体流动的 CFD 技术[120] 以在设计概念上获得帮助. 这些应用于自由海洋表面的技术不是线性化的, 而是具有准确边界条件 (使 Kelvin 楔角相应扩大) 的, 并已在船体设计带来进一步有价值的改进.

20 世纪后半期还见证了中载荷短航程快速海洋运输中的两项有价值的革新[121]. 两者都通过使船体的主要部分脱离水面而实现了摩擦阻力的大大减小.

第一项革新是气垫船. 利用环形喷流产生具有正压的气垫支撑船体的重量. (波阻完全由这一以速度 U 移动的作用在水面上的压强分布产生, 而不是按前述概念产生.)

第二项革新是水翼船. 达到设计速度时, 其水下的翼状部件产生主要的升力将船体托出水面. (于是, 最重要的阻力是水翼阻力, 包括升力阻力.)

海洋工程另一个在 20 世纪获得特殊重要性的领域是主要用于勘探和开采石油和天然气的安全海洋平台工程. 从本质上说, 这是应用流体力学不再能从 D'Lambert 定理获益的领域; 飞机或船舶的外形可以 "流线型化"(10.1.4 节) 使其沿设计运动方向运动时保持小的阻力, 但海洋平台却没有这种水与结构之间相对运动的预定方向, 而必须承受来自任何方向的波的冲击.

这样的考虑导致广泛采用没有优先方向的结构构件, 特别是圆柱体[122]. 圆柱与定常来流相互作用的某些复杂性已示于图 10.1, 但海洋平台工程要求从流体力学方面深入了解圆柱与海洋波中极其非定常流场的更加复杂得多的相互作用. 尤其是, 作用在圆柱上的水力载荷当然与这种相互作用所影响的流体流动的动量变化相关.

这里强调一下这一变化的两个方面. 首先, 振荡流处于某相位时因流动分离而脱出的涡度在后来的相位时可能因对流返回圆柱周围. 其次, 通过对最终涡度分布的深入研究, 人们对相关动量 ($\frac{1}{2}\rho$ 乘以涡度分布的矩)如何变化以及其对作用于圆柱上的水力载荷有着至关重要影响[123] 的认识大为提高.

没有涡度的流动部分也有其自身的附加动量. 当来流是定常流时, 这当然是动量不随时间变化 (按照 D'Lambert 定理, 相应的力为零) 的势流. 可是当半径为 a 的圆柱置于速度 U 随时间变化的流中时, 其相互作用的势流部分就有了变化的动

量, 其相应的力早在 19 世纪即已知为

$$2\pi a^2 \rho \frac{\mathrm{d}U}{\mathrm{d}t} \tag{10.89}$$

G I Taylor 在 1928 年预见到[124] 当一物体置于周围既在时间上也在空间上变化的运动流体中时计算这个势流力的必要性. 借助于对 Hamilton 一般动力学的应用, 他对此势流力作了分析, 并用更直接但远为艰巨的压强分布计算, 直接证实了他的分析结果. 例如在如下的特殊情况下: 即将轴为 z 向的圆柱置于这样变化的流场中, 以 U 和 V 分别表示流的 x 和 y 方向分量时, Taylor 给出了势流力的 x 向分量为

$$2\pi a^2 \rho \left[\frac{\mathrm{d}U}{\mathrm{d}t} + \frac{1}{2}\frac{\mathrm{d}}{\mathrm{d}x}\left(U^2 + V^2\right)\right] \tag{10.90}$$

然而在随后的几十年里, Taylor 的结果 (10.90) 却罕有应用. 在海洋平台工程的应用中, 几乎所有的人都普遍地采用势流力的经典表达式 (10.89). 直到 1980 年代中期, 人们才开始认识到方程 (10.90) 中二次修正的重要性[125]. 例如, 二次修正项的力允许以一相当高频率的波谱的 "差调" 方式激发固有频率很低的结构 (如强力杆台架) 的共振运动模式.

海洋平台工程和流体力学之间的相互作用涉及很宽的领域, 我们这里只接触到了该领域极小的一部分, 取材的原则主要在于显示其特征与其他流体力学应用特征的差异.

10.5 地球流体包层的动力学及其在预报方面的应用

10.5.1 波状流动模式

地球的流体包层是空气和水的混合物. 在大气中空气占主导, 但水 (从海洋传输来) 也起着惊人的作用. 在海洋、河流和湖泊中水占主导, 但它们由于溶解的氧和 CO_2 而大量养育生命. 主要影响它们的动力学的不仅有不同成分间的质量交换, 还有热和动量的交换.

研究这一包层的动力学, 除科学意义外, 还对满足国民经济无数部门 (如农业、航运、航空、能源、海岸工程、河流管理等) 改善天气预报的要求有决定性的重要作用 (10.5.2 节). 该节除天气预报外还给出了一些气候变化预报的说明. 实际上, 无论是动力学还是预报的问题, 都不是仅仅涉及地球流体包层的单个成分而与其他成分无关, 但本节 (10.5.1 节) 只集中讨论海洋和河流动力学中那些虽受大气介入的影响, 但因水流的流动花样以类波的方式传播而具有的固有特征.

各种预报中关于海洋潮汐的预报最先获得成功[126]. 表面上看海潮似乎是改变海面高度的周期性垂直运动, 可实际上它们所有动能都在做水平运动: 这可由在许

多海滨形成激动人心壮观场面的强大的潮汐流看出. 这些流的流动模式以类波方式传播, 除了一个方面 (见下) 外, 其他各方面都与 10.3.3 节中描述的浅水中的传播相似.

于是, 对于海洋潮汐流的传播, 深海犹如浅水. 实际上垂直运动和水平运动的动能之比 $\frac{1}{3}k^2h_0^2$ 是如此之小, 以至于不存在式 (10.63) 所示的色散效应. 例如, 在频率 $\omega = kc_0$ 时, 由式 (10.57) 给出的 c_0 值可得

$$kh_0 = \frac{\omega h_0}{c_0} = \omega\left(\frac{h_0}{g}\right)^{1/2} \tag{10.91}$$

对于最低周期 (半天) 的海潮分量, 甚至在海洋最深处, 式 (10.91) 也小于 0.005, 使得 $\frac{1}{3}k^2h_0^2$ 小于 10^{-5}.

根据引力理论, Newton 曾认识到月亮对海潮有特殊的影响：地球在太阳和月亮的引力场中运动, 相对于固体地球, 地球上的水在最靠近太阳或月亮处受到附加吸引, 而在最远离处则所受引力不足, 或换言之, 受到相对的排斥. 于是, 太阳或月亮趋向于提升地球海面的力在旋转的地球上离它们的最近点和最远点 (其位置变化周期接近半天) 达到最大 (图 10.56). 尽管月亮的质量远小于太阳, 但它与地球的邻近使之可产生引力随距离变化的更大梯度值, 即更大的提升海潮的力. 此外, 两周一次的满月或新月使月亮提升海潮的力几乎与太阳的引潮力共线而出现大潮 (在昼夜平分点时完全共线). 在两次大潮之间月亮和太阳的引潮力正交时出现最低潮.

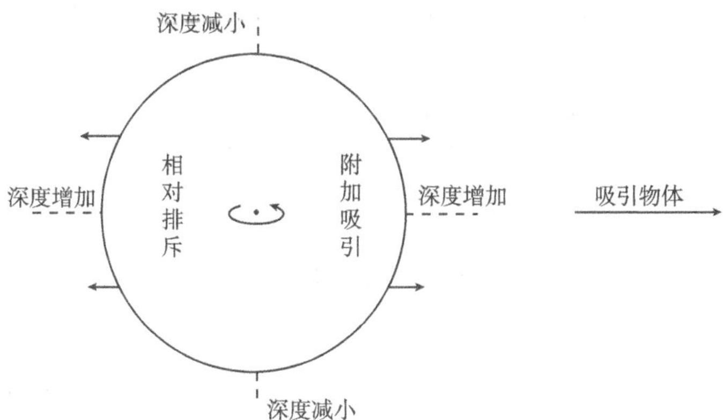

图 10.56 趋于提升海面的引力 (短箭头) 在离吸引体最近点和最远点处达到最大. Newton 认为其所导致的海洋深度分布可能如虚线所示 (见下述正文 (2)：力的水平分量起主要作用)

Laplace[127] 及其后继者们所做的流体力学分析在以下三个重要方面与 Newton 的看法有所不同：

(1) 他们的分析考虑了响应升潮力的洋流流动花样具有波状特点; 关于升潮力, 又进一步指出

(2) 只有水平分量可给潮汐流供能 (其会聚将提升海面); 同时

(3) 地球的自转除决定不同升潮力的周期外, 还有重要的动力学影响.

首先在海潮中被确认的这一影响, 对大多数海洋或大气的运动也同样是重要的[93]. 我们曾在 10.2.2 节中定义了涡度, 即以角速度 Ω 简单旋转的流体具有涡度 2Ω. 这样, 地球每天以轴向角速度 2π 的自转将给地球上的流体每天 4π 的轴向涡度. 从实质上看, 水平潮汐流的分析只要求对涡度法向分量的知识, 该分量在纬度 θ 处等于

$$f=\frac{4\pi\sin\theta}{\text{天}}=\frac{4\pi\sin\theta}{24\,(3600\text{s})}=\left(1.45\times10^{-4}\sin\theta\right)/\text{s} \tag{10.92}$$

此 “行星” 涡度的表现是气旋; 在北半球 ($\theta>0$) 为逆时针向, 而在南半球则为顺时针向.

该法向分量对海潮的重要性在于当海洋深度从未扰的 h_0 值增大至新值 h 时, 垂直水柱的这种拉伸 (图 10.9) 将使涡度的垂向分量 (10.92) 扩大至新值 fh/h_0; 其中

$$f\left(\frac{h}{h_0}-1\right) \tag{10.93}$$

必定对应于非地球自转的效应, 于是式 (10.93) 代表着潮汐流本身 (相对于地球的运动) 的涡度 ς.

方程 (10.56) 表示的简单浅水理论是声学理论的直接模拟. 在未扰深度 h_0 随位置变化的浅水中, 若像在声波理论中那样假设是势流 (零涡度), 则浅水波的二维传播将类似地等于二维声波以非均匀未扰声速在介质中的传播. 但潮汐流虽可有效地通过浅水传播却不是势流, 因为有涡度 (10.93), 其中 h/h_0 代表了潮汐流的会聚而使深度的增加. 这一差异可非常简单地被发现, 毕竟潮汐流中有波的色散. 频率 ω 对波数 k 的局部小扰动色散关系式为

$$\omega^2=f^2+(gh_0)\,k^2 \tag{10.94}$$

(若 f 不存在, 则对应波速 $\omega/k=(gh_0)^{1/2}$).

对潮汐的所有分析和对潮汐观察的所有解释均始于牛顿关于引潮力和对其谱分析的阐明[126]. 引潮力中最大的分量称为 M_2, 即月亮的 “半日” 影响. 其实际周期比半日大约 1/28, 为 12 小时 25 分钟, 因为和地球自转有同样作用的月亮轨道运动的周期为 28 天. 次之的最大分量称为 S_2, 太阳的引潮力, 其周期准确地是半天 (12 小时). 还有其他很多分量, 全都有相当长的周期, 在构造潮汐表时需予以考虑. 值得注意的是大潮和小潮的基本循环规律早已由 M_2 和 S_2 间的节拍决定.

M_2 和 S_2 是允许方程 (10.94) 确定实际上所有纬度 θ 上的实波数 k 的两个分量. S_2 的频率是 4π/天, 等于 f 在极地的值; M_2 的频率稍低些, 等于式 (10.92) 中 f 在 $\theta = 75°$ 的值. 在两种情况下, 方程 (10.94) 都表明, 在相对高的纬度上 k 变小 (即海潮波长变大)(图 10.57). 与此形成对比的是, 对于实波数 k, 所有低频谱分量均对应低得多的最大纬度. 这一纬度起着界定波的焦散线的作用 (当然, 在焦散线之外会通常出现波振幅逐渐减小).

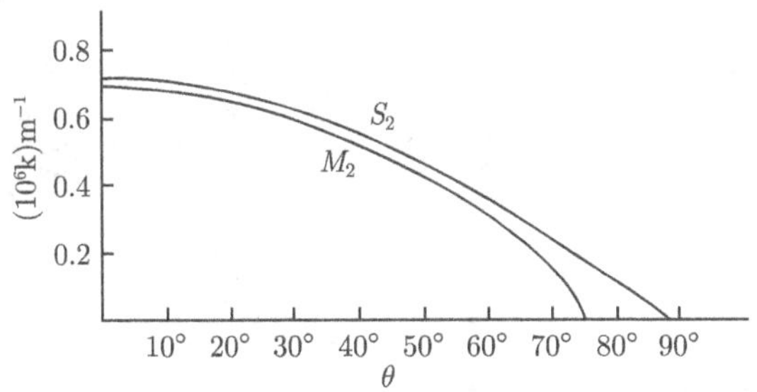

图 10.57 由方程 (10.94) 得到的 M_2 和 S_2 潮汐在不同纬度 θ 下的波数 k, 其中 h_0 取 4km(海洋的平均深度)

在任何大陆架上, 潮汐动能在深度大大减小了的水内的集聚将增强当地潮汐流, 并有两个结果: ① 能量因底部摩擦而耗散; 和② 波形的各种非线性畸变, 其中有些可能涉及 "隐含" 的能量损耗 (10.3.3 节). 那么, 补偿耗散的能源是什么呢?

潮汐的能源是地球自身的旋转, 它像机器的飞轮一样储存能量. 若地球的自转慢到始终以自己的同一面对着月亮, 那就根本不会有潮汐运动, 而仅仅是在离月球的最近点或最远点处水位静态提升 (图 10.56). 潮汐是由地球的自转过快引起 (地球的一天小于月亮的轨道周期) 并由此过快的自转中获得能量. 这样, 能量的耗散将降低过快的自转, 简言之, "海潮摩擦拉长了一天". 1919 年 G I Taylor 已成功地通过详尽地比较地球自转变慢率与估计浅海中海潮能量耗散率证明了这一说法[128]. (当然, 对于月亮自身的旋转, 类似的转动过剩早以被固体月亮本身的潮汐运动的耗散所抵消.) 于是, 海洋潮汐, 作为一种阻尼相当弱的强迫振荡, 一般具有驻波的形态, 其局域波数由方程 (10.94) 给出. 由于耗散局限于浅水大陆架区域, 附近的潮汐流模式有更多的行波特征, 使能量流向其被耗散的地方.

从历史上看, 对需要潮汐预报的相对较浅的水域, 早已存在大量的潮位计, 可通过对其记录做谱分析来制订可靠的潮汐表. 但直到 20 世纪后半叶, 才利用数值分析实现了地球海洋总潮汐模式图的绘制[129]. 数值分析中使用了有正确涡度分布 (10.93) 的浅水理论 (见上面), 已知的海洋深度分布, 以及获得能量耗散实际值的大陆架边界条件.

图 10.58 示出了 C L Pekeris 1969 年所做的这一类型的大西洋 M_2 潮汐的先驱

性计算结果[130](代表将地球海洋当作一个整体计算所得结果的一部分). 图中反映了波长近似地遵循图 10.57 示出的趋势. 特别在转潮点 (围绕该点驻波相位交替) 处显示了涡度的重要性. 这个与沿海和岛屿处的测量值符合的相当好的图与 Newton 的简单图形 (图 10.56) 形成鲜明的对比.

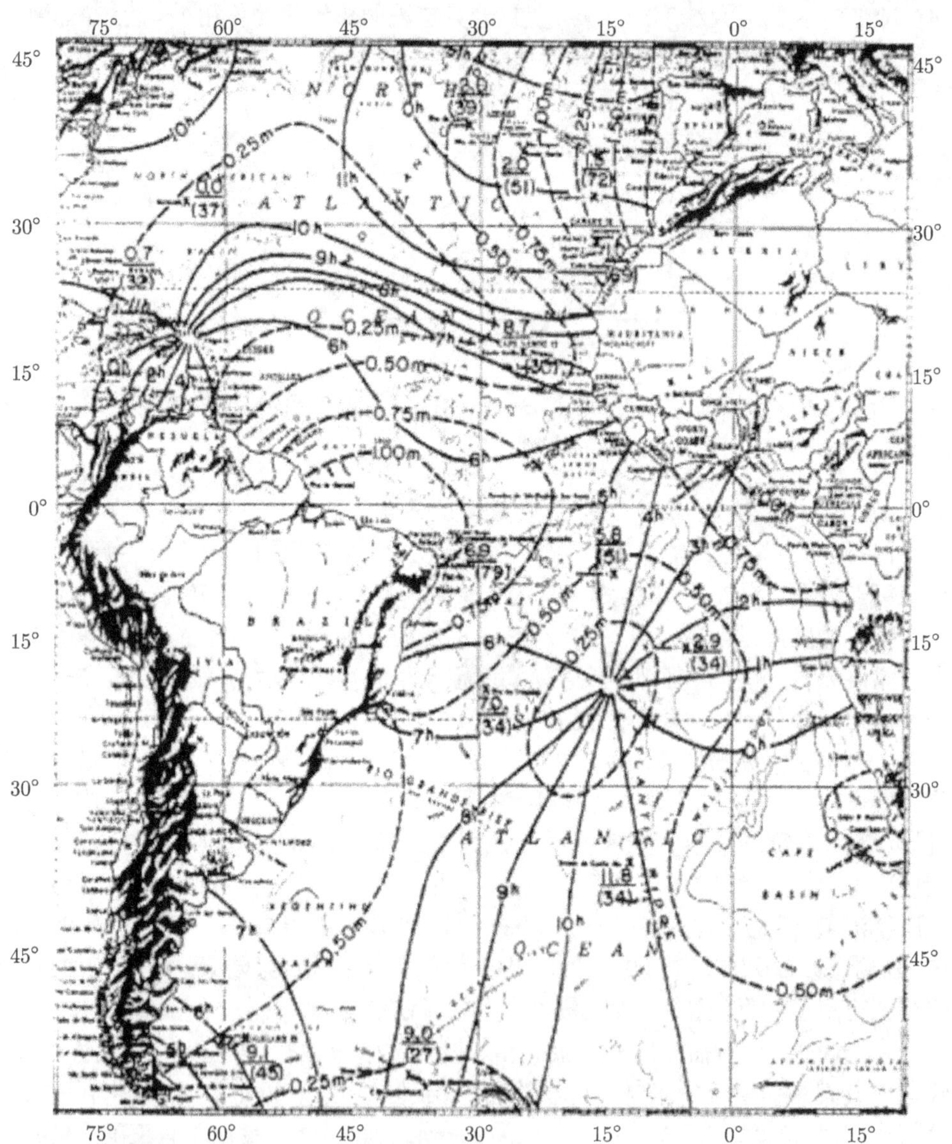

图 10.58 大西洋 M_2 潮的早期计算结果[130]. 计算出的等潮线 (实线) 给出了月亮越过格林威治后各个小时高潮的相位滞后. 等潮差线 (虚线) 给出了用米表示的潮差 (海潮涨落范围). 有下划线的数字为观察到的相位滞后; 括号内的数字为以厘米表示的观察到的潮差

由于暴风雨会在海洋上产生与来自风的动量输运相联系的附加水平力, 在有暴风雨的天气, 海面的提升可能超过由月亮和太阳引潮力导致的提升, 这种被称为 "风暴潮" 的过剩提升, 可从大风预报 (10.5.2 节) 中利用前述的浅水近似做数值预估[131]. 当高潮和大的风暴潮重合时, 海岸会经受严重的洪水泛滥.

然而, 更持久的洋流模式不是由突然的暴风雨而是由风对海面的持续作用产生的. 事实上, 海洋中水的环流绝大多数都是这样产生的[93](因极地水域中冰的生成使高盐浓度水下沉而形成的 "温度盐 (分) 合成环流" 是主要的例外 [126].)

对于慢变风的这种强迫作用, 除作为流动模式本身垂向涡度 ς 的方程 (10.93) 基础的拉伸垂直流体柱的效应之外, 涡度变化的另一个机制变得重要起来. 即使不存在拉伸, 涡线随流体的移动 (图 10.9) 也意味着在任何以速度 v 的北向运动中总的垂向涡度 $f+\varsigma$ 是守恒的. 而这样的运动使行星涡度 f 值 (10.92) 以速率

$$\beta v(\text{其中}\beta = \left(2.3 \times 10^{-11} \cos\theta\right) \mathrm{s}^{-1}\mathrm{m}^{-1}) \tag{10.95}$$

增大, 这意味着 ς 有数值相等符号相反的变化率 $(-\beta v)$. 1940 年天才的海洋学家 C G Rossby 看到了关系式 $\mathrm{d}\varsigma/\mathrm{d}t = -\beta v$(使流动模式的涡度变化率正比于它的一个分量) 控制的类波流动模式的重要性[132].

这种 "Rossby 波" 的色散关系式是

$$\omega k^2 = -\beta k_1 \tag{10.96}$$

其中, k_1 是波数矢量 $\boldsymbol{k}$ 的东向分量. 若以 k_2 表示其北向分量, 则在 $k_1 - k_2$ 的坐标平面上等 ω 线为圆 (图 10.59). 群速度 (201 页) 是此平面上 ω 的梯度, 其方向为径向向内, 指向各圆圆心[93].

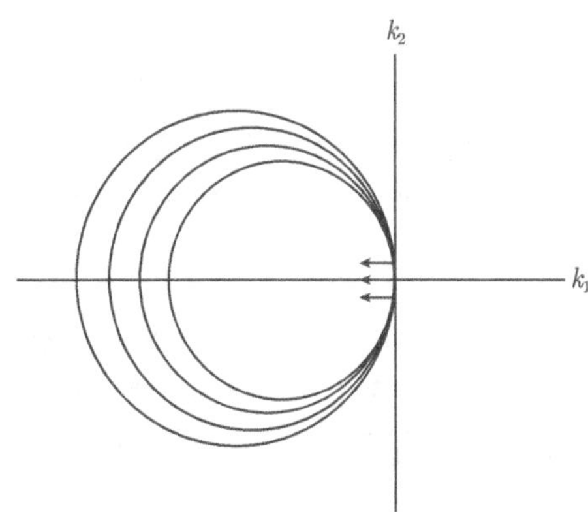

图 10.59　Rossby 波的色散关系式 (10.96) 在波数平面 (k_1, k_2) 上描绘出的圆. 圆的半径 $\beta/(2\omega)$ 随 ω 增大而变小, 故 ω 的梯度向内指向各圆圆心. 群速度方向的箭头表示由 "带状" 作用产生的 $k_2 \gg k_1$ 波的情况

仅举一例予以说明. 中纬度上向西的平均表面风和相对低纬度上向东的信风之间的反差, 平均而言, 趋向于产生一个宽的带状海洋涡度模式 —— 反气旋 (ς 和 f 有相反符号). 这种带状强迫作用使 k_2 比 k_1 大得多, 给出西向的群速度 (图 10.59), 于是合成流动模式的全部能量向西移动 (如 10.3.5 节中所述, 能量沿波峰传播) 而集中于西边边界处的极向洋流中 (北大西洋中的墨西哥湾洋流, 北太平洋中的黑潮洋流 (也称日本海洋流), 南印度洋中的阿加勒斯洋流, 南太平洋中的东澳大利亚洋流等). 图 10.60 示意地表示了①这一带状分布信号西向移动的机理; ②其形成一薄边界流的趋势[133]. 采用类似于 10.1.3 节中的边界层方程已成功地分析了这种运动, 并考虑了非线性惯性效应和跨流层的动量输运效应[93]. 边界流还可进一步如其他边界层那样分离, 如墨西哥湾洋流在哈特勒斯角 (Cope Hatteras) 从北美海岸分离, 随后在大西洋中变成一股蜿蜒流动的喷流.

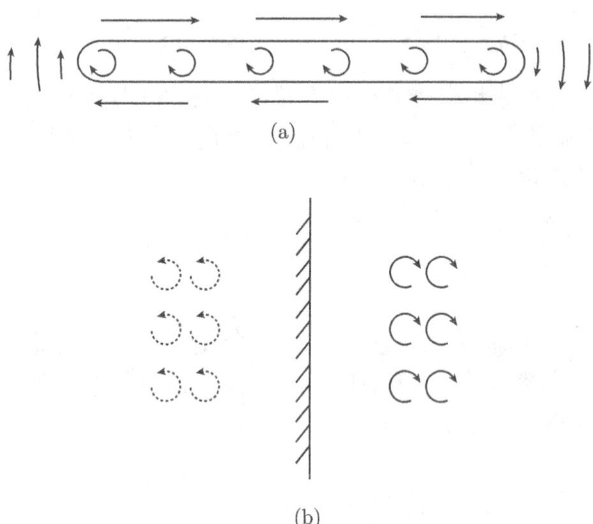

图 10.60　(a) 近带状强迫作用扰动西向移动机理的示意图 (北半球情况). 负的 ς 诱导北向流向西运动, 并按方程 (10.95) 在此产生负的 ς; (b) 在任一西部边界处, 西向运动的涡度模式及其镜像系统 (虚线) 生成北向的边界流

实际上, Rossby 的分析[132] 考虑了两种类型的涡度变化. 若同时计及拉伸效应 (10.93) 和北向运动 v 的 "平流" 效应 (10.95), 则总涡度 $f+\varsigma$ 不再保持不变, 而必定正比于深度 h 变化. Rossby 给出了在任何平流运动中都保持常量的量

$$\frac{f+\varsigma}{h} \tag{10.97}$$

并赋予其一个极具想象力的名称 "位势涡度", 这一点被证明对海洋学家和气象学家都有极大的影响 (10.5.2 节). 与此相应的色散关系式包括整个式 (10.94)(除其左

端项因在很低频率时可忽略而消去外) 和式 (10.96) 一起, 为

$$\omega\left(\frac{f^2}{gh_0}+k^2\right)=-\beta k_1 \tag{10.98}$$

采用式 (10.98) 后, 图 10.59 的几何形状将略有修正, 但关于中纬度海洋西边界流的结论本质上没有变化.

但仍需论述一下由随深度均匀分布的引潮力所产生的和由集中在海洋表面的风应力所产生的洋流流动模式之间的重要差别. 在靠近洋面的均匀混合层下, 水的密度显示出随深度而增大, 这与温度和盐浓度的梯度相关 (图 10.61). 具有这种密度分布的水对重力的响应可分析为多种模式[133], 其中首要的两种是:

(1)"浅水" 模, 常被称为 "正压" 模, 在这里随深度均匀分布的洋流通过会聚而使海面高度变化 (涨落);

(2) 不引起海面高度变化的 "斜压" 模. 此处由于靠近海面的水流与更深处的水流反向, 垂向流体柱没有净动量, 会聚仅使密度等值线倾斜.

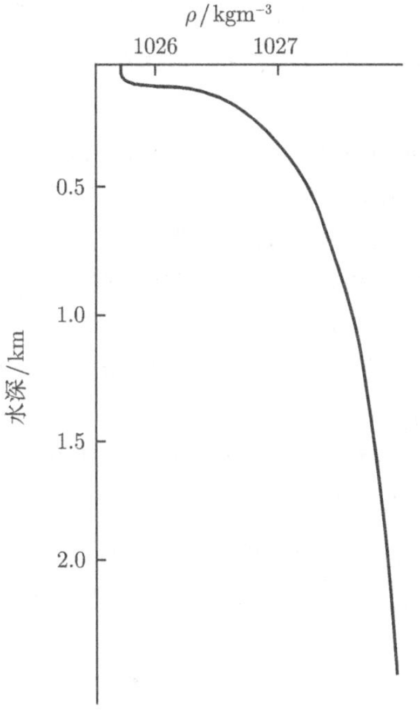

图 10.61 海洋中水的密度 ρ 随深度的典型平均变化曲线

作用在分层流体上的重力阻止这种倾斜. 简言之, 在斜压模中仍保留有代表正压模恢复力的 gh_0 项, 只是 h_0 不再为海洋深度 (许多 km), 而代之以 1m 量级的量.

这时式 (10.98) 括号中的第一项绝对占优, 方程遂描述向西传播的波速为

$$\left(-\frac{\omega}{k_1}\right) = gh_0\frac{\beta}{f^2} \tag{10.99}$$

的非色散波. 图 10.62 给出了此波速与纬度 θ 的函数关系.

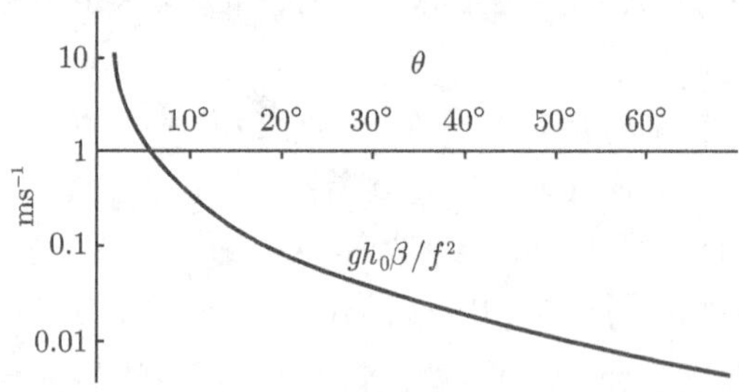

图 10.62　$h_0 = 1\mathrm{m}$ 时小斜压扰动西向传播波速 (10.99)(以对数尺度) 随纬度 θ 变化的关系

在斜压模情况下中纬度海洋响应非常缓慢. 图 10.62 虽然只描述了小振幅的波, 但仍告诉我们, 以 $1\mathrm{cm}\cdot\mathrm{s}^{-1}$ 的波速行进, 这些波可能需要 10 年才能通过一个大洋. 数值模型也确认了在这些纬度上, 洋流随深度的分布至少需要 10 年才能对风的作用力做出响应, 尽管这种表面作用力有激励比正压响应更多的斜压响应这一基本倾向.

赤道附近的海洋则极易响应斜压模. 图 10.62 除表明了这一点外, 还告诉我们, 由于波速梯度很大, 在赤道附近不可能采用简单的射线理论分析. 然而更深入的波动理论表明了在赤道附近被拦获的斜压波是如何沿赤道传播的[134,135]. 不同的拦获波模, 其波形如谐振子的 Schrödinger 方程所描述, 包括一个以速度 $(gh_0)^{1/2}$(约 $3\mathrm{ms}^{-1}$) 东向传播的波, 其余的则以稍低的速度西向传播. 前者对被称为 "南方涛动"(10.5.2 节) 的热带气象变化的不规则性起作用, 后者则在印度洋洋流对西南季风发作的强烈地响应方面起作用[133].

在地球流体包层的另一部分, 河流中, 强降雨引发的洪水向下游运动时也可显示出类波流动模式, 这是由优秀的水力工程师 J A Seddon 首先对美国境内的大河阐明的[136]. 在河流中的任何地方必定都存在水流横截面面积 A 与河水体积流量 q 之间如图 10.63 所示的向上凹曲线的关系. 这是因为, 若 α 为河床斜率, 则任一截面上向下流的重力 $\rho g\alpha A$ 为随约为平均流速 q/A 的平方而变化的摩擦阻力 (与河流中的湍流相关联) 所平衡; 而除此平均流速外, 在图 10.63 中定义为 $C = \mathrm{d}q/\mathrm{d}A$ 的稍高一些的流速却在决定洪水如何运动上起着重要作用. 简单的运动学表明, 在任何位置上水横截面积 A 的变化率 (取决于入流减出流) 是流量 q 的梯度取负值. 故将这一关系式乘以 C 即可导出 q 的变化率是 $-C$ 乘以 q 本身的梯度.

这意味着 q 的变化以所谓 "运动学" 波的形式和速度 C 向下游运动. (波速 C

虽大于平均流速 q/A, 但远小于浅水中的重力波等 "动力学" 波的传播速度 c_0. 事实上, 这些变化在湍动的长河中受到强烈的阻尼.) 而且不同的 q 值以不同的速度 C 运动, 使具有较大 C 值的部分趋于 (又一次!) 赶上具有较小 C 值的部分[137], 直到运动学和动力学的效应平衡而形成一均衡的波形, 即厚度为 1km 量级的 "运动学激波". 这又是另一种对大气影响的流动响应, 该流动模式具有其自身的特点并以波样方式传播.

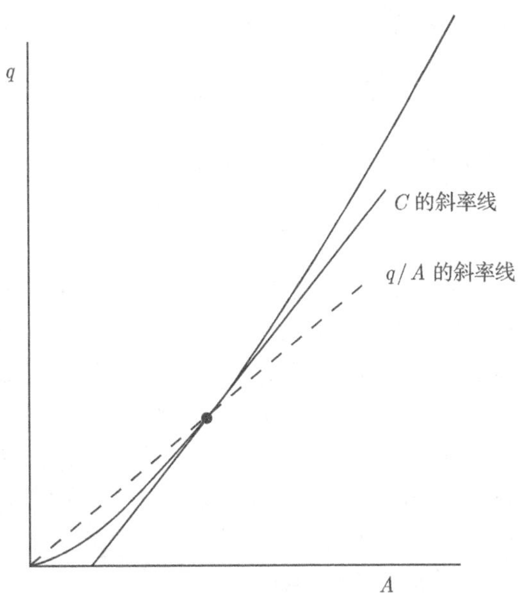

图 10.63 河水的体积流量 q 与横截面积 A 在任何位置上都有向上凹的曲线关系, 曲线斜率 $C = \mathrm{d}q/\mathrm{d}A$ 大于平均流速 q/A. 将当地 A 的变化率乘以 C, 即可得到当地 q 的变化率 $-C\mathrm{d}q/\mathrm{d}x$, 故 q 值以速度 C 运动

10.5.2 天气和气候

大气、海洋、大陆和太阳辐射入射的逐月分布等组成的相互作用的系统决定地球的气候, 即一年中各月风、温度、云量和降雨量等的平均地理分布. 海洋均匀混合层 (约 50 ~ 100m 厚) 的吸热性和大陆表层的弱传导性两者的差异强烈地影响着气候. 海水的蒸发对气候有两个相反的效应: "温室" 效应 (水蒸气遮挡向外的长波辐射) 和由其凝结态 (云、雪层等) 的反射而减少进入地球的太阳辐射.

但系统的很多不稳定的和实际上混沌的特性为月平均值带来了巨大的可变性. 小时间尺度上的这种变化形成了天气, 而某些引起大尺度水平 (和垂直) 通量的不稳定性也影响气候本身.

大气并不亚于海洋, 也强烈地受到行星涡度 (10.92), 行星涡度南北向运动中的

变化 (10.95), 以及 Rossby“位势涡度” 概念的形式 (10.97) 等的影响[93]. 在 10.5.2 节中将阐述这些概念在天气和气候方面的基本应用, 然后还将介绍以下两个问题: ①描述 20 世纪在满足农业、运输、人员防护等改善天气预报追切需求上的成功; ②综述辨别以比基本年周期更长的期间为周期的气候变化的可能性. 当然, 首先应说明对大气分层的某些重要影响[138].

空气温度通常随高度增加而降低, 由 g/c_p 确定, 其中定压比热 c_p 约为 100J/(kg·°C). 但这一降低绝不超过 1°C/(100m), 这是因为压强和温度变化时需要输入热量

$$c_p\mathrm{d}T - \rho^{-1}\mathrm{d}p \tag{10.100A}$$

在压强降低是由于高度的增加 dz 引起处, 可写为

$$c_p\mathrm{d}T + g\mathrm{d}z \tag{10.100B}$$

这样, 无热量输入 (即绝热) 的上升空气每上升 100m, 温度就只能下降约 1°C. 倘若周围温度的下降率 (温度减小的梯度) 大于此值, 则上升气流将继续上升而下降气流继续下降, 这样一来, 过剩的温度下降率会被垂向混合很快地消除掉.

另一方面, 带有充分饱和分压水蒸气的 (当然, 温度下降时这个量减小) 的上升空气, 冷却时必定会凝结而释放相应的潜热, 使温度的下降率更为缓和 (循 “潮湿空气绝热” 的方式) 而约为 0.5°C/(100m). 这样一来, 在周围空气温度下降率在 0.5°C/(100m) 到 1°C/(100m) 之间时, 任何饱和的空气将受到强烈的对流混合, 包括与以积云为特征的与凝结相关的垂向运动.

在积云顶层上方更稳定分层的空气中, 因受到更强劲上升的潮湿空气从下方的连续撞击而产生内波 (10.3.5 节). 飞机穿过这些波时飞行的感觉犹如穿过湍流, 所以飞行员常称它们为 “晴空湍流”. 10.3.5 节中给出的具有式 (10.66) 所示密度分层的液体的内波理论在应用于大气时[139], 仅需做一个修正: 绝热向上位移 $s\cos\theta$ 的空气经受的压强降为 $\rho gs\cos\theta$, 从而密度降低 $\rho gc^{-2}s\cos\theta$, 其中 c 为声速 (10.14); 因此它比周围空气稠密了 $\rho\left(\varepsilon - gc^{-2}\right)s\cos\theta$. 因此可见只有当 $\varepsilon > gc^{-2}$ 时, 分层才是稳定的 (当然, 这只是温度下降率条件的另一种形式). 于是, Väisälä -Brunt 频率 N 的修正形式为[94,95]

$$N = \left[g\left(\varepsilon - gc^{-2}\right)\right]^{1/2} \tag{10.101}$$

做此修正后, 10.3.5 节中给出的内波理论其他方面都可保持不变.

在太阳辐射强烈加热的地球陆地表面处通过向上流动带走很多热量的强劲空气运动被描述为 (187 页) 上升暖气流. 每股这种气流的流场一般都具有含大的向上动量 “涡环” 的本性. 上升暖气流上升时因卷入周围的空气而增大, 并缓慢地降低上升速度, 尽管特别是在热带地区, 这种向上的运动仍可延续至很多公里的高度.

这些及许多其他的混合过程形成了对流层, 即大气混合相当均匀的区域, 这个区域延伸的高度在赤道附近约为 16km, 在中纬度地区约为 11km, 在极地的冬天可降低到约为 8km. 在对流层上方, 与快速混合过程相联系的高降温率消失或被逆转, 该区域因而有很稳定的分层, 称为平流层.

全球风的一般气候学常用表面风的特性来概括 (例如, 温带中的西风, 低纬度地区的东来 "信风" 等). 但从基本物理学观点来看, 表面风只是决定气候的第二位因素[93]. 平均风分布的突出特点是实际上在所有纬度随着高度增加西风普遍地大大加强. 例如, 从东方来的信风只延伸到 2km ~ 3km 高度处, 超过该高度它们就被增强了的强西风压制. 最重要的是赤道和极地之间的大温度差 (由太阳辐射分布造成) 使得这种从西方来的平均风随高度而普遍加强, 并可用涡度的基本特性予以解释[140].

水平的温度梯度改变了图 10.9 所示的因压力的作用通过圆球的几何中心故而不改变圆球的角动量的重要结论. 图 10.64 表明, 由于在给定压强下指向赤道的温度梯度 T' 的作用, 圆球的重心偏向两极方向, 故圆球的重力和球受到的阿基米德浮力形成力偶而产生角动量, 在垂直于纸面方向上相应的涡度变化率为 gT'/T. 而且在平衡态, 只有西风 U(进入纸面的分量) 随高度 z 的增加才能以速率 $\mathrm{d}U/\mathrm{d}z$ 倾斜行星涡度 (10.93) 并因而以平衡 (相等相反的) 速率 $f\mathrm{d}U/\mathrm{d}z$ 产生水平涡度来达到平衡. 这一平衡

$$f\frac{\mathrm{d}U}{\mathrm{d}z} = g\frac{T'}{T} \tag{10.102}$$

称为 "热成风方程", 给出在对流层中高度每增加 1km, 平均西风典型增强约 3 ~ 4m/s.

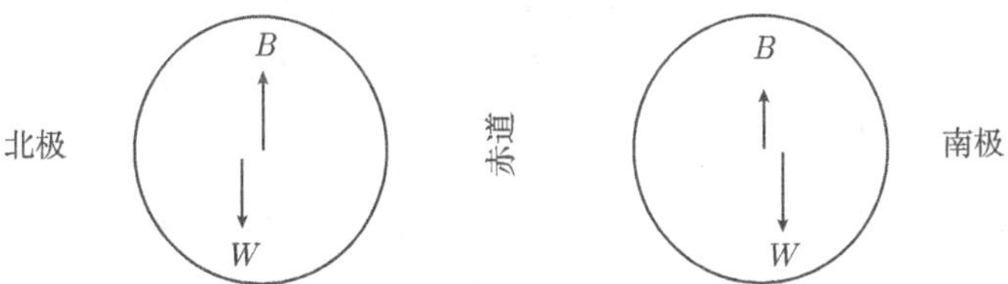

图 10.64 水平温度梯度的涡度产生效应示意图. 流体球重量 W 的作用线偏向其几何中心的冷侧, 而浮力 B 的作用线则通过其几何中心

在南北运动中行星涡度的变化 (10.95) 如何使流动模式成为波状的某些思想, 在 10.5.1 节中针对海洋的情况已做了说明, 其针对大气的相应研究由于平均速度的垂直梯度 (10.102) 很大而更为复杂, 本章限于篇幅只允许对其结论作一简单总结.

有两种类型的波在大气中起着特别重要的作用, 这两类波都能增大到相当大的振幅[93]. 两者的长度尺度明显不同, 并在其他重要方面也不一样, 使人联想起流动不稳定性的 "突发" 型和 "受抑制" 型的区别 (10.2.4 节), 但两者又相互作用着.

一种类型的波的波长长到只需 2~3 个波长即可围绕全球 [141]. 其小振幅理论与 Rossby 波的小振幅理论类似, 但具有振幅增长能力. 这种增长是 "受抑制" 型的, 保持一般的类波形式[142](图 10.65). 而且, 在整个西风模式中, 这种波保持几乎稳定的位置, 这些位置 (粗略地说) 看来像是 "锚泊" 在各大陆的地势图上. 波中的最大风速出现在著名的上对流层急流中. 因此, 热成风方程 (10.102) 表示的气候学平均风场及平均温度的赤道 - 极地分布这二者所代表的, 乃是与更集中的温度梯度相关联的一种通常更强的风模式的平滑化涨落形式.

太平洋–北美异常模式

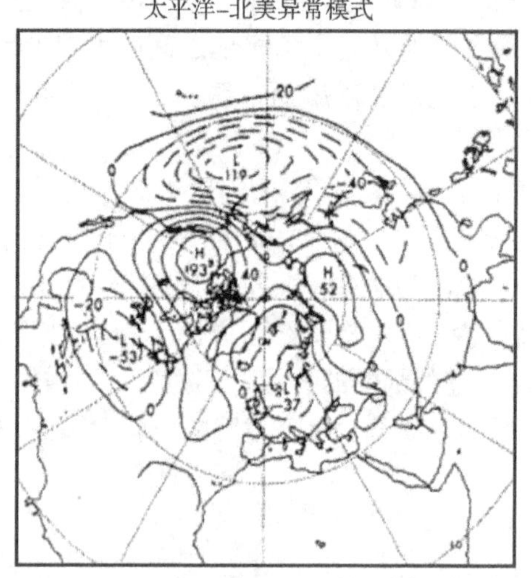

图 10.65　北半球上对流层驻波模式的实例[142]. 图中示出了在一般冬季条件下被称为 PNA(太平洋–北美异常) 的 300 毫巴等压面偏离同纬度带平均高度的以 m 为单位的高度值; 它在北美上空高于平均高度, 以 H 表示; 在太平洋上空低于平均高度, 以 L 表示. 图中密集的等压线 (换言之, 非常陡的等压面斜率) 与上对流层的高速风相关

另一种类型 (较小尺度) 的增长波[143], 同样既受平均风剪切 (10.102) 也受 "β-效应"(10.95) 的影响, 这种波与边界层中发生的增长 Tollmien-Schlichting 波 (175 页) 有某些共性, 并也像它们一样趋于产生混沌的流动模式. 这种流动模式是随机出现在特别是中纬度海洋上空的气旋式扰动, 且在向东运动的过程中以各种方式发生变形并不断被放大. 这种气象学家称为 "斜压不稳定性" 的混沌趋势非常强烈地影响着这些地区的天气, 已经表明, 斜压不稳定性进一步对人们所期望的能够作出天气预报的时间加了确定的限制 (见后). 这一扰动还与大尺度波系相互作用[93], 实际上, 其部分能量能够以类似于在临界高度上内波的吸收 (205 页) 的方式反馈进上对流层急流中.

进而, 气候本身也受到前面提到的所有那些纯粹东西向运动的扰动影响. 简言之, 那些扰动的南北分量产生西风绕地轴角动量的净北向输运[93]. 这样, 远超平均西风随高度而增加的趋势 (10.102), 中纬度区以降低纬度为代价而获得某种附加的"向西" 角动量, 故观察到的表面风模式作为前面提到过的 "次要" 效应涌现出来: 平均而言, 极向角动量的输运由地球表面对中纬度区的西表面风和低纬度区的东 "信风" 形成的阻力力矩来平衡.

从气候学上看, 信风带是一个相对稳定的区域. 那里空气的缓慢 "下沉" 过程正好平衡赤道区上空空气的连续快速上升 (尤其是在 "上升暖气流" 中). 这种缓慢的下沉不是绝热的, 相反, 压缩中得到的绝大部分热量都通过辐射损失掉了, 于是降温率大为减小 (且下沉的空气相当干燥), 形成高度稳定的分层 (除靠近地面的均匀混合层外)[144]. 信风带的另一个重要气候学特点, 是热量的极向输运首先是靠那些如西部边界流 (10.5.1 节) 那样的洋流实现, 而不是靠大气的运动实现 [145]. 这是气候依赖于地球包层整体而非局部的一个极好例子.

在天气的领域中可提到两个间断形成的例子: 一个在中纬度区, 另一个在热带区. 中纬度的气旋扰动发展时, 温度的水平梯度常会持续变陡, 直到形成 J Bjerknes 早在 1919 年就予以解释的有效间断. 在与水平面呈小角度 α 倾斜的这个 "锋面" 上, 与锋面平行的温度和风速实际上发生如平衡方程 (10.102) 所允许的间断性变化 ΔT 和 ΔU(本质上讲, 在倾斜的锋面上温度的水平梯度 T' 为 $\alpha \mathrm{d}T/\mathrm{d}z$, 故式 (10.102) 跨越锋面的积分形式使 $f\Delta U$ 等于 $g\alpha\Delta T/T$). 锋面是温度带中明显的天气特征, 其主要影响是云的形成和降雨.

不过, 可在最大程度上造成威胁人类的灾难性效应的是热带的天气特征[146]. 所谓的热带气旋 (也称台风或飓风) 要比中纬度气旋大得多也强得多, 其水平长度尺度可达数百至上千公里 (图 10.66), 表面风速的量级为 50m/s. 当一股气旋涡度很大的风遭遇表面温度为 26°C 或更高的热带海洋, 且海洋上大气的垂向结构具有诸如降温率远超过 0.5°C/100m(见前面)、充分饱和的空气能自由地垂直运动等特征时, 就会形成台风或飓风.

这种情况下的间断称为 "台风眼壁", 即围绕着近乎无云的 "台风眼" 的垂直浓密对流云墙 (图 10.66). 在温暖的海洋上空沿着长的向内的螺旋轨迹连续加速的空气最后达到其饱和蒸汽压强时就形成了台风眼壁, 之后台风眼壁可一直快速上升到对流层的顶部 (如 15km 的高空). 在那里又趋于向外盘旋成一宽阔的反气旋运动. 相反, 台风眼则由与台风眼壁中快速运动的空气有相同 (低) 压强的较安静的空气构成.

1986 年 K A Emanual 指出[147], 可将热带气旋看做像 Carnot 循环那样运行的热机, 其工作流质是干燥空气和以各种形式出现在大气中的水 (蒸气, 水滴, 冰晶体等) 的完全混合物. 此混合物在海洋表面温度上部分以显热方式, 更主要地以与水蒸气局部压力增加相联系的潜热方式吸取能量后, 在台风眼壁中遵从 "潮湿—空气绝热”(见前面) 规律上升 (从物理学观点来看, 因为风从海洋表面抽取了更有能量的水分子而发生能量输运). 随后, 在低得多的上对流层温度下, 工作流质通过辐射及与周围环境的混合而失去能量. 正是由于热输入温度和热输出温度之间的大的差别使得热带气旋成为有效的热机.

图 10.66　水平延伸约 1000km 的北半球某热带气旋的典型卫星照片. 注意 “风暴眼”

这样产生的机械能主要通过海洋表面上的摩擦阻力耗散, 这在某种意义上, 相当于将动量输运 “回” 到海洋. 凡热带气旋靠近海岸处, 除极大风速及极强降雨 (若风暴将其巨大潮湿成分泄于陆地) 等直接的灾难威胁外, 这种输运更以毁灭性的 “风暴潮”(又称 “气象海啸”)(224 页) 威胁着人类.

文献 [146] 对形成热带气旋的起因及许多其他重要的大气现象通过推广 Rossby “位势涡度” 概念 (10.97) 作了剖析. 这一推广最早是 H Ertel 于 1942 年做出的[148]. 简单地说, Ertel 是将 h 作为相邻等熵面的垂直距离, 故在这些面随流体一起运动的绝热过程中, 总涡度 $f+\varsigma$ 随距离 h 的伸长成正比变化. Ertel 位势涡度反常高值的区域 “有潜力” 发展成大的气旋结构. 而且最近已证明, 位势涡度的特性与涡度场完全决定流场的航空学中固有涡度的特性相似 (10.2.2 节). 类似地, 气象学家也已找到了一种逆算法将风场与其位势涡度分布唯一地关联起来, 更突出了这种分布的诊断价值.

天气预报需要是全球性的[149]：船舶要求事先的暴风雨警报来规划航线; 对于飞机, 则要求有其全部飞行高度上的风的预报 (10.4 节), 危险热带气旋警报应远在其着陆前发出; 农业也需要提前数天的的预报, 而且这种预报必须是全球性的, 因为在几天的期间内远处的天气模式的影响会变得重要; 预测供水和能源需求同样需要基于天气预报, 天气预报对人类的绝大多数活动实在是价值连城.

20 世纪最后的 25 年见证了借助于计算流体力学 (CFD) 取得精度不断提高的真正全球性天气预报的成就[150]. 采用量级为 100km 的水平网格大小的的计算程序以全面描述空气在很多不同高度层次 (约 20 层) 上运动的动力学为基础, 并分别考虑空气运动与陆地地形及海洋表面的相互作用、水蒸气及其凝结、潮湿空气对流运动、更一般的云物理学及降雨 (以及降下的雨随后的蒸发) 以及所有这些变量对辐射热输运的影响. 全球性的数据采集和远距离通讯网络主要为程序提供格林威治标准时零时和 12 时的初始数据, 包括气象气球在不同高度上遥测到的风、湿度、温度等的数据; 气象卫星和其他测量设备提供更多二维的, 但仍很有价值的数据; 天气预报的各种用户 (船舶、飞机等) 也向网络提供数据. 计算机分析收取所有数据 (摒弃异常数据) 将其形成适于 CFD 程序使用的初始条件, 然后用来预报未来 10 天的天气形势, 并在许多中间预报时段上产生预报输出. 有关部门以多种不同的形式对需要预报的国民经济各部门和一般公众解释和说明输出的结果.

随后, 比较预报和实际的天气情况, 以确定各种误差随预报时间增长如何增大. 到 20 世纪末, 一般 3 天的预报已很有价值, 6 天的预报也开始显示出一定的价值.

此外, 也对最可能的 "可预报天数"(允许初始数据中有不可避免的误差) 的某种量度作了估计[150]. 为此, 程序在初始数据只有很小差别的情况下运行; 正如在其他混沌系统中一样, 超过一定的可预报天数时 (约 15~20 天) 突然出现大的预报差异. 研究哪些误差引起预报结果发散最快的一种精确方法已经证实, 它们是任一中纬度大洋西边界处数据的误差, 这些误差被 "斜压不稳定性" 效应极度放大了.

对于这样的区域, 也存在一些协调计算上采用量级为 100km 的网格大小和物理上倾向于形成锋面这两个矛盾因素的有效方法, 锋面的位置和强度可方便地从输出数据中推断出来. 但对于易发生热带气旋的区域, 因在风暴眼壁处强烈得多得多的间断而使这些方法出现问题[146].

实际上, 甚至对这种间断的初始形成也很难预测 (尽管现在某些计算机输出中包括了位势涡度图, 可能会使情况有所改进). 因此, 预报可能只能从卫星辨认出的 "风暴眼" 开始, 再加上一个以其为中心的涡旋结构于附近的初始数据上. 某些将这一技术及 "可移动的嵌套网格"(最精细的网格随风暴眼区而运动) 同时使用的 CFD 程序, 正开始提供改进了准确度的热带气旋轨迹预报[146]. 这正是易发生灾难的沿海居民所迫切需要的.

最后, 简单地综述一下超过年度周期时间尺度上气候系统变化的可能性. 这方面最重要的先驱性工作是时任印度气象局局长的 Walker Gilbert 爵士于 1920 年代所做的[151].

印度的农业严重地依赖西南季风带来的夏季降雨. 在高产谷物长期储存之前的

日子里，任何“坏”(低降雨) 季风对印度都是沉重的灾难. Gilbert 发现印度上空的季风状态和从东非到南美的气候变化有长距离关联，并将这种“远距离关联”视为“南方涛动”的证据，所谓南方涛动指的是 (多少不太规则的) 地球更南端海洋上极端气候间的来回变化.

后来的季风现象研究[152] 提出了这种“涛动”的某些物理基础. 我们熟知的南亚季风是巨大尺度的强低空风系统 (一般有更强的高空风与之相对抗) 的一部分. 例如，西南季风包含从印度洋南部开始的低空风，它吹过东非和南亚，再向前越过太平洋的大部. 然而，季风仍被看作是与大尺度海洋–陆地反差相关的风的模式. 实际上，①全球陆地覆盖和②全球风模式二者中任意一个的球谐函数展开除包含 $n=0$ 的带状平均分量外，还包含某些特别重要的 $n=1$ 分量，它们分别对应着①大大超过美洲的欧亚/非洲面积和②相关的季风风场.

对南方涛动更进一步的研究要求气象学家和海洋学家的长期合作. 很简单，此一不规则的循环源自海洋表面温度分布对风的大规模影响和风的可变性对洋流模式的大规模影响[153]. 例如，在涛动的某个相位上，信风的明显减速改变热带太平洋上风应力的正常模式而使一被“拦获”的斜压波 (227 页) 慢慢向东运动，通过太平洋，在到达时产生“埃尔尼诺”事件 (由于加热秘鲁的表面水域而严重地损害当地巨大的渔业). “ENSO”(埃尔尼诺/南方涛动现象的通用名称) 的复杂本质再一次表明了海洋/大气相互作用对气候的主导作用.

正是这一紧密的耦合使对气候变化的 CFD 建模十分困难. 人们可能认为，即使天气的 CFD 模型对稍有不同的初始条件在超过可预报天数时呈现出大量的发散解，但这些解的统计结果也可代表气候. 采用这种方法 (用相对粗的网格模型) 在 1980 年代也取得了某些初步成功[154]. 但到 1990 年代人们认识到，这种主要为天气预报建立的模型没能充分考虑被用于气候变化预报的海洋过程的细节. 于是，尽管在量化必要的耦合上存在严重困难，CFD 还是开始采用了某些复杂的耦合海洋/大气的模型 [155].

这些模型的一个主要目的是预报与可能发生的大气中 CO_2 增加相关联的气候变化. “温室效应”(见前) 尽管主要与水蒸气相关，二氧化碳也对其有中等程度的附加贡献. 而且预示到 21 世纪中期大气中将会加倍的 CO_2 含量不仅通过阻碍向外辐射直接影响气候，还通过增加蒸发提高水蒸气对辐射的阻碍和减少积雪覆盖增加对太阳辐射的吸收这两个正反馈间接地影响气候. 比较常值 CO_2 下的解和增大了 CO_2 含量下的解，现有的模型确实已估计到了“全球变暖”的不均匀性 —— 变暖将会首先出现在北半球大陆上[156].

本章只叙述了空气和水的流体力学在 20 世纪许多激动人心的物理学发展中所做出的“应有贡献”，所述及的内容是根据其普遍重要性和非专业读者的兴趣选取的. 任何一个专业读者可能会认为他/她的专门领域应当给予更详细的描述而对此提出异议, 但本章作者可以利用自己的主要专业领域 —— 生物圈流体力学完全从本章中略去这个事实, 合理地反驳认为他有个人偏好的指责. 尤其重要的是, 作者希望众多普通 “有物理学头脑” 的读者能将他们的兴趣扩展到流体力学中去.

(朱自强译, 李宗瑞、刘寄星校)

参 考 文 献

[1] Reynolds O 1886 Phil. Trans. R. Soc. 177 157

[2] Basset A B 1888 Hydrodynamics(Cambridge: Cambridge University Press)

[3] Tietjens O 1931 Handbuch der Experimentalphysik vol.4, part 1, ed W Wien and F Harms (Leipzig: Akademische Verlagsgesellschaft) pp 669-703

[4] Prandtl L 1905 Verhandlungen des III. Internationalen Mathematischen Kongresses (Heidelberg, 1904)(Leipzig: Teubner) pp 484-491. 注: Prandtl 的这篇和其他文献也可在他的文集中找到: Prandtl L 1961 Gesammete Abhandlungen ed W Tollmien, H Schlichting and H Görtler(Berlin: Springer).

[5] Prandtl L 1918, 1919 Tragflügeltheorie, part Ⅰ, Ⅱ, Nachr. Ges. Wiss. Göttingen, Math.-Phys. Klasse 151, 107

[6] Rayleigh Lord 1910 Proc. R. Soc. A 84 371

[7] Taylor G I 1910 Proc. R. Soc A 84 371

[8] Van Dyke M D 1975 Perturbation Methods in Fluid Mechanics (Palo Alto, CA: Parabolic)

[9] Lamb H 1932 Hydrodynamics 6th edn (Cambridge: Cambridge University Press)

[10] Zhukovski N E 1912 Teoreticheskie osnovy aerodinamiki (Moscow: Tekhnicheskaya uchilishcha) (法译本: Joukowsky N 1916 Aerodynamique (Paris: Gauthier-Villars))

[11] Rosenhead L (ed) 1963 Laminar Boundary Layers (Oxford: Oxford University Press)

[12] Bernoulli D 1738 Hydrodynamica (Strasbourg: Argentorati)

[13] Rayleigh Lord 1878/1896 The Theory of Sound 1st/2nd edns (London: Macmillan)

[14] Laplace P S 1816 Ann. Chim. Phys. 3 238

[15] Riemann B 1859 Abh. Göttingen Ges. Wiss. 8 43

[16] Lighthill M J 1956 Surveys in Mechanics ed G K Batchelor and R M Davies (Cambridge: Cambridge University Press) pp 250-351

[17] Hugoniot A 1889 J. de l'Ecole Polytech. 58 1

[18] Prandtl L and Pröll A 1961 Z. Vereines Deutsch. Ing. 48 348

[19] Mach E 1887 Sitzungsber. Wiss. Akad. 95 164

[20] Reynolds O 1883 Phil. Trans. R. Soc. 174 935

[21] Prandtl L 1914 Nachr. Ges. Wiss. Göttingen, Math.-Phys. Klasse 177

[22] Wieselsberger C 1914 Z. Mech. 5 140

[23] Lighthill J 1976 Flagellar hydrodynamics SIAM Rev. 18 161-230

[24] Reynolds O 1895 Phil. Trans. R. Soc. 186 123

[25] Emmons H W 1951 J. Aeronaut. Sci. 18 490

[26] Rayleigh Lord 1880 Proc. Lond. Math. Soc. 19 67

[27] Rayleigh Lord 1916 Proc. R. Soc. A 93 148

[28] Landau L D 1944 Dokl. Akad. Nauk. SSSR 30 299

[29] Goldstein S (ed) 1938 Modern Developments in Fluid Dynamics (2 volumes) (Oxford: Oxford University Press)

[30] Tollmien W 1935 Nachr. Ges. Wiss. Göttingen, Math.-Phys. Klasse 79-114

[31] Taylor G I 1923 Phil. Trans. R. Soc. A 223 289

[32] Prandtl L 1921 Z. Angew. Math. Mech. 1 431

[33] Tollmien W 1929 Nchr. Ges. Wiss. Göttingen, Math.-Phys. Klasse 21-44

[34] Schlichting H 1933 Nachr. Ges. Wiss. Göttingen, Math.-Phys. Klasse 181-208

[35] Taylor G I 1922 Proc. Lond. Math. Soc. (2) 21 196

[36] Dryden H L 1929-36 Nat. Adv. Comm. Aeronaut. Report 320 (with A M Kauth) and 581 (with G B Schubauer, W C Mock and H K Skramstad)

[37] Taylor G I 1935 Proc. R. Soc. A 151 429

[38] von Kármán T and Howarth L Proc. R. Soc. A 164 192

[39] Batchelor G K 1953 The Theory of Homogeneous Turblence (Cambridge: Cambridge University Press)

[40] Schlichting H 1940 Jahrb. Deutsch. Luftfahrtf. 1 97

[41] Görtler H 1940 Nachr. Ges. Wiss. Göttingen, Math.-Phys. Klasse 1-26

[42] Schubauer G B and Skramstad H K 1947 Nat. Adv. Comm. Aeronaut. Report 909

[43] Schubauer G B and Klebanoff P S 1955 Nat. Adv. Comm. Aeronaut. Report 1289

[44] Gaster M 1968 J. Fluid Mech. 32 173

[45] Smith F T 1992 Phil. Trans. R. Soc. A 340 171

[46] Stuart J T 1958 J. Fluid Mech. 4 1

[47] Sato H 1960 J. Fluid Mech. 7 53

[48] Michalke A 1965 J. Fluid Mech. 23 521

[49] Coles D 1965 J. Fluid Mech. 21 385

[50] Kolmogorov A N 1941 Dokl. Akad. Nauk. SSSR 30 301

[51] Pao Y H 1965 Phys. Fluids 8 1063

[52] Townsend A A 1956 The Structures of Turbulent Shear Flows (Cambridge: Cambridge University Press)

[53] Stewart R W and Townsend A A 1951 Phil. Trans. R. Soc. A 243 359

[54] Kim H T, Kline S J and Reylonds W C 1971 J. Fluid Mech. 50 133

[55] Coles D 1955 Fünfzig Jahre Grenzschichtforschung ed H Görtler and W Tollmien (Braunschweig: Vieweg) pp 153-163

[56] Coles D 1956 J. Fluid Mech. 1 191

[57] Squire H B 1951 Q. J. Mech. Appl. Math. 4 321

[58] Reichardt H 1942 Gesetzmässigkeiten der freien Turbulenz vol 414 (Berlin: Verein Deutscher Ingenieure)

[59] Prandtl L 1910 Phys. Z. 11 1072

[60] Pohlhausen E 1921 Z. Angew. Math. Mech. 1 115

[61] Whipple F J W 1933 Proc. Phys. Soc. 45 307 给出了 Taylor 所作分析 (未单独发表) 的全部内容

[62] Reynolds O 1874 Proc. Manchester Lit. Phil. Soc. 14 7

[63] Schmidt E and Beckmann W 1930 Tech. Mech. Thermod. 1 391

[64] Schmidt E and Beckmann W 1930 Tech. Mech. Thermod. 1 391 给出了 Pohlhausen 所作分析 (未单独发表) 的全部内容.

[65] Bénard H 1901 ann. Chim. (Phys.) 23 62

[66] Pearson J R A 1958 J. Fluid Mech. 4 489

[67] Rayleigh Lord 1916 Phil. Mag. 32 529

[68] Pellew A and Southwell R V 1940 Proc. R. Soc. A 176 312

[69] Koschmieder E L 1966 Beitr. Phys. Atmos. 39 209

[70] Lighthill J 1978 Waves in Fluids (Cambridge: Cambridge University Press)

[71] Whitham G B 1956 J. Fluid Mech. 1 290

[72] Whitham G B 1952 Commun. Pure Appl. Math. 5 301

[73] Rayleigh Lord 1879 Phil. Mag. 7 161

[74] Bénard H 1908 Comptes Rendus 147 839

[75] von Kármán T 1911 Phys. Z. 13 49

[76] Homann F 1936 Forsch. Geb. Ing.-Wes. 7 1

[77] Curle N 1955 Proc. R. Soc. A 231 505

[78] Curle N 1953 Proc. R. Soc. A 216 412

[79] Lighthill M J 1952 Proc. R. Soc. A 211 564

[80] Lighthill M J 1963 Am. Inst. Aeronaut. Astron. J. 1 1507

[81] Goldstein M E 1976 Aeroacoustics (New York: McGraw-Hill)

[82] Lighthill J 1978 J. Sound. Vib. 61 391

[83] Munk W H, Miller G R, Snodgrass F E and Barber N F 1963 Phil. Trans. R. Soc. A 255 505

[84] Rayleigh Lord 1914 Proc. R. Soc. A 90 324

[85] Korteweg D J and de Vries G 1895 Phil. Mag. 39 422

[86] Whitham G B 1974 Linear and Nonlinear Waves (New York: Wiley)

[87] Schwartz L W 1974 J. Fluid Mech. 62 553

[88] Whitham G B 1965 J. Fluid Mech. 22 273

[89] Longuet-Higgins M S 1975 Proc. R. Soc. A 342 157

[90] Banner M L and Peregrine D H 1993 Ann. Rev. Fluid Mech. 25 377

[91] Davey A and Stewartson K 1974 Proc. R. Soc. A 338 101

[92] Stevenson T N 1973 J. Fluid Mech. 60 759

[93] Gill A E 1982 Atmosphere-Ocean Dynamics (New York: Academic)

[94] Väisälä V 1925 Soc. Sci. Fenn. Commental. Phys.-Math. 2 19

[95] Brunt D 1927 Q. J. R. Meteorol. Soc. 53 30

[96] Yih C S 1980 Stratified Flows (New York: Academic)

[97] Bretherton F P 1969 Q. J. R. Meteorol. Soc. 95 213

[98] Long R R 1970 Tellus 22 471

[99] Booker J R and Bretherton F P 1967 J. Fluid Mech. 27 513

[100] Taylor G I 1923 Proc. R. Soc. A 104 213

[101] Küchemann D 1978 The Aerodynamic Design of Aircraft (Oxford: Pergamon)

[102] Lucas J 1988 Boeing 747: the First Twenty Years (London: Taylor & Francis)

[103] Sears W R (ed) 1954 General Theory of High Speed Aerodynamics (Princeton, NJ: Princeton University Press)

[104] Ward G N 1955 Linearized Theory of Steady High-Speed Flow (Cambridge: Cambridge University Press)

[105] Hayes W D 1971 Ann. Rev. Fluid Mech. 3 269

[106] Morgan M B 1972 J. R. Aeronaut. Soc. 76 1

[107] Busemann A 1931 Gasdynamik Handbuch der Experimentalphysik vol 4, ed W Wien and F Harms ch. 1 pp 343-460

[108] Ackeret J 1927 Gasdynamik Handbuch der Physik vol 7, ed H Geiger and K Scheel (Berlin: Springer) pp 289-342

[109] Hayes W D and Probstein R F 1966 Hypersonic Flow Theory (New York: Academic)

[110] Zierep J and Oertel H (ed) 1988 Symposium Transsonicum III (Berlin: Springer)

[111] Lighthill M J 1953 Proc. R. Soc. A 217 478

[112] Stewartson K 1969 Mathematika 16 106

[113] Neiland V Ya 1969 Izv. Akad. Nauk. SSSR Mekh. Zhidk. Gaz. 4 33

[114] Messiter A F 1970 SIAM J. Appl. Math. 18 241

[115] Whitcomb R T 1952 Nat. Adv. Comm. Aeronaut. Memorandum RN L52 H08

[116] Jameson A, Baker T J and Weartherill N P 1986 Am. Inst. Aeronaut. Astron. Paper 86-0103

[117] Newman J N 1991 Phil. Trans. R. Soc. A 334 213

[118] Kelvin Lord 1891 Popular Lectures vol 3 (London: Macmillan) pp 450-500

[119] Inui T 1962 Trans. Soc. Nav. Arch. Mar. Eng. 70 282

[120] Wehausen J V and Salvesen N (ed) 1977 Numerical Ship Hydrodynamics (Berkeley, CA: University of California)

[121] Trillo R L (ed) 1993-94 Jane's High-Speed Marine Craft (London: Jane's Information Group)

[122] Chapman J C 1979 BOSS '79 (proc. 2nd Int. Conf. on Behaviour of Off-Shore Structures) ed H S Stephens and S M Knight, (Cranfield: BHRA Fluid Engineering) pp 59-74

[123] Bearman P W and Graham J M R 1979 BOSS '79 (proc. 2nd Int. Conf. on Behaviour of Off-Shore Structure) ed H S Stephens and S M Knight, (Cranfield: BHRA Fluid Engineering) pp 309-322

[124] Taylor G I 1928 Proc. R. Soc. A 120 260

[125] Rainey R C T 1989 J. Fluid Mech. 204 295

[126] Defant A 1961 Physical Oceangraphy (2 volumes) (Oxford: Pergamon)

[127] Laplace P S 1775 Mem. Acad. R. Sci. (Paris) 75-182

[128] Taylor G I 1919 Phil. Trans. R. Soc. A. 220 1

[129] Hendershott M and Munk W 1970 Ann. Rev. Fluid Mech. 2 205

[130] Pekeris C L and Accad Y 1969 Phil. Trans. R. Soc. A. 265 413

[131] Jelesnianski C P 1967 Mon. Weath. Rev. 98 740

[132] Rossby C G 1940 Q. J. R. Meteorol. Soc. 66 (Supplement) 68

[133] Lighthill J 1971 Phil. Trans. R. Soc. A 270 371

[134] Blandford R R 1966 Deep-Sea Res. 13 941

[135] Matsuno T 1966 J. Meteorol. Japan 44 25

[136] Seddon J A 1900 Trans. Am. Soc. Civ. Eng. 43 179

[137] Lighthill M J and Whitham G B 1955 Proc. R. Soc. A 229 281

[138] Brunt D 1939 Physical and Dynamical Meterology 2nd edn (Cambridge: Cambridge University Press)

[139] Turner J S 1973 Buoyancy Effects in Fluids (Cambridge: Cambridge University Press)

[140] Lighthill M J 1966 J. Fluid Mech. 26 411

[141] Charney J G and Eliassen A 1949 Tellus 1 38

[142] Karoly D J, Plumb R A and Ting M 1989 J. Atmos. Sci. 46 2802

[143] Charney J G 1947 J. Meterol. 4 135

[144] Betts A K and Ridgway W 1988 J. Atmos. Sci. 45 522

[145] Vonder Haar T H and Oort A H 1973 J. Phys. Oceanogr. 3 169

[146] Lighthill J, Zheng Z, Holland G and Emanuel K (ed) 1993 Tropical Cyclone Disasters (Beijing: Peking University Press)

[147] Emanuel K A 1986 J. Atmos. Sci. 43 585

[148] Ertel H 1942 Meteorol. Z. 59 271

[149] Houghton D D (ed) 1985 Handbook of Applied Meteorology (New York: Wiley)

[150] Manabe S 1985 Issues in Atmospheric and Ocean Modeling. Part B. Weather Dynamics (New York: Academic)

[151] Walker G 1928 Q. J. R. Meteorol. Soc. 54 79

[152] Lighthill J and Pearce R P (ed) 1981 Monsoon Dynamics (Cambridge: Cambridge University Press)

[153] Philander S G 1990 El Nino, La Nina, and the Southern Oscillation (New York: Academic)

[154] Washington W M and Parkinson C L 1986 An Introduction to Three-Dimensional Climate Modeling (Mill Valley, CA: University Science Books)

[155] Houghton J T, Jenkins G J and Ephraums J J (ed) 1990 Climate Change: the IPCC Scientific Assessment (Geneva: World Meteorological Organization)

[156] Carson D A 1992 The Hadley Centre Transient Climate Change Experiment (Bracknell: UK Meteorological Office)

第 11 章　超流体和超导体

A J Leggett

11.1　引　言

11.1.1　液氦: 早期

如果说我们今天称为的低温物理学的学科有它的生日的话, 那应当是 1908 年 7 月 10 日. 在这一天, 荷兰莱顿大学的 Heike Kammerling Onnes 和他的团队第一次成功地将元素氦 (^{4}He) 冷却到 4.2K 以下, 从而使之液化. 在接下来的 15 年里, 莱顿实验室 (现在的 Onnes 实验室) 是世界上唯一有液氦的地方.

如果氦像其他元素一样变成了液体, 那么, 当它在自己的蒸气压下被冷却到足够低的温度时, 是否也会变成固体呢? Onnes 肯定曾这样预期, 并在以后的 15 年里不断达到了低而又低的温度, 但却未能找到氦的冰点. 1922 年, 他猜想即使冷却到绝对零度, 可能氦仍然处于液态. 事实上, 在他逝世后, 莱顿团队确实在使液氦凝固上取得了成功, 不过是在加了 30 个大气压下实现的. Onnes 的猜想是对的, 氦的相图不同于任何常规元素.

在 20 世纪 20 年代中期和晚期, 随着欧洲和北美的一些实验室也可生产液氦, 液氦的实验研究加速发展, 观察到一些奇特但表观上并不显著的反常性质, 特别是在温度接近 2.2K 时 —— 该温度最终被认定是液氦高温相和低温相之间的转变点. 这两个相分别被命名为 He Ⅰ和 He Ⅱ. 不过直到 1936 年, 液氦一直被认为是大自然的一件奇特之物, 主要是因为它在自己的蒸气压下不能够被凝固 (这一性质, 最终以反常地大的量子力学零点振动能给予了令大多数人满意的解释). 从未有人怀疑过其性质将定性地不同于任何其他已知的液体. 令人惊讶的是, He Ⅱ的这种今天被认定为超流性的特性, 在四分之一世纪里, 几乎每天都可能在低温实验室出现, 但却从未被有意识地观察到! **【又见 12.1.2 节】**

1932 年, 当 Willem Keesom 和他女儿 A P Keesom 在 He Ⅰ和 He Ⅱ的明显的转变点 2.2K 附近, 对液氦的热性质进行仔细的实验研究时, 获得了重要的进展. 他们惊奇地发现, 在转变处没有潜热 (图 11.1), 而比热却有显著的不连续性. 这一特征形状是 λ 相变名称的由来, 不过关于相变的本质及 He Ⅰ和 He Ⅱ的区别, 直到 20 世纪 30 年代后期仍不清楚.

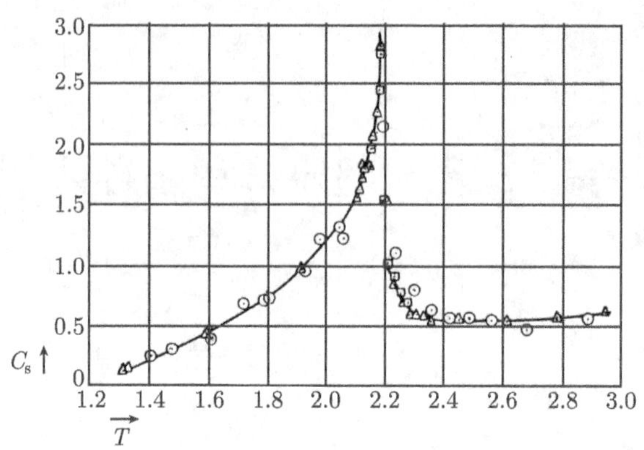

图 11.1 2K 附近液体 ^{4}He 的比热

曲线的形状很像希腊字母 λ

11.1.2 1933 年以前的超导电性

在成功地实现了氦的液化, 从而获得了将物质冷却到只有绝对温度几度的手段之后, Onnes 及其助手 Holst 继续奋进, 除开展其他研究之外, 着重研究了金属在这一温区的电学性质. 他认为当冷却到绝对零度时, 纯金属的电阻将会消失. 在对金属铂作了一些结论不太确定的实验之后, 他决定试一试水银. 在以前工作的基础上, 曾得出结论"在非常低的温度下 ······ 在实验精度内, 电阻应变为零. 实验证实了此预言. 13.9K 下 ······ 水银的电阻仍是将固态水银电阻外延到 0°C 之值的 0.034 倍; 在 4.3K 下仅为 0.0013 倍; 在 3K 下电阻降至小于 0.0001 倍". 在几周之内, 他意识到了所发生的事情的真正意义: 在标题为"在氦的温度下水银电阻的消失 (*Disappearance of the electrical resistance of mercury at helium temperatures*)"的第二篇论文中确定了 3K 下为 $3\times10^{-6}\Omega$, 即 0°C 下电阻值的千万分之一. 据此, Onnes 得出结论"零电阻导体是可以得到的": 他已经发现了**超导电性**现象.

如液氦一样, 直到 1923 年以前, 超导电性一直为莱顿实验室独家研究. 在那里超导现象的许多重要特征很快被确立下来. 例如, 发现零电阻态的出现是突变的, 即发生在一个几乎无法测量的很小温区内; 零电阻态可被足够大的电流 (**临界电流**) 破坏, 也可被外加一个足够大的**临界磁场**(百分之几特斯拉) 破坏. 后两个观测结果由 Silsbee 猜想统一起来, 正如后来实验证明的, 临界电流就是在导线表面产生临界磁场所需的电流. 此外, 除了汞, 在锡和铅中也观察到了超导性 (但未在金或铂中观察到). 最后, 人们证实, 零电阻现象不仅表现在载流的超导线上的电压降为零, 而且以极高的灵敏度表现在在超导金属环中建立起来的超导电流在可观察的时间尺度内没有衰减. 关于这个观测到的环电流的稳定性, Onnes 认为其原理与 Ampère 解释铁磁性时用的分子电流设想很相似.

Heike Kamerlingh Onnes
(荷兰, 1853~1926)

Onnes 曾在格罗宁根和海德堡求学, 他于 1882 年被任命为荷兰莱顿大学实验物理实验室首位主任. 部分地是为了检验 van der Waals 对应态定律假设, Onnes 从事将各种气体冷却到低温的研究计划, 特别是从事氦的液化, 并于 1908 年达到此目的. 从此直到他于 1926 年逝世, 莱顿实验室被公认为低温物理学的世界领袖. 正是在莱顿实验室, 他于 1911 年发现了超导电性现象, Onnes 及其合作者们测定了超导性的许多主要特性. 他因在液氦方面的工作于 1913 年获得诺贝尔奖. 他享有具有远见卓识和细心工作的美誉, 尽管有很高的理论天赋, 可他总是强调实验是第一位的: 他的座右铭是 "通过测量得到知识".

20 世纪 20 年代中期, 和在莱顿一样超导性研究也在多伦多大学、柏林帝国物理技术研究所 (Physikalische-Technische Reichsanstalt PTR) 兴起, 发现更多的材料是超导的; 转变温度 (T_c) 最高的元素是铌 (8.4K). 又发现很多合金和化合物也是超导的, 包括硫化铜和金铋合金, 它们之中每个元素本身都不是超导的. 这就确立了超导现象不可能是一个与单个原子相关的现象.

1932 年 PTR 的所长 Walter Meissner 评述了当时超导性实验和理论研究的状况, 并将超导性中最重要的问题归结为: "超导电流仅仅是通常电流的变种 (Abart), 还是我们正在和一种完全不同的现象打交道? " 特别是, 运载超导电流的电子与正常金属中携带电流的电子是相同的, 还是当金属变为超导态时新释放出来的 (如从原子陷俘中)? Meissner 对每种假设都给出了论据, 并详细叙述了以期给出解决此问题线索的各种实验. 在当时, 关于超流究竟是体效应还是表面效应这样重要的问题, 在实验上也还没有定论. 作为其工作的结果, Meissner 得出如下结论: "携带超导电流的电子不能从超导体进入到与其紧密连接的 [正常] 金属中去"—— 从近代的观点来看, 这是一个未被证实的结论. 在讨论的末尾, 他评论, 一个最重要的实验问题是 "在转变到超导态时 (除了电性质之外) 是否还有其他物理性质也经历跳变. 通观至今所有实验, 跳跃没有在其他物理性质上发生, 这就使得超导性显得特别神秘". 热导在 T_c 处没有跃变似乎特别表明与前面的第一种假设对立 (因为如果电子在 T_c 突然停止被散射, 为什么热导没有跃变呢?), 不过, 可能 "只有很小一部分普通电子在 T_c 下变得超导", Meissner 最后的推测是, 超导性的合理解释不但需要量子力学, 而且需要量子电动力学, 而 "后者还没有发展成熟".

实际上在那个时期的权威理论家中很少有人未曾尝试解决这个问题, 特别是在 1928~1932 年, 当时量子力学中新发展的概念很有希望解决此问题. 有些理论家走得更远, 甚至发表了关于超导性的文章, 而另一些理论家, 如 Felix Bloch 和 Niels Bohr, 虽然建立了理论, 但最终由于自己不满意而未发表. 在这些年里浮现出的一些思想中, 有两个特别突出. 第一个思想 (首先由 Bloch 提出, 而后被 Landau 和 Frenkel 发展), 即超导体的基态是用存在自发电流来表征的. 不过, 这些自发电流的方向是无规的, 因此平均起来相互抵消, 直到受外加电流强迫时才会有序流动. 这一模型在很大程度上无疑是与铁磁体类比而提出的 (在铁磁体中不同畴的取向是相互抵消的, 除非外场将它们排列起来), 但没有经受住时间的检验 (尽管已有了一些有用的副产品). 第二个思想是由 Kronig、Bohr 和 Frenkel 倡导的, 在今天得到更多共鸣, 它认为超导性必定是电子–电子相互作用的结果, 而且是由所有电子的**关联**运动构成, 因此电子不能单个被散射. 不过, 很明显这个关联态在本质上被想象为是像**晶态**一样, 与现代图像相差甚远. 在当时的讨论中一直悬而未决的是著名的 Bloch 定理, 该定理说, 载流态不可能是基态, 因此超导电流 (按当时的理解) 只能是**亚稳态**. 这就毫不奇怪在这一时期进展很小, 因为疑难的关键部分仍然缺失.

11.1.3　1945 年以前 Meissner 效应及超导性研究的其他实验进展

1933 年是超导性实验研究历史的关键的一年. 在此前的 20 年中, 大家普遍、想当然地认为超导体与正常金属唯一的重大区别在于它的理想电导率. 所以, 理论工作都集中到试图阐明限制正常态电导率的电子与晶格碰撞怎样才可消除上. 现在很容易证明, 如果超导体只是具有无限大电导率的金属, 那么一个完全的超导体内部的磁通是不能改变的. 假如我们试图借助外加 (或改变) 磁场来改变其内部磁通, 那么磁场随时间的变化将引起一个电场, 尽管是暂态的, 但它将建立环电流, 刚好抵消导体内部的外加磁场. 由于电导率是无限大, 此电流将永不衰减 (只要外磁场不再变化), 超导体的行为就像一个永久磁体. 一个具体且看似平庸的特殊情况是, 当金属在恒定磁场中被冷却到 T_c 以下时, 超导体将保持原来的磁通.

于是我们要问, 什么是在 T_c 以下和弱外磁场 H 中 (“弱” 意味低于该温度下的临界场) 超导球 (比如说) 的平衡态呢? 现在, 我们至少可通过两个不同的路径达到这个态: 途径 (a) 在零场下先把球冷却到 T_c 以下, 然后加上磁场; 而路径 (b) 是在 T_c 以上先加磁场, 然后再冷却到 T_c 以下.

在情况 (a), 由上面的分析 (且到 1933 年已在许多实验中确知) 很清楚, 磁通是不能穿透到体内的, 磁力线的行为如图 11.2(a) 所示. 而情况 (b), 是在正常态先加磁场, 磁力线如通常那样穿透样品 (图 11.2(b)). 当在恒定的外磁场下把样品冷却到 T_c 以下时, 按上面的论据, 应当没有电流建立起来, 并且体内磁通也没有变化, 因此末态应如图 11.2(b) 所示. 如果这是正确的, 那么对给定的温度和磁场, 球的末态就不是唯一的, 而是与历史有关了. 这个结论本身没有什么内在的荒谬之处, 我们知道在物理学中有很多情况与历史有关, 可以产生各种 “亚稳” 态. 令人不解的是, 对任意小的磁场值, 这种不唯一性也会持续存在, 即可以把两个末态任意地接近, 却不会从一个态弛豫到另一个态.

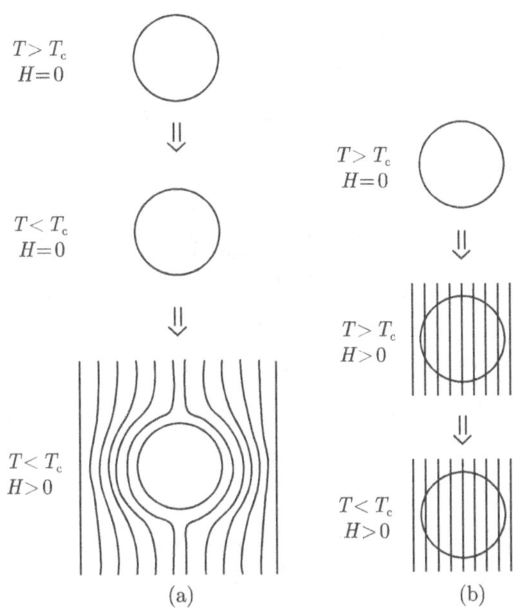

图 11.2 Meissner 之前关于磁通线被从超导体中排出的预期

事实上, 到 1932 年, 对周期磁场中超导线的磁滞行为的实验, 已积累了一些间接的证据, 表明上述图像可能是过于简单了. 然而令人啼笑皆非的是, 这个关键性的实验实际上是为别的目的设计的. 在 Meissner 的心中有一个优先的问题, 那就是电流是在超导线的横截面中均匀流过, 还是只在表面上一薄层中流过. Max von Laue (他是 PTR 的顾问) 建议, 此问题可借助测量非常靠近一对载流的超导圆柱处的磁场来解决. 通常在将样品冷却到低于 T_c 之前 (在零电流下), 要先抵消掉地磁场, 但是在 PTR 的一些实验中没有这么做 (这是否一开始就是个事故, 仍有争议), 当样品被冷却到 T_c 以下时, 在测量到的磁场上看到了一个清楚的跳跃, 表明全部或几乎全部磁通被从超导体内部排出: 在此情况下, 末态是图 11.2(a), 而不是图 11.2(b)! (另一方面, 在磁通线穿过空心圆筒的实验中, 没有探测到变化.)

这一效应, 即 Meissner (或 Meissner-Ochsenfeld) 效应, 很快在其他实验室被重复, 其重要意义也立即被认识到: 超导性不仅仅是电阻的消失, 它还是一个其热力学性质完全不同于金属正常态的态. 磁场被从超导体内部排除的事实表明, 勿庸置疑, 零磁通态 (图 11.2(a)) 是物体的**平衡态**, 而不是未能弛豫到真正平衡态的后果. 于是, 理论家终于有东西可以研究了, 且进展也很快就来到了.

这时在欧洲, 政治局势开始影响到低温物理学研究进程. 随着纳粹政府在德国掌权, 1933~1934 年见证了大批犹太物理学家的离去, 包括 Kurt Mendelssohn、Franz Simon、Nicholas Kurti 和 London 兄弟, 他们都被 Clarendon 实验室的 Lindemann (后来的 Cherwell 勋爵) 吸引到了牛津, 那里很快成了实验低温物理学的主要中心. 与此同时, 随着 Meissner 去了慕尼黑, von Laue 被纳粹任命的新头目所解雇, PTR 也遭受了严重打击. 接下来的几年里, 在苏联政治也对低温物理学有很大的冲击. 苏联实验物理学家 Kapitza 在剑桥几乎建成了氦液化机, 可是在一次回莫斯科旅行时被扣留, 并在那里度过了他余下的漫长工作生涯; 而哈尔科夫研究所, 尽管建所不久就对 Meissner 效应提出了最令人信服的证明, 并在超导合金方面做出先驱性工作, 当其所长 A Shubnikov 于 1937 年在斯大林大清洗下被逮捕后, 研究所的工作也陷于停止. Shubnikov 于 1945 年死于狱中①.

除了 Meissner 效应, 1933~1945 年在超导性研究上最重要的实验进展可能要数超导合金了. 早已知道, 一些合金的临界场 (即当磁场超过它时超导性就消失) 远大于元素中的临界场. 哈尔科夫的 Shubnikov 小组的工作最先证明, 很多合金有两个“临界场”(Shubnikov 称之为 H_{c1} 和 H_{c2}, 该称谓从未被改变过). 低于“下临界场”H_{c1} 时, 磁场不能穿入合金 (如同纯元素一样). 但在 H_{c1} 和比它高得多的“上临界场”H_{c2} 之间, 磁场可部分地穿入超导体, 而不破坏超导性. 只有当 H 到达 H_{c2} 时, 超导性才消失 (图 11.3). 很久以后, 正是由于这一性质, 使得用合金来制作线圈产生极强磁场成为常规方法. 与纯元素的第 I 类超导体的行为不同, 合金的这种特征行为 (包括显著的磁滞) 被称为第 II 类超导性, 而 H_{c1} 和 H_{c2} 之间的区域被称为**混合态**.

假如在关于第 I 类超导体的微观理论建立起来以后, 才发现第 II 类超导体的话, 那么我们对超导性理解的历史发展, 无疑会更顺畅和更合逻辑, 虽然不晓得是否会更快. 回顾起来, 上面那些新的实验进展引起了很大的争论和困惑. 慢慢才弄清楚, 合金超导体的 H_{c1} 和 H_{c2} 之间的混合态与元素超导体的居间态在本质上没有任何共同之处, 后者也有部分磁通穿透. 元素超导体的居间态不同于真正的第 II 类超导性, 它可用宏观力能学来解释. 对于合金超导性的特征是否是如 Gorter 和 H London 所声称的实际上是一种热力学平衡效应, 还是如 Mendelssohn 在**海绵模型**中提出的磁滞的结果也有争议. 不过, 到了 20 世纪 60 年代中期, Gorter-London 的观点被普遍接受了.

这一时期的其他实验进展对理论的涵义将在稍后提及, 不过, 有一个发现因其在技术上的应用必须谈一谈. Justi 和他的小组于 1941 年在 PTR 发现氮化铌 (NbN) 在 15K 变成超导体, 这在当时是创记录高的转变温度, 而且意义重大, 因为

① 据乌克兰内务部 1991 年给 Shubnikov 遗孀 O N Trapeznikova 出具的证明信件称, Shubnikov 是在 1937 年 11 月 10 日被枪决的. —— 终校者注

原则上可用液氢取代液氦作冷却剂. NbN 是一大类转变温度在 16~24K 的超导材料的先驱, 尽管它不是无序的, 却表现出典型的合金行为.

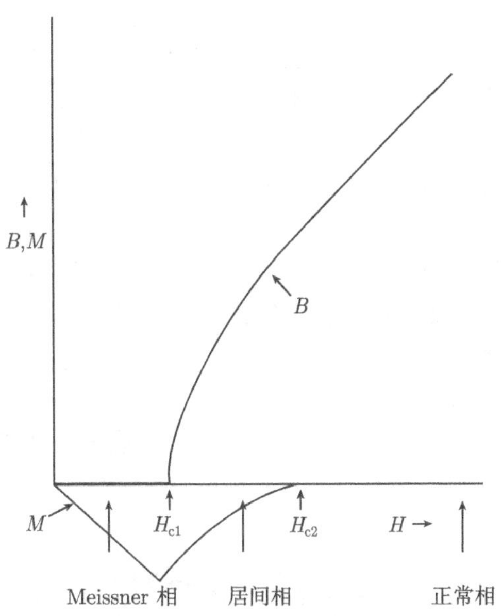

图 11.3 II类超导体的磁化强度 (M) 和磁感应 (B) 随外磁场 H 的变化

11.1.4 液氦: 实验革命

1936 年年初, 液氦还只不过是又一个惰性气体液体, 它仅在几方面有点特殊, 主要是在它自己的蒸气压下不能固化及有两个液相: He I 和 He II, 两者之间在 2.17K 下有一个奇怪的 "λ-相变". 但是就在三年里, 这幅图像完全改变了. 而且人们清楚了, 液氦的性质与任何别的已知物质的性质有质的不同. 虽然莱顿和多伦多的实验室早期就介入了研究, 但 1938 年这一年的主要突破, 几乎全部出自英国的牛津和剑桥, 以及苏联的莫斯科和哈尔科夫新组建的低温团队.

1932 年多伦多的 McLennan 注意到, 当把刚好在 λ 温度之上激烈沸腾的液氦冷却到 He II 相时, 沸腾突然停止, 而且液体变得非常平静. 1936 年 Keesom 父女发现 He II 的热导比 He I 至少大 3×10^6 倍之后, 该现象的意义变得清楚了. 他们把这种行为称为 **"超热导性"**. 一年以后, 剑桥的一个团队发现 He II 中的热流甚至不像普通材料那样与温度梯度成正比, 因此无法定出在通常意义下的热导率.

如果 He II 的黏滞系数足够低, 也许可把此现象解释为热对流传输. 不过, 虽然发现在 λ 点以下黏滞系数快速减小, 但减小得还不够. 把这一点与观察到的 He II 可从完好的容器漏出的奇怪性质加在一起 (这是实验家们都知道但从没认为值得系统研究的普通现象), 使得莫斯科的 Kapitza 及剑桥的 Allen 和 Misener 意识到,让 He Ⅱ通过毛细管直接测量其黏滞系数可能是有价值的. 结果确实如此, 1938 年同时发表的两篇文章毫不含糊地表明, 用这种方法测量的 He Ⅱ的黏滞系数, 如果还存在的话, 那也一定小于 He Ⅰ的 1500 分之一! 由于这一完全没有预料到的独特行为, Kapitza 把它与超导性相类比, 提出了**超流性**这个术语.

这还不是 He Ⅱ显露出来的唯一值得注意的奇特性质. 如果把 He Ⅱ放进一个两端敞开的 U 形管中, 在管下部填充很细的粉末 (它不像一般的流体, 由于其超流动性, He Ⅱ可以穿越粉末漏过), 在 U 形管的一端用闪光灯加热, He Ⅱ会非常剧烈地从冷端冲向热端, 以至于可以形成"喷泉"! (图 11.4). 稍后, 又发现了这个效应的反效应 —— 压力的增加可以引起温度的升高 (力热效应)①. 另一个 Onnes 曾注意到, 但很明显没有认真对待的奇特效应被重新发现了: 如果将一个小烧杯放在大烧杯里边, 两烧杯中的液面不在同一高度, 它们会迅速地变得一样高, 尽管小烧杯的口沿明显高于两个液面! 似乎是有一层很薄的液氦膜覆盖着内烧杯的全部表面, 并且在温度低于 λ 温度时, 这层膜就像毛细管中的液氦一样变成超流体. 这一猜想很快被证实, 氦膜的厚度估计值为 20~30nm——12 年后人们用光学方法直接而漂亮地确认了这一结论.

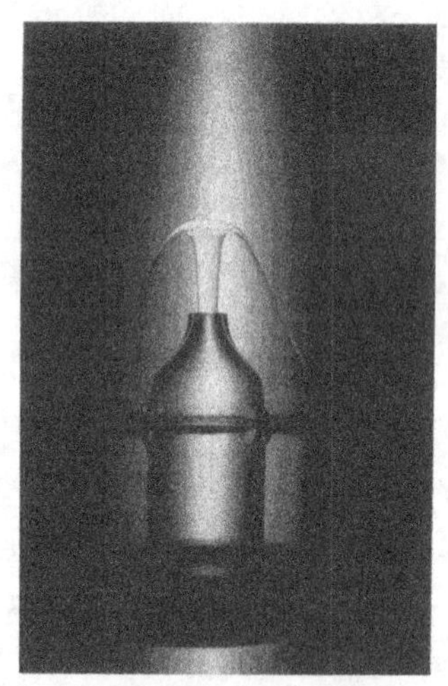

图 11.4 超流液体 ^{4}He 的喷泉效应

到 1938 年年底, 已经很清楚, 超流体氦具有的奇异性质至少和超导金属一样多. 这为理论分析搭好了平台.

11.1.5 理论发展, 1933~1945 年

超导体和液体 He Ⅱ可能有某些共同之处的第一个暗示, 来自对这两个相变的

① H London 把 Kelvin 提出的热力学论据应用到这些现象, 将其与热电效应联系起来, 从而表明了它们之间的定量的联系.

热力学研究. 部分来自如下观察的启发: 跨 λ 相变比热是不连续的, 没有潜热, 就是说熵没有不连续性, Ehrenfest 于 1933 年提出了高级相变的普遍概念, 指出在高级相变中自由能 (熵、体积) 的一阶导数是连续的, 但高阶导数可出现不连续性. 根据 Ehrenfest 的分类, 二级相变 (如比热的行为所表明的) 不仅包括氦的 λ 相变, 而且包括金属的相变, 如铁到铁磁态的转变, 以及某些二元合金, 其中两类原子排列成规则的亚晶格的有序态的转变. 此后不久, 莱顿的测量显示超导转变也有比热跳跃, 故也被列入二级相变. 正如在第 7 章所讨论的, Landau 用**序参量的概念**建立了这类相变的理论, 当温度降低通过 T_c 时, 序参量从零开始增大. 不过, 尽管对磁相变和二元合金的序参量的本质已认识得足够清楚了, 但对液氦和超导性的序参量而言认识仍是模糊的. 在一篇写在 Meissner 效应发现之前的关于超导电性的非常有趣的理论文章中, Landau 试探性地将临界电流等同于序参量. 在 Gorter 和 Casimir 的二流体模型中, 具有超导性的电子的百分数从 T_c 时的 0, 升高到零温度的 100%, 并用它充当序参量. 像 Bohr 和 Kronig 一样, 他们设想超导电子形成了某种晶格. **【又见 7.5.6 节】**

Ehrenfest 的工作和 Meissner 效应的发现, 激励人们将标准的热力学论证应用到超导转变上. Ehrenfest 的学生 Rutgers 给出了临界场与正常和超导态比热关系的公式, 并很快被实验所证实. 不久, Gorter 和 Casimir 对不同形状样品的超导转变给出了普遍的讨论, 并特别指出在一定条件下正常和超导区交错存在在能量上更为有利, 这种构型现在称为**居间态**.

超导性研究中的第一个决定性的理论突破是 1935 年由 Fritz 和 Heinz London 兄弟做出的. 他们注意到由于超导体不遵从 Ohm 定律 (稳恒态电流正比于电场), 所以非常自然地假设电流的**加速度**与电场成正比 (见插注 11A). 将这一假设与 Maxwell 电磁场方程组相结合, 得出处于平衡态的超导体内部磁场由两部分组成的结论: 一部分在从表面起的厚度为 $\lambda_L \sim 10^{-5}$cm① 的表面层 (现称为 London 穿透深度) 中指数地衰减掉; 另一部分是**冻结场**, 即冷却到超导态时样品保有的磁场. 但是, 由于 Meissner 给出了冻结场的反证, 他们改为从另一个方程 (现在称为 London 方程) 开始 (见式 (A.3)), 这个方程不是将电流的**加速度**与**电场**联系起来, 而是将电流的**平衡值**与**磁场**联系起来. 这导致 (在单联通超导体中) 上面提到的两部分磁场中只有第一部分存在, 从而与 Meissner 的观察相一致. 他们进一步假设, λ_L 定义式 (式 (A.2)) 中的 n 是与温度有关的超导电子数; 特别是, 当温度达到 T_c 时, 穿透深度应变成无穷大. 在第二篇文章中, London 兄弟又讨论到**多联通**超导体 (如 Onnes 用过的环), 并得出在这种情况下可存在冻结磁通和持续电流这些与实验相符合的

① 实际上这一结论在 10 年前就由 Lorentz 得出了, 不过文章是用荷兰文发表的, 因此没有多少人读到. 这一结论还在 Becker、Heller 与 Sauter 的 1933 年的文章中, 以及 Braunbek 稍晚一点的文章中得到.

结论①.

插注 11A London 方程

一个质量为 m 电荷为 e 的电子, 不与其他电子碰撞, 应按下式从电场 $\boldsymbol{E}$ 中获得漂移速度 $\boldsymbol{v}$

$$\dot{\boldsymbol{v}} = e\boldsymbol{E}/m$$

在单位体积有 n 个电子的电子气中, 电流密度 $\boldsymbol{J}$ 为 $ne\boldsymbol{v}$, 从而

$$\dot{\boldsymbol{J}} = ne^2\boldsymbol{E}/m \tag{A.1}$$

这是电流的加速方程. 在一个变化的磁场中, Faraday 定律可被写为 $\mathrm{curl}\boldsymbol{E} = -\mu_0\dot{\boldsymbol{H}}$. 代入式 (A.1) 得

$$\lambda_{\mathrm{L}}^2\mathrm{curl}\dot{\boldsymbol{J}} + \dot{\boldsymbol{H}} = 0, \lambda_{\mathrm{L}}^2 = m/\mu_0 ne^2 \tag{A.2}$$

London 兄弟提议, 将去掉时间导数的方程作为超流的基本方程

$$\lambda_{\mathrm{L}}^2\mathrm{curl}\boldsymbol{J} + \boldsymbol{H} = 0 \tag{A.3}$$

式中, λ_{L} 为 London 穿透深度.

在一个单联通超导体中式 (A.3) 等效于关系

$$\boldsymbol{J} = -\lambda_{\mathrm{L}}^{-2}\mu_0^{-1}\boldsymbol{A} = -(ne^2/m)\boldsymbol{A} \tag{A.4}$$

式中, $\boldsymbol{A}$ 为电磁矢量势, 由式 $\mathrm{curl}\boldsymbol{A} = \boldsymbol{H}$ 所定义. 在 London 兄弟的文章中他们指出这一关系可直观地理解为: 对单电子来说, 电流的表达式可改写为

$$\boldsymbol{J} = -(\mathrm{i}\hbar e/2m)(\psi\nabla\psi^* - \psi^*\nabla\psi) - (e^2/m)|\psi|^2\boldsymbol{A} \tag{A.5}$$

在正常金属中, 波函数为响应外加矢量势 $\boldsymbol{A}$ 而变形, 刚好抵消掉最后一项的主要效应, 所以在一级近似下电流为零. 但是, 对于 $\boldsymbol{A} \to 0$, 依据微扰论原理, 这一变形要求与起始的 ($\boldsymbol{A} = 0$) 波函数 ψ_0 和任意低能态波函数混合. 如果由于某种原因在超导体中不存在这种态, 那么即使对有限的 $\boldsymbol{A}$, 我们可以有 $\psi = \psi_0, \nabla\psi = \nabla\psi_0 = 0$, 只留下第二项. 因为 $|\psi|^2$ 是单电子概率密度, 将式 (A.5) 对所有电子求和就得到式 (A.4).

现在普遍相信, 唯象的 London 方程对热力学平衡态超导体的主要电磁性质给出了正确的描述. 不过, London 兄弟的工作中最令人感兴趣和最有先见之明的

① 在 1935 年的文章中 London 兄弟差一点就预言了我们今天所知的 "磁通量子化" 现象 (事实上, F London 于 1948 年明确地预言了此现象).

部分, 还是关于这一方程微观起源的推测. 他们清楚地认识到, 如果假设 (见插注 11A) 电子的波函数不被磁场改变, 多少就像氢原子里的电子一样, London 方程会自然导出. 事实上, (超导) 系统的行为很像一个巨大的原子.

然而, 为什么超导体的电子波函数与正常金属里的不一样, 不会被磁场改变呢? “假设电子被某种形式的相互作用所耦合, 从而使最低能态与激发态之间分开一定的距离. 那么只有当场扰动的影响与电子间耦合力是同一数量级时, 才值得考虑其对本征函数的影响.” 这一点被证明是微观理论发展的关键.

London 兄弟的工作立即产生了冲击, 人们着手一系列实验, 验证他们的预言, 特别是关于温度趋于 T_c 时穿透深度趋于无穷大的预言. 在一系列水银胶体经典实验中, Shoenberg 测定了 $1/\lambda_L^2$(即超导电子数目) 随温度变化的关系. 一些年之后, 证明他的结果与公式 $1-(T/T_c)^4$ 符合得非常好, 这正是 Gorter 和 Casimir 二流体模型所预言的温度关系. 此外, 在第二次世界大战前夕进行的 (只在战后才全文发表) 关于超导态中 (不存在) 热电效应的实验, 曾被解释为提出了能隙思想, 尽管直到很久以后才对能隙值进行了直接测量.

与此同时, 理论家对 He Ⅱ 相的本性问题也非常有兴趣, 特别是在 1938 年的发现热潮之后. 一旦 λ 相变为“有序–无序”相变的想法被确定之后, 最显然的假设就是, 它对应于液体原子的某种短程位置有序, 这样一种图像是由 Fröhlich、Fritz London 及另外一些人提出的. 可是, 令人失望的是, X 射线衍射研究似乎证明 He Ⅰ 和 He Ⅱ 原子的有序度并没有不同. 1938 年 London 提出一个很激进的新假设: Einstein 1924 年曾提出, 如果将一组无相互作用的原子① 冷却到足够低的温度, 它们将出现我们现在所知的**Bose**(或 Bose-Einstein)**凝聚**, 当温度降至趋于零时, 凝聚原子的分数趋于 1, 即全都处于能量最低的单态. 也许部分是因为 Uhlenbeck 的反对, 这一假设并没有受到重视. 此时 London 重提这一思想, 并注意到自由原子气的密度与液氦的密度相等时估算得到的温度 T_c(3.13K) 与 λ 温度 (2.17K) 相差不远, 从而提出 λ 相变与 Bose 凝聚是同一回事. 为了支持这一等同性, London 指出, 虽然 He Ⅱ 相的比热与对 Bose 凝聚气体的预期不完全一样, 但定性地相似. 紧接着, Tisza 用他的二流体模型跟进指出, 凝聚和不凝聚原子表现为互相穿透的液体, 凝聚原子具有超流体性质, 而其余 (**正常**) 原子的表现就如同普通气体中的原子一样. 所以“体系黏滞性完全由处于激发态的原子引起”. Tisza 清楚地认识到, 比如在对振动圆筒阻尼作用的测量中, 正常原子将带来黏滞性, 只有凝聚原子才能无黏滞曳引地流过超漏. 他还预言存在“温度波”, 在此波中两类原子相对振动, 但总密度无净振动. 不过, 这一思想与其他东西一起受到了批评, 因为没有明显的方法阻止正常和凝聚原子之间的碰撞.

① 后来清楚了只有总自旋为整数的原子 (如 ^{4}He 而不是 ^{3}He) 服从 Bose-Einstein 统计.

虽然战争严重打断了西欧和美国的低温物理研究, 但令人惊奇的是在莫斯科战争的冲击要小得多, Kapitza 继续进行他的实验研究, Landau 进行着相关的理论工作. 1941 年 Landau 发表了一篇经典论文, 在文中对超流体氦做了类似于 London 对超导体所做的工作. 从零温度下 Bose 粒子液体量子力学的普遍考虑出发, 他推断这一系统的低激发态可用**元激发**来描述 —— 所谓元激发指的是携带确定的动量 $\boldsymbol{p}$ 和能量 ε(能量取决于动量) 的实体. 如果元激发数目不是很大, 系统的总动量和总能量就是各元激发携带的动量和能量的总和. 系统的基态无元激发, 不过, 除在零温度以外, 总会有一定数量的因热而激发的元激发, 其能量分布服从 Bose 粒子气的分布, 粒子可产生也可被消灭. 元激发 (或**准粒子**) 是非常广泛和重要的概念, 除了超流体和超导体以外, 还被应用到许多凝聚态系统. 在晶态固体中量子化的晶格振动或声子的特殊情形, 此概念已隐含在标准的描述之中, 不过, Landau 1941 年的论文可能标志着元激发概念在更普遍意义上的首次出现.**【又见 17.19 节】**

Landau 推断出在量子液体中有两类激发. 第一类是声子, 即量子化的声波, 其 ε 和 $\boldsymbol{p}$ 由式 $\varepsilon = c\boldsymbol{p}$ 联系起来, c 是声速. 在远低于 λ 点的温度下, 声子主导着热力学, 给出比热正比于 T^3. 第二类激发是**旋子**, 对应于量子化的旋转运动 (涡度) 并有一个确定的能隙 Δ: 在原始论文中 Landau 假设最小能量出现在 $\boldsymbol{p} = 0$, 所以能谱为 $\varepsilon(\boldsymbol{p}) = \Delta + p^2/2\mu$(这里 μ 是旋子的某种“有效质量”), 后来迫于实验结果, 他将公式修改为 $\varepsilon(\boldsymbol{p}) = \Delta + (\boldsymbol{p} - \boldsymbol{p}_0)^2/2\mu$, 即最低激发旋子具有确定动量 $\boldsymbol{p}_0$. 在这篇论文中 Landau 对此效应提出了一个著名的论证: 如果液体以速度 $\boldsymbol{v}$ 流过毛细管, 只要 $\boldsymbol{v}$ 超过由 $\varepsilon(\boldsymbol{p})/\boldsymbol{p}$ 的极小值给出的临界速度 $\boldsymbol{v}_{\mathrm{L}}$(Landau 临界速度), 液体将不稳定, 产生元激发雪崩. 对如此假定的能谱, $\boldsymbol{v}_{\mathrm{L}}$ 是有限的 (它是量 c 与 $(2\Delta/\mu)^{1/2}$ 中的较小者), 所以, 对 $\boldsymbol{v} < \boldsymbol{v}_{\mathrm{L}}$, 该流动可能是无损耗的 (超流体). Landau 曾谨慎地说明判据 $\boldsymbol{v} < \boldsymbol{v}_{\mathrm{L}}$ 是超流性的必要条件, 而不是充分条件; 但这一告诫似乎并不总被后来的工作者所记取.

Landau 接着推导出了概念上更令人满意的二流体模型, 该模型原本是 Tisza 提出的. Landau 假设, 我们可以设想, 一部分是未受激发的液体, 另一部分是元激发“气体”, 如同两个互相渗透的液体, 但遵守不同的运动规律. 不过, 他强调不要太按字面对待此模型, 这只是一种表达方式. 热激发的元激发 (**正常成分**) 遵守与普通液体同样的流体力学方程; 特别是漂移速度 $\boldsymbol{v}_n$ 在容器壁上为零. 与之相反, 未激发的超流体成分的速度 $\boldsymbol{v}_s$ 被假设为**无旋的**, 即在一个单联通体样品中 $\boldsymbol{v}_s$ 沿任意封闭曲线的积分为零 (参见 11.2.6 节). 此条件与在没有电和磁力条件下超导体中电流所满足的 (London 理论) 方程是一样的. 在他那篇非凡的杰作中, Landau 从这些简单的考虑出发, 推导出了描述超流液体的完整的**“二流体流体动力学”**. 在这一描述中, 熵 S 只与正常成分有关, 而且如果已知元激发谱 $\varepsilon(\boldsymbol{p})$, 则可以把熵计算出来: 表观上的无限大热导是由于两个成分的逆向对流所致. 超流体携带零熵的事实, 立即对喷泉效应和力热效应给出了解释, 因为在这些实验中只有超流体可从超漏中流过.

从二流体流体力学出发, Landau (很明显, 由于战时的原因, 他不知道 Tisza 的更为详尽的工作) 还预言了第二类声波. 不过, 他没有把它认定为纯温度振动, 所以最初用机械激发的方法去探测第二声的努力没有成功. 只是在 Lifshitz 指出温度变化可能是远比机械更有效的激发之后, Peshkov 利用加热器和温度计, 于 1944 年测到了此波. Landau 还指出, 在旋转筒中氦的转动惯量正比于"正常激发的密度" ρ_{n}, 因此可用它来测量 ρ_n, 战争末期 Andronikashvili 著名的实验就是这么做的.

11.2　1945~1970 年时期

11.2.1　液氦

虽然第二次世界大战中断了美国和西欧的低温物理研究, 但也带来一些有益的副效应. 由战时研究而产生的技术副产品, 包括尖端电子技术及 Collins 氦液化机的推出, 后者使得液氦温区的研究在很多实验室得以实现. 在理论方面, 战时 Bohm 在与铀同位素分离有关的等离子体问题上的工作使他和 Pines 及其他一些人一起, 研究金属中电子气问题, 从而对最终获得成功的超导性理论做出了很大的贡献. **【又见 17.19 节】**

1946 年不但标志着大规模低温研究在西方的恢复, 也是第一个关于氦或超导性的真正的微观理论, 即 Bogoliubov 关于弱排斥相互作用稀薄 Bose 气体性质的理论经受住时间检验的里程碑的一年. 由 London 假设 (这种气体会发生 Bose-Einstein 凝聚) 出发, Bogoliubov 发展了一套系统的场论微扰论, 证明长波长能谱将会有 Landau 所预言的声子形式. 在短波长区原子的行为本质上如同自由原子. 这项工作的重要性不但在于理论本身, 而且在于它是用量子场论方法处理各种多体问题的理论文章洪流的开篇之作.

与此同时, Peshkov 继续测量第二声的速度, 测得的结果与 Tisza 和 Landau 的理论均不能很好地符合, 这使得 Landau 于 1947 年修正了他的能谱, 使旋子不再是不同的分支, 而是连续地连接到声子谱上 (图 11.5). Tisza 则继续坚持他的理论, 直到 1950 年该问题才以有利于 Landau 预言的结果而解决.

Landau 能谱的物理意义在很大程度上是由 Feynman 和 Cohen 澄清的. 利用变分波函数, Feynman 证明只有低动量激发具有 Landau 提出的声子形式, 而在较高动量上, 某个特定原子的运动将诱发其余液体的回流. 利用这一思想, 他精确地得到了 Landau 预言的能谱在高动量区的下弯 (图 11.5). 几年之后, 用中子散射直接测量了 $\varepsilon(\boldsymbol{p})$, 理论模型得到证实. 应该说, 尽管有了这个工作, 关于"旋子"激发的详细微观本质, 直到今天仍然不太清楚. 不过, 普遍的看法是, 旋子激发与关于量子化涡度 (旋子名称的来源) 的想法充其量只有疏远的联系.

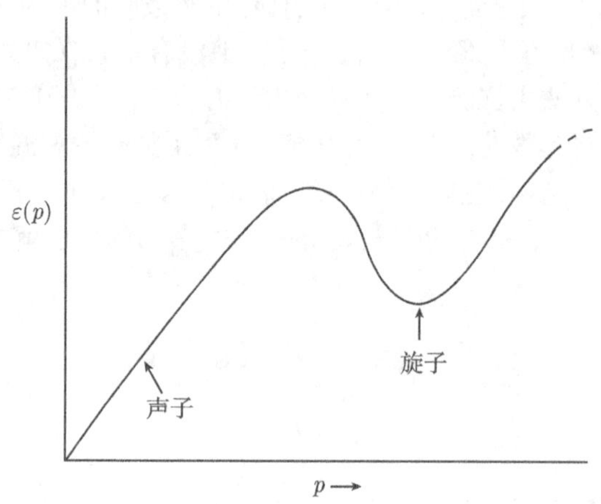

图 11.5　Landau1947 年论文提出及随后得到实验确认的 He II 的激发谱

事实上, 关于超流氦中涡度的思想是在一个不同的方向发展起来的. Landau 认为超流体的速度场应是无旋的, 即在足够低的温度下, 当实际上已无"正常成分"留下时, 液氦完全不能旋转, 因此在旋转的筒中不再会出现抛物面型的表面. 然而令人吃惊的是, 1950 年第一个这类实验表明, 既使在很低温度下 He II 的表现也很像其他液体. 对此的解释是 Onsager 在一个著名会议的讨论发言中及之后 Feynman 在一篇文章中给出的, Feynman 写到: 液体中会有涡旋线, 涡线上的超流密度是零, 围绕涡旋线, 如后面将要讲到的那样, 超流以量子化的环流流动. 当容器转起来时, 涡旋线的数量和排列使宏观平均速度与普通液体相同, 且宏观平均的表面 (实验上可测量的) 相应地也与普通液体是一样的. **【又见 11.2.6 节】**

Onsager 假设的涡旋线的证据很快就出现了: Hall 和 Vinen 指出, 旋转容器中第二声的强烈阻尼可以用存在涡旋线来定量地给予解释, 而且 1961 年 Vinen 的振动线实验表明**"环流量子"**接近预期值 h/m. 近年来用电子显微镜对旋转液体中的涡旋图样做了更直接的观察: 由于自由电子倾向于沿涡旋线运动, 它们到达置于液体上方的探测器的图样就成像为涡旋图样. 这些涡旋对 He II 的许多实验性质起重要的作用. 尤其是, 人们相信在大多数条件下, 在"临界速度" $\boldsymbol{v}_c$ 之上, He II 不能维持持续流是由于这样的事实, 即先前存在的涡旋变得可自由地横跨持续流而运动, 从而减小持续流.

在许多探索超流理论概念的基础实验中有两个特别值得一提: 一个是由 London 提出而由 Hess 和 Fairbank 做的实验, 在非常缓慢转动 (慢到连一个涡旋都不会生成) 的条件下, 液体被冷却到 λ 温度以下, 他们观察到**平衡**角动量与正常密度成比例地减小. 由 Andronikashvili 做的明显相似的实验类似于磁通线不能穿透已经超导的样品的实验, 而 Hess 和 Fairbank 的实验则是模拟中性系统 Meissner 效应的实验. 第二个实验由 Kukich、Henkel 和 Reppy 完成, 它探测很接近 T_λ 时的临界速度, 并证实了一个理论预言 —— 环流态事实上不是完全亚稳的, 而是能够通过热激活过程转变到低能 (且低流) 态, 从而导致可观测的流随时间的衰减.

尽管在这些年里积累了大量的间接证据, 支持超流性的理论图像, 但被视为是关键现象的 Bose 凝聚从来不曾被直接观测到, 总是有些让人不安. 中子散射实验被解读为出现一定比率 (约 10%) 的凝聚体的证据, 但还不能说已经解除了合理的怀疑. 确实, 至今还缺乏 ^{4}He 中存在凝聚体及凝聚体的数量的直接证据.

11.2.2 超导电性–实验和唯象学, 1945~1956 年

为使超导态波函数具有 London 方程要求的刚性, 激发单电子需要一个最小能量 (能隙), 这一思想是 Ginzburg 在 1946 年出版的书中着重强调的. 这也是 Heisenberg 与 Koppe 微观理论的核心结果, 尽管该理论最终被抛弃了, 可在 20 世纪 40 年代后期它曾产生过很大影响. 1946 年 Daunt 和 Mendelssohn 报告了他们战争前夕所做的实验, 他们根据没有热电效应推断存在这样一个能隙 (用现代观点来看, 这是没有说服力的). 比较令人信服的证据在 1953~1954 年出现, 热导和比热实验相当确凿地指出, 当 $T \to 0$ 时, "超导电子密度" 以指数形式减小. 正如存在能隙假设所预期的. 然而更直接的证据来自对超导态电磁吸收测量, 这种吸收发生在一定的临界频率以上, 有一个很陡的阈值. (作为这一段的结束, 值得一提的是, 在 BCS 理论建立起来之后的 1960 年, Giaever 用一个经典实验对能隙给出了至今仍是最直接的证据: 一块正常金属和一块超导金属隔着一薄层绝缘势垒连接起来, 直到偏压达到一确定数值才有电流流过 —— 此电压就是克服超导态能隙所必须的电压.)

十分关键的是同位素效应实验, 即元素的同位素质量对超导转变温度的影响. 具有讽刺意味的是在早期 (在一个今天已被扬弃的离子 "振动子" 的思想影响下) 人们就曾经对此问题感兴趣, 而且 Onnes 曾在铅中寻找过此一效应, 但没成功. 在第二次世界大战期间和战后, 同位素分离有了很大发展, 1950 年有两个小组同时宣布汞的转变温度随同位素质量的增加而降低. 这样事情立即清楚了, 超导性的机理一定和电子与静态晶格的相互作用 (这种作用与同位素质量无关) 关系不大, 而与晶格动力学 (即声子) 密切相关. 碰巧, 这时 Fröhlich 已经发展出一套超导理论, 其中电子–声子相互作用起着关键作用, 并预言 T_c 应与同位素质量的平方根成反比, 这立即用锡的同位素得到验证.

不过在这一时期的超导理论发展中起了更关键作用的是 Pippard 在剑桥做的关于穿透深度的实验. 从 H London 的思想出发, 即磁场应影响 "超导电子的数

目”, 从而影响 London 穿透深度 λ_L(以下用 λ 表示), Pippard 决定测量 λ 与磁场的关系 (通过测量含样品的微波腔共振频率的变化). 结果令人很吃惊: λ 随磁场的变化远小于预期. 这表明不论是什么因素决定着 London 方程, 这种因素绝不局限在 London 穿透深度之内! 这导致 Pippard 假设, 超导态中有某种“长程有序”, 可能延伸到 20 倍于零温度下的穿透深度 λ_0, 或大约为 10^{-4}cm. 考虑所用样品远小于这个长度 (确实小于 λ_0), 故样品是完全超导的, Pippard 评论道“一定不要把有序的范围看成是建立有序态所必需的最小范围, 而应看成是大块材料中有序延伸的范围”.

一个更令人激动的结果是, Pippard 进一步表明, 合金中的穿透深度显著地增加, 而热力学性质基本不变. 由于在简单的 London 理论中, 是 n_s 决定着热力学和穿透深度二者, 因此必须给出修正. Pippard 的博士论文的一部分是关于非超导金属中的反常趋肤效应, 该效应起因于电流被局限在比电子平均自由程小很多的表面层里. 这时电流和电场的关系变为**“非定域的”**(见第 17 章). Pippard 在其论文中曾指出, 同样的考虑应当应用到 Heisenberg 和 Koppe 的超导模型中. London 方程将电流 $\boldsymbol{J}(\boldsymbol{r})$ 与同一点的矢量势 $\boldsymbol{A}(\boldsymbol{r})$ 直接关联起来, 而非定域的理论则应将电流与 $\boldsymbol{A}$ 在该点周围的平均关联起来. 现在, 他理解到这一观察的重要性, 非定域性延伸的范围实质上就是以前引入的“有序范围”(**相干长度**). 当平均自由程被减小到远小于此长度时, 如通过合金化, 只有“应该”对响应做出贡献的区域的一小部分给出了贡献, 所以超导电子的“有效”数目减少了, 而穿透深度相应地增大了. 在 BCS 理论中, Pippard 相干长度的微观意义变得十分清楚. **【又见 17.18 节】**

与此同时, 在其他方向上超导性的唯象学也得到发展. 1950 年 Frirz London (现在他长期定居于北卡罗莱纳的 Duke 大学) 发表了他关于超导电性的两卷本《超流体》的第一卷. 正如书名所意味的, 着重强调金属的超导性与 He II 的超流性的相似性, 而且, 除了其他一些问题之外, 他一再重申, 穿过粗超导环的磁通应是以 h/e(h=Planck 常数, e= 电子电荷) 为单位量子化的. 当时所看到的实验上的困难明显地阻碍了人们去验证这一惊人的预言; 假如人们那样做了, 他们一定会很震惊, 而且这一问题的历史进程可能会有所不同.

由于是在冷战的情况下, 大多数西欧和美国人都不了解历史性的进展正在莫斯科发生着. Ginzburg 和 Landau, 部分地吸收了 London 的思想, 将 Landau 早期二级相变的普遍理论应用于超导体这个特例. 作为这个理论的历史上特有的另一个凭灵感得到的猜想, 他们将 Landau 理论中的序参量与**量子力学波函数**等同起来, 正如 London 曾直觉地作过的一样 (他们没有提到这点), 进而处理波函数与磁场的相互作用, 如同处理单个电子一样. 在 Ginzburg-Landau 理论中有一个与序参量的空间变化相关的动能 (就像单个电子的情况一样), 因此可以定义一个 (与温度有关的) 特征长度 $\xi(T)$, 在所要求的能量超过超导态凝聚能之前, 其上的序参量必须被“弯过来”. 理论也吸收了 London 穿透深度的公式 $\lambda(T)$, 故可用这两个量构成一个无量纲的比值 κ, 这是个不依赖于温度, 因而是材料内禀的参数. Ginzburg 和 Landau 注意到, 如果 κ 大于 $1/\sqrt{2}$, 金属的超导区域和正常区域之间的有效表面能是负的, 从而允许在热力学临界场之上超导细丝可在正常金属中持续存在. Pippard (之前还有 Gorter) 曾提出很相似的思想, 尽管用的是他自己的相干长度的语言来说明超导合金中的磁通穿透. 可是, Ginzburg 和 Landau 出人意料地评论说: “从实验数据可得出 κ 永远 $\ll 1$”, 所以没有必要检验 $\kappa > 1/\sqrt{2}$ 情况下会发生什么!

不过, 这一情况没有持续多久. Landau 的学生 Abrikosov 在研究他的同事 Zavaritskii 关于非晶薄膜磁性质的实验结果时, 开始怀疑 $\kappa > 1/\sqrt{2}$ 的限制是否是神圣不可侵犯的, 并思考如果打破了此限制将会发生什么. 他得出结论, 那时磁性质就如同超导合金 (第 II 类) 所表现的, 而且最终, 磁场是以**涡旋**的形式穿透到混合态, 即区域有一个芯, 类似于正常金属区, 允许磁场穿透; 环绕此区流动的电流所起的作用是屏蔽磁场, 使之不能穿透到金属的其他区域. 超导 (带电的) 系统的这些涡旋实际上是超流体 (不带电的)^{4}He 中的涡旋的精确类似物. 这一理论发表于 1957 年, 几乎与 BCS 微观理论同时. 10 年之后, 用磁缀饰法 (一种使撒在超导体表面上的磁性颗粒被吸收到涡旋位置上的技术) 直接观察到理论预言的**Abrikosov 涡旋晶格**, 最终消除了对涡旋真实性的怀疑.

Ginzburg-Landau 理论起初在西方几乎没有引起什么注意, 而且即使注意到这篇工作的人也并不全都欣赏它. 只是后来证明在适当条件下可以从更微观的 BCS 理论将它推导出来, 人们才认真对待它, 并且认识到了在解决磁行为等复杂问题上它所具有的巨大潜力. 今天, 它是超导电性教科书中标准的内容.

11.2.3 BCS 之前的微观理论

事情多少有些奇怪, 在超导电性的初期还曾见到一些微观的、第一原理的理论尝试, 而在 Meissner 的重大发现之后的十多年里却几乎没有这类工作 —— 现在看来很明显, 可能是因为任何对散射机理的简单设想都不能解决这个问题. 20 世纪 30 年代后期, 出现过 Slater 的一些定性的工作以及 Welker 的更定量的工作, 但都没有经得住时间的考验. 战后重新开始了微观模型方面的努力, 可是都令人意外地仿效 Frenkel 和 Landau 在 Meissner 之前的工作, 即假设超导体既使在没有外电场和磁场的情况下也存在随机流动的电流: 外场的作用主要是把这些电流适当地排列起来 (在这些模型中应用 Bloch 定理的威力似乎没有被充分理解). Born 和程开甲想通过考虑离子 (静态的) 周期势而避开 Bloch 定理: 在他们的模型中, Coulomb 作用将电子从价带转移到导带的偏僻角落, 从而形成自发电流. Heisenberg 和 Koppe 模型从电子自由移动 (不考虑晶格势) 出发, 但在 Coulomb 力的影响之下重新排列, 以产生空间上定域的波包, 这些波包在场的影响下以关联的方式运动. 虽然最终表明这一理论对于超导性的真正解释没有多大关系, 但它有两个有趣的观点预示了BCS理论的某些特征. 第一, 它预言了单电子激发能隙的存在; 第二, 它引起BCS作者去关注超导态非常小的凝聚能 ($\sim 10^{-7}$eV/原子, 而 Coulomb 能为几个 eV/原子) 及不同超导系统之间 T_c 的巨大差异 (差一个量级为 100 的因子) 二者的唯一合理的解释, 必定都是转变温度指数地依赖于材料的性质所致.

John Bardeen
(美国人, 1908~1991)

Bardden 在威斯康星大学学习的是电机工程, 在工业界工作几年之后, 他进了普林斯顿大学攻读博士学位, 导师是 E. P. Wigner. 之后他又回到工业研究界, 并且作为贝尔电话实验室的一名技术人员与 Brattain 和 Shockley 一起发明了晶体管, 因此荣获了 1956 年诺贝尔奖. 1951 年加入伊利诺依大学之后, 致力于探寻超导性理论微观基础问题, 并于 1956~1957 年与Cooper和Schrieffer一起建立了今天众所周知 BCS 理论, 他们因此获得了 1972 年的诺贝尔奖, 这是他第二次获得诺贝尔奖.

Bardeen 一直在伊利诺依大学工作, 直到 1991 年逝世. 他认为自己既是一个物理学家又是一个电机工程师, 并兼任伊利诺依大学这两个系的系主任. 其理论工作向来以与实验紧密相联系以及非常个性化的直觉为特征, 他有时发现自己的直觉很难转达给同事, 但他的直觉却在固体物理学的很多领域得到了回报.

Fröhlich 的努力更接近于后来发现的成功的发展路线. 他从离子极化引起间接相互作用的思想出发：当一个电子从旁边经过时, 它将使离子晶格极化 (图 11.6), 因为离子很重, 弛豫得很慢, 所以稍后, 当第二个电子通过时将被这依然逗留的正的电荷密度所吸引. 这一由吸引导致 Fermi 分布不稳定的思想虽然将在 BCS 理论中起关键作用. 然而, Fröhlich 对解的具体猜想最终被证明给不出 Meissner 效应. 他 4 年以后发表的第二个理论也是一样, 结果表明, 它不是超导性的模型, 而是**电荷密度波滑移电导**模型, 现在知道, 一些准一维金属如 $NbSe_3$, 就具有此特性.

1955 年 Bardeen 和 Pines 向前迈进一步, 考虑离子–电子相互作用和电子之间的直接 Coulomb 排斥作用, 以产生具有关键特性的更实际的相互作用：假如在 Fermi 面附近两电子间交换的能量不是很大时, 它可能是**吸引的**. (Fröhlich 已经指出电–声子相互作用**本身**就能导致吸引, 不过并不令人信服, 只因为它似乎可能被 Coulomb 排斥超过.) 回想起来可以看到, 那时为建立最终的超导性微观理论所需的要素都已经齐备了.

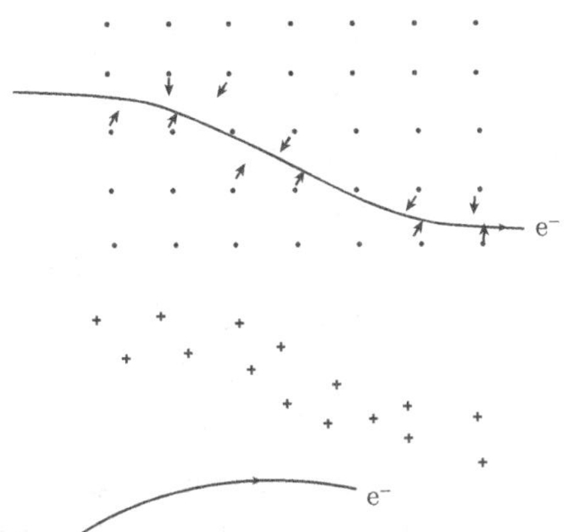

图 11.6　Fröhlich 及其后 Bardeen、Cooper 和 Schrieffer 所设想的金属中的电子–电子吸引机制

1954 年 Schaforth 提出了一件确实预示 BCS 理论的某些定性特征的工作. 根据 London 的思想他提出, 超导性是由电子对形成的准分子的 Bose 凝聚而产生的 (实际上此思想最早是由 RA Ogg 于 1946 年在化学物理的一个很具体的问题中提出的). 不过, 在 Schaforth 的表述中很难计算体系的具体性质, 在后来他与 Blatt 和 Butler 合写的关于 Fermi 系统中“分子”形成问题的论文中, 他们把自己限制在对超导性的“猜想”, 而没有宣称形成了具体的理论.

11.2.4　BCS 及其后的进展

我们对超导性的微观理解 (至少是老式的那类!) 的关键性突破是在 1956 年 7 月 ~1957 年 7 月这 12 个月中到来的, 是在乌尔巴纳–香槟的伊利诺依大学, 在 Bardeen 教授、Cooper (Bardeen 从普林斯顿找来的博士后) 和 Schrieffer (Bardeen 的研究生) 手上实现的. 第一个提示的到来, 是当 Cooper 为了能产生一个能隙而试探各种形式的相互作用, 他选择了一个相当人为的总动量为零的单个电子对的问题, 电子的相互吸引不是在自由空间而是在 Fermi 海附近, Fermi 面以下的态是被阻断的. 他很快意识到, 这样的电子对将形成束缚态, 即能量比在同样约束下的自由运动电子允许的最小能量值低的状态. 它的一个重要的特性是, 如此形成的类分子客体的束缚能与相互作用强度成指数关系 —— 这正是 Heisenberg 所指出的任何有生命力的理论所必备要素的特性.

于是, 看起来很有希望将超导性的出现归之于许许多多这种**Cooper 对**的形成, 而将能隙这个实验中不断出现的量等同于 Copper 对的束缚能. 不过很清楚, 不能将 Cooper 对看成独立的个体, 即使允许它们按 Schaforth 的方式 Bose 凝聚: 简单的计算表明, 电子对间的距离是很大的 ($\sim 10^{-4}$cm), 以至于任意两个指定的配对电子之间都有数百万个其他电子存在, 因此, 指出配对的伙伴这个概念是完全没有意义的. 接下来的关键技术问题是, 在电子所遵从的 Fermi 统计的基础上, 将 Cooper 对的想法定量化. 第一步是猜想出多体波函数的性质. 这很简单, 取所有 Cooper 对都处于同一个态的集合 (多少有点像 Bose 凝聚体), 但波函数必须是反对称的以满足 Fermi 统计的要求. 第二步, 而且是很不简单的一步, 是找出可对由这样的波函数所描述的体系进行计算的方法. 这个问题最终借助于类似 10 年前 Bogoliubov 对液氦用过的技巧解决了, 于是定量的理论诞生了.

众所周知, 超导性的BCS理论是由 Bardeen-Pines 的相互作用出发, 该作用在低能区是吸引的, 不过BCS用更简单的相互作用代替了较复杂的 Bardeen-Pines 形式, BCS势是吸引的, 且当电子靠近 Fermi 面时是常量, 此外则为零 (真是出奇的简化). 然后作了猜想: 最重要的相互作用可能是那些具有相反动量和自旋的电子之间的作用 (如同在 Cooper 问题中一样), 其他的相互作用就被忽略掉了. 于是, 本质上问题就严格可解了, 而他们发现零温度下的基态确实在某种意义上代表了“类双原子分子”客体 ——Cooper 对 —— 的 Bose 凝聚体, 这些 Cooper 对具有相同的波函数、零质心动量, 以及零总自旋和轨道角动量. 为拆散一个对和产生一个激发态所需的最小能量等于两倍的能隙, 该量呈指数地依赖于相互作用强度, 从而依赖于材料的参数. 因为这一特征, 电子波函数确实具有 London 方法中为得出 Meissner 效应及进而保证持续电流的稳定性所需要的刚性. 纯金属的 Pippard 相干长度不是别的, 正是 Cooper 对的有效半径: 当电场加到对的一“端”时, 该作用自动地在此半径的距离上传播. 在有限温度下, 超导态在 T_c 以下是稳定的, kT_c与零温度下的能隙同量级, 并与同位素质量呈 $M^{-1/2}$ 关系. 超流密度 (超导电子密度), 进而 London 穿透深度, 可作为温度的函数来计算, 结果正好具有唯象的 London 理论所给出的性质.

BCS 理论的非常激动人心的方面在于可以定量地预言各种实验量, 有些量那时还不曾被测量过. 特别惊人的是对超声衰减率和核自旋弛豫率的预言. 在某种意义上, 这两个量是可与其他激发 (分别为声子和核自旋) 交换很小能量的电子的数目的量度, 因为能隙的关系人们并不预期超导电子会对此做出贡献. 所以, 自然的预期是, T_c 以下两个速率将快速地下降. 然而, 由于 BCS 波函数的某些非常独特的性质, 结果是自然的预期对超声衰减是正确的, 而理论所预言的核自旋弛豫率, 在刚好低于 T_c 时首先升高, 然后在更低温下下降. 这一反直觉的预言, 在 1957 年春天被 Bardeen 在实验方面的同事 Hebel 和 Slichter 所证实, 这一戏剧性的事件恐怕比任何其他事情都更促使 BCS 理论被普遍地接受, 尽管那些与之竞争的理论模型的提出者们在开始时还有所怀疑.

BCS 理论确实被热情地接受了, 在接下来的几年里, 产生了数千篇理论和实验论文. 特别值得提的是, 1959 年 Landau 的学生 Gor'kov 推广了 BCS 的公式, 给出唯象的 Ginzburg-Landau 理论 (当时在西方仍不被重视) 的微观推导, 并确认他们的序参量不是别的, 就是局域的能隙. 不过, 要做一点惊人的“改正”: 现在已经清楚, 序参量与 Cooper 对相关, 因此与这一基本参量相联系的电荷应是 $2e$. 其直接的结果 (由 Byers 和杨振宁在更为普遍的基础上明确指出) 是在一多联通超导体中磁通应是量子化的, 但不是以 h/e 为单位 (如 London 未经实验验证而预言的), 而是以其一半 $(h/2e)$ 为单位. 这一预言很快被实验确认, 并被一致认为是另一个有利于 BCS 理论的重要证据. 有趣的是, Ginzburg 脑海中曾浮现过有效电荷 e^* 的念头, 但因受到了 Landau 警告而放弃了.

接下来的 15 年, 见证了 BCS 理论向各方向的深入和推广. 借助处理电子–声子相互作用的通用技术, 苏联的 Migdal 和 Eliashberg 给出了细致而定量的方法解释 (在一两种情况下甚至预言了) 大量材料的转变温度, 甚至是在原本的 BCS 模型显得过于粗糙的情况下. 该工作还有助于理解为什么原本的 BCS 模型尽管很简化, 但却对很多体系适用得很好. 为了处理非磁性杂质和磁性杂质对超导性的影响也发展了细致的理论: 非磁性杂质, 至少就热力学而言, 对超导性只有很小的影响, 尽管它们会显著改变电磁性质; 而磁性杂质是非常有害的, 因为 Cooper 对的两个电子具有不同取向的自旋, 磁性杂质与它们的作用是不同的. 最重要的是, 按照 Ginzburg-Landau 和 Abrikosov 的思想 (现在认识到, 它们都是坚实地建立在微观理论基础之上的) 对第二类超导体的磁行为给出了定量的理解. 特别重要的是处于混合态的第二类超导体, 表现出部分 Meissner 效应, 但可能不总是表现为零电阻, 因为 Abrikosov 涡旋可能横跨电流而运动, 从而产生一定的电压降. 在强场超导磁体开发中 (这是主要的技术副产品), 关键是寻找将涡旋“钉扎”成合适的非均匀分布的途径. 如今, 可产生高达 20T(2×10^5Gs) 的磁场而不发热的超导磁体已几乎是常规的设备了.

11.2.5 Josephson 效应

剑桥大学的一位年青大学生于 1962 年做的一件工作是一个具有基本概念和实践重要性, 值得用单独一节来叙述的进展. Brian Josephson 对描述 Cooper 对质心行为的“波函数”不仅有振幅还有相位着了迷, 并问, 这会怎样影响电子从由两个超导体中间夹一薄层绝缘势垒的结构 (如 Giaever 在其隧穿实验中所用的) 通过呢? 他根据 BCS 理论做了计算, 得到了令人惊奇的结论: 我们不但可以如 Giaever 那样见到被激发的单电子的隧穿 (现在允许两边都有能隙), 而且也会看到 Cooper 对的隧穿 (现在称为 Josephson 隧穿). 这一过程是高度相干的, 大约有 10^{20} 个 Cooper 对如同一个对一样参与, 并具有奇特的性质: 在无偏压下, 隧穿电流正比于两超导体的 Cooper 对波函数相位差的正弦值, 在有限偏压 V 下, 电流以 Josephson 频率 $2eV/h$ 振荡.

虽然 Josephson 本人试图验证自己的预言并没有成功 (后来知道, 正如经常发生的那样, 有人可能已经“看到了”此效应, 但不能解释, 所以丢弃了有关数据), 可证实不久就到来了, 而且如今 Josephson 效应已成为一类很重要的电子器件的基础. 其所以重要的一个原因是: 可以证明 Josephson 电流的极大值 I_c, 等价于由两个超导体波函数的相对相位决定的数值为 $hI_c/2e$ 的能量. 此相对相位可被看成是一个宏观变量, 并与一些无可争辩的宏观量相关, 如在所谓射频 SQUID(超导量子干涉器) 环中 (一个超导环被一个 Josephson 结隔断, 如图 11.7 所示), 跨在结上的相位差与环中陷俘的总磁通有密切关系. 由于与相位有关的能量非常小 (为室温下单个原子的热能) 我们有了一个用**微观**能量来控制**宏观**变量的极其特殊的手段. 这不但使制作空前灵敏度的器件成为可能, 而且近年来, 还使得可以对量子力学在宏观层级上的可能应用进行各种检测 —— 迄今为止, 理论成功地通过了这些实验的检验.

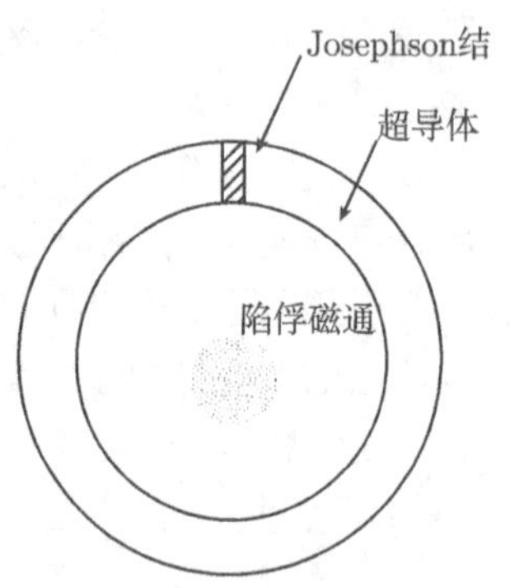

图 11.7 射频 SQUID(超导量子干涉器)

11.2.6 超导性与超流性的现代统一图像

将超导性与超流性作为宏观现象来理解, 是 20 世纪 60 年代末之前发展起来的 (今天仍被广泛接受), 它坚实地植根于比我们早一代的 London 兄弟和 Landau 的思想之中. 超导性的微观理论基础是由 BCS 的非凡工作提供的, 而对超流性的微观理解则是逐渐地, 甚至察觉不到地到来的, 即使在今天也没有像超导性那样在定量上让人满意. 在这一节, 我将对现代的图像做简要的概述, 着重那些对两个分支而言是共同的思想. 从性质上讲, 这一节和其他章节相比只能是技术性更强一些.

让我们从 He II 的超流性开始. 这里关键的概念是 London 兄弟提出的 λ 相变对应于体系 Bose 凝聚发生的思想. 将其推广到超出原来的热力学平衡态的情况, 我们假设在 T_λ 温度以下, 对液体任何态都可以找到一组单粒子波函数 (这些波函数一般说来与位置 $\boldsymbol{r}$ 有关, 还可能与时间有关), 使得其中之一, 记为 $\chi_0(\boldsymbol{r}t)$, 平均被 $N_0(t)$ 个原子占据, $N_0(t)$ 是总原子数 N 的相当大的一部分, 其余的波函数的占据数的数量级均约为 1. (没有假设 N_0 会等于 N, 即便在零温热平衡下, 由于碰撞, 永远会有原子在这个“特殊的”态和其余态之间散射.) 在给出这一假设之后, 我们可以定义序参量 (或有时使人误解地称为超流体的“宏观波函数”) $\Psi(\boldsymbol{r}t)$

$$\Psi(\boldsymbol{r}t) \equiv \sqrt{N_0(t)}\chi_0(\boldsymbol{r}t) \tag{11.1}$$

$\Psi(\boldsymbol{r}t)$ 如同单粒子波函数 χ_0 一样是个复量. 我们将其分解为振幅和位相

$$\Psi(\boldsymbol{r}t) \equiv A(\boldsymbol{r}t)\exp \mathrm{i}\phi(\boldsymbol{r}t), \quad \boldsymbol{A}, \phi\text{为实函数} \tag{11.2}$$

借助通常的单粒子概率密度和粒子流表示式, 我们得出凝聚粒子密度 $\rho_{\mathrm{c}}(\boldsymbol{r}t)$ 与质量流 $\boldsymbol{j}_{\mathrm{c}}(\boldsymbol{r}t)$ 的表达式

$$\rho_{\mathrm{c}}(\boldsymbol{r}t) = (\boldsymbol{A}(\boldsymbol{r}t))^2, \quad \boldsymbol{j}_{\mathrm{c}}(\boldsymbol{r}t) = (\hbar/m)(\boldsymbol{A}(\boldsymbol{r}t))^2\nabla\phi(\boldsymbol{r}t) \tag{11.3}$$

定义超流速度 $\boldsymbol{v}_{\mathrm{s}}(\boldsymbol{r}t)$ 为以上两个量之比

$$\boldsymbol{v}_{\mathrm{s}}(\boldsymbol{r}t) \equiv \boldsymbol{j}_{\mathrm{c}}(\boldsymbol{r}t)/\rho_{\mathrm{c}}(\boldsymbol{r}t) = (\hbar/m)\nabla\phi(\boldsymbol{r}t) \tag{11.4}$$

可见, 除了前面的因子, 超流速度不是别的, 就是粒子向其凝聚的单粒子波函数的梯度. 应当强调一句, 虽然 $\chi_0(\boldsymbol{r}t)$ 的确是正统的单粒子波函数, 但是其演化却被多体效应所主宰, 所以不能用任何简单的 Schrödinger 类型的方程来描述.

由式 (11.4) 可直接得出, 对液体中 $\chi_0(\boldsymbol{r}t)$ 取有限值的每一点, $\mathrm{curl}\boldsymbol{v}_s = 0$, 即超流是无旋的. 这为 Landau 的二流体流体动力学提供了基础, 此后我们基本上采纳他的论证. 有一点应注意, 所谓液体的**超流密度**ρ_{s}, 就是与 $\boldsymbol{v}_{\mathrm{s}}$ 相关的总流和 $\boldsymbol{v}_{\mathrm{s}}$ 本身之比, 一般地说, 它与凝聚份额 N_0 不同. 特别是, 有相当普遍的论据表明, 零温度下的 ρ_s 就等于液体的总密度 ρ, 虽然据信 N_0 小于 N 的 10%. (实际上, 凝聚体的粒子可能拖曳全部或 (在非零温度下) 部分没凝聚的粒子与它们一起流动.)

不过, 我们对 $\boldsymbol{v}_{\mathrm{s}}$ 的微观认证允许我们超越 Landau 的表述, 考虑多联通结构, 如环. 现在还不能得出 $\boldsymbol{v}_{\mathrm{s}}$ 围绕环的积分一定为零的结论 (因为在环中间的空间 $\boldsymbol{v}_{\mathrm{s}}$ 是没有定义的). 但序参量 (如式 (11.1) 中的 χ_0) 必须是单值的, 即其相位 $\phi(\boldsymbol{r}t)$ 除附加因子 $2n\pi$ 外是明确地定义的. 这立即导致 Onsager-Feynman 量子化条件

$$\oint \boldsymbol{v}_{\mathrm{s}} \cdot \mathrm{d}\boldsymbol{l} = nh/m \tag{11.5}$$

它不是别的, 正是原子中电子的 Bohr 量子化条件 $l = nh$ 的类似物. 如果液体中一条线上的 $\chi_0(\boldsymbol{r}t)$ 为零, 则沿包围此线的任何回路, 条件 (11.5) 一定被满足. 特别是, 如果考虑一段直线和一个半径为 R 的圆形环路, 并取 $n = 1$, 则

$$v_{\mathrm{s}}(R) = \hbar/mR \tag{11.6}$$

这正好是涡线的经典流动图样. 注意, 虽然在涡芯 ($R = 0$) 处凝聚体波函数 χ_0 必须为零, 但并不是说液体的总密度在涡芯也必须为零. 涡环 (涡线连接成一个环) 也是可能的图样.

我们来考虑一个具体的实验几何结构, 弯成半径为 R 的环形细管, 它可随意地转动. 我们考虑两个实验. 在第一个 (理想化的 Hess-Fairbank 实验) 实验中, 当环以一很小的角速度 $\omega(\hbar/mR^2$ 量级) 旋转时, 液体被冷却到 T_λ 温度以下. 在 λ 相变以上液氦的行为类似于正常液体, 并与容器一起旋转. 但当液体被冷却到 T_λ 以下时, 一定数量的原子要凝聚到波函数为 χ_0 的单粒子态上. 根据 Onsager-Feynman 量子化条件, 只可能处在一些分立的态, 系统将选择最接近于与容器一起旋转的单粒子态 χ_0. 特别是对 $\omega < \hbar/2MR^2$, 它将停在实验室参考系中. 从而比率为 $\rho_s(T)/\rho$ 的那部分液体将停止转动, 其余液体的行为仍如同正常液体. 虽然环的几何结构特别简单, 倘若我们记得存在涡旋的可能性, 对简单的桶也可得到类似的结果. **【又见 11.2.1 节】**

第二个实验乍看起来与第一个实验很相似, 但事实上其概念很不同, 处在快速旋转的 ($\omega \gg \hbar/2MR^2$) 容器中的液氦开始在 T_λ 温度之上, 此时液氦当然随着容器一起旋转. 在容器仍在旋转的情况下将其冷却通过 T_λ; 当我们这样做的时候, 液体并没有可觉察到的变化. 按照上面的分析, 很容易理解 —— 液体的速度 $\boldsymbol{v}$ 已使 $\oint \boldsymbol{v} \cdot \mathrm{d}\boldsymbol{l}$ 大于 h/m, 从而 Onsager-Feynman 条件可被与 $\boldsymbol{v}$ 相差无几的 $\boldsymbol{v}_s$ 所满足. 最后, 停止旋转容器, 但保持液体温度在 T_λ 以下. 我们在实验上看到, 除非温度非常接近 T_λ, 否则环流仍在持续, 而且只要液体处在 T_λ 以下, 环流将永不停息 (尽管改变温度可改变环流的大小, 即或多或少地改变处于凝聚态的液体的数量).

应当强调的是, 在 Hess-Fairbank 型实验中, 液体的行为是精确类似于预期的氢原子中单个电子行为的 (如果可以做模拟实验的话), 可是在第二个 (“持续流”) 实验中, 液体的行为则完全不同. 很清楚, 持续流态不可能是热力学平衡态, 而在原子类似中 (电子被激发到高角动量态), 激发态将快速衰减到基态 (s 态). 为什么超流氦的表现这样不同? 原因是: 我们不论考虑原子中电子的波函数, 还是考虑氦中类似的量 (序参量), 在这两种情况下, Onsager-Feynman 量子化条件给出的基态 “绕数” n, 即绕环行进时相位变化 2π 的 “圈数”, 在初态不为零, 而在末态 (s 态) 为零. 除非在某个阶段在环的某点上波函数 (序参量) 通过零点, 否则不可能从一个态变到另一个态. 对原子的电子这是可以的, 且没有任何困难. 然而对超流氦, 原子之间很强的相互作用抵制产生零序参量, 非零的 n 态可能保持亚稳. 一个可以不消耗过大能量而改变 n 的办法是, 横跨环移动一根已存在的涡旋线 ($|\Psi|$ 的确为零的区域); 可以证明, 这样可把 n 减少 1. 在非常接近 λ 相变时, 超流密度及相关的能量都非常小, 依靠热涨落可产生一个涡旋环, 然后扩展直到充满整个管子; 这一

点被看作是 Kukich, Henkel 和 Reppy 实验运作的机制.

因此, Bose 凝聚加上原子间相互作用效应, 既可以解释 Hess-Fairbank 的结果 (一种热力学平衡现象), 又可以解释持续流的存在 (一种亚稳效应). 很有趣的是 (但在文献中却很少提到) 由 Kapitza 及 Allen 和 Misener (11.1 节) 所做的关于超漏流的经典实验可以相应于这两个效应或二者之一 (取决于实验中的“de Broglie 波长” $\lambda \equiv h/mv_{\mathrm{s}}$): 如果 λ 小于超漏的长度, 就应将“超流性”理解为亚稳现象, 如果是相反的情况, 则是热力学稳定的! **【又见 11.1.4 节】**

现在我们回到超导性. 其主要复杂性在于: ①金属中电子遵守的是 Fermi 统计而不是 Bose 统计, 所以从通常的意义上讲, 不存在“Bose 凝聚”的问题; ② 不同于 ^{4}He 中的原子, 金属中电子是带电荷的. 关于第一点, BCS 指出超导系统的多体波函数对应于这样一个态, 在这个态中一定份额 (在他们的模型中, 在零温度下该份额为 1) 的电子配成对, 形成“双电子分子” (Cooper 对), 所有电子对具有同一的双粒子波函数 $\chi(\boldsymbol{r}_1\sigma_1:\boldsymbol{r}_2\sigma_2)$(这里 σ_i 是第 i 个电子自旋的投影). 虽然这不是严格意义上的 Bose 凝聚, 但很清楚, 它们定性地相似. 确实, 为了我们的目的 (如在式 (11.1) 中) 我们可将超导态“序参量”取为“分子波函数” $\chi_0(\boldsymbol{r}_1\sigma_1:\boldsymbol{r}_2\sigma_2:t)$ 乘以凝聚于其中的电子数的平方根

$$\Psi_2(\boldsymbol{r}_1\sigma_1:\boldsymbol{r}_2\sigma_2:t)=\sqrt{N_0}(t)\chi_0(\boldsymbol{r}_1\sigma_1:\boldsymbol{r}_2\sigma_2:t) \tag{11.7}$$

与 Bose 系统的序参量不同, 这是一个双粒子的量, 而且正如我们在 ^{3}He 情况下将要见到的, 可以具有相当复杂的结构. 不过, 大家都相信对于超导体 (至少对 1970 年以前那类超导体), 自旋波函数是单态, 并且与相对坐标 $\boldsymbol{\rho}$ 的关系是各向同性的, 与 $|\boldsymbol{\rho}|$ 的关系由力能学决定. 因此, 如果把 Cooper 对的质心坐标表示为 $\boldsymbol{r}$, 即量 $(\boldsymbol{r}_1+\boldsymbol{r}_2)/2$, 对于我们的目的, 式 (11.7) 可恰当地近似表示为

$$\Psi_2(\boldsymbol{r}_1\sigma_1:\boldsymbol{r}_2\sigma_2:t)=\Psi(\boldsymbol{r},t)\cdot f(|\boldsymbol{\rho}|)\cdot\frac{1}{\sqrt{2}}(\uparrow\downarrow-\downarrow\uparrow) \tag{11.8}$$

式 (11.8) 最后面的因子是自旋单态的表示符号. 在热力学平衡下, 质心波函数 $\Psi(\boldsymbol{r},t)$ 变为 Ginzburg-Landau 序参量 (更一般地说是由式 (11.1) 定义的超流体氦序参量的类似物). 其他项是常数, 而且目前可忽略 (当然, 当我们要讨论 Cooper 对内部的性质如 Pippard 相干长度时, 有关 $f(|\boldsymbol{\rho}|)$ 的知识是很重要的).

现在我们可以完全像讨论氦的情况那样来处理超导性了, 但有一个重要附带条件: 因为电子与氦原子不同, 是带电的, 因此超流速度 $\boldsymbol{v}_s$ 与波函数 χ_0 的位相的关系必须修正, 以包含电磁矢量势 $\boldsymbol{A}(\boldsymbol{r}t)$. 对单粒子, 正确的替代为 $\nabla\phi\to\nabla\phi-e\boldsymbol{A}/\hbar c$; 不过, 因为本问题中的“位相”是属于**电子对**质心波函数的, e 应当被 $2e$ 所代替 (m 被 $2m$ 代替), 从而得到式 (11.4) 的推广

$$\boldsymbol{v}_{\mathrm{s}}(\boldsymbol{r},t)=\frac{\hbar}{2m}\left(\nabla\phi(\boldsymbol{r}t)-\frac{2e}{\hbar c}\boldsymbol{A}(\boldsymbol{r}t)\right) \tag{11.9}$$

取每电子对相关的电流 $\boldsymbol{j}$ 与 $\boldsymbol{v}_{\mathrm{s}}$ 成正比，其比例常量 $\rho_{\mathrm{s}}(T)$ 粗略地说就是配成 Cooper 对的电子的份额 (尽管如同在氦的情况一样，$\rho_{\mathrm{s}}(T)$ 不能与上面引入的 N_0 等同). 因此，在对式 (11.9) 取旋度时我们发现，对于序参量不为零的任何区域，London 方程为

$$\mathrm{curl}\boldsymbol{j} \propto \mathrm{curl}\boldsymbol{A} \equiv \boldsymbol{H} \tag{11.10}$$

由这个方程可得出全部的 London 唯象理论，特别是在大块材料样品中，磁场在穿透深度 λ_{L}(与 $\rho_{\mathrm{s}}^{-1/2}$ 成正比) 范围内被屏蔽. 进一步，如果将式 (11.9) 应用到粗环，并考虑一个深入材料内部的路径，没有磁场会穿透到那里，我们可取 $\boldsymbol{v}_{\mathrm{s}}=0$，因此 $\nabla\phi = 2e\boldsymbol{A}/\hbar c$(图 11.8). 对此式两边沿环路积分，并利用除 $2n\pi$ 的附加项之外，ϕ 必须为单值的事实，我们得到了穿过环的总磁通 Φ 的著名量子化条件

$$\Phi \equiv \oint \boldsymbol{A}\cdot \mathrm{d}\boldsymbol{l} = n\phi_0, \quad \phi_0 \equiv hc/2e \tag{11.11}$$

该量子化条件最初是由 London 预言的 (不过给出的 ϕ_0 的表示大了一倍)，后来由 Byers 和杨振宁准确预言.

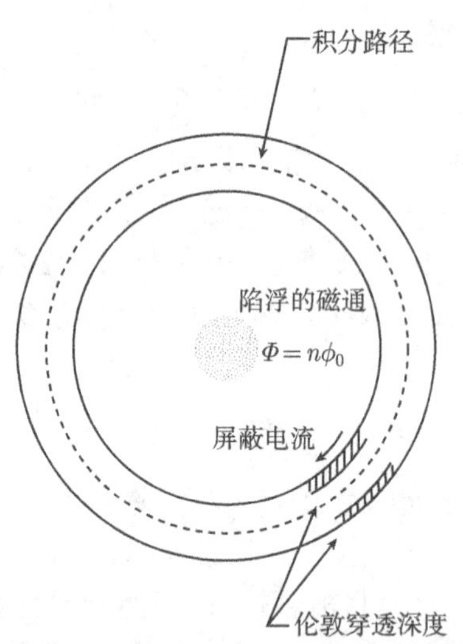

图 11.8 超导环中的磁通量子化

因此，如果将带电系统 (超导体) 与中性系统 (如超流体氦) 作比较，我们看到 Hess-Fairbank “无旋”效应与 Meissner 效应是相似的，正如环流的 Onsager-Feynman 量子化条件 (11.5) 与磁通量子化条件 (11.11) 相似一样. 我们回过来看看决定超导体磁行为的 Ginzburg-Landau 参数 κ(定义为 λ_{L}/ξ)：因为我们令电荷趋于零，λ_{L} 趋于无穷，我们可以说，液氦 (当然它的 λ_{L} 没有严格定义) 相应于 $\kappa\to\infty$，即它是一种“极端的第二类”超导体. 所以，在角速度不太高的条件下，转动液氦

在能量上有利于涡旋的穿透 (第二类行为); 相反, 正如我们所看到的, 磁场下的超导体究竟表现为第一类还是第二类行为, 取决于 κ 的值. 合金趋向于减小超流密度 ρ_s, 因此增大 λ_L 与 κ, 从而增强第二类行为.

我们将按照上面对氦的讨论来解释环中持续电流的亚稳性. 在现在情况下, 由于吸引相互作用将 Cooper 对约束在一起, 序参量 $\Psi_{(\boldsymbol{r}t)}$ 在各处都是有限的, 保证了载流态的拓扑稳定性. 拆散一个 Cooper 对以减小 Ψ, 至少需要两倍于能隙的能量. 与液氦情况一样, 关于在零电压降下负载有限电流的原始意义下的"超导性", 本质上究竟应理解为平衡态现象 (Meissner 效应) 还是非平衡现象 (超流流动的亚稳定性的显示), 仍是一个微妙的问题. 在第二类超导体中, 正如在氦中一样, 涡旋作横跨电流的运动将导致电流的衰减. 这在第二类超导体强磁场设计中是一个严重的问题, 不过已经用冷加工产生缺陷来钉扎涡旋的办法解决了.

最后应提一下, Josephson 效应及相关的一些效应都是来源于序参量本质上是单粒子的波函数 (对氦) 或粒子对的质心波函数 (对超导体). 对超导体在 1962 年就发现的这些效应, 直到 20 世纪 80 年代才对超流氦得到证实.

11.3 新 发 展

11.3.1 ^{3}He 的超流相

相对于本章中其他论题而言, 超流体 ^{3}He 是很不寻常的, 且不论它的各种详细性质, 它的存在是在实验发现之前由理论所预言的. 氦的轻同位素 (质量为 3) 在自然界中非常稀少 (在自然界存在的氦中只占 10^7 分之一), 只是因为核反应堆的发展, 由氚 (^{3}H) 的衰变产生 ^{3}He, ^{3}He 实验才变得可行. 20 世纪 50 年代初期, 人们知道了这一同位素可在比质量为 4 的同位素稍稍低一点的温度下液化, 并对它的某些性质做了测量. 与 ^{4}He 一样, ^{3}He 也不能在自己的蒸气压下固化.

因为 ^{3}He 原子含有奇数个自旋为 1/2 的基本粒子 (两个质子、一个中子、两个电子), 与 ^{4}He 不同, 它遵守 Fermi-Dirac 统计学; 液体 ^{3}He 是第一个可直接冷却到统计学起重要作用的**简并**点而不固化的体系. 人们认识到 ^{3}He 原子与 (正常) 金属中的电子很相似, 后者可被定性地理解为无相互作用的 Fermi 粒子系统, Landau 于 1956 年从他的 Fermi 液体理论出发, 为这一概念提供了更坚实的理论基础, 所谓 Fermi 液体即一个强相互作用的 Fermi 系统, 它在简并情况下为液体. 像他在早期关于 Bose 液体 ^{4}He 的工作一样, Landau 引入了元激发的思想: 只是在这种情况下, 强相互作用系统的元激发才与自由气体的元激发一一对应, 而且像它们一样遵守 Fermi 统计学. 结果 Landau Fermi 液体的性质基本上定性地类似于自由气体, 唯一重要的例外是在强简并区把正常声波改为称作 Landau **零声**的独特的集体激发.

在以后的十来年里, 低到 3mK 的测量表明, 100mK 以下 ^{3}He 确实可用 Fermi 液体理论很好地描述.

在这一区间, 液体 ^{3}He 原子的行为定性上很像正常金属中的电子. 不过, 金属在几开温度以上是正常的, 在极低温度区可能变成超导的, 因此, 一旦在 BCS 工作的基础上理解了微观的 (Cooper 配对的) 机制, 一个明显的问题就是, 在足够低的温度下类似的东西是否会在 ^{3}He 中发生. 最早的猜测是, 如果发生了这种情况, 则所形成的 Cooper 对将如超导体中那样是 s 波和自旋单态的, 即它们的波函数将具有式 (11.8) 的形式, 但很快就意识到, 氦原子的"硬芯"之间很强的排斥作用使得这种形式的配对在能量上是不利的, 于是就把注意转移到非零角动量 l 配对的可能性上 (这将减小芯的排斥效应, 因为离心力自动保持原子不能靠得很近). 由于 Pauli 原理, 偶数 l 配对必须是自旋单态 (两个原子自旋反平行), 而奇数 l 配对则必须是自旋三重态 (自旋平行). 整个 20 世纪 60 年代的主流 (虽然不是全体) 看法是 l=2 态 (自旋单态) 似乎是更稳定的, 而且对该态的某些详细性质也有一定程度的探索, 特别是在 1962 年 Anderson 与 Morel 很有影响的论文中. 因为在此情况下, Cooper 对的内部波函数不具有球对称性, 其物理性质也就不具备球对称性: 液体应是各向异性的. 由于电中性的原子系统不可能是超导的, 曾预言它将呈现类似超流性的性质. 从而这一仍是假设的物相就成了著名的**各向异性超流体**. 整个 20 世纪 60 年代和 70 年代早期, 理论家不断地试图预言从液体 ^{3}He 到各向异性超流相转变的温度, 所得结果, 从刚好低于当时在液体中所能达到的最低温度一直到 10^{-17}K.

1971 年秋, 康奈尔大学的一位研究生 Doug Osheroff 在做 ^{3}He 固液混合体冷却过程中压力变化的测量. 在 3~1.5mK 纪录下的压力随时间的变化, 出现了两个小的但可重复的反常: 在 2.6mK 曲线斜率改变 (**A特征**), 以及在更低的温度处出现小的不连续性的痕迹 (**B特征**). 在 Osheroff 与其导师 D M Lee 及 R C Richardson 的第一篇论文中, 以 "固态 ^{3}He 的一个新相的证据" 为题报道了这些结果; 可是就在几个星期之内, 核磁共振实验明白无误地显示出, 不论在 A 特征和 B 特征处发生了什么, A 和 B 特征都是发生在液体中而不是在固体中. 难道这就是长久以来期望的各向异性超流体相吗?

接踵而至的是实验和理论分析的狂热期, 其结果几乎是从未预期到的: 在 3mK 以下液体 ^{3}He 具有不是一个而是三个新相, 现在称为 A 相、B 相和 A_1 相, 在某种意义上每个相都是"各向异性的超流体". 零磁场下的相图近似地示于图 11.9(不过 A 相可以被过冷却到比"AB"平衡线低得多的地方). 随着磁场增大, 在相图中 A 相占据越来越大的区域, 在大约 6kG 的磁场强度下完全压制掉了 B 相, 而 A 相到正常相的二级相变分裂成两个, A_1 相作为一个窄长条插入二者之间.

这些惊人结果的起源是, 将 Cooper 对捆绑在一起的吸引作用的主要机制不是像在超导体中那样来自离子背景 (这里没有!) 的极化, 而是来自概念上类似的包括

"背景"液体的自旋极化的机制. 这一特征在 20 世纪 60 年代的确被预言过, 而且意识到如果这种机制占主导地位, 将有利于自旋三重态配对 (图 11.10), 因此, 是奇数 l 态, 而不是一般看好的 l=2 态. 然而, 没有认识到的是这类态所允许行为的丰富多样. 如果像我们现在所相信的那样, 能量最有利的是 p 波 (l=1) 三重态配对构型, 则有 3 个 Zeeman 自旋子态和 3 个轨道子态, 一共给出波函数的 9 个可能的"分量", 每个都带一个复数的系数. 现在, 如果我们沿用 BCS 的论点, 那么的确存在一个在超流相存在的全部区域中最稳定的组合: 它就是所谓的 Balian-Werthamer (BW) 态, 现在普遍认定它就是实验观察到的 ^{3}He 的 B 相. Balian 和 Werthamer 在 1963 年的一篇很重要的论文中描述了这个态, 并详细讨论了它的性质. (实际上, 这个问题早先曾被苏联的 Vdovin 提出过, 但因文章发表在一个不引人注目的会议文集上, 所以不为西方科学界所知). 在这个相中 (用原子物理学术语应称为 $^3P_0$ 态), 所有 Cooper 对都具有轨道角动量 l=1 及总自旋 $\boldsymbol{S}=1$(自旋"平行"), 但矢量 $\boldsymbol{l}$ 和 $\boldsymbol{S}$ 是指向相反的, 从而给出总角动量 $\boldsymbol{J}$ 等于零 (见下). 该相的能隙及热力学都与常规 (s 波) 超导体没有区别.

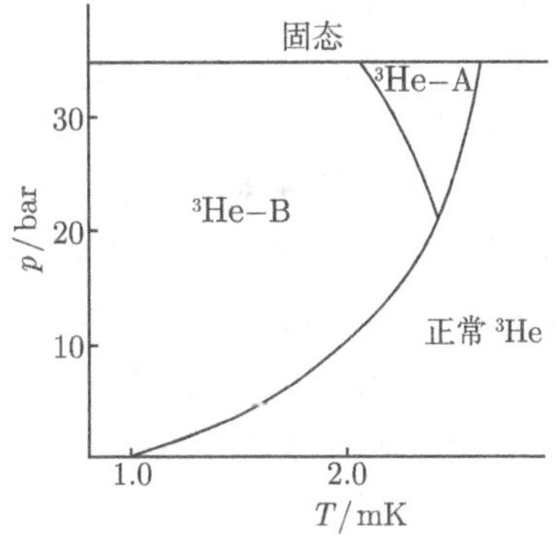

图 11.9 3mK 以下液体 ^{3}He 的相图

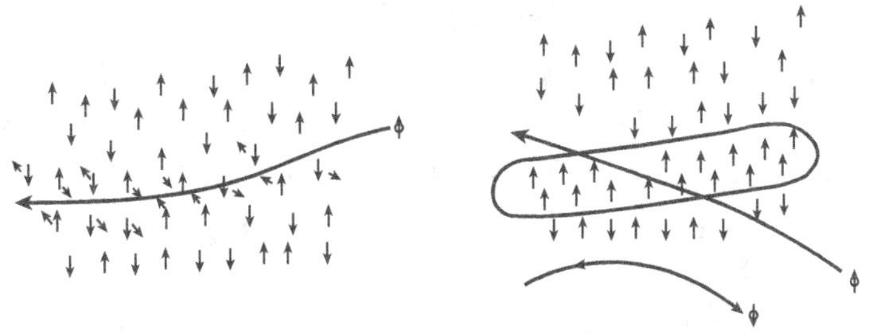

图 11.10 液体 ^{3}He 中的间接吸引机制

一个自旋"向上"原子在其路径附近产生主要是"向上"的极化区域; 于是此区域吸引其他自旋向上的原子而排斥自旋向下的原子

然而, 在此框架内我们无法理解 A 相的出现. 在实验发现后的几个月里写就的一篇开创性论文中, Anderson 和 Brinkman 指出了超导体中引起电子间吸引的晶格极化**声子交换**机制与据信在液体 ^{3}He 中起作用的自旋极化**自旋涨落交换**机制的巨大差异. 在前者中, 极化介质是离子晶格, 它的行为几乎不受电子 Cooper 对出现的影响. 相反, 在 ^{3}He 中极化介质是液体本身, 也就是形成 Cooper 对的同一系统. 所以, Cooper 对的形成会影响极化率, 并因此影响将 Cooper 对束缚在一起的相互作用强度. 这就助长了那些保持全部正常态极化率的态, 这仅当三个 Zeeman 子态中的两个 (相应于沿某坐标轴, $S_z = \pm 1$, 除去 $S_z = 0$) 形成才有可能. 不太显然的是, 这类态中有一个特别受偏爱, 早在 20 世纪 60 年代初 Anderson 和 Morel 就曾讨论过它, 今天被称为 Anderson-Brinkman-Morel (ABM) 态. 这个态的主要特征是, 不论其自旋态 ($S_z = \pm 1$) 如何, 所有 Cooper 对都具有指向沿同一轴的角动量 $\hbar$, 此外, 与 BW 态和超导体中的 s 波配对态不同, 这个态具有一在准粒子运动的一定方向为零的能隙. 进一步应用这些思想, 给出了 A 相和 B 相的相对稳定性的定量描述.

为了完整起见应当补充一点, 人们相信在 A_1 相"窄带"中只有单一的 Zeeman 子态 (如 $S_z = \pm 1$) 被占据, 磁场中两个方向的自旋不再等价, 所以其中之一转变为 Cooper 对态的转变温度可能稍高于另一个形成 Cooper 对态的转变温度.

液体 ^{3}He 的这些新相的特别令人激动之处在于, 每个相的序参量 (Cooper 对波函数) 除具有质心自由度 (超导体中电子对也具有) 之外, 还有一个或多个内部自由度在对的形成过程中没有从力能学上固定死 (有时称为"对称破缺"). 例如, 在 A 相, 氦原子对用两个轴来表征: 一个轴 (通常记为 $\boldsymbol{d}$) 垂直于沿之形成 $S_z = \pm 1$ 的对的轴 (此轴实际上可选为平面内的任一轴), 而另一个轴 (以 $\boldsymbol{l}$ 表示), 沿着它氦原子对具有相对角动量 $\hbar$. 就引起对的形成过程的"全部"能量而言, 这些轴是相当任意的. B 相的"对称破缺"是更微妙的问题. 这对应于从"$^3P_0$"态出发实施自旋坐标相对于轨道坐标的任意旋转的可能性. 如此得出的态仍具有各向同性的能隙, 而且那些只与自旋坐标或只与轨道坐标有关的性质确实不受影响, 但却严重影响到那些涉及自旋坐标与轨道坐标间**关联**的性质.

关键之处在于, 超流态的形成 (Cooper 对的"Bose 凝聚", 假如你愿意这样认为的话) 要求所有的对不仅相对于它们的质心坐标而且相对于它们的**内部**自由度都具有同样的波函数. 当然, 超导体中的电子已经展现了这一特征, 但并没有引起什么惊人的后果. 因为在对形成时相应的波函数由能量考虑唯一地确定了. 与之相反, 对超流体 ^{3}He, 这些效应却是引人注目的 —— 那些对单个分子而言完全可以忽略的效应可被"Bose 凝聚"放大到主导系统行为的程度. 最有名的例子是关于 ^{3}He 核的核磁矩的相互作用. 假如我们把这些核看成是一些微小的经典磁体, 通常的磁学理论告诉我们, 如果迫使它们相互平行, 它们将更喜欢首尾相接而不是一个挨着一个地排列起来. 当磁体都指向恒定方向且相互绕着旋转时, 如果磁体都躺在旋转平面中而不是垂直于该平面, 则在约一半时间里达到有利的构型. 不过, 平行取向较垂直取向有利的能量 E_d 非常小, 以至于如果在气相的两个 ^{3}He 原子形成双原子分子的话 (事实上它们不能), 它将完全被热无序淹没, 气体分子将以无规的取向旋转. 然而在超流相, N 个 Cooper 对必须全部以**同样的**方式旋转. 现在两个构型 (在平面内或垂直于平面) 之间的能量差不是 E_d 而是 NE_d, 后者总是远大于热能 kT. 因此, 除在特殊的情况下外, 平面内构型总是占压倒优势, 并总出现. 进而, 当这一构型被扰动时, 比如对自旋加一射频磁场, 这一相干偶极子能量的存在对共振行为有引人注目的影响. 历史上, 正是这些效应使人们较早地确认出三个超流相的微观本性. 其他各种极弱的效应也可能被同样放大 (甚至有人曾提出, 也许可以用这种方法在宏观尺度上显示粒子物理里弱电相互作用的"标准模型"中引入的违反宇称宇恒的"弱中性流"效应). **【又见 9.7.1 节】**

上面的讨论隐含着假定内部自由度在空间是常数. 不过, 当我们考虑它们在空间变化的可能性时, 也得出了惊人的结果. 大概最令人感兴趣的要属与环中超流 (亚) 稳定性有关的问题. 我们看到在 BCS 超导体中, 此稳定性本质上是拓扑起源的: 如果不能在某阶段把序参量的值 $|\Psi|$ 压到零, 则在绕环转时, 位相 ϕ 经历的 2π 的整数 (绕数) 就不可能改变. 这种情况在超流体 ^{3}He 的 B 相中实质上是一样的, 不过在 A 相 (及 A_1 相) 却有本质差异. 假定一开始"轨道矢量" $\boldsymbol{l}$ 的方向处处不变 (这使我们可以毫不含糊地定义相位 $\phi(r)$), 那么就有可能在序参量的大小相对于初始值从未改变的情况下, 使绕数由 n 变为 $n-2$(但不是 $n-1$), 只要在中间阶段不同位置允许 $\boldsymbol{l}$ 的取向改变就可以了. 所以, 在没有能量能"钉住" $\boldsymbol{l}$ 的理想情况下, "超流体" ^{3}He–A 实际上不是超流体, 至少在表现出超流亚稳性的意义上讲是这样 (不过仍预期存在 Hess-Fairbank 效应). 现实中, A 相表现得很像 ^{4}He, 具有通常的亚稳性, 这被归因于核偶极力和器壁对矢量 $\boldsymbol{l}$ 的"钉扎力"的联合效应. 这个情况引人注目地表明以前强调的区分超流性"稳态"与"亚稳态"表现的必要性.

11.3.2 各种各样的新进展

在这一节, 我将简要评述几个不同于传统超导体和氦的两个纯同位素的体系, 在这些系统中超导性、超流性及相关现象或可能存在, 或据信在目前尚不具备的实验条件下可能出现. 其中最引人注意的高温超导体将在下一节讨论.

20 世纪 70 年代超导性领域的最惊人的事件, 是在被称为**重 Fermi 子**系统的一类材料的某些成员中发现了超导体. 正如前面提及的, 对强相互作用的 Fermi 子系统 (如普通金属中正常态电子) 的最好描述是 Landau 的 Fermi 液体理论. 在这一理论中, 定性行为很像自由电子的元激发是由**有效质量**来表征的. 对大多数普通金属, 有效质量为电子原来质量的量级, 低温下的电子比热与该质量成正比. 然而, 某些含有稀土或锕系元素的金属化合物, 如 $CeAl_3$、$CeCu_2Si_2$ 或 UPt_3, 在低温下具有很反常的性质, 特别是它们的比热超常大, 以至于如果应用 Landau 理论, 它们的有效质量必定是真实质量的几百甚至几千倍 (由此得名重 Fermi 子). 确实, 一开始人们曾怀疑这个极大的比热可能来源于局域的电子, 对它们而言有效质量概念是不适用的. 但是, 当 1979 年在 UBe_{13} 中, 以及随后在其他一些这类化合物中发现超导性后, 图像发生了戏剧性的变化. 同典型的 BCS 超导体一样, 它们的比热在 T_c 以下急剧下降这一事实, 通常被认为是表明对比热做出贡献的电子一定是那些形成 Cooper 对且具有流动性的电子. 不论重 Fermi 子系统的正常态还是超导态的性质都成了热烈研究的课题, 而且已经清楚, 其正常态是不能用所谓 Bloch-Sommerfeld 图像的任何简单修正来描述的, 虽然该图像对简单金属非常成功. 尽管其超导态行为很像典型的 BCS 超导体, 但一些迹象表明, 至少在 UPt_3 并有可能在其他重 Fermi 子超导体中, 形成了类似于超流体 ^3He 中的"各向异性的" Cooper 对态. 但是, 由于晶体结构带来的比较复杂的影响, 以及缺少类似于 ^3He 中的核磁共振那样的简单的诊断手段, 至今仍没能确凿地确定这一点.

第二类新超导材料是碱金属掺杂的富勒烯 (fullerene) 晶体. 富勒烯是碳的中空的多面体 (研究最多的是 C_{60}), 其块材于 1990 年首次合成. 纯 C_{60} 是绝缘体, 但用可贡献传导电子的碱金属原子掺杂之后, 此一晶体就变成金属性的. 并且, 在适当掺杂浓度下变成超导体, 其转变温度可高达 ~33K. 这要是早发现 7 年, 就是当时的世界纪录了. 虽然所有证据都显示这些材料中的超导性是由于形成了如"老式的"超导体中那样的 s 波 Cooper 对, 但还不清楚的是, 把对束缚住的机制是声子交换, 还是 (如对重 Fermi 子超导体所认为的) 电子间相互作用的复杂效应.

除了凝聚态物质的物理, 值得简要提一下的还有一些因超导和超流理论的发展而受到冲击的领域. Cooper 对的思想被相当成功地用于解释重核的某些性质. 因为在这种情况下我们所讨论的是最多只有几百个粒子的系统, 像超流性等的宏观概念已没有实际意义, Cooper 对的出现反映在核转动惯量的减少上 (与 Hess-Fairbank 效应相比). BCS 理论的一个更直接 (也更具推测性) 的应用是应用于中子星, 预言在中子星中, 取决于压强等因素, 会出现类似于 ^3He 的各种超流相. 最后, 类似于 BCS 的思想在粒子物理得到重要应用: 在南部阳一郎 (Nambu) 和 Jona-Lasino 的**动力学对称破缺**场景中, 以及在首先由 Anderson 认识到后被 Higgs 详细论述的统一弱电理论的中间矢量 Bose 子获得质量的机制中, 这是一个受 Meissner 效应启发得出的概念.

最后, 还有一些系统可能出现超流性, 不过还没有被确凿地证实, 如稀释的 $(\leqslant 8\%)^3He$ 原子 Fermi 子系统, 它在低温下 (本身是超流体的) 在 ^4He 中是稳定的; 还有自旋极化原子氢 (一种 Bose 气体), 以及在某些绝缘体中由激子形成的亚稳态 Bose 系统, 如 Cu_2O(其"超流体"行为的间接表现有可能在最近的实验中已被看到). 自旋极化原子氢 $(H_\uparrow)$ 超流性的观察将会特别激动人心, 因为如果像普遍假设的那样, 不论是在自旋极化原子氢中还是在 He II 中 (11.2.6 节) 其机制确实是 Bose 凝聚的话, 那么这种凝聚 (至今仍未在 He II 中直接观察到) 几乎应该用肉眼就能够看到; 对于 $H_{\uparrow}$, 理论预言在相关实验条件下其空间密度剖面应有尖锐的变化出现. 这样我们就能在实验的意义上补上 11.2.6 节一般论据中最后的一个漏洞.

11.3.3 高温超导性

在 Onnes 于 1911 年发现超导性之后约四分之三个世纪里, 所达到的超导转变温度缓慢地从汞的 4.2K 攀升到一个貌似极限 20~25K(图 11.11). 的确, 较高温度的超导性也曾被提出, 例如, CuCl 的 60K, 但后来都受到质疑. 而且, 很多理论家确信声子机制永远不可能产生比已观测到值高出许多的 T_c. 虽然有些人如美国的 Little 和苏联的 Ginzburg 曾设想另外的机制也许可以给出更高温度甚至室温的超导态, 他们构建这样的"高温超导体"的努力都以失败而告终. 所以在 1986 年夏天, 熟悉这一领域的大多数物理学家大概会以 100 对 1 的赌注打赌 T_c 将永远不会高于 30K. 结果, 就在一年时间里, 几乎世界上每个实验室都观测到不是高于 30K, 而是远高于液氮沸点的 90K 的超导性. 今天保持的纪录是高于 150K, 室温的一半. 很多物理学家会认为这是半个世纪以来固体物理学最重要的发展.

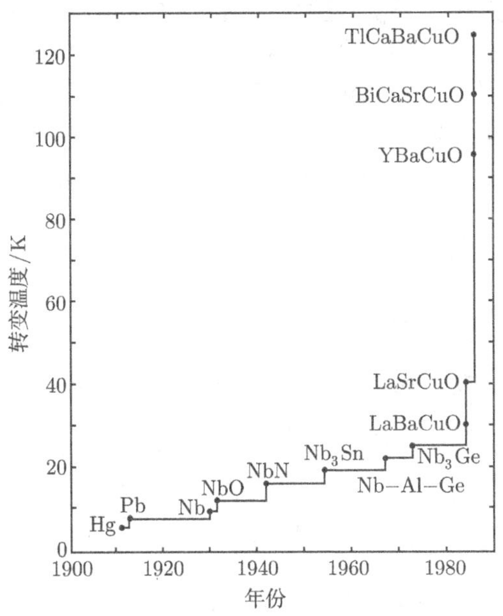

图 11.11 出现超导性的最高温度的历史 (1991 年以前)

故事是由苏黎世 IBM 实验室的 Alex Müller 和 Georg Bednorz 1986 年 11 月的

一篇文章开始的, 该文章报告, 一个几年前制备的掺杂少量钡的 La_2CuO_4 化合物在 30K 附近出现了部分 Meissner 效应. 他们暂时 (考虑到以前的一些错报, 这已是很勇敢了) 认定这预示着超导转变. (Müller 和 Bednorz 因此获得了 1987 年诺贝尔奖, 这在诺贝尔奖颁奖史中是很少的一例, 刚刚满足了获奖工作至少应当在一年以前做出的条件.) 这项工作的意义很快得到重视, 在接下来的几个月里, 许许多多实验室狂热地探索这一材料的化学“邻居们”, 试图提高转变温度. 值得注意的一步是, 1987 年年初在朱经武和吴茂昆的领导下, 由休斯顿大学与阿拉巴马大学合作发现 $YBa_2Cu_3O_7$(现在通常称为 YBCO 或“123”) 的 90K 超导性, 一年左右以后在 Tl-Ba-Ca-Cu-O 化合物 (“2223”) 中最高转变温度被提高到 125K. 在写本文的时候, 已知有 100 余种不同的化合物具有转变温度高于 1986 年以前梦寐以求的 30K(不包括富勒烯). 现在的纪录由高压下的 Hg-Ba-Ca-Cu-O 化合物保持 (约 160K). **【又见 6.10.4 节】**

虽然各种高温超导体 (HTS) 分属几种不同类型, 但它们都有一些共同的特性①. 第一, 化学上它们都很复杂 (几乎没有一个 HTS 含有少于 4 个元素的), 并且具有相当复杂的晶体结构和很大的单胞, 但它们都含有分得很开的铜氧原子面 (CuO_2 面, 图 11.12)(或一对, 甚至三个 CuO_2 面), 因此它们通常被称为**铜氧化物超导体**. 超导性的机制非常可能是来自 CuO_2 面, 而不在铜氧面上的原子的作用主要是, 既作为对铜氧面贡献电子 (或更通常的是空穴) 的施主, 又作为铜氧面之间的隔离物, 从而可部分地解释表现出高温超导行为的化学化合物数量之多. 第二, 在绝大多数情况下, 超导性发生在相图中紧挨着反铁磁相的一个区域里 (图 11.13). 第三, 这些材料的正常态性质是高度反常的. 特别是电阻率, 从 1000K 到转变温度一直与温度成正比. 当然, 电阻率与温度成正比是 Debye 温度 θ_D 以上普通金属的特

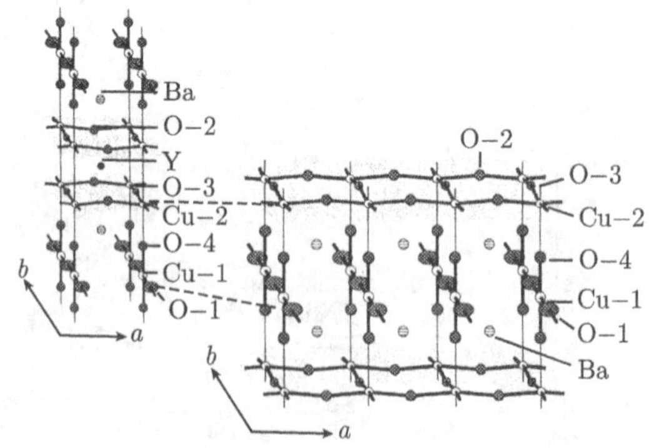

图 11.12 $YBa_2Cu_3O_7$ 的晶体结构

① 1986 年起发现的 $BaKBiO_3$ 的 30K 以上的超导性带来了一些复杂性. 该超导体不具备这里所描述的特性, 通常认为它是具有反常高 T_c 的简单的 BCS 超导体.

性, 因此, 我们可能认为铜氧化物超导体只不过是具有很低的 θ_D 值而已. 可是, 当发现 $Bi_2Sr_2CuO_6$ 除了很低的超导转变温度 (9K) 之外其他所有性质都很像 HTS 之后, 这一想法就变得难以置信了. 其电阻率一直到 T_c 都与温度成线性关系, 其 T_c 远低于任何似乎可能的 θ_D 值 (何况 θ_D 是可以直接测量, 且对 HTS 而言并不是很低). HTS 正常态的 Hall 系数和 NMR(核磁共振) 也高度反常.

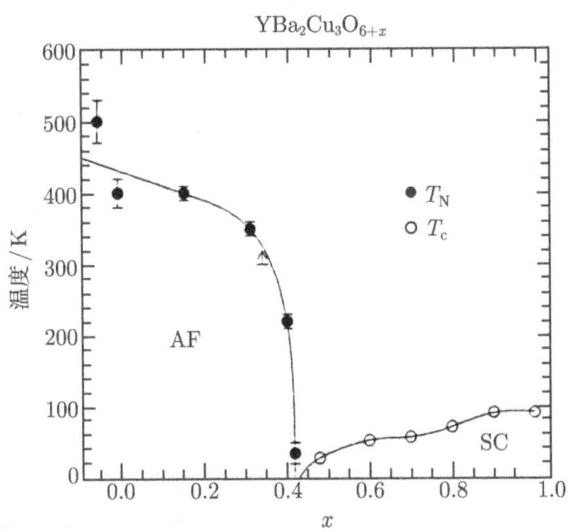

图 11.13 作为温度 T 和氧浓度 x 的函数的 $YBa_2Cu_3O_{6+x}$ 的相图. T_N 是转变到 AF(反铁磁) 态的温度, T_c 是转变到 SC(超导) 态的温度

虽然 HTS 在下述意义上确实是超导体, 即在合适的条件下出现 Meissner 效应和无阻流动的电流, 但其电磁行为与老式超导体差别很大, 几乎有质的不同. 首先, 它们表现出极端的第二类磁行为：虽然下临界场 (H_{c1}) 大致上是典型的 100Gs 量级, 但上临界场 (H_{c2}) 竟如此之高, 以至于在稍稍低于 T_c 的温度下现有的磁体都达不到. 其次, 与常规超导体相比, **到零电阻态的转变**远没有那么急剧, 特别是在磁场中 (图 11.14). 最近的实验表明电阻与方向有关：有时在 T_c 以下的一个温度区域内, 平行于平面的电阻如预期的那样降低, 而垂直于平面的电阻却增加了！确实, 近来争论的问题是, 在相图的某些区域 HTS 是否真的应当被描述为超导态, 因为其中涡旋的运动比传统超导体中容易得多. 毫无疑问, 部分地是因为序参量只在 CuO_2 面上才是大的, 所以不应再把涡旋看成是一根连续的线, 而应把它想象成松散连接的一串珠子, 不需要很大的能量就可被晃动甚至打断.

从 HTS 的宏观电磁行为转向更“微观”的性质时, 我们发现了它与 BCS 超导体的相似性, 考虑到在正常态中其行为本质上的反常, 这确实令人感到很意外. 事实上在 HTS 中, BCS 模型的几乎每个特性都至少定性地出现了. 例如, 自旋磁化率和电子比热在 T_c 以下都急速下降, 并且看来有一个相对确定的能隙 Δ, 其意义是大多数电子的激发都处于某一阈值能量之上, 此能量自然地被称为“能隙”. 不过, 它与传统超导体有两个重要的差别. 第一, 几乎用每一种方法测量的 Δ 所给出的零温度下的能隙与 T_c 之比值都比 BCS 的比值 1.75 大很多, 而且在一些实验中搞不清在 T 趋近 T_c 时, Δ 是否趋于零. 第二, 而且可能是更重要的是, 很多实验 (隧道、比热、NMR、穿透深度) 表明, 存在着一些能量小于 Δ 的电子的激发. 除了这两个特征之外, 与 BCS 预言的相似极为明显.

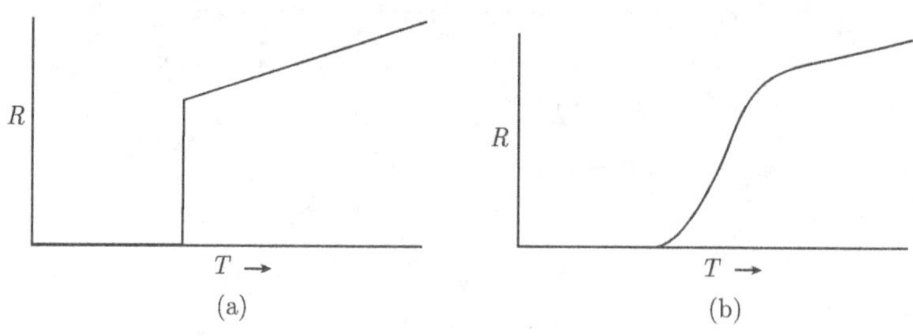

图 11.14　作为温度函数的电阻

(a) 零场下的 Al 和 (b) 几个特斯拉下的 $Bi_2Sr_2CaCu_2O_8$

HTS 超导性的机理是一个正在热烈争论的问题, 对此所做的任何评述可能都会在几年甚至几个月之后过时. 也许会得到普遍赞同的原理有以下几条: ①高温超导性机理是“通用的”—— 不是 Bednorz 和 Müller 原来的镧系化合物有一种机理, 而 YBCO 又有另一种机理; ②CuO_2 面对超导性起决定性作用, 平面外原子基本上是“旁观者”, 而 T_c 的差异大部分来源于这些原子作为施主对 CuO_2 面所贡献的电子或空穴的数目的不同; ③ 理论上可以只考虑单一个 CuO_2 面来研究超导机理 (尽管最近有人强烈反对这一点), 铜氧面间的相互作用主要是对相邻面的序参量提供 Josephson 型的耦合, 以防止涨落变得过大而使情况在典型的三维超导体中有本质不同; ④ (虽然没有被一致接受, 但令人印象深刻地被广泛传播)HTS 邻近反铁磁不稳定性不可能是偶然的. 除以上四点而外就很少或没有什么一致意见了.

我们可以把问题分成下面三个层次.

(1) 超导性是由形成了像老式超导体那样的 Cooper 对引发的, 还是某种全然不同的机制在起作用?

(2) 如果是 Cooper 对, 那是什么样的吸引作用将其束缚在一起的?

(3) 配对态有什么样的对称性?

关于 (1), 自 HTS 发现以来, 就有一些替代 Cooper 对的机制被提出来. 其中之一在一段时间里似乎特别具有吸引力, 那就是所谓的**任意子**(anyon) 机制. 任意子是一种特别类型的激发, 遵守的统计力学介于 Fermi 子和 Bose 子的统计力学之间, 只能在严格的二维系统中存在, 由于 HTS 中 CuO_2 面强烈的二维性特征, 使任意子机制很有吸引力. 而且, 经常有人声称 (尽管这种声称的正确性对我来说并不明显) 在零温度下甚至无需相互作用任意子系统就是超导的. 遗憾的是, 已经证明很难对由任意子模型得出的实验性质进行具体的计算, 而且该模型预言的一些独特的特征至今仍没有被可靠地观测到, 所以对该想法的兴趣, 至少是就 HTS 而言, 似乎正在消退. 也曾提出过一些别的倡议如包含虚构的“规范 Bose 子”的 Bose 凝聚, 这与 CuO_2 面中电子很强的硬芯排斥有关. 对任何这类“奇异的”机制 (包括任意子) 的很强的约束是, 它必须与下述的观测相容: HTS 中磁通量子化单位应与 BCS 超导体中的一样, 是 $h/2e$(而不是 h/e). 还不清楚是否任何具有这种性质的理论最后都只不过是描述 Cooper 对形成过程的另一种语言.

一个类似但不等同于 Cooper 对的思想是, 电子在正常态已经形成了束缚对. 这种对是 Bose 子, 而所观测到的转变温度相应于 ^{4}He 中 Bose 凝聚点. 有些实验观测如某些 (不是全部)HTS 的自旋磁化率在温度远高于 T_c 时就开始降低, 可以从这一模型找到合理地解释, 不过, 此模型至今还没有充分发展.

很可能大多数人对 HTS 超导性机制的看法还是 Cooper 配对. 如果这是正确的, 我们就可以试探性地利于 BCS 理论的方法去找出 HTS 的某些特性. 如果我们这样做, 有一个特性立即就会表现出来: 对传统超导体, Pippard 相干长度 (Cooper 对半径) 与电子间的平均距离之比为几千甚至是几万, 而在 HTS 中此比值小于 10. 这将会解释, 何以 HTS 的磁性质是极端第二类的, 这也意味着在 BCS 理论中所做的许多近似必须被重新检验, 因此对 BCS 预言的定量方面有所修正也就毫不奇怪了.

至于问题 (2), 那些相信 Cooper 对机制的人相当普遍地认为, 将对束缚在一起的吸引一定是以交换某种遵守 Bose 统计的低能激发为媒介的. 问题在于, 这种低能激发是否如传统超导体那样为声子, 还是为电子系统的某种集体激发, 如果是后者, 究竟是何种激发. 反对声子机制的论据包括在较高温的 HTS 中不存在可觉察的同位素效应以及下述事实: 如果与这样的 Bose 子的碰撞是正常态电阻的来源 (这似乎很自然), 那么正如已经提到的, 电阻随温度一直到 9K 的线性关系是与任何合理的 Debye 温度都不相容的. 不过, 这些论据并非无可辩驳. 假如 Bose 子是电子系统的一种集体激发, 那么是何种激发呢? 对此可找到各种答案. 其中最著名的一个场景是将这种 Bose 子认定为反铁磁自旋涨落, 即旁边反铁磁态的“遗迹”, 而且这对问题 (3), Cooper 对波函数对称性, 给出了惊人的预言, 现在我们就来谈一谈这个问题.

Cooper 对究竟是像 BCS 超导体那样以简单的 s 波态形成的, 还是像在 ^{3}He 中及某种重 Fermi 子超导体中那样以“奇异的”对称性形成的? 这是一个特别有意思的问题, 因为尽管声子引起的吸引机制通常都偏向 s 波态, 而基于交换反铁磁自旋涨落的场景明白地表明配对态应是所谓的 $d_{x^2-y^2}$ 型的; 这个态有一些节点 (Fermi

面上能隙为零的点), 所以即使在低能情况下也应存在相当数量的电子激发, 这与简单 BCS 激发的指数减少的情况相反. 因此, 在各种实验中 (见上) 存在这种激发的明显证据, 通常被看作是支持 $d_{x^2-y^2}$ 假设. 最近在光电子发射实验中对能隙的直接观测也是一样, 观察到在 CuO_2 面的 x 和 y 方向能隙是最大的, 而在 45° 角方向可能为零, 这正是精确的 $d_{x^2-y^2}$ 态能隙的行为. 不过, 这一论据并不是绝对保险的. 为了看出这一点, 在图 11.15 中我们示意地对 $d_{x^2-y^2}$ 态与强畸变的 s 态作了比较, 后者在某些替代模型中似乎是可信的选择. 我们看到, 除了很靠近 45° 轴的地方外, 两种情况中能隙的大小几乎是完全一样的 (因此, 除了在很低的温度下, 激发的数目非常相似), 两个态的根本区别在于不同波瓣中波函数的相对正负号. 因此, 迫切希望能直接测量这一符号, 最近做了第一个这类的测量 (利用 Josephson 效应). 在写此章节之时情况还不明朗, 仍不清楚根据现在的理论理解该赋予**何种**对称性方能与全部数据相容. ①

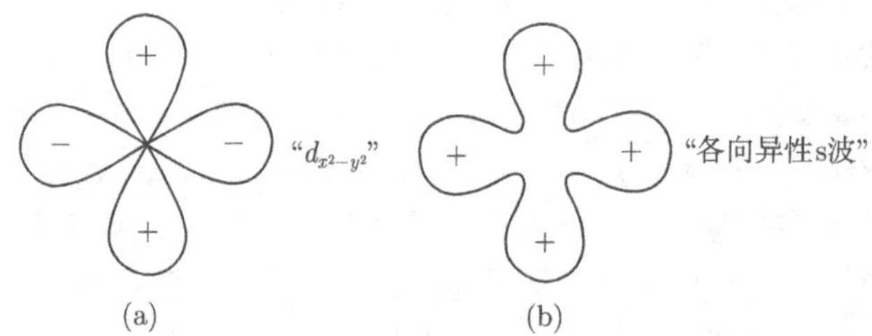

图 11.15　能隙的角度依赖关系的比较

(a) $d_{x^2-y^2}$ 和 (b) 各向异性 s 波态. ＋号代表每种态的对波函数的符号

当前, 寻找更高转变温度的 HTS 这件技术上很重要的工作, 很大程度上仍然是用的试错法. 不用说, 力图理解其机制的主要动机, 是希望找出能提高 T_c 的化学、结构和其他方面的特征, 从而指导从至今尚未被探索过的数以十亿计的化合物中去寻找 HTS. 似乎现在的纪录不可能会保持很久而不被打破, 不过在我们的一生里 (或永远) 能否实现真正的"室温"超导性. 而且如果实现了, 能否克服 HTS 的实际应用中的技术困难 (如与令人烦恼的涡旋的高流动性有关的困难), 使得可以在日常生活中引发一场技术革命, 仍是一个令人猜想的谜.

11.3.4　进一步的阅读

在写此章时我从文献 [1], [2] 中吸收了大量的材料. 其他书籍 [3-9] 也提供了文献丰富的相关资料.

① 译者注: 该问题已于 2002 年由 IBM 的 Tsuil (崔章吉) 团队用他们发明的扫描 SQUID 显微术和首创的三晶结方法漂亮地解决了. 结论是, 不论空穴型还是电子型高温超导体的序参量都具有 $d_{x^2-y^2}$ 型 d 波对称.

致谢

本工作得到美国国家科学基金会的资助, 资助号为 NFS-DMR-92-14236. 感谢 Baym 和 Pippard 所给予的评论和建议.

(陶宏杰译, 阎守胜、秦克诚校)

参 考 文 献

[1] Hoddeson L, Braun E, Teichmann J and Weart S (ed) 1992 Out of the Crystal Maze (New York: Oxford University Press)

[2] Dahl P F 1992 Superconductivity (New York: American Institute of Physics)

[3] Keesom W H 1942 Helium (Amsterdam: Elsevier)

[4] Shoenberg D 1952 Superconductivity (Cambridge: Cambridge University Press)

[5] London F 1950 Superfluids I Macroscopic Theory of Superconductivity (New York: Wiley); 1954 Superfluids II Macroscopic Theory of Superfluid Helium (New York: Wiley)

[6] Gorter C J and Brewer D F (ed) 1955 Progress in Low Temperature Physics (in 13 Volumes)(Amsterdam: North-Holland)

请特别注意

Feynman R P 1955 Applications of Quantum Mechanics to Liquid Helium (Progress in Low Temperature Physics 1) (Amsterdam: North-Holland) p 17

Bardeen J and Schrieffer J R 1961 Recent Developments in Superconductivity (Progress in Low Temperature Physics 3) (Amsterdam: North-Holland) p 170

[7] Wilks J 1967 The Properties of Liquid and Solid Helium (Oxford: Clarendon)

[8] Vollhardt D and P Wölfle 1990 The Superfluid Phases of Helium 3 (London: Taylor and Francis)

[9] Ginsberg D M (ed) 1994 Physical Properties of High-temperature Superconductors (in 4 volumes) (Singapore: World Scientific)

第 12 章 晶体中的振动与自旋波

R A Cowley, B Pippard 爵士

12.1 晶格动力学的开端

弹性固体, 早在 19 世纪就被视为一种无内部结构的连续介质, 引起了众多应用数学家的注意. 当时的争议在于描述最一般的公式 (假定应力与应变成正比) 究竟是像 Green 认为的需要 21 个独立的弹性常量, 还是如 Cauchy 的通过中心力相互作用的质点模型中认为只需要 15 个. 然而, 绝大多数人更为关心的是理论如何以简洁的形式应用到实际问题中, 诸如波的传播或是工程结构提出的问题. 他们的成就大小可以由 Love[1] 令人敬佩的专著中的论断来判断, 该书在着手复杂的数学表达之前, 给出了宝贵的历史性综述.

Cauchy 模型的明显的缺陷 —— 要求泊松比为 1/4, 而实际情况大多约为 1/3 —— 很可能阻碍了人们对固体的原子结构的普遍思索, 直到 X 射线晶体学的出现迫使人们重新开始思考这一问题. 然而, 在此之前, Einstein 已经从他的比热理论出发, 开启了另一条不同的思路. 在晶格动力学中, 比热是一个无可争议的中心话题. 我们必须从那些引发 Einstein 开创性论文的事件出发, 讲述晶格动力学的发展.

12.1.1 比热

比热这一术语, 区别于现代所说的热容量, 类似于描述物体重量与同体积水重量之比的比重, 是指物体热容量与同质量水热容量之比. 这是一种以混合方法测量比热 —— 将热体浸入装满水的量热器中进行测量的标准步骤的自然表述. 这种方法足以使 Dulong 和 Petit 在 1819 年建立他们的热容量定律. 我们不必再复述这一定律的早期历史. 到了 1900 年, 人们广泛接受的事实是, 多数固体元素的原子热容为 6cal/K. 化学家把比热的测量作为测量新元素原子量的有用的起点, 他们想寻找导致上述不同寻常的规律的原因, 于是他们发现了一些例外, 尤其是在金刚石中. 它的比热远远小于预期值. 1898 年, Behn[2] 的一系列测量发现许多其他材料在更低温度下也会出现与常温中金刚石一样的偏离.

乍一看来, Behn 的实验手段似乎非常原始, 他采用的仍然是混合法. 首先将金属块放进液化空气 (−186°C) 或干冰与酒精的混合物 (−79°C) 中冷却, 然后再转入水热量计中测量. 通过这种方法, 他推断出 −79 ~ 18°C 与 −186 ~ −79°C 的平均

比热. 对于铝, 他的结果是 5.3 cal/K 和 4.2 cal/K, 常温下为 6 cal/K. 这些结果足够令人信服, 而他又大胆推测, 在绝对零度时比热将降为 0. 10 年后, 这一概念经由 Einstein 和 Nernst 的努力, 逐渐被人们大体接受, 而且也正是由于这两位科学巨匠, 开启了人们对这个领域的全新理解.

尽管 Einstein 1907 年便在这方面率先做出了贡献, 但在 Nernst 学派提供大量的实验支持以前却影响甚小. Nernst 的助手 Eucken[3] 建立了第一个电热量热器 (图 12.1), 后来又由 Nernst 和他的小组后继成员 (包括 Lindemann 和 Simon) 加以精心设计和改进[4]. 他们首先通过泵浦液态空气获得了当时的最低温度 (即 Nernst 所说的 $-210°C$), 稍后液氢与液氦使得温度低至 1K. 要记得比热测量中的温差即使再小也必须测出来, 从而对温度计相对理想气体温度计代表的绝对标度的定标提出了很高的要求. 如果随着温度 T 的变化标度产生 t 的误差, 重要的将不是相对误差 t/T, 而是 $\mathrm{d}t/\mathrm{d}T$. 因此标度曲线中的任何不光滑, 其后果都是严重的. 也正因如此, 如何建立一个在极端温度下的可靠标度是整个 20 世纪中所有标准实验室的主要任务. 与此相比, 量热学中的其他技术问题都变得相当次要. **【又见 16.2.4 节第 2 小节】**

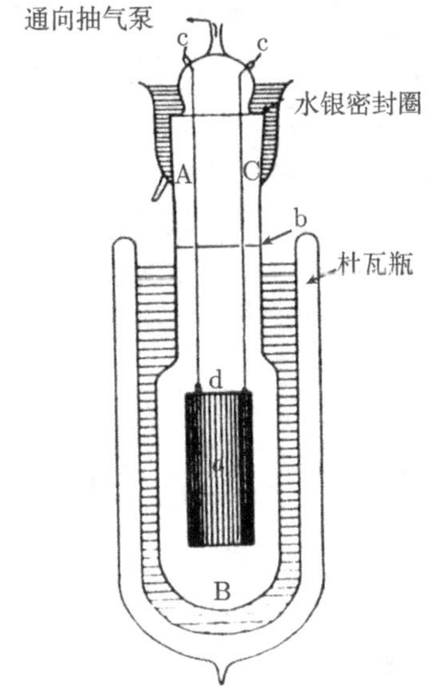

图 12.1 Eucken 的真空量热器

样品被密封在中空的铜块 a 中, 铜块则用铂绕线吊在铅片上悬挂在抽空的玻璃瓶胆中, 其中铂线既是加热器又是温度计. 整个装置浸泡在液化空气中. 把磨砂玻璃塞泡在水银里以便密封. 通过在瓶胆内侧涂银以及使用镀锡箔的云母片 b 使外部辐射的影响降到最低

Nernst 在量热学方面的主要兴趣源于他 1906 年建立的热定理, 也就是现在众

所周知的热力学第三定律. 这是在技术上非常重要的从比热测定中确定化学反应的热力学参量的工艺中最关键的因素. 因此他的学派的工作重心是获取化学工业所急需的数据, 而对比热的自发研究仅仅不过是一个副产品. 尽管如此, 还是有大量的比热–温度关系数据被迅速汇集起来, 多数固体元素显示出引人注目的相似性, 强有力地证实了 Einstein 先前的想法. **【又见 7.4.1 节】**

正如 Kuhn 对 Einstein 的量子观念发展的详细描述所说[5], 在接受了辐射场量子化以后, Einstein 发现, 为保持与辐射的动力学平衡, 自己必须接受带电粒子的振荡也是量子化的观点, 进而接受无论带电与否所有的振荡都是量子化的观点. 他在 1907 年的论文中[6] 假定所有的固体原子都以相同的与远红外端剩余射线频率相等的频率振动. 在这一波段中 Rubens 和 Nichols 发现了近全反射现象, 稍后我们会详细讨论. 由于 Einstein 对引文的疏忽, 不时使人们产生误解 —— 人们误以为是 Einstein 引入了 $3N$ 谐振子模型 (即 N 个原子在三个自由度中振动), 但实际上这个模型首先出现在 Boltzmann 所加的脚注中[7], 而 Einstein 无疑很熟悉它. **【又见 3.2.1 节第 3 小节】**

Boltzmann 认为固体的比热应该是相同原子的理想气体的两倍 (Dulong-Petit 定律), 而 Einstein 在引入 Planck 公式后发现比热随着温度的下降而降低, 并举了常温下的三种轻元素 (B, C, Si) 以支持自己的观点. 进而, 他发现如果假设振荡频率在红外波长 11μm 附近, Weber 关于金刚石在 222∼1258K 之间的比热值与他的理论曲线 (图 12.2) 就可以大体符合. “因此,” 他说:“根据这一理论, 可以预测金刚石的最大吸收是在波长 λ=11μm 处”. 但是这里他明显说过头了, 正如他很快意识到的那样, 原子谐振子并不需要带电. 所以他立即加以纠正[8]:“金刚石或者在 λ=11μm 处实现最大吸收, 或者完全不具有光学可测的特征频率.” 现在我们知道后一论断是实际情况的良好近似.

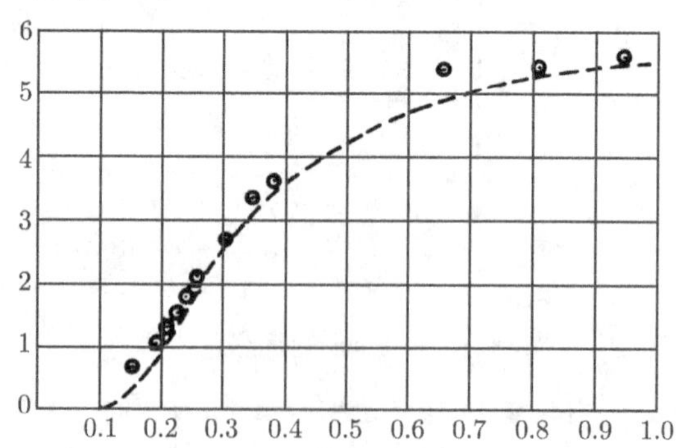

图 12.2 Einstein 比热公式与金刚石中实验数据的比较

横坐标 (用现代形式) 是 $\hbar\omega_{\rm E}/kT$, 其中 $\omega_{\rm E}$ 是为与理论满意符合所选择的特征频率. 纵坐标是单位为卡/克原子的比热

到了大约 1911 年, Nernst 证明 Einstein 的公式是大体正确的, 但在极低温处给出的比热值远小于实验数据. 他的第一个尝试是与 Lindemann 一起做的[9], 即通过假设存在两种自然频率, 其中一支是另一支的两倍, 各贡献总自由度的一半来修补. 这个尝试, 如同他添加一个正比于 $T^{5/2}$ 的项的第二次尝试一样[10], 都缺少理论根据. 同时 Einstein 也意识到自己理论的根本缺陷[11]—— 单个振动的原子向周围介质快速辐射声学波而严重衰减, 因此这里引入 Planck 公式就显得非常可疑. 他在自己 1911 年的论文最后添加的附录中提到原子如果有可能以一定的频率范围振动, 则其中每一分立的频率将为热能贡献一个 Planck 项. 但是他并没有提出任何计算频谱的方法.

Peter Debye

(荷兰人, 1884~1966)

Debye 生于荷兰的马斯特里赫特, 并在那里接受了基础教育. 当他发现可以很方便穿越国境前往德国时, 他进入了亚琛的学院, 当时 Wien 和 Sommerfeld 正在那里任教. 1940 年以前, 他大部分的时间是在德国度过的, 但当他处于纳粹要求他加入德国籍的压力下时, 他迁往了美国康奈尔大学, 并在那里度过了生命中最后的 26 年. 他是一位惊人的、多才多艺的物理学家和物理化学家, 奠定了许多研究领域的基础 —— 固体的比热理论、偶极矩理论、强电解质、无规多晶体的 X 射线衍射、Compton 效应、绝热退磁及还有许多在 Mansel Davies 的传记文章中提到的其他工作 (Davies M 1970,《英国皇家学会会员传记会刊》(伦敦: 皇家学会)175 页). 在差不多六十年里, 他共发表了近 250 篇论文, 尽管在 Heisenberg 看来他“倾向于闲适的生活 …… 我经常在研究所的工作时间看到他在花园里散步和给玫瑰花浇水. 不过他的兴趣中心无疑还是科学.” 而 Henri Seck 则回忆道:“他将作为一位杰出的科学家、伟大的教师、慈父般乐于助人的顾问及尤其是一位快乐的人而活在我们的记忆中.”

在这一问题上 Debye 与 Born、von Kármán 各有主见. Debye首先提出了他富于才华的近似[12], 使问题完全可解. Born 和 Von Kármán 随后试图给出完全解[13], 但失败了. 不过, Debye 与 Born、Von Kármán 一致认为, 振动的量子化是固体原子的整体振动, 而非单个原子的振动. Rayleigh[14] 曾在黑体辐射的经典处理中对选定波段的独立振动模式进行计数, 但 Debye 显然没有注意到这点. 他从自己先前以贝塞尔函数处理散射理论的经验出发, 在球体中求出了答案 (而 Rayleigh 选择了立方体, 仅用两行就写出了解). Born 和 Von Kármán 则引入了周期性边界条件的概念, 也轻松地给出了答案. 1911 年, Weyl 证明[15] 研究对象的形状是无关紧要的, 物理学家都事先认定这是当然的, 而实际上这却相当微妙. 定义波数 q 为 $2\pi/\lambda$, 介于波数 q 与 $q+\mathrm{d}q$ 之间独立的模式数正比于 $q^2\mathrm{d}q$. 当波是非色散的时候, 即频率 ω 正比于 q 时, 态密度 $g(\omega)$(即单位频段的模式数) 正比于 ω^2. 这就是 Debye 的假定. 他并不认为这个假设是真实的, 而是因为他论证在极低温度、只有长波激发下这样的近似是恰当的. 这样他就能够在某一最高频率 ω_0 对频谱进行截断, 以满足高温下的 Dulong-Petit 定律. 因此, 总的模式数是原子数的三倍. 如果一个理论在高温与低温都和实验曲线非常符合, 那么想来在中间也应当不坏, 所以 Debye 没有再把他的理论推向更为深奥微妙的形式. Born 和 Von Kármán 则尝试适于实际晶格结构的理论, 他们给出了一个数学的形式解, 但若不引入苛刻的近似就几乎没有进展, 稍后我们会详细讨论. 这时候引人注目的是 Debye. 与其他人一样, 他给每一个模式分配了一个 Planck 能量 $\hbar\omega/\left(\mathrm{e}^{\hbar\omega/kT}-1\right)$. 由于很多教科书上都有, 在此无需赘述. 他的理论的最大特征是比热 C 仅为一个参量 ——Debye 温度 $\Theta_{\mathrm{D}}=\hbar\omega_0/k$ 的函数, 低温时 $C\propto T^3$. 令人惊异的是直至温度低至 $\Theta_{\mathrm{D}}/12$ 时, Nernst-Lindemann 公式与 Debye 曲线仅相差 2%, 仅在这个温度以下, T^3 定律才显示出了 Debye 理论的优越性. **【又见 12.1.5 节】**

早在 Eucken 和 Schwers[16] 在氟石中证实 T^3 定律以前, Nernst 和他的学派就热情地支持 Debye 理论. 随着越来越多的物质被发现与之符合, 使这个理论被推崇到了绝对权威的地位. 将比热 C 的度量写成 Θ_{D} 与温度的变量形式迅速成为习惯, 也就是将 Debye 函数 $C=D(T/\Theta_{\mathrm{D}})$ 改写为 $T/\Theta_{\mathrm{D}}=D^{-1}(C)$ 或 $\Theta_{\mathrm{D}}=T/D^{-1}(C)$. 既然许多物质都完美地服从 Debye 公式, $\Theta_{\mathrm{D}}(T)$ 也在大范围内保持不变, 而且无需其他解释就能得出紧凑的表达式, 那么当所有的物质都显示出相同的 $\Theta_{\mathrm{D}}(T)$ 形式时, 这就清楚地代表了 Debye 近似的效果. 而每当发现不同的形式时都倾向于把 C 分解为 Debye 项与另一额外反常项 (Ruhemann 的书[4] 中对此有非常合理的讨论), 反常项中便有值得探究的原因. 总的说来, 这种兴味索然的练习还不算过分, 真实的与虚假的反常被明确区分. 或许是 Debye 理论的巨大成功使几代学生们产生了这是这一领域终极理论的信念. 然而正如我们将会看到的, 更为真实的情况是, 这一理论应当被视作一次先驱的尝试, 而且其本身也已走到尽头. 因为正是 Born 和 Van Kármán 初步勾划出的原子模型开启了通往了精密的现代理论之路.

12.1.2　零点运动

如 Kuhn 详细描述的那样[5], 1910~1912 年, Planck 再次转向黑体辐射的量子理论, 以试图解决更为深刻的谜 —— 为什么谐振子只能吸收离散的量子? 假如辐射非常微弱, 谐振子激发一个额外的振动量子需要很长的时间, 那么辐射中途关掉又会是怎样的状况呢? 我们无需按照他推出结论的步骤重复 —— 与 Einstein 所认为的吸收过程连续而发射过程离散的观点完全相反, Planck 最终的结论是他原先关于一个谐振子的平均能量的公式 $\hbar\omega/(\mathrm{e}^{\hbar\omega/kT}-1)$ 应该被 $\frac{1}{2}\hbar\omega/(\mathrm{e}^{\hbar\omega/kT}+1)/(\mathrm{e}^{\hbar\omega/kT}-1)$ 替换. 他所做的只是给平均能量添加 $\frac{1}{2}\hbar\omega$ 项, 但这意味着, 即使在绝对零度, 谐振子仍然保持着一定的能量. 没过多久, Schrödinger 关于谐振子的理论也自然给出了相同的结论. 此时也已有足够的实验证据使得零点能的概念可被普遍接受. 这一概念起初让人感觉难以捉摸, 不过除非谐振子频率随温度改变 (如 Einstein 和 Stern 所评论的那样), 否则并不影响比热理论. 但是令人信服的例子仍旧缺乏. 后来 Bennewitz 和 Simon 提出了一个有趣的论点, 而且结论更为有趣[17]. 他们注意到 Trouton 的经验法则在轻元素的情形下全面失效. Trouton 法则认为, 所有液体的克分子蒸发潜热都与沸点保持恒定关系, 也就是说, 所有液体蒸发时的熵变都相等. 这是 van der Waals 对应态定律的推广. 假如分子间的力都采取同样的形式, 仅是定义势强度的标度因子 ε 和其特征力程 σ①不同的话, 这一推断应该是完全正确的. 但是在氩、氢尤其是氦的情况下, 潜热显著地低于 Trouton 法则的预测值. 然而, 如果零点能 (在气态时消失) 在液态和固态中差不多都是 $\frac{9}{8}k\Theta$—— 尤其是在轻原子中, 就可以恰好补上潜热的亏空值. 证明对应态定律失败的一个强有力的证据是与零点能相关的固态氢和氘的升华热. 假如这两种物质严格遵守这一定律的话, 由于分子的质量应该是个无关量, 两者的升华热应该相等, 然而氘的升华热却比氢高出了 50%多.

直到 Hartree 将波动力学应用到原子中的电子密度分布的计算以后, 才有更多来自于 X 射线衍射的证据支持零点运动的存在. James 和 Brindley[18] 继而才能准确地计算出钾原子和氯原子的散射振幅及液化空气温度下 KCl 晶体中各种反射的强度. 他们发现测量出的振幅小于假定原子静止时的预测值, 而与零点运动的假设很好地符合.

现在我们回到 Bennewitz 和 Simon：注意无论液氦中零点运动的影响有多大, 考虑到原子质量很轻而且内聚力很弱, 他们认为这就像其中有种内压力, 使液体达到在其他情况下所达不到的低密度水平 —— 原子在如此低的密度下无法保持刚性结构. 这就解释了为什么甚至在绝对零度下还要加上 25 个大气压才能使液氦固化及氦有气–液临界温度 (5.2K) 而没有三相点的原因. 这个论断被广泛接受. 到了大约 1948 年, 从大气中提取轻同位素 ^{3}He 已成为可能, 它的性质被热烈地, 主要是非正式地讨论. 当时有人相信除非加压, 否则更大的零点能会完全阻止凝聚, 从而气–液临界点也将不存在. de Boer 巧妙地解决了这个问题 [19]. 他首先重申了对应态

① 另一个例子是 Lindermann 的融化理论, 这一理论源于原子振荡的幅度为原子间距的特定分数时固体会融化的现象. 正如 Einstein 和 Onnes 所共同指出的那样, 这是分子间力普适定律假设的维度效应, 类似于对应态定律. 它对我们理解融化机制毫无助益.

定律的逻辑根据 —— 如果描述分子间力只需要两个参量 ε 和 σ, 所有材料的状态方程用无量纲约化变量表达时必须服从同样的形式, 这些约化变量是 $P^* = P\sigma^3\varepsilon$, $V^* = V/N\sigma^3$, $T^* = kT/\varepsilon$, 其中 N 是样品中的分子数. 众所周知, 分子质量 m 不应该被包含在表达式中, 因此与状态方程无关. de Boer 指出, 当引入量子效应以后, 由于需要进一步构造新的无量纲参数 $\Lambda^* = \hbar/\sigma\sqrt{m\varepsilon}$, 这种认识就失效了. 除去一个单纯的数值因子外, Λ^* 是以力场的力程 σ 表示的能量为 ε 的分子的 de Broglie 波长. 如果不考虑零点运动, 约化 Debye 温度 $\Theta^* = \Theta_D/T_c$ 和 Λ^* 包含相同的参数组合. 由此我们期待 Θ^* 仅为 Λ^* 的函数, 在重原子情形下二者成正比. 对于不同的单质气体, ε 和 σ 可以由它们的高压行为得出, 从而 de Boer 可以用图 12.3(a) 的曲线证明他的观点.

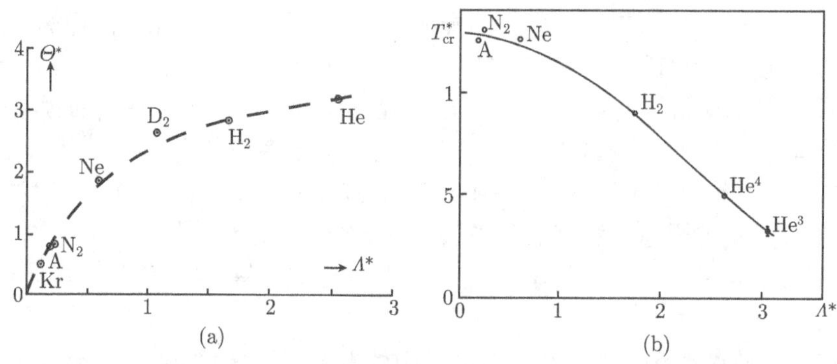

图 12.3　(a) 单质固体的约化 Debye 温度是约化 de Broglie 波长的光滑函数; (b) 临界温度也是光滑函数, 从而可以通过外插估计出 ^{3}He 的临界温度

在第二篇文章中, 他和 Lunbeck[20] 画出了若干轻元素的约化临界温度 T_c^* 和 Λ^* 的关系, 并得到一条光滑的曲线 (图 12.3(b)). 如果 ^{3}He 与 ^{4}He 之间的差别仅在于质量, ε 和 σ 都相同的话, ^{3}He 的 Λ^* 将比 ^{4}He 的 Λ^* 大一个 $\sqrt{4/3}$ 的因子. 通过曲线外插, 他们推断出 ^{3}He 的 T_c^*, 由此得实际的临界温度为 $T_c = (3.3 \pm 0.2)$K. 后来发现他们的误差限取得过分谨慎了, 因为实验测量出的临界温度是 3.32K.

也许这个例子与晶格动力学没有严格的关系, 但它却很好地展示了量纲分析的威力, 值得我们记住它. 我们现在必须回到更早的年代.

12.1.3　热膨胀

1908 年, 在夏洛滕堡帝国物理技术研究所工作的 Grüneisen 指出[21], 固体的线性热膨胀系数 α 和比热一样依赖于温度而变化 —— 对给定的材料 $\alpha/C=$ 常数. 他以大温度范围内各种金属的数据说明了这一关系, 并注意到多年前 Slotte 也有相似的观点①. 不久, 他就像 van der Waals 在气体理论中所做的那样, 利用 Clausius 的位力定理, 在经典力学框架下推出了这个结论. 三年后[22], 他从 Nernst 热定理出发给出了更直观和更普遍的热力学解释. 他假定熵 S 在零温时消失, 然后推出 $S(T)$ 为 $\int C\mathrm{d}T/T$, 再利用 Maxwell 热力学关系, $3\alpha V = (\partial V/\partial T)_P = -(\partial S/\partial P)_T$ 得出体膨胀系数 3α. 为了了解比热如何反作用于体积随 P 的变化关系, Grüneisen 利用了 Einstein 和 Nernst-Lindemann 表达式, 这两个表达式中 C 都仅是 ν/T 的函数, 所以唯一相关的变量就是原子频率 ν 对体积变化的响应. 短短几行推导就可以得出 $\alpha/C = \frac{1}{3}\gamma K$, 其中 C 为单位体积的比热, K 为压缩率, γ(Grüneisen 常数) 代表原子频率对体积的相对变化, $\gamma = -(V/\nu)\mathrm{d}\nu/\mathrm{d}V$.

不久, Debye[23] 从他的比热理论出发解决同样的问题. 他从第一原理即统计力学的配分函数出发, 看起来其推导总体上更加精巧, 但最终结果与 Grüneisen 的差别仅在于把单原子频率 ν 替换成它的 Debye 等价物 Θ_D.

Grüneisen 注意到在几种材料中 γ 都约等于 2(对应态定律要求它们都相等). 假如分子间力都是严格的简谐力的话 (力 $\propto$ 位移), 压缩和膨胀时就不会有频率变化 ($\gamma = 0$). Grüneisen 评论道, γ 的实际值表明短程斥力增加得很快, 正如 van der Waals 与其后的 Mie 所设想的那样. 严格的简谐晶格中 $\gamma = 0$ 表明非简谐性与热膨胀密切相关, 但非简谐性的重要性只有在认真仔细地研究固体中的热导率问题时才变得明显.

12.1.4 热导率[24]

在常温下, 人们很容易明白金属的导热性要好于非金属. 在早期的金属电子论中, 解释金属中电导率和热导率两个概念间关联的 Wiedemann-Franz 定律是一个巨大的成功 (我们将在第 17 章中讨论). 这里我们关注非金属, 特别是晶体, 它们很多导热性都很差, 测量热导率时需要十分小心以避免外部的热渗漏引起的严重误差. 可能对于现代的实验物理学家, 尤其是那些熟悉真空和低温技术的实验物理学家而言, 曾经著名的 Lees 盘装置显得很粗糙, 但他们也许忘了在难以获得高纯真空的 1900 年, 它可以说是成功得不能再成功了. 在《应用物理学辞典》中我们找到一篇很不错的有关 1920 年左右的实验状况的综述[25], 尽管其中过多地讨论了诸如粉末和纤维的绝热性等技术细节, 很少涉及由 Eucken[26] 倡导的液化空气温度及以下温度的测量. 他发现一些盐类在 373K 到 83K 之间热导与温度成反比变化, 在此温度范围内变化了 4.5 倍多. 这一规律 —— 这一当时仅知的规律 —— 也在 Debye

① Slotte 1893 年以前就在赫尔辛基从事固体动理学理论研究, 他用极为简化的模型和初等分析推导出热膨胀的图像. Einstein 肯定知道他的工作, 因为他在自己的比热论文发表三年以前, 也就是 1904 年曾写过 Slotte 的一篇论文的摘要. 但是 Slotte 不大可能实际启发过 Einstein 的思想.

的考虑中, 他在关于热膨胀系数的论文[23] 中加入了一段有关热导率的讨论. **【又见 17.3 节】**

直到此时, 非金属中的热导理论还没有引起广泛的兴趣, 或许是因为信息的不足, 但也与 Einstein 模型假设原子独立振动从而无法给出能量输运的机制有关 —— 这种误导就像早期的原子模型曾引起的误导一样. 正如我们提到的, Einstein 确实已经意识到谐振子的能量会快速地耗散, 但是他却没有进一步地研究. Debye 发现自己难堪地站在了 Einstein 的对立面 —— 只要声学波相互独立, 理想晶体中就没有任何因素可以限制热导率. 他起初仿佛想将自发密度涨落用于波的散射 (他的工作的详细描述[27] 已经很难找到了), 但由于这些涨落不过是些热致声波, 它们在真正的简谐介质中不会和其他波相互作用. 于是他被迫退回到散射机制的非简谐性中 (见插注 12A), 却没有意识到这也是徒劳无功的 —— 正如 1925 年 Pauli 所指出的那样. 我们可以直接跳到故事发生的时刻, 因为在此之间的那些年代里, 这一研究领域极少有有趣的想法.

插注 12A 声波间的相互作用

图 (a) 表示两个从左向右运动并穿越固体的压缩波. 实线是原子键被拉伸到最大值时的波前. 这些线中间的原子被挤到一起. 在相交点附加一个拉伸力, 而在每个菱形的中心则附加一个压缩力. 因为把两个原子推到一起比把它们拉开同样的距离更难, 所以拉伸的倾向压倒了压缩的倾向. 结果, 沿两组虚线平均拉伸不为零 —— 就像在简谐晶体中那样 (不过是正值)—— 而且比虚线之间的平均拉伸要大. 因此这些虚线代表了介质中的一个波型扰动, 如果满足一些必要条件的话, 这种扰动可能会成为新的波源: 当原波向前传播时, 新的波前也随之向前传播, 如果它们以声速运动, 那么它们就可激发出真正的行波.

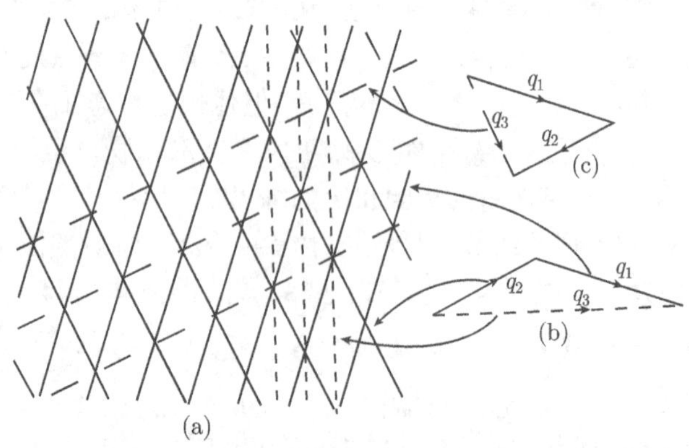

右边的矢量图描述的是 (a) 中的情形. 实线画得与波前正交, 代表原波的波矢; 矢量相加 (b) 和矢量相减 (c) 给出相互作用产生的波的波矢. 新的波动频率在 (b) 中是 $\omega_1+\omega_2$, 在 (c) 中是 $\omega_1-\omega_2$, 其中 ω_1 和 ω_2 是原波的频率. 正如 Pauli 说的那样, 这可以类比为当两个乐符在非线性介质 (如耳朵) 中相互作用时声音组合而产生波. 如果新的波矢 $\boldsymbol{q}_3$ 和频率 ω_3 的比值 ω_3/q_3 是频率为 ω_3 的声波的波速, 这种过程就是可能的.

波动相互作用的条件可以用声子这种熟悉的形式来表达, 声子就是带有动量 $\hbar\boldsymbol{q}$ 和能量 $\hbar\omega$ 的波动的粒子状量子. 当两个声子结合产生第三个声子时, 它们的能量和动量必须守恒 ——$\hbar\omega_3=\hbar\omega_1+\hbar\omega_2$, 在 (b) 中有 $\hbar\boldsymbol{q}_3=\hbar\boldsymbol{q}_1+\hbar\boldsymbol{q}_2$, 在 (c) 中存在一个受激发射过程而且前式中正号换成负号. 当然, 在这些方程中并不需要包括 $\hbar$, 同样能够表达频率和波矢的守恒.

如果波是非色散的, ω/q 就是常数, 而且两列波只有在同向运动时才能相互作用. 这并不改变能流, 从而对热输运也没有任何限制.

Pauli 的贡献[28] 仅为他在德国物理学会的一次演讲摘要的扩充版, 给人们留下很大的想象空间. 在他的学生 Peierls 看来[29]—— 这段分析是错误的, 可以说是 Pauli 工作中唯一的失误 —— 没有错误的是他的主导思想, 他提出原子晶格不同于 Debye 的连续介质, 其中两个波可以相互作用产生第三个波. 在 Pauli 的建议下, Peierls 开始研究这个问题, 并发展出倒逆过程的概念. 这里没有必要重复第 17 章的讨论, 但它与我们现在的话题的关联则不得不提一下 —— 这个概念就是从非金属的热输运中引出的. 问题的关键在于, 在离散的原子晶格中不存在唯一的波矢规范 (图 12.4). 假定 $\mathrm{e}^{\mathrm{i}\boldsymbol{q}\cdot\boldsymbol{r}}$ 描述原子的位移, $\boldsymbol{r}$ 是一个原子的典型位矢, 如果 $\boldsymbol{g}$ 是倒格子中的任意矢量, $\mathrm{e}^{\mathrm{i}(\boldsymbol{p}+\boldsymbol{g})\cdot\boldsymbol{r}}$ 也同样可以描述原子的位移, $\mathrm{e}^{\mathrm{i}\boldsymbol{g}\cdot\boldsymbol{r}}$ 对每个原子都相等. 一个典型的波矢守恒过程可以用 $\boldsymbol{q}_3=\boldsymbol{q}_1+\boldsymbol{q}_2+\boldsymbol{g}$ 来表达, 这可以放松守恒律的要求以允许当波相互作用时其波动能量守恒而能量流不守恒, 从而热流能够被耗散. 波动系统中的动量是不守恒的, 但以 $\hbar\boldsymbol{g}$ 为单位在晶格中保持整体平衡. **【又见 17.7 节】**

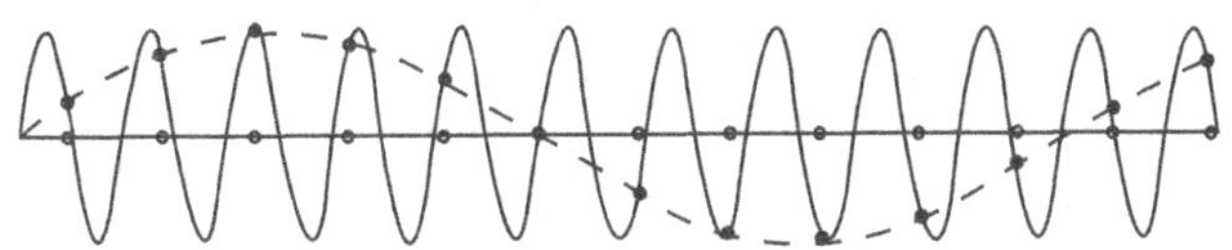

图 12.4 实心圈代表的是当横波通过时均匀间隔的原子 (空心圈) 的位移

实线和虚线在解释相关波形时是等效的

Peierls 细致入微的长篇大论符合一个研究生第一篇坚实论文的要求, 但主要结论可以用声子语言简短概括如下 —— 尽管此时引入声子有些时代错乱. 声子被碰撞破坏之前的平均自由程在高温区 ($T > \Theta_{\mathrm{D}}$) 遵从 Dulong-Petit 定律, 与同时存在的其他声子数成反比, 故以 $1/T$ 变化. 因为热导率 κ 正比于晶格比热和声子自由程, 而且 C 是常数, 所以 Eucken 推出 $k \propto 1/T$. Debye 对其进行了解释, 尽管他的论证原则上是错的. 在此时倒逆过程是主要因素, 但在低温区, 它就影响甚微了; 当所有声子的 $\boldsymbol{q}$ 远小于最小的 $\boldsymbol{g}$ 时, 不存在能够满足守恒条件的翻转过程, 平均自由程也急遽上升. 当 T 降至绝对零度时, 大的理想晶体中没有什么能限制这种上升, 但是 Peierls 注意到声子的散射最终可以破坏理想状态, 否则自由程将超过样品的侧向尺度, 声子将在各个方向的边界上无序的弹跳. 依据 Debye 的比热定律, 在一个圆柱形的棒中, 自由程将达到其直径的长度, 同时 κ 将以 T^3 律降至 0.

Peierls 的预言第一次被毫不含糊地证明要等到 1951 年 Berman 开始得到如图 12.5 的结果的时候. 图中峰值是室温下铜的热导率的 40 倍. 后续的工作在理论和实验上逐步完善, 但都是基于Peierls早期工作的发展. 1960 年, Berman 的综述[24] 与 Ziman 的专著[30] 给这个故事画上了句号, 人们对这一专题的兴趣也渐渐消退. Ziman 的专著中还包括了金属晶格的热传导, 其中电子贡献占主要地位, 并限制着声子自由程. 这个主题更倾向于讨论电子性质而非晶格动力学, 因此我们不再详细介绍.

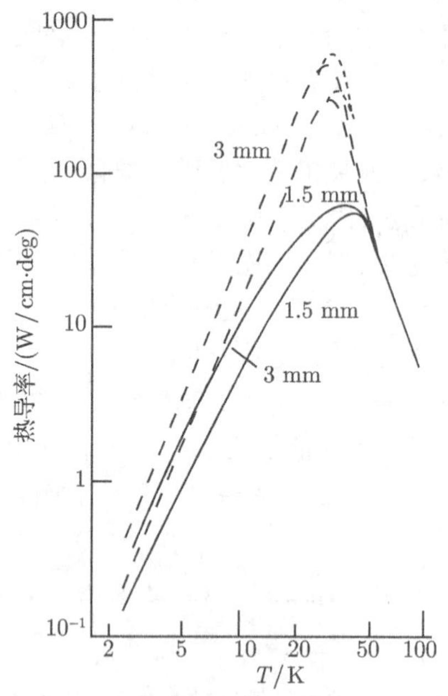

图 12.5　单晶蓝宝石棒的热导率 (对数坐标)

横坐标是温度, 纵坐标是以 W/(cm ·deg) 为单位的热导率. 当棒的表面变粗糙时, 其低温热导率随之下降, 这是因为此时声子会被表面散射而不再是镜面反射. 在 50K 以上的温区, 棒中的声子散射会限制声子自由程, 从而表面条件不再起作用

1964 年, von Gutfeld 和 Nethercot[31] 直接给出了低温下声子的长自由程. 他们的做法是, 蒸发合成蓝宝石 (Al_2O_3) 晶体薄片的两面, 一面用于加热, 一面当作热量计. 每个到达热量计的瞬时热能脉冲都可以分解为两个可分辨的脉冲, 其中一支横波是不受相干碰撞影响的弹道输运, 靠时间延迟我们可以把另一支纵波与之区分. 由于弹性各向异性, 波群并不一定沿着它的波前法向传播, 在特定方向还会出现辐射功率的强集聚. Northrop 和 Wolfe[32] 令人印象深刻地展示了这一现象. 他们的做法是, 在锗晶体的一面设置一个小的热探头, 再投射一束激光通过另一面到电视屏面上. 探头的响应显示即时的能量通过方向 (图 12.6), 这些细节可由锗的已知弹性常量自洽地确定. 这个实验本身与晶格动力学并无太多关系, 因为它完全可由弹性介质理论解释, 但这表明在其他领域中把弹道声子作为研究工具是有价值的.

图 12.6 Northrop 和 Wolfe 关于声子通过锗晶的弹道运动的优选方向 (光图像) 的演示

12.1.5 比热的晶格理论

在 Debye 比热理论巨大成功的阴影下, Born 和 Von Kármán 近似在处理三维晶格上的困难使这种方法几乎从人们的视野中消失. 这种方法虽然不是完整地提供, 但的确为后续发展提供了基础, 因此值得我们详细地介绍它而不是一笔带过. 为了充分理解它的起源, 我们从夏洛滕堡物理技术研究所的 Paschen 和 Rubens 等[33] 从黑体辐射自然延伸到对远红外光谱所作的系统性研究开始.

人们发现透明晶体的色散关系 (折射率随波长的改变) 可由紫外和红外的强吸收线解释. 假如吸收率服从标准共振曲线, 晶体在最大吸收附近将像金属一样发生强反射. Rubens 和 Nichols 设计的实验是利用晶面对热辐射进行多次反射 (约 6 次), 再以反射光栅光谱仪对其分析. 他们发现这一过程只有窄线 (剩余射线) 被存留下来并得到确定, 如石英分别在 8.50μm、9.02μm 和 20.74μm 处有三条吸收线. 在此期间许多晶体都被研究, 有的剩余射线远至 100μm. 正如我们提过的, 金刚石在远红外区是透明的.

Drude 的解释是[34]: 与金属中主要是巡游电子影响光学性质不同, 在绝缘体中, 电子被束缚在原子附近, 引起两种典型振动: 紫外区电子相对于其所属原子振动, 而在低频的红外区则是原子相互之间的集体振动. Einstein 在他的比热理论中接过这一想法, 提出剩余射线带代表了后一种类型的振动频率. 两年后 Madelung[35] 进一步完善了这一想法, 他的工作可以视作 Born 和 Von Kármán 方法的基础. 他认识到典型的振动并非如 Einstein 理论中那样仅局限于单个原子, 而是整个晶体的振动, 因而存在一个源于相邻原子反相振动的自然高频截止. Madelung 虽未涉及比热理论, 但是他发现了晶体弹性常量和剩余射线频率之间的关系. 他基于当时已被广泛接受的离子假设, 设计了一个符合 NaCl 的模型. 在这个模型中, Na 和 Cl 原子就像盐溶液中的离子一样分别带着相反电荷, 交替出现在简单立方晶格中. 模型中相邻的离子被想象成用弹簧相互联结, 其强度由弹性常量决定. 由弹簧的弹性常量和原子质量原则上可以决定任意振动模的频率. Madelung 找到了与红外吸收有关的模式 —— 晶格中所有处于与晶格对角线垂直的平面内的 Na 原子都在同相振动, 而处于夹在这些面之间平面内的 Cl 原子则在面内反相振动. 频率的理论值与实验符合得很好. 6 年后 Bragg 父子通过 X 射线衍射证实了这一模型的正确性, 人们也许曾期望他们会提起 Madelung 的工作, 但很可能他们并不知道他的工作. 他们认为他们 (和 Madelung) 选取的的模型已经被强有力地证明了, 不过这一证明很可能引用了 Barlow 和 Pope 关于填充球的大量研究. Madelung 方法的创新之处似乎在于他假设的单元是离子而非原子. 1906~1909 年的这些观念形成的历史, 尤其值得那些认为是 von Laue 和 Bragg 父子创立了晶体化学的教科书编纂者们记住.**【又见 6.2 节】**

Born 和 Von Kármán 近似的核心本质在于突破 Madelung 选定的振动模式的限制, 描述任意波矢 $\boldsymbol{q}$ 的驻波的普遍情形. 困难在于人们对原子间相互作用力知之甚少, 而且在计算机的蛮力能够承担起精细的数值计算之前对这个问题的数值解决也是令人望而生畏的. 以简谐弹性的弹簧联结的一维原子链是可以解析求解的, 而 Born 和 Von Kármán 也给出了这个解, 大概他们和 Debye 一样, 也没注意到 Rayleigh 已经详尽地讨论过这个问题. 把和波数 $\boldsymbol{q}$ 相联系的简正模的角频率 ω 换成一个常速度 $\boldsymbol{u}$, $\omega = uq$, 他们发现 $\omega = \omega_0 \sin(aq/2) = \omega_0 \sin(\pi a/\lambda)$, 其中 a 为原子间距, 而 ω_0 由原子质量和传播常数决定. ω_0 是当 $\lambda = 2a$ 时的最高振动频率, 这时相间原子反相振动. 在波数 $q = \pi/a$ 附近的能带之上的频率仅在 ω_0 附近微小变化, 并且由于这些模的波数在 q 空间平均分布, 从而在 ω_0 频率附近存在大量的简正模. 这一特征区别于 Debye 近似, 而且导致由比热导出的 Debye 温度, 如上所述, 也依赖于温度而变化.

Max Born
(德国人, 1892~1970)

Born 于 1892 年 12 月生于布雷斯劳 (即现在波兰的弗罗茨瓦夫 —— 终校者注). 他的父亲是一位大学胚胎学席位教授. 他在布雷斯劳接受了基础教育, 并在大学里选修了物理学、化学、动物学、 哲学、 逻辑学和数学. 后来他前往哥廷根并于 1907 年获得了博士学位, 在那里他与 Carathéodory、Courant、Hilbert、Minkowski、Schwarzschild 和 Voigt 一起研究和工作.

1913 年 Born 与 Ehrenberg 结婚, 之后于 1914 年接受了柏林的教授职位, 然后又于 1919 年与法兰克福的 Von Laue 交换了教授职位. 1921 年, 他接替 Debye 担任了哥廷根的物理研究所所长, 他的助手包括 Pauli、Heisenberg 和 Jordan, 这个研究所成为量子理论发展的最前线. 1933 年希特勒上台, Born 被迫辞去了他的职位, 并接受了去剑桥的邀请.

1936 年 Born 被任命为爱丁堡大学的 Tait 自然哲学讲席教授的职位, 在那里他建起了一个研究团队并被选为英国皇家学会的会员. 1953 年退休之后, 他返回了德国的巴得皮尔蒙特并积极担负起了科学家的社会责任. 1954 年, 他因在量子理论方面的工作获得了诺贝尔奖.

Born 终生都是一位热情而优秀的音乐爱好者. 1970 年, 他在哥廷根去世, 留下一位寡妻、一个儿子和两个女儿.

Born 和 Von Kármán 通过假定晶格各向同性且简正模在 q 的每个方向上都有相同的色散曲线 (ω 对 q 的依赖关系), 从而简化了三维问题. 这样就可以直接求出热振动的能量及比热. 正如 Blackman 在一篇关于早期工作的有益评述[36] 中所说的那样, Born 和 Von Kármán 的表达式远比 Debye 的复杂, 但与实验数据的符合程度却差不多. 几乎与此同时, 1914 年 Born[37] 将他和 Von Kármán 的理论应用到了金刚石上, 这种晶格结构刚刚被 Bragg 父子测定. 理论上需要金刚石的原子间力的参数, 为了获得这一知识, Born 提出长波模应与在整个晶体中传播的宏观弹性波一致. 结果 Born 就这样证明了由 Born 和 Von Kármán 理论所求得的非 Bravais 格子 (其中的力依赖于原子键的夹角) 的弹性常量值与宏观理论相符, 而与 Cauchy 过分简化的 Bravais 模型不同. 这些结果与金刚石弹性常量的已知结果是一致的.

在此之后除了一些微小的改进外, 直到 20 世纪 30 年代由 Born 和他的小组重新启动前, Born 和 Von Kármán 方法的发展陷入了停滞. 对于 Von Kármán 来说, 这里的工作只是他在空气动力学方面的终身工作中的一次短暂的幕间休息;而Born则承认 —— 正如他在 1965 所回忆的那样 —— 在与 Von Kármán 的合作结束后, 他也对这一领域失去了兴趣, 但对研究生而言这依然是一个有价值的课题. **【又见10.3.2节】**

Blackman 正是这些学生之一, 他解决了沿边及面对角线上以弹簧与相邻原子相连的全同粒子组成的简立方固体的问题. 虽然这个模型并不是很实际, 但是在那个只有手摇计算机的时代即使是计算这么简单的模型的比热[36] 也是一个艰难的挑战. Born 和 Von Kármán 的理论形式立刻显示出困难所在：对每个三维的波矢 $\boldsymbol{q}$, 原子位移的动力学方程是互相耦合的三元方程组. 简正模的频率是这个 3×3 矩阵的本征值; 或者等价地说, 决定这些模式的频率的方程是三次方程, 并给出三个独立的简正模, 在三个对称的方向上一个是纵模, 两个是横模. 计算比热要求对整个 Brillouin 区中大量不同的波矢重复这一过程, 其中包括求这些三次方程的数值解. 我们在图 12.7(a) 中展示了 Blackman 对 Brillouin 区中 8000 个点计算所得的频率分布, 我们可以把它与现在考虑到第五近邻的原子间力和 Brillouin 区中更多点的影响的计算即图 12.7(b) 加以比较. 由 Blackman 的态密度求出的 Θ_{D} 给出了在许多固体中都被观测到的定性特征 —— 中间温度范围的 Θ_{D} 极小值反映了源于 Brillouin 区边界的横向声学模的态密度峰值.

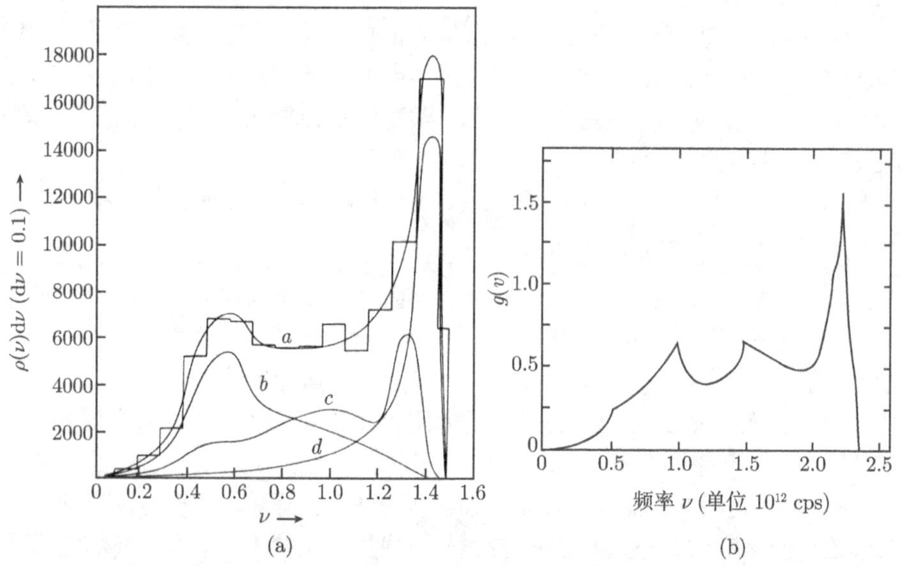

图 12.7　(a) 考虑最近邻相互作用的简单立方晶格的态密度曲线 a 给出总的态密度[36]. (b) 通过对 Brillouin 区中 60466176 个简正模计算得到的 9K 温度下钾的频率分布函数[38]

由于做这些计算十分困难, Montroll[39] 等做出了巨大努力来发展各种简单二维和三维原子模型的解析方法. 除了 van Hove[40] 通过对色散曲线上极大点、极小点和鞍点的分析而引出的态密度本性奇点的研究之外, 这些结果现在都被计算机精密的计算所取代. 这些奇点通常是在态密度对频率的导数不连续的那些频率点上, 如图 12.7(b) 所示.

1936 年移居到爱丁堡以后, Born 的小组继续他们在晶格动力学理论方面的工作. 尤其值得注意的是 Kellermann[41] 关于碱金属卤化物 ——NaCl 的工作. Kellermann 采用 Madelung 模型处理碱金属卤化物 —— 其中带电离子以静电力和短程排斥力相互作用, 然后在 Brillouin 区中计算了 48 个不同波矢的振动频率. 在执行这些计算中所要克服的新的困难是静电力的计算. 离子的位移引起电偶极矩, 而电偶极矩间又以随距离 $1/r^3$ 减小的偶极–偶极相互作用互相耦合. 所有偶极–偶极相互作用的总和是甚远程的相互作用, 而且事实上当波矢 $\boldsymbol{q}$ 为 0 时它仅仅条件收敛并依赖于晶体的宏观构形. 这些问题被 Kellermann 通过 Ewald 变换把长程的偶极–偶极相互作用之和转换成两个快速收敛的和式. 同样的处理方法今天仍被用于计算机数值处理中, 但相较于用手摇计算机工作的 Kellermann 当然是容易得多.

图 12.8 所示是一些高对称方向上的色散曲线. 这些结果表明纵模和横模都同时具有光学和声学性质. 低频声学模使 Na 离子和 Cl 离子主要为同相运动, 而在高频光学模中则主要是反相运动. 更为有趣的是, 当波矢 $\boldsymbol{q}$ 趋近于 0 时, 横向与纵向光学模的极限频率是不同的. 这是长程力仅在长波长时条件收敛的直接结果, 也是离子晶体中所有红外光学模的特征.

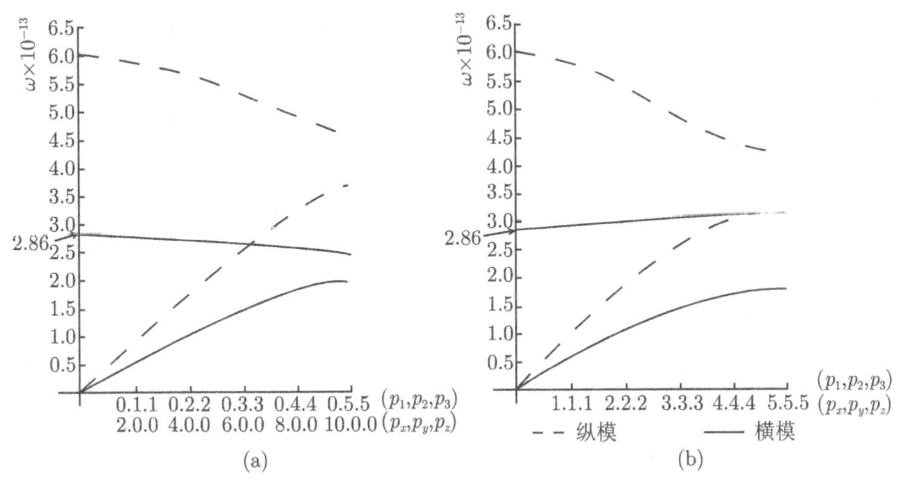

图 12.8 Kellermann[41] 计算的 NaCl 的色散曲线

波矢 $\boldsymbol{p}=10a\boldsymbol{q}/2\pi$, 图中所示的色散曲线分别是 (100) 和 (111) 方向的

Kellermann 的计算及 Iona[42] 关于 KCl 的类似计算都与比热测量的结果符合得很好. 不久, 黄昆[43] 通过以 Maxwell 电磁方程组取代 Coulomb 静电定律来计算电偶极子之间的力, 深化了 Kellermann 的工作. 他们结果的唯一重要的区别在由于波矢极小 (约为 Brillouin 区尺度的万分之一) 从而光学模与光波的频率可以相比拟处. 对于这些波矢, 光波 —— 即光子, 与晶格动力学波 —— 即声子, 相互作用产

生出如图 12.9 所示的耦合波. 后来这个结果被重新发现 —— 尽管没有黄昆的工作那么优美 —— 并被命名为电磁耦子, 再后来 Raman 散射的测量结果证明了这一理论的正确性.

1954 年以前晶格动力学的发展在 Born 和黄昆 [45] 的专著中得到了完善的总结, 其中有许多内容至今仍被正统理论保留为权威论述. 除了上面已讨论过的主题外, Born 和他学生建起了一个理论框架, 包括光学性质 (如红外吸收和 Raman 散射) 和弹性与热学性质 (以原子间力表述). 那时的困难在于, 尽管已经发展了一套形式理论, 但人们对原子间力仍知之甚少, 而给出能与实验相比较的定量结果 (比方说比热) 则极为冗长乏味. 结果整个领域的沉闷使得它无法引起人们的注意. 这个领域亟待更为精确的实验数据来与理论进行比较, 以及更多原子间力的信息. 完善比热测量并由此推出更多频率分布信息的努力被证明是徒劳的, 因为热膨胀和非谐效应引起的比热变化很小, 它非但难于确定, 而且还会在相应的频率分布中引入可观的误差. 无疑, 只有对特定波矢 $\boldsymbol{q}$ 的频率 ω 直接测量才能得到所需要的信息, 最好是能得出像图 12.8 中那样的色散关系曲线 $\omega(\boldsymbol{q})$.

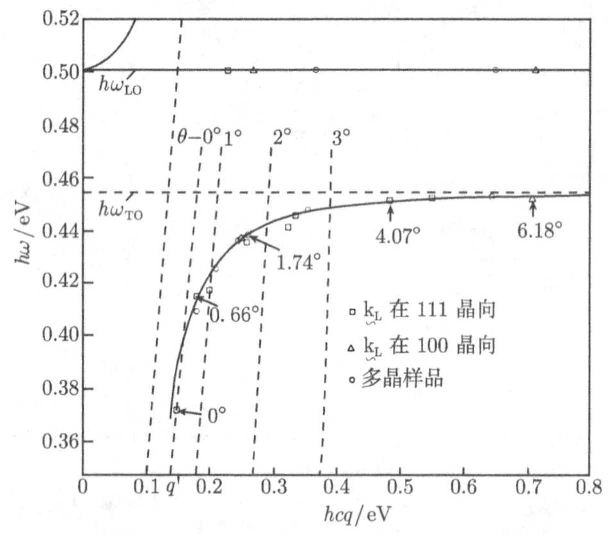

图 12.9 电磁耦子 (纵向光学模和光子耦合的激发) 的实验色散曲线

测量数据来自于对 GaP 小角度下的 Raman 散射实验[44]

第一次对色散曲线直接进行测量是借助 X 射线散射技术完成的. 这个主题漫长而复杂的历史在第 6 章有所介绍, 更详细的见 Lonsdale[46] 的综述. 晶体的 X 射线散射不一定只由 Bragg 反射引起, 也可能是由声子产生和湮没引起. 散射中的波矢转移 $\boldsymbol{Q}$ 为 $\boldsymbol{q}+\boldsymbol{g}$, 其中 $\boldsymbol{g}$ 为倒格矢 (Bragg 反射), $\boldsymbol{q}$ 为声子波矢. Laval[47] 发现这导致每个 Bragg 反射附近都有源于声学模的散射所造成的弥散光晕, Curien[48] 对此做了更加定量的研究. 这一精细理论表明声子散射强度与频率的平方成反比, 并依赖于简正模位移的模式. Walker[49] 通过仔细的定量测量, 设法推出了铝的声子色散曲线, 如图 12.11 所示. 但是这种方法很难广泛应用, 因为它需要对 X 射线的 Compton 散射及多声子散射加以修正. 所以这种方法不能直接给出对频率的精确测量, 而需要通过对强度的测量来推断频率值.

20 世纪 50 年代末中子散射技术的应用使对色散关系的精细测量成为可能, 这深刻地影响了后来的发展. 大约与此同时, 高强单色激光光源的发展也使得光散射的方法更加有效. 这两种技术的巨大进步给我们带来了更多更有用的关于声子和原子间力的实验信息.

12.2 新的实验技术

12.2.1 中子散射

中子发现于 1932 年, 很快人们就发现它会被晶体材料衍射, 然而相关的进展直到第二次世界大战期间与战后人们建成了核反应堆从而能够提供更强的中子源时才得到推动. 要运转这些反应堆, 就需要在减速剂中热化中子, 而这些热中子或者说慢中子的能量服从以减速剂的温度和 Boltzmann 常数的乘积为中心的 Maxwell-Boltzmann 分布. 常温减速剂释放的中子的 de Broglie 波长为 0.18nm, 与 X 射线波长和晶体中的原子间距相当. 如第 6 章的讨论, 中子的单晶衍射与 X 射线类似, 但优于 X 射线, 这是因为中子散射取决于核的性质而非原子序数. 因此, 它很方便用于轻原子情形并区分原子序数相近的原子. 由于中子有磁矩, 它还可以用于磁结构的测定, 现在已成为确定磁精细结构的公认手段. **【又见 6.6 节】**

第一个核反应堆建立以后, 橡树岭实验室的实验科学家们便开始用中子来研究物质结构. 通过利用反应堆发出的中子束对大块单晶作 Bragg 反射, 我们可以得到一束近单色 (即单能) 的中子束, 再用这些单色束结合常规的晶体学技术就可以测定多种多样的晶体结构和磁结构. 然而中子对固体物理学的贡献并不仅限于确定结构. 这些热中子的能量非常接近于简正振动模的量子化能量 $\hbar\omega(\boldsymbol{q})$. 当中子被单声子散射时, 伴随的能量转移为 $\hbar\omega(\boldsymbol{q})$, 波矢转移为 $\boldsymbol{Q}=\boldsymbol{q}+\boldsymbol{g}$. 由于变化值 $\omega(\boldsymbol{q})$ 和 $\boldsymbol{Q}$ 与中子的初始能量和波矢相比都很大, 这两个量原则上是可测的. 这就和 X 射线散射不同, X 射线实验中 $\boldsymbol{Q}$ 很容易测量, 而能量的改变却非常小, 仅十万分之一.

在 20 世纪 40 年代, 材料对热中子的散射理论在反应堆的减速剂设计中至关重要, 但早期工作很少有直接研究基础固体物理的. 正如 Placzek 和 Van Hove 在 1954 年所明确指出的那样[51], 到 1950 年已经有一些实验室意识到中子散射在原则

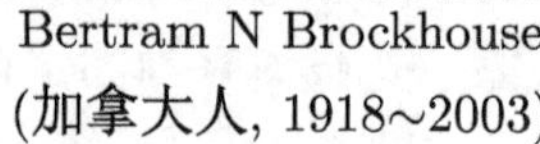

Bertram N Brockhouse
(加拿大人, 1918~2003)

Brockhouse 生于 1918 年, 并于 1939 年 ~1945 年期间在加拿大海军服役. 1947 年, 他在英属哥伦比亚大学获得学士学位, 继而前往多伦多大学攻读博士.

1948 年 Brockhouse 与 Doris Miller 结婚, 并于 1949 年成为多伦多大学的讲师直到 1950 年他完成博士学业为止. 获得博士学位之后他成为加拿大原子能公司的研究员, 最初是和 Donald Hurst 一起从事中子衍射的工作.

除了乔克河的 NRX 反应堆停用期间对布鲁克海文国家实验室的长期访问外, Brockhouse 在乔克河一直呆到 1962 年. 他大部分重要的实验都是在 1956 年 ~ 1962 年完成的. 1960 年 ~1962 年他担任了公司中子物理部门的主任. 1962 年他成为麦克马斯特大学的物理学教授, 一直到 1984 年退休. 由于他的研究工作, 他获得了很多奖项, 其中包括 1994 年的诺贝尔奖、1965 年的英国皇家学会会员奖及 1962 年的美国物理学会 Buckley 奖.

Brockhouse 是一位加拿大爱国主义者, 有四个儿子和一个女儿.

上为测量声子色散关系提供了手段. 这一可能性吸引了若干小组, 而最成功的实验是由加拿大原子能公司的 Brockhouse 做出的. 他意识到虽然实验将会遇到困难而且中子束的强度会很低, 但是他有乔克河① 的反应堆可以为此类实验提供当时世界上最高的通量的优势. 于是他便着手发展测量散射中子能量的必要技术. 他改进了中子探测器和设备的防护装置及单色晶体的尺寸和反射率, 而后者可能是最重要的改进. 这些改进使他能够建起第一台三轴谱仪 (图 12.10)—— 其中散射能量由第二个单色晶体测量. 初次实验[52] 使用了固定的入射中子能量, 由此可测出铝的声子色散曲线 (图 12.11). 这是对金属中的声子的第一次直接观测, 但是直到人们意识到三轴晶体谱仪能够被用来测量给定波矢下的频率 —— 即所谓常数 Q 技术时, 它更重要的作用才算体现出来. 这项技术实现于 1958 年. 1960 年为了能使谱仪被计算机生成的打孔纸带控制, 人们对它重新进行了设计. 在这种谱仪上, 人们做出了大量的重要实验, 而且尽管在单色仪效率和计算机直接控制等方面有了改进, 使得其操作更加友好和方便, 但是直到今天它的使用方式还和它被发明时一模一样.

①乔克河 (Chalk river) 是加拿大安大略省的一个村庄, 加拿大国家核研究基地建于此地. —— 终校者注

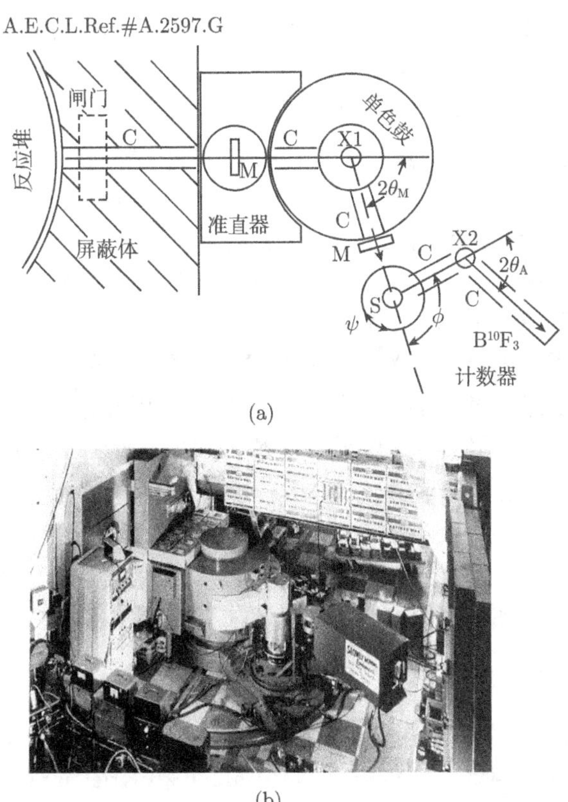

图 12.10 (a) Brockhouse 搭建的原始三轴晶体谱仪的示意图[50]；(b) 一张谱仪的照片, 里面分别是单色鼓、样品低温箱及分析谱仪

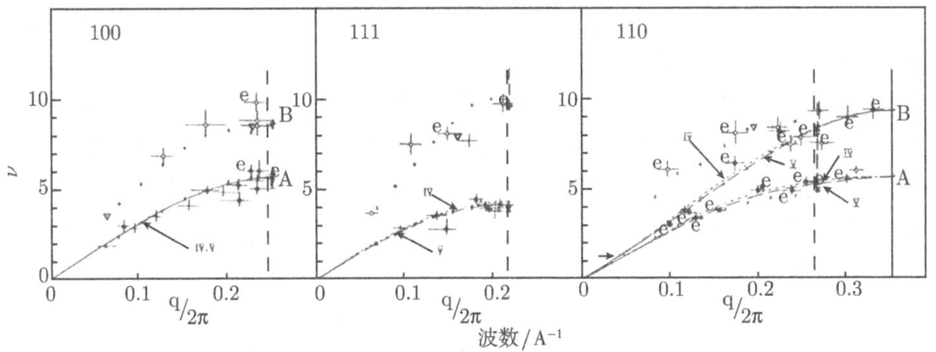

图 12.11 三个主对称方向上铝的声子色散曲线

ν 的单位是 THz, 不同的线代表不同的模型, “+”和“×”来自 X 射线实验[49], 实心和空心圆来自中子实验[52]

20 世纪 50 年代多数其他实验室采用了另一种方法来测量中子的能量转移. 他

们用一个中子选择器来产生脉冲单色束, 然后通过测量中子选择器与探测器之间的飞行时间来确定散射能量. 实践表明, 这种设备对单晶测量不如三轴晶体谱仪有力, 但是对各向同性的系统 (液体和无定形材料) 则极为有用, 尤其是在配合现代计算机之后. 利用飞行时间技术的第一个成功实验是 1957 年在 Cohen 和 Feynman 建议下加拿大原子能公司、斯德哥尔摩和洛斯阿拉莫斯的小组对超流液氦中 Landau 声子–旋子色散关系的测量[53]. **【又见 11.2.1 节】**

最早的中子散射实验所使用的都是基本只用于生产同位素和材料测试的反应堆. 早期实验的重要性和成功使得从事此类实验的小组迅速增多, 也促使人们在布鲁克海文和格林诺布建立专门为中子散射提供强中子束的反应堆. 格林诺布的反应堆配有热源和冷源以调节慢中子的温度, 并大量利用导管把中子从反应堆中输运出来. 但无论这些设备如何复杂和精细, 它们的基本原理仍与早期实验所用的相似.

这些反应堆提供的中子通量仅为 Brockhouse 所使用的反应堆的 5~10 倍. 通量增加缓慢是因为它要受反应堆的传热问题限制. 于是 Rutherford-Appleton 实验室及世界上的其他实验室开始利用质子加速器和散裂过程来获得新的中子源. 与此同时, 中子对凝聚态物理学的决定性贡献也扩展到了化学、生物学和材料科学中.

12.2.2　Raman 散射

Raman 散射, 即声子对光的非弹性散射, 首先于 1928 年由 Landsberg 和 Mandelstam[54] 在固体中观测到. 大约与此同时, Raman 和 Krishnan[55] 也在液体和气体中观测到了这一现象. Landsberg 与 Mandelstam 发现尖锐谱线附近出现了尖锐的伴线, 这一结果后来被解释为单个长波光学声子对光的散射. 与之相反, Fermi 和 Rasetti[56] 在 1931 年发现的连续谱则源于两个声子的同时散射. Raman 散射很弱, 并且由于散射中的频率改变一般为入射频率的 10^{-3}, 所以入射光必须是高度单色的而且探测散射光的光谱仪也必须是高分辨率的. 这样的条件在白光汞灯是唯一可用光源的那个时代太苛刻了, 所以几乎没有哪个实验小组还能继续对 Raman 散射的研究. 一直到了 20 世纪 60 年代前期, 强单色性与高准直性的激光光源的发明才给这一领域带来了根本性的转变, 这一技术也被许多实验室迅速采用. 高分辨率和实验难度相对降低使得 Raman 散射得以广泛实现, 并且成为研究声子频率和寿命的有力工具. **【又见 18.2.3 节】**

1930 年 Mandelstam 首先给出了一阶 Raman 效应的经典力学解释[57], 同年 Tamm 给出了量子力学解释. 在 Placzek 1934 年的综述[58] 之后, 一直到 1947 年 Born 和 Bradburn[59] 讨论碱金属卤化物的双声子谱及 Smith[60] 对金刚石作相关计算以前, 这方面的工作进展甚微. 这一理论在 Born 和黄昆的专著[45] 中得到了非常清楚的总结. 对 Raman 效应的全面理解一方面需要知道声子与光耦合模式的频率及寿命, 另一方面还需要了解光与声子的耦合性质. 前者是晶格动力学的基本问题, 已在本章的其他部分有过讨论. 人们为建立耦合机制的理论作出了许多勇敢的尝试, 包括 Placzek 和 Born 将极化率对原子的位移作展开及 Loudon[61] 利用三阶微扰理论描述虚电子跃迁. 不过这些都难以定量应用, 限制了这一否则将是很有价值的技术的应用.

12.3 晶格动力学的发展

12.3.1 离子晶体

Born 的离子晶体理论是不完善的, 因为它忽略了离子的极化率, 而这正是引起晶体中光学折射率与真空中不同的原因 —— 离子在光生电场中会极化. 这个故事的前段已经在第六章讲述过, 接下来让我们再从 Dick 和 Overhauser[62] 的离子壳层模型方案开始 (图 12.12) 继续讲. 外层的电子被视作一个无质量的壳层, 它与离子实分离形成极化偶极子. 这些壳层通过短程交叠力和静电力与其他离子实和壳层相互作用, 并且通过一个弹力附着在自身的离子实上. Woods, Cochran 和 Brockhouse[63] 推广了这一模型来解释刚被测量出的 NaI 与 KBr 的色散曲线, 结果符合得相当好 (图 12.13). 无疑壳层模型成功地抓住了主要的物理本质, 因此这个模型及其他等价的模型被广泛用于描述离子晶体中的原子间力.

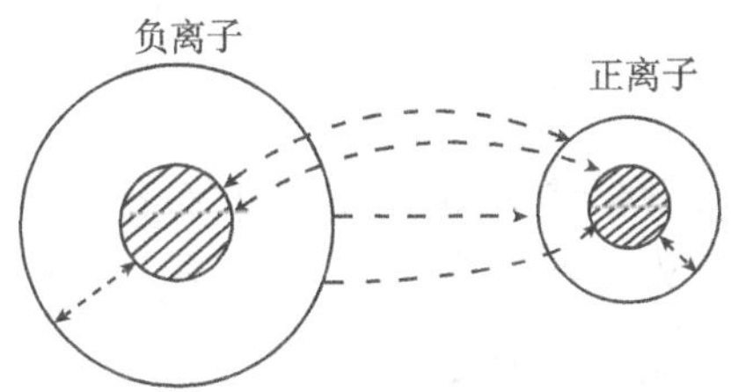

图 12.12 (碱金属卤化物) 晶体中离子的壳层模型, 示出了不同的短程力与壳–实耦合

尽管有上述的成功, 但把壳层模型的结果与实验数据严格比较, 人们还是发现这个理论存在一些困难. 特别是一些模的频率只有在某些参数取非物理的值时才能得到正确的结果, 例如, 让电子壳层带正电! 这一困难可以归因于忽视了另一类型的电子畸变. Schröder[64] 指出有必要考虑表现为电子分布的各向同性径向往复运动的离子畸变. 这并不产生电偶极子, 也不由长程的偶极力所产生, 仅依赖于短程力.

显然大家要问是否还需引入更多的离子畸变呢? Fischer 等[65] 认为在描述 AgCl 的原子间力时需要加入 Ag 离子的四极畸变. 然而, 在绝大多数离子材料中, 仅考虑几个邻近离子间短程交叠的原子间力的简单力学壳层模型就已经相当令人满意了. 我们也许会惊诧于一个如此简单的模型能这么好地描述一个复杂的电子体系,但是球形离子的电子畸变可能与电子激发态的性质有关, 对闭合的壳层它们的复杂程度并不会超过 s 波或 p 波[66].

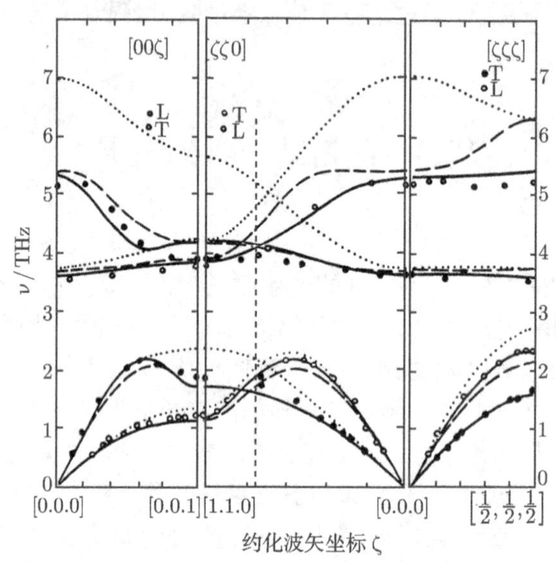

图 12.13　NaI 的声子色散曲线[63]

点是所测频率, 虚线是刚性离子模型, 破折线为壳层模型, 实线是往复运动壳层模型

12.3.2　金属

由于自由电子可能会散射声子, 所以起初人们并不确定在金属中是否会像离子晶体中一样存在良好定义的声子; 或者说, 人们不清楚晶体的能量是否能用仅依赖于原子坐标的势函数表达. 这就是 Born 和 Oppenheimer 引入的绝热近似[67], 但是他们不能证明这对金属来说也是一个良好的近似 —— 尽管这些疑问并没有能够阻止固体物理学家们想当然地认为声子存在. 渐渐情况变得明了, Brockhouse 和 Stewart 的实验[52] 及 Migdal 的理论工作[68] 都证明了铝中确实存在声子.

接下来许多金属的声子色散曲线得到了精细的测量, 尤其是钠和铅. 钠的色散曲线[69] 可以由包含邻近原子间的力 (经典弹簧力) 的 Born 和 Von Kármán 模型解释. 具体地说, 为了与实验数据符合必须考虑到第五近邻的原子. 这个模型说明力是由传导电子传递的, 因为原子实之间的直接交叠不会影响到第五近邻原子; 这个模型不令人满意的地方则是, 它包含了 13 个参数. 在这些测量得以实现的同时, 赝势方法[70] 的发明为计算传导电子与原子实之间的耦合带来了新的希望, 人们可以通过计算电声子相互作用来计算原子间力. 一个原子的运动会改变传导电子的分布, 并作用在另一个原子上. 这种原子间力的起源理论至少可以追溯到 Bardeen 1937 年的一篇重要论文[71], 然而第一次应用却得等到 1957 年 Toya 对钠的色散曲线的计算中[72], 尽管他并没有明显地使用赝势理论. Cochran 在钠中成功地应用了由 Sham[73] 发展的公式, 显示出赝势方法的巨大威力. **【又见 17.18 节】**

钠是一种特别简单的金属, 它的 Fermi 面是近球状的, 而离子实的势场几乎不影响传导电子. 而铅是一种复杂得多的金属, 它的每个原子都有 4 个传导电子, 而且有更强的电子–声子相互作用, Brockhouse 和他的同事[74] 发现需要更长程的原子间力才能解释所测出的色散曲线, 这是 Kohn 1959 年指出的一个效应的结果[75]. 当波矢 $\boldsymbol{q}$ 的幅度大于 Fermi 面的直径 $2k_{\mathrm{F}}$ 时, 屏蔽不同于 q 小于 $2k_{\mathrm{F}}$ 时的情形, 因为只有在后一种情形中声子才能够激发 Fermi 面上的电子和空穴形成电子–空穴对. 在临界值 $q = 2k_{\mathrm{F}}$ 处, 可以预见色散曲线将有一个扭折, 如图 12.14 所示. 在钠这样的自由电子金属中电子–声子耦合过于微弱从而难以观测到 Kohn 异常. 与电子–声子耦合一样, 异常的强度也依赖于 Fermi 面的态密度, 当材料为准一维的时候, 由于导体线性链的金属性行为, 态密度变得非常大. Peierls[76] 在 1928 年首先预言, 此时晶格对于电子能量在 Fermi 面上打开一个能隙的畸变将是不稳定的; 就 Kohn 异常来说, 色散曲线在 $q = 2k_{\mathrm{F}}$ 处有一个无限大的奇点. 尽管这个强相互作用系统的精确行为还不清楚, 但一维金属 KCP(其化学式见图 12.15) 的声子色散曲线[77] 为极强的 Kohn 异常提供了有力证据, 这些正与先前在准一维材料中的预测相符, 它引起了晶体结构的畸变.

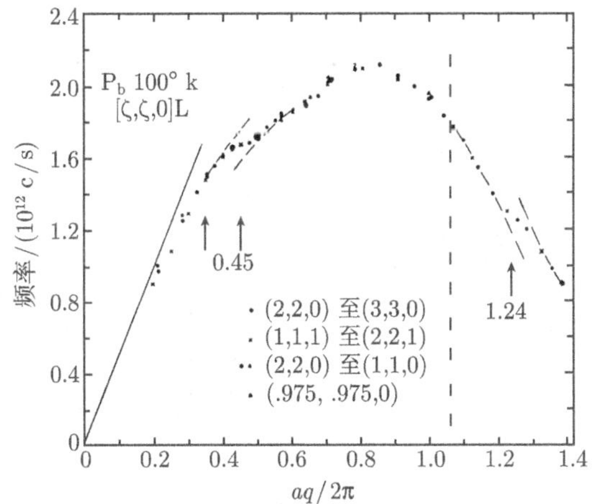

图 12.14 铅沿 (110) 方向的声子色散曲线[74]

注意在 $aq/2\pi = 0.45$ 和 1.24 处的突现异常

自 1960 年以后, 人们已经获得了多数简单金属和有序合金结构中的声子色散曲线的丰富实验数据. 然而, 由于赝势理论并未成功地推广到更为复杂的金属中, 所以其理论进展并不让人满意. 由于这些原因, 计算传导电子引起的屏蔽的问题也远未解决, 而包括真实的能带结构和 Fermi 面的计算则有更多的困难.

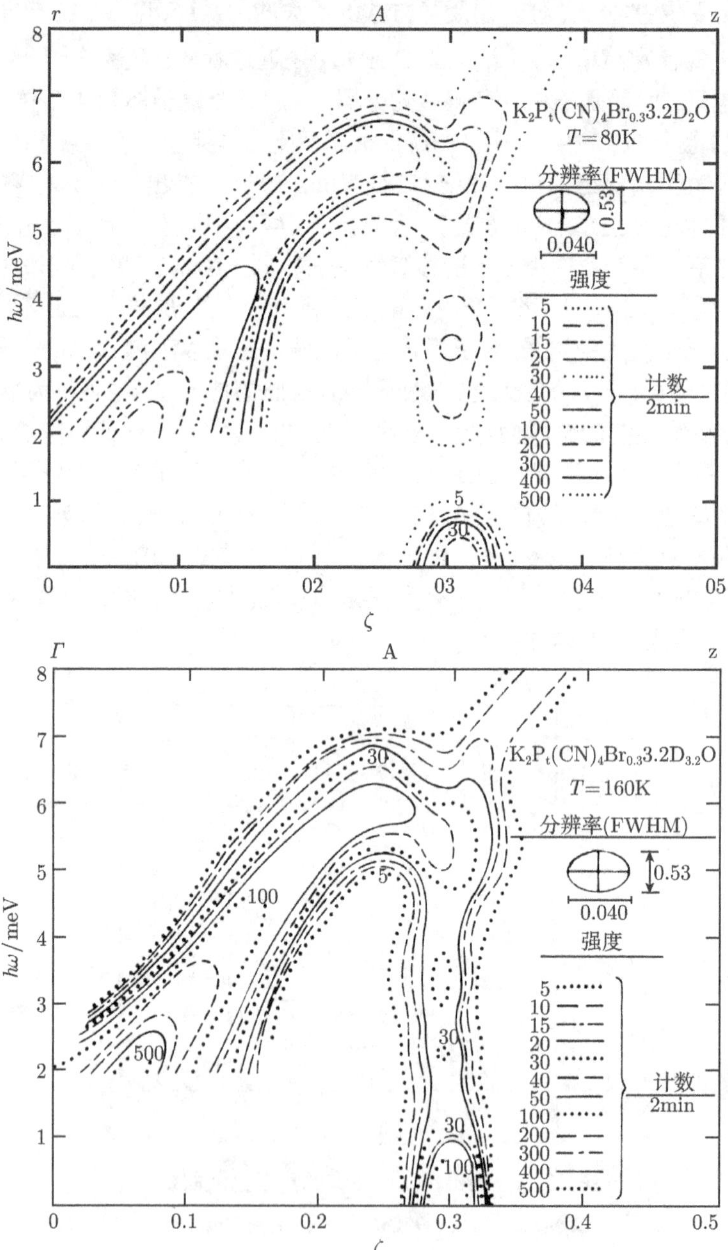

图 12.15　80K 和 160K 下在 KCP 中观察到的沿链方向 c 的波矢的散射[77]

$q=\varsigma c^*$. $\varsigma=0.3$ 处的散射柱源于近一维 Fermi 面的 Kohn 异常, 在 80K 时还出现了 Peierls 不稳定性和弹性 Bragg 峰

12.3.3 半导体

半导体中的原子间力的性质及声子色散曲线是一个重要的问题, 因为它正好介于离子晶体和金属之间. 最早对色散曲线进行计算的是 Smith, 他采用了最近邻相互作用力及 Born 和 Von Kármán 理论, 但就像在离子晶体和金属中的情形一样, 这种方法的局限会被更精密的实验所暴露. 在 1959 年 Brockhouse 和 Iyengar[78] 对锗的色散曲线进行测量之后, Herman[79] 指出, 假如要使用 Born 和 Von Kármán 理论的长程力, 起码要考虑到第五近邻原子的贡献.

Mashkevich 和 Tolpygo[80] 认为在共价晶体中感生偶极力是重要的, 而 Cochran[81] 则将壳层模型用于描述锗. 考虑最近邻和次近邻的壳层模型与实验数据有着惊人的符合, 但在半导体中这个模型却不像在离子晶体中那样令人满意. 首先, 除非引入大量的参数, 它难以和色散曲线精确拟合; 其次, 半导体中的共价键是有方向性的, 人们不清楚如何对它用球形壳层建模. 结果涌现出各种各样通过将电荷置于原子间键的中心来描述成键电子的模型. 通过足够的参数调整, 这些模型都能符合某些实验结果, 但没有一个能够完全令人信服[82].

另一种计算原子间作用力或声子色散关系的方法则来自于一个完全微观的模型. Hohenberg, Kohn 和 Sham[83] 通过比较畸变与非畸变晶体的能量, 使用他们的局域密度泛函理论来计算少数声子的频率. 这个方法对简单半导体中少数声子给出了合理的符合, 但是却难以推广到整个声子色散曲线.

12.3.4 非谐效应

晶体中的原子间势不仅不是简谐的, 而是还包含引起比热、简正模频率及弹性常量一个小修正 (~10%) 的非线性 (非谐) 项, 这一项也是解释热导率和热膨胀所需要的. 由于这些效应相对较小, 大多可由微扰论处理, Born 和 Blackman[84] 由此解释了在离子晶体远红外光谱中所观测到的简正模的线宽对温度的依赖. 20 世纪 50 年代末多体技术的发展更为优雅地重塑了这一理论, 而且还推广到具有大的非谐效应的系统, 在红外谱的理论中尤其硕果累累. Madelung 对碱金属卤化物所提出的模型预测, 每个能被红外激发的简正模都会有一条并不复杂的共振吸收曲线, 但是精细测量表明, 在主要共振的两侧还有着可观的精细结构. 多体理论把这种结构解释为某种意义上仅仅是观测方法所引入的人为假象. 由于红外模的寿命[85] 取决于它衰变为其他声子对的时间 —— 这依赖于双声子的态密度, 而且它也随频率而变化, 这种频率还被用来研究简正模. 在非谐晶体中, 如果不能确定研究模式所用的频率, 就不可能确定模式本身的频率和寿命. 对这一精细结构的计算始于 1963 年[85], 图 12.16 给出了 Hisano 等[86] 于 1973 年给出的结果.

Born 和他的同事所提出的长波方法建筑在对长波声学模必须与微观弹性理论的波等价的认识基础上. 但在非谐晶体中情况更加复杂, 甚长波的周期远大于材料中多数声子的寿命. 在每个周期中都会有多次声子散射, 材料在每一点都处于由局域温度和应变定义的热力学平衡态. 相反, 高频情况下, 在一个周期内, 时间不足以使所有声子达到热力学平衡, 声学模在无碰撞模式下传播. 前一种情形的波就是**第一声**, 可以用与描述空气中声音的传播相类似的热力学处理. 无碰撞区的波就是**零声**, 尽管在液体和气体中会强烈衰减, 但它却能存在于晶体中并由中子散射研究. 由此, 测量出的频率给出的弹性常量的值与在低频下如超声波速度确定的弹性常量不同[87].

非谐效应在固氦等量子晶体中尤其强烈 —— 零点运动很大, 使得原子间距远远超出了使原子间势取最小值的位置. 这样原子间势的二阶导数就是负的, 而根据常规理论这样的晶体不稳定. Born[89] 和 Horton 首先提出了自洽重整化简谐近似, 认为不应该在原子间距上求势的二阶导数, 而应将其在原子位移抽样距离上作平均, 而后 Koehler 和 Nosanow[88] 借助这一近似克服了上面的困难. 这样, 平均值是正的, 所以晶体就是稳定的, 计算出的简正模频率也大体符合观测值. 再计及残余非谐效应, 进一步改进方法之后, 结果与实验无论是在频率、寿命还是在中子散射的其他测量细节上都是完美符合的[90].

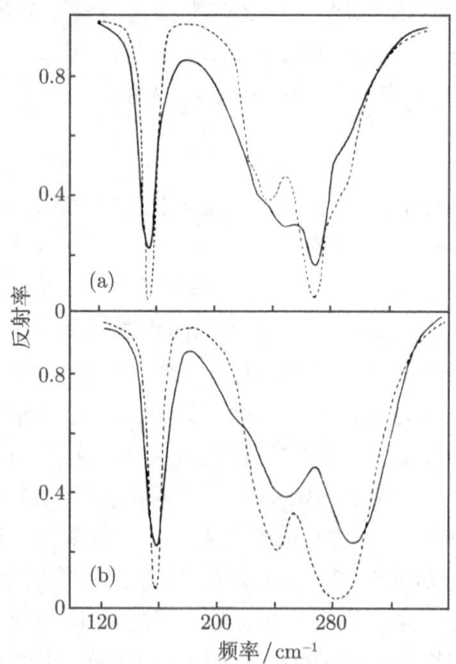

图 12.16　在 45° (a) 和 65° (b) 角观察到的 2.5μm NaCl 薄膜的红外反射率[86]

注意由于光学模自能对频率的依赖所引起的观测峰 (实线) 和理论值 (虚线) 的复杂形状

12.3.5 玻璃和含缺陷晶体中的声子

Rayleigh 研究了由缺陷造成的系统简正振动模的改变, 证明了一系列重要的定理. 但是在 I M Lifshitz 于 1943 年开始这方面的工作, 以及 Montroll 及其同事 1955 年的工作[91] 以前, 这个领域几乎沉寂了. 这些早期的工作多是理论性的, 关注非常理想的而且常常是一维的模型的数学性质. 引入少量缺陷之后的声子谱的基本改变是与缺陷相关的局域模或共振模的扩展. 当缺陷的特征振动频率不同于在基质晶体中传播的任意简正模频率时会有局域振动模存在 —— 特别是在缺陷质量小于基质时. 这些模的运动会被最近邻缺陷所约束. 然而, 当引入重原子时, 如果缺陷频率处于基质晶体简正模频率带内, 色散曲线会在缺陷频率附近以特征共振的方式被扰动. 缺陷还会破坏晶体的平移对称性, 所以这两种效应都可以由光学技术来观测. 局域模最早是 Schaefer[92] 在研究碱金属卤化物的色心和 NaCl 与 KCl 中 Ag 原子引起的共振微扰时利用红外技术发现的. 接着, 涌现出了大量精细的光学实验及利用上述壳层模型的精细计算[93]. 人们还利用中子散射技术在金属中验证了这一理论 —— 在钨晶中引入缺陷 (如铬) 时就能观测到局域模, 在铜中掺金时就能观测到共振微扰[94].

另一类缺陷是晶体表面, 它的理论与孤立缺陷没有太大差别. 最早的对各向同性的连续介质表面的波的处理是 Rayleigh 在 1885 年做出的, 他的工作和 Love 1911 年的工作奠定了我们现在对地震波和其他表面波理解的基础. 然而固体物理学关心的是原子尺度的过程和效应, 1948 年以后, I M Lifshtz 和合作者把表面波理论推广到了原子晶格上[91]. 他们使用与处理孤立缺陷时相似的方法, 得到了定性相似的结果. 假如表面垂直于 z 方向, 而在 x 和 y 方向上周期排布, 那么表面模就可以用仅含两个分量的波矢 (q_x 和 q_y) 标记. 在垂直于表面的方向上, 表面模的振幅随着深入晶体内部的深度迅速下降. 所以表面模可以由 q_x 和 q_y 的两组色散曲线表示, 并且存在一系列的分支, 分别依赖于模式的偏振是在平面内还是垂直于平面, 它们具有光学性质还是声学性质等. 和孤立缺陷一样, 存在依赖于模式频率是在基质频率带外还是带内的局域模或者共振模, 所以现在 z 方向表面模的行为依赖于其频率是否处在具有相同 q_x 和 q_y 的基质频率带内.

表面模影响晶体的许多性质, 特别是当晶体的尺寸很小的时候. Montroll[95] 在 1950 年讨论小晶体的比热时预言, 表面模将导致添加一个与表面面积和 T^2 成正比的项. 然而, 表面波色散曲线的精细测量需要等到合适的实验技术发展起来之后才可进行. 人们需要一个能够转移适当能量和波矢但仅和表面相互作用的探针. 而氦原子散射正是这样一个合适的探针, 除了散射源是氦原子束外, 整个实验与中子散射非常相似. 这类实验的第一个成功的例子是由 Toennies 等[96] 在 1983 年完成的.

尽管如何确定缺陷与晶格和表面原子耦合的力常数仍然是一个问题, 但刚才所述的这些发展确实使人们理解了包含少量缺陷的晶体性质. 当混晶中缺陷的数目很大时, 孤立缺陷的形式理论不再能轻易使用. 一种处理混晶的方法是**相干势近似**[97], 其中声子被处理为被源于平均晶格偏离的缺陷散射. 这个理论取得了一定的成功, 但不能解释多大的缺陷浓度才会使局域模合作形成一个传播声子的带. 实验上对离子和半导体混合晶体的光学测量显示两种行为. 1928 年 Kruger 等[98] 发现, 典型的混合碱金属卤化物 KCl_xBr_{1-x} 中横波光学模的频率从 KCl 的相应频率连续过渡到 KBr 的相应频率. 相反, 在半导体 InP_xAs_{1-x} 中, 有两种光学吸收频率, 一个接近于 InP 的相应频率, 而另一个接近于 InAs 的相应频率[99]. 没有一个普遍理论能够综合这两种行为.

随着 1971 年 Zeller 和 Pohl[100] 对玻璃的比热和热导率的测量, 一个高度无序系统中从未曾料到的特征浮出了水面. 他们发现低温下 (<1K) 玻璃态的石英、GeO_2 和硒的比热正比于温度而且远大于晶体材料的比热, 同时其低温热导率正比于 T^2. 玻璃的其他性质诸如声速、超声衰减及介电响应等也被发现在若干方面与晶体材料有区别, 随后几乎在所有非晶体材料中都发现了这种异常. 1972 年 Anderson 等[101] 和 Philips[102] 分别独立给出了相关解释, 他们提出对应于玻璃结构的组分在两种不同构形之间翻转, 玻璃中存在一个两能级系统. 这些能级的态密度被进而假设为与能量无关以解释比热测量. Black 和 Halperin[103] 在 1977 年进一步发展了这一理论以解释超声性质, 但是至今仍然没有一个对这些两能级系统微观性质的满意理解.

从粒子数正比于样品线性尺寸的立方这一意义上说, 大尺寸无规固体的行为类似于三维匀质材料. 更一般地说, $N \propto l^d$, 其中 l 为系统的尺寸, d 是维度. 然而, 当长度小于某些特征值 L 时, 一些无序系统就有 $N \propto l^D$, D 为分形维数, 且小于 d. 分形系统的例子有逾渗集团、聚合物、橡胶和凝胶. 波长大于 L 的模的声子态密度 $g(\omega)$ 的形式为 $g(\omega) \propto \omega^{d-1}$, 而波长小于 L 的模则为 $g(\omega) \propto \omega^{\bar{d}-1}$, 其中 $\bar{d}$ 就是分形子维数. 1982 年, Alexander 和 Orbach[104] 给这些频率范围内的模命名为分形子, 他们建议 $\bar{d} = 4/3$. Boukenter 等[105] 检测了硅胶中的 Raman 散射, 他们发现在相当宽的有限的频率范围内散射随频率转移的幂次而变化, 这非常不同于非分形玻璃, 如 As_2S_3. 他们推出 $\bar{d} = 1.27 \pm 0.16$, 与 Alexander 和 Orbach 的猜测相符. **【又见 7.5.14 节】**

12.4 结构相变

正如第 6 章中讲的, 当温度和压力变化时, 固体的晶体结构通常会发生变化, 而 X 射线或中子衍射等方法可以帮助我们了解原子排列发生了什么变化. 一级相变中存在潜热, 两种相既相互区分, 又可如水与冰一般共存. 然而更普遍地说, 这种相变是连续或近似连续的, 不可能有明确共存的相. 事实上, 在相变点的邻域, 一个相在另一个相中会有一个小规模的涨落. 一个完整的相变理论必须包含这些涨落, 然而无论是 Landau[106]1937 年所提出的普遍形式, 还是 Devonshire[107] 于 1949 年重新发现并应用于 $BaTiO_3$ 的铁电相变中的具体应用, 这个极为重要的唯象理论中并没有包含这些涨落. 这个理论假设了最简单的可能的温度依赖关系, 并借助对称性分析写出了用原子离开其高温相位置位移表示的晶体自由能. 在相变温度附近, 这个理论等价于同样忽略涨落的磁性的分子场理论, 尽管它有缺点, 但在描述广泛的各种现象时曾经非常成功. 合金中有序–无序相变的 Bragg-Williams 理论是一个相似的理论, 其思路的重点在于包括短程序或涨落的影响, 如第 7 章所述. **【又见 7.5.6 节】**

对结构相变人们发展出多种不同的理解, 下一步是软模理论. 尽管这一理论更早是由 Raman 和 Anderson 提出的, 但是打开直接观测源于晶体特定类型不稳定性的相变的大门的是 Cochran[108] 在 1960 年的工作. 当接近相变点时, 简正振动模中一个频率按 $(T-T_c)^{1/2}$ 下降; 在 T_c 处与畸变模相关的恢复力消失, 晶体同时畸变为新的结构. 红外测量和中子散射测量表明 $SrTiO_3$ 中存在一个强烈依赖于温度的模. 尽管事实上并没有发生铁电相变, 但测量值一定程度上支持了软模假设. 更强的支持来自后来 $SrTiO_3$ 中反铁畸变相变的发现及利用 Raman 和中子散射对软模的精细研究[109], 见图 12.17.

这些测量结果表明, 至少有一部分结构相变是与软模有关的, 但为何这种特殊模式如此强烈地依赖于温度仍没有合适的解释. 假如用自洽声子理论去除与不稳定模相关的不自洽性, 非谐晶体理论就能定性地解释这种模式的温度依赖和自由能的 Landau 展开. 对非谐效应的具体数值计算表明, 它似乎可以自洽地解释 $SrTiO_3$ 众多不同的性质, 但随即人们便质疑对非谐相互作用所采用的具体模型是否正确. 困难在于我们还不了解原子间势的非谐部分[110].

在这项工作进行的同时, 在许多不同的晶体中都发现了软模, 但其他相变的统计力学研究则进展得不尽相同. 根据 Landau 理论, 相变点以下的畸变按 $(T_c-T)^{1/2}$ 规律变化, 而二维 Ising 模型的精确解及其他相变则给出了 $(T_c-T)^{\beta}$, β 远小于 0.5.

这个偏离源于 Landau 对涨落的忽略. Als-Nielsen 和 Dietrich[111] 对 β–黄铜中有序–无序相变的精细研究为证明涨落对结构相变的重要性给出了第一个实验证据, 他们证明指数显然不同于 Landau 理论. 因此, 涨落至少在有序–无序相变中扮演了重要角色, 其中慢扩散是相变得以实现的机制. 这和 $SrTiO_3$ 中的结构相变非常不同, 但这里 Mueller 和 Berlinger[112] 发现 Landau 理论在细节上也失效了, 他们指出在 T_c 以下氧八面体的旋转角度正比于 $(T_c-T)^{1/3}$. 这表明在包括软模的结构相变中临界涨落是重要的, 包括合金中的更慢的扩散运动的结构相变也是如此.

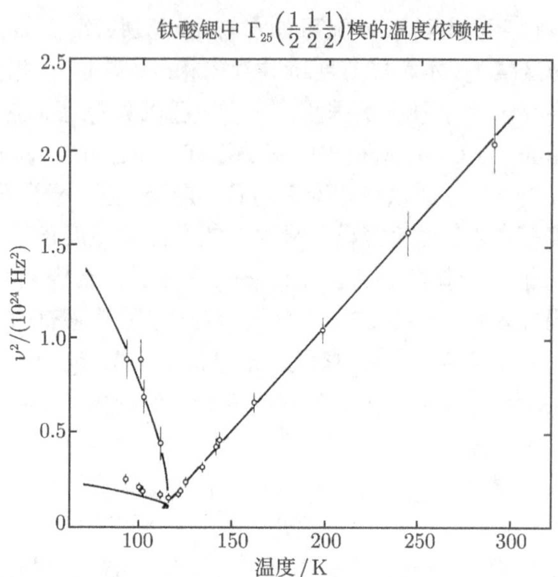

图 12.17 $SrTiO_3$ 中 $\boldsymbol{q}=(2\pi/a)\left(\frac{1}{2},\frac{1}{2},\frac{1}{2}\right)$ 的软声子模的频率[109]. 在相变温度 110K 以下, 结构畸变导致简并模分裂为两个

20 世纪 70 年代初重正化群技术的发展澄清了临界涨落在相变中的作用, 这些概念也被应用到各种结构相变中. 这些结果尤其表明, 包含弹性畸变作为首要序参量的相变可以被 Landau 理论很好地说明, 临界涨落并不引起行为的改变. Landau 理论还可以用来描述单轴铁电体 —— 尽管需要对温度依赖作一个对数修正. 更深入的发展将会涉及个别相变的细节描述及技术性讨论. 读者如果有兴趣可以参考一些最近的综述[110].

连续相变的现代理论依赖于标度的概念, 这意味着这些涨落能够被在接近相变点时发散的单个空间标度调节. 类似地, 涨落的动力学可以被接近相变点时发散的单个时间标度决定. 结构相变表明这些概念也许需要一些修正. 第一个证据来自 Riste 等[113]1971 年的实验, 他们指出 T_c 温度以上 $SrTiO_3$ 的动力学响应由两个成分组成 —— 一个是准弹性成分, 另一个是振荡软模. 在许多其他相变中也发现了相似的结果. 这些出人意料的结果证明了存在两种与涨落有关的时间标度, 并吸引了很多人尝试对它进行解释. 一些解释[110] 着力于发展对临界涨落更加复杂的处理, 但这些理论都尚不能重复时间标度间的巨大差异. Halperin 与 Varma[114] 认为短时标度源于声子而长时标度则源于声子和缺陷的相互作用, 但困难是无法指认到底是哪些缺陷参与了相互作用.

最近, 高分辨率的 X 射线测量区分出了临界涨落的两种空间标度[115]. 这一实验结果同样与现存的相变理论不符, 而且缺陷的作用 (如果有的话) 依然未能澄清.

这两个结果表明临界涨落中存在不止一个时间标度和空间标度，这对用相变的常规标度理论来理解结构相变提出了严峻的挑战. 无论是理解这些效应，还是确定这些结果是否真的表明缺陷在结构相变中几乎总是起到决定性的作用，或者相变的标度理论是否适用，都还需要更深入的研究.

12.5 自 旋 波

自旋波在磁性材料中的作用类似于简正振动模在晶体结构中的作用：它描述了原子磁矩对理想磁序的偏离. 自旋波最早是由 Bloch[116] 在计算铁磁材料中激发的量子化能量对波矢 $\boldsymbol{q}$ 的函数关系时引入的. 他证明了如果磁相互作用采用 Heisenberg 形式

$$H = -J\sum \boldsymbol{S}_i \cdot \boldsymbol{S}_j$$

时，小波矢的能量为

$$\hbar\omega(q) = Dq^2$$

其中常数 D 依赖于交换积分 J 和晶体结构.

由于自旋波描述自旋偏移，所以自旋波的热激发将降低磁矩的有序度. Bolch 证明对于低温下的体铁磁材料，磁化强度随温度的变化为

$$M(T) = M(0) - CT^{3/2}$$

其中 C 依赖于 J 的常数. 这一结果现在已被实验精确地证明.

Debye 对比热所做的一个相似的分析表明，磁性对比热的贡献正比于 $T^{3/2}$. Debye 的 T^3 律与 $T^{3/2}$ 的差别来自于简正模的线性色散关系与自旋波的二次色散关系的不同. 把磁的 $T^{3/2}$ 项从电的 T 及简正模的 T^3 项中区分开来的困难似乎阻止了对这一预测的明确实验检验.

进一步的理论工作于是关注考虑通过修正色散关系低 k 行为和自旋波相互作用以取得对磁化强度的高阶修正. Dyson[117]1956 年断言，无相互作用自旋波的线性自旋波理论已经足够满足实际需要.

在长波段，长程磁偶极相互作用变得重要，并以一种依赖于样品几何的方式修正色散曲线. 这些结果本质上类似于上面对晶体介电性质的描述，但实际上解决这一问题时人们并没有注意介电方面的工作[118]. 这些理论与铁磁共振实验比较，符合得很好.

直到 20 世纪 50 年代初，反铁磁结构中的自旋波的理论研究才由久保等[119] 做出. 困难在于简单的反铁磁构形并非 Hamilton 量的本征态，所以自旋波可能会破

坏长程序. 他们表明至少在三维情况下, 这个困难不存在, 反铁磁自旋波有与简正振动模相同的色散关系 $\omega = cq$. 因此, 自旋波对比热的贡献也是相似的.

就像简正振动模理论的发展一样, 对遍及整个 Brillouin 区的自旋波的精细研究的进展也受到缺乏实验手段的困扰. 中子散射和 Raman 散射技术的发展为解决这一困难提供了答案. 中子磁矩在磁性材料中与磁场的相互作用会导致中子散射. 由于完全偶然的原因, 典型磁体系中的散射强度与核散射非常相似. 这使得两种类型的散射都可以被幸运地测定. 因为磁偶极相互作用比描述中子–核相互作用的 Fermi 赝势方法更为复杂, 所以其散射截面的形式也更复杂, 但是能量和晶体动量守恒等基本概念在自旋波中和简正振动模中是一样的.

Brockhouse[120] 是第一个用中子散射测定亚铁磁磁铁矿及铁磁性钴中的自旋波能量的人[121]. 他外加不同方向的磁场从而保证散射截面如理论预测中那样随磁散射而变化, 通过这种方法把由自旋波导致的散射分离出来. 这些实验表明短波长的自旋波确实存在, 而交换常数能够被实验测定. 在 Brockhouse 的实验之后不久, 人们测量了大量不同的材料, 其中最彻底的一个是简单反铁磁体 MnF_2, 它的色散曲线见图 12.18[122]. 这些结果证明自旋波同样出现于反铁磁体中, 而且除去各向异性的影响, 在小波矢下的线性色散曲线与理论预测也符合.

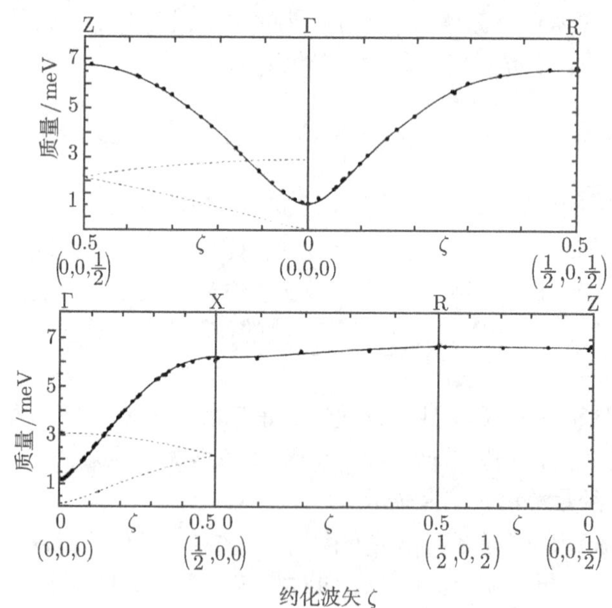

图 12.18 反铁磁体 MnF_2 中的自旋波色散曲线[122]

实线是对偶极力和最近邻及次近邻交换作用的拟合

由于这些早期实验, 大量不同材料中自旋波的测量使人们确定了许多材料中的交换常数. 对简单绝缘体的测量证明了超交换理论本质上的正确, 同时稀土金属中长程相互作用的发现也证明了 Ruderman 等[123] 发展起来的间接交换耦合理论的正确性.

另一类型的进展是对电/磁能级受局域晶体环境、自旋–轨道耦合和轨道磁矩强烈影响的系统的理论和实验研究. 我们对这种系统的大部分理解来自稀盐的自旋共振实验. 现在这一工作已经被推广到精细研究浓缩系统里自旋波/激子色散关系及不同原子的激子间的相互作用.

巡游金属中的自旋波性质也被澄清了. Stoner[124] 发展的理论认为, 在磁性金属中不同的自旋能带有不同的能量, 导致能带的不同填充并引起自发磁化. 接着 Herring 和 Kittel[125] 表明这些金属中存在两种激发: 一种是色散关系为 $\omega \propto Dq^2$ 的集体自旋波; 另一种是能带间电子跃迁引起的个别电子–空穴激发. 虽然细节取决于具体的能带结构, 但是两种激发都可以在诸如弱铁磁性的 MnSi 这样的磁性金属中观测到.

Raman 散射[126] 也是一个探测自旋波的有效手段, 尤其是在绝缘体中. 单磁子散射给出区域中心磁子频率的信息; 双磁子散射给出双自旋波态密度的信息. 然而由于两个自旋波是在相邻格点产生的, 所以自旋波–自旋波相互作用导致光谱上峰值和形状的改变.

在有磁链或其他一维自旋排列的材料中, 自旋波间的相互作用会格外强烈. 当量子涨落较大时, 小自旋值的自旋波间相互作用较强. 单自旋波激发的出现会破坏一维系统的长程序. 对温度 $T > 0$, 由于无穷链中总会存在一个激发, 所以没有一个一维系统能保持长程磁有序 (除非 $T = 0$). 另外, Bethe[127] 于 1931 年提出, 即使是在 $T = 0$ 时, 量子涨落仍然会破坏 $s = 1/2$ 的 Heisenberg 反铁磁链的长程序. 现在这些大涨落对激发的影响已经在许多系统中得到了研究. 对于大自旋, $s = 5/2$, 在四甲基锰氯化铵 (TMMC) 上的实验[128] 显示出了低温下明确定义的自旋波. 然而, 由于量子效应, 低自旋系统的行为还要更加复杂.

例如, 当中子在链的某一格点位置产生一个自旋激发时, 该位置两边的磁键都必须被打断. 这些打断的键与畴壁相似 —— 即 Heisenberg 系统的自旋子 —— 在中子散射实验中必然成对出现. 1962 年 des Cloizeaux 和 Pearson[129] 研究了 $s = 1/2$ Heisenberg 反铁磁体中的激发, 他们发现了每个波矢 $\boldsymbol{q}$ 处的最小能量激发. 多年来这一直被解释为自旋波色散曲线的能量, 但是在计算机模拟、进一步的理论工作和最终的实验验证之后[130], 现在大家更倾向于认为这里不存在明确定义的自旋波 —— 尽管对它的计算出现在大量的学习指南和考试题中. 对 $s = 1/2$ 情形, 波矢 $\boldsymbol{q}$ 和 $\boldsymbol{q} - \boldsymbol{q}_1$ 的自旋子在很大程度上可以独立传播, 其组成的自旋子对的激发谱是连续的.

$s = 1$ 的 Heisenberg 链的结果则不同. Haldane[131] 指出, 在这种情况下自旋子是束缚的, 所以需要一个有限的能量来解开束缚. 于是, 激发谱中会存在一个能隙, 而不是像 Heisenberg 系统的自旋波理论所预言的那样是一个线性自旋波激发. 现在已经观测到了这个能隙[132]. 显然, 如果人们能够制造包含磁链的材料, 那么低维系统中量子涨落的精细研究就将成为可能.

12.6 磁 性 相 变

上述中子散射实验同样可以用于精细测量磁性相变点附近的涨落. 这项工作最近刚有综述[133], 所以这里不去详细地讨论. 它的重要特征是, 中子散射技术所得到的波矢转移和频率转移使得临界涨落的空间延展和时间依赖能够被研究. 因为忽略了涨落的影响, 那些最简单的相变理论, 如 12.4 节中提到的 Landau 理论及有名的磁性的分子场理论在这里都失效了. 而且多数关于相变的近期工作都正在发展考虑涨落效应的理论, 由于涨落可被中子散射测量, 这些测量在相变理论的发展中起到了决定性的作用.

连续相变 (如从顺磁体到铁磁体的相变) 可以用对称性的改变和低对称相中序参量 (铁磁矩) 的增加来表征. 如果序参量是磁化强度 M, 则理论预言

$$M = M_0(T_{\mathrm{c}} - T)^{\beta}$$

其中 M_0 是常数, β 是临界指数. 临界涨落可以由空间标度 ξ 表示, 而 ξ 由另一指数 ν 表示,

$$\xi = \xi_0(T - T_{\mathrm{c}})^{-\nu}$$

磁化系数 χ 为

$$\chi = \chi_0(T - T_{\mathrm{c}})^{-\gamma}$$

平均场理论或 Landau 理论对每种类型的相变都给出了相同的临界指数值: $\beta = 1/2$, $\nu = 1/2$ 及 $\gamma = 1$. 人们在 20 世纪 70 年代早期分别用简单模型的精确解、级数近似和实验证明了这些值常常是错误的, 我们还需要更好的理论. 正如第 7 章所述, 这个改进的理论利用了标度假设和重正化群. 标度假设是说如果所有的尺度都被关联长度 ξ 标度, 在趋近于 T_{c} 的所有温度下临界涨落都是相似的. 而重正化群则提供了对标度理论的理解, 并解释了为什么相变的临界指数呈现普适行为及为什么具有相同对称性、维数和力程的系统中临界性质是相同的. **【又见 7.5.8 节】**

散射实验直接测量了温度对序参量的影响, 同时 (特别是在 T_{c} 以上) 通过测量临界散射的强度给出了磁化率, 通过测量临界散射中波矢的展宽给出了关联长度. 这些实验除了给出临界散射形式的具体信息, 还给出了临界指数的信息.

到目前为止已经有了大量的实验, 因此这里只能对结果作一个简短的综述. 第一个临界涨落的实验是 Latham 和 Cassels[134] 于 1952 年完成的, 他们发现了铁的

总散射截面在 T_c 处上升, 并正确地把它归结为磁涨落引起的散射, 就像众所周知的材料临界点的临界乳光一样. van Hove 利用平均场理论发展的磁关联理论是一步重要的进展[135]. 在我们看来, 第一个能够清楚地证明平均场理论失效及中子散射技术的巨大威力的判决性实验是 Als-Nielsen 和 Dietrich 1967 年对 β-黄铜[111] 中有序–无序相变的研究. 他们测出的 β、ν、γ 三个临界指数值与平均场理论都不同, 却很好地符合了级数展开的结果.

得到这个结果以后,人们在三维反铁磁体中进行了相似的实验,特别对 MnF_2[136] 和 CoF_2[137] 进行了仔细的测量, 因为它们是各向异性的反铁磁体, 而且像 β-黄铜一样, 属于 $d=3$ 的 Ising 普适类 —— 表 12.1 中我们比较了所测量的临界指数值. 不同实验的结果之间令人满意的符合为普适性提供了很好的实验支持. 另一项精细实验[138] 是在立方反铁磁体 $RbMnF_3$ 上完成的, 而它则属于各向同性的 $d=3$ 的 Heisenberg 普适类. 这一材料的临界指数列于表 12.2 中. 理论和实验大体相符, 而且都不同于表 12.1 所示的 Ising 系统的结果.

表 12.1 $d=3$ 的 Ising 系统的临界指数

系统	β	ν	γ	参考文献
β–黄铜	0.305(5)	0.65(2)	1.25(2)	[111]
MnF_2		0.634(40)	1.27(4)	[136]
CoF_2	0.305(30)	0.61(2)	1.21(6)	[137]
理论	0.312	0.64	1.25	
平均场	0.5	0.5	1.0	

表 12.2 $d=3$ 的 Heisenberg 系统的临界指数

系统	β	ν	γ	参考文献
$RbMnF_3$	0.32(2)	0.701(11)	1.366(24)	[138]
理论	0.38	0.702	1.375	
平均场	0.5	0.5	1.0	

生长可以在层中或链中放置磁离子的材料是最重要的进展之一, 因为这样人们就可以研究二维和一维系统. 一维系统的部分性质已经在 12.5 节中描述过了, 所以这一节我们只讨论二维系统. 1973 年 Samuelson[139] 及 Ikeda 和 Hirakawa[140] 在 K_2CoF_4 中完成了一个非常重要的实验. 在这种材料中, 正方形的 Co-F_2 面被两层 K–F 面分开. 面内的磁相互作用很强, 而层间的磁相互作用却很弱, 仅有面内的 $1/10^5$. 由于 Co 离子上的晶体场效应, Co 离子间的有效相互作用是各向异性的, 而且在垂直于 c 轴的方向自旋反铁磁性排列. 因此, 这很接近研究二维 Ising 模型的模型系统.

因为 Onsager[141]1944 年给出了二维 Ising 模型的精确解, 所以在统计物理中这个模型几乎是独一无二的. 图 12.19 是序参量的测量值与 Onsager 的解的比较, 符合得相当好. 表 12.3 中我们列出了临界指数的测量值和 Onsager 的理论结果, 两者非常一致, 而且与平均场理论有显著的差异.

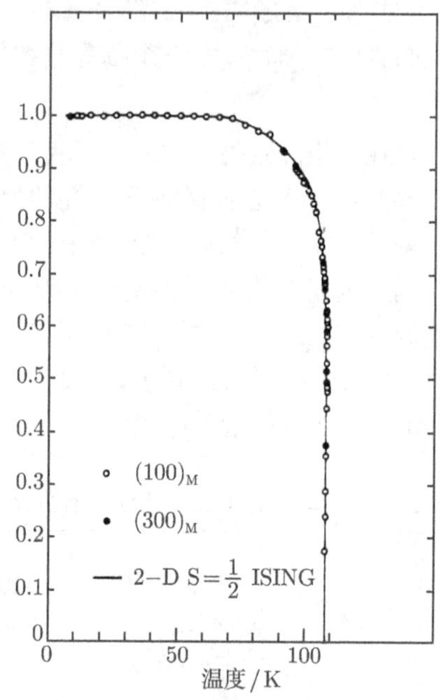

图 12.19　二维模型系统 K_2CoF_4 中的强度 (亚晶格磁化强度的平方), 实线示出 Onsager 的严格解 [140]

表 12.3　$d = 2$ 的 Ising 系统的临界指数

系统	β	ν	γ	参考文献
K_2CoF_4	0.128(4)	0.99(3)	1.77(6)	[140]
理论	0.125	1.0	1.75	[141]

自从这些实验完成后, 这个主题被扩展到许多不同领域的相变研究. 综述[133]给出了由实验所证明的缺陷可以改变普适类, 以及渗流被逾渗集团的主干中一维弱连接所主导等方式的细节. 人们测量了相图, 并对自旋玻璃及无规场问题中的无序和相互作用的竞争导致非各态遍历行为与其他新奇特征的方式作了研究.

(常凯译, 夏建白校)

参考文献

[1] Love A E H 1927 The Mathematical Theory of Elasticity 4th edn (Cambridge: Cam-

bridge University Press)
[2] Behn U 1898 Ann. Phys., Lpz. **66** 237
[3] Eucken A 1909 Phys. Z. **10** 586
[4] Ruhemann M and Ruhemann B 1937 Low Temperature Physics, part 2 (Cambridge: Cambridge University Press) ch 2
[5] Kuhn T S 1978 Black-body Theory and the Quantum Discontinuity 1894–1912 (Oxford: Clarendon)
[6] Einstein A 1907 Ann. Phys., Lpz. **22** 180
[7] Boltzmann L 1964 Lectures on Gas Theory (S G Brush 英译) (Berkeley, CA: University of California) p 330
[8] Einstein A 1907 Ann. Phys. Lpz. **22** 800
[9] Nernst W and Lindemann F 1911 Z. Elektrochim. **17** 817
[10] Nernst W 1911 Ann. Phys., Lpz. **36** 395
[11] Einstein A 1911 Ann. Phys., Lpz. **35** 679
[12] Debye P 1912 Ann. Phys., Lpz. **39** 789
[13] Born M and von Kármán T 1912 Phys. Z. **13** 297
[14] Lord Rayleigh 1900 Phil. Mag. **49** 539
[15] Weyl H 1911 Math. Ann. **71** 441
[16] Eucken A and Schwers F 1913 Verh. Deutsch. Phys. Ges. **15** 578
[17] Bennewitz K and Simon F 1923 Z. Phys. **16** 183
[18] James R W and Brindley G W 1928 Proc. R. Soc. A **121** 155
[19] de Boer J 1948 Physica **14** 139
[20] de Boer J and Lunbeck R J 1948 Physica **14** 510
[21] Grüneisen E 1908 Ann. Phys., Lpz. **26** 211
[22] Grüneisen E 1911 Ber. Deutsch. Phys. Ges. **13** 426, 491
[23] Debye P 1913 Phys. Z. **14** 259
[24] Berman R 1953 Adv. Phys. **2** 103
[25] Glazebrook R (ed) 1922 A Dictionary of Applied Physics 1 (London: Macmillan) p 428
[26] Eucken A 1911 Ann. Phys., Lpz. **34** 185
[27] Debye P 1914 Vorträge über die Kinetische Theorie der Materie und die Elektrizität (Leipzig: Teubner)
[28] Pauli W 1925 Verh. Deutsch. Phys. Gea. **6** 10
[29] Peierls R E 1980 Proc. R. Soc. A **371** 28
[30] Ziman J M 1960 Electrons and Phonons (Oxford: Clarendon)
[31] von Gutfeld R J and Nethercot A H 1964 Phys. Rev. Lett. **12** 641
[32] Northrop G A and Wolfe J P 1979 Phys. Rev. Lett. **43** 1424
[33] Paschen F 1895 Ann. Phys., Lpz. **54** 668
Rubens H and Nichols E F 1897 Ann. Phys., Lpz. **60** 418

[34] Drude P 1904 Ann. Phys., Lpz. **14** 677
[35] Madelung E 1909 Ges. Wiss. Göttingen Nach. Math.-Phys. Klasse **1** 100
[36] Blackman M 1935 Proc. R. Soc. A **148** 365
[37] Born M 1914 Ann. Phys., Lpz. **44** 605
[38] Cowley R A, Woods A D B and Dolling G 1966 Phys. Rev. **150** 487
[39] Montroll E W 1947 J. Chem. Phys. **15** 575
[40] van Hove L 1953 Phys. Rev. **89** 1189
[41] Kellermann E W 1940 Phil. Trans. R. Soc. **238** 513; 1941 Proc. R. Soc. A **178** 17
[42] Iona M 1941 Phys. Rev. **60** 822
[43] Huang K 1951 Proc. R. Soc. A **208** 352
[44] Henry C H and Hopfield J J 1965 Phys. Rev. Lett. **15** 964
[45] Born M and Huang K 1954 Dynamical Theory of Crystal Lattices (Oxford: Oxford University Press)
[46] Lonsdale K 1943 Rep. Prog. Phys. **9** 256
[47] Laval J 1954 J. Phys. Radium **15** 545
[48] Curien H 1952 Acta Crystallogr. **5** 392
Jacobsen E H 1955 Phys. Rev. **97** 654
[49] Walker C B 1956 Phys. Rev. **103** 547
[50] Brockhouse B N 1961 Inelastic Scattering of Neutrons in Solids and Liquids (Vienna: International Atomic Energy Agency) p 113
[51] Placzek G and van Hove L 1954 Phys. Rev. **93** 1207
[52] Brockhouse B N and Stewart A T 1955 Phys. Rev. **100** 756
[53] Cohen M and Feynman R P 1957 Phys. Rev. **107** 13
[54] Landsberg G and Mandelstam L 1928 Naturwissenshaft **16** 557
[55] Raman C V and Krishnan K S 1928 Nature **121** 501
[56] Fermi E and Rasetti F 1931 Z. Phys. **71** 689
[57] Mandelstam L, Landsberg G and Leontowitsch M 1930 Z. Phys. **60** 334
[58] Placzek G 1934 Handbuch der Radiologie VI ed E Marx (Leipzig: Akademische Verlagsgellschaft) p 205
[59] Born M and Bradburn M 1947 Proc. R. Soc. A **188** 161
[60] Smith H 1948 Phil. Trans. R. Soc. A **241** 105
[61] Loudon R 1964 Adv. Phys. **13** 423
[62] Dick B J and Overhauser A W 1958 Phys. Rev. **112** 90
[63] Woods A D B, Cochran W and Brockhouse B N 1960 Phys. Rev. **119** 980
[64] Schröder U 1966 Solid State Commun. **4** 347
[65] Fischer K, Bilz H, Haberhorn R and Weber W 1972 Phys. Status splidi b **54** 285

[66] Cochran W 1973 The Dynamics of Atoms in Crystals (London: Arnold) 与 Bilz H and Kress W 1979 Phonon Dispersion Relations in Insulators (Springer Series in Solid State Sciences 10)(Berlin: Springer) 中给出了进一步的文献以及许多材料的细节

[67] Born M and Oppenheimer R 1927 Ann. Phys., Lpz. **84** 457

[68] Migdal A B 1957 Sov. Phys.-JETP **5** 333

[69] Woods A D B, Brockhouse B N, March R H, Stewart A T and Bowers R 1962 Phys. Rev. **128** 1112

[70] Harrison W 1965 Pseudopotential in the Theory of Metals (New York: Benjamin)

[71] Bardeen J 1937 Phys. Rev. **52** 688

[72] Toya T 1958 J. Res. Inst. Catalysis, Hokhaido Univ. **6** 183; 1959 J. Res. Inst. Catalysis, Hokhaido Univ. **7** 60

[73] Sham L 1965 Proc. R. Soc. A **283** 33

[74] Brockhouse B N, Arase T, Caglioti G, Rao K R and Woods A D B 1962 Phys. Rev. **128** 1099

[75] Kohn W 1959 Phys. Rev. Lett. **2** 393

[76] 见 Peierls R E 1964 Quantum Theory of Solids (Oxford: Oxford University Press) p 108

[77] Carneiro K, Shirane G, Werner S A and Kaiser S 1976 Phys. Rev. B **13** 4258

[78] Brockhouse B N and Iyengar P K 1958 Phys. Rev. **111** 747

[79] Herman F 1959 J. Phys. Chem. Solids **8** 405

[80] Mashkevich V S and Tolpygo K B 1957 Sov. Phys.-JETP **32** 520

[81] Cochran W 1959 Proc. R. Soc. A **253** 260

[82] 综述见 Bilz H, Strauch D and Wehner R K 1984 Handbuch der Physik XXV/2d (Berlin: Springer)

[83] Hohenberg P and Kohn W 1964 Phys. Rev. B **136** 864
Sham L J and Kohn W 1966 Phys. Rev. **145** 561

[84] Born M and Blackman M 1933 Z. Phys. **82** 551

[85] Cowley R A 1963 Adv. Phys. **12** 421

[86] Hisano K, Placido F, Bruce A D and Holah G D 1972 J. Phys. C: Solid State Phys. **5** 2511

[87] Cowley R A 1967 Proc. Phys. Soc. **90** 1127

[88] Koehler T R 1966 Phys. Rev. Lett. **17** 89
Nosanow L H 1966 Phys. Rev. **146** 120

[89] Born M 1951 Festschrift der Akademie der Wissenschaften Göttingen
Choquard P 1967 The Anharmonic Crystal (New York: Benjamin)

[90] Horner H 1972 Phys. Rev. Lett. **29** 556
Minkiewicz V J, Kitchens T A, Shirane G and Osgood E B 1973 Phys. Rev. A **8** 1513

[91] Maradudin A A, Montroll E W and Weiss G H 1963 Theory of Lattice Dynamics in the Harmonic Approximation (New York: Academic) 给出了综述

[92] Schaefer G 1960 J. Phys. Chem. Solids **12** 233

[93] Moller H B and Mackintosh A R 1965 Phys. Rev. Lett. **15** 623

[94] Svensson E C and Brockhouse B N 1967 Phys. Rev. Lett. **18** 858

[95] Montroll E W 1950 J. Chem. Phys. **78** 183

[96] Brusdeylias G, Doak R B and Toennies J P 1983 Phys. Rev. B **27** 3662; 1983 Phys. Rev. B **28** 2104

[97] Elliott R J and Taylor D W 1967 Proc. R. Soc. A **296** 201

[98] Kruger R, Reinkober O and Koch-Holm E 1928 Ann. Phys., Lpz. **85** 110

[99] Oswald F 1959 Z. Naturf. **14** 374

[100] Zeller R C and Pohl R O 1971 Phys. Rev. B **4** 2029

[101] Anderson P W, Halperin B I and Varma C M 1972 Phil. Mag. **25** 1

[102] Philips W A 1972 J. Low Temp. Phys. **7** 351

[103] Black J C and Halperin B I 1977 Phys. Rev. B **16** 2879

[104] Alexander S and Orbach R 1982 J. Physique **43** L625

[105] Boukenter A, Champagnon B, Duval E, Durnas J, Quinson J F and Serughetti J 1986 Phys. Rev. Lett. **57** 2391

[106] Landau L D 1937 Phys. Z. Sov. **11** 26

[107] Devonshire A F 1949 Phil. Mag. **40** 1040

[108] Cochran W 1960 Adv. Phys. **9** 389

[109] Fleury P A, Scott J F and Worlock J M 1968 Phys. Rev. Lett. **21** 16
Cowley R A, Buyers W J L and Dolling G 1969 Solid State Commun. **7** 181
Shirane G and Yamada Y 1969 Phys. Rev. **177** 858

[110] Bruce A D and Cowley R A 1980 Structural Phase Transitions (London: Taylor and Francis) 给出了综述

[111] Als-Nielsen J and Dietrich O W 1967 Phys. Rev. **153** 706, 711, 717

[112] Mueller K A and Berlinger W 1971 Phys. Rev. Lett. **25** 734

[113] Riste T, Samuelson E J and Otnes K 1971 Structural Phase Transitions and Soft Modes (Oslo: Oslo Universitetsfurlaget) pp 395–408

[114] Halperin B I and Varma C M 1976 Phys. Rev. B **14** 4030

[115] Anderews S R 1986 J. Phys. C; Solid State Phys. **19** 3721
McMorrow D F, Hamaya N, Shimonura S, Fujii Y, Kishimoto S and Iwasaki H 1990 Solid State Commun. **76** 443

[116] Bloch F 1932 Z. Phys. **74** 295

[117] Dyson F J 1956 Phys. Rev. **102** 1217, 1230

[118] 综述见 van Kranendonk J and Van Vleck J H 1958 Rev. Mod. Phys. **30** 1

[119] Kittel C 1951 Phys. Rev. **82** 565

Anderson P W 1952 Phys. Rev. **86** 694

Kubo R 1952 Phys. Rev. **87** 568

[120] Brockhouse B N 1957 Phys. Rev. **106** 859

[121] Sinclair R N and Brockhouse B N 1960 Phys. Rev. **120** 1638

[122] Nikotin O, Lindgard P A and Dietrich O W 1969 J. Phys. C: Solid State Phys. **2** 1168

[123] Stirling W G and McEwan K A 1987 Methods of Experimental Physics 23 C (New York: Academic) 及 Jensen J and Mackintosh A R 1991 Rare Earth Magnetism (Oxford: Oxford University Press) 中给出了多篇综述

[124] Stoner E C 1938 Proc. R. Soc. A **165** 372

[125] Herring C and Kittel C 1951 Phys. Rev. **81** 869

Mattis D C 1965 The Theory of Magnetism (New York: Harper and Row)

[126] Cottam M G and Lockwood D J 1986 Light Scattering in Magnetic Solids (New York: Wiley)

[127] Bethe H A 1931 Z. Phys. **71** 205

[128] Hutchings M T, Shirane G, Birgeneau R J and Holt S L 1972 Phys. Rev. B **5** 1999

[129] des Cloizeaux J and Pearson J J 1962 Phys. Rev. **128** 2131

[130] Tennant D A, Perring T G, Cowley R A and Nagler S E 1993 Phys. Rev. Lett. **70** 4003

[131] Haldane F D M 1983 Phys. Rev. Lett. **50** 1153

[132] Buyers W J L, Morra R M, Armstrong R L, Hogan M J, Gerlach P and Hirakawa K 1986 Phys. Rev. Lett. **56** 371

[133] Collins M F 1989 Magnetic Critical Scattering (Oxford: Oxford University Press)

Cowley R A 1987 Neutron Scattering Part C ed K Sköld and D L Price (New York: Academic)

[134] Latham R and Cassels J M 1952 Proc. Phys. Soc. A **65** 241

[135] van Hove L 1954 Phys. Rev. **95** 249, 1374

[136] Schulhof M P, Nathans R, Heller P and Linz N 1970 Phys. Rev. B **1** 2034

[137] Cowley R A and Carneiro K 1980 J. Phys. C: Solid State Phys. **13** 3281

[138] Tucciarone A, Lau H Y, Corliss L M, Depalme A and Hastings J M 1971 Phys. Rev. B **4** 3206

[139] Samuelson E J 1973 Phys. Rev. Lett. **31** 936

[140] Ikeda H and Hirakawa K 1974 Solid State Commun. **14** 529

[141] Onsager L 1944 Phys. Rev. **65** 117

第13章　原子分子物理

Ugo Fano

13.1　引　　言

正如第 3 章里所叙述的, 原子分子现象的研究在 20 世纪 30 年代早期量子力学的发展和验证上起了核心作用. 之后虽然主流物理将重点转移到原子核及其他的探索追求上, 但新奇的原子分子现象的事例仍不断涌现. 这些将在以“20 世纪中期的原子分子物理学”为标题的 13.2 节中综述, 这一节应该是本章内容的入门资料, 因而写得比较详细.

本章主要处理在持续的新投入 (人力和物力) 的推动和由于天体的和实验室等离子体的原子现象的刺激而带来的后续进展. 在这个发展过程中新领域的探索研究和数据积累起到的作用是大体相当的, 但是我们在这里要强调的是现象发生的机制, 因为当我们把原子过程的知识延伸到新的物质和新的环境的时候, 对机理的理解是至关重要的. 当然, 显而易见的是原子和分子的行为不但决定了化学的内在规律, 而且决定了所有物质行为的内在规律, 不管是气体的还是凝聚态物质的.

因而在 13.3~13.6 节中我们将处理相当一般性的内容, 即原子对电磁辐射整个谱区的总体的反应、这些反应和电子碰撞效应所确认的更加具体的激发通道和共振态、原子分子及它们的离子之间的碰撞的主要特点以及关于集聚体 (分子和团簇) 方面的关键发展. 13.7 节将处理壳内现象.

最后的三节将综述那些更加专门的、然而却也是广义上密切相关的活动: 光谱学在采集和分析大量的能级结构数据方面的作用, 这主要用来作为诊断工具; 新方法和新的测量仪器的发明和开发, 包括原子样品的非常精确的控制, 这些不但是这里要综述的主要进展的基础, 而且是涉及我们过去不敢想象的高精度的现代计量学整个领域、光学泵浦和原子的精确操作的基础. 在最后将给出一个总体性的看法.

再为这个引言补充几句话. 可以理解, 我们所研究课题的发展受到了历史环境的影响. 在实验方面, 技术和仪器的进步自然具有决定性的影响, 这些将在相关的内容中一一列举. 然而在理论方面, 习惯和偏好却起到了令人惊奇的作用, 这些将会在接下来的几个段落中简述.

量子力学的成功带来的兴奋使得一些具有重要影响的大人物认为原子物理剩下的任务只是局限于应用解析或数字的方法去解 Schrödinger 方程, 就像 Newton

力学似乎要将天体物理简化为构建天体轨道一样. 这个观点在大不列颠有丰富的土壤, 这里通常将理论看作是应用数学. 确实, Massey 学派将量子力学和经典方法结合起来, 引领碰撞物理研究几十年.

而分立的定态的理论则集中在利用群论概念研究它们的对称性, 导致了代数方法的产生, 并以对径向坐标进行数字积分来作补充. 因此原子物理看起来分成了两个子领域, 分别处理分立谱和连续谱. 在离化和解离阈值处这两种谱的过渡实际上是光滑的, 将它们的划分看作无关紧要. 这些概念虽很快就被人们意识到了, 但沉浸到人们的一般潜意识中的理解并不完全, 而且经过了一段时间的延迟.

量子理论一个很少被注意到的方面是, 量子力学利用算符、本征值、本征函数等看起来新颖的方法实际上是在 1900 年左右 Hilbert 学派发展起来的统一的数学物理观点的直接应用, 而现在只有“Hilbert 空间”这个经典名词众所周知. 实际上, Hilbert 把他的理论看成是熟知的 Fourier 分析的推广. 对这一事实的不熟悉仍然是许多理论物理学家不情愿使用本征函数来处理连续谱问题的主要原因, 而有关连续谱的系统研究已经由 Herman Weyl ——Hilbert 的一个学生在 1911 年发展起来. 这种“不情愿”造成了“光谱学”和“碰撞”的人为分离.

Harrie Massey 勋爵
(澳大利亚人, 1908~1983)

Harrie Massey 出生在墨尔本附近, 他是时任贝尔法斯特女王大学讲师的 Rutherford (1933~1938 年) 的学生, Rutherford 后来一直是伦敦大学的教授. Harrie Massey 是原子物理的一位重要人物, 是与天体物理以及上大气层等离子体有关的原子物理的广泛研究领域的领袖. 他早期在 1933 年与人合写的《原子碰撞理论》在后来几十年里出版了许多日益丰富的版本. 他的研究、个人领导能力以及组织领导能力, 他对新的学术领袖的招募和培养, 其中包括已故 David Bates 勋爵, Michael J Seaton, Phillip G Birke 以及 Alex Dalgarno, 使得他在 20 世纪中期确立了英国学派的特点和优势地位, 这个学派持续地影响了整个世界. 在他的鼓舞下, 宇宙中多样和丰富的原子分子现象为原子理论的发展和它在化学上的应用提供了指导、模型和目标 (感谢 D H Rooks 提供照片).

在最近对大量子数的原子态的研究中涌现出的一个日益扩展的趋势是对半经典处理方法的喜爱. 这个兴趣来自许多理论家对轨迹或者更一般地探索经典与量子现象之间分界线的研究的经久不衰的 (或重新复活的?) 的偏好. 这样一来, 与经典轨迹相反量子现象固有地分布于所有的三维物理空间这一事实就不能被忽视. 于是, 半经典物理中的混沌现象的研究无法发现那些局域在可及空间有限部分中的量子效应的表现.

13.2　20 世纪中期的原子分子物理学

原子分子物理学是 20 世纪早期通过许多新的实验发展起来的, 这些实验现象的解释就像我们在第 2 章里描写的那样, 被证明是非常令人困惑的. Rutherford 关于原子的质量和正电荷集中在比原子小 10000 倍的原子核里的发现, 提出了最深刻的问题：是哪些因素决定了原子的大小？为什么负电荷的电子不会掉到原子核内, 并产生电流把能量辐射掉？

主要以 Niels Bohr 为领导的一群新物理学家对这些问题以及它们所主导的现象的分析最终在 20 世纪 20 年代中期树起了一个科学里程碑, 即量子力学的发展. 详述这些发展不属于本章的范围, 我们将在这里介绍为这个世纪后期的原子分子物理学的发展开辟了道路的这个知识和概念的新框架.

13.2.1　原子尺度和结构

量子力学已经解释了原子尺度的大小, 将任何粒子局限在一个半径为 a 的体积内将会使得它的动能增加 $\sim \hbar^2/2m\,a^2$, 这里 $\hbar$ 是 Planck 常量, m 是粒子的质量. 动能增加使得电子克服了原子核对它的吸引, 这种吸引力的势能是与具有 Ze 电荷的原子核距离为 a 的电子的势能, 为 $-Ze^2/a$. 对于这样的核电荷周围的一个电子, 动能的增加和吸引作用在 Bohr 半径 $a=\hbar^2/mZe^2$ 处达到平衡, 此时势能的大小是电子动能大小的 2 倍 (位力定理). 这个半径使得原子核对电子的束缚优化, 可以用 "Rydberg 能量" 表示为

$$E = Ze^2/a - \hbar^2/2ma^2 = Z^2e^4m/2\hbar^2 = 13.6Z^2\text{eV} \tag{13.1}$$

表达式 (13.1) 可以方便地写成因子化的形式

$$E = \frac{1}{2}Z^2(e^2/\hbar c)^2mc^2 = \frac{1}{2}(Z\alpha)^2mc^2 \tag{13.1$'$}$$

这里的量纲元 mc^2 代表了电子的 (相对论性的) "静止能量". 数字因子 $\alpha = 1/137.036$ 表示的是电子在 H 原子的基态的平均速度与光速 c 的比值. 因为电子运动的磁效应正比于它的速度, α(或者 $Z\alpha$) 表示了原子现象中磁效应和电效应的相对大小. α 的值小意味着磁效应对原子能级的影响小, 由于这个原因, α 叫做**精细结构** (或者**相对论**) 常数. 人们普遍认为 α 的大小是由基本物理所决定的, 有关这方面的理论超出了我们现有的知识. 揭开这一谜底可以看作等同于确定单位电荷 e 的大小.

比值 α 的组合和半径 a 的组合也是重要的: Compton 波长 αa 是 X 射线从一个电子反弹回来后波长增加的单位. 乘积 $\alpha^2 a = 2.8\text{fm}$ 表示电子的经典半径, 即一个经典静电场能量为 mc^2 的球形电荷 e 的半径.

有关原子的"壳层结构", 读者很可能熟悉, 我们注意到比值 a/Z 表示一个具有原子序数 Z 的元素的最内层 (K 层) 电子对的囚禁半径. 这个半径对重元素来说还要缩小一些, 而这些核中电子速度和光速的比值是 $Z\alpha$, 不再远远小于 1, 因为当速度接近于光速的时候电子的质量增大, 因此定义 $a=\hbar^2/mZe^2$ 中的有效质量也增大.

其他壳层的囚禁半径可以从方程 (13.1) 经过变形后得到, 这时加上了离心势的修正. 离心势中包括了具有平行"自旋"角动量的电子之间的离心排斥, 这一现象通常称为"Pauli 排斥"或者"交换效应", 将在插注 13A 中概述[1].

插注 13A　对称性, 宇称和排斥

原子和分子的结构常常显示出对称元素, 典型的是对一个点、一个轴或平面的反射变换的不变性. 这些对称性出现在定态原子组分的统计分布上, 在对称点、轴或平面上表现出最大、最小 (经常是零) 或者鞍点. 量子力学中这些非负分布表示为"概率幅"或者"波函数"的模平方,"概率幅"或者"波函数"实际上是概率的平方根, 在一个对称元素上就表现为符号的改变. 这样的符号改变的存在与否 (具有"偶"或"奇"的特征) 是定态的一个参数, 叫做**宇称**, 表示一种特定的对称性.

一对**全同粒子**在对它们的质心的反射变换下的宇称 (一种使得这对电子不变的操作) 对原子结构具有很大的关系, 因为它使得波函数不变, 即具有偶宇称 (而一个单个电子的波函数在一个对称元素的反射变换下的宇称可能是**奇**的). 一个电子对的波函数的宇称包括两个因子, 一个与自旋有关, 另一个与位置分布有关; 在偶宇称时要求两个因子的宇称相同, 不论是偶还是奇. 一个反平行的自旋对的宇称因子是偶的, 其零角动量与它们的指向无关, 但是对平行的自旋对函数是奇的, 它在绕着质心转动 180° 时使得自旋对不变, 但是如矢量一样使得自旋波函数改变符号. 因此平行的自旋对意味着空间的奇分布函数, 在质心处为零, 显示了离心排斥效应. 这种对称性在分子转动中的令人惊奇的作用将在插注 13E 中概述.

对称性因此阻止平行自旋的电子靠近. 这种"不相容"的通常描述抛弃了起初指定单个指标 1 和指标 2 的电子的身份, 然后要求它们合起来的波函数在它们的指标的交换下为奇函数 (与位置部分分开的自旋对波函数, 在这种交换下是偶的). 电子对关于质心的对称性的作用是 Feynman 所强调的, 在这里作为概念上的首选, 但是将电子先进行标记, 然后要求每一对电子在交换下具有奇对称性被证明是更加方便的.

最外的 (价) 电子层的半径随着原子序数增大而缓慢增长, 大致正比于 $Z^{1/3}$. 对于除惰性气体外的所有的中性原子, 电子在这个壳内的运动具有一个非零的角动量. 这些电子不再受到角动量相互抵消的束缚, 更容易与其他原子的电子结合形成化学键, 因而被称为是“化学非饱和的”, 换句话说, 是“活跃的”, 我们将在 13.2.5 节中看到这一点.

“原子”这个词在不加其他说明的时候意味着电中性, 也就是说包含了数目等于原子序数的 (负的) 电子, 原子序数表示了其原子核中整数单位的正电荷. 一个被剥掉了几个电子的原子称为正离子. 带有过多电子的原子 —— 通常仅有一个 —— 叫做负离子.

迄今为止, 我们讨论的是同类原子的紧致形式 (基态) 的结构. 与此相互补充的是“激发定态”的出现, 这些态占据了更多的空间体积, 其中有一个 (或更多个) 电子不像基态那样被强束缚. “定态”意味着这些态在不受到外部影响的情况下不随时间变化. 它们的稳定性是通过对一些类似于方程 (13.1) 中的 a 的参数的优化保证的, 它们的各种性质和分类将会在 13.2.3 节中介绍.

还有更广泛的大量的“非定态”出现, 这些态对时间的依赖关系通常是由一个类似 Fourier 级数的正弦振荡来表示. 每个振荡频率等于一对定态的能级差除以 $\hbar$, 这很像一个沿其路径通过各向异性介质的光束的极化振荡频率, 反映了那种物质不同的折射率之间的差别.

13.2.2 辐射

“辐射”在这里表示所有频率的电磁振荡, 它们与原子和分子的能量交换提供了原子结构与机制的主要证据. 这些交换是以分立的能量单位 (光子) 进行的, 其值正比于辐射频率 $\omega(\mathrm{rad{\cdot}s^{-1}})$, $\Delta E = \hbar\omega$[2].

辐射和一个孤立原子或分子的主要相互作用由它们的结合能中的一项表示, 即辐射电场和原子的**非定态**的电偶极矩的乘积项 (单个原子在定态上不显示振荡的偶极矩, 但是在与辐射场耦合后被强制到非定态上). 当它们的振荡频率相互重合时, 即在**共振**时, 辐射和原子之间的能量转移特别地强. 在两者都被限制在有限的空间区域内的时候, 出现辐射和原子的稳定的耦合振荡简正模式, 此时能量由这些参与者共享.

然而, 最具有启发性的过程发生在辐射分布的区域 V 大大超过原子大小的时候. 此时每个独立的振动模式的单位能量 $\hbar\omega$ 的密度 —— $\hbar\omega/V$ —— 被高度稀释, 因此它作用在每个原子上的场强变弱. 此时允许将辐射的作用当作微扰来估算, 它与场强 A 和电子电荷, 即与方程 (13.1′) 中的参数 $\alpha^{1/2}$ 成线性. 由于同样原因, 那些频率与原子偶极矩共振的辐射模式的密度变得非常高 —— 实际上它与 V 成正比 —— 因此产生了非常大的总贡献.

William F Meggers
(美国人, 1883~1966)

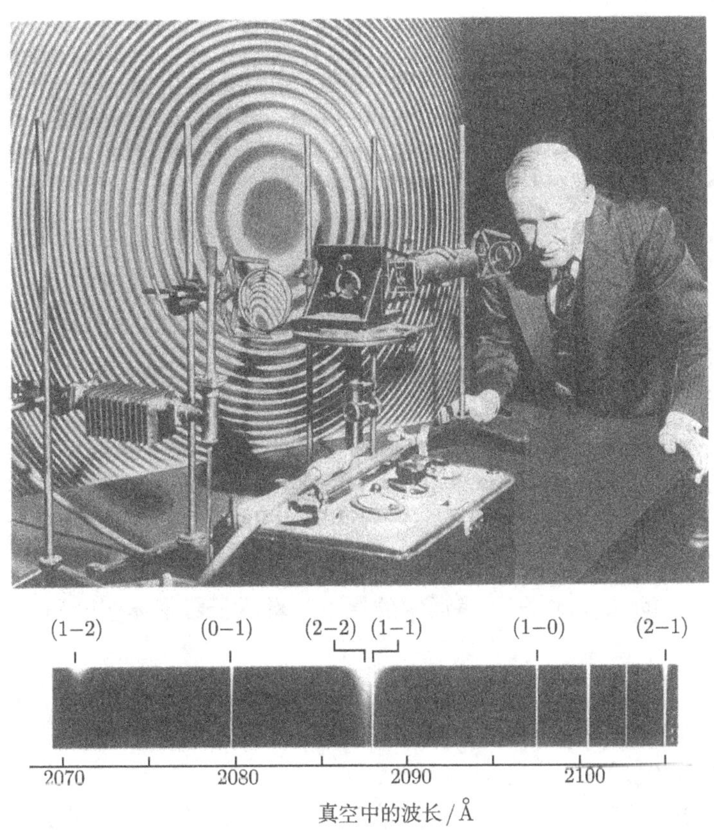

美国国家标准局 (NBS) 的 William Meggers, 是 20 世纪中叶谱学分析的巨擘, 他集中研究仪器精度和数据分析. 在他的领导和首创下, 一个谱学研究团队观察、测量并且积累了成千上万的精确谱线波长数据, 这些数据成为全世界的标准. 他们列出的数据在后来几十年中被仔细和不断地检查, 从中搜寻可揭示原子力学机制规律性的模式.

经验的积累培养了一种天分, 使得这种搜寻更加有趣. 机械化的搜索从世纪的中叶开始, 起初是利用 IBM 的穿孔卡分类装置, 但是后来是利用电子计算机扫描谱频率的列表以便找到具有相同差别的配对, 这些扫描的结果具体的实现就是 NBS 出版的《**原子能级表**》. 他的照片旁边的干涉环的清晰度决定了 Hg198 的波长标准的精确度. 这里显示的谱线属于两个 Zn 原子的具有不同角动量 j 的多重态之间的跃迁, 上面的数字是相应的角动量值. 请注意线宽之间的差反映了激发态通过不同通道的不同的衰变率 (靠近上端的谱线宽度的增大反映的是仪器的固有缺陷).

1. 基本现象

原子–辐射相互作用产生了三种不同的“基本”过程: ① 原子共振**吸收**一个光子, 因此将原子激发到一个更高的能级上, 这个激发态可以是束缚的也可以是电离的; ② 原子倒过来“自发”辐射一个光子 (大体积 V 中的密集辐射模式谱很容易提供共振); ③ 光子从辐射的一个模式散射到另一个模式, 这个过程是原子通过吸收并发射 (并不非要共振不可) 而促成的. 光子散射可以是弹性的 (Rayleigh 散射) 或者非弹性的 (Raman 散射), 后者将部分能量留在原子系统内.

高光子能量能够提供非弹性散射的 Compton 型变种, 这时电子能从原子中完全反弹出来. 另外一个大多在高光子能量下显现的过程是在经过原子场的时候, 高速电子主要由于被原子核吸引而偏转时发出连续谱辐射 (轫致辐射).

对这些过程的定量处理是量子力学发展的关键因素, 这在 1932 年 Fermi 的系列讲演中作了综述[3], Heitler 在 1936 年的专著中给出了更全面的综述[4].

当光子的能量接近电子的静止能量 mc^2(=511keV) 时需要相对论处理, 此时将辐射和静电场相互混合. 这一能区的一个主要结果是 1932 年发现将兆电子伏的光子与高 Z 原子核的库仑场结合起来所得到的“对产生”, 即产生一对电荷相反的电子. 这个过程反过来又导致在原子核电荷或者其他电荷的附近空间中出现“真空极化”的令人惊奇的二次过程, 这是通常的原子或者原子集聚体在电场中产生电极化的高能类比.

电极化自身就是在物质以及在真空中产生非共振的“偶极”电荷位移的原因, 和在共振频率吸收或发射辐射时一样. 与非常高频率的共振效应相对应的更进一步的原子极化效应在 20 世纪 40 年代后期被发现, 即原子能级的“Lamb 位移”和对电子自旋的磁偶极矩的 ~ 0.1 修正. 在这些发展中产生的一个问题是 $\omega \to \infty$ 极限下高频对极化贡献的内在发散性. 到 1950 年发展出通过一些适当地绕过这个问题的方法来消除这种奇异性, 因此使得我们能够通过电子电荷参数 α 的级数展开取得非常成功的计算. 但是, 根据本章作者的个人观点, 这个问题到现在仍然存在.

13.2.3 原子光谱

光谱仪是一种将一束辐射中的不同频率的成分分开的仪器, 在屏幕或者在探测器的表面显示出各种成分的强度. 早期对单原子蒸汽的吸收或者发射谱的分析显示它们的频率正好处在可见光范围内 ($10^{15} < \omega < 10^{16}\text{rad}\cdot\text{s}^{-1}$) 的. 分立值 (谱线) 或者其附近, 通过用少数光谱项的差来表示, 所有元素的大量谱线很快被简化后来确认这些光谱项等价于每个原子定态的能量. 从大量丰富的谱线中提取这些光谱项考验着谱学家们的技巧和奉献精神, 直到这个过程后来计算机化.

观察到的谱线只对应于那些产生电偶极矩跃迁的成对的态, 即那些具有相反 (相对原子中心反射) 宇称和角动量 j 的差不超过一个 $\hbar$ 单位的态对. 这些选择

定则提供了光谱项的部分分类 (“量子数” j 表示角动量矢量 $\boldsymbol{j}$ 的大小, 即 $|\boldsymbol{j}|^2 = j(j+1)\hbar^2$).

自由原子的光谱项与它们在空间的取向无关. 这种“简并”在有外加场 —— 电场 (Stark 效应) 或者磁场 (Zeeman 效应) —— 的情况下被打破, 具有 $j \neq 0$ 的项分裂成具有不同的 m 量子数的多重能级. 具有 $j \neq 0$ 的原子束或者分子束在通过 Stern-Gerlach 磁体后会分解为具有不同 m 值的组分. 不同成分间的均匀间距度量它们平行于磁场的磁矩 (图 13.1). 辐射或电子的弹性散射能够给出一个处在定态的原子的形状, 电子散射将在 13.2.4 节中概述 (图 13.2).

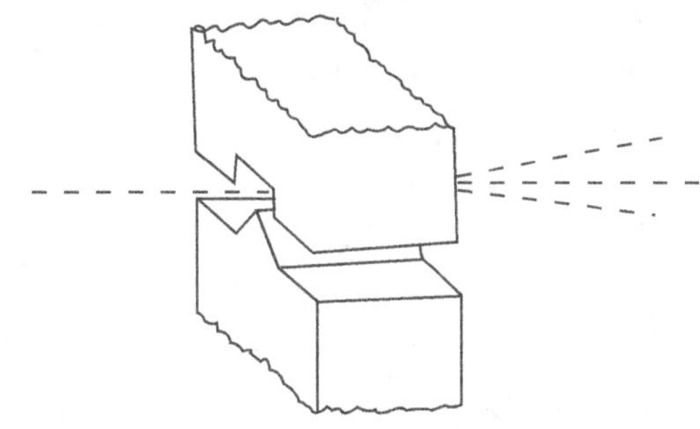

图 13.1 Stern-Gerlach 非均匀磁场分子束分析的示意图, 入射束流被分解成三个成分

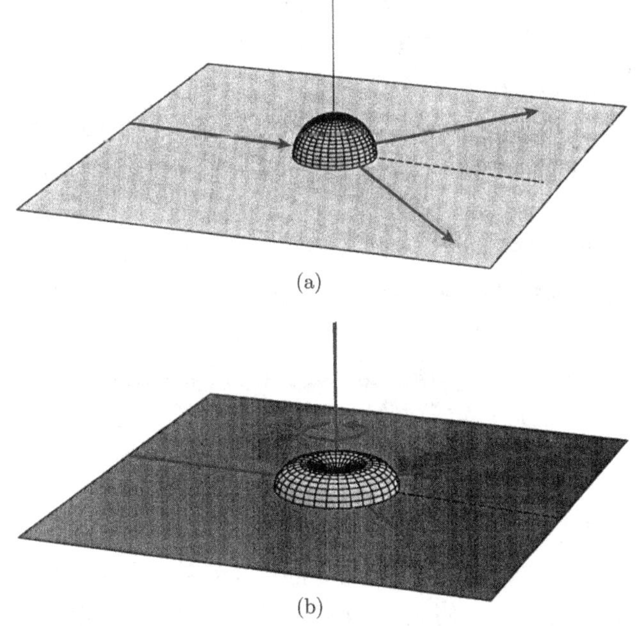

图 13.2 电子被原子散射的示意图. 分析不同角度的电子偏转概率可确定原子的形状. 电子向左或向右偏转的不对称性与原子内的电流有关

1. 最简单的光谱

最简单的光谱出现在氢原子和只有一个价电子的金属原子中, 单个价电子在具有中心对称性的场中运动, 允许将其转动运动和径向运动分离. 因而这个电子的角动量矢量 j 是运动常量, 并且可以预计在某些状态中为零, 从而产生电子位置在原子附近的均匀统计分布. 后一特点确实在原子基态中的一些观察中被证实, 但是对单价电子束在磁场中的分析发现它们分裂成两个组分, $m=\pm\frac{1}{2}$, 意味着 $j\neq 0$ 且对应着 $j=\frac{1}{2}$, 从而表明电子自旋的存在[5].

转动和径向运动的分离也是影响电子分布密度的一个因素. 对于氢原子基态, 这个密度正比于 $\exp(-2r/a)$, 而由方程 (13.1) $a=0.053\text{nm}$. 对于氢的具有中心对称的激发态序列, 相应的密度可以表示成一个类似 $\exp(-2r/a)$ 的因子和一个 r/na 的 $n-1$ 阶多项式 (即具有 $n-1$ 个根) 平方的乘积, $n=2,3,\cdots$. 可以很容易地从观察到的实验光谱中得到 (2.6 节) 的这些态的电子的结合能, 也可简单地通过 Rydberg 公式 $E_n=13.6\text{eV}/n^2$ 与式 (13.1) 相联系. 这里示出的径向密度中的指数中的 na 参数与电子结合能的基本关系, 在选用恰当的 a 后, **对所有原子是共同的**.

电子的转动运动生成了电子密度在方向上的模式. 如插注 13B 中描述的, 量子力学使用一组数学表达式 $|Y_{lm}(\theta,\varphi)|^2$ 来表示这些模式. 这个分布由径向因子 $|f_{nl}(r)|^2$ 所补充, 与上面所述的球形分布类似, 但是其多项式中少了 l 个根. 具有 $l\neq 0$ 的激发定态的能量与那些具有相同 n 但是 $l=0$ 的态的近似重合, 但是与它们相差一个"精细结构"劈裂, 这将在插注 13C 中描述.

单价金属 (碱金属或惰性金属) 的光谱由它们的价电子的激发引起, 与氢的光谱相像, 这是因为这个电子在原子的 (球形) 离子实外面的 Coulomb 场中运动. 但是电子穿入离子实修正了径向密度函数 $f_{nl}(r)$, 修正主要发生在离子实内. 在实外面, $f_{nl}(r)$ 在改变指数中的参数和多项式因子中的根的情况下保持了它的氢原子特性, 这些可以有效地通过从主量子数 n 中减掉一个新的半经验的量子亏损参数 μ_l 来表示, $n\rightarrow n-\mu_l$. 因而氢原子能级的结合能表示式 $13.6\text{eV}/n^2$ 推广到 Rydberg 系列的通用公式 $E_{nl}=13.6\text{eV}/(n-\mu_l)^2$. μ_l 中的 l 依赖性消除了定态能量中具有相同 n 而不同 l 的态的近似重合 (除 μ_l 可近似忽略的 l 值外).

2. 多电子光谱

初看起来, 计算出多电子原子的能级是一个不可能完成的任务. 在 13.2.3 节中把单价电子原子看作由一个球形的离子实和一个单电子组成, 并未描述离子实内的电子如何决定量子亏损 μ_l 的大小. 其他的离子实是不对称的 (除单价离子实如 Mg^+ 外), 因此它们本身的结构也需要研究.

插注 13D 中所描述的处理电子间方向相互作用的代数方法把这个任务简化很

多, 但径向运动间的相互作用也需要关注. 这些相互作用本身约束着在离子实中的满壳电子, 因为壳层填充耗尽了任一电子的角自由度. 现在仍然使用的 1928 年 Hartree 引入的步骤仍通过要求用同一径向函数 f_{nl} 表示所有具有相同量子数电子的径向分布, 利用了此一角度上的约束. 这个方法, 其初始动机是通过忽略电子之间的所有关联, "自洽"地确定闭壳内 $f_{nl}(r)$ 的值以使得整个满壳原子实的能量最低. 它的 Hartree-Fock 改进型还包括了交换能, 就是在 13.2.1 节和插注 13A 中提到的平行自旋的电子对之间的离心排斥作用的附加效应.

插注 13B 方向分布的模式

物理空间的方向通常 (与地球表面上的坐标类似) 用相对于极轴和 0° 子午圈的两个角度 (θ,φ) 来表示. "经度角" φ 绕轴从 0° 到 360° (2π 弧度), 而"纬度角" θ 从一极到另外一极 (0° ~ 180°).

在经度上的分布由三角函数 $\{\cos m\varphi, \sin m\varphi\}$ (m = 任何整数) 或等价的复数组合 $\exp(\mathrm{i}m\varphi) = \cos m\varphi + \mathrm{i}\sin m\varphi$ 等的 Fourier 级数表示. 电子或者其他粒子以恒定的角动量分量 $m\hbar$ 围绕极轴的转动可以用具有单一三角组分 $\exp(\mathrm{i}m\varphi)$ 的分布函数表示, 这个函数的实部和虚部可以进一步分解成 m 个子午瓣.

在纬度上的分布是由一系列 $\cos\theta$ 的 $l-m$ 阶的多项式 (缔合 Legendre 多项式 $P_{lm}(\cos\theta)$) 乘以一个 $\sin\theta$ 因子来表示, 分布 $|P_{lm}(\theta)|^2$ 有 $l-m$ 个子瓣 (如 $P_{00}=1$, $P_{10}\propto\cos\theta$, $P_{11}\propto\sin\theta$, $P_{20}\propto 3\cos^2\theta-1$). 联合分布函数 $P_{lm}(\theta)\exp(\mathrm{i}m\varphi)$ 在教科书中称为球谐函数 $Y_{lm}(\theta,\varphi)$. 函数 Y_{lm} 代表具有角动量平方 $|l|^2 = l(l+1)\hbar^2$ 且在极轴上有 l 个分量的转动运动, 因此指标 l 表示转动运动在方向上的受约束程度.

没有完全填充壳层中的每个电子, 不管是在基态还是激发态, 都被指定了量子数 nl (或 nlj) 和径向分布函数 $f_{nl}(r)$, 径向函数的确定更为不易. 这样, 基态或者激发态的原子的结构就用一个"组态"公式 $\prod_i (n_i l_i)^{N_i}$ 来表示, 其中 N_i 表示在第 i 个支壳层中的电子的数目. 然后通过使得整个定态的能量稳定来确定分布函数 $f_{n_i l_i}(r)$, 它与径向和角度分布都有关系. 要使能量与实验相符合通常还需要附加"组态混合"的步骤.

插注 13C 精细和超精细结构

原子光谱的精细结构主要来源于电子自旋磁矩和原子内电子转动产生的磁矩之间的相互作用. 每个电子自旋所感受到的磁场应归因于电子的这种旋转运动, 实际上来源于其他电荷 (主要是原子核) 绕着电子自旋的表观转动.

原子核的贡献正比于它的电荷 Ze, 反比于其到电子的距离的三次方, 由此产生的自旋轨道耦合能量因而正比于 $|f_{nl}(r)|^2/r^3$ 的积分和轨道角动量和自旋角动量的乘积 $\boldsymbol{l}\cdot\boldsymbol{s}$. 它对单价金属光谱的净作用由量子亏损 μ_l 的移动所表示, 该值正比于 $\boldsymbol{l}\cdot\boldsymbol{s}$ 并随着 Z 以 $Z\left\langle|f_{nl}(r)|^2/r^3\right\rangle$ 的形式快速增加 (这种现象早期的实验和理论明显不符, 但很快就被 L H Thomas 在 1926 年对一个轨道电子所感受的场的大小的精确计算所解决). 我们这里忽略了正比于 $\boldsymbol{l}\cdot\boldsymbol{s}$ 的相对论效应贡献.

乘积 $\boldsymbol{l}\cdot\boldsymbol{s}$ 依赖于以下矢量和的平方:

$$|\boldsymbol{l}+\boldsymbol{s}|^2=|\boldsymbol{l}|^2+2\boldsymbol{l}\cdot\boldsymbol{s}+|\boldsymbol{s}|^2=|\boldsymbol{j}|^2=j(j+1)\hbar^2 \tag{13.2}$$

即除依赖于量子数 l 和 $s=\dfrac{1}{2}$ 外还依赖于量子数 $j=l\pm\dfrac{1}{2}$. 所得到的能级 $-13.6\text{eV}/(n-\mu_l)^2$ 中, $j=l-\dfrac{1}{2}$ (自旋相互反平行) 对应的能级比 $j=l+\dfrac{1}{2}$ 对应的能级更低. 这解释了早期发现的双线, 即离得很近的一对谱线. 因此, 对涉及单价电子的“简单谱”的定量理解早在 20 世纪 20 年代中期就已经取得了.

同时, 一个由于电子和原子核的电荷分布和电流的相互作用引起的、更小的“超精细”谱线结构, 也得到分辨、分析和估算, 这里我们仅将这种相互作用描述为能量依赖于电子和核的自旋的乘积 $\boldsymbol{j}\cdot\boldsymbol{I}$, 由耦合角动量的平方 $|\boldsymbol{j}+\boldsymbol{I}|^2=|\boldsymbol{F}|^2=\boldsymbol{F}(\boldsymbol{F}+1)\hbar^2$ 反映.

氢原子的基态 $\left(j=\dfrac{1}{2},I=\dfrac{1}{2}\right)$ 分解成 $F=0,F=1$ 两个组分量. 这两个能级之间跃迁的 1420 MHz 短波在宇宙空间的射频发射在确定原子氢的分布中起到了很大的作用 (也请参考 13.2.5 节).

轨道和自旋角动量的耦合导致了具有不同 j 值的能级, 这些不同的 j 值改变了电子密度的分布的不对称性, 如图 13.2 所示. 这一课题属于更广泛的研究, 将会在插注 13D 中概述并介绍其范围.

插注 13D　角动量代数

通过恒等式 (13.2) $|\boldsymbol{l}+\boldsymbol{s}|^2=|\boldsymbol{j}|^2$ 计算自旋轨道系数 $\boldsymbol{l}.\boldsymbol{s}$ 是对光谱学理论以及其他课题十分重要的常用处理方法的一个范例. 与这个范例相似的问题是计算两个 (或更多) 具有球谐函数 $Y_{lm},Y_{l'm'}$ 表示的密度分布的电子间的排斥能量. 需要对二电子联合密度分布进行平均的表示电子之间相互作用的 Coulomb 势能 $e^2/|\boldsymbol{r}-\boldsymbol{r}'|$ 能够展开为球谐函数. 这里我们所要处理的问题, 其实是三角公式 $\cos ax\cos bx=$

$[\cos(a+b)x+\cos(a-b)x]/2$ 的推广, 即将乘积项分解成涉及指标 (a,b) 的和 (或差) 的项的和这一方法的推广. 这个公式的多重推广是基于球谐函数的坐标改变将引起的变换, 这些变换组成群, 群理论提供了将其用指标 $\{l,l',\cdots\}$ 表示的表达式.

用角动量量子数 $\{l,s,j;m,m'\}$ 的代数函数对量子体系进行相关表述, 是大约 1930 年同时出版的 E Wigner 和 L Van der Waerden 的两本专著[6,7] 中给出的. 因此所有与方向分布有关的平均都被约化到标准的公式. 更深入的进展是 G Racah[8] 以及 Wigner[9] 独立取得的, 他们将三个或者更多的函数的不同组合通过仅仅使用指标 $\{l,s,j,\cdots\}$ 的代数函数联系起来, 与坐标系无关.

---

20 世纪 30 年代的多电子原子光谱最高水平在 E U Cordon 和 G Shortley 的专著中做了总结[10]. 这时候的技术水平已经能相当恰当地处理激发的“s”或“p”电子 (即 $l=0$ 或 $l=1$). 完全解决部分填充的“d”壳层的包含了最多到 $2(2l{+}1){=}10$ 个电子的丰富光谱学, 开始于 Racah 在 40 年代的工作[8]. 而稀土 f 壳层 $(l=3)$ 的光谱学直到几十年后才能分析.

3. 内壳层光谱学

内壳层电子很容易被具有足够能量的入射粒子从原子中打出来. 由此产生的空缺很快就被具有更高能量 $B_{\mathrm{o}}>B_{\mathrm{i}}$ 的电子填充; 这两个壳层之间的跃迁释放出能量差 $B_{\mathrm{o}}-B_{\mathrm{i}}$, 这是一个涉及频率 $\omega=(B_{\mathrm{o}}-B_{\mathrm{i}})/\hbar$ 的偶极振荡电流过程, 可以但不一定需要发射出一个 $\hbar\omega$ 的光子. 顺便提一下, Bohr 在 1913 年首先发展了原子的“行星模型”以后就期待这种光了发射. 方程 (13.1) 预言 K 壳层电子的发射将产生出 $\sqrt{\omega}\propto Z$ 的 X 射线, 这个预言很快就被 Mosley 发现的特征 X 射线所验证, 之所以称为特征 X 射线是因为这些分立谱线与 Röntgen 早期发现的连续 X 射线形成鲜明对比. 这个验证反过来为 Mendeleev 周期表中依序排列元素原子核电荷 Ze 的 Z 值的依序取值提供了早期证据.

整个特征 X 射线谱包含了几个系列, 处在不同的频率范围, 标记为 K, L, M, $\cdots$ 系, 对应着初始空缺所在内壳层的量子数 n =1, 2, 3, $\cdots$. 每个系中的谱线根据 B_{o} 壳层中 n 的值标记为 $\alpha,\beta,\gamma,\cdots$.

比发射 X 射线更经常发生的是将能量 $B_{\mathrm{o}}-B_{\mathrm{i}}$ 转移到 o 壳层上的一个电子, 或者 o 壳层外的一个电子. 这个过程已被探测到具有特征能谱的单能电子 (Auger 电子) 所证实. 【又见 3.2.2 节第 2 小节】

13.2.4 碰撞

从 Rutherford 的 α 粒子实验开始, 原子粒子的碰撞就已经成为现代物理学的一个主要工具. 已经提供了原子更多细节的光谱学, 也在很大程度上依赖于电子或者离子的碰撞来制备激发原子态.

“长程”碰撞通过飞经带电粒子的 Coulomb 相互作用将能量转移到原子, 这些飞经带电粒子的场通常较远地处在目标原子或分子的外面 (这种场的一个快速脉冲很像连续的辐射连续谱). “近距离的”短程碰撞导致复杂的, 通常是短寿命的复合态, 其中入射粒子和目标具有不同程度的结合. 中等程度的“擦边”碰撞, 是大多数原子碰撞的特征, 只涉及入射粒子和目标粒子的一小部分的相互穿插.

复合体 (入射粒子与靶粒子的结合) 相对于质心的角动量在整个碰撞过程中保持不变. 人们可以利用这个守恒关系和“分波分析”将入射束流分解成具有不同角动量的分量. 每一个分量的碰撞概率正比于 $(2l+1)^2/v^2$ (v 表示速度), 因而随着 l 的增大而增加, 但有一个一般地随着 v 的增大而下降的系数. 这种方法的使用现在还局限在少数几个有限的问题中, 尽管它具有基本的重要意义.

另外一种碰撞的分类方法是用“入射参数”, 即入射粒子轨迹离靶粒子最近的距离. 这种方法一般对所有的“长程”碰撞和大多数比电子重的入射粒子的擦边碰撞和短程碰撞是适用的.

N F Mott 和 H S W Massey 的第一本有关原子碰撞理论的专著是 1933 年出版的[11], 这本书以实验为例证集中讨论了原子碰撞的波动力学处理.

1. 快速带电粒子的作用

快速带电粒子的作用从 Rutherford 开始就是许多实验中的相关内容, Bohr 在 1913 年评估了它的主要因素. 他强调了碰撞的冲击特性和可逆 (即弹性) 散射特性之间的鲜明对比, 在碰撞持续时间小于最长的原子振荡时间 $1/\omega(b\omega/v \ll 1$ 其中 b 为碰撞参数, v 为速度) 时以冲击特性为主, 而在 $b\omega/v \gg 1$ 时碰撞以弹性散射为主. 在冲击碰撞中, 入射粒子耗散的能量总量相当于冲击范围内所有原子电子的反冲能量, 就好像这些电子在自由地反冲[12].

这种现象的波动力学的处理方法是 Bethe(1930) 给出的, 他在 Bohr 的想法的基础上加入了新的特点和修正. 他把在 $\boldsymbol{r}$ 处具有电荷 Ze 的快粒子与在 $\boldsymbol{r}_i$ 处的原子电子的 Coulomb 相互作用看作“弱的”, 表示为对指数函数的 Fourier 积分

$$\frac{ze}{|\boldsymbol{r}-\boldsymbol{r}_i|}=\frac{ze^2}{2\pi^2}\int\frac{\mathrm{d}\boldsymbol{k}}{k^2}\mathrm{e}^{\mathrm{i}\boldsymbol{k}\cdot(\boldsymbol{r}_i-\boldsymbol{r})} \tag{13.3}$$

这个积分的每个积分元表示入射粒子将动量 $\hbar\boldsymbol{\kappa}$ 转移到第 i 个电子上的概率辐. 入射粒子的动量损失的振幅平方 $|\exp(-\mathrm{i}\boldsymbol{k}\cdot\boldsymbol{r})|^2$ 即其被偏转的概率, 是非相干相加的, 因为偏转是可观测量. 而每个电子的动量增加的概率幅 $\exp(\mathrm{i}\boldsymbol{k}\cdot\boldsymbol{r})$ 却是相干相加的, 因为只有原子到它的第 n 个能级的净激发的概率是可观测的(除非电子被完全从原子内反冲出来). 这个概率正比于函数 $|F_{n0}\left(\sum_i \mathrm{e}^{\mathrm{i}\boldsymbol{k}\cdot\boldsymbol{r}_i}\right)|^2$, 称做靶粒子的“广

义形状因子”. Bethe 证明了最终的平均吸收能量 $\sum_n E_n|F_{n0}\left(\sum_i \mathrm{e}^{\mathrm{i}\boldsymbol{k}\cdot\boldsymbol{r}i}\right)|^2$等于独立电子反冲能量的和, 和 Bohr 所期待的一样.

Bethe 还注意到对 $\sum_n E_n|F_{n0}|^2$ 有贡献的最小 k 值是由入射粒子的能量–动量平衡条件决定的, 对于快电子是一个比 Bohr 的 $b\omega/v \sim 1$ 更紧一些的极限. Mott 注意到 Bethe 的方法对重的 (离子) 入射粒子在 $b\omega/v \gg 1$ 时也适用. 在 1924 年, Fermi 探究了快入射粒子的脉冲场和辐射的对应关系, 将 $\sum_n E_n|F_{n0}|^2$代之以一个等价的靶物质宏观介电性质.

2. 慢电子的近程碰撞

Bethe 的弱相互作用 (实际上是冲击性的) 处理[13] 还曾被用于快速电子的近程碰撞, 但在入射速度与原子中的电子的速度相当时给出不切实际的大得多的结果. 为了消除这种偏差而提出的改进理论看起来似乎并不令人满意.

将入射电子和靶结合起来形成具有确定角动量的复合体看起来是处理眼下这个问题的最好方法, 但是在早期只在应用到具有球对称的惰性气体靶时才显示出成功 (因为一般的多电子复合体的复杂性, 这种处理只是在 20 世纪中叶之后才开始). 在这个框架里, 复合体内角动量平方为 $l(l+1)\hbar^2$ 的碰撞电子的密度分布被表示为 $|f_{kl}(r)Y_{lm}(\theta,\varphi)|^2$, 就像 13.2.3 节中单价原子中的价电子一样. 这里指标 k 代表入射电子的动量 $\hbar k$, 代替了金属的价电子的量子数 n. 入射电子的量子亏损 μ_l 在这里变为了一个等价的相移 $\delta_l(k)=\pi\mu_l$.

在电子被惰性气体原子弹性散射的实验中, 具有单位入射通量的入射电子在偏转立体角 $\mathrm{d}\Omega$ 内的微分散射截面表示为

$$\mathrm{d}\sigma(\theta)=\frac{4\pi}{k^2}\left|\sum\nolimits_l (2l+1)^{1/2}\exp(i\delta_l)\sin\delta_l(k)Y_{l0}(\theta,\varphi)\right|^2\mathrm{d}\Omega \tag{13.4}$$

(这种情况下函数 $f_{kl}(r)$ 在原子实外是球 Bessel 函数 $j_l(kr+\delta_l(k))$). Ramsauer 早期发现在每种原子的特征碰撞能量 (<1eV) 时这个截面为零, 就好像 Ar、Kr、Xe 等的原子是透明的, 引起了巨大惊奇. 后来这个现象可以理解了, 这是因为在接近零速时极化靶以吸引为主, 使得 $\delta_l(k)>0$, 但是在高一些的能量时, 吸引被“满壳”原子对入射电子的排斥所克服. 在这些能量区域过渡的地方, 相移 $\delta_l(k)$ 为零.

3. 离子和原子的近程与擦边碰撞

原子和分子, 不论是在电离或在中性状态, 都可比所有靶电子慢且仍带着千电子伏范围的动能. 它们的原子核的动量同样大, 允许入射粒子在靶中以近直线的路径透过 (除了在靠近靶核附近的时候). 它们对靶电子的作用主要是弹性的, 但是由

沿其路径大量的激发和电离的聚集使得它们的效应不可忽略 (热原子的速度比起原子电子的速度小好几个数量级, 因此热碰撞是弹性的, 排除了化学反应). 重入射粒子和靶粒子的电子交换一直是许多研究的对象.

在 20 世纪 20 年代中期 L H Thomas 指出了一个令人好奇的电子转移特性, 确切地说是一个离子和一个中性靶粒子碰撞时的“电子俘获”. 一个离子和靶电子的迎头碰撞推着电子沿离子的轨道运动, 因此有助于它的俘获. 但是碰撞后的电子的速度是离子速度的两倍阻止了电子的俘获. 因此电子和离子的速度匹配要求电子与离子径迹成 60° 的角度射出. 要求这个电子与一个静止的原子核的第二次弹性碰撞 (即“两次击发”过程) 才能使得电子平行于入射离子的方向, 从而实现俘获. 这种现象及其变形半个世纪以后在实验上观测到.

无论是电离的或中性状态的慢原子和/或分子之间的近程或者擦边碰撞, 都应恰当地归类为分子复合体物理学. “慢”在这里指的是一般“比价电子更慢”. 这些碰撞与普通的分子力学的差别主要在于它们原子核之间运动的能量高. 它们的实验与理论研究延迟到 20 世纪中叶之后才得以进行, 原因是碰撞后的多重碎片的研究需要精巧的探测器和分析方法.

擦边碰撞的情况为以下研究提供了更容易的机会, 特别是当生成的复合体只有一个价电子的基本情况下, 独立电子的运动可以在两个慢速运动的原子或者分子实的场中研究. 早期在研究这个现象和相关现象时引入[11] 并且在后来被广泛使用的一种理论方法是“微扰定态”, 它基于我们将在 13.2.5 节中要介绍的一个基本分子方法.

对于比价电子速度还要快的碰撞, 一个关键的定性规则是 Bohr 早期提出的[14], 即所有比碰撞速度还慢的电子很可能被从它们初始状态上清除掉.

13.2.5　分子键和行为

一对原子和/或者分子受到一种弱吸引力, 正比于它们之间距离 r 的函数 $1/r^6$, 这种力是在 19 世纪伊始从气体性质中推导出来的, 因此冠以其发现者的名字称为 van der Waals 力. 量子力学已经找到了这种力的成因, 它是由两个粒子的电极化的相互、同步振荡引起的. 这种力将两个粒子拉近, 直到两者的电子分布有足够的重叠, 使得其他吸引或是排斥的更强的力占主导. 它甚至足以在大约 1K 的温度下, 克服一对惰性气体原子之间的短程排斥将它们结合起来.

“共价”分子键的起源是 W Heitler 和 F London(1928 年) 通过对两个 H 原子的典型处理方式的分析后在量子力学中最先建立的. 这些原子之间的短程力极其敏感地依赖于它们的电子自旋的相对方向. 平行的方向导致排斥, 如在插注 13A 中指出的; 电子自旋的反方向促成一对粒子的分布函数 $f(\boldsymbol{r}_1, \boldsymbol{r}_2)$ 集中在两个原子核的中心, 因此优化两个原子核对一对电子的吸引并抵消每个对中相等电荷之间的排斥

(四个吸引, 两个排斥). (基于可分离的原子分布 $f(\boldsymbol{r}_1,\boldsymbol{r}_2)=f_{10}(\boldsymbol{r}_1-\boldsymbol{R}_1)f_{10}(\boldsymbol{r}_2-\boldsymbol{R}_2)$ 的原始研究, 给出的键能是 $2E(H)-E(H_2)\sim$3.7eV, 但是后来放松了 $f(\boldsymbol{r}_1,\boldsymbol{r}_2)$ 的形式, 使得计算的能量接近了 H_2 键的实验值 4.65eV, 相应的原子核之间的平均距离也接近实验值 0.074nm①).

实质上与 H_2 键等价的机制很快就被发现是大多数化学键的成因. 对附加电子具有不同亲和力的原子之间的键是非对称的, 将联合分布 $f(\boldsymbol{r}_1,\boldsymbol{r}_2)$ 移近一个原子而远离另外一个; 典型的 H_2O 中的 O—H 键使得一对成键电子更靠近 O 原子. 在极端情况下, 如 NaCl 分子中, 我们称键是离子键, 并且标记为 Na^+Cl^-.

双价原子形成两个原子的键, 对于Ⅱ族元素 (如 Mg) 它们在一条直线上, 对于Ⅵ族元素 (如 O) 它们形成一定的角度. 三价原子形成三个键, 对于Ⅲ族元素 (如 B) 是在一个平面内成 120° 夹角, 在Ⅴ族元素中 (如 N) 成正三面体形式. 四价原子类似地形成正四面体方向的四个键, 典型的是在 CH_4, 而且在以正四面体键结合的碳的晶体中, 即金刚石中也是如此.

碳以及在较小程度上还有其他原子形成了另一种不同的混合键型, 导致了它们的极其丰富的化学性质. 在石墨中的碳使用了每个原子的三个电子形成一个平面 120° 的键的网格, 每个原子余下的一个电子类似金属性地穿过这个网格. "芳香族"分子与众多具有混杂的双键甚至三键的化合物享有这些特点. 20 世纪 30 年代早期 Hückel 发展了处理这些现象的基本方法.

简单和稳定的分子的基态常常由满壳层组成, 里面的电子的自旋相互耦合抵消, 但一个著名的例外是氧的分子, 其基态具有净自旋 S=1, 而其低能亚稳激发态具有 S=0. 在基态壳层内具有 S=0 的低能激发在许多分子中出现. 一个电子向更高壳层的激发与单个原子中的情况类似, 这个激发电子的角动量与分子实的角动量有各种不同的耦合.

在 1930 年左右概念上的重大进展终于追寻到了橡皮弹性和类似现象的成因是长链分子 (聚合物) 的热行为. 这些分子由一串 N 个原子集团 (如 CH_2) 构成, 连接这些集团的键可以自由地相互转动. 长链的两端之间的距离在拉长的时候正比于 N, 而在相邻键无序的时候仅正比于 $\sqrt{N}$. **机械作用,** (如用一个外力拉伸), 能够拉长橡皮的长度, 但是热激励却倾向于恢复分子自身卷绕时键的原来无序取向.

1. Born-Oppenheimer 近似

Born-Oppenheimer 近似是分子物理的基本方法, 这一近似是基于电子的运动比原子核的运动快很多, 因为电子的质量小得多. 因此电子的分布函数 $f(\boldsymbol{r}_1,\boldsymbol{r}_2,\boldsymbol{r}_3,\cdots)$

---

① 本节两段文字中提到的对 van der Waals 力起源的量子力学解释及对 H_2 键键能计算值的改进, 是我国物理学家王守競分别于 1927 年 (Phys. Z., 28(1927), 663-667)) 和 1928 年 (Phys. Rew., 31(1928), 579-586) 作出的.—— 终校者注

是在假设原子核的位置 $\{\boldsymbol{R}_1, \boldsymbol{R}_2, \cdots\}$固定的情况下计算的, 记作 $F(\{\boldsymbol{R}_1, \boldsymbol{R}_2, \cdots\}; \boldsymbol{r}_1, \boldsymbol{r}_2, \cdots)$. 然后具有分布 F_n 的定态电子的能量 $E_n(\{\boldsymbol{R}_1, \boldsymbol{R}_2, \cdots\})$ 被视为支配较慢运动的原子核的势能. 这样得到的对初始结果的"非绝热"修正是导数 $\partial F_n/\partial R_\alpha$ 的函数.

图 13.3 示出了一系列的 H_2 分子的能级与原子核之间的距离 $\boldsymbol{R} = |\boldsymbol{R}_1 - \boldsymbol{R}_2|$ 的依赖关系. 大多数 $E_n(R)$ 曲线有一个深的 (接近于双曲线) 的极小值, 将两个原子核之间的距离保持在 10^{-2}nm 的范围里. 因此原子核间距离的振动运动是受约束的, 它们具有一系列的定态能级 E_{nv}, 间距 $E_{n,v+1} - E_{n,v}$ 差不多是一样的, 对 H_2

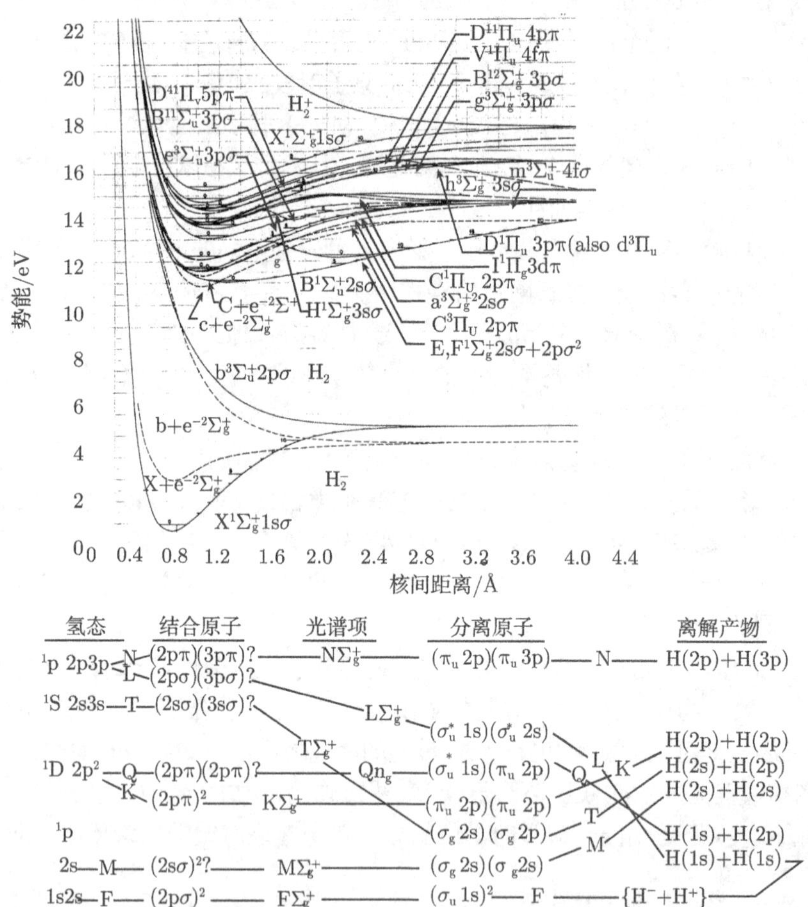

图 13.3　氢分子和其离子的势能曲线. 纵坐标表示不同的定态能级在原子核距离 R 上的值, 横坐标是原子核之间的距离, 每条曲线的极小点表示在这个距离上的平衡值. 曲线在该点上的曲率决定了振动的频率; 在横坐标值大的地方的能量值对应着离解阈值. 纵坐标的零值代表着 H_2 分子的基态能量, 包括了振动能; 标记 b 的曲线表示具有平行自旋的一对 H 原子的排斥势. 点划线表示 H_2^- 离子. 图下方为:"结合"原子和"分离"原子极限的部分能级关联图

差不多是 0.5eV 大 (但是对于重一些的分子将会小很多). 然而有一条曲线 $E_n(R)$ 没有极小值, 意味着它的电子态确实将原子核推开趋向“离解”, 相应于一对具有平行自旋的电子的离心效应使得电子分开, 阻止了键的形成.

相应维数的“势能”面是图 13.3 的在多原子分子中的类似物. 计算它们需要很精确的数字方法, 但是随着越来越强大的计算机的发展, 这方面已经扩大发展并且成为了一种产业.

分子力学的另一个要素为每个分子绕其质心的转动运动. 转动在光谱学中的作用, 以及振动在光谱学中的作用, 是将在 13.2.5 节中描述的分子光谱学的主要内容. 依据具体情形, 转动、振动和电子能级的大小依序相差 1 或 2 个数量级, 因而使得相对应的运动可以相当独立地进行.

因此上面提及的基本要点很快就在 1930 年左右发展成为分子力学的广泛的理论处理方法, 能够解释当时所取得的众多谱线的观测结果. 推动这个过程的主要领导者是 F Hund、R Mulliken[15] 和 G Herzberg[16].

两个重要的概念在这一时期的早期出现.

(1) 图 13.3 的曲线集合组成了一个关联图, 将在 H_2 分子在 $R=0$ 的“结合”原子状态和它在 $R=.\infty$ 的“分离原子”状态联系起来. 前者出现在 $R_2 \to R_1$ 时, 对 H_2 形成带两个电荷的 H_2^{++} 实, 此时电子的定态与 He 原子的定态完全一样; 而后者表示一对处在不同状态的分离 H 原子.

(2) 一个电子的激发, 如具有振动态 v, $n=1$ 的 H_2 的电子基态因光吸收引起的激发, 可将初始的密度分布函数 $F_{1v}(\boldsymbol{R};\boldsymbol{r}_1,\boldsymbol{r}_2)$ 改变成一个非定态的分布函数 $F'(\boldsymbol{R};\boldsymbol{r}_1,\boldsymbol{r}_2)$, 这是因为原子核的质量很大, 辐射只和电子的振动共振. 最终 F' 分布分解为几个定态的 F_{nv}. 这种情况称之为 Frank-Condon 规则, 在实验上被广泛验证, 它现在正在被用来通过重复进行适当的光吸收来操控原子核之间的距离 R, 以将分子结构制备到新的甚至是不稳定的所需的形状上.

2. 分子光谱

分子光谱与原子光谱的明显不同在于分子光谱中振动和转动运动的贡献. 一个电子跃迁在原子中只产生一条谱线, 而在分子中将会伴随着不同的振动和转动能级对之间的大量的跃迁. 这些跃迁中只有一小部分才会产生电偶极矩的振荡, 因而在光谱中很明显, 然而这一小部分的跃迁的数量却很多.

典型的振荡电流出现在“旋光的”分子的跃迁中, 在这些分子中电子的质心与核电荷的中心不重合. 水分子 H_2O 就是一个例子, 其中电子靠近 O 原子, 使得每个 H 原子具有一个净的正电荷. 更进一步的限制 (选择定则) 把偶极跃迁的有效强度限制在每个谱线系列中相邻转动能级或者振动能级之间的跃迁.

不同的振动能级对的跃迁能级差是 10^{-2}eV 的量级, 而转动能级之间的跃迁能量差还要小 1 或 2 个数量级. 因此每一个振动跃迁生成一个转动带, 其自身间隔是相应的角动量 J 的线性或者平方函数. 在 $J \to 0$ 或者其他"带头"的地方能级间隔趋于零, 很是显眼 (图 13.4). 解释这些大量复杂的谱线的技艺在 20 世纪 20 年代中期得到很大发展, 至少对于定态用沿原子核连线的轴的角动量分量 $\lambda\hbar$ 分类的双原子分子是如此. 对质心反射的对称性和全同核交换的对称性也被注意到并且给予了解释.

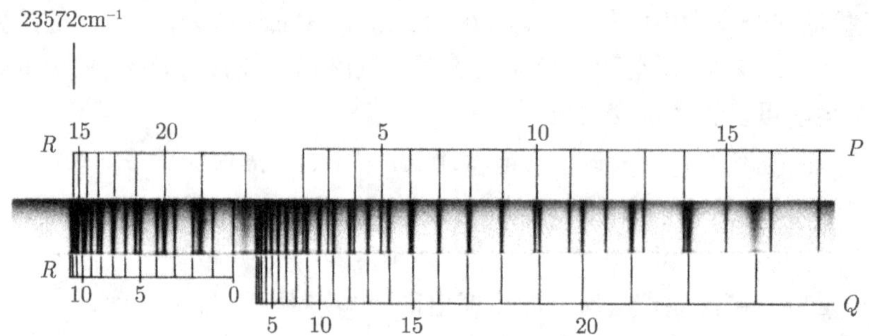

图 13.4 AlH 分子基态以上 2.5eV 能量附近的电子和振动激发态的光谱带结构 (横坐标的标度包括了约 0.05eV 的范围, 向左增大). 每条吸收线上的指标 N 标记了它的初始 (基态) 转动能级. Q 枝表示 N 值不变但转动能量由于转动惯量增加而减少的跃迁. P 枝属于 $N \to N-1$ 跃迁, 更进一步减少了转动能量. R 枝属于 $N \to N+1$ 跃迁; 这里起初 N 的增大比转动惯量的增大更重要, 但后者超过前者

到 1950 年为止, 在可见光和接近可见光的频率范围内的许多分子谱线已经被研究过, 如在 G Herzberg 的经典教科书中所报道的那样[16]. 他 1950 年的分子光谱和结构表报道了大约 500 个双原子分子的基本参数, 包括键能、核间距离、振动频率、转动惯量、电子激发能等. 利用微波谱学对转动光谱的直接观测在那个时候刚刚开始, 这些内容将在后面的几节中介绍. H_2 和其他分子的显著的转动特性在插注 13E 中介绍.

插注 13E 仲氢和正氢

K F Bonhoeffer 在 1929 年发现分子氢有两种成分, 在没有催化剂的情况下很慢地从一种成分变化到另外一种成分, 这种许多同核双原子分子共有的性质是 D M Dennison 预言的. 在极低温下, 氢分子全部变成仲氢形式.

这个实验观察反映的是一对自旋为 1/2 的全同原子核的不相容原理 (见插注 13A), 在这种意义上与一对电子等价. 具有平行自旋的一对氢核在空间上的分布函数在分子旋转 180° 时必须改变符号, 同一对电子的情况类似. 对于一对电子, 这种符号变化意味着离心排斥, 对 H_2 的原子核也是同样的, 但是这里离心效应有更明显的表现, 即非零的转动能 (更准确地说是具有奇数角动量 J 的分子转动). 因此, H_2 的正氢组分在低 Kelvin 温度时消失了, 此时最小的热干扰不能支持任何转动能级. 温度升高允许 H_2 恢复转动, 但是原子核的自旋排列与外面的热运动完全隔绝, 奇数 J 转动很大程度上取决于外部磁场的作用.

术语"正"、"仲"对应平行和反平行自旋同样来源于氦的原子光谱的经验分类学, 那里氦似乎也是由具有不同光谱的两种物质组成, 直到 1927 年 Heisenberq 找到了这种差别的原因是电子自旋的不同取向. 类似的分类出现在全同粒子具有两者选一自旋态的所有系统的电子和转动光谱中.

内壳层电子的激发产生 X 射线的发射或者 Auger 电子的发射, 很像 13.2.3 节中描述的原子的情况. 然而请注意, 在内壳层产生的临时空缺一般是局域在分子中的一个原子中, 因此会干扰价键的平衡使得光谱更加丰富.

与插注 13C 中的原子的一样, 在分子谱中也存在精细和超精细结构. 它们最初是在 20 世纪 30 年代中期被 I I Rabi 的研究组从同时受到恒定磁场和与其垂直的振动场作用的基态分子束或者原子束的试验中观测到, 开创了射频波谱学新领域.

具有与外部恒定磁场 $B\hat{z}$ 平行的特定的角动量分量 $j_z = m\hbar$ 的分子首先被 Stern-Gerlach 磁体分类, 如 13.2.3 节所述. 它们在这个场中的磁能级用磁旋比 γ 来表示, $E_m = -\gamma m B\hbar$. 束流暴露在一个正好调谐在频率 γB 的振动的场中的时候可以导致到 $m\pm1$ 的跃迁, 此时分子被更进一步的分析装置所滤出. 这种选择的灵敏度允许我们能够对电子和原子核的磁旋比进行精确到一个从未达到的精度的测量, Rabi 热情地将这些结果称为"将单个分子作为原子核实验室". 这种技术甚至导致重氢 (^2H) 原子核的电荷不对称性 (四极矩) 的发现.

3. 反应碰撞

反应碰撞涉及入射粒子和靶粒子之间的粒子转移, 化学反应的本质特征一对分子的重新组合形成新的物质也属于此类. 分子与电子相比的大质量使得它们成为至少是半经典处理的候选对象. 我们在这里大致描述一下这类处理中广泛使用的典型方法, 这些研究起源于 20 世纪 30 年代, 我们将在 13.6.4 节对其展开讨论.

考虑简单的反应

$$AB + C \rightarrow A + BC \tag{13.5}$$

这里{A, B, C}表示原子或者分子团, 并且假设它们的元素排成一条直线. 这个模型只涉及两个参数, 即图 13.5 中所示的非负距离 r_{AB} 和 r_{BC}. 开始 r_{AB} 在与图 13.3

类似的一个势阱内来回振荡, 而 r_{BC} 却是很大的; 最后 r_{AB} 变得很大而 r_{BC} 却受到约束. 重组是在 $r_{AB} \sim r_{BC}$ 时发生的, 即在横跨把入口谷和出口谷分开的势垒的地方. 处在这一区域的演化的 ABC 复合体叫做过渡态. 这个系统模型与实际的三维现象之间的关系在当时似乎还没有讨论.

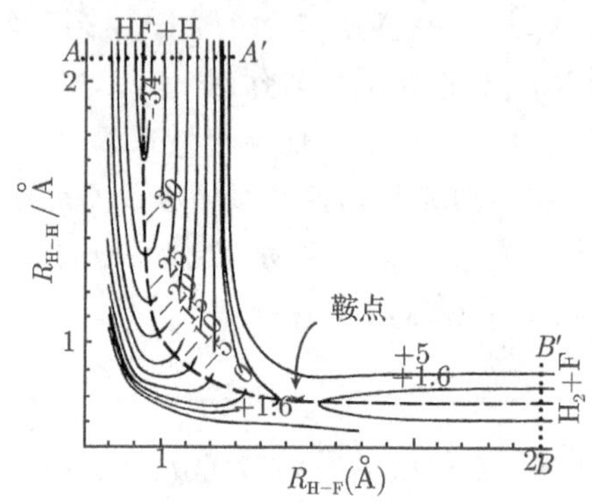

图 13.5　与正文中方程 (13.5)(F≡A; H≡B, C) 对应的线性分子复合体 F-H-H 的势能面的等高线图. 能量等高线是用每摩尔千卡标记的 ($1\text{cal}\cdot\text{mol}^{-1}$ =0.043eV)(1cal = 4.1868J). 能量的零点对应着 H_2+F 的分离极限. 破析线表示反应的路径

13.3　辐射作用光谱学的完成

20 世纪中叶研究辐射作用留下两个主要研究缺口, 辐射作用是在 13.2.2 节介绍的, 并在 13.2.3 节和 13.2.5 节中相关的地方特意做了些补充, 在后面的几节中主要是处理可见光的作用, 并扩展到低频的红外光区域以及高频的紫外光区域.

其他的研究是处理电过程产生的射频和以韧致辐射为主包括原子核和宇宙射线产生的 X 射线 (13.2.2 节). 技术的困难阻碍了仔细地探索这三个频率范围之间的缺口频率的辐射. 每个缺口差不多覆盖了 2~3 个十进制单位频率范围的光谱. 这些困难包括如何产生缺口内任意频率的辐射, 以及对这些辐射的处理和测量. 典型的是, 远紫外和近 X 射线范围之间区域的辐射为所有物质强烈吸收.

新技术的发展, 特别是在 20 世纪 60 年代的发展, 使得我们此后实际上能不受限制地对遍及其两个缺口的辐射进行探索. 它们的性质和结果将在 13.3.1 节和 13.3.2 节中分别报道. 辐射作用在遍及其整个谱的的主要特征及其对遍及周期表的所有元素作用的主要特性将在 13.3.3 节和 13.3.4 节中综述.

13.3.1　从紫外到 X 射线——同步辐射光

紫外光在光学系统的传输实际上限制在光子能量低于 10eV, 这个能量是氟化锂的吸收阈值. 超过这一阈值后通过在惰性气体中放电产生连续谱, 然而将它们通过小孔抽取到真空室, 则要依靠在 20 世纪 60 年代才开始实用的很强的泵浦[17].

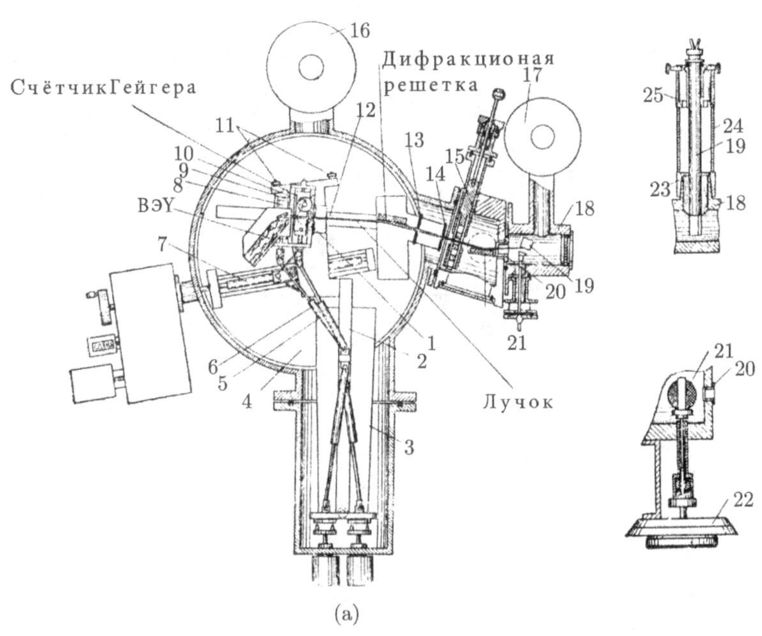

(a)

(b)

图 13.6 A P Lukirskii 在 1960 年左右设计的 X 射线仪器的示意图和照片 (T M Zimkina 拍摄), 这个仪器将 X 射线吸收的测量范围降低到大约 50eV

在 X 射线方面, 轫致辐射有效产生的光子能量局限于千电子伏范围. 这个限制被圣彼得堡的 A P Lukirskii 的聪明的仪器克服, 在 20 世纪 60 年代早期达到了

50eV 的光子能量[18] (图 13.6). 这个仪器虽然取得了令人关注的成就, 但是很快在其他的发展下显得黯然无光.

在这一频率缺口之内, 有着大量的原子内壳层跃迁的发射光谱 (13.2.3 节), 它们的分立谱光子能量提供了辐射作用的零散的证据. Weissler 在 1956 年对上至 50eV 的光离化的综述反映了从这一光源得到的适度进展[19]. 从原子内壳层的光吸收谱得到的证据在当时看起来与 X 射线范围的特征锯齿谱在低光子能量的延拓是一致的 (图 13.7).

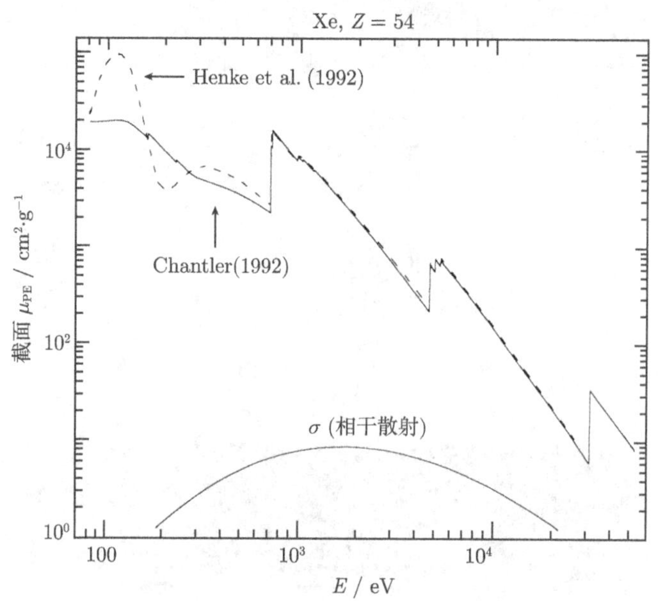

图 13.7 Xe 气的吸收系数与光子能量的函数关系, 此一关系示出了 K、L、M 壳层贡献的尖锐台阶的出现 (从右向左的顺序). 纵坐标的单位是气体层厚度单位 $g \cdot cm^{-1}$ 的倒数. Rayleigh 散射的部分贡献记作 σ

R L Platzman 在那个时期强调对 10~1000eV 范围的充分探索取决于从"同步辐射"产生的连续谱的广泛应用. 这种辐射是电子沿封闭路径以接近于光速 c 的速度运动时发出的. 绕着封闭路径运动的慢些的电子就像一个发射固定频率的无线天线, 发出的频率与其作回旋运动的频率对应, 发射方向在路径的上方或下方. 然而, 在接近光速的时候, 这种发射主要包含这个基频的极高倍频的辐射, 辐射方向集中在电子路径的切线方向上, 实际上形成了一个均匀强度的连续谱. 谱频率展宽到 $(E/mc^2)^3\nu$, 其中 E 是电子的动能, m 是其质量 (比值 $(E/mc^2)^3\nu$ 对于 $E = 5\text{GeV}$ 来说达到 10^{12}). 这个理论家已经期待了很长时间的著名发射在 20 世纪 40 年代后期首先探测到, 在 1953 年被应用于探测 110eV 及其以下的铍的 K 壳层电子的光吸收. 接受同步辐射光谱的全部冲击并且将同步辐射转变成一种基本工具的过程整整花费了 10 年的时间. 利用这种方法在 1963 年对 He 的 60eV 附近的崭新的 Rydberg 系列的吸收谱线进行了令人惊奇的探测 (图 13.8), 很快引起大量后续实验, 实验的内容覆盖了整个前一个频率缺口中的光吸收谱的主要特征, 这些在 1968 年的综述文章中有详尽的评述[20]. 为取得这些成就对实验技术提出了相当高的要求, 如处理和测量新频率范围的辐射需要改善反射镜和光栅的反射率以及光乳胶的适应性等.

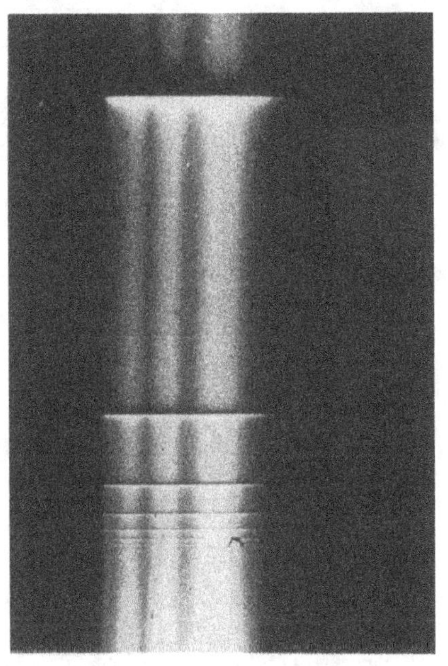

图 13.8　He 气在能量范围约 60~65eV(90~210Å) 中的光吸收谱显示了由双激发的 sp^1P 态的激发产生的共振的 Rydberg 系列

光子能量在 10~1000eV 的原子和分子的光吸收和光致电离谱与简单的类氢原子的光谱有以下几个方面的差别, 如图 13.9 所示的那样.

(1) 电子从任一壳层弹出阈值处的光电离的上升经常被离心势垒推迟和抹平, 阻碍了慢光电子的逃逸.

(2) 在阈值之上的光吸收的峰经常因众多的 p、d 或 f 支壳层电子之间的相互排斥而展宽.

(3) 典型的深强度极小值一般发生在非满壳的电子的光吸收中 (这个从 1928 年开始就在碱金属光谱中观测到的现象曾经被认为是偶然的, 因此在文献 [18] 中的 Ar 光谱中确认其存在使得它的发现者们感到惊奇).

(4) 普遍存在的光谱峰常常在光电离谱的背景之上出现, 如图 13.9 所示.

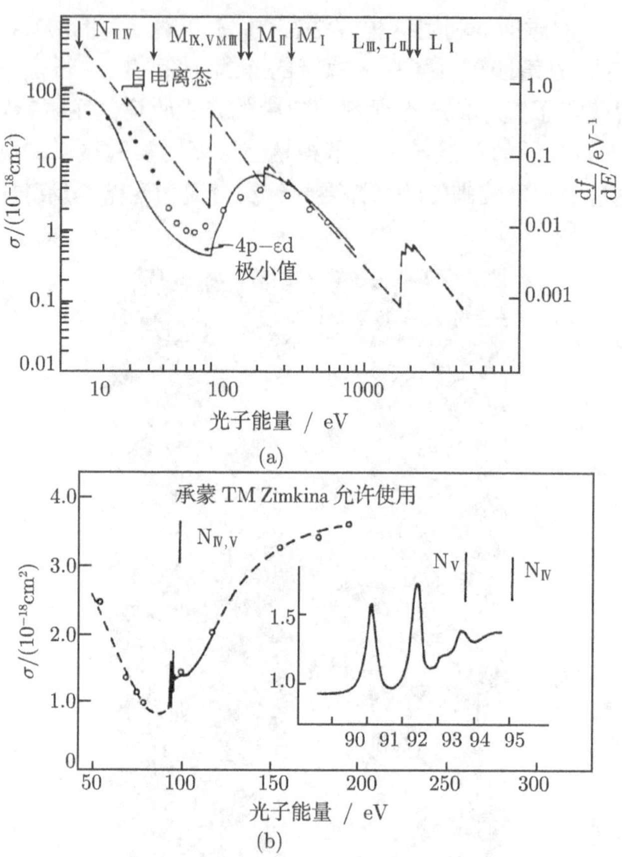

图 13.9　在 $M_{1v,v}$ (即 3d) 的支壳贡献开始附近的 Kr 气体的光吸收谱

(a) ∘ 和 • 是实验值; – 代表氢化近似; — 代表单电子模型; (b) 在 $M_{1v,v}$ 阈值附近的细节

13.3.2　从近红外到微波区域

通常的光谱学技术在推广到红外区域时遇到了困难. 低能光子无法激活通常类型的摄影底片或者光电探测器, 因此探测依赖于观察“辐射温度计”上温度的微小升高. 辐射温度计是一种小的黑体, 可以吸收入射的辐射能量. 原子间电流作为无线发射天线的能量辐射按振荡频率的三次方减小, 因此对它的探测要求难以想象的高灵敏度. 更长波长的红外辐射增大其透入反射镜或衍射光栅的深度, 因而增加了能量的耗散.

因此, 透入特定频率的红外辐射的产生、操控和测量以及对它们的作用的观察取决于新技术的发展. 从 20 世纪 60 年代开始三个主要的发明逐步地为这一目标服务, 它们是: 激光辐射源 (第 19 章), Fourier 变换光谱学分析, 以及具有远红外阈值的光导探测器 (阈值可达约 30μm 波长).

起初人们可使用的是具有一些特定频率的红外辐射激光源, 所需求的频率选择是通过一对染色激光器间接取得的, 它们的拍 (差频) 可以扫描整个红外区域. 另外一个选择是用 CO_2 或 CO 红外激光器的精确频率和电产生的微波 (10^{12}Hz) 精确频率进行“拍”频得到. 更近期引入了可调谐的激光器, 覆盖了绝大多数的红外范围.

Fourier 变换光谱学开始是用于将红外波长的测量结果利用计算机在不损失精度的情况下转化为频率, 利用高灵敏的干涉仪那时可以比较容易地测量红外波长 [21]. 直接精确测量频率最近已经可以实现了, 包括非常精确的微波频率标准的高次谐波的产生.

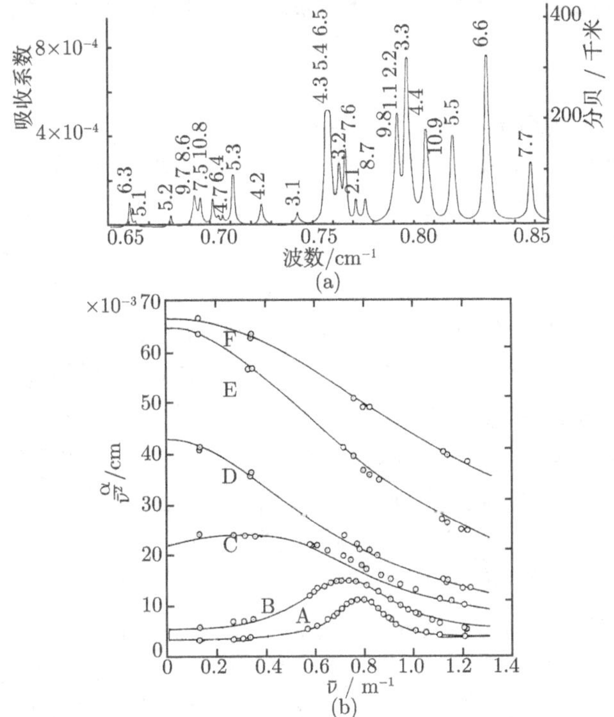

图 13.10 氨分子反转振动激发产生的光吸收谱, 其中氮分子通过氢原子三角形结构来回振动, 其频率为 24GHz(光子能量 10^{-4}eV)

(a) 低密度气体中振动频率依赖于分子转动态, 这导致多个吸收峰; (b) 增加压强时由于分子碰撞打乱了有序振动而使得谱线加宽, (a) 中给出的整个谱融入单一加宽吸收谱线 A; 当压强加大到 6 大气压时演变到谱线 F. 此后谱线的整个演化过程由一个三参数公式所表示

应用上述所列的原理已把测量的灵敏度和分辨率提高了几个数量级, 因此它们提供了我们将在 13.6 节和 13.8 节中要综述的分子光谱学的那些发现. 注意红外辐射几乎不被处于基态的单个原子或者金属以外的其他物质的电子所吸收. 它们的基本作用是激发自由分子 (或凝聚态物质中的类似物) 的振动和转动运动. 这些激发

受到 13.2.5 节中指出的单个分子的选择定则的限制. 然而在稠密的气体中由于气体分子的频繁碰撞干扰了每一分子的内部力学, 可以绕过这些限制. 例如, 一个单独的 H_2 分子没有可以和辐射相互作用的独立电偶极矩, 但是在高密度时受到其他分子的碰撞或者在外场的极化下却可以相当显著地吸收和发出辐射.

在每一密气体中的红外辐射作用的另一个相关方面是每个分子将它的激发能迅速转移给周围的分子的能力显著提高. 任何一个分子将这一激发能量保留哪怕是仅有 Δt 时间就意味着它的特征 (共振) 吸收谱线频率 ω 相应展宽了 $\Delta\omega \sim 1/\Delta t$. 这种展宽随着气体密度的增大不停地进行, 直到将吸收谱线的特征改得面目全非, 如图 13.10 所示. 它同时也不停地降低吸收谱线的平均频率 $\langle\omega\rangle$.

13.3.3 辐射作用谱

具有频率 ω 和波数 k 的辐射对大块物质的宏观作用用介电响应函数 $\varepsilon(\omega,k)$[经常只用 $\varepsilon(\omega)$] 表示. 原子或者分子组成的气体当然是大块物质的例子. 介电响应函数 $\varepsilon(\omega)$ 是一个复函数: 它的实部代表介电常数 χ, 即物质的电极化与感应场强 E 的比; 它的虚部是电导率 σ, 即电流密度与感应场 E 的比. χ 和 σ 对 (ω,k) 的依赖关系是相互关联的, 其中一个的最大斜率的位置正是另一个的峰值位置.

辐射导致的能量损耗正比于 $\sigma(\omega,k)$. 大约在 20 世纪中期, 对这一参数的研究, 特别是对高能光子 $\hbar\omega$ 情况的研究, 获得了巨大的支持, 目的是为了保护工作人员乃至所有居民不遭受核辐射损害. 这里我们对 $\varepsilon(\omega)$ 的频谱依赖性作一概述.

射频能量在导体材料 —— 金属、电解液、电离气体 (等离子体) 中损耗, 大部分是通过在场中振动的自由粒子的碰撞耗散的. 类似地, 极性分子 (即具有电偶极矩的分子) 的转动被辐射激发并通过碰撞而损耗[22]. 这一过程可以推广到高密度非极性分子情况, 这时的极性是通过碰撞感应产生的, 这在 13.3.2 节提到过.

辐射在非共振原子或分子中产生的振荡电流的行为很像向各个方向发射的天线 (Rayleigh 散射), 但是只有当它们的密度在辐射波长范围内非均匀时这一发射合并起来才形成净效应. 高层大气的非均匀密度涨落如此合并起来散射太阳发出的蓝光, 就是一个对辐射能量重新分配而没有吸收的过程.

辐射能量被不同种类的原子分子的共振吸收依序出现在红外, 可见及紫外光波段, 如前所述及图 13.11 给出的氢原子吸收所示. 这一熟悉过程对氢 (跨吸收阈值) 的简单模式的偏离在 13.3.1 节中描述过, 并在图 13.9 中示出. 这种偏离对高频会减小; 另一方面, 光吸收的强度随 ω 的增加而迅速下降, 这是因为此过程中能量和动量守恒都只在核周围越来越小的体积内得以保持.

与光子吸收不同的辐射作用在光子能量处于 X 射线频段 (几千电子伏时变得明显), 这时其波长与原子直径相当. 这时电子密度在一个波长范围内迅速变化, 非共振电子振荡在弹性 (相干) 散射过程中将辐射能量重新分配. 随着 $\hbar\omega$ 和原子数增加, 这一过程逐渐掩盖了光子吸收, 并更多地伴随有"非相干"Compton 散射, 这在 13.2.2 节第 1 小节介绍过. 最后, 对产生过程 (也在 13.2.2 介绍过) 在兆电子伏光子频段开始出现, 最终成为辐射能量损耗的主要因素. 如上所述, 不同材料和不同频段由以上不同过程导致的能量损耗的问题已经成为大量研究的对象. 当前的信息由一个计算机程序提供[23].

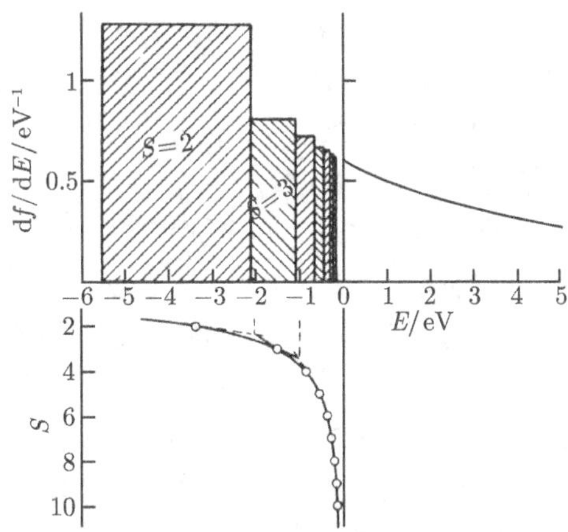

图 13.11 氢原子对光子吸收谱的贡献 (通过激发到直方图所示的一系列离散能级和电离态的连续能级). 图下半部分表示与直方图构建的关系

13.3.4 电离阈值处谱的连接——求和规则

原子产生的共振光子吸收从低频开始, 最低频率的情况在光子能量 $\hbar\omega$ 等于原子基态和第一激发态能量差时出现, 即

$$\hbar\omega = E_{\mathrm{g}} - E_n, \quad n > 1 \tag{13.6}$$

E_n 的值在 13.2.3 节给出, 对氢原子是 $13.6\mathrm{eV}/\mathrm{n}^2$, 对碱金属原子是 $13.6\mathrm{eV}/(n-\mu_l^2)$. 以上每个例子中能量 E_n 值都随 n 的增加而迅速收敛于零. 实际上原子的光子吸收谱一般的确包含收敛于这一极限的 Rydberg 线系, 当 n 趋于无穷, $\hbar\omega_n$ 趋于 E_{g}, 超过此值激发态电子以动能 $\hbar\omega - E_{\mathrm{g}}$ 逃离残留离子. 超过电离阈值的光子吸收随着频率的增加而迅速减弱 (13.3.3 节).

电离阈值以下的离散谱和阈值以上的连续吸收谱的定性差别与图 13.11 中显示的跨越电离阈值的光子吸收本质上的连续性之间形成鲜明对照. 这种约在 1960 年被理论家从数学上证明的连续性, 意味着用单值函数 $\varepsilon(\omega, k)$ 的虚部表示吸收.

离散区与连续区光吸收的大小与 $\varepsilon(\omega)$ 奇异性的参数相关, 这在早期的原子物理中曾用一个叫做"振子强度"的数值指标表示. 第 n 条离散谱线的振子强度 f_n 等于它的光子吸收强度与被一个倔强系数为 $k = m\omega_n^2$ 的弹簧拴住并在平衡位置附近振动的电子的吸收强度的比值. 应用于 ω 附近 $\delta\omega$ 范围的连续吸收谱振子强度情况, 相应的比值为 $\frac{\mathrm{d}f}{\mathrm{d}\omega}\delta\omega$.

整个 (原子或分子) 光吸收谱的总吸收 (在 $k\sim 0$ 处) 用振子强度表达为

$$\sum_n f_n+\int_{E_g/\hbar}^{\infty}\mathrm{d}\omega\frac{\mathrm{d}f}{\mathrm{d}\omega}=Z \tag{13.7}$$

这一著名的"Thomas, Reiche, Kuhn"求和规则曾引导了 Heisenberg 形式的量子力学的建立. 这一公式的重要意义在于对整个谱的积分代表了持续时间可以忽略的强脉冲的情况, 这时每个电子各自独立地吸收能量. 类似于式 (13.7) 的有用的求和规则代表频率的不同次幂的谱平均[20].

通过测量每一种材料的 f_n 值来实验证明方程 (13.7)对光子吸收的准确性和完备性提出了苛刻的要求. 最初试图针对金属 Al 来证明方程 (13.7) 的工作 (大约在 1967 年) 没有达到预期; 对通过同步辐射获得的实验数据的分析确认出一个仪器缺陷. 接下来的数据取得一致. 对其他金属的验证现在被认为是一项对光子吸收测量的重要的检验, 可成功适用于 Z 不超过 30 的元素. 应用于更高 Z 的物质时情况变得复杂, 因为将光子吸收过程从其他过程中清楚地分离出来很困难, 并且 13.3.3 节所定性预期的光子吸收衰减定律 $\omega^{-l-7/2}$ 不再成立.

13.4 激发通道和共振效应

13.2.3 节描述的原子激发光谱适用于异乎寻常简单的环境, 此时一个单电子围绕一个球对称离子运动. 大多数原子的激发涉及电子围绕低 (或没有) 对称性离子运动的情况, 而且经常伴随两个或更多电子的共同的激发, 此时离子自身也被激发.在分子的情况, 离子实容易旋转和振动, 于是与外电子交换能量和角动量, 因而激发谱的分析涉及更多的概念和参数, 这些是这一节的主题.

原子或分子激发的共同要素是使得系统的电子或其他组分相互分离成碎片的能量. 激发能可能达到, 也可能没有达到足够将这些碎片相互完全分离的程度; 完全分离相当于原系统的电离或离解. 另外一种分裂模式被称为"通道", 它是一个来自核物理学的惯用语. 每个通道的不同定态 (能级) 的总能量不同, 此外还具有其他特征量, 即一个总角动量、一个总宇称, 及能量、角动量、宇称在各个碎片之间的具体分配.

然而, 这种分配并不是运动常量, 因为碎片之间相互作用引起能量、角动量和宇称的交换, 特别是当一对碎片在运动中彼此接近时. 例如, 分子中的电子会与离子的旋转交换能量, 这是许多"通道耦合"效应中的一个. 于是每个通道的特性在大碎片分离阶段突显出来, 但是每个通道并不是独立的. 这样导致大的单一通道谱线的混乱不清, 遮蔽了 13.2.3 节所述的 Rydberg 线系的简单图样. 然而自从 20 世纪 60 年代后, 通过原子理论的重要发展, 这一混乱不清很大程度上得到了解决.

这一发展起始于一些被新型仪器详细观测到的简单现象 (将在 13.4.1 节概括)的定性分析. 不久以后, 20 世纪 60 年代中期, Seaton 发展了一套处理单个电子和原子离子之间进行角动量交换和不大的能量交换的解析分析方法. 这一分析方法的意图是在简单环境下对其参数作从头数值计算. 另外, 通过对参数进行经验拟合, 很快证明这种方法的结构适用于更广的频谱范围. 其主要特性将在下面的各个小节中描述. 当前对这一方法进一步推广的必要性将在 13.10 节讨论.

13.4.1　典型情况

图 13.4.1 所示的典型的通道分类是针对离子实 He^+ 的能级, 其中忽略了离子和电子间角动量和宇称分配的详细说明. 于是通道耦合分析围绕的中心问题是进一步确认和计算相关的参数. 导致 He 原子从基态跃迁到如图 13.12 第二行所示交叉线阴影部分的光吸收谱已经在图 13.8 中示出过. 光谱线中的系列强度峰值对应分类为 $^1P^0$ (电子自旋单态, 总角动量 $L=1$, 奇宇称) 的一系列双激发态能级每一个峰的线宽和宇称反映了它与图 13.12 顶部所示通道的耦合强度和模式, 这一顶部通道即分离开的碎片: $He^+(1s)+$ 轨道角动量量子数 $l=1$ 的自由电子碎片. 相关参数在后续小节描述. 粗略地说, 每一个峰的谱线宽度 $\Delta\omega$ (以频率为单位) 是原子衰变为电离态 (图 13.12 第一行) 之前在双激发态 (图 13.12 第二行) 停留的时间 δt 的倒数.

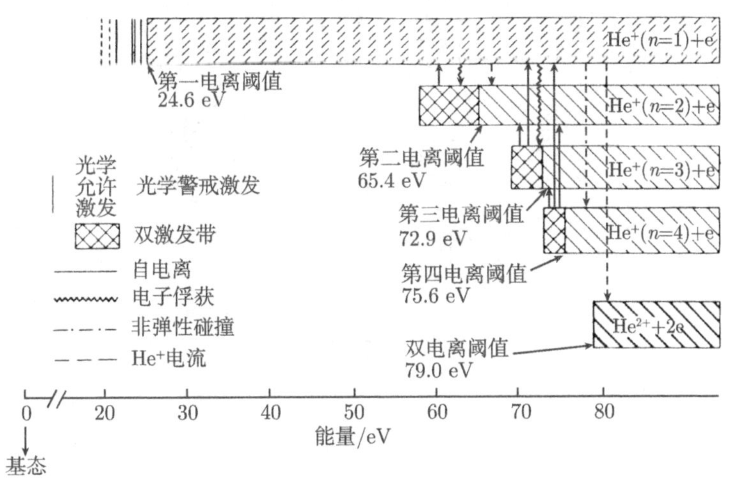

图 13.12　氦谱中逐渐增多的通道数及这些通道与自电离及其他过程的连接

这种衰变的逆过程从动能为 35~40eV, $l=1$ 的电子与处于基态的氦离子 He^+ 的碰撞开始. (这里所指定的能量范围在图 13.12 第一行中的位置对应于第二行交叉线阴影部分.) 如果电子的能量刚好与图 13.8 中的一个峰值匹配, 则我们可以说在峰值的线宽范围内第一行的电离态与第二行的双激发态“共振”, 并可以发生从该电离态到此双激发态的转化.

以前只在低能情况知道这种共振现象, 但它的丰富、广泛和清晰度被普遍低估了. 隐约感觉出现了共振现象的事情实际上发生在观察到图 13.8 的谱线之前的两个月, 当时 G J Schulz 正在测量电子与处于基态的 He 原子的弹性碰撞 (大约 20eV 的电子 +He[24]). 这一碰撞的初态属于类似于图 13.12 第一行的情况, 不过是对负离子 He^-. 图 13.13 显示了发生 72° 偏转, 能量 19.37eV 的电子数目的剧烈振荡, 这暗示临时形成 (时间大约是 $\Delta t = 3 \times 10^{-12}$s) 了 He^- 的离散共振能级, 该能级被记作 $1s2s^2\ ^2S$, 它的存在曾经被理论所预言.

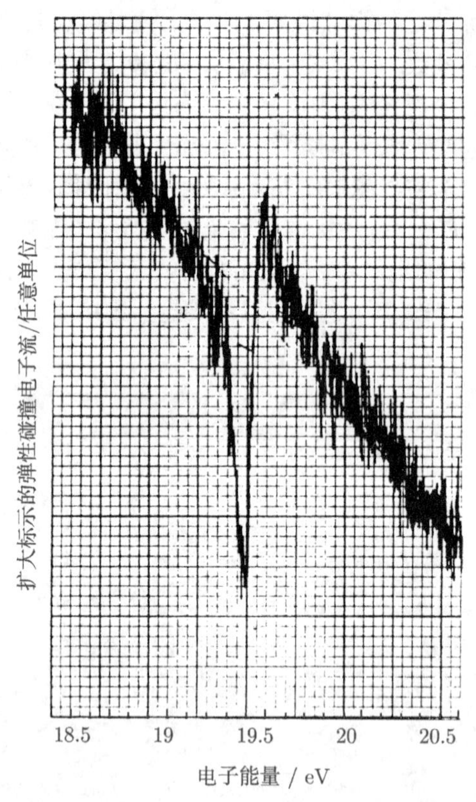

图 13.13 与 He 弹性碰撞发生 72° 偏转的电子谱中出现在 19.37eV 处的共振

Schulz 利用新获得的能量分辨率进行的观测, 不久被 Simpson 用具有等价分辨率的更通用的仪器加以扩大, 探测到了所有其他惰性气体负离子的双重线共振现象. 这一发现的一个重要方面在于每种负离子的共振双线间距与同种元素的正离子的基态双线间距一致, 这暗示着共振负离子惰性气体由一个正离子与一个无自旋激发态电子对结合构成. Simpson 的仪器的多功能性产生了一个贯穿 1963~1964 年的对原子和分子新共振探测的持续潮流.

大量原子过程的知识从这些开创性共振现象观测的扩展研究中涌现出来. 特别地, 最近有文章综述[25] 了负离子共振这个当时的新研究课题. 我们将在介绍相关理论后返回这一更宽阔的领域.

13.4.2 量子力学参数

我们对原子中电子态最初的描述 (13.2.3 节) 是用径向和角向的密度分布展开的, 分别用角向的 $[Y_{lm}(\theta,\varphi)]$ 和径向的 $[f_{nl}(r)]$"密度函数" 的模平方表示. 这样的函数一般是复数, 用于表示电子密度和其他可观测量, 非常类似于光的复振幅用于表示偏振态 (线偏振、圆偏振或椭圆偏振). 光波的振幅是可以在宏观实验中测量的 (至少在原理上是这样); 量子的密度函数却是一些数学符号, 被称为"概率幅", 或更常用的叫法"波函数"—— 因为它们的模平方仅仅表示原子现象各个可能观测结果出现的概率 (参考插注 13F 中的描述).

多粒子原子或分子的激发通道数目与它的自由度有关, 所以这一数目是很大的 (虽然是有限的). 然而实际的情况是大多数情况下 (至今的研究结果表明) 这一数目是适度的, 其中许多参数保持冻结状态, 除非有非常高的能量输入的情况, 如能量高到可以破坏整个原子结构. 不过, 后续的发展应被视为是受到实际方案制约的.

1. 长程和短程相互作用 —— 阈值效应

支配通道之间碎片转换的相互作用遍及碎片之间距离的范围, 虽然它在碎片长距离分离的情况下会消失. 这一特性在单电子碎片的简单情况特别明显, 这时离子实的球对称的 Coulomb 场在大的径向距离 r 处压倒偶极、四极及 2^n 极矩等场分量, 这些多极矩由离子实的非对称性产生, 它们的势以 $r^{-(n+1)}$ 衰减. 通道耦合完全来自于多极矩分量. 这一节将首先处理单电子碎片情况, 并在单独的小节中简要分析多电子碎片情况及分子离解.

人们发现, 尽管通道耦合是由在径向距离范围内的相互作用贡献的, 为了概念上方便, 可以将其影响参数化为"短程转变矩阵", 与方程 (13.8) 中表示在大径向距离极限下关系的类似矩阵不同, 这种"短程转变矩阵"只在离子实表面或表面附近起作用. 我们前面在 12.2.3 节已经隐含地采用了这一近似, 那里将外层电子能级对多电子球形离子实结构的依赖性归结为一个单一的量子亏损参数 μ_l. 短程相互作用参数的一个关键特性是在能量大约为 10eV 量级时该参数对能量的明显依赖性, 与长程相互作用对能量敏感的范围参数接近低于 1eV 的电离阈值形成对比. 短程相互作用参数只在势能和动能占主导地位的短程区域范围内依赖于能量. 这一概念以及后来大多数对此概念的精细化和推广始于 M J Seaton 通常称为"多通道量子缺陷理论”的工作 [26,27], 插注 13G 中将部分地概述这一工作.

插注 13F　跃迁振幅

作为概率幅运算的典型例子, 我们这里描述一下电子沿 z 轴入射而散射到方向 (θ,φ) 的概率幅的情况, 构成散射截面 (13.4) 的核心的概率幅即为 $\sum\limits_l (2l+1)^{1/2}$ $\exp(i\delta_l)\sin\delta_l(k)Y_{l0}(\theta,\varphi)$. 它的第一个因子 $(2l+1)^{1/2}$ 代表入射电子进入轨道指标 l 的态的概率幅, 其标准的记号是 $(i|l)$. 第二和第三个因子 $\exp(i\delta_l)\sin\delta_l(k)$ 代表一个跃迁元, 即电子从具有参数 l 的碰撞中反弹到与初始方向不同的方向的概率幅 $T_l(k)$. 最后一个因子 $Y_{l0}(\theta,\varphi)$ 代表电子反弹到与入射方向成 θ 角度的特定末态方向 (f) 的概率幅. 于是可以将特定碰撞的概率幅公式写成

$$
\begin{aligned}
(i,\theta_i=0|T|f,\theta_f) &= \sum_l (i|l)T_l(k)(l|f,\theta_f) \\
&\propto \sum_l (2l+1)^{1/2}\exp(i\delta_l)\sin\delta_l(k)Y_{l0}(\theta,\varphi)
\end{aligned}
\tag{13.8}
$$

所有初末态方向对 (i,f) 的概率幅集合 (13.8) 组成一个无穷维方阵列, 即数学中熟知的矩阵, 在这里可具体地称为跃迁矩阵. 这将作为代表激发通道对 (i,f) 联系的标准记法.

将在后几节考虑的激发通道的数目通常是有限多, 这与概率幅 (13.8) 中的通道 i 和 f 的数目形成鲜明对比. 然而, 实际当中这一概率幅只涉及有限多个独立通道, 这是因为对大的 (例如两位数的) 轨道指标 l 相移 $\delta_l(k)$ 通常为零. 将联系不同激发通道的矩阵 $(i|T|f)$ 展开为对具有类似于方程 (13.8) 中的轨道 l 的指标的各项求和通常是可能的, 但是对我们这里讨论的问题, 指标的物理意义尚不明显. 然而, 我们这里顺便提及, 我们将要处理一个具有共同的总角动量指标 J 的通道集合, J 类似于方程 (13.8) 中的求和指标 l.

2. 多电子碎片

多电子碎片这一论题的开创性工作是 1953 年 G Wannier[28] 对 Wigner 的阈值定律的推广, 处理电子碰撞导致的电离的阈值. 这一过程的末态具有一对从离子场中发射出来的能量接近于零的电子; Wannier 认识到, 它们的联合逃逸要求这些电子平等地分享它们位于阈值以上的联合能 E 并以相等和相反的速度向原子两侧逃逸. 这一要求严格限制了联合逃逸概率; 对此的经典力学分析指认出极小的一束适合逃逸的轨道, 其可及概率为 $E^{1.127}$, 指数是某个二次方程的根.

这一著名的结果遭到了理论家的普遍反对, 甚至到了 1970 年建立其量子力学再表述后仍然如此, 直到 1973 年被 Read 和 Cvejanovic[29] 的著名实验所证实. 实验探测了从碰撞中产生的一个单电子, 其能量 $\varepsilon < 0.02\text{eV}$, ε 是入射能量 E+24.58eV 的函数, 其中 24.58eV 是 He 靶的电离阈值. 于是仅仅 $0.02/E$ 部分的双电离能够被探测到, 其净概率是 $E^{1.027}$, 远比双电离对线性律的偏离容易确认. 图 13.14(a) 展示了这些结果并扩展到了入射能量 $E < 0$ 的情况. 记录到的能量跨 $E = 0$ 的电子的突降反映了近平等分享其能量的两个电子的低概率. 最优符合结果显示探测 (概率) 正比于 $E^{0.131}$.

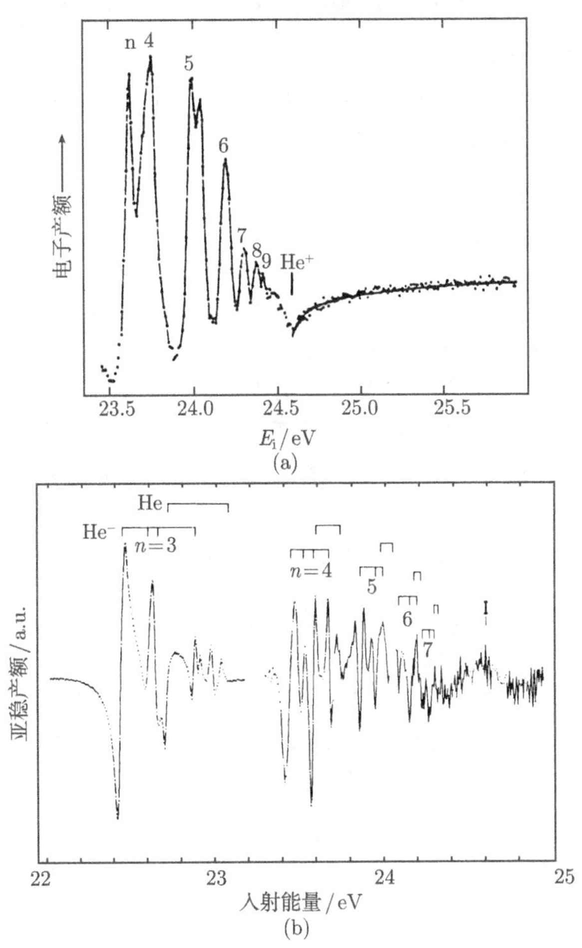

图 13.14 20~25eV 的电子与氦的非弹性碰撞谱的新实验特性

(a) 碰撞产生非常慢的电子; (b) 产生 He 的亚稳激发态

Wannier 认证到的趋向双逃逸路径的亚稳特性看上去是自相矛盾的: 尽管位于

离子两侧的两个电子的组态被它们之间的排斥作用所稳定化, 但它们在逃逸期间维持几乎相等的速度 (和距离核相等的距离) 看上去是完全不稳定的. 的确, 对一固定常数值 $R^2 = r_1^2 + r_2^2$ 粒子对的势能的峰值位于相等的径向距离 $r_1 = r_2$ 处. 稳定性实际上由沿 R 方向的稳恒运动确保, 这在 Wannier 的分析中已经隐含, 并被后继的发展所证实, 然而这一点并不是显而易见的.

这种稳定性随后被 Read 的实验室的另一个实验所证实[30]. 这一实验通过入射 20~25eV 的电子来测量 He 的亚稳激发态 (比基态能量高约 20eV) 产物. 这些激发产物与入射能量的关系在图 13.14(b) 中示出, 其中显示出一系列峰值, 这些峰值被诊断为具有位于原子核周围大致相等距离 ($r_1 \sim r_2$) 的激发电子对的 He^- 的激发态. 这一高势能区很长时间以来被称为双电子系统的“势能脊”.

对两个或更多电子激发的阈值现象及其在势能脊上的稳定性研究, 自从 20 世纪 60 年代起便大量开展起来. 13.11 节将在更广的背景上返回这一主题.

插注 13G　长程和阈值效应

Seaton 分析处理离子 Coulomb 场中单电子的径向密度函数 (波函数), 最初是在破碎过程向无穷远距离发展的能量范围进行的. 我们这里将这一函数标记为与 13.2.4 节类似的形式 $f_{kl}(r)$. 如果波数 k (对应于 $f_{kl}(r)$ 在 $r \to \infty$ 的振荡的波长 $2\pi/k$) 用方程 (13.1) 中的 a 的倒数为原子单位来表示, 则电子超过电离阈值的能量是 $13.6k^2$eV. 具体说来, $f_{kl}(r)$ 的首项在大 r 情况下包含一个主要因子

$$\sin[kr + (\ln r)/k + \eta_l(k) + \delta_l(k)] \tag{13.9}$$

与 13.2.4 节一样, 其相位元 η_l 反映了长程作用, 而 $\delta_l(k) = \pi\mu_l(k)$ 反映了短程作用. 我们的参数化的中心内容将 $f_{kl}(r)$ 中的正弦函数因子与 $f_{kl}(r)$ 属于电离阈值以下能级的相应因子连接起来, 如在 13.3.4 节中所述. 这些相对于电离阈值为负值的能级, 它们的正值 $13.6/(n-\mu_l)^2$eV 在 13.2.3 节中被称为“结合能”. 一个负的能量 $13.6k^2$eV 意味着波数 k 为虚数. k 变为虚数对方程 (13.9) 中的短程参数 $\delta_l(k)$ 完全没有影响, 只是将三角函数 $\sin kr$ 变为双曲函数 $\sinh|k|r$. 既然 $\sin kr$能够表示为两个指数函数 $\exp(\pm ikr)$ 的差, 如果令 $k \to i/v$, 每个指数函数都变为实函数 $\exp(\pm r/v)$. 表达式 (13.9) 于是就变成

$$b\mathrm{e}^{r/\nu} r^{-\nu} \sin\pi(\nu - l + \mu_l) - b^{-1}\mathrm{e}^{-r/\nu} r^{\nu} \cos\pi(\nu - l + \mu_l) \tag{13.9'}$$

其系数 b 光滑地依赖于 ν. 当 $r \to \infty$ 时概率幅 $f_{nl}(r)$ 应该保持有限, 这一显而易见的条件意味着 $(\nu - l + \mu_l)$ 为整数, 正如结合能公式 $13.6/(n-\mu_l)^2$ 所预期的那样.

物理上讲, 束缚在离子周围的电子径向概率分布函数 $|f_{nl}(r)|^2$ 由整数个被波函数 $f_{nl}(r)$ 的"波节"分开的片段组成.

穿越破碎阈值的现象的平滑性一般只适用于单个电子的光电离及类似的粒子-离子碰撞. C H Greene 等将其推广到了不同相互作用的破碎过程, 展示了多种临界行为.

3. 分子离解

分子离解为中性或带电碎片的过程类似于电离过程, 因为前者也发生在一系列激发态 (这里是振动激发态) 的极限情况. R Colle 已在量子缺陷理论的框架内研究了这一问题.

终止于离解阈值的振动能级序列是有限的, 这与无限的 Rydberg 电子光谱系不一样, 反映了它们相关的势的差别. 20 世纪 80 年代 A Carrington 主要针对 H_2 和 HD 对上至阈值的振动谱进行了详细研究. 用多光子吸收对到连续态的光激发的研究正在开始.

用于分析分子核振动的 Born-Oppenheimer 近似在离解阈值处变得不再可靠, 这是因为在相互分离的电子和核的分布函数的尾部, 电子不再比核运动得更快. 我们将在 13.6 节和 13.11 节返回这一主题.

13.4.3 多通道的表述—— 共振

在 13.4.2 节引入的理论要素从原理上可用于处理所有多通道现象. 实际上从头开始法的应用局限于离子实外不超过两个电子的一些现象. 将在 13.4.3 节介绍的短程相互作用参数的实验确定提供了更广阔的应用.

从头计算研究的主要局限性在于当前缺少熟练处理距离远超过两离子实径向距离的多于两个电子运动的方法. 问题在于对大量开放通道计算相关的跃迁矩阵元 ——$(i|T|f)$, 或与它们等价的"R 矩阵"上, 这些参数必须包含与离子实外电子的相互作用相关的效应. Seaton 的纲要中在碰撞理论框架内对 R 矩阵[31] 进行了计算[27], 即将 13.2.4 节内容推广到包含将单一靶电子激发到不同的离散能级的情况. C H Greene 及其合作者最近精炼和改进了对角 R 矩阵的等效变分计算[32], 即用 $\tan\delta_{\alpha J}$ (或 $\tan\pi\mu_{\alpha J}$) 的本征值类比于方程 (13.8) 的相移 δ_l, 用本征矢 $(i|\alpha J)$ 将通道 αJ 与另一个不同通道 i 相连接. 这一计算利用一系列在离子实范围, 即在半径为 r_0 的球内的独立电子轨道, 将满壳层电子处理作一个球形势 $V(r)$, Seaton 也作了同样的工作. 这一方法的局限性在于如何表述电子到达 r_0 的适当边界条件. 与此类似但开展得更广泛得多的工作是 R 矩阵的计算, 这一工作被 P G Burke 和大量的合作者在最近的 20 年完成[33].

通道耦合的一个本质方面在于出现了封闭的电离或离解通道 $|f)$, 其碎裂阈值能量超过初始能量 $E+E_{\rm g}$. $|f)$ 的密度函数因子 (13.9′) 的发散项, 即指数项 $\exp(r/v)$ 当然应该消除, 就像在单通道例子中要求 $\nu-l+\mu_l$ 为整数一样. 与此不同的是消除 $E_{\rm ft}<E+E_{\rm g}$ 情况的类似项 $\exp(-ik_f r)$(在插注 13H 提到), 在那里每一个 $\exp(r/v_f)$ 的去除均要求在方程 (13.10) 的求和 $\sum_{\alpha J}$ 的所有项中同时发生. 适当的处理程序将在 13.4.3 节中介绍, 它组成了所有谱共振的原始资料, 并因而成为多通道量子缺陷理论的中心要素.

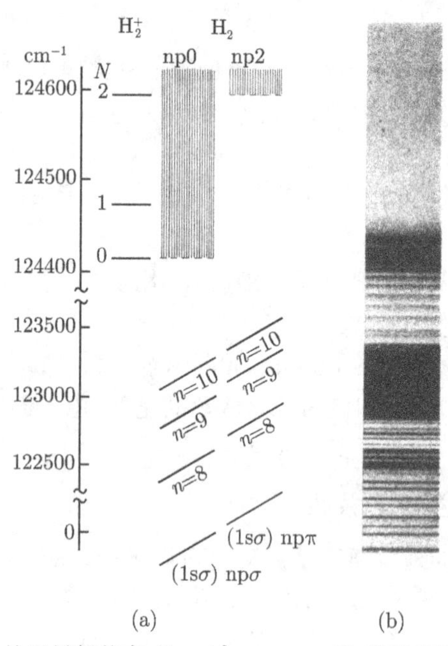

图 13.15 处于最低能态 $((1{\rm s}\sigma)^2, v=J=0)$ 的氢分子吸收光谱

(a) 分别给出在低激发区和电离阈值以上可以分辨的激发通道对的示意图. 低激发通道标记为 $|\alpha J)$, 其中 $\alpha\equiv(1{\rm s}\sigma{\rm np}\sigma$, 或 $1{\rm s}\sigma{\rm np}\pi)$ 且 $J=1$. 电离通道则标记为 $|fJ)$, 其中 $f\equiv(N=0$ 或 $N=2)$ 且 $J=1$. 低激发示意地表示为 $n=8, 9, 10$ 的 3 个能级对且量子缺陷 $\mu_\sigma=0.22$, $\mu_\pi=-0.06$. 电离能级表示为具有不同阈值的连续带, 标记为 $N=0$ 或 2; (b) 跨越 $N=0$ 阈值且伸展范围大约为 $100{\rm cm}^{-1}$ 的观测谱. 具体特性对 $N=0$ 阈值以下情况由方程组 (13.12) 的解 (A_σ, A_π) 准确给出, 对此阈值以上情况则由 $N=2$ 的单个方程的解给出

1. 接近电离阈值的氢分子的光吸收: 一个“2-3 通道”的例子

虽然通道和共振概念已经被人们所熟悉且 Seaton 的公式是完备的, 多通道电离理论工作通过对单个实验的成功分析, 依然成为 1969 年的亮点. G Herzberg 瞄准的目标是观测到收敛在氢分子电离阈值处的一条光谱线, 目的是非常准确地确定阈值位置. 为了这一目标, 他通过研究从低温液体蒸发出来处于最低能级的 H_2 样

品来将分子转动和振动的影响减至极小[34]. 然而他的目标由于实际观测到的谱线的不规则性 (图 13.15(b)) 而受到挫折.

这种不规则性的来源很快对 Herzberg 来说变成显而易见, 图 13.15 中靠近光谱的能级图指明：光吸收实际上激发了 H_2 的两个 $J = 1$ 的不同的短程 (αJ) 通道, 它们中的每一个与两个不同的长程通道耦合, 其电离阈值为 (E_{t0}, E_{t2}). 短程通道对应于偏振沿着 (σ) 和垂直于 (π) 分子轴的激发; 只要绕离子实以角动量量子数 $l = 1$(p 态) 运动的电子被随距离以 r^{-3} 减小的四极矩势锚定在分子轴向, 随着距离的增加, 这种差别就一直保持着. 在大距离处, 电子运动被它与角动量 $N = 0$ 或 2 的离子实 H_2^+ 旋转共享能量所控制; 小转动能量差 $E_{t2} - E_{t0} = 0.022$ 在图 13.15(a) 内和接近电离阈值电子运动的标度下显得凸出[35]. 这些因素的联合作用在插注 13I 中分析.

插注 13H *R* 矩阵的应用

R 矩阵的一个明显的应用在于将弹性碰撞截面 (13.4) 推广到包含感兴趣的非弹性通道. 对任一给定的能量 E 和电子入射方向 i, 需要用电子 + 靶的结合 $(i|\alpha J)$ 形成的复合体角动量 J (包含自旋) 确定其相关通道 $|\alpha)$ 的混合. 于是这些混合通道与 R 矩阵一起构成到不同末态 $|f)$ 的跃迁概率幅

$$(i|T|f) = \sum_{\alpha J}(i|\alpha J)\exp(\mathrm{i}\delta_{\alpha J})\sin\delta_{\alpha J}(\alpha J|f) \tag{13.10}$$

集合 $\{|f)\}$ 应当包含至少具有一个能级低于靶能量 E_g 与入射能量 E 之和的所有通道.

这里与方程 (13.4) 一样, 应理解为入射通道 $(i|$ 的密度函数只包含正弦因子 (13.9) 的“流入”部分 $\exp -\mathrm{i}(k_i r + \cdots)$, 而 $|f)$ 的密度函数中只包含“流出”部分 $\exp\mathrm{i}(k_i r + \cdots)$. 通过构建系数 $(i\alpha J)$ 并使用方程 (13.10) 的跃迁矩阵元, 这些条件会自动满足.

R 矩阵的第二个基本应用是处理角频率为 ω 的辐射被具有基态能量 E_g 且具有多通道激发的靶的吸收过程. 发生在半径为 r_0 的体积内的光吸收事件, 完全包含在 R 矩阵的计算中. 激发到 R 矩阵的能量为 $E_\mathrm{g} + \hbar\omega$ 的本征通道 $(\alpha J|$ 的概率幅通常记作 $D_{\alpha\mathrm{J}}$ (J 的值是基态角动量 J_g 与吸收光子的角动量 (通常为 1) 的矢量和). 如果 $E_\mathrm{g} + \hbar\omega$ 超过碎裂阈值 E_ft, 则激发到具有能量 $E_\mathrm{g} + \hbar\omega$ 的通道 f 的概率幅通常用一个类似于 (13.10) 的公式表示, 即

$$(i|D|f) = \sum_{\alpha J} D_{i\alpha}\exp(\mathrm{i}\delta_{\alpha\mathrm{J}})\sin\delta_{\alpha J}(\alpha J|f) \tag{13.10$'$}$$

如果 $E_\mathrm{g} + \hbar\omega$ 低于阈值 E_ft, 则这一表达式需要修改, 正如通过使用 13.4.3 节第 1

小节的例子中概述的程序处理碰撞一样.

Herzberg 的双通道例子的处理方法容易推广到任意通道数的原子分子情况, 即推广到大多数谱, 如在插注 13I 中提到的那样. 确实, 由离子实射出的电子或其他碎片的态通常具有“核 + 碎片”复合系统的特征. 然而, 这一状态随碎片径向距离的增加而演化, 从而出现碎片和核的松散联合的特征. 把具有松散联合的长程通道 (f 或 i) 与短程本征通道 αJ 区分开来一般是恰当的.

Gerhard Herzberg

(德国人, 1904～1999)

Gerhard Herzberg 出生于德国汉堡并在汉堡接受教育, 他在达姆施达特工程大学获得博士学位. 此后将近 70 年他一直作为分子物理学的先驱工作在这个领域, 在理论和实验两方面、在基本教科书的撰写以及一流实验室的建立上他都取得了非同寻常的大量研究成果. 在 20 世纪 30 年代被迫离开德国后, 他在加拿大的萨斯喀彻温大学、耶基斯天文台从事研究和教学, 最后他在位于渥太华的加拿大国家研究委员会的研究所工作, 现在该所以他的名字命名. 他于 1970 年获得诺贝尔化学奖.

主要是通过光谱学研究的整个分子物理学, 很大程度上应归功于他的最富成效的科学活动, 包括他对实验新方法的发明、他对新规律性的探测以及他对含有大量数据表的教科书的撰写. 他的里程碑式的《分子光谱学和分子结构》系列著作由《双原子分子光谱学》、《红外和 Raman 光谱学》以及《多原子分子结构》三卷组成.

插注 13I　短程参数和长程参数的相互影响

插注 13H 中具有系数 $(\alpha J|f)$ 的通道耦合的表述被证明特别适合连接短程 $\{\alpha J| \equiv (\sigma,1),(\pi,1)\}$ 和长程 $\{|f) \equiv (N=0, N=2)\}$ 参数. 由简单角动量代数决定的相关 $(\alpha J|f)$ 系数等于 $\{\sqrt{1/3}, \pm\sqrt{2/3}\}$, 在低激发谱中观测到的量子亏损 μ_σ, μ_π 产生两个本征相位 $\delta_{\alpha J=}\pi\mu_{\alpha J}$, 而两个 ν_{f} 参数 $\{\nu_0, \nu_2\}$ 则与阈值能量 $E_{\mathrm{t}0}, E_{\mathrm{t}2}$ 及电子能量 E 相关, 其关系式为

$$\nu_{\mathrm{f}} = \left(\frac{13.6\mathrm{eV}}{E_{\mathrm{tf}} - E}\right)^{1/2}, \quad f \equiv N = (0,2) \tag{13.11}$$

距 H_2^+ 离子实短程和长程的不同通道对的出现 (13.4.1 节) 现在起决定性作用: 尽管

在单通道方程 (13.9′) 中参数 ν 和 μ_l 属于同一通道，这里短程量子亏损 μ_l 被不同短程参数对 (μ_σ, μ_π) 取代. 采用同一记号，两个短程通道都对每个长程通道 $|f)$ 有贡献，相应幅度为 (A_σ, A_π). 消除方程 (13.9′) 中的增长指数的条件 $\sin\pi(\nu-l+\mu_l)=0$ 现在被下面一对条件取代:

$$\sum_{\alpha=\sigma,\pi} A_\alpha(\alpha J|f)\sin\pi(\nu_{\mathrm{f}}-l+\mu_\alpha)=0, \quad f\equiv N=(0,2) \tag{13.12}$$

其中每个正弦函数依赖于不同通道集合的参数 $(\nu_{\mathrm{f}}, \mu_\alpha)$.

当且仅当其系数满足三角等式

$$\frac{1}{3}\sin\pi(\nu_0+\mu_\sigma)\sin\pi(\nu_2+\mu_\pi)+\frac{2}{3}\sin\pi(\nu_0+\mu_\pi)\sin\pi(\nu_2+\mu_\sigma)=0 \tag{13.13}$$

时，这个关于振幅 (A_σ, A_π) 的线性方程组可由初等代数求解.

方程 (13.12) 和 (13.13) 的解于是决定了谱线的位置和强度以及光电子的强度谱和角动量分布 (见文献 [26, 35] 及其中所附文献).

基本方程 (13.13) 对在两个电离阈值 E_{t0} 和 E_{t2} 之间的电子能量 E 仍然是密切相关的，但需作一小修正. 这里对 $f\equiv N=0$ 情况条件 (13.12) 不再适用，从而能量 E 的谱连续. 然而，这个谱的强度被 $f=2$ 的方程 (13.12) 所调制，该调制包含看起来奇怪多变的共振，其粗略地对应于无通道耦合[36] 情况下收敛于电离阈值 E_{t2} 的 Rydberg 系列.

于是方程 (13.11) 和 (13.12) 可应用于更大的通道集合 $\{|f)\}$、对许多本征通道 $(\alpha J|$ 求和，以及应用于更大的系数矩阵 $(\alpha J|f)$ 的情况.

插注 13I 中 Seaton 引入的代数的典型特性在于出现了参数 ν_f 的周期函数的 M 重乘积 (或等价物)，ν_f 反过来依赖于总能量 E. 这些谱线和共振看上去的多变性实际上反映了方程 (13.9′)，式 (13.12) 和式 (13.13) 中的那些周期函数的相互影响. 对这一特性的知识有利于从偶然观察到的现象中区分出本质属性.

第三个激发通道，即振动激发的通道在图 13.15(b) 中主要是通过相互重叠的暗带显示的，它们由较低的、短寿命的电子激发与一些振动跃迁联合产生. 后者是非常强的，因为从分子的基态移走激发电子会使得构成分子的原子间键变得松弛，于是导致核运动的大的重新调整. 这些振动激发已在这一框架内被定量拟合，详细内容见前述文献. 文献 [37] 综述了这一方法在分子研究上的其他应用 (早于 1985 年的).

2. 通道耦合的经验参数化

利用 13.3.4 节的实验短程参数 $\delta_{\alpha J}=\pi\mu_{\alpha J}$ 和电离阈值间隔 $E_{\mathrm{t2}}-E_{\mathrm{t1}}$，再加上方程 (13.12) 的解的图示，人们打开了光谱应用的宽广之路. 第一个应用是 K T

Lu[38] 的关于 Xe 的光吸收谱的详细分析. Xe 原子和那些除 He 以外的所有惰性气体具有间隔容易测量的双电离阈值 $(t_{3/2}, t_{1/2})$. 相应地, 在能量远低于 Xe^+ 电子激发阈值时, 方程 (13.13) 的相关参数 ν_f 集合简化为两个函数相关的元素 $\{\mu^{3/2}, \mu^{1/2}\}$. 利用这谱中观察到的丰富谱线可以定量确定一个扩大了的参数集合 (类似于方程 (13.11)~ 方程 (13.13) 中的参数).

将参数对 $(\mu^{3/2}, \mu^{1/2})$ 代表的每条谱线的能量在以这两个参数为坐标的图中用一个点画出, 与文献 [35] 类似, 被证明是一个特别有效的方法. 方程 (13.13) 对 ν_f 的三角函数的依赖性使得将坐标刻度值范围限制在一个非整数区 (图 13.16) 成为可能. 通过这些实验点的曲线的特性为人们提供了丰富的物理解释.

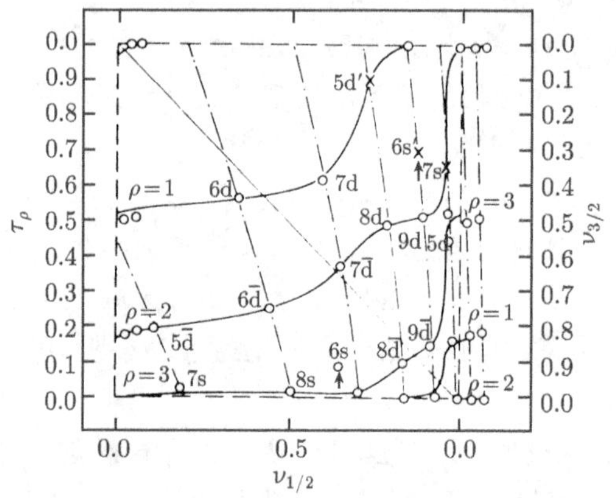

图 13.16　观测到的氙光谱上的能级 E, 用空心圆圈表示, 每一个圆圈具有一个坐标对 $(\nu_{1/2}, \nu_{3/2})$, 它们根据方程 (13.11) 由观测到的线系极限值对 (如正文中所指出的) $(E_{t3/2}, E_{t1/2})$ 来确定. 实际证明由于所获得点的个数很多, 所以足够认证所有点组成的三条曲线 $(\rho = 1, 2, 3)$, 从而可以估计出这些曲线所代表的代数方程的所有参数值.

结合计算机参数拟合操作, 多电离势的谱已用不同的准二维画图法类似地分析. 这一拟合操作方法现在已经成为谱分析的一个重要工具. 它的确已经成为用多通道理论对光谱学信息分类的实用方法.

13.5　原子间或离子间的碰撞[39]

13.2.4 节中介绍的关于碰撞的研究自从 20 世纪中期以来已经大为扩展. 然而, 这一研究所给出的各种情况的广泛多样性却使之仍然处于相当支离破碎的状态, 这正是当前这一节所讨论内容的状况. 电子碰撞内容已经在 13.4 节大量地包含, 虽然大部分是隐含的. 原子的分子聚集体之间的碰撞将在 13.6 节关于分子的内容中简单涉及.

原子或离子之间的碰撞受取决于原子的速度是高于还是低于与其相关的原子的电子的速度等不同的因素支配, 原子的碰撞能量一般远远超过那些相关电子的能量, 这是因为原子核的质量大得多. 在此请记住：一个重粒子能够传递给静止不动的单个电子的速度不会超过它的速度的两倍.

于是, 非常快的原子的碰撞就不太可能传递给电子太多的能量. 非常慢的原子或离子的碰撞也不太可能在单一过程中传递太多的能量. 与价电子速度可比的碰撞具有激发它们的靶的最大概率, 仅在最近十年内对这类碰撞的正确处理才变得比较精确. 这三类碰撞将在不同的小节分别讨论, 涉及高带电 (被剥去电子的) 离子的碰撞将在 13.5.4 节专门处理.

13.5.1 比原子的电子快的入射粒子

以带电入射粒子的 Coulomb 场为中介的这类长程碰撞已在 13.2.4 节介绍过. 由于碰撞时间短, 它们传递给靶的平均能量以近似反比于入射粒子速度的平方的形式减小. 当然, 一些令人感兴趣的特殊效应有可能随入射粒子速度的增加而减小得更快. 一个极端的例子是, 根据初等理论, 入射粒子俘获电子的情况是以 v^{-12} 形式减小, 不过实际上通过 13.2.4 节描述的 Thomas 过程只以 v^{-11} 形式减小. 中性入射粒子相互作用只发生在相互擦过和接近碰撞时. 在高速情况, 入射粒子与靶的组分基本上是相互独立的核或电子, 它们的相互碰撞是以下述两体过程进行的.

Bohr 强调的快碰撞的冲击特征 (13.2.4 节第 1 小节) 由近程和长程相互作用共同决定; 靶的一种或多种成分吸收一个快冲击而反弹, 如果冲击足够强烈, 则这些成分有可能相互独立地作出反应.

最近数十年内, 人们的注意力集中在以下特殊过程.

(1) 电子俘获的另一种不同形式, 其中靶电子不粘附在入射粒子上, 而是与其一起以接近相等的速度和方向运动 (Rudd-Macek 效应).

(2) 在快离子的冲击下内壳层电子的发射.

(3) 被高带电离子俘获的电子; 这种情况下电子倾向于处于这样的激发态：电子的速率与离子的速度能够保持更匹配.

(4) 碰撞导致双 (或多) 电子激发. 这种纯粹长程电子碰撞过程可能会也可能不会涉及入射粒子的重复作用.

(5) 与长程碰撞作用与入射粒子的电荷的符号无关形成对比的是, 短程碰撞恰好相反, 以质子和反质子为例, 它们分别吸引和排斥电子.

13.5.2 比原子的电子慢的入射粒子

慢碰撞的有效性由 13.2.4 节引入的“Massey 判据”限定, 它排除了一旦碰撞时间和振动频率之积远超过 1 的能量转移. 但是, 当碰撞发生在一定的原子间距时这一极限频率急剧下降, 使得碰撞对内的两个电子的能级变得接近重合 (近简并), 故而这种碰撞被看作一种分子过程.

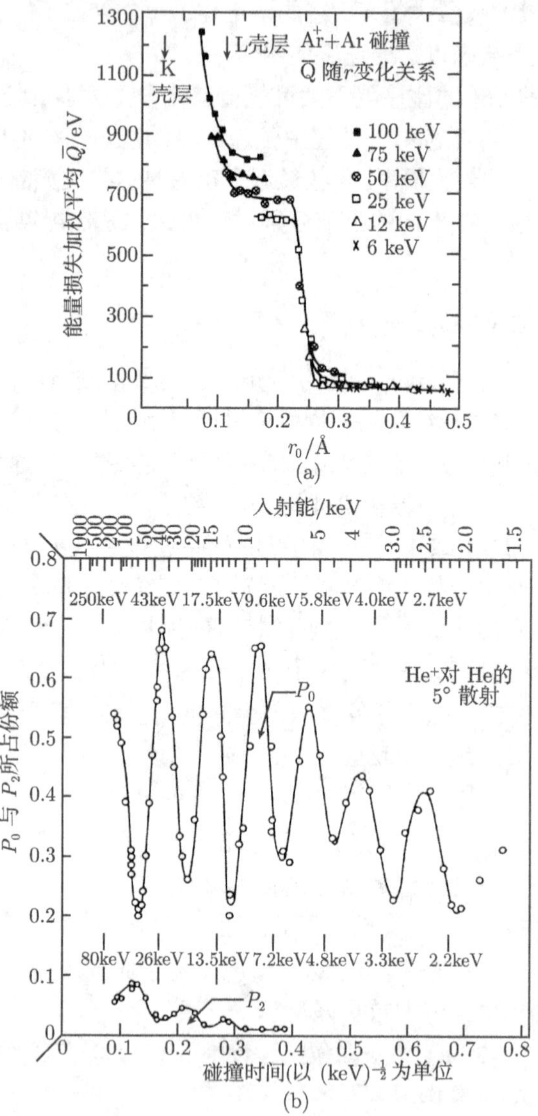

图 13.17　早期离子–原子碰撞新现象

(a) 不同能量情况下 Ar^{+}+Ar 碰撞向电子转移的能量随核间距变化的函数关系; (b) 与中性 He 原子碰撞并以 5° 偏转的入射 He^{+} 离子, 根据碰撞后它们所带的电荷选择为: 中性、单电离或双电离粒子, 它们所占份额 P_0, P_1, P_2 是碰撞时间的具有几乎固定频率的振荡函数

审视 13.2.5 节介绍的和图 13.3 示出的碰撞电子构成的复合体的 Born-Oppenheimer 势能曲线, 倾向产生碰撞转移的近简并的出现就变得显而易见了. 简并和近简并分别对应于这类曲线交叉和避免交叉的情况. 关于这种擦边碰撞引起的激发的相当多的研究在最近数十年内通过理论与实验相结合取得发展. 这些研究的一个具体的目标是观测和理解碰撞所激发的原子的取向和排列[40].

近程碰撞在原子之间深入贯穿, 使得整个壳层电子都发生位移时会变得更加复杂. 然而, 20 世纪 60 年代在 $Ar^+ + Ar$ 以 50keV 能量碰撞, 即碰撞速度远低于电子速度的碰撞实验中[41], 出现了一个引人注目显示能级交叉起作用的例子. 在这些碰撞中, 核沿着一个相当确定的轨道运动, 于是将观测到的入射粒子的偏转与两个核的最接近距离 r_0 关联起来. 动量和能量转移的平衡也决定了传递给电子的总能量 Q. 平均 Q 值随 r_0 变化的 Morgan 图显示出了一个当 r_0 通过从约 0.025nm 到 0.023nm (图 13.17(a)) 的狭窄的范围时平均 Q 值从 100eV 到 600~700eV 的很陡的跃升. 这一陡峭的不连续性被解释为是出现了碰撞原子内 L 壳层之间的重叠, 这与每一个壳层都在径向距离分布很宽范围的概念明显对立.

进一步的详细观察很快在圣彼得堡出现了. 该研究对入射粒子和反弹离子作符合探测, 于是将复合体跃升分解为各约 250eV 的两步, 它们分别对应于两个 L 壳层电子的相继发射. 随后, 与理论的结合建立在 W Lichten 的 Ar_2^+ 复合体的势能曲线 (图 13.18) 基础上, 这个复合体的"结合原子"极限是将一对粒子归结为 Kr^+ 离子. Lichten 鉴别出了属于 $Ar + Ar^+$"分离原子"极限中的 L 壳层 ($n = 2$) 的仅由两个电子占据的一个单能级, 但该能级随 r_0 减小而提升到 Kr^+ 的 $n = 4$ 的壳层[15]. 在 r_0 的临界区域 (此处平均值 $\bar{Q}$ 发生跳跃) 这一上升的能级与代表 Ar_2^+ 分子

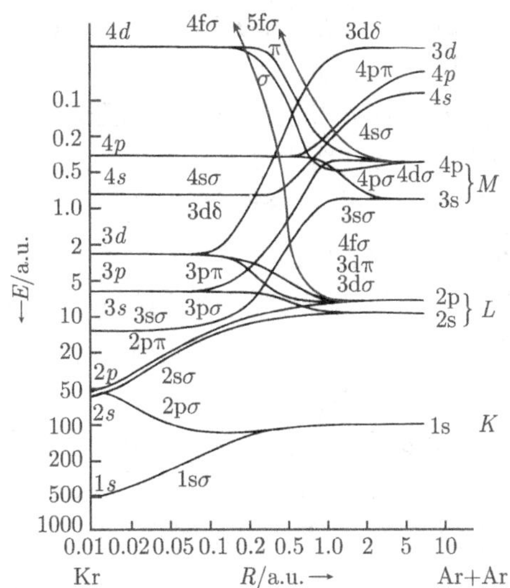

图 13.18　Ar_2 化合物的非绝热势能函数

离子结合价电子态的一束下降的能级交叉, 于是这种交叉简并就将电子对移入价电子壳层并最终完全射出.

图 13.17(a) 显示的这一惊人现象现在看来是原子相互贯穿时普遍存在的将电子从内壳层提升到外壳层的众多能级交叉效应的一个早期例子. 最近提出的一个概念是这些效应可以有效地归因于数学上碰撞函数的单 (或多？) 奇点. 碰撞函数为核间距 r_0 的函数, r_0 被视为复变量[42].

13.5.3 与电子速度可比的碰撞速度

早期对这些碰撞可能有利于入射粒子与靶之间的能量转移的予期令理论家期望甚至单一擦边碰撞就能反复转移能量. 因此 1958 年在康涅狄格进行的对 He^+ – He 5° 偏转散射现象的实际观测吸引了相当多的注意力[43] (图 13.17(b)). 当 He^+ 与 He 以适中的速度(但具有几千电子伏特的能量) 结合形成分子复合体 He_2^+ 时, 导致一个电子以接近相等的概率占据两个分子能级中的一个, 较低的一个能级使两个原子结合, 较高的一个却起到排斥 (反结合) 作用, 如图 13.3 所示的 H_2^+ 情况. 当入射粒子和靶相互靠近时, 这些能级之间的能带隙增加到几个电子伏, 当其相互分离时又会减小. 如 13.2.1 节未所述, 这一情况导致电子在两个原子之间以能隙对应的拍频频率振荡. 图 13.17(b) 所示的振动数表示振动频率和碰撞时间 (寿命) 的乘积.

这一著名的观测与 D R Bates 及其合作者们引入的关于计算类似过程导致的电子激发概率的的系统处理方法在时间上重合, 后者是那时以天体物理的应用为目的而发展起来的. 入射粒子在这些过程中被当作沿直线轨道或接近直线的轨道做经典运动. 原子的电子的运动却用量子力学微扰法处理 (在符合该近似的条件下). 更详细的处理程序需要计算大量单电子跃迁或连续电子跃迁概率. 具体地说, 需要计算碰撞过程中不同时刻 t 观测靶和/或入射粒子处于其第 n 个"紧密耦合"态的概率幅 $a_n(t)$. 碰撞动力学就包含在决定概率幅 $a_n(t)$ 的微分方程组中[44].

由于计算机性能的提高与等离子体物理研究提出的越来越高的要求 (涉及高电离与热运动能在千电子伏量级的碰撞气体), 这一方法得到不断地推广应用. 对这些碰撞研究至关重要的是分布函数的选择, 它们类似于入射粒子和靶及其碰撞复合体的原子分子态的 $f_{kl}(r)$ (见 13.2.4 节与 13.4 节的介绍). 最近一篇关于这些研究的综述性文章包含了超过 350 篇的参考文献[45].

这些关于碰撞的研究大多是关于擦边碰撞和外层激发的, 但也有深入到了原子内部, 处理如内层电子与入射快质子或高带电被剥离离子之间的 (能量) 转移的工作, 这有时被认为是图 13.17(b) 的简单过程的类似物. 我们将在 13.6.4 节和 13.8 节返回这一主题.

13.5.4 高剥离离子

多电荷原子离子的实验研究始于 1970 年, 用的是原来用于核物理研究的加速器 (后来废弃不用了). 被加速的低电荷离子穿过金属薄片时失去附加的电子, 这样得到的更多的电荷使得离子进一步加速和进一步剥离从而能够放大能量增益 (至少原理上如此).

近年来使用另外的方法甚至可以从具有最大核电荷的原子上剥离所有的电子.

20 世纪七八十年代获得的具有电荷 Ze (如 $Z \sim 10$) 的被加速离子开始是作为比质子或 α 粒子更有效的入射粒子用来研究离子–原子碰撞的内壳层电子发射的. 因此, 这些碰撞类似于 13.5.1 节中描述的情况. 仍然覆盖着被剥离离子的那些电子也容易因为靶的作用而激发或射出. 于是离子–原子的碰撞变得非常丰富和吸引人. 碰撞可以根据实际涉及电子的位置和数目进行分类, 这种可供选择通道的多样性当然阻碍了任何综合性理论的发展.

最近获得了产生仅被极少几个电子覆盖的高电荷数 Z 离子的能力, 这使得研究者最近的注意力陆续转移到了一个更直接了当任务, 即少电子系统在非常强的 Coulomb 场中的碰撞和谱的研究, 此时相对论效应普遍起作用.

这一研究对通常的处理方法提出了具体的挑战, 即其相对论多粒子特性只能用微扰法处理. 目前还没有预期的观测结果出现, 但这一研究值得我们关注[46].

高剥离离子也是温度在 1~100eV 范围内的恒星上的等离子体的通常的组分. 这种等离子体现在在实验室中很容易产生, 可以简单将脉冲激光器聚焦作用于凝聚态物质的表面产生; 它们也能够在那些正在发展为核聚变用途的装置中保持较长一段时间. 它们的辐射发射也令人感兴趣, 它有正负两方面作用, 有用的一方面是作为显示等离子体即时状态的指示器, 有害的另一方面是作为人们不想要的能量耗散的载体. 在等离子体研究的推动下, 这些发射的光谱学研究在最近几十年内获得巨大发展. 剥离离子之间的碰撞及剥离离子与等离子体电子的碰撞当然是等离子体动力学和演化的重要的基本内容, 这将在第 22 章讲述.

13.6 分子物理学[47]

从 20 世纪中期开始, 由于技术的发展, 分子研究分支出许多新研究方向. 物理现象的新观测手段、分子光谱学的具体进展、计算机发展引起的量子化学计算的巨大飞跃, 及反应碰撞的进步等将在不同小节中专门处理.

13.6.1 实验的新途径

许多实验进展归功于看上去比较直接的手段, 例如: ① 1960 年左右通过采用功能更强的泵、器壁材料、密封措施在实验容器中获得、保持和测量越来越低的压强的手段; ② 从 20 世纪 70 年代开始的产生、保持和监控越来越完美和纯净的表面的手段; ③ 制备材料样品技术的改善; ④ 阀和测量装置的快速电子控制 (如质谱分光计); ⑤ 获得了用于光谱学的高强度、单色和精确可调的辐射源 (激光器); ⑥ 越来越短的辐射脉冲技术的发展, 目前已经达到飞秒 (10^{-15}s) 量级.

1. 交叉束实验

化学反应的传统研究方式是对大块物质, 通常是气体或溶液进行研究. 处于单向、单速度的反应物分子束间交叉点的单个碰撞的制备和观测为化学开辟了新纪元[48], 这一研究开始于 20 世纪 50 年代, 60 年代之后全面完善起来[49] 于是都能够在适当的方向上收集和分析. 每一个碰撞生成物, 进而确定出每一个碰撞事件的动力学参数.

2. 喷嘴膨胀引起的低温束

压缩气体向真空的突然 (绝热) 膨胀产生喷流, 将大部分热运动能量转化为单向运动的动能. 这一在 20 世纪 60 年代后期发展起来的技术使得人们得到了 1K 量级可控动力学温度的由所需化合物构成的束[50]. 在这些温度下, 在 van der Waals 吸引作用影响下形成新分子团 (含所需组分的 van der Waals 分子和团簇). 以 He 和 Ar 为代表的低分子量缓冲气体中置以迹量感兴趣分子为“种子”的气体的膨胀证明是可行的, 从而可以观察到吸附有几个稀有气体原子的适当尺度的分子. 这些原子在载体分子谱激发之后可被抖落[51], 利用这一方法人们已经开展了大量不同的实验.

3. 共振

类似于 13.4 节讨论过的原子情况, 共振电子激发在分子中也能发生. 一个独立的机制来自分子结构中原子和电荷的一种适当分布, 这种分布能够将一个附加电子暂时保持在价电子壳层的体积内. 这一机制的一个简单例子是双原子分子中不能忽略的长宽比. 这一比值允许一个具有角动量 l=2(或更高) 的慢电子沿着原子间轴贯穿分子周围的离心势垒, 从而更容易到达它的内部 Coulomb 场. 电子接下来从这一内部陷阱逃逸也更容易沿着这一轴向发生. 这种短寿命的分子态的形成叫做“形状共振”, 其中最低的一个态叫做“最低未占据分子轨道”(LUMO), 这一名称与“最高占据分子轨道”(HOMO) 形成鲜明对比. 能量比价电子能级高出 30~40eV 的这种共振现象已被大量地观测到[52,53].

在中心原子被 (有过多电子的)“电负性”原子所包围的分子中这一现象被放大了, 这些原子的净电荷阻碍了注入它们中部的附加电子的逃逸. 这里的电子注入可以很方便地由内壳层光激发实现, 如图 13.19 所示, 通过形成鲜明对比的 SF_6 和 SH_2 的硫原子 K 壳层吸收来实现[54]. 这一惊人的观测很快被推广到其他的分子

(特别是圣彼得堡的 Fomichev 和 Zimkina 审填地挑选的那些分子), 且最近已经成为研究分子价壳层力学的常用工具.

更广泛的分子共振也在 13.4 节讨论和图 13.12 中展示过的电子与分子碰撞过程中观测到了. E Lassettre 和 P D Burrow 是分别在 20 世纪五六十年代和最近为这些研究做出主要贡献的人, 这些研究实际上关系到每一个靶分子的负离子态.

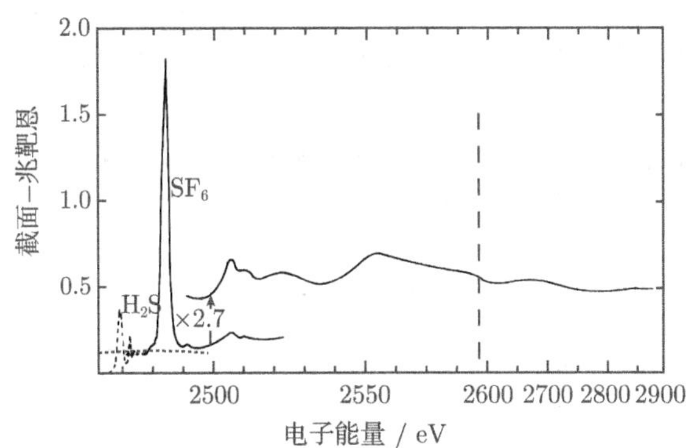

图 13.19 阈值 2.5keV 附近两种分子化合物中的硫原子的 K 壳层光吸收截面. 围绕硫原子的带负电荷的氟原子阻碍 S-电子逃逸引起的共振使得 SF_6 光吸收大幅度提高. 整个谱的 S-光吸收的总和对这两种分子是相等的, 但 SF_6 在阈值处的集中分布显得突出. 竖直折线代表对光吸收谱的以下两个不同但偶尔相等的贡献中的每一个: ① H_2S 中电离阈值以上的 K 壳层光吸收常数; ② SF_6 的 6 个氟原子在这一能量范围内对光吸收的贡献

4. **更大的聚集体**

由 van der Waals 力而非化学键结合的脆弱的分子的结构和动力学已经被微波光谱学所研究, 典型的情况是针对它们形成的低温束. 进而能够测量出一个小分子附着在一个大分子上所凭借的"吸附"键. 从因此而确定的几何结构中也获得了新的认识: 如极性分子 HF 的二聚体有可能通过每一个带正电荷的 H 原子与另一个分子的带负电荷的 F 原子形成近邻而产生. 一个 F 原子似乎与两个 H 原子成键, 一个紧密, 另一个松散, 两个键的夹角与水分子 H_2O 的键角可比, 但 F 原子与第二个 H 原子结合得松散[55].

自 20 世纪 70 年代以来**团簇**(典型的团簇由单原子物质形成) 的研究已经广泛开展起来, 团簇首先是作为分子和大块物质的过渡结构. 它们的每个粒子的内聚能随着尺度的增加而振荡, 当原子个数达到产生高对称结构时达到最大. 涉及团簇对外加扰动反应的一个有代表性的问题是: 团簇是像固体那样弹性的还是像液体那样软 (非弹性) 的? 实际结果是较低温度下类固体, 而较高温度下类似液体[56].

聚合物, 即长的柔性分子链的聚集体, 在 13.2.5 节中进到橡胶弹性时曾对其有所介绍. 它们自 20 世纪中期以来被广泛地研究, 涉及各种不同的合成物及其特性, 典型的是关于其去掉外应力后的弛豫特性.

液晶, 即中等大小通常呈棒状的分子的聚集体, 具有重要的技术应用价值, 自从 20 世纪六七十年代以来被合成出来并被广泛研究. P G de Gennes, 一个在液晶和聚合物两个领域中从事基本原理研究的理论家, 在第 21 章将讨论这一主题.

生物分子, 首先是蛋白质和多核苷酸, 也由化学键结合的比普通聚合物更复杂的分子集团链组成. 20 世纪 50 年代凭借对其晶体形式的 X 射线衍射技术的大发展而获得了关于它们的结构的知识. 对它们的精致的、临界的和仍然神秘的特性, 如对外离子电荷的响应、折叠和去折叠的具体方式、纳米以上范围的高效可控电子输运等的理解现在仍然是不完整的.

5. 快过程的观测

分子过程发生在各种非常不同的时间尺度内, 对它们的观测和研究能力是随着时间间隔物理测量分辨率的提高而逐步扩大的. 这种时间分辨率在 20 世纪 60 年代停留在大约纳秒 (10^{-9}s) 量级, 在 70 年代为皮秒 (10^{-12}s) 量级, 80 年代为飞秒 (10^{-15}s) 量级. 纳秒尺度将人们带进了物理化学研究的“闪光光解”和“闪光光谱学”领域; 皮秒技术使得人们能够观测溶液中的解离过程和分子取向和能量的弛豫方式; 飞秒技术使得人们可以更充分地观测弛豫现象.

13.6.2 分子光谱学

分子光谱学在 20 世纪中期后沿着早期的路线持续发展, 通过 13.3 节、13.4 节和 13.6.1 节所讲述的进展, 至今已经获得不同寻常的发展.

13.4 节所叙述的多通道电子激发和电离的处理方法, 更具体的是通过对 H_2 光电离的例子的说明 (13.4.3 节第 1 小节), 证明文献 [37] 综述的分子方面的应用非常可行. 对分子更重要的是引入量子亏损对核间距 R 的依赖关系, 作为具有分布函数 $|\chi_v(R)|^2$ 和 $|\chi_{v'}(R)|^2$ 的振动态之间特殊跃迁的中介

$$(v'|\mu_{\alpha j}|v) = \int_0^\infty \mathrm{d}R\chi_{v'}(R)\tan[\pi\mu_{\alpha j}(R)]\chi_v(R) \tag{13.14}$$

具有能量在 20eV$<\hbar\omega<$1000eV(13.3.1 节) 范围的光子的辐射源的获得推动了价壳层对内壳层发射电子响应的探测. 通过比较 O 原子与 O_2 分子的 K 壳层电离阈值出现了一个令人惊奇的观察结果, 二者相差约 10eV(O 原子的 K 壳层电离阈值是约 540eV, O_2 分子的 K 壳层电离阈值约 530eV), 这归因于 K 壳层空穴周围的价电子的弛豫现象[57](这一弛豫将 O_2 原子之间的空穴的隧穿时间延迟到超过其寿命, 于是打破了双原子分子 O_2 的对称性).

通过消除近红外光谱和微波谱之间曾存在的研究空白, 提供了用于分子 (如外太空分子) 识别的振动和转动谱的完善的探测手段, 于是分子物理取得巨大发展 (13.3.2 节). 确实, 分子在天文学上的作用很难不被怀疑, 直到 20 世纪 60 年代发现转动频率出现在天体辐射源的射频频谱中. 分子微波波谱的实验室研究起初主要是依赖将蒸气引入可调谐腔产生的功率损耗的测量. 13.4.2 节已经提到, 振动谱已经扩展到接近 H_2 和 HD 的解离阈值. 当前的分子光谱通常是通过将分子束穿过波导产生微波或红外波段波长精确确定的驻波来研究的 (如 13.3.2 节所述).

与可见光的发射与吸收容易鉴别的性质不同, 低频段共振探测的一个关键问题在于对它们的可能位置的初步但相当精确的了解 (归因于实际可调节的范围有限). 关于特定谱鉴别的困难性的一个突出的例子是具有传奇色彩的 H_3^+ 离子, 一个在 20 世纪初的氢气放电的质谱分析中被鉴别出来的最小的多原子结构. 它的谱"指纹"一直躲避探测, 直到 1980 年, 对它的振动频率的推算和技术的提高使得 T Oka 探测到了 $\lambda \sim 4\mu m$ 的谱. 对它的谱的了解导致在外层空间 (特别是木星的外层大气) 中探测到大量的 H_3^+[58].

1. 无辐射跃迁

分子中电子和核的运动在 13.2.5 节中被看作基本上是独立的, 这主要是因为它们各自的能谱尺度的不同 (不过电子激发一般伴随有附属振动激发). 然而, 多原子分子和所有处于碎裂阈值附近的分子的高密度通常大大限制了电子和核运动的独立性.

电子能级之间发生无辐射跃迁而将能级间的能量差转化为振动而非辐射, 这一范例通常发生在有机分子中. 如 13.2.5 节所指出的, 基态电子的自旋通常相互抵消形成"单态"; 光吸收不直接影响它们的自旋态. 另外, 基态通过形成自旋单态而获得的稳定性在激发态情况下却不再能够保持. 确实, 自旋–轨道耦合 (13.2.3 节第 2 小节) 引起的电子的"自旋反转"减小了它受到的剩余未配对电子的 Coulomb 排斥, 这归因于插注 13A 所述的"三重态耦合". (具有非常相似 Hund 空间分布的激发电子态的电子自旋相互取向一般与此不同, 根据 Hund 规则, 较高净自旋态对应于低出 1eV 能量的那些能级). 这一通过电子自旋反转而释放出来的能量很容易耗散到具有足够大小和激发程度的分子的振动运动中去.

这一现象是有机染料分子的典型现象, 这些分子很容易吸收特定颜色的光, 且并不马上通过与第二个自旋反转耦合的荧光释放出去. 这一能量被囚禁在三重或更高的自旋态中, 不能快速地大量转化为振动能而损耗; 它最终可以被延迟的光辐射重新发射 (磷光) 或缓慢地耗散到凝聚态介质中的其他分子中去.

分子能态被激发得越高, 类似无辐射跃迁的过程越普遍. 这些现象在 20 世纪中期以前没有引起普遍注意, 那时人们注意力主要集中的在双原子结构. 无辐射跃进现象 50 和 60 年代的出现代表人们开始改变传统的将电子运动和振动运动截然分开的观点. 电子能量转化为振动能量的比率具有中等大小但经常高于光发射率, 对此的理解经过一番质疑和争论后最终在光谱学界形成了共识.

13.6.3　量子化学, 理论和计算

分子激发和转化的理论 (量子化学) 在 20 世纪中期之前提出其基本要点 (13.2.5 节) 后蓬勃发展. 在计算机技术的推动下和以大量已有成果作为基础, 它的应用被大力推广起来, 计算方面的基本要素由一大套独立电子分布函数 (轨道) 适当地与一些调节最优化能级的系数或类似参数结合所构成. 最优化利用 Hartree-Fock 方法, 构型混合及其他过去使用过的变分方法. 这一研究 60 年代达到的基准, 是由 Kolos-Wolniewicz 计算的 H_2 分子的电离阈值与实验的相对误差在 10^{-5} 以内. C Rothaan 于 50 年代引入了解析轨道方法, 使得电子分布容易理解和处理, 影响了这个领域, 但对轨道的全面的数值描述现在仍然在使用.

研究者们对待计算的各种各样的认识和态度仍处于大演变之中. 现有处理方法提供的数值结果最终反映的主要是输入的数据, 而不是数据背后的物理. 1959 年国际量子化学大会闭幕演讲中 C H Coulson 讨论了这一主题, 这一演讲现在被认为是历史性的[59]. Coulson 提到了一个危险状况, 即量子化学学术界倾向于分裂成为两部分: 一部分是从事大型化学计算的专业人士, 另一部分是期待结果和方法更加透明, 与物理机制更加相关的科学工作者. 这一反差现在仍然明显, 但没有带来可怕的后果. 它被计算机费用 (包括资金和人员投入方面) 的降低消弱了. 这一降低鼓励了那些将具有启发性的计算作为探索工具探索例如结果对不同输入的依赖性等活动, 这一活动近年正在发展.

计算机技术的进步大大增强了要求在原子构形的多维点阵上计算键能的势能面的构建. 一些年来这一活动主要局限于三原子系统, 但此后推广到了更大的系统, 例如 Truhlar 小组定量地处理了 $CH_4+OH \rightarrow CH_3+H_2O$[60] 反应中的七原子系统. 这些原子中只有三个 (C,H,O) 直接参与单个 H 原子的转移过程, 但 CH_3 剩余物的弛豫仍有作用.

13.6.4　反应碰撞

随着计算机技术的发展, 主要是通过前面略述的势能面的建立, 反应碰撞研究也取得了重大进展. 从根本上讲, 反应碰撞的计算是对所感兴趣的系统的沿势能面上路径的演化过程的研究, 这一演化的起点是原子开始集合为如 AB+C 处 (如 13.2.5 中的介绍), 终点是 A+BC 结构形成之处.

13.2.5 节对这一过程的过渡简化为共线的描述现在已经普遍不采用了, 但是 13.6.3 节提到的超过三个原子的计算现在仍然很少见. 这一研究的核心困难是要满

足一个隐含条件, 即势能面应该真实反应当反应物相互靠近并合并形成一个复合体时的原子分子结构的形变.

一个更难以琢磨的困难是验证与以穿过中间碰撞的过渡态为主要特征的早期概念的一致性, 即穿越者是径直向前, 没有中间回路的. 在过去的几十年的研究中, 已经允许偏离沿反应路径的纯经典运动, 例如, 允许穿越势垒的量子贯穿的发生. 考虑系统跨越和沿着一经典路径的运动的量子涨落的研究看上去仍很少见.

通过用极坐标表示原子在势能表面上的位置, 人们在以量子力学方式和更直观地处理几个原子的运动的研究方向上已经取得一些进展[61]. (对于超过三维的表面这些坐标叫做超球面) 于是反应物的相互靠近和最终的相互分离表示为一个单一径向变量的变化.

用这种方法成功处理了的一个有价值的例子是以下反应:

$$\mathrm{H_2 + F = HF + H} \tag{13.15}$$

李远哲 (Y T Lee) 通过仔细观测其交叉束碰撞的生成物研究了这个反应, 发现这一放热过程放出的能量大部分集中于 HF 的振动激发 (到 $v = 3$ 能级), 这里 H_2 初始处于基态 (这一结果类似于 13.5.1 节项目 (3) 所述的离子的电子激发). J M Launay 对这一反应所做的量子超球面处理成功地复制了振动激发[62].

13.7 内壳层现象[63]

一般通过光吸收或碰撞在原子分子内壳层产生空穴用于两个主要目的: ① 填充空穴的电子跃迁的振荡电流产生单色 X 射线; ② 研究由类似的, 但属于无辐射的跃迁产生的二级过程 (13.6.2 节第 1 小节).

产生同样结果的空穴也可以由核过程的二级效应产生: ① 俘获入核的电子由于多余的正电荷而导致不稳定性, 同时伴随着中微子发射; ② 通过类似于"核的光发射 + 内壳层光电离"的电磁相互作用产生的核能量的内转换. 以上任何一个过程的出现都可以表现为后继的 X 射线的发射或无辐射跃迁.

X 射线的发射率在低光子能量区正比于其电子位移与 X 射线波长比值的平方, 落后于它竞争的无辐射 (Auger) 跃迁率, 直到 $\hbar\omega > 10\mathrm{eV}$ 时正比于频率的立方后才赶上和超过. Auger 跃迁则无论能量如何, 一般都发生在大约 10fs 以内.

X 射线发射和 Auger 过程的具体特点将分别在 13.7.1 节和 13.7.2 节概述. 13.7.3 节围绕着"屏蔽"和"反屏蔽"两个通用术语, 处理内壳层电子对整个原子和分子性质的作用. 前一个术语指通过带负电荷的内壳层电子来减小核对核外电子的吸引作用. 后一个术语指内壳层电子的放大外壳层电子对核取向作用的一种不太明显的影响.

13.7.1　X 射线研究

标志每一个元素的原子 X 射线光谱可以分为一些大类: K,L,M,··· 这一线系序列在 20 世纪中期以前很早就建立了 (13.2.3 节). Coster-Kronig 跃迁也可以由将支壳层能级与相同的 n 和不同的 l 和/或 j 值 (如 13.2.3 节的定义) 对应起来加以识别; 这些能级的间距反映了它们到达核的最近距离的差别, 表示为量子亏损 μ_{lj} 的不同数值. Coster-Kronig 发射的相对的高强度显示涉及同一壳层的能级之间跃迁的电子流的高强度.

最近人们的注意力转向 X 射线谱线的“伴线”, 即频率略低于常规谱线的谱线集合, 它们的发射伴随着许多不同的二级激发中的一个. 这些发射的测量、分类和理论研究的发展主要由俄勒冈的 B Crasemann 和芬兰的 T Aberg 领导的两个学派推动着.

许多 X 射线的波长和光子能量的精确确定, 不仅对提供特定的测量标准, 而且对将不同尺度的测量相互连接起来都非常重要, 它具体涉及晶体点阵的 X 射线衍射、晶体的晶格间距、Planck 常数等. 这一领域最近的一篇论文指出目前的精确度是 10^{-6}[64]. 各个 X 射线发射的强度则反映了辐射电流的空间分布.

如 13.5.4 节所述, 高剥离离子的能级间的 X 射线跃迁的精确实验和理论吸引了大量的注意力.

作为 X 射线发射的预备条件的内壳层空穴的“共振产生”是通过激发内壳层电子到原子分子的价壳层中或略高一些的离散能级来实现的. 在高分辨率的同步辐射研究的推动下, 这一过程作为观测激发态电子对价壳层特别是 13.6 节述及的分子中的价壳层的影响的工具而引起很大关注. 这一影响被后继 X 射线发射所反映.

13.7.2　Auger 发射

Auger 现象是单能电子从原子中的逃逸, 就像由特征 X 射线的光电离所产生的那种电子逃逸. 的确, 这些逃逸电子的能量与那些由 X 射线引起的从同一原子发射出的光电子能量一致, 但它是通过与填充内壳层空穴的电子的直接相互作用传递的. 激发能量的这种转移可以认为是 13.4 节所描述的“闭合”和“开放”通道之间相互耦合的一个例子, 即自电离的一个例子.

20 世纪 50 年代开始的 Auger 电子的研究由于 K Siegbahn 设计的具有高分辨本领和高发光度的 ESCA 电子分光计和主要由 W Mehlhorn 所倡议的观测在气体而非凝聚相中进行而增强了. 于是对精细结构和伴线谱的分析类似于对 X 射线谱的分析, 变得容易进行了. 当然, Auger 过程始于内壳层空穴的产生, 亦即始于光电离或产生 X 射线特征谱的碰撞.

空穴的产生和 Auger 发射的快速接续 (10fs 间隔) 结合起来为进一步研究原子

动力学提供了机会. 具有低剩余能量的空穴的形成产生一个相当慢的电子, 它可以被后来的快 Auger 电子超过, 于是使这些电子之间能量和/或角动量得以交换 (后碰撞相互作用). 入射束产生的内壳层空穴通常导致空穴按照束的方向排布和取向, 这些几何特征于是就转移给 Auger 电子, 实际证明关于这些电子的研究比特征 X 射线相应的研究更丰富. Auger 电子分析更大的灵活性进一步发展到 13.7.1 节末提到的空穴共振产生效应的观察.

文献 [65] 提供了对自由原子和分子发出的 Auger 电子的最近研究 (包括它们与反弹离子的符合探测) 的全面性评论. 自从 20 世纪 70 年代以来, Auger 电子发射也成为吸附在表面的原子分子的存在与状态的分析工具.

13.7.3 屏蔽与反屏蔽

原子内部与带 Ze 电荷的原子核径向距离为 r 处的电势可表示为 $(Z-s)e/r$, 其中数 s 表征所有位于 $r'<r$ 的电子的屏蔽作用. s 的值等于所有在 $0<r'<r$ 空间范围内以 (n,l) 为标记的束缚电子贡献值的求和, 其中 (n,l) 的贡献值为其分布函数 $|f_{nl}(r')|^2$ (13.2.3 节引入) 在 $0<r'<r$ 区间的积分.

原子基态的函数 $f_{nl}(r)$ 的确定已经在 13.2.3 节中指出. 通常屏蔽函数 $s(Z,r)$ 的值平滑地依赖于原子序数 Z. 然而, 我们这里指出高 Z 元素 K 壳层电子质量相对论提升的这一独特效应 (13.2.1 节提及) 已被 J P Desclaux 和 Y K Kim 于 20 世纪 70 年代识别. 这一质量提升将 K 电子拉近原子核, 于是增加了它们对其他电子的屏蔽作用, 特别是对那些处于 $l\neq 0$ 由于离心力而远离核的态中的电子的屏蔽作用. 结果随着 l 的增加, 屏蔽作用的改变如同多米诺骨牌效应一样从一个壳层到另一个壳层传递, 这体现在量子亏损 μ_l 的明显减小.

"反屏蔽效应"起源于电子分布或自旋取向的反对称性, 这是非完整 (开) 价壳层 (或支壳层) 结构的固有性质. 这种壳层中的各个电子与更深层的球对称的"闭"壳层中各电子间的 Coulomb 相互作用对这一对称性产生扰动. 这种反比于各个电子对的距离的三次或更高次幂的扰动又如多米诺骨牌效应一样在壳层之间传递, 最后影响到核自旋的取向. 当这种扰动向分布得越来越密的内壳层电子传播时, 它对电子距离的幂次反比依赖关系放大了起初不明显的扰动.

这种现象和它的名字是 R Sternheimer 在大约 20 世纪 50 年代根据价电子与核的四极矩耦合, 也就是它们相应拉长 (或压扁) 的电子电荷与核的耦合而确认的, 这种弱强度的耦合可被核磁共振所探测到. 相应的价电子磁矩与核磁矩之间相互作用的放大效应被证明更加引人入胜. 粗略地说, 自旋平行的电子比自旋反平行的电子能够靠得更近, 如 13.2.1 节所述. 于是每一个壳层的电子向小或大径向距离轻微移动, 移动方向取决于它们的自旋与价电子的自旋是平行还是反平行 (类似的效应也发生在轨道电流的磁相互作用上). 大约在 1960 年人们注意到在磁铁的外壳层中占主导地位的磁场 (约 30000G) 在与 Fe 原子核自旋的作用中强度被反屏蔽效应放大了 10 倍.

13.8 原子和分子的光谱指纹[66]

火焰的黄色早已经被发现是钠盐存在的标志. 19 世纪的光谱学将这种颜色归因于 580nm 的光发射, 它可分解成为波数为 16956.183cm^{-1} 和 16973.379cm^{-1} 的双线. 另外, 19 世纪早期, Fraunhofer 识别了太阳光谱中的特征吸收线, 经过世纪之交, 从太阳光谱中发现了氦, 但是 H^- 离子的吸收和这种离子的确切存在直到 1938 年才被首次提到. 稀士元素光谱的澄清乃至这些化学相似元素的基态的确认则在 20 世纪中期之后才完成.

本节概括以诊断为目的的光谱信息的一般特征和目前可以达到的程度.

有一个值得注意的分类系统, 它支配着元素原子的可见与近可见光谱, 反映了它们的价电子壳层, 特别是它们的 s 和 p(=0,1) 电子的数目. 相应的谱对 Mendeleev 周期表中同一列的所有元素是相似的. 另一个不同的分类系统, 它针对复杂得多的过渡和稀土族元素, 这些元素之间的不同之处表现在它们的 d 和 f(l=2 或 3) 电子个数的不同. d 和 f 电子的分布函数 $f_{nl}(r)$ 的峰值在小径向距离处, 这些电子因而对元素化学性质产生的影响很小, 但是它们与 s 和 p 电子的相互作用使得光谱变得极为丰富和复杂. 原子光谱的这些特性也对包含每种元素的分子的光谱产生影响, 但是分子中系统化特性并不明显, 这是它们的复杂结构所致.

天文学当然既是光谱信息的用户, 又是光谱信息的提供者, 不过在过去仅限于在可见和近可见波段. 这一局限性使得它对空间分子的存在提供的证据很少. 天体物理分子过程的实际丰富信息从 20 世纪 60 年代才出现, 其证据为通过将红外和射频波段联合起来后提取的转动和振动光谱 (13.3.2 节).

主要在光学频段两端的光谱学的进展, 直到 20 世纪中期, 依靠的是数量不多的个体研究者们的无私奉献, 他们改善测量能力, 扩展测量范围, 并愿意将成果转交给用户. 第一个全面列出原子能级的出版物由 R F Bacher 和 S Goudsmit 撰写, 发表在 1932 年. 20 世纪 40 年代后期在 W F Meggers 引领下日益增多的用户组织起来, 在美国国家标准局主任 E U Condon 的支持下, 组织了一个常设项目来收集、分析和产生这一课题的报告[67](其最后一卷针对稀土光谱, 出版于 1978 年). 一位天文光谱学家 Charlotte Moore Sitterly 博士一直将这一工作开展到她生命的最后.

从那一时间起, 物理工作人员的增长、光谱学向更宽频段的扩展 (13.3 节)、以核聚变和其他为目的的等离子体物理的兴起 (第 22 章) 和天体物理发展的壮观景象 (第 23 章) 发生了. 这些因素的共同作用使得 Meggers 所发起的工作转变为一个规模可观的产业, 它自主生长, 并对需求和机遇作出响应. NBS(现在的国家标准和技术研究所) 仍然是这一活动的一个支柱. 但它和其他机构看来都不对整个产业全面负责.

对现状的一个有用的调查 (关于天体物理的) 发生在 1991 年的国际天文学组织召集的关于这一主题的一个会议上, 它反过来导致了《空间天文学数据的需求、分析和有效性》研究的发表[68]. 这一研究包括关于最近国际上的所谓“不透明性项目”的一个报告, 这是 M J Seaton 组织的针对恒星包层不透明性的原子数据计算规划.

等离子体方面已经获得了将原子光谱扩展到不同剥离离子的支持. 然而, 这一领域的主要诊断工具看来仍由容易鉴别的与 (单价) 碱金属原子 (13.2.3 节及 13.5.4 节) 等电子的离子的简单光谱构成.

13.9 原子在计量学和仪器中扮演的角色[69]

自从 20 世纪中期以来, 原子在计量学和仪器中扮演的角色变得越来越重要. 这一角色基于两个考虑: ① 对任何化学物质, 其组成分子之间是不可区分的, 并且它们的原子和亚原子组分也是如此; ② 它们的每一个特性都保持不随时间变化. 并且, 大部分种类的原子或分子在实验上都容易获得, 于是成为了方便的度量标准. **【又见 16.1 节】**

这些特性引人注目地出现于 1946 年 F Bloch 和 E Purcell 各自独立发现的核磁共振中. 放置于磁场 B 中的水样品中的氢原子核自旋会围绕磁场以正比于 B 的均匀速率进动, 这一速率容易被一个“调谐”电感电路或空腔所检测到. 水样品和普通的仪器就能够起到确定未知磁场绝对强度度量标准的作用, 这是用其他手段不容易测量到的.

这里有个重要的补充是原子的角色: 高准确度和高精密度频率标准不仅能够通过电子技术 (现在达到太 H_z 范围) 获得, 还可以通过原子辐射源获得. 自 1971 年起国际标准时间间隔由一个原子束中的 ^{133}Cs 原子核超精细跃迁频率提供, 为 9192631770 Hz. 频率测量的高精确度是由典型电现象的线性特征所导致, 这些典型的电现象允许电流或电压及其频率 (外差) 拍频叠加, 从而容易观察并相互比较. 20 世纪中期获得的高频域到 10^9Hz, 90 年代获得了更高频率, 它们提供了高品质周期振荡的长序列.

周期运动的准确程度依赖于它的振动序列的长度, 它对许多特殊的谱线是极高的, 并在观测的线宽中反映出来 (如 13.3.3 节所述). 然而气体发射的特殊谱线由于 Doppler 效应而展宽, 亦即以不同速度 v 朝观察者方向运动的原子的发射频率有明显移动, 移动量正比于 v/c. 对从很低温度的束中朝垂直于观察者方向的发射, 这一效应减弱.

数十年时间里人们主要致力于通过控制发射体温度来使线型尖锐化的研究. 最近获得的一个进一步的发展是通过从不同方向同时施加的光的光压来减慢一个个原子, 从而实现希望得到的对原子的囚禁、存储和搬动[70]. 这种日益精确的控制目前导致了计量学的大跃进.

测量的原子标准已经逐渐代替了较早期的标准. 当 ^{133}Cs 频率–时间标准被证明比地球自转速率还稳定时, 这一标准被正式采用[71]. 与 ^{86}K 原子发射谱的干涉条纹固定在一起的波长标准一度代替了作为长度单位的“米原器”. 之后它们被真空中光在 1 秒时间走过的距离所代替, 于是通过光速 c 所定义的数值与频率标准绑定起来.

这一演变过程反映了在数值上极为不同的物理量的比较测量技术的连续进步, 这些物理量通常相差 6~10 个数量级, 即基本上是实验室尺度与原子尺度之间的比例. 这些比较测量通过一次 100~1000 的换算比例阶段测量来完成, 每个阶段有两个组: ① 离散“间隔”的“计数”, 如通过的波峰数目、进动反转次数或强度–电压图中的不连续点数; ② 单个间隔片断的精密测量. 这些计数过程反映了原子基本过程的本质属性 (13.2.2 节), 旋转的片断通常由熟知的刻度圆盘来测量. 许多非常不同的现象的精密测量的基本类似的步骤都有相关报道.

不同现象的原子论基础的普适性自 20 世纪 60 年代后被 Josephson 结和量子 Hall 效应对基础计量学的不曾意料的贡献所进一步证明. 这两个现象都涉及大块材料中的无摩擦传导. Josephson 结连接超导态材料, 隐含地将单个原子或分子的特性延伸到宏观系统, 这在 1935 年就被 F London 指出; 量子 Hall 效应涉及的是在一个方向上被约束但可以垂直于此方向自由漂移的电子. 这些对计量学的令人惊奇的贡献可概述如下.

Jasephson 结包括一个纳米厚度的绝缘层, 它将两个维持小电位差 V 的超导体隔开, B D Josephson 1962 年预言, 会有一个频率 $2eV/\hbar$ 的交流成分来补充这一恒定电位差, 并导致自旋单态电子对隧穿 Jasephson 结. 然而, 令人惊奇的是后来 B N Taylor 等[72] 发表的详细研究表明共振频率 $2eV/\hbar$ 完全不依赖于两个超导体材料的种类和具体性质. 这一研究证明了这一对材料的行为非常像单个原子, 其电子通过共振辐射从一个定态向另一个定态转移, 这充分证实了超导体的原子定态特征. (注意, 有时注入具有宏观电容的系统的一个电子对是难以感知的, 这与电子对附加到一个原子或最近发展的介观系统的情况明显不同.) Josephson 效应的频率测量提供了目前的电压测量标准.

Josephson 效应可以表现为另一些形式, 以上概述的性质在概念上显得极为简单, 但另一些性质很令人吃惊. 如果 Josephson 结暴露在恒定频率 ω 的微波中, 并存在一个不断增加的电压 V 驱动超导电流 i, 每当 2eV 扫过光子能量 $\hbar\omega$ 的整数倍时 $i(V)$ 图曲线阶跃变化 (图 13.20 所示). 该图说明了阶跃次数能够如何被计数以便于精确地连接非常不同的电压标度, 例如本图的微伏标度与电子工程的伏标度. 不久将电子工程的电压标度与本图 Josephson 现象的电压标度衔接起来的工作就由 NBS 的 Taylor 在此过程的基础上完成.

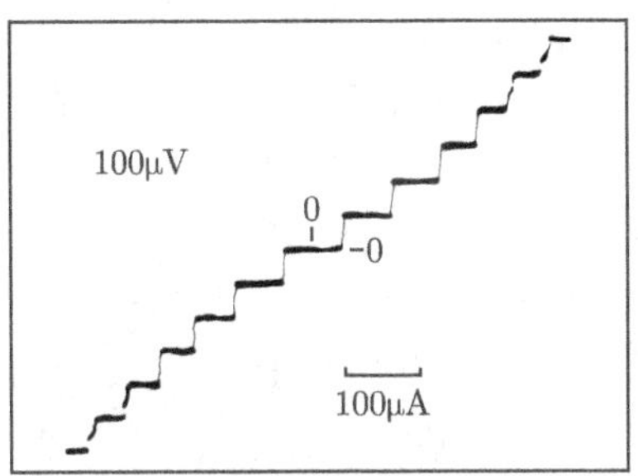

图 13.20 示波器显示的暴露在 36GHz 的微波中的 Josephson 结的电压–电流关系. 超导电流等间隔的台阶序列提供了比值 $2e/h$ 的精密测量值

普通 Hall 效应是由沿置于与之垂直的磁场中的一个导体片流动的电流显示的. 磁场向导体片的一侧推动电流, 产生了一个 Hall 电势 U_{H}, 即横跨导体片的电势差, 与之对应的横向电场 E_{H} 的力平衡了磁场的作用力. U_{H} 的值与正负号与导体中载流子的浓度与正负号倒易. 确实, 测量 U_{H} 一般可以求得这一浓度和正负号. 量子 Hall 效应则发生在非常特殊的情况下, 可以类似地测量一个原子参数, 即 13.2.1 节介绍过的精细结构常数 α.

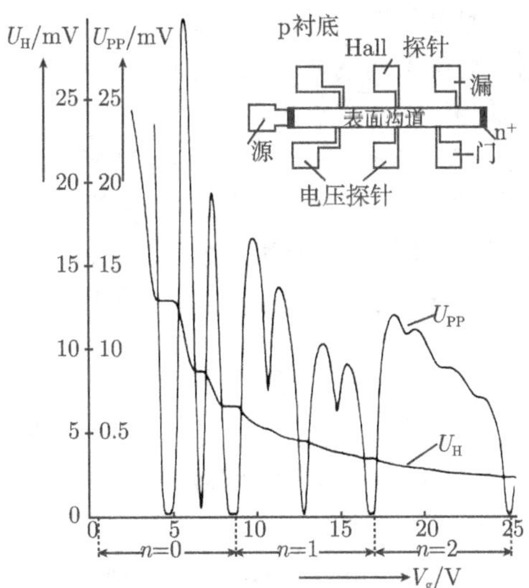

图 13.21 在 1.5K 温度、恒定磁场 18T 及源漏极电流 1μA 时, 作为门电压 V_{g} 函数的 Hall 电压 U_{H} 和电压探针之间的电压降 U_{pp} 的记录. 嵌入图展示了器件的俯视图, 器件长度 400μm, 宽度 50μm, 电压探针间距 130μm. U_{H} 曲线的一些水平段类似于图 13.20 中的台阶, 起着度量衡学的作用

图 13.21 的嵌入图的导体片中标记着“表面沟道”的载流子是挤压到 Kelvin 量级的温度的半导体的狭窄的界面层的电子 (此图摘自量子霍尔效应的最早的报道[73]). 挤压起源于一个“门电压” V_{g}, 它控制电子在一些能级间的分布, 这些能级的谱由几个能带组成, 其中每一个能带对应一个在强磁场中运动的“Landau 能级”. 在每个填满的能带上的电子的面密度由磁场的强度所确定. 图 13.21 表明当 V_{g} 增加, 穿过每一个带隙 (满带与空带的间隔) 时 Hall 电压 U_{H} 如何保持恒定; 沿着导体片方向的势 U_{pp} 在带隙中保持为零或接近于零. 附加的一些电子随着 V_{g} 进入新能带而进入该层中, 导致 U_{H} 下降; U_{pp} 却随新能级的填充而急剧上升. U_{H} 的每一个阶跃值等于一个固定的因子除以参数 α 和填满的能级数, 此数决定整个层的电子密度. 这里又和 Josephson 结的研究结果类似, 我们观察到了宏观量发生的阶跃变化, 其值反映了原子参数的数值.

这两个现象都提供了宏观变量精密测量的工具. 同样的功能在观测固定的或运动的干涉或衍射条纹序列时也能实现, 无论是微波、光辐射或 X 射线辐射, 其条纹的移动反映了反射镜、光栅或晶体的精确位移. 这一位移目前被控制在皮米精确度. 这种精密调节的一个重要的附加工具是压电晶体, 其长度变化率为 $0.1\mathrm{nm}\cdot\mathrm{V}^{-1}$.

13.10 原子系统的光学操纵和利用原子变换光

自 20 世纪中期以来通过光学作用将原子运动引导到人们所希望的路径上的技术获得了提高. 反过来, 现在人们也利用原子来改变辐射的性质. 这些活动发展成了一个学科专业, 被泛泛地称为“量子光学”.

这一发展源于 1950 年 A Kastler 的“光学泵浦”概念的启发, “光泵浦”的作用是将光的偏振 (圆偏振或线偏振) 转移给气相或凝聚相的原子[74]. 更近期的工作是掌握如何对原子粒子进行操控、冷却和囚禁 (如 13.9 节所预期的那样), 以及获得和研究多光子过程. 这些方面在以下一些小节进行概括.

13.10.1 光学泵浦

作为典型过程, 考虑放置在指向 z 方向的磁场中处于基态的单价钠原子. 自旋向下 ($j_z = -\hbar/2$) 的原子比自旋相反的原子的能量低; 热碰撞却使得两种自旋取向保持统计上接近平衡的状态. 现在考虑黄光的作用, 它与原子激发共振, 具有正圆偏振, 沿着 z 方向传播, 于是每吸收一个光子就传给原子一份角动量 $j_z = \hbar/2$. 每个光激发事件后紧跟着一个偏振不确定的光子 (荧光) 的重新发射, 因为光传递来的角动量使得自旋取向的平衡向 $j_z = \hbar/2$ 的基态成分移动, 于是就“向上”泵浦了自旋布居数.

类似的效应发生在不存在外场的情况, 这归因于电子自旋和原子核自旋之间的不同相对取向. 如果在有磁场的情况下电子自旋已被泵浦, 去掉磁场后就允许超精细相互作用 (插注 13C) 分享部分电子取得的与核的相对取向. 对其他元素, 如氙, 电子的自旋极化也在碰撞过程中转移给原子核[75].

对由此产生的丰富现象的研究已大量开展[76], 在加速器粒子束和它们的靶中核自旋和其他粒子自旋的定向方面获得广泛的应用.

13.10.2 原子的冷却、操控和囚禁

电场操纵原子分子运动的一般过程是先将它们极化, 即通过感应产生偶极矩, 然后吸引它们到低势能位置[77]. 更具体的步骤是每吸收一个能量为 $\hbar\omega$ 的光子就传递给原子或分子一份沿着光束方向的动量 $\hbar\omega/c$; 在后继的荧光中丢失的动量指向各个方向, 于是留给吸收体一个沿光束方向的净动量. "冷却"是通过这一过程实现的, 即调节光频率使之稍微低于吸收体静止时的共振吸收频率; 吸收体运动的 Doppler 效应导致光只被那些运动速度比平均热运动速度高且运动方向与光束相反的原子所吸收.

操控与冷却原子的一个便利方法是建立与原子样品共振或近共振的光的驻波. 穿过这种波的原子被强烈地极化和 (或) 激发, 因而被驱赶到光强和原子能量最低的波谷位置. 这种方法大多是在 D E Pritchard 的实验室发展和使用起来的.

"囚禁"通常通过会聚光束或静电场操控原子进入一个小的体积而获得. 计量学中被证明非常有效的囚禁方法是"Penning 阱", 它能够将单个带电粒子 (电子或离子) 很长时间囚禁, 在囚禁的时间内这些带电粒子的运动可以被振荡电磁场精确控制. 故而这类粒子的荷质比和磁矩也就能够极其精确地测量, 对此作出特别贡献的是 H G Dhmelt 和他的学派.

13.10.3 多光子过程

原子的光吸收和发射现象已经在 13.2.2 节中作为弱作用过程介绍过, 其处理方法是初等的, 依据的基础是辐射场每一个相应的模式在空间中的分布范围都远大于原子的尺度. 于是和每一个模式的激发单"光子"相对应的电场强度与原子内部场强相比几乎是无穷小.

激光的引入改变了这种性质, 从原理上讲激光正是特定辐射模式的多重激发. 早期的中等强度的激光仍然能够当作弱场处理, 这是因为在单个基本过程中, 同一模式两个或多个光子的共振吸收即使发生, 发生的几率也很小.

这类过程的引入却打开了物理的一个新领域, 被称为非线性光学 (第 18 章), 这个领域最早是在 20 世纪 60 年代由 N Bloembergen 引领的. 同时吸收两个或多个光子得以避开以前光谱学的选择定则并由低频源获得了高激发. 然而, 只要一部分吸收光子的能量接近作为"准共振"垫脚石的原子中间能级的能量, 多光子过程

的这种小概率就增大了.

这种多光子过程的“微扰”处理方法随着激光强度的不断增加逐渐变得不再适用, 特别是对能够在一个很短时间内 (目前甚至可以到达飞秒量级) 释放储存在容器中能量的超短脉冲激光. 高概率多光子过程最早的迹象是从发现光电离子以相差一个或多个处于电离阈值以上光子能量的动能发射显现出来的.

辐射场与原子内部场强 (后者在原子价壳层内为 $100\text{V}\cdot\text{nm}^{-1}$) 的比值在普通的过程中被认为是极端小量. 现在已提高到超过 1, 这是由于几个因素结合的结果: 强激光源、脉冲压缩至短间隔、源像聚焦到了几个微米的斑. 这一比值达到 1 需要的功率通量为 $10^{17}\text{W}\cdot\text{cm}^{-2}$ 量级. 人们已经观察到了粉碎原子结构的更高的功率通量.

当这一比值趋于 1 时, 一个截然不同的过程与光电离竞争, 即以自由电子对强度为 E、频率为 ω 的交流场响应为特征的“抖动”. 抖动幅度 $eE/m\omega^2$ 在低频高功率红外激光驱动时会非常大, 并有可能超过激发态原子的尺度. 这种现象的自由电子特征与光吸收对原子内部力 (这些力保持能量和动量的平衡 (13.3.3 节)) 的依赖形成强烈对比.

这些强辐射脉冲的多样及强作用的不同特征使得对它们的综合处理变得复杂. 对一些具体过程的成功但不完整的定量估算已有报道, 但至今没有发展形成完整连贯的理论. 13.11.2 节所述的更全面和灵活的方法是否能被证明足够有效仍有待观察.

13.10.4 利用原子转换光

多光子吸收过程的获得打开了辐射频率倍频和分频的大门. 一个明显的例子是通过被称为“四波混频”的过程实现的. 从根本上说, 通过吸收几个光子而得到的原子和分子的激发态可以通过发射单个光子而还原回基态, 这一光子的能量 (或频率) 等于所有吸收光子的能量 (或频率) 的和. 然而, 这一过程却被宇称守恒 (插注 13A) 所限制. 光子吸收的每一个步骤通常涉及相反宇称的原子态之间的跃迁, 这一跃迁显示出奇宇称偶极矩的振荡. 一个闭合的光吸收和发射过程必须包含偶数个步骤. 于是最早期研究的频率倍增过程是通过三光子吸收再加上一个单光子发射过程来实现的.

宇称守恒可以通过引入一个不对称因素来回避. 二倍频过程便是典型地依靠光经过具有非中心对称性结构 (或这样选取的表面结构) 的“旋光”介质来实现的. 一个原子, 如果先被激发到能级 $\hbar\omega$, 再穿越一个被调谐为支持 $\omega/2$ 振荡频率的共振腔 (第 18 章), 就可以通过一个被称为参量放大的过程而激发到共振腔的第二激发能级.

多种类似过程的联合带来了丰富的应用, 其中许多应用与精密度量学有关, 或提供了新的测量方法. 这些努力现已占据了原子分子科学领域中的大部分地盘.

13.11 当前情况概述

前述各节中概括的不同主题的研究现在已经发展壮大, 并又逐渐分成了一些小的分支. 这些进展不断被注入新的人力和创新技术, 但其在概念和计算技术上仍被约束在依赖最初的原子过程的独立粒子模型. 这一模型隐含了一个思想, 即粒子之间的相互关联要么需要通过对粒子对、三个粒子等来作艰难的计算和描述, 要么通过计算机“在幕后”计算大量单粒子轨道基集之间的相互作用. 这类方法适合于粒子系统分析方面的早期目标, 但当用于较大的和综合的系统时已经变得越来越艰难和难以理解.

一些利用适当“集体坐标”的灵活模型的吸引力一度曾十分得明显. 朝着这一目标的进展相当缓慢困惑和, 原因是创新意味着不断认识和克服新的障碍, 收益可能需要许多年的困惑和艰苦努力后才可能到来. 13.11.1 节将概述一些现象学的要素, 它们的理论表述将包含原子分子过程中的大部分内容. 13.11.2 节将介绍多粒子现象的超球面方法, 这一方法具有分析多粒子现象所必须的灵活性.

13.11.1 一个全面的现象学

13.1 节曾指出碰撞和光谱现象之间的一个实际并不存在的差别. 为了消除产生这种误解的根源, 考虑在“近”碰撞 (13.2.4 节) 中的一个复合体, 其形成和碎裂实际上是受相同动力学支配的两个相互倒易的过程 (虽然初态和末态的反应物不同)[78]. 形成和破裂的共同元素位于复合体的演化中, 这一演化是在它的任意一个紧凑态和它的某个碎裂态之间的演化. 这一演化和它的逆过程自然地用相互倒易的参数表示.

一个原子、分子或团簇吸收一个光子向不同能级激发, 这可以看作复合体向碎裂方向的演化, 一个受注入辐射激励的演化 (辐射能注入到基态驱动其演化). 这一演化究竟是能够在某个通道 A 完成碎裂, 还是由于遇到一个势垒而中止演化, 取决于所获得的能量是否超过在这一通道完全碎裂的阈值, 若未超过, 则在 A 中向碎裂方向的演化就会反转, 但仍然可能在另一个具有较低阈值的通道 B 完成碎裂.

在通道 A 的一势垒上反射而导致的驻波形成产生通道 B 的碎裂谱的共振, 如 13.4 节所述; 这一现象叫做“闭”通道 A 的离散能级的“自电离”或“自解离”. 13.3.4 节和 13.4 节强调了作为 (直到阈值的) 能量函数的参数的连续性.

光过程也可以看作是形成了一个复合体, 它包括原子靶 + 辐射能量, 很像由入射电子和一个中性原子复合形成负离子的过程. 另一方面, 具有大碰撞参数的长程碰撞 (13.2.4 节) 没有复合体形成, 这种情况下带电入射粒子的 Coubomb 场将能量传递给一个远处的靶, 这一现象很像辐射 (13.2.4 节). 于是我们看到复合体的形成可以涉及也可以不涉及大范围结构重组.

在复合体的紧凑态和碎裂态间演化中的主要的共同要素是这些态的衬比对称性. 紧凑态的复合体显示出绕质心自由旋转的中心对称性, 碎裂态则显示出绕穿过孤立碎片质心的轴的对称性. A R P Rau 在 20 世纪 70 年代对这一特性作了强调, 并连带地强调了粒子从表面解吸附的过程中的类似情况. 衬比对称性也将引导我们鉴别复合体演化的主要动力学要素.

13.11.2　超球面方法中的复合体演化的动力学

这里将这一动力学的要素看作是 13.2 节引入的单电子动力学的类似物. 将电子约束在半径为 a 的体积内意味着使得其动能增加一个正比于 $1/a^2$ 的量. 类似地, 可以将一个复合体约束在其质心附近半径为 R 的区域而成为紧凑态, 这种约束也将使得整个复合体各个成分的总能量以相应因子增加, 这一因子将在下面定义. 由碰撞或光吸收形成的复合体的半径通常小于其平衡状态的值, 相应的多余动能将推动后续的演化趋向碎裂.

单个激发电子的运动在 13.2.3 节中被分解成径向和角向两个成分. 用一密度因子 $|f_{nl}(r)|^2$ 表示的径向成分由核的吸引和动能的径向成分所决定, 正比于 $1/a^2$ 或其等价物的一个因子. 角向分量用方向分布函数 $|Y_{lm}(\theta,\varphi)|^2$ (插注 13B) 表示, 其中指标 l 是角量子数亦即分瓣数目, 即实质上的方向约束程度; 与这一约束相关的动能也倾向于将电子向外推, 相应地, 通常用一个正比于 $l(l+1)/r^2$ 的离心势表示.

多粒子复合体的角向约束虽然比单电子情况复杂, 但也具有类似的特征. 在 20 世纪中期之前人们在估算多电子能级的旋转能量时就面对过这种复杂情况的一个要素 (13.2.3 节), 其目标是由插注 13D 所介绍的代数方法达到的. 超球面坐标的引入已经将自 20 世纪 60 年代建立的那些方法推广到计算既有角向关联运动, 又有径向关联运动的多粒子态的能量.

1. 超球面坐标

超球面坐标在 20 世纪 30 年代引入 (Morse 和 Feshbach 在他们的数学物理教科书中①给出了对这种坐标的描述), 主要是为氦原子中两个电子的关联运动提供更为简洁的描述. V.Fock 在 20 世纪 50 年代利用它们发现了氦原子动力学中的一个以前没有注意到的方面. 图 13.22 展示了这种坐标是如何用一个超球面半径 $R=(r_1^2+r_2^2)^{1/2}$ 和 5 个角度来表示氦原子电子对的联合位置的. 这 5 个角度中有 4 个确定两个电子的方向, 第 5 个代表它们各自与原子核距离的比例 $r_2/r_1=\tan\alpha$. 为鉴别电子对在接近临界能量时向双电离方向发展的临界路径, Wannier 对氦的双

① P Morse 每 H Feshbach 所著《理论物理学方法》对超球面对标的描述在该书第 12.3 节. —— 终校者注

电子碎片 (13.4.2 节) 的分析集中在 $\alpha = \pi/4$ 这一参数值 (图 13.22).

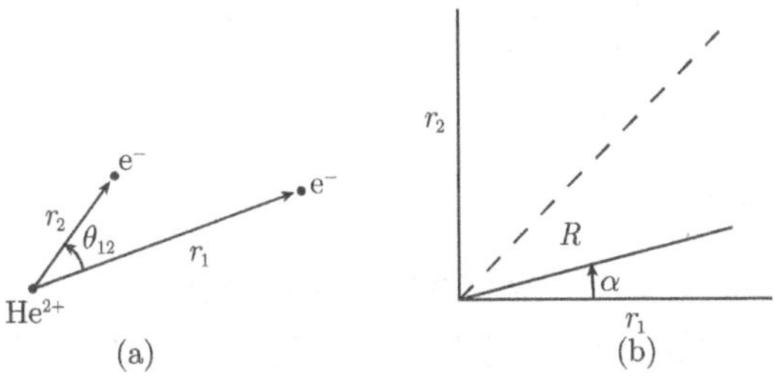

图 13.22 用超球面坐标表示氦原子电子对联合位置, 包含原子核和电子对所在平面由三个标准的 Euler 角 (没有画出) 确定

(a) 两电子相对于原子核的构型由它们的径向距离 (r_1, r_2) 和角度 θ_{12} 确定; (b) 一对电子的径向距离用平面坐标 (R, α) 确定

这些坐标允许将氦状态的演化分解为用分布 $|f_{n\lambda}(R)|^2$ 代表的超径向运动, 及用含 5 个角度变量的球谐函数 $|Y_{\lambda,\mu'\mu''\mu'''\mu''''}(\theta_1, \varphi_1, \varphi_2, \theta_2, \alpha)|^2$ 代表的超角向运动 (下面将指标集合 $\{\mu', \cdots, \mu''''\}$ 用 μ 表示, 集合 $\{(\theta_1, \cdots, \alpha)\}$ 用 ω 表示). 于是可以把 $|Y_{\lambda,\mu}(\omega)|^2$ 对 α 的依赖性所代表的径向关联看作完全类似于其对角度 θ_{12} 依赖性所代表的关联 (θ_{12} 是方向 (θ_1, φ_1) 和 (θ_2, φ_2) 之间的夹角). 球谐函数 $Y_{\lambda,\mu}(\omega)$ 由标准的解析方法显式构建.

电子对的径向动能依赖于 R^2, 就像在方程 (13.1) 中依赖于参数 a^2 一样; 转动动能像单电子一样正比于 λ 的一个二次多项式除以 R^2. 氦的三种成分之间的 Coulomb 势能对超角度分布的平均值用一个指标$\{\lambda, \mu\}$的代数函数除以 R 表征.

与单电子情况不同, 超径向和超角向运动及 Coulomb 相互作用的能量作为 R 的函数并不是相互独立的. 它们之间的相互依赖性在后来的 25 年里被大量研究, 并取得了部分显著的成功.

氦的力学的超球面表述的关键作用在于用来隐含地表示氦的三个组分 (一个原子核和两个电子) 间的所有关联动力学, 这是通过参数 λ, μ 和单个半径 R 的代数函数实现的. 这种表示可直接推广到所有原子分子系统.

可以将 N 个粒子的位置看作由一个位于 $3(N-1)$ 维空间的点代表, 其坐标原点位于质心处 (对氦, $N=3$, $3(N-1)=6$). 对不同质量的粒子, 超空间半径 R 需要重新定义. 在氦的情况既然它代表氦的惯性半径 (将原子核视为无穷重), 应该改为 $R=(I/M)^{1/2}$, 其中 I 是绕系统质心的转动惯量, M 是系统的总质量. 于是角向和径向的关联通过集合 $\{\omega\}$ 的球谐函数 $Y_{\lambda,\mu}(\omega)$ 来表示, $\{\omega\}$ 包含 $3N-4$ 个元素.

这些多粒子空间的解析几何主要由俄国核物理学家们于 20 世纪 60 年代和 70 年代发展, 包括不同的 $\{\omega\}$ 之间的所有重要的变换, 这些集合可被视为分析力学中不同的 Jacobi 坐标[79]. 与此相关的一个历史性事件的是: 理论分子物理学家在用

Born–Oppenheimer 近似 (13.2.5 节) 分析解离阈值附近的现象时遇到了困难, 为绕过这一困难他们采取了解析变换, 后来发现这些变换导致超球面坐标. 类似地, 人们大力开展了 13.5.3 节提到的关于平移因子的"正确"形式的研究, 然而这一困难问题在超球面坐标系中完全被绕过了.

2. *碎裂过程动力学*

碎裂过程动力学的关键在于复合体的动能和势能之间的渐进平衡, 这与所有力学系统类似. 对于原子核与电子构成的量子聚集体系, 动能正比于 $1/R^2$, 势能正比于 $1/R$, 这是因为所有势能是 Coulomb 型的 (其中"半径" R 按照上面的定义, 为 $R=(I/M)^{1/2}$). $1/R^2$ 和 $1/R$ 的系数是前面介绍过的指标 λ 和 $\{\mu' \cdots, \mu'''\}$ 的代数函数. 碎裂过程引入分散碎片的单独的参数集 $\{R, \lambda_1, \mu_1\}$ 和 $\{R, \lambda_2, \mu_2\}$. 总角动量 J 在这一过程中是守恒的.

紧凑态的特征是小的 R 值和与给定的 J 和最大关联一致的 λ 指标的最低值. 这里的关联包括径向关联知角向关联, 它们取极大值是紧凑性的标志 (既然函数 $Y_{\lambda,\mu}(\omega)$ 本质上是变量 ω 的 λ 次多项式, 其对 ω 的依赖关系随 λ 增加而更为突出). R 值越小当然使动能因子 $1/R^2$ 增加的越大, 这与势能的 $1/R$ 依赖性形成强烈反差.

碎裂通道的标志是: 与其他可能的通道相比, 碎裂通道的参数 $\{\lambda, \mu\}$ 使得在这些指标作小变动的情况下势能是稳定的, 即为最大值点、最小值点或鞍点 (这一稳定性要求可以由显而易见的物理实例来说明, 如分子的解离一般导致稳定的或亚稳的碎片). 于是碎裂过程可以由参数 $\{\lambda, \mu\}$ 从作为紧凑标志的最低值的 λ 到表征任意特定碎裂通道的 $\{\lambda, \mu\}$ 值的演化来描述. 这一演变由于达到更大 λ 值的机会不断增大而启动, 到达大 λ 值机会的增大是因在恒定总能量下转动能量 $[\lambda+(3N-5)/2]^2/R^2$ 随着 R 增大不断减小引起的.

这些属于大多数原子分子过程所共同具有的演化特征在 1981 年发展的一个理论处理方法中被明确指出[80], 这一理论处理方法被证明对计算氦的较低的双激发能级是有价值的. 然而由于忽略了上面提到的到达高 λ 值是受到限制的, 这一方法不能处理沿碎裂轴 $\alpha=\pi/4$ 的双电离 (图 13.22 和 13.4.2 节) 过程[81]. 高势能情况下这一限制对态稳定的关键作用的确被忽略了, 直到 20 世纪 80 年代才被重新认识. 随着 R 的增大逐渐接近具有高 λ 指标的分布函数 $Y_{\lambda,\mu}(\omega)$, 说明了复合体的状态是怎样逐渐变得不够紧凑, 而获得对其关联变量 ω 的较为锐利的依赖特征. 这些显著特征对不同通道在 ω 空间的局域化鲜明反差的形成至关重要.

对复合体演化的这些方面的理解鼓励人们发展了一些处理方法, 导致通过 $\{\lambda, \mu\}$ 指标的解析函数 (在 R 值增大处) 来描述这一演化. 这一至今仍针对简单系统的发展已经证实了指标 $\{\lambda, \mu\}$ 的分布沿着具有典型特征的碎裂通道集中的预期[82].

(龙桂鲁、杜春光译校)

参 考 文 献

[1] 电子自旋亦即每个电子的内禀角动量的证据在 13.2.3 节中说明

[2] 这些单位的制定是从与确定原子大小相似的考虑出发的. 频率为 ω 的单位辐射在一小体积内的能量在其电形式和磁形式之间周期振荡, 如同一个质量为 m, 弹性常量 $k = m\omega^2$, 振幅为 A 的弹簧振子在其位能与动能的峰值 $kA^2/2$ 和 $m\omega^2 A^2/2$ 之间振荡一样. 如 13.2.1 节开头所指出的, 量子力学为这样限定的任何变量的能量设定了下限

[3] Fermi E 1932 Rev. Mod. Phys. 4 87

[4] Heitler W 1936 Quantum Theory of Radiation 5th edn (Oxford: Clarendon)

[5] 银原子束劈裂为两个分量是在量子力学建立以前的早期的 Stern-Gerlach 实验中发现的, 当时并不清楚它们的含义

[6] Wigner E P 1931 Gruppen Theorie und ihre Anwendungen (Braunschweig: Vieweg) (Engl. Transl. 1959 Group Theory (New York: Academic))

[7] Van der Waerden B L 1932 Die Gruppentheoretische Methode in der Quantenmechanik (Berlin: Springer)

[8] Racah G 1948 Phys. Rev. 76 1352; 1965 Group Theory and Spectroscopy (Springer Tracts in Modern Physics 37)(Berlin: Springer) and references therein

[9] Wigner E P 1959 Group Theory (New York: Academic)

[10] Condon E U and Shortley G H 1935 The Theory of Atomis Spectra (Cambridge: Cambridge University Press)

[11] Mott N F and Massey H S W 1933 The Theory of Atomic Collisions (Oxford: Oxford University Press) (5th edn 1965)

[12] 入射粒子能量增大时冲击碰撞概率减小是因为入射粒子作用时间短. 另一方面, 在低速时碰撞变成弹性碰撞. 因此, 非弹性碰撞的概率看来在 $b\omega/v \sim 1$ 时达到峰值. 类似的考虑常被冠以“Massey 准则”的名字. 然而, 这种过分简化的应用也可能当靶中跃迁所需能量 $\hbar\omega$ 依赖于碰撞参数 b 时失效. 13.5.2 节中描述了这种强依赖性的一个例子

[13] Bethe 将他的处理表示为弱 Born 近似, 在这种近似下得出的动量转移 $\hbar k$ 的概率振幅与方程 (13.3) 的 Fourier 展开系数 $1/k^2$ 成线性. 在这点上, 他关于入射粒子 Coulomb 场对各个电子作用的计算, 无论是在量子力学还是经典力学上, 实际上都是准确的. Rutherford 经典公式确实得出碰撞带电粒子间动量转移概率正比于 $1/k^4$, 并带有与 Bethe 的结果同样的系数

[14] Bohr N 1948 The penetration of atomic particles through matter Kgl. Via. Selsk. Mater.-Fys. Medd. 18 8

[15] Mulliken R 1930 Rev. Mod. Phys. 2 60 and 506; 1931 Rev. Mod. Phys. 3 89; 1932 Rev. Mod. Phys. 4 1

[16] Herzberg G 1950 Spectra of Diatomic Molecules (Princeton, NJ: Van Nostrand); 1954 Infrared and Raman Spectra (Princeton, NJ: Van Nostrand); Electronic Structure and Spectra of Polyatomic Molecules (Princeton, NJ: Van Nostrand)

[17] Dibeler V H and Reese R M 1964 J. Res. NBS A 68 409
[18] Lukirskii A P, Rumsk M A and Smirnov L A 1960 Opt. Spectrose. 9 262
[19] Weissler G L 1956 Encyclopedia of Physics vol 21, ed S Fluegge (Berlin: Springer) P 306
[20] Fano U and Cooper J W 1968 Rev. Mod. Phys. 40 441
[21] Comer P 1970 Ann. Rev. Astron. Astrophys. 8 269
[22] 星际空间的极性分子正好相反, 它们由碰撞获得能量而通过辐射将其耗散
[23] Available from the US National Institute of Standards and Technology, Report NBSIR 87–3597 by M J Berger and J Hubbell
[24] Schulz G J 1963 Phys. Rev. Lett. 10 104
[25] Buckman S J 1993 Negative Ions ed V A Esaulov (Cambridge: Cambridge University Press)
[26] Fano U and Rau A P R 1986 Atomic Collisions and Spectra (Orlando, FL: Academic) ch 7 and 8
[27] Seaton M J 1983 Rep. Prog. Phys. 46 167 and references therein
[28] Wannier G 1953 Phys. Rev. 90 817
[29] Fano U 1983 Rep. Prog. Phys. 46 258
[30] Buckman S J, Hammond P, King G C and Read F H 1983 J. Phys. B: At. Mol. Phys. 16 4219
[31] 术语“R 矩阵”大约是在 1948 年由 Wigner 引入原子核物理学的, 用来表示“短程”作用下的“反应矩阵”, 它在散射理论中称作 K 矩阵, 所包含的信息同对称化形式的跃迁矩阵 $\langle i|T|f\rangle$ 包含的一样. K 矩阵和 T 矩阵之间的关系是 $K = T/(1+iT)$, $T = K/(1-iK)$. 容易验证, 框注 13F 中的跃迁元 $T_l = \exp(\mathrm{i}\delta l \sin\delta_l)$ 在同一标记法下对应于 $K_l = \tan\delta l$. $\langle i|K|f\rangle$ 可以利用矩阵代数相似地由 $\langle i|T|f\rangle$ 得到. 短程 K 矩阵可以代替 R 矩阵被表示为 $K^{(s)}$
[32] Greene C H, Fano U and Strinati G 1983 Phys. Rev. A 28 2209; 1988 Phys. Rev. 38 5953; Rev. Mod. Phys
[33] Lutz H O, Briggs J S and Kleinpoppen H (ed) 1985 Proc. NATO Advanced Study Institute S Flavia, Italy (New York: Plenum) p 51
[34] 一个与此平行的独立实验是由 S Takezawa 作的
[35] Herzberg G and Jungen Ch 1972 J. Mol. Spectrose. 41 425
[36] 这种行为可以通过将将方程 (13.13) 中的乘积 Πv_0 用指标 $-\Delta$ 代替来解析地表示, 其中 Δ 代表从闭通道 $f \equiv N = 0$ 内的原子激发的光电子的相移. 如此修正后的方程容易求解, 得出作为能量函数或由方程 (13.11) 得到的与能量等价的 v_2 值函数的 Δ 值. 光电子强度的调制由导数 $\mathrm{d}\Delta/\mathrm{d}\pi v_2$ 代表. 在图 13.15 中显示的低于最低阈值 E_{t0} 的光谱线密度的调制以及光谱线强度的调制, 可方便地看作是在阈值以上占统治地位的模式的附属物并反映了闭通道 $f \equiv N = 2$ 的存在
[37] Greene C H and Jungen Ch 1985 Adv. At. Mol. Phys. 21 51

[38] Lu K T 1971 Phys. Rev. A 4 579

[39] 13.5 节所述内容大部分来自与 C D Lin(堪萨斯大学) 的交谈及他所提供的文献

[40] Andersen N O, Gallagher J W and Hertel I V 1988 Phys. Rep. 165 1

[41] Morgan G H and Everhart E 1962 Phys. Rev. 128 662

Afrosimov V V, Gordeen Yu S, Panov M N and Fedorenko N V 1965 Zh. Tekhn. Fiz. 34 1613ff

Kessel Q C, Russek A and Everhart E 1965 Phys. Rev. Lett. 14 484

[42] Ovchinnikov S U and Solovev E A 1986 Sov. Phys.-JETP 63 538

[43] Ziemba F P and Everhart E 1959 Phys. Rev. Lett. 2 299

[44] 在将电子从靶捕获到入射粒子的过程中, 电子运动的解析描写必须明显地示出其对必要动量的吸收. 这一要求最初由 Bates 小组通过塞入一个特设的平移因子得以满足. 人们为这个因子的正确形式在几十篇文章中讨论了几十年, 不料在 20 世纪 80 年代发现这个特设因子方法并不胜任, 我们将在 13.10 回到这一并不广为人知的观察

[45] Fritsch W and Lin C D 1991 Phys. Rep. 202 1

[46] Richard P, Stockli M, Cocke C L and Lin C D (ed) VIth Int. Conf. on Physics of Highly Charged Ions (AIP Conf. Proc. 274) (New York: AIP)

[47] 本节的讨论、数据以及审阅是由 R S Berry, D H Levy 以及其他同事提供的

[48] 通过转盘投射过滤实现速度选择对离子束强度损失过大, 实验的窍门在于寻找合适的折衷

[49] Herschbach D R 1966 Adv. Chem. Phys. 10 319

[50] Anderson J B, Andres R P and Fenn J B 1966 Adv. Chem. Phys. 10 275

[51] Smalley R E, Levy D H and Wharton L 1976 J. Chem. Phys. 81 5417

[52] Dehmer J L, Parr A C and Southworth S H 1976 J.Chem.Phys. 64 3266

See also, Nenner I Handbook on Synchrotron Radiation ed G V Marr (Amsterdam: North-Holland) p 355

[53] 通过离心势滞留电子的现象在原子的高 l 内壳层的光电离中也很明显, 典型的是稀土原子的 4d→4f 跃迁 (见 13.7 节)

[54] La Villa R and Deslattes R D 1966 J. Chem. Phys. 44 4399

[55] Howard B J, Dyke T R and Klemperon W 1984 J. Chem. Phys. 81 5417

[56] Haberland H (ed) 1994 Clusters of Atoms and Molecules (Berlin: Springer)

[57] Bagus P S and Schaeffer H F III J. Chem. Phys. 56 224

[58] Oka T 1992 Rev. Mod. Phys. 64 1141

[59] Coulson C A 1960 Rev. Mod. Phys. 32 170

[60] Truong T N and Truhlar D G 1990 J. Chem. Phys. 93 1761

[61] Manz J 1986 Commun. At. Mol. Phys. 17 91

[62] Launay J M and Lepetit B 1988 Chem. Phys. Lett. 144 346

[63] 弗莱堡大学 W Melhorn 教授为撰写本节提出许多建议并提供资料, 国家标准技术研究所的 R D Deslattes 博士提供了有关 X 射线测量的建议及资料

[64] Mooney T, Lindroth E, Indelicato P, Kessler E G and Deslattes R D 1992 Phys. Rev. A 45 1531

[65] Mehlhorn W 1990 X-Ray and Inner Shell Processes (AIP Conf. Proc. 215) ed T A Carlson et al (New York: AIP) p 465

[66] 对本节以及前面的 13.2.3 节提供资料做出主要贡献的是国家标准技术研究所的 William C Martin 博士

[67] Moore C E 1971 Atomic Energy Levels (NSRDS-NBS 35, vol I-III) (Gaithersburg, MD: NBS)

Martin W C, Zalubas R and Hagan L Atomic Energy Levels (NSRDS-NBS 60, vol IV) (Gaithersburg, MD: NBS)

[68] Smith P L and Wiese W H (ed) 1992 Atomic And Molecular Data for Space Astronomy (Lecture Notes in Physics 407) (Berlin: Springer)

[69] 本节的内容大部分取自同国家标准技术研究所的 R D Deslattes 博士的持续交谈以及他所提供的文献及图表

[70] Cohen Tannoudji C N and Phillips W D 1990 Phys. Today 43 33

[71] Petley B W 1985 The Fundamental Physical Constants (Bristol: Hilger) p 15ff

[72] Taylor B N, Parker W H and Langenberg D N 1969 Rev. Mod. Phys. 41 375

[73] von Klitzing K, Dorda G and Pepper M 1980 Phys. Rev. Lett. 45 494

[74] Kastler A 1950 J. Phys. Radium 11 255

[75] See, for example, Schaefer S R, Cates D G and Happer W 1990 Phys. Rev. A 41 6063

[76] Fano U and Macek J H 1973 Rev. Mod. Phys. 45 533

[77] 除去电子有内禀的自旋偶极磁矩而通常的原子是非极化的之外, 这一过程与图 13.3 示出的磁性操控是平行的. 许多分子 (例如 H_2O) 都具有内禀电极矩, 不过通常被热转动平均掉了

[78] 由在 A 通道形成的复合体开始并为 B 通道中碎片接续的碰撞的概率以及其逆碰撞 B→A 的概率, 由于不同反应产物的态密度的不同, 可以是不同的

[79] Smirnov Yu F and Shitikove K V 1977 Fiz. Elem. Chast. At. Yadra 8 847 (Engl. Transl. 1977 Sov. J. Part. Nucl. 8 344)

[80] Fano U 1981 Phys. Rev. A 24 2402

[81] 此后由 S Watanabe 通过对所需修正的大量计算纠正了方法中的此一不足

[82] Fano U and Sidky E 1992 Phys. Rev. A 45 4776; 1993 Phys. Rev. 47 2812 Bohn J 1994 Phys. Rev. A 49 3761; Phys. Rev. A 50 2893; Phys. Rev. A 51 1110

第 14 章　磁　　学

K W H Stevens

14.1　引　　言

14.1.1　20 世纪之前的磁学

磁现象广为人知已有很多个世纪了. 在 19 世纪之初, 一般认为磁性来源于物质中大量存在的磁偶极子, 磁偶极子是由极性相反而间距相同的两个磁荷配对组成, 这个概念是 Gilbert 于 16 世纪首先提出的. 可是, 到了 19 世纪末, 上述物理图像几乎不再被提起了, 代之以新的认识: 磁性来源于很多微小的电流圈, 每一个电流圈都产生一个磁场. 这个电流磁场和前述的磁偶极子的磁场实际上是难以区分的. 于是, 在场的概念下, 磁性和电性成为一个统一描绘的不同侧面. 空间任何一点同时存在着具有确定大小和方向的电场和磁场. 它们都有两个场量. 在磁性的情况, 它们是磁感应强度 $\boldsymbol{B}$ 和磁场强度 $\boldsymbol{H}$. 两者之间的关系是 $\boldsymbol{B}=\boldsymbol{H}+4\pi\boldsymbol{M}$(CGS 单位制), 其中 $\boldsymbol{M}$ 矢量是磁化强度也具有确定的大小和方向. 在真空中 $\boldsymbol{M}$ 为零, 从而 $\boldsymbol{B}$ 等于 $\boldsymbol{H}$. 问题是使用哪个物理量更方便? 习惯上人们用 $\boldsymbol{H}$, 称其为磁场强度.

$\boldsymbol{B}$、$\boldsymbol{H}$、$\boldsymbol{M}$ 概念的引入是下述努力的结果: 构成系统的理论但不对微观机制作某种假设, 并注意到被磁化样品中的场并不一定与产生磁化的外场相同. 这样对于教师和学生可能导致很多混淆, 它经常出现在协调连续理论与原子模型的时候. 问题之一就是 Lorentz 的论证, 当磁效应完全归因于电流, 空间的平均磁场 $\boldsymbol{h}$ (覆盖原子内外整个空间) 应该和 $\boldsymbol{B}$ 相同. 其实, 某些问题是人为的. 如果能够统一地应用洛伦兹在原子物理中的成功方法, 这些问题并不存在. 在本文的叙述中将尽量避免使用 $\boldsymbol{B}$ 和 $\boldsymbol{H}$, 虽然在实验曲线中早先人们还是使用它们. 磁化强度 $\boldsymbol{M}$ 则是一个基本概念, 它的微观解释在磁学中起着核心作用.

19 世纪的大部分时间, 磁性现象仍然被看成是静态的. 直到晚些时候, Maxwell 电磁场方程的出现也很少改变这种状态. 甚至现在很多与电磁波有关的磁性现象研究中, 使用的电磁波频率也是使其波长超过样品的相关尺寸.

19 世纪后半叶, Faraday 最终意识到存在各种不同类型的磁性行为. 很久以前就知道磁石的磁性, 并被用于制造指南针. 同样地, 铁也有磁性并且可被磁石吸引. 这两个重大发现之后又过去了很多世纪, 对此并没有进一步的认识. 下一个重要的进展出现在 18 世纪, 那时发现钴和镍具有同铁一样的磁性. 直到 19 世纪才确定钴的磁性可以归因于其为纯粹的元素. 到 20 世纪之初才确定只有三个元素铁、钴、镍及其某些合金, 以及磁石具有强磁性.

铁及其合金在结构工程的发展中占有特别重要的地位. 其强度、磁性绝佳的结合和 Faraday 发现的电磁感应形成了电力工业的基础. 在 1900 年前后, 性能很好的电机以及灵敏度很高的电流和电压测量仪器已经出现. 高场电磁铁加上改进的测量仪器, 使得人们可以对物质磁性进行实验研究. 而这一切在 19 世纪是完全不可能的.

大约在 19 世纪 40 年代的中期, Faraday 开始了对于气体、液体和固体磁性的广泛的研究. 虽然并没有找到新的强磁性材料, 但是发现了弱磁性的存在是一个普遍现象. 按照材料在强磁场中被排斥还是被吸引他将弱磁性材料分成两类. 前者称为**抗磁体**而后者被称为**顺磁体**. 置于磁场中的抗磁性材料将产生与磁场方向相反的磁矩; 而顺磁材料所产生的磁矩方向则与外磁场相同. 除此之外, 我们还必须加入一类**铁磁体**, 即铁、钴、镍. 但早期发现的磁石不在其中, 现在这类材料分属于**亚铁磁体**和**反铁磁体**. 对于这两类磁性本质的揭示则是比较晚些的事.

也可以按照材料是否导电来将磁性固体分类. 这样磁石就与铁磁性金属、合金分开了. 同样的, 抗磁体也与顺磁体分开了. 某些非铁磁性的正常金属, 其顺磁性与温度关系很弱甚至是完全无关. 然而多数绝缘体则表现为抗磁性, 一般说它与温度的关系也不大. 不多的几类顺磁体是绝缘体, 如含有 3d-过渡族或稀土族元素的盐类, 但其磁性对于温度极度敏感.

从历史发展来看, 基于电性的分类似乎比 Faraday 的分类方法还方便些. 表 14.1 给出将要讨论的主题范围和重要的理论概念. 20 世纪可以分为三个阶段: 量

表 14.1 表的上半部列出了在两个阶段 (1900~1950 年和 1950 年以后) 中具有特殊兴趣的主题. 下半部"理论概念"中将主要理论观念编号列出. 这个编号也附在上半部各个主题后面, 表示用到了相应的理论观念的地方

	1900~1950 年	1950 年之后
绝缘体	抗磁性 7	反铁磁性 2, 4
	Curie-Weiss 顺磁性 1,2	亚铁磁性 2, 4
导体	温度无关顺磁性 3	稀土族金属 2, 3, 4
	铁磁性 2, 3	
		核磁性 5
		自旋玻璃 4
		非晶态合金 6
		薄膜 2, 3, 6
理论概念	1. 晶体场; 2. 交换相互作用; 3. 能带论; 4. 自旋 Hamilton 量; 5. Bloch 方程; 6. 关联电子; 7. 闭壳层离子	

子力学引入之前 (1900~1925 年), 从量子力学引入直到第二次世界大战结束并开始重建时期 (1925~1950 年), 以及 20 世纪后半叶 (1950~2000 年). 在第三个阶段, 反铁磁性概念拓展到了亚铁磁性. 与此同时, 又开拓了两个重要的新领域, 那就是稀土族、锕系以及核磁共振的研究. 前者可以纳入一般的研究框架, 后者则是需另作描述的完全不同的论题. 这个阶段结束之时, 技术的发展开辟了一些新的研究方向. 其中一个是自旋玻璃和非晶态金属这两个无序系统; 另一个就是厚度极小的超薄膜的性质. 这些课题方向最好也分别处理.

14.2 1900~1925 年期间

14.2.1 抗磁性

Foraday 开创的磁性研究, 被 Curie[1] 等作出了进一步的拓展. 到 20 世纪第一个四分之一时段, 已经发现大多数气体 (除去 O_2、NO、NO_2、ClO_2)、液体和固体是抗磁体, 例外的是铁磁体, 大多数含 3d 元素离子 (Ti、V、Cr、Mn、Fe、Co、Ni 和 Cu) 的化合物和正常金属, 非铁磁性导体. 定义材料的磁化率 (通常标记为 χ) 为弱场极限下磁化强度与外磁场的比值. 一般地, 它与温度以及当时能达到的磁场强度无关. 1854 年 Weber 已经建议, 按照是否存在环电流形成的磁矩为标准, 可以将分子归于两类. 对于无磁矩的分子, 外磁场将在分子上感应一个环电流, 按照这一假定可以解释抗磁性的存在. 当时, 分子模型并没有被普遍接受, Weber 观念的完善得益于 1892 年 Lorentz 提出的物质结构电子理论. 电子理论基础的巩固却要更晚一些, 即 1897 年 Thomson 关于电子的重大发现.

光谱学中的 Zeeman 效应是 Weber 分析过的诸多现象之一. Voigt[2] 和 Thomson[3] 曾尝试发展磁性的电子理论以解释该效应, 但成果有限. Langevin[4] 则指出 Zeeman 效应和抗磁性是同一个现象的不同侧面. 外磁场修正电子的轨道运动, 使它围绕外磁场方向发生进动, 这就造成每一分子磁矩的变化. 这个理论可以用来从实验数据估计电子轨道的平均尺寸, Langevin 注意到这个轨道非常小, 足以局域在分子的范围内.

Lorentz 走得更远, 他建议感生的进动来源于作用到电子上的力. 这个力来自于施加的外磁场从零增加时所建立的电场. 需要有一个重的不动的带正电的球以保持电中性 (值得指出的是, 尽管当时人们已经极好地理解了行星的运动, 但对类似地设想分子内部也是一个非常空旷的结构却表现出明显的勉强). 他还担心上述进动一旦建立似乎就持续不停. 这一点和物理经验存在矛盾. 解释其中奥妙一直折磨着磁性理论, 直到量子概念的出现.

Lorentz 的疑虑实在是理由充分的, 因为 1919 年 van Leeuwen[5] 指出, 在经典力学框架中, 处于热力学平衡状态的荷电粒子系统不会出现磁性. 之前, Bohr[6] 在他的博士论文中已经谈到了这一看法, 只是透过 van Leeuwen 的工作才广为人知.

14.2.2 量子概念

借助于 Bohr 理论, Langevin 构成的模型才具有正确的物理内容. Bohr 采用 Rutherford 的原子模型[7]：即电子围绕很重的具有正电荷的原子核旋转, 完全像一个微小的行星系统. 根据基本量子原理, 原子的能量取一定数量的分离数值. 特别是, 原子或离子取最低能级, 处于这种状态下原子就不再有耗散. 于是, 关于无能量耗散的运动的质疑就不再出现了.

Bohr 理论最初造成的冲击更多的是对于光谱学而不是磁学. 他所构筑的理论结构解释了大量的光谱学实验结果. 引进的三个量子数关联到每一个空间自由度, 而且彼此相关 (任何粒子的位置可以用三个坐标表述, 对于轨道电子那就是电子到原子核的距离以及两个方位角 —— 运动平面中的转角以及与平面法向的偏角). 进一步认识到这样作还是不够充分, 于是引入了假设电子自身的旋转及与此相关的第四个量子数.

电子的磁矩已经关系到与角度相关的两个最初的量子数. 很自然地, 磁矩也与电子自旋相关. 但令人惊讶的是, 除了自旋角动量量子数取半整数, Zeeman 效应研究表明, 自旋角动量导致的磁矩是轨道角动量磁矩的两倍, 为了理论的自洽, 必须假定不可能出现下述情形[8]：两个电子的全部 4 个量子数都彼此相同 (Pauli 不相容原理).

上述假定产生的限制对于磁性具有直接后果, 因它导致原子和离子的电子壳层结构图像, 抗磁性的绝缘体由完全被填满的电子壳层的离子组成, 于是可以视为所有电子都已经配对. 总的电子轨道和自旋角动量都抵消为零, 也就是没有净磁矩. 此外, 也认识到构成顺磁性的绝缘体具有电子壳层没有被填满的离子, 从而有不为零的磁矩.

闭壳层原子的抗磁性源于处在磁场中的电子轨道的进动, 这是 Lorentz 设想的推广[9]. 于是, 得到抗磁性与温度无关的特性, 这是由于电子结构状态的高度稳定. 欲将一个电子移到另一个未占据的壳层需要太多能量, 远不是热涨落能够实现的. 电子移动是如此之困难的推论也解释了为什么抗磁体多为绝缘体.

当然, 单纯依靠 Bohr 理论还是难于作出进一步的发展.

14.2.3 顺磁性绝缘体

1895 年 Curie 发现很多和抗磁性不同的材料, 它们在磁场方向可以感生磁矩. 而且磁化率具有很强的温度依赖性. 这个实验结果用公式表达为 $\chi = C/T$, 其中 T 是绝对温度, C 是与物质有关的常数. 后来, 这个关系就被称为 Curie 定律. 随着测量温度范围的拓宽, 发现了更加符合实验数据的 Curie-Weiss 定律 $\chi = C/(T - \Delta)$,

其中 $\varDelta$ 依物质不同可以取正或负值. 因为测量的温度没有低到 $\varDelta$ 的量级, 所以这一因素对于 Curie 定律的修正很小. 1905 年 Langevin 探讨了 Curie 定律的表达形式, 他假定外磁场除了引起进动之外, 还可以使固有的磁矩在磁场中取向. 另一方面, 温度使磁矩做无规运动令磁矩难于完全取向. 考虑两者, 采用 Boltzmann 统计学就可以计算系统磁矩. 在低场强情况下磁化强度 $\boldsymbol{M}$ 和外磁场成比例, 很强的场下总磁化强度在外磁场 $\boldsymbol{H}$ 方向取向并达到饱和值 $\boldsymbol{M}_0$. $\boldsymbol{M}$ 和 $\boldsymbol{H}$ 之间的关系式称为 Langevin 函数

$$\boldsymbol{M}/\boldsymbol{M}_0 = \coth a - 1/a$$

其中 $a = \mu H/kT$, μ 是分子磁矩 (图 14.1). 如同 Langevin 抗磁性理论一样, 这个分析也有悖于 van Leeuwen 的定理. 但是 Bohr 的稳定轨道产生固有磁矩的概念使得这个理论回复了活力.

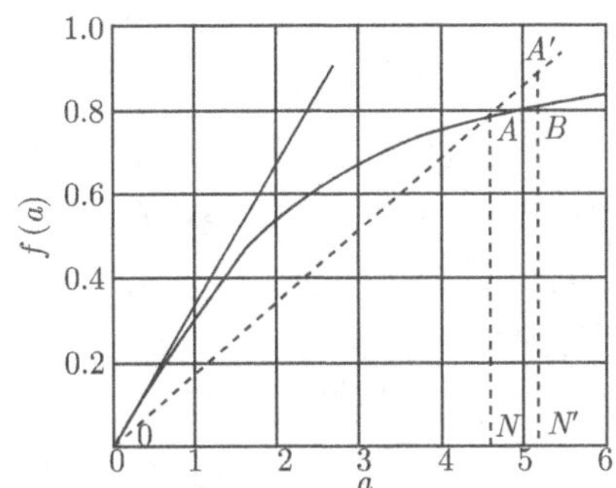

图 14.1 Langevin 函数 $\coth a$-$1/a$ 的曲线 (弯曲的实线)

Debye[10] 将其极化分子理论建立在 Langevin 工作的基础上, 并计入 Bohr 原子理论的空间量子化的概念修正了上述关系式. 不能假设相对于矢量 $\boldsymbol{H}$, 固有磁矩的方向可以取任意角度. 相反, 它只能取少数分立的方向. 对于不同分子间的磁相互作用可以忽略的情形 (如气体中), 理论是严格的. 从观察的情况来看, 理论应用的范围还更广些, 这意味着这一限制可能是不必要的.

Lorentz 对电偶极矩相互作用的处理支持上述结论. 他的直接计算指出球形样品中的分子如果取立方排列, 分子间并不产生内场. 每个分子各自受到外电场作用, 如同其他分子并不存在一样. 人们期望对于磁性问题也有类似的结论, 在低场和高温情形, 特别是当磁化强度很小, 以至于球形样品和其他形状样品的差别可以忽略时 (立方排列的限制并不重要).

尽管有此一结果, Weiss[11] 对于 Langevin 理论作出了非常大胆的推广. 他假设作用于分子磁体上除了外磁场, 还有一个与磁化强度成比例的额外的场. 他用 $\boldsymbol{H} + \lambda\boldsymbol{M}$ 取代 Langevin 顺磁矩公式中的 $\boldsymbol{H}$, 其中 λ 为正值. Curie 定律的磁化强度 $\boldsymbol{M} = C\boldsymbol{H}/T$, 就应改为 $\boldsymbol{M} = C(\boldsymbol{H}+\lambda\boldsymbol{M})/T$, 重新排列后成为 $\boldsymbol{M} = C\boldsymbol{H}/(T-\lambda C)$. 磁化率 M/H 即为 Curie-Weiss 形式, 其中的 $\varDelta$ 就应该是 λC.Weiss 必定已经意识

到如果这就是对 Curie-Weiss 定律的解释, 那么可以很肯定地认为从实验得到的 Δ 数值不是出于磁偶极矩间已知的相互作用. 由此他不仅提出了存在某个前所未知来源的相互作用, 而且颇有先见之明地预言它起源于分子间的电的作用力.

更令人惊讶的是, 当在对温度及磁场强度不作任何近似的情况下检验修正的 Langevin 公式时, Weiss 发现当温度足够低同时磁场趋于零时, 出现非常特别的结果. 即磁化强度 $\boldsymbol{M}$ 有两个解, 一个为零而另一个取和温度有关的有限值, 后者甚至对应较低的能量. 这就表明服从 Curie-Weiss 定律且 Δ 为正值的系统, 可望在充分低的温度下出现一个自发磁矩. 理论还指出随着温度进一步从临界温度 (现在通常称为 Curie 温度) 降低, 这个磁矩将从零开始增大. **【又见 7.5.3 节】**

上述自发磁化强度的出现表明: 即便外磁场不存在时也会有均匀的磁化. Weiss 的假设意味着在磁化强度方向上存在一个内部场, 在内部场方向会产生一个磁化强度. 自洽的说法就是产生了自发的磁化强度.

多数情况下物理学的进展来自于对新事件的揭示. 令人惊奇的是 Weiss 的结论却是基于这样一个简单的推论. 相似的推理现在在各种不同的情况下使用, 当然, 其中的论述中必须包含“自洽”这个词, 这似乎是在固体物理中使用它的第一个例子, 为从顺磁性到铁磁性的固体相变提供了解释.

Pierre Esnst Weiss

(法国人, 1865~1940)

物理学在不断开拓新发现的同时, 也为兴趣更在于事实而非理论家当前的想法的实验家们提供用武之地. Pierre Ernst Weiss 诞生于法国穆尔豪斯, 终身从事磁性研究. Faraday 曾预言所有的材料都可以具有某种磁性. Weiss 则用当时最灵敏的仪器和他的学生们一起验证了这个推测. 他们在很宽的温度范围考察了大量的材料. 最早他在苏黎世工作, 后来在 1919 年移到斯特拉斯堡并建立了一个至今还在运行的磁学研究中心. 他的发现揭示了当时流行的理论的局限性, 进而提出自己的假设对理论作了推广, 解释了现存的观测事实并第一次提出解释固体中何以出现相变现象的理论. 他的这些假设被当时的理论家们视为“离经叛道”, 他的思想远超过他所处的时代, 这些思想连同许多的实验结果都可以在他与同事 Foex 合著的《磁性》(Le Magnetisme)[12] 一书中找到, 顺便要说的是, 该书并没有用到量子力学!

Weiss 这个结论的实验物理学含义是相当重要的. Curie 曾经预言, 一个铁磁体在高温下将转变为顺磁体. 现在, 在足够低的温度下顺磁体就可以转变成铁磁体.

当时还没有为检验这个推论所必需的低温设备. 于是提出另一个预言: 当磁场强度增大时顺磁体的磁化强度与磁场强度的关系偏离线性; 如果温度接近等于 Δ 的相变温度时, 这个现象就容易被观察到.

所有这些物理预测激发了低温设备的发展. 对产生更低温度的设备的关心的确始终是和磁性的研究紧密联系着的. 不过, 顺磁性盐类在低温下转变为铁磁性的实验没有成功, 尽管很多材料的 Δ 都是正值. 1931 年 Weiss 和 Foëx[12] 总结了大量数据, 其中一半材料的 Δ 为正值. 但是, 现在知道在盐类中铁磁性是罕见的, Weiss 等得出这样的结果可能是因为被测样品包含了未知杂质. 因为, 极其微量的铁元素就会破坏测量结果.

在说明了 Curie-Weiss 定律中的 $1/(T-\Delta)$ 部分之后还留下参数 C 的问题, 它反映了离子磁矩的大小. 它们可以从离子基态的 Zeeman 劈裂中得到. 但是在多数情况下, 这样获得的 C 值并不符合实验结果 (Bohr 理论也没有解释 Zeeman 的测量).

这就是引进电子自旋和相应的反常磁矩之前的情况. 尽管后来引入自旋概念已经澄清了 Zeeman 劈裂的大部分问题, 但是关于 C 的问题也没有完全解决. 然而当认识到假设离子化合物中的磁矩全部由自旋贡献就可以更好地拟合实验数据时, 又出现了晶体中的轨道角动量的贡献为何消失了的问题? Bohr 理论给不出答案. 不过此时 Hund[13] 指出, 使用 Zeeman 对一系列稀土离子观测的数据还是可以用于解释它们中大多数的 C 值, 使得情况有所改善. 后来 van Vleck 和 Frank[14] 指出 Hund 理论对两种离子失效可以有简单的解释.

因为忽略了某些因素而造成拟合实验数据的失败是不幸的. 一旦纠正了错误, 问题就迎刃而解. 稀土离子的磁性来自于内部深层 4f 壳层的贡献. 然而过渡族离子的磁性是由比较靠外的 3d 壳层电子所贡献的, 它对于结晶环境非常敏感. 这就是两组化合物在磁性上差别的原因. 对此 Bohr 理论无能为力.

14.2.4 铁磁性

Weiss 理论解释了经过充分冷却的顺磁体可以转变为铁磁性. 然而存在一个疑问: 将刚制备的铁冷却到室温后, 并没有磁矩出现. 对此, Weiss 首先假设铁样品由一些混乱排列的单晶颗粒组成. 接着他又假设其中每一个单晶颗粒中存在自发磁矩, 它的方向由其晶体结构决定. 铁样品中各个单晶颗粒的结晶取向混乱排列, 使得总的磁矩为零. 在一个均匀外磁场中, 只有少数单晶颗粒的磁矩处于外磁场的方向. 他假设在外场达到一临界值之前那些与外场反向排列的晶粒的磁矩没有什么变化. 当外磁场增加到一个临界值时, 这些与外场不同向的单晶颗粒的磁矩将突然完全翻转. 当然, 事实上晶体的大多数晶粒都不仅仅在这两种方向上, 于是他假设接近外磁场方向的单晶颗粒磁矩没有明显的变化. 而在“错误方向”的单晶颗粒磁矩,当外磁场在它们的结晶轴方向的分量达到临界值时, 磁矩终于翻转. 这样总的图像就是, 当外磁场增强并逐渐达到不同单晶颗粒磁矩的临界值时, 各个单晶颗粒的磁矩就陆续发生翻转. 终于所有“错误取向”的单晶颗粒磁矩都翻转了. 于是, 样品总的磁矩达到了饱和值而不再增长. 在降低磁场时, 系统保持其磁化强度值直到磁场降为零. 如果在反方向再次增强磁场, 当磁场在各个单晶颗粒结晶轴向的分量逐渐达到临界值时, 各个单晶颗粒的磁矩又开始翻转. 如此, Weiss 的这个图像可以说明下述两个事实: 初始未磁化样品怎样在外磁场中得到磁矩以及在外磁场的循环过程中磁矩如何随外磁场变化[15].

磁畴的循环现象 (hysteresis (滞后现象) 一词是在 1881 年由 Ewing 引入的, 这里专指磁场中材料的磁滞现象) 长久以来就在实验中观察到了. 虽然上面的模型在解释现象方面尚存在一些细节问题, 但是它的预言与主要实验观测间的相似性支持着模型的基本思想 (图 14.2). 很多年都没有找到方法去直接观察磁化强度的矢量分布. 但是, 在外磁场下磁化强度矢量突然改变的证据已经找到. 这就是 Barkhausen[16] 效应 —— 样品上绕着的线圈与耳机串联, 当磁通量发生变化就在耳机中有“卡塔卡塔”的声音.

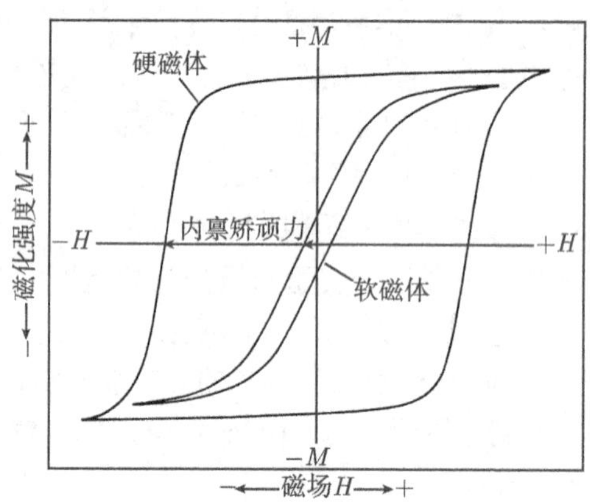

图 14.2　磁滞行为的示意图: 硬磁材料具有大的回线; 软磁材料有窄的回线

比起磁滞现象机制的完整理论, 有关铁磁性金属与合金磁滞性质的具体信息更显得重要. 通常复杂性来自于铁磁性金属与合金材料中未知的杂质和结构的不均匀性 (例如, 铁的机械性能就和其中碳元素含量以及所进行过的热处理密切相关). 技术应用上对最佳性能磁体的要求, 导致研究磁滞现象的兴趣. 基本上有两类不同的需求: 永磁体和变压器芯材料. 首先在永磁体中, 需要尽可能高的高场磁化强度以及很大的临界磁场. 前者可使得当磁场降到零时高磁化强度还能保持, 后者则能保证环境中杂散磁场无法影响磁体性能的稳定. 当然, 在温度涨落下保持稳定性也是要求之一. 其次, 在变压器铁芯应用中, 磁化强度矢量要反复进行沿着磁滞回线的循环. 简单的计算表明每一次循环都引起一份与磁滞回线的面积成比例的能量损耗, 从而必需对线圈进行某种形式的冷却. 从效率而言, 自然希望尽量减小能量损耗. 所以, 应该要求材料的磁滞回线面积尽量小而磁化强度尽量高. 一般地, 铁磁体可以按照磁滞回线进行分类: 磁滞回线面积很大的所谓"硬"铁磁体可用作永磁体; 磁滞回线面积很小的所谓"软"铁磁体通常可用于变压器铁芯. 为不同用途去寻找适合材料的唯一方法是试验和逐步改善. 按照上述要求, 只有少数合金可以使用. 铁磁体应用于变压器铁芯时, 它的导电性在这里却成为一个缺点. 因为磁通变化时, 在导电的铁芯中感应的电流会增加能量的 Ohm 损耗. 感应电压和每秒钟磁滞循环的次数随频率增加, 通常变压器铁芯工作在低频段.

虽然这期间相当多兴趣集中在技术应用方面, 但是铁磁性的科学方面问题也倍受重视, 尤其是关于磁矩与角动量之间关系的探讨. 可以从 Galison[17] 关于这些研究的论述中看到一个特别有趣的事情. Einstein 从 1905 年起就卷入其中. 参与实验家和理论家之间的争论有 Richardson, Barnett, Einstein, de Haas, Beck 及其他合作者. 引起争论的问题是旋磁比 (磁矩与角动量之比) 是按照 Ampère 电流圈模型等于 1? 或者取别的数值? Galison 收集不同研究者的实验数据并将其画成曲线. 他发现从 1915 年到 1920 年代中期的数据的涨落很大, 1920 年代中期这个比值或多或少地接近于 2. 直到 1925 年, 人们对此并没有给出可信的解释. 那一年, 为了解释观测到的光谱实验结果, Goudsmit 和 Uhlenbeck[18] 建议电子具有自旋角动量, 而相应的磁矩是通常角动量所预期的两倍. 在适当的单位下它的旋磁比 (称为 g 因子) 非常接近 2, 这就是所谓电子自旋的反常 g 值.

这些实验表明铁磁金属的磁矩几乎全部是由未配对电子的自旋贡献的. 如果在高磁场下测量饱和磁矩 (此时合理地假定全部局域磁矩取向一致), 就可以由此决定贡献磁矩的电子数目. 奇怪的是测量结果和原子的数目没有简单的关系. 例如, 在金属镍中每个原子上未配对的电子数是 0.6. 需知在金属镍的晶格上所有镍原子的地位是等价的, 正确的解释在很长时间以后才出现.

在这个时期 Beck[19] 成功地制备了铁磁体单晶, 并对其磁性作出早期研究. 当时有价值的新发现并不多, 要等到后来才出现, 有关的重要工作将在适当时候再讲.

【又见 14.5.2 节】

14.3 1925~1950 年时期

14.3.1 离子的量子理论

早在 20 世纪 20 年代初, 对于 Bohr 理论价值的怀疑就开始蔓延开来. 特别是在受到严重考验的光谱学领域. van Vleck[20] 在 1926 年发表的一篇 300 页的全面的评述是相应理论完全被量子力学替代之前最后出现的一篇论文. 这方面的进展对于物理学当然包括磁性产生了很重要的后果. 这里没有必要全面地介绍全部这些进展, 但由于离子光谱性质的某些应用直接影响到对磁性的理解, 因此有必要对此作些解释.

在某种意义上, 对于单个离子的描写还是与 Bohr 理论相似. 在一级近似下, 量子力学波函数描述的电子具有四个量子数, 这与 Bohr 理论相同. 同样, 两个电子不能具有相同的一组量子数值. 各个电子可以具有相同能量, 即处于同一个壳层. 但是, 与磁性相关的角动量是不同的.

量子力学中测不准原理使得角动量成为困难的概念. 经典力学中角动量用三个互相垂直的分量 Ox、Oy、Oz 表达. 量子力学中任何一个分量的测量都会干扰其他分量, 使得角动量不能如经典力学那样描述. 问题也不难解决, 虽然三个分量不能同时测定, 但是可以确定总角动量的大小和其中一个分量. 磁学中, 这个分量通常是取在外磁场方向. 但是磁矩正好处在外磁场方向的可能性并不存在, 因为这就意味着知道与其垂直的分量为零. 因而在总磁矩和外磁场方向之间总是有一个夹角. 在描述一个磁矩的取向时, 其含义是总磁矩在外磁场方向的投影取 (被允许的) 最大值. 量子力学肯定了 Bohr 的结论: 一个离子中如果电子的数目正好填满一个壳层 (具有确定值 n, l), 而外部壳层是空的, 那么离子既没有轨道角动量也无自旋角动量, 从而磁矩也为零. 所以, 量子力学和 Bohr 理论都以相同方式解释了种类繁多的绝缘体中与温度无关的抗磁性的起源.

下一个应用是服从 Curie-Weiss 类型顺磁磁化率的盐类. 这些绝缘体中含有的铁族或稀土族离子都具有部分填充的电子壳层. 甚至在量子力学之前, Hund[21] 分析光谱数据时就指出下述规律: 在这些未满壳层电子的最低能量状态 (基态) 中, 电子自旋取向应该尽可能一致 (当壳层电子超过半满时, 不相容原理不允许电子的自旋完全平行). 电子间的 Coulomb 相互作用和不相容原理这两个概念提供了一个量子理论的解释, 并指出怎样用光谱的特性来估计翻转一个自旋所需的能量. 但是这样估计的数值远大于以往的理论估计, 从而提供了证据, 表明自旋之间铁磁性相互作用具有电的起源. 关于这一点, Weiss 早就作出了预言.

几乎同时, Heisenberg[22] 和 Dirac[23] 各自独立地研究了如下的问题: 系统中 N 个电子处于 N 个不同轨道波函数上, 每一个电子的自旋可以从两个方向中任取其一 ($m_s = \pm 1/2$, 单位是 $\hbar$). 他们证明这一系统的能量可以用下列模型计算: 自旋为 1/2 的 N 个电子组成的系统中, 自旋之间由所谓 Heisenberg 交换作用所耦合. 他们发现, 模型中自旋取向一致的状态对应最低能量. 外磁场可以将磁矩转向场的方向, 这是铁磁相互作用的另一个例子, 它起源于电子间 Coulomb 静电作用并服从不相容原理.

在结束有关量子理论成果的叙述之前, 关于磁学中常用到的 Kramers[24] 定理的介绍是不可或缺的. 他证明: 如果原子中的电子数目为奇数且不存在外场时, 那么, 每一个能级将包含偶数个能量相同的状态. 多数情形它将是仅有的简并, 其重要性是当施加外磁场时, 可以预期能级将线性地分开. 从测量到的能级劈裂就可以得到相应状态的磁矩 (一个状态的磁矩平行于外磁场, 而另一个则反平行. 被劈裂的能级间距给出了在磁场中使得磁矩翻转所需的能量).

14.4 顺 磁 性

14.4.1 绝热退磁

1926 年 Debye[25] 和 Giauque[26] 各自独立地指出: 施加外磁场引起顺磁性盐类温度升高的现象表明, 反向过程可用来在液氦温区获得进一步冷却的效果, 突破已经达到的极限尽管有大量准备工作要做, 很快就开始筹备实施这个建议. 涉及的思路完全是热力学的分析和实验, 与量子理论没有关系. 实验的关键在于优化工作物质. Kurti 和 Simon[27] 根据稀土钆硫酸盐的比热容数据, 认为这就是最为适合的材料. 其后, Giauque 和 MacDougall[28] 的实验肯定了这个结论. 他们用这种材料将温度降低到了 0.53K 低温. 实验中的起始温度为 3.4K; 工作磁场为 8000Gs(地球磁场大约 1Gs). 稍微晚些时候利用铬酸钾矾作为工作物质, de Hass, Wiersma 和 Kramers[29] 获得了 0.05K 的低温.

零磁场和低温下, 相同的 Kramers 离子组成的集合中, 每一个离子以相同的概率处于两个状态中的某一个. 当施加外磁场时就引起状态发生对称劈裂. 如果对能级的占据具有等同概率就不再是热平衡态, 某些处于高能级的离子要移到低能级状态, 能量以热量形式释放出来. 用传热介质导出热量从而总能下降. 然后让顺磁性盐处于绝热条件下, 将磁场缓慢降低以始终保持热平衡. 随着状态劈裂的减小, 那些离子从低能态回到较高能态, 这就需要得到能量. 这份能量将从晶格的热能获得, 于是, 晶体被冷却了.

实验表明冷却并不容易达到. 主要问题是热量的泄漏, 特别是当建立相等占据数终态所需时间很长的情形. Hudson 对此给出了一个完整的讨论[30].

14.4.2 晶体场理论

绝热退磁的研究需要了解晶体中磁性离子低能级的性质, 以及通过能级占据状况的变动进而建立热平衡的方式. 晶体场理论正好能满足这些要求.

基本的思路是[31]: 考虑磁性离子中最重要的那些电子, 它们部分填充壳层并受到来自近邻带负电荷离子的静电场作用, 例如, 组成八面体的 6 个全同抗磁性带负电荷的离子 (图 14.3). 第一个晶体场理论分析对象并不是正八面体. 但是, Penney

采用了与之接近的正八面体产生的立方体电场势能, 近似地解决了这个问题[32]. 这样的势具有如下的性质, 在距磁性离子 r 处, 在沿着最近邻离子的方向上势能最强, 其他方向最弱. 一个孤立离子中, 电子的自由轨道运动被这种势能阻碍了, 造成电子能级劈裂从而改变状态.

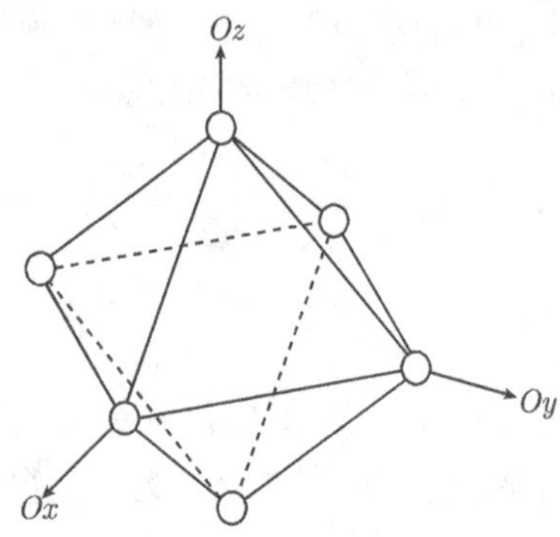

图 14.3　六个圆圈表示八面体中近邻原子核的位置. 三个互相垂直的轴连接八面体的中心和顶角并通过磁性离子

理论已经被推广到考虑下列情形: 与八面体对称性有较小偏离的晶体结构, 存在自旋–轨道耦合以及有外磁场的情形. 第一种情况导致对称性的进一步降低, 其直接结果是自由离子的轨道简并被消除了. 于是, 轨道运动的“冻结”导致轨道磁矩的消失. 这就解释了为什么通常在顺磁体中观测到的磁矩只来自自旋 (图 14.4).

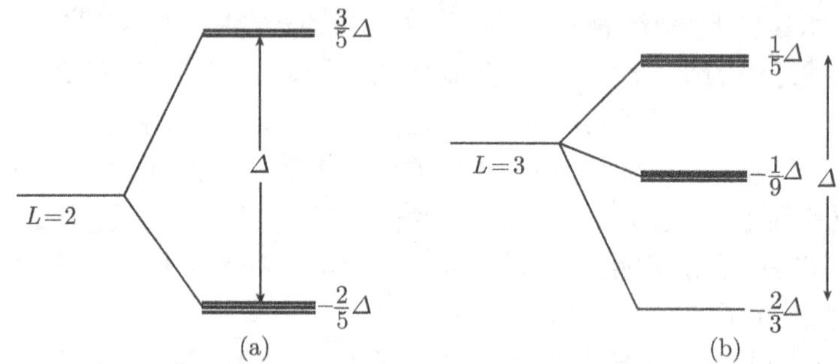

图 14.4　一个角动量量子数 $L=2$ 的自由离子的五重简并, 在八面体环境中劈裂为一组在 $(3/5)\Delta$ 的两重简并态和另一组在 $(-2/5)\Delta$ 的三重简并态, 其中 Δ 是能级劈裂的宽度. 它的符号依离子中包含 d 电子的数目而定. 例如, 对于 $3d^1$ 和 $3d^6$ 离子 Δ 符号为正; 对于 $3d^4$ 和 $3d^9$ 离子 Δ 符号为负 (为了清楚地表示简并度将图中的简并能级人为地略有分开). $L=3$ 的情形劈裂为一组在 $(1/3)\Delta$ 的三重简并态, 一组在 $(-1/9)\Delta$ 的三重简并态和另外在 $(-2/3)\Delta$ 的一个单重态. 对于 $3d^3$ 和 $3d^8$ 离子 Δ 符号为正; 对于 $3d^2$ 和 $3d^7$ 离子 Δ 符号为负; $3d^5$ 态的 $L=0$ 故没有劈裂, 就没有画出. 注意, 不要将 Curie-Weiss 定律中的 Δ 与此处的能级劈裂值 Δ 相互混淆

与这些能级相应的波函数不容易用图来表示, 因为一般而言所描绘的是多电子函数. 然而当离子中只有一个 3d 电子则容易图解, 如图 14.5 说明冻结的含义. 对于更复杂的离子, 简单地认为具有波瓣的电荷分布总是处于能量极小的状态. 为了确定最小能量下的取向, 必须进行更加细致的理论计算.

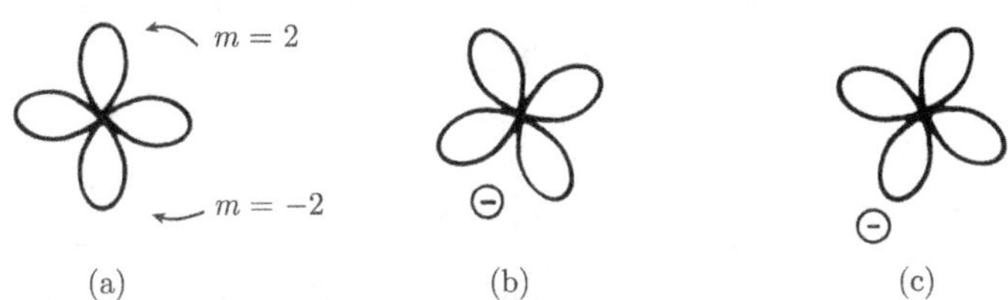

图 14.5 (a) 典型的 d 电子波函数在水平面上的瞬间投影. 具有角动量为 2 状态的图形做逆时针旋转; 具有角动量为 -2 状态的图形做顺时针旋转. (b) 和 (c) 显示在水平面上置放一个负电荷时发生的情形. (b) 的情况是 d 波函数的旋转运动被阻止了, 最低能量状态的电子的波函数尽可能地远离该负电荷. (c) 的情况是初始时有两个能量状态, 置放电荷后能态数目不变, 则处于较高能量状态的电子尽量接近该负电荷. 角动量为 2 和 -2 的状态可以看作是围绕垂直轴的波的两种运动, 情形 (b) 和 (c) 可以被视为从这两种运动构成的驻波. 因为没有角向运动它们就没有磁矩

当计入自旋–轨道相互作用时, 发现轨道磁矩并没有完全冻结, 此时电子的 g 因子常常从正常值 (近似为 2) 产生 10%的变化. 理论可预言 g 因子偏离量的符号, 它们随离子而异, 也与方向有关. 也就是说观察到的 Zeeman 劈裂随着磁场与晶体轴的夹角变化.

同样的理论也被应用到稀土离子情形, 但认为是晶体场较弱而自旋–轨道耦合较强. 其结果是: 除了在非常低的温度情形外, 一般可以忽略晶体场效应, 以至于取自由离子磁化率的实验数据也可得到符合得很好的结果. 当温度趋于零时, 硫酸镨盐的磁化率趋于常数; 硫酸钕盐的磁化率则趋于无穷大. 这些结论与晶体场理论的预言相符. 所以, 对于铁族和稀土族盐类, 晶体场理论是切实可行的 (后来的研究表明对于稀土盐类而言, 六个近邻并不普遍, 而九个近邻才是一般的情形. 晶体场的细节对上述两个硫酸盐低温磁化率的满意解释来说似乎是次要的, 重要的是: 硫酸镨盐中的磁性离子是非 Kramers 离子, 即最低能态为单重态; 而硫酸钕盐中的磁性离子是 Kramers 离子, 因而最低能态为双重态).

就磁化率的研究而言, 留下来的唯一要求是如何理解 Curie-Weiss 定律中引进的物理量 Δ, 因为现在 C 已经有了解释. Weiss 将它归于离子之间的相互作用, Heisenberg-Dirac(H-D) 理论则进一步认为交换耦合是轨道冻结磁性离子自旋间的相互作用. van Vleck[33] 毫不迟疑地指出物理量 Δ 就是磁性离子自旋间的交换作用. 1937 年, 他研究了一组具有最近邻交换作用的自旋系统后给出的理论, 肯定磁化率应该取 Curie-Weiss 定律形式, 而且物理量 Δ 与交换常数成比例. 在 H-D 理论的铁磁性交换作用中, 物理量 Δ 为正值. 至此, 确定了物理量 Δ 的起源, 除了它们的符号总体上正好与 H-D 理论相反而外.

此时, 在顺磁性盐类和铁钴镍铁磁体的磁学文献中, 交换相互作用这个术语已经大量出现. 这无疑是由 Weiss 最初提出的内场概念引起的, 虽然这个概念令人费解, 在理论最详尽之处实验证据显示的并不是铁磁的符号, 而在理论最不详尽处却偏偏是.

14.4.3　反铁磁性

对于物理量 Δ 为负值的盐类的研究开始于 1932 年, 开创者 Néel 首先提出了反铁磁性的概念. 现在, 与之对应的相变温度被称为 Néel 温度 $T_{\mathrm{N}}(\propto -\Delta)$. Bitter[34] 推广 Weiss 的铁磁性理论到 Δ 取负值的情形, 指出在负的交换作用下相邻自旋彼此反平行排列. 为了妥善处理与铁磁性的差异, 他假设磁性晶格可以看成是由两个磁化方向相反的次晶格 A 和 B 穿插而成 (图 14.6). 在这个例子中, 每一个自旋被八个相反方向的自旋环绕, 即 8 个 B 绕着一个 A, 而 8 个 A 绕着一个 B.

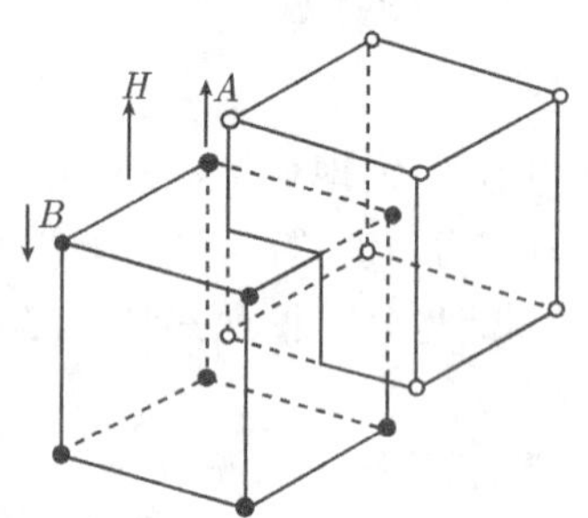

图 14.6　体心立方晶格可以被看作两个简单立方晶格穿插而成. 图中显示了单胞结构. 空心圆圈表示 A 格子原子的自旋向上, 实心圆圈表示 B 格子原子的自旋向下, 结果构成一个反铁磁系统. 每一个自旋被 8 个具有相反方向自旋环绕

与 Weiss 理论类似, 在每一个自旋上完全是来自其近邻的短程的内场, 并且与该处自旋同方向. 在一个比交换场低得多的外磁场 $\boldsymbol{H}$ 中, 在 A 位上与其磁矩同方向的内场的矢量形式是 $\boldsymbol{H}+\gamma\boldsymbol{M}_B(\boldsymbol{M}_B,\gamma$ 为正值), 在 B 自旋方向的内场矢量形式是 $\gamma\boldsymbol{M}_A-\boldsymbol{H}(\boldsymbol{M}_A,\gamma$ 为正值). 外磁场 $\boldsymbol{H}$ 方向的总磁矩矢量是 $\boldsymbol{M}_A-\boldsymbol{M}_B$.

将各个磁矩和场量代入 Langevin 公式进行理论分析. 在高温和弱磁场 $\boldsymbol{H}$ 的情形, 理论预期存在 Curie-Weiss 型的一个 Δ 取负值的磁化率; 在低温 (弱磁场 $\boldsymbol{H}$ 甚至磁场等于零时) 发生相变, 磁矩 $\boldsymbol{M}_A$ 和 $\boldsymbol{M}_B$ 取有限值. 和铁磁性情况不同的是这里没有净磁矩, 甚至在相变点以下也可以定义磁化率. 与铁磁性情况相同的是, 在没有外磁场时理论并不能预期磁矩排列的方向. 如果存在在上述分析中忽略了的某种决定自旋排列的作用力, 那么外场中的磁化率就和理论预言的不同, 而与外磁场和排列方向之间的夹角有关. 当外磁场和自旋取向平行时, 随着温度下降磁化率将从它在相变时的值逐渐线性下降为零; 当外磁场和自旋取向垂直时, 随着温度下降磁化率保持不变. 自然的推论就是随着外磁场从零增大, 磁性能量就与两个因素有关: 外磁场的强度以及它相对于磁矩的取向. 在较高的磁场中, 最低的能量对应于磁场与磁矩取向垂直的状态. Hulthen[35] 在早期论文中对此已有预见, 他采用不同的理论研究低温下磁矩取向随温度的变化. 他建议在磁矩排列方向逐渐增加外磁场强度, 超过某个临界值时磁矩取向将改变到垂直方向. 直到 1961 年, 这个预言才在 MnF_2 中观察到[36].

John Hasbrouck Van Vleck
(美国人, 1899~1980)

将量子力学应用到固体物理学中的第一本书出版于 1932 年. 该书作者 J H van Vleck 是第十代美国人, 当时任职于威斯康星大学, 为理论物理学教授. 这还不是他的第一部主要著作, 他于 1926 年出版的《量子原理和光谱学》讨论了 Bohr 对应原理的应用和局限性. 他以非凡的洞察力迅速领会新兴理论的意义, 并开拓它的应用领域. 对物理学的透彻的理解是其著作的特色. 六十多年过去了, 他的另一部著作《电与磁的极化率理论》仍然被看作磁性理论的圣经.

1934 年他转到哈佛大学后就一直留在那里. 从 1951 年直到 1969 年退休, 他始终执掌哈佛大学 Hollis 数学和自然哲学讲席, 这是北美最为悠久的捐赠科学讲席. 在这段期间退休之后, 他仍然不断地写出重要的科学论文. 1977 年他荣获诺贝尔物理学奖. 这既是对他职业生涯的最高褒奖, 也是令他的朋友和崇拜者们高兴不已的盛事.

在这个纯理论分析的时期, 还不能确切证实反铁磁体的存在. 虽然 1936 年 Néel[37] 就提出过建议, 在 350°C 附近比热反常的金属锰可能具有反铁磁性. 第一个确切的证据是 1938 年的 MnO[38]; 紧接着的就是 Cr_2O_3[39]. 主要的实验困难是在 Néel 温度附近物理量没有很大的变化. 并没有出现较大磁化强度, 而且磁化率也只有轻微改变. 虽然在热学测量上存在相变的特征, 但是这些变化还难以确定为磁性相变. 不过, 磁化率符合于理论预期一事使人对其更为信服.

14.4.4 弛豫

从上述发展看来, 过渡族盐类的磁性已经得到较好的理解了. 进一步引起注意的问题是确定能级占有数的变化速率, 这与磁矩的变动速率相关. 在离子的光谱学中, 能级之间的跃迁是由特定频率的辐射引起的. 但是对于具有很接近的能级的磁性离子而言, 还没有直接的实验证据表明理论可以推广到极低频率情形. 由电磁辐射思路给出的转换时间, 还不足以使得磁性系统退磁之后再恢复到热力学平衡状态.

研究者们的注意力逐渐转向到新的机制, 即离子和晶格振动之间的能量交换. 这就需要具体的机制并据此估计转换时间. 没有出现大的进展, 只是理论更加复杂而已. 转折出现在 1940 年, 那一年 Van Vleck[40] 推广了晶体场理论. 他计入了周边环境离子振动对晶体场的调制、自旋–轨道相互作用以及外磁场等相关细节. 他的理论指出与弛豫性质相关的因素包括: 能级结构怎样被晶体电场劈裂; 离子是具有奇数还是偶数个电子. 从他对弛豫率的理论估计看到, 由于理论的复杂性以及实验结果的有限, 仍然缺乏对于理论的细致检验. 在理论被广泛接受之前的许多年来就是如此. 撇开第二次世界大战造成的耽误不谈, 当花时间测量弛豫时间的时候, 缺乏对于晶体中离子的认定也是重要的缺陷. 在给定的晶体中常常含有未探察到的快弛豫杂质. 同时存在着一个机制: 慢弛豫离子的能量很快地传到快弛豫离子并传到晶格上, 从而短路了自身的弛豫过程.

尽管对于弛豫现象本质的理解还存在问题, 但是这并未妨碍Gorter和Kronig[41] 从 1936 年就开始的实验研究工作. 他们基本的思想是除了顺磁体上的稳恒磁场外, 再加上一个随时间变化的较弱附加磁场. 最简单的就是将附加场周期性地从 $\boldsymbol{h}$ 到 $-\boldsymbol{h}$ 转换. 如果转换速率较慢, 在磁场 $\boldsymbol{H}+\boldsymbol{h}$ 时磁化强度矢量为 $\chi(\boldsymbol{H}+\boldsymbol{h})$; 当磁场转换为 $\boldsymbol{H}-\boldsymbol{h}$ 时, 磁化强度矢量转换为 $\chi(\boldsymbol{H}-\boldsymbol{h})$. 随着转换速率增加, 磁化强度矢量来不及调整到上述两个平衡值, 它将停留在一个平均值 χ 上. 因此不断地继续增加转换速率就能够观察到整个现象的变化, 从而找到趋于平衡的时间以及它与稳恒磁场强度和温度的关系. 事实上, 时间变化的台阶型开关场和正弦型振荡场都可以使用. 在低频下磁化强度随振荡场变化, 二者的位相是相符的. 频率增加使得位相差增大, 而响应的强度减小. 从这些观测中就可以估计弛豫时间. 但是, 弛豫时间的测量受到了所用频率范围的限制. 在第一批实验中 Gorter 使用的频率范围是 10~30MHz, 后来扩展到 78MHz; 其磁场强度较弱 (8Gs). 完整论述测量方法的著作最初由 Gorter[42] 出版于 1947 年, 较现代的为 Standley 和 Vaughan[43] 的著作.

14.5 导 体

14.5.1 正常金属

关于对正常金属的顺磁性的介绍不需要太多笔墨. 1927 年 Pauli 采用标准量

子理论处理的一个盒子中的粒子对它作了解释. 在绝对零度下所有电子自旋配对; 有限温度下可以自由取向的自旋数目与温度成比例. 所以至少在理论的初等形式中所必须作的是在 Curie 定律中的常数 C 乘以温度 T, 于是得到与温度无关的顺磁性. 1930 年 Landau[44] 指出还存在着抗磁性贡献, 因为外磁场也会修正电子的轨道. 第二次世界大战之后, 人们对相关课题重新产生兴趣, 有关内容可在第 17 章中找到, 这里就不需多讲了.

14.5.2 铁磁性

量子力学的出现对于铁磁性研究的初始影响很有限, 似乎这只是一个技术应用上重要的领域. 许多很好的实验涉及的现象限于磁滞、磁化强度的易方向和难方向 (亦即为什么磁矩方向处于特定的晶体轴, 用多大的外磁场可以将磁矩移到另外的方向). 对于这些研究工作, 单晶体是非常必要的. 1928 年 Honda 和 Kaya[45] 仔细制备了扁椭球形铁单晶体并报告了测量结果. 对于盘形镍单晶体类似的测量是 Sucksmith 等[46] 作出的. 对于钴单晶体是 Kaya[47] 作出的. 虽然对于这些仔细做成各种形状样品的测量结果人们很难评价其内在价值, 看起来似乎就是经典退磁因子概念给出的现象. 但是, 这些实验给出了磁各向异性的信息, 这在技术上很重要, 但是还没有包含在以往的理论之中. 实验发现各种铁磁体磁化强度矢量的易磁化方向分别是: 铁为 [100] 晶体轴, 镍为 [111] 晶体轴, 钴为六角对称轴. 当时似乎认为一个单晶体就是一个单磁畴. 不久, Landau 和 Lifshitz[48] 对此假设提出质疑并指出: 棒状样品的易磁化方向沿着棒轴方向; 在无外磁场时在轴方向将分裂成磁化强度取向相反的两个磁畴, 从而降低系统能量. 如果从垂直棒轴的方向看, 第一个区域的磁化强度沿着轴的一个方向; 第二个区域中的磁化强度也沿着轴但是方向相反. 当时还不清楚在这两个区域的边界上, 磁化强度是怎样突然改变了方向. 也不清楚当沿着棒轴方向施加外磁场时会发生什么情况. 合理的预期是磁场优先方向的磁畴长大而相反方向的磁畴减小. 这些细节对于理解磁滞的机理无疑是重要的. 但是, 两个相反取向磁畴之间的 Bloch 畴壁随外磁场的变动是很难确定的.

Bitter[49] 提出一个新的研究方法: 用可分散的磁性细颗粒涂敷在铁磁体的表面, 颗粒将被吸引到各个磁畴的边界上. 使用这种方法需要铁磁体表面的抛光以及适当选择磁性颗粒的分散剂. 在广泛应用此方法之前, 必须致力于优化这些因素. 当时该方法只可小规模地用于观察磁畴边界的移动. 后来 Bitter 的技术被广泛应用[50], 给出了大量美观的可供分析的磁畴图形 (图 14.7).

另外一个研究领域是关于铁、钴、镍组成的铁磁体在高于 Curie 温度下的行为. 问题包括是否出现 Curie-Weiss 类型的磁化率以及 Curie 常数 C 是否与每个磁性原子的自旋数目相关. 由于这些材料的 Curie 温度远高于室温, 这就限制了顺磁性的研究范围, 难以得到可靠的结论. 1935 年发现的铁磁性金属钆的情况就不同

[51], 它的 Curie 温度在室温. 在铁磁性和顺磁性两相的测量表明, 晶体中每一个原子有 7 个可以取向的自旋. 它的性质可以用 Weiss 模型来理解: 相邻原子自旋之间有 H-D 形式的交换作用, 其中每个原子的自旋为 7/2. Weiss 理论适合解释铁、钴、镍的磁性, 其中铁磁性磁矩的取向归因于交换作用 —— 这正是描述 Weiss 宏观内场起源的最恰当的术语.

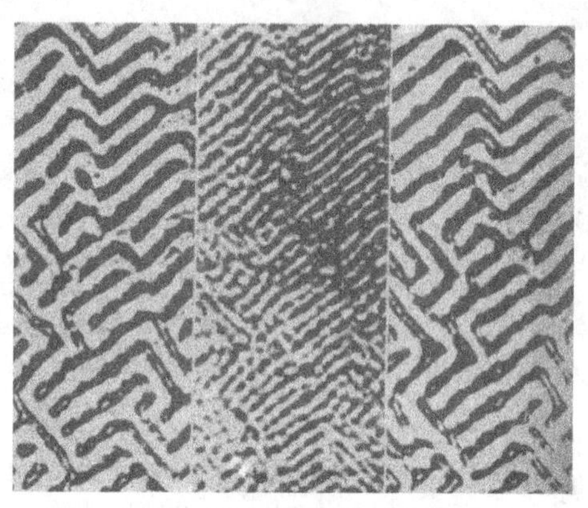

图 14.7　观察到的一些磁畴图形的例子

人们采用不同方式企图寻找一种微观模型来理解金属镍的磁性, 其中每个原子上未配对自旋的数目平均为 0.6. 早在 1933 年 Stoner[52] 就指出可以引用能带概念. 当时能带已经成功地用于正常导体. 基本思路是: 如同外磁场在正常金属中产生与温度无关的顺磁性那样, 一个很强的交换作用 (按照 Weiss 理论) 就会产生铁磁性. 稍微晚些时候 Mott[53] 进一步指出: 电子分布在两类重叠的子能带之间, 一个子能带基于原子的 4s 态电子, 而另一个为 3d 态电子. 导电性由原子最外面的 4s 子能带的电子主导; 磁性则源于稍微靠里的 3d 子能带的电子, 这类似于孤立离子情形下 3d 电子为其提供磁矩. 这个想法允许晶格上原子具有分数自旋, 但还没有解释为什么自旋可以取向. 相同的思路用到磁合金和纯金属上, 企图揭示某些系统的实验但是收效甚微. 绊脚石是铁磁性源于电子间的 Coulomb 作用和不相容原理这个看来相当肯定的想法仍然没有找到满意的表达 (即使有可能解决这个困难, 也还需要解释关于易磁化方向的存在以及 Weiss 理论对于反铁磁性的推广等问题).

晶体场理论克服了上述缺陷. 自旋–轨道耦合的引进给出了各向异性 g 因子, 磁性可以是各向异性的. 在企图推广晶体场理论用于解释铁磁性的早期工作中, Van Vleck[54] 指出自旋–轨道耦合作用将修正 H-D 交换作用, 其结果是铁磁体具有易磁化和难磁化方向. 尽管这应该是解决铁磁体某一重要性质的萌芽开端, 但即使在不考虑自旋–轨道耦合作用情况下处理 Coulomb 作用就已存在足够多的困难. 能够同时解释铁磁性和各向异性起源的令人信服的理论尚未到来.

14.6 1950 年以后

第二次世界大战中断了绝大多数磁学研究, 战后的恢复又耗费了很长时间. 重新启动的研究取得的新突破并不多. 只是在原有领域的研究上找到某些新途径, 并开发了一些新技术. 关于 20 世纪后半叶的情况, 我们的叙述将以趣味盎然且发展迅速的课题为线索; 暂时不讨论磁性的一般性领域. 到 20 世纪最后的 10 年再回到基础磁性的话题.

战后不久, 磁学研究的态势发生了重要的改变. 统观战前很多实验物理学家的工作, 我认为他们多半习惯于经典磁性的思路而缺少量子理论的观念. 满足于发展实验技术、观测磁性以及运用经典磁性的理论结论. 至于需要用量子力学作出解释的问题, 就留给了少数理论家.

随着战争进入尾声, 物理系学生人数大增. 这自然地导致磁性研究工作随之增加. 新的加入者具有较完整的量子力学课程训练. 他们不满足于仅仅做出实验观察, 而是按时尚要求企图对于观察结果作出量子力学的理论解释. 实际上, 某些关于实验工作的论文也包含相应的理论解释部分. 让人感到似乎实验家和理论家的区别已经消失. 之后, 这种倾向更为明显, 现在仅包含实验工作的一篇论文不可能被接受发表. 而纯粹的理论论文则困难要小些.

在这段时期的开端, 出现了两个新技术: 即磁共振和中子散射. 两者注定将大大冲击磁性的研究. 前者可以用于探索电子和原子核的磁性; 其理论基础可借用之前研究核共振的 Bloch 方程[55]. 对于电子和原子核共振的研究在理论上具有共同点, 但实验技术差别相当大. 这样, 两个领域就有不同的发展, 进而分出了电子共振这一新分支. 尽管理论上具有很多共同点, 为了叙述方便我们从实验角度将各种共振研究分开来讨论. 至于中子散射这个重要工具, 目前已经发展到更为广泛的科学领域. 所以, 另辟地方作仔细处理较为合适. 在这里, 假定读者已经熟悉它的一般概念, 关于对磁性的重要性我们将在适当时候介绍.

14.7 电子顺磁共振

14.7.1 铁族离子

1945 年, 在苏联的喀山市, Zavoisky[56] 观察到称为顺磁共振 (paramagnetic resonance) 的现象, 后来改称为电子自旋共振 (electron spin resonance), 简称为 ESR. 他将一个均匀磁场 (主磁场) 施加到含有二价铜或锰离子的盐类上. 这两种离子都具有奇数个电子, 其 Kramers 简并被磁场消除. 然后, 引入一个与主磁场垂直的很弱的振荡磁场. 从量子力学的选择定则可知, 如果弱振荡磁场的量子 $h\nu$ 等于劈裂的 Kramers 能级间的间距, 那么盐类就会从振荡场吸收能量, 从而就可以观察到振荡回路能量的损失. 实验中选择振荡磁场的振荡频率为 120MHz, 然后逐渐改变主磁场强度来搜寻吸收现象. 他发现了吸收现象, 但意外的是吸收曲线的宽度几乎和主磁场变化范围一样, 因为实验安排缺乏优化. 这些结果是关于晶体中磁性离子共振现象的第一批报告, 也是已知的 Zavoisky 所进行的唯一实验①.

1946 年, Cummerow 和 Halliday[57] 发表了对于锰盐的类似实验结果. 他们采用战争期间发展起来的更高频率的振荡电源. 几乎同时, 牛津小组[58] 开始了相似的研究. 实验是在室温下进行的, 振荡磁场具有更高的频率 ($\approx 10^{10}$Hz). 主磁场由强度达到几千 Gs 的电磁铁产生缓慢变动的主磁场强度, 得到了很多的吸收线. 吸收线的宽度在几百 Gs 的量级, 远远低于 Zavoisky 所观测到的.

同样重要的事实是, 在不少含有 Kramers 离子的晶体中没有看到共振现象. 一种解释来自于 Van Vleck 的自旋–晶格弛豫理论, 理论预期如果离子有一组很接近的轨道能级, 那么自旋–晶格弛豫时间可能过分地短暂, 而弛豫时间与共振线宽成反比, 为了增加弛豫时间需要减小共振线宽. 显然, 实验最好在低温下进行.

这正是 Bleaney 和 Penrose 的长项所在. 在很短的时间里, 除了钛离子晶体, 他们就找到了丢失的共振线. 方法的优点是针对原子各种不同价态进行实验. 如果在某离子的一种价态中没有观测到共振线, 通常有可能寻找到另一种化合物, 其离子具有不同价态. 所以, 对于每一个离子而言均可找到具有奇数个电子的 Kramers 简并态以供使用 (Ti^{3+} 的共振线后来也观测到了, 尽管它的弛豫时间非常短). 于 1948 年出版的测量结果的综述[58] 表明电子顺磁共振 (EPR) 的确是一个重要的新技术. 之后的几年, 研究活动更加活跃. 尤其是牛津小组的工作开始飞速发展, 这得益于他们可以使用必要的微波设备. 随着更多小组进入这个领域, 与固态物理实验室一样, 在化学和生物学中 EPR 也已经成为了标准技术.

从晶体场理论可知在相同的主磁场下, 多数共振线的频率接近于自由电子自旋的共振频率. 而且, 它们与磁场与晶体轴间的夹角有关 (为了实验的方便, 取电磁波的频率为常数, 而变动主磁场的大小和方向). 令人意外的是共振线宽随着主磁场方向变化的奇怪行为. 1948 年 Penrose 访问了荷兰莱顿. 在那里 Gorter 正急切地开展共振研究工作, 因为需要提供用于绝热退磁的磁性晶体数据. 不久 Penrose 回到英国度圣诞节并报告了共振实验结果. 实验使用的非磁性镁 Tutton 盐材料中, 有 5% 的锌被铜所替代. 预期稀释铜离子的共振线将是线型尖锐但是强度较弱. 的确,

①本段的一些说法不准确. E Zavoisky 首次发现电子顺磁共振现象是在 1944 年 1 月 21 日而不是 1945 年. 1941 年年底由于苏联科学院物理问题研究所和列别杰夫物理研究所战时疏散到喀山大学, 挤占了 Zavoisky 的实验室而使其对电子顺磁共振的测量推迟. 不过物理问题研究所的 Kapitsa 和 Shalnikov 院士后来以为 Zavoisky 提供低温条件并请他于 1945 年短期到莫斯科做实验回报了他. Zavoisky 和同事共就电子顺磁共振发表过 18 篇论文, 故他不止开展了一个实验. —— 终校者注

稀释使得离子之间相互作用较弱从而共振线型尖锐. 同样, 由于磁性离子浓度稀薄造成共振强度变弱. 可是, 实验却出人意料: 在预期的一条尖锐共振线位置却存在四条线 (后来确认是八条线). Penrose 首次揭示了在固体中的近自由离子的谱线中所发生的过程, 即由于 Cu^{2+} 的磁电子与原子核自旋间的相互作用导致新的能级劈裂. 进一步研究表明, 上述超精细劈裂明显地随主磁场方向变化. 在全浓度盐类实验中共振线宽的奇怪行为, 就是由于其中超精细结构线没有被分开而造成的. 遗憾的是 Penrose 在 28 岁英年去世, 未能继续深入探讨其结果, 而由 Gorter 简短地说明了此事[59]. 核超精细结构的发现, 使得牛津小组的研究工作转变方向, 此后几乎所有的共振的研究都集中到了稀释磁性晶体材料上.

Abragam 和 Pryce[60] 最初关于核超精细结构的理论并不很成功. 他们没有注意到一个事实: 3d 壳层的磁活性自旋会在 s 电子上感生磁矩, 从而造成额外的间接电子与核自旋的相互作用. 当引入这个机制后, 就得到了对实验的满意的理论解释[61].

14.7.2 3d 离子: 自旋 Hamilton 量和顺磁共振

有一大批化合物含过渡金属离子并具有相似的结构. 制备的办法是将一种过渡金属离子替换化合物中原来的另一种离子, 同时保持其他元素不变. 某类化合物通常采用第一个描写其结构的研究者的姓氏来命名 (如 Tutton), 如果一类化合物结构和某种宝石相同, 也可用宝石来命名该类化合物 (如石榴石). 共振研究的材料常常是所谓稀释磁性晶体, 这是以少量磁性离子替代非磁性离子得到的. 这种晶体通常用磁性杂质而不是用被替代的非磁性离子描述. 如 Penrose 的样品被描述为稀释铜而非镁盐.

被称为 Tutton 的一类盐中, 围绕磁性离子的 6 个非磁性离子并未形成一个正八面体. 因为相对的两个离子到中心磁性离子的距离比另外四个离子远. 这就有机会研究不同磁性离子在四面体环境中的性质, 也容易与其他类的氟化钙化合物作比较, 其中八面体的两个相对面的移动产生了三重对称的环境, 直接利用 Van Vleck 晶体场理论给出的解释比较复杂和冗长. 然而, Van Vleck 指出, 沿着 H-D 交换计算的途径, 对于具体的磁性离子可以引进一个只涉及总自旋角动量算符以及少数参数的算符描述最低晶体场能级. 故他很快意识到[62], 因为共振实验只涉及这些能级[63], 同样的概念也可应用到大多数的离子, 且只需要离子总自旋和周围对称性质的知识, 就可以写下被称为自旋 Hamilton 量的试探表示式. 为了解释测量结果, 实验者需要知道自旋角动量的知识和选取少量参数. 这种处理显然很成功. 对于外磁场沿着晶体轴的几乎所有方向测量离子晶体的共振, 与自洽模型拟合, 就可得到丰富的数据. 最初从晶体场理论引进的自旋 Hamilton 量方法, 就成为了对于实验结果既方便又有物理内涵的描述了.

一般而言, 自旋 $S = 1/2$ 的铁离子的自旋 Hamilton 量是非常简单的. 因为如果没有一个带自旋的核, 只需要用三个通常记为 g_x, g_y, g_z 的参数就可以处理磁场中两重 Kramers 简并问题 (如具有三重和四重对称, 形式将更简单, 三个参数中有两个相同). 尽管对于所有核自旋存在着普遍形式, 但是具有核自旋的形式还是稍复杂些. 对于离子核自旋为零但电子自旋大于 1/2 的离子, 自旋 Hamilton 量表示式通常有一个描写零场劈裂的额外的项, 即未加外磁场时也存在的一个很小的能级劈裂.

理论家的主要作用就是应用晶体场理论, 通过比较复杂的数学方法对于这些参数的起源作出解释. 同一类化合物的晶体场参数可以相同, 但总的来看自旋 Hamilton 量参数随磁性离子不同而不同.

1952 年本章作者[64] 曾证明, 如果引进一个等价算符概念, 将可以消除晶体场的复杂性, 从而大大简化理论. 这的确很类似于自旋 Hamilton 量理论, 因为晶体场理论的实施可分成两个步骤: 首先部分解除一个孤立离子最低能级的简并态, 得到最低轨道能级; 其次解除自旋简并. 自旋 Hamilton 量理论假定轨道分离已经存在, 即第一步已经完成. 于是, 一个自旋变量的算符就可满意地描写剩下简并度的分离过程. 等价算符方法有所不同, 作为第一步它用轨道动量算符表达式替代晶体场; 第二步也是类似, 只是对于角动量变量用轨道算符替代自旋算符. 目前这个方法使用广泛, 晶体场不必以显式出现了. 可通过拟合实验选择等价算符中的参数. 有时这些参数被称为晶体场参数, 尽管并不需要一个晶体场模型来确认它. 文献中常常存在一些混淆; 这就是对于晶体场存在两套参数, 即自旋 Hamilton 量参数和等价算符参数.

14.7.3　4f 离子: 稀土族

对 3d 离子的理解已经相当深入了, 研究者的注意力开始转向稀土族. 因原子弹计划发展起来的冶金产品, 提供了充足的稀土族材料. 应用共振技术于稀土材料, 遇到的主要问题是这些离子的弛豫时间特别短, 因此实验需要在液氦条件下进行. 稀土乙基硫酸盐化合物已经被用于绝热退磁实验多年了, 最早的研究工作就从此开始. 在很短时间, 人们就得到大量新实验结果并且发表了评述[65].

人们假设晶体场理论仍然有用武之地, 虽然支持这个观点的实例不多. 早期关于稀土的论文认为和铁族离子情形类似, 稀土晶体场也源于八面体近邻但是强度弱得多. 当时看来似乎满意, 但是, 不久对于某些稀土乙基硫酸盐极化率的解释就遇到麻烦 (实验测量的物理量是 Faraday 旋转角度, 它与极化率成正比). Van Vleck 在一封信 (1951 年 2 月 7 日) 中告诉我, 他怀疑晶体场理论是否可以应用到稀土族化合物. 然而, 一些 Kramers 离子的新共振实验结果清楚地表明, 虽然晶体场数值与铁族离子完全不同, 但是晶体场理论还是可以应用的. 特别是 g 因子具有很强的各向异性, 只是近似的八面体晶体场得不到这种结果. 而且这也与晶体结构不一致, 晶格结构表明磁性离子有 12 个最近邻, 处理那样一个结构就成为主要问题, 引进等价算符方法正好克服了复杂的代数困难. 然而, 这个方法导致的问题是必须存在一个六阶晶体场参数 B_6^6. 这是一个新的参数而且尚无直接的实验证据, Gd^{3+} 离子实验的及时出现解决了疑惑. 这是一个具有高自旋量子 7/2 的离子 (对于晶体场理论不存在问题), 在自由状态没有轨道简并. 似乎这里应当出现的是自旋简并态劈裂为 8 个等间距能级的 Zeeman 分裂. 事实上, 实验观察到的却完全不同. 当没有磁场时 8 个自旋态分裂为 4 个 Kramers 双重态, 而且共振实验表明存在六重对称轴. 没有任何简单的方法可以确认应将晶体场参数 B_6^6 导入自旋 Hamilton 量, 因为所有这些参数均为零. 但可以肯定六重对称轴的存在, 于是又将注意力集中到 S 态离子的零场劈裂问题上来, 不过同样的问题在铁族离子中也还没有解决.

尽管利用等价算符方案可以解释共振的主要结果, 但是在参数数值上仍然存在着较多的任意性. 因为对于大多数离子而言, 理论给出的只是最低能级的 Kramers 双重态的一般图像. 为了精确地确定参数值, 必须知道所有能级的性质. 但是, 在液氦温度下只有最低能级被占据. 当时最好的做法是除了共振实验外再配合以极化率的测量. 稍后, 非弹性中子散射也提供了技术以确定间距极小的能级劈裂. 现在, 参数的不确定性已经大大减小.

用共振方法为稀土族提供了大量的信息, 之前多数物理学家并不熟悉这一族的元素. 更应该感谢 Iowa 州立大学的 F H Spedding 在这个具体领域以及基础磁学上所作出的贡献. 感谢他使得这些共生元素能够分离开来且达到相当可用的数量, 从而促进对稀土研究兴趣的日益增长. 这些成果的意义远远超出前面所说的研究工作, 并已进入了广泛应用的技术领域.

EPR 也用于 3d 以上的过渡族元素, 但整体而言结果并不如前面那样多种多样. 因为很多离子组成了共价络合物之后并不显示共振. 一个有趣的例外是 $IrCl_6$ 络合物[66], 其中磁性电子与所有 7 个核自旋相互作用, 显示电子轨道分布于整个络合物. 每个名义上的铱离子的磁性电子估计约有 30%的时间处于氯离子晶格位置附近. 晶体场理论没有提供解决问题的途径. 人们必须转而采用 Van Vleck 1935 年[67] 提出的分子轨道理论方法. 这表明晶体场理论似乎并不是处处可行的, 然而, 正如 Abragam 和 Bleaney 20 世纪 70 年代之前关于共振的工作及相应理论所指出的[68], 自旋 Hamilton 量方案仍能继续满足所有要求.

14.7.4 交换相互作用

我们现在回到铁族盐类. 早就知道在稀释的磁性晶体中, 只有少数磁性离子偶然地有机会处于相邻的晶格位置. 但是, 在用自旋共振方法探测之前, Guha[69] 曾经指出铜醋酸盐晶体中可能存在成对的 Cu^{2+} 离子, 这可以解释反常磁化率现象. 后来用共振方法肯定了这一观点[70]. 共振实验表明有三个很接近的能级: 非磁性单重基态之上存在有效自旋为 1 的激发态. 如果孤立的一对 Cu^{2+} 离子 (每一个具有自旋 1/2) 彼此作反铁磁交换耦合, 正好得到这个结果. 进一步研究表明物理机制就是交换相互作用, 主要贡献是负交换积分的 H-D 模型, 并有一较小的部分是自旋方向与晶体结构的耦合.

对于交换作用的理解尚处于幼年时期. H-D 的分析认为最近邻磁性离子之间存在这种作用, 相关现象的解释都以此为基础. 铜醋酸盐给出直接的证据, 并确定了它可以是反铁磁耦合. 几乎同时, 中子衍射[71] 证明在非最近邻的磁性离子间甚至在被非磁性离子分开的磁性离子之间, 交换作用也可以是最强的耦合作用.

在一系列描述 (如直接交换、超交换) 的推动下, 理论逐渐取得进展. 但是一个令人满意而且系统化的理论要等到 1959 年 P W Anderson 的几篇论文和对以前工作的评述之后[72].

14.7.5　关于晶体场理论的问题

为了引进自旋 Hamilton 量, 晶体场理论是必要的. 但是, 仍然存在着一两朵疑云. 作为共价键络合物的铁族氰化物已经被仔细研究过, 为此似乎需要有一个类似络合物 $IrCl_6$ 的理论. Feher 引用一种称为 Endor 的复杂技术, 给出了离子型晶体中磁性离子的电子远离自身的原子核散布的证据, 所以晶体场理论不能用来解释实验结果. 另外一朵疑云就是晶体场立方对称系数的计算. Kleiner 的计算采用了量子力学而不是 Van Vleck 的经典方法[74], 结果得到的系数符号相反, 如果这个结果是正确的, 这将推翻以前所有的理论与实验相符的结论. 他的这个结果在很大程度上被人们忽略也许很自然的 (后来一个改进的版本[75] 恢复了原来的符号但是数值太小).

一个潜在的更为严重的批评是: 在晶体场理论中, 电子似乎是可以分辨的, 因为相邻离子周围的电子只是简单地产生晶体场; 相反磁性离子周围的电子却用完全的量子力学处理, 从而违反了电子的基本性质. 之前对于金属本质的成功理解加剧了这些批评. 晶体场理论只考虑电子所在的那个离子附近势场的局部变化, 但是金属中的势能在空间呈周期变化, Bloch 定理指出电子并不局域在任何特定的原子核附近. 在金属理论中, 电子的不可区分性并结合不相容原理是毫无问题的. 进退两难的是完整的磁性晶体 (即非稀释磁性晶体) 也应具有长程空间周期势能. 合理的解释似乎应该是, 它们的电子也游弋于整个晶体之中, 而不是如晶体场理论期待的那样. Slater[76] 甚至认为用能带论代替晶体场理论只是迟早的事情. 后来, Stoner 和 Mott 在解释铁、钴和镍的铁磁性和过渡族盐类的顺磁性时似乎也作同样理解. 这既不需要区分电子, 也不用晶体场那样的概念. 由于问题的复杂性, 力主能带论的 Slater 尽管触到了周期场理论的痛处, 但他显然过于乐观, 能带论取代晶体场理论的事并未发生[77]. 人们重构磁性绝缘体的理论: 计入晶格周期性和电子的不可分辨性; 每个离子用自旋 Hamilton 量描述的同时计入有效自旋间的交换作用[78].

这类工作没有用到能带论的概念. 如果电子独立地在共同的周期势场中游弋, 能带的引进是不可避免的, 而周期势场也只是一种近似. 对于磁性绝缘体还是要顾及实验的观察.

从 1950 年起的 25 年中, 磁学的研究分成两个营垒: 一个是固守晶体场, 另一个是强调能带论. 散布于磁学文献中的争论主要是: 在描述一些观察现象时对于电子究竟应该用局域的描述 (晶体场模型) 还是退局域的描述 (能带论模型). 关键时刻终于到来, 稀土族金属的研究揭示了答案: 其导电行为取决于原子外层处于能带状态的电子; 而磁性则取决于内部 4f 壳层局域于在晶体场中的电子. 目前仍然缺乏将局域磁矩的自旋 Hamilton 量和传导电子能带统一起来且令大家都满意的理论, 不过每一个营垒都在使用对方的概念.

14.7.6 弛豫过程

作为非磁性晶体中低浓度杂质的磁性离子的研究工作只能在低温下进行. 只有降低温度才能使得共振吸收的强度增加, 从而补偿由于稀释造成的信号太弱的缺点. 但是, 也会带来其他困难, 如出现饱和现象. 共振实验的基本思路是, 注入电磁能量使处于低能态的离子提升到高能态. 但是可能在所有的离子都被提升到高能态之前, 吸收过程就停止了. 这种现象确实在实验中被观察到, 故在共振技术中常常需要调节注入功率, 以探测饱和现象出现的条件. 为了共振技术更加可靠, 防止出现饱和现象的弛豫过程研究的兴趣大增.

孤立离子的光谱学中, 防止出现饱和现象的两个过程都与电磁辐射有关, 二者曾经被 Einstein 以著名的系数 A 和 B 描写. A 称为自发辐射, B 称为受激辐射 (特定频率的入射辐射与离子间的能量交换). 在光谱学中, 自发辐射通常占主要地位. 然而, 在 EPR 中观测给出的弛豫时间对于自发辐射而言太短了, 但也不像是受激辐射. 因为, 这就会简单地将吸收的能量回馈到受激波从而减小整个吸收. 几乎一开始, 问题的答案就在 Van Vleck 的弛豫理论[40] 中找到了, 即应该以晶格振动谱代替电磁波谱. 虽然理论还没有被仔细检验, 但是它预言的弛豫时间和温度有关显然是正确的. **【又见 3.3.1 节第 2 小节】**

14.7.7 声学顺磁共振

如果晶格振动的受激辐射能够使得磁性离子弛豫, 那么用单色晶格振动波也有可能激发能级间的跃迁. 然而还存在一些需要克服的问题. 频率在 10^{10}Hz 的晶格波在晶体中的波长接近可见光, 可以预期它的衰减会很强. 但是, 以前没有人知道怎样产生那样的单色波. 直到 1959 年, Jacobsen[79] 指出利用石英的压电性质, 可以从电磁波产生相同频率的单色晶格波. 他和他的同事实现了声学顺磁共振 (acoustic paramagnetic resonance, APR) 实验. 甚至在第一个实验中, 就观察到了在相同样品中 EPR 不曾见到的共振峰. 这可能是因为 EPR 方法忽视了存在某些未确定的磁性中心的影响. 和 EPR 技术相比主要差别是 APR 入射波的波长非常短, 后者成功地探察到很多 EPR 技术所没有的信息 (仅仅依靠 EPR 或是 APR, 检测到的共振并不能够唯一地确定其物理起源. 但是如果超精细结构存在将会对此大有助益, 因为它可以辨认原子核).

回顾 EPR 实验结果, 如 Van Vleck 理论所预言的：多数信息来自 Kramers 离子, 它们对于晶格的耦合远低于非 Kramers 离子. 和 EPR 不同, 因而有明显的理由表明为什么 APR 对于非 Kramers 离子更为有效. 从 EPR 中弛豫过程的研究已表明, Kramers 离子的弛豫过程并没有包含在 Van Vleck 的弛豫理论之中, 它是一种交叉弛豫, 该过程是核共振领域中已确认的弛豫过程[80]. 当一个处于激发态的离子回到低能态的同时, 处于低能态的一个同样的离子进入高能态. 在这个过程中, 能量和总自旋守恒. 如果一个具有快弛豫性质的外来离子 B 取代了样品中某个离子 A, 假如两个离子的共振线重叠, 能量就可以从处于激发态的慢弛豫 Kramers 离子 A 传送到一个快弛豫离子 B, 后者很快就将能量传到晶格, 从而实现离子 A 的退激发. 因此, 少量未探察到的 B 离子就能够完全改变 A 离子的弛豫特征. 正是因为证实了样品中存在少量快弛豫离子, 才可以理解使用 Van Vleck 理论来分析慢弛豫离子行为时所出现的问题 (这个理论在差不多存在四分之一世纪后才被证明是正确的, 很不寻常).

14.7.8　磁性绝缘体中的合作现象——反铁磁性

20 世纪 50 年代之前, 通常有两种研究反铁磁性的方法. 最直接的就是测量单晶体 (如果可以得到的话) 的磁化率作为温度以及磁场相对晶体轴方向的函数关系. 其次, 可以用 Faraday 效应, 即光沿着磁场方向传播时偏振面发生的旋转. 这个效应的大小与磁化率成比例[81]. 后来新技术 EPR 发展之后, 自然有兴趣用到反铁磁体情形. 看看一个非掺杂晶体当温度降低并通过反铁磁相变点时共振线会发生什么情况.

第一个实验[82] 是对 Néel 温度约 40°C 的 Cr_2O_3 粉末进行的. 高于相变点时观察到一个共振峰, 低于相变点时则很难判断共振是完全消失了还是移出了测量磁场范围. 同样的现象很快地也在其他盐类中观察到. Kittel[83] 和 Nagamiya[84] 独立地给出解释, 认为共振可能移到更高的频率处.

他们的理论基于 Bitter 反铁磁模型, 但添加了一个新概念, 即他们认为两个次晶格的磁化强度并不是简单地反平行排列, 它们如同电子自旋一样还具有进动. 这样, 一个次晶格的磁矩可以在一个有效内场中进动, 这个场是该次晶格与另一个次晶格磁矩之间交换作用造成的. 对于另一个次晶格磁矩情况也是一样. 一个类似的模型曾经被 Kittel 用于铁磁体[85]. 差别是反铁磁体中的两个次晶格在相反方向进动. 作为推论, 两个共振在零场下具有相同频率. 1959 年 Johnson 和 Nethercot[86] 的实验采用他们精心选择的反铁磁体 MnF_2 证实了这个预期. 如同在 EPR 中一样, 他们也观察到共振吸收, 但这里不需要外磁场. 观测到的共振频率与温度有关, 这是由于两个次晶格的磁化强度是温度函数, 这是反铁磁共振的首次确切的实验观察.

磁学实验技术的一个重大变化出现在 1951 年. Shull 等[71] 使用中子弹性散射方法研究一系列含有 Mn^{2+} 的盐类, 从而获得了它们的磁结构、晶体中原子磁矩的大小和它们相对晶体轴的取向. 在最简单的例子中, 他们的实验结果肯定了 Néel 的图像: 两个铁磁性次晶格取向相反地互相穿插, 这也是 Bitter 理论给出的模型. 具有自旋磁矩的中子束被晶格中磁性离子磁矩排列成的静磁周期阵列所散射. 这个过程如同 X 射线被晶格中原子电荷排列成的周期阵列所散射 (Bragg 散射) 一样. 中子可以用于确定磁结构, 特别是判定磁结构与电荷结构是否相同. 在一个反铁磁体中二者不同并不奇怪, 但是令人意外的在如 MnO 的实验中. 最强的反铁磁耦合并不是来自最近邻磁性离子, 而是来自于被非磁性的 O^{2-} 离子隔开的次近邻磁性离子 (图 14.8). Mn^{2+} 自旋与最接近的另一个选定 Mn^{2+} 自旋的反平行是通过中间 O^{2-} 离子的介入实现的. **【又见 6.6 节】**

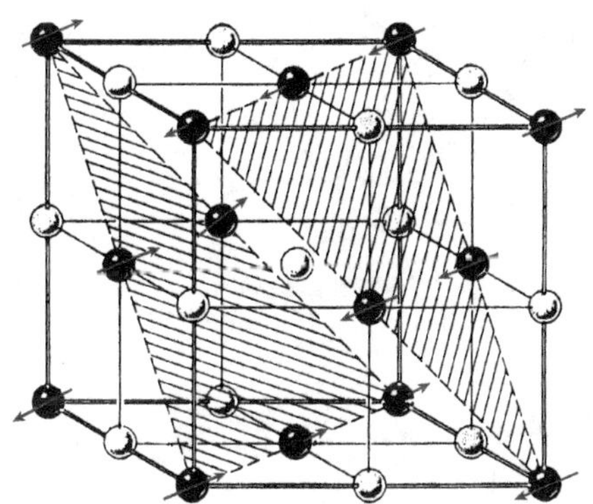

图 14.8 在 MnO 中彼此反平行磁矩, 间介入了氧离子. 结构表明次近邻磁矩间具有最强的交换作用, 它们具有反铁磁性特征

此后, 随着许多具有各种次晶格结构反铁磁体的陆续发现, 中子散射成为检测它们的非常有用的技术.

14.7.9 Heisenberg-Dirac 模型和自旋波

自从关于自旋间交换耦合的 H-D 模型提出以来, 理论上的兴趣一直不减. 特别是利用它描述低温下系统中出现的相变. 它看起来简洁的形式令理论家特别感兴趣. 反铁磁性的发现刺激了这个问题的进一步研究. 从理论上意味着反铁磁性可以从铁磁性图像引申而来. 由于篇辐限制我将不在此评述这一进展, 只谈一些看法并为读者提供参考文献 [87]. 还不能说模型可以应用到任何已知的系统. 例如, 铁磁性绝缘盐类就是非常特别的. 另外, 在反铁磁体中磁矩交替地分布在晶格位上, 其大小与未配对的电子自旋同数量级. H-D 模型预言绝对零度时在任何晶格位上没有磁矩, 表明实际的低温描述需要包含另外较弱的相互作用. 但是另一方面, 模型似乎有能力预言合作相变的存在并确定出现相变的温度. **【又见 12.5 节】**

在寻求 H-D 模型严格解的同时, 大量的工作致力于近似解. 这可以追溯到铁磁体的 H-D 模型, 其中处于基态的所有自旋彼此平行排列 (具有相同的 m_s 值), 从而给出宏观的磁矩. 如果每一个自旋为 $s = 1/2$, 那么它的磁矩就是 Bohr 磁子 μ_{B}. N 个自旋系统的总磁矩的投影为 $N\mu_{\mathrm{B}}$, 即按照测不准原理, 总磁矩值为 $[N(N+1)]^{1/2}\mu_{\mathrm{B}}$. 对于 N 很大的情形, 总磁矩值和投影值相差无几, 这就像是经典的磁矩. 在没有外磁场时磁矩可以指向任何方向, 当存在外磁场 $\boldsymbol{H}$ 时, 相对于外磁场方向有许多角度, 磁矩指向其中之一, 并产生一组间距为 $\mu_{\mathrm{B}}H$ 的等间距能级 —— 宏观 Zeeman 效应. 总磁矩如同一个陀螺仪绕外磁场方向进动 (图 14.9).

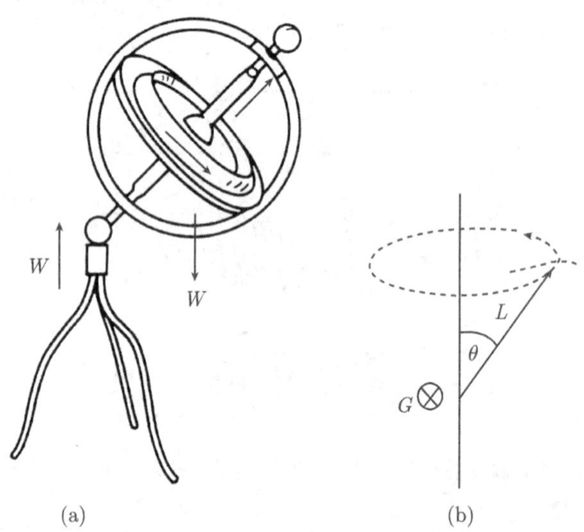

图 14.9 在经典陀螺仪 (a) 上, 力耦 $\boldsymbol{G}$ 是由重力 W 和支撑点上的反作用力提供的. $\boldsymbol{G}$ 在自身方向产生一个角加速运动, 与飞轮的角动量 $\boldsymbol{L}$ 成直角但是在同一平面上. 其结果是围绕垂直轴成角度 θ 的进动. 由于摩擦力造成的损耗, 使得进动角度 θ 逐渐增加直到整个进动瓦解. 在磁矩 (b) 的情形, 外磁场产生了力耦 $\boldsymbol{G}$. 角动量 $\boldsymbol{L}$ 就是取向的电子自旋. 由于没有损耗, 进动角度 θ 保持常量. 然而, 角度 θ 被限制取有限个数值, 在单电子情形为 2. 角度 θ 的不连续变化代替了经典的阻尼, 因为能量是量子化的且能级取相等间距

当该系统中有一个自旋发生了翻转, 就得到另一组间距相同的能级. 对应于稍微小一点的总磁矩, 它的最大的投影值为 $(N-1)\,\mu_B$. 这也可看作所有自旋彼此平行但总磁矩偏离一个角度 θ. 仔细考察这个自旋系统的排列状况, 按照典型的量子力学模式, 虽然在磁场方向上的磁矩小于完全同向排列的数值, 上述翻转的自旋并不停留在特定的晶格位置; 相反, 这个翻转应该按一定速度在晶格上传播. 换言之, 它出现在任何一个晶格位置上的机会都是相等的. 一个新的术语可用来描写这种运动 —— 自旋偏离波或简称为自旋波. 图 14.10 可以形象地描写自旋波.

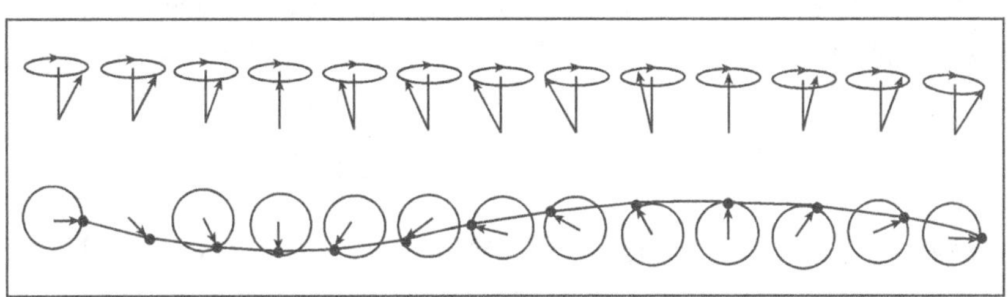

图 14.10 铁磁性自旋波模式的半经典图像. 自旋波被描述为每一个自旋绕磁化强度方向以同一频率的进动. 上半部分是侧视图; 下半部分是顶视图. 从顶视图容易看到因自旋转动形成的波, 其波长由相邻自旋间转角的差值决定. 改变这个角度需要能量, 所以, 自旋波的能量与波长有关. 多数的波运动都包含若干个波长, 从而形成一个"波包"

从自旋进动的位相变化来看 (图 14.10), 处处同相的模式相当于没有自旋翻转, 没有自旋的翻转就不存在波的传播. 也可以设想在一个扩展系统中, 在样品的不同部位激发了有两个或更多自旋的波包, 它们可以传播相当长的距离还没有相遇. 一个合理的推测就是, 许多的自旋波能同时存在而互不干涉.

自旋波的图像在物理上是合理的, 这与数学推导没有关系. 这种波应该存在于铁磁体和各种协同磁性系统包括反铁磁体之中. 问题的关键在于证实它的存在.

Kittel 的反铁磁体共振理论可以看作分别在两个次晶格上具有相同位相的运动. 这对于铁磁体而言是非传播模式. 在 1961 年用非弹性中子散射观察到首个传播模式[88]. 稍后, Collins[89] 在 MnO 上观察到 42 个自旋波模式, 用他的结果和自旋波理论估计了近邻和次近邻自旋间的交换作用, 并评论说这是观察自旋波模的唯一的技术. Keffer 给出自旋波理论的全面评述[90]. 稍后关于 CoF_2 的 EPR 研究曾经表明其自旋 Hamilton 量相当复杂[91], 并证明当温度接近 Néel 点 (38K) 时, 自旋波与温度有关, 甚至当温度高于 Néel 点时自旋波仍然存在. 后者是一个意外, 尽管前者可以从 Kittel 理论得到 (但不是采用 H-D 模型的版本, 它的出发点是取次晶格自旋完全排列).

20 世纪 60 年代末期, 对于结晶反铁磁体的兴趣有所下降. 原因可能是其他各种磁性现象的研究产生了具有技术应用的新材料与反铁磁体不同, 这些材料具有永久磁矩. 下面简单介绍一些特殊的反铁磁体, 作为这一节的结束.

稀土铬铁矿物具有两个 Néel 点[92]. 一个对应于铬磁矩的反平行排列, 另一个对应于稀土磁矩的排列. 很多晶体如 Fe_2O_3、Ni_2O_3 曾经被预期为反铁磁性但发现其实属于弱铁磁性. 有两个独立的机制说明这一问题[93]. 两个次晶格的概念被保留了, 但是假设磁矩彼此没有严格地反平行. 一个机制认为不同的次晶格具有不同的畸变轴, 从而存在晶体场的零场劈裂; 另一种机制认为可能是由于自旋–轨道作用和晶格畸变结合后产生所谓非对称交换作用. 前一种情形在 EPR 研究中就已熟悉. 后一种情形通过 Moriya 的研究被澄清了[94], 他用这一机制解释了两个磁矩轻微偏离反平行排列.

14.8　铁磁性和亚铁磁性

将铁磁性和亚铁磁性放在同一节中讨论是很恰当的. 长期以来, 实验家通常不容易区分二者. 但是就导电性质而言, 从理论上或实验上并不难理解两者的差异. 很多习惯于第二次世界大战前已有技术的实验家, 常将亚铁磁体的出现看作是铁磁体范围的扩大, 即可使用已有的实验方法研究的新的材料.

14.8.1　铁磁共振

第二次世界大战结束后, 回到牛津的 Griffiths 开始用微波设备研究铁磁性金属的高频磁导率，使得情况发生了变化. 实验中微波共振腔的终端壁是用铁磁性金属制成的. 他打算测量铁磁体造成的电磁波能量损耗, 测量的频率远高于以往的实验. 为了分离损耗, 在平行于壁的方向施加了一个恒磁场. 结果他发现[95] 随着磁场强度变化出现很强的共振 (图 14.11). 共振磁场的数值非常接近于众所周知的关

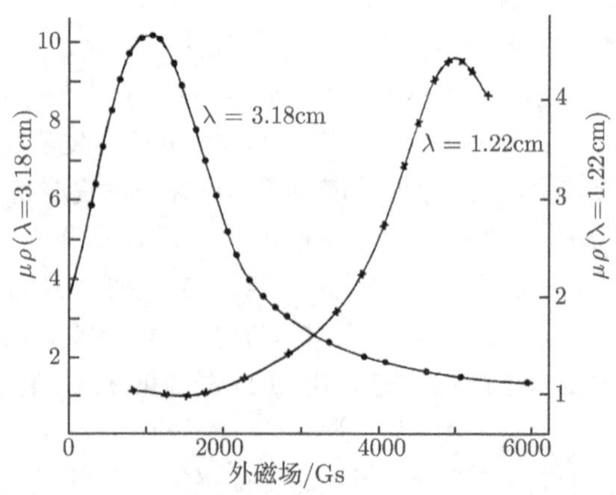

图 14.11　Griffiths 第一次观测到的铁磁共振现象

系式 $h\nu = 2\mu_B H$, 这是经典磁性理论描述内场中电子所服从的规律. 实验结果和早期 EPR 的基本相同. 从共振峰的强度可知, 这不是一组独立 (没有铁磁性耦合的) 电子的行为. 相反, 可以设想所有自旋彼此平行且都以相同速率绕内场进动; 如图 14.10 所示.

暂且不论旋磁效应的间接观测. 第一个对于进动的直接观测, 是 1937 年由 Rabi[96]| 在原子和分子束中实现的. 其次就是 Griffiths 在微波腔的铁磁性端壁中观测到的宏观共振. 几乎同时就有 Bloch 等[97] 以及 Purcell 等[98] 在水中独立观测到的质子磁矩的核共振. 实际上, 共振现象广泛地存在于从原子束、铁磁体、顺磁体到原子核系统中.

Griffiths 实验的最初的理论解释是由 Kittel[85] 修正的, 后来 Van Vleck[99] 又从微观方程重新导出. 铁磁共振方法提供了一种途径, 可以用来确定单晶体的磁晶各向异性能量, 这是为了解释在铁磁晶体中发现的磁化强度择优取向而引入的一个宏观表达式.

14.8.2 磁畴

探索铁磁体性质的另一种技术有助于更好地理解宏观磁晶各向异性能的概念. 那就是 20 世纪 40 年代已经达到成熟阶段的 Bitter 粉纹图, 一种研究磁畴结构的方法. 在很短时间里, 人们就拍摄了大量磁畴图形, 发现在没有外磁场时铁磁体中很少有均匀一致的磁化, 而是由局部均匀磁化的磁畴组成. 自然, 两个问题就出现了: 什么因素决定磁畴中磁矩的取向? 什么因素决定磁畴组成的图形?**【又见 14.5.2 节】**

回答这些问题的多数理论都是采用宏观的术语. 当时铁磁性导体的量子理论还处于发展不充分的阶段, 但是, 这并未形成障碍; 相反, 采取特定假设的经典磁学思路基本上还是成功的, 没有理由设想对目前的问题会失败. 此技巧就是将均匀磁化区域中, 与磁化强度大小、方向有关的各向异性能表达式包含在总能量中. 对总能取极小就得到在两个均匀磁化区域的边界受力情况下的能量值, 这里还需要有与交换能相联系的项, 而 H-D 理论给出的交换能则决定于自旋之间的夹角. 该项能量与磁化强度的平方成比例, 并在磁化强度转动变换下不变. 经典的形状各向异性能已可用退磁因子表达. 唯一的问题是虽然角度关系是正确的, 但相应的能量数值太小. 对此最简单的处理就是接受测量值, 并将其归结为微观各向异性的交换作用, 但对它们作宏观描述. 对能量的进一步处理应该将诸如磁畴维度和磁化强度的关系, 磁化强度随体积的变化等考虑进来. 重整这些能量表达式, 然后通过测量来确定其中的未知参数.

Bitter 图表明, 许多情况下磁畴都不是单畴. 因此模型必须扩展以包括在多磁畴情形下一个磁畴的增长伴随另一个磁畴的减小的能量. 磁畴壁对总能量也有贡献, 在畴壁中磁化强度方向则是逐渐改变的, 即相邻自旋不再平行. 此时各向同性交换作用起关键作用. 磁畴图和理论的复杂性使得实验家像是在做艺术工作, 而理论家似乎面临梦魇.

进一步的问题是理解磁畴随时间如何变化? 在磁滞循环过程中磁畴形状、大小的变化和磁畴壁的运动更成问题. 作为静态的 Bitter 技术对此助力甚少. Lee 等[100] 引进横向 Kerr 效应开辟了一条新的路子. 当平面偏振光从被磁化的样品表面上反射时, 反射光的偏振面发生旋转. 用一束很窄的偏振光实施这个实验, 观察反射光偏振面发生的旋转角度变化. 由此可知样品表面反射点上磁化强度的任何改变. 因为没有跟踪磁畴壁的运动, 所以还没有得到全部想要的信息. 做到这点还要等一段时间, 特别是对于亚铁磁体, 在适当时候我们将专门讨论这一问题. 在 Craik 和 Tebble[101] 以及 Dillon[102] 的论文中可以找到磁畴技术的详细评述.

14.8.3 亚铁磁性和铁磁性

现在可以转到亚铁磁性了, 本质上亚铁磁性更接近反铁磁性. 但是, 多年来从实验上几乎无法将它与铁磁性作出区分, 原因是两者都具有宏观磁矩. 这一点比磁矩从何而来似乎更加重要. 与宏观磁矩有关的任何性质都会在两者中出现.

特别是在铁磁共振以及经典的磁滞和磁畴结构等方面, 亚铁磁体都表现出与铁磁体类似的特性[103].

既然存在那么多的相似性, 似乎可以预期亚铁磁体能在特殊用途上代替现存的铁磁性金属和合金. 实际上, 情况并非如此, 与铁磁体的一个重要差别就是亚铁磁体是电性绝缘的. 所以, 亚铁磁体大大扩展了磁性材料可以应用的频率范围, 它与铁磁体互为补充而不是相互竞争.

亚铁磁体具有实用价值的最初迹象来自在荷兰菲利普实验室工作的 Snoek[104]. 在 1946 年, 他宣称制成了具有强磁性、高电阻率和低磁滞损耗的铁氧体 (这个术语包含一大类的氧化物). 尽管 Hilpert 早在 1909 年就制成了某些这类材料, 但认为它们没有商业价值. 所以直到 Snoek 宣布之前, 很少引起人们对于这类材料磁性的注意, 尽管 de Boer 和 Verwey[105] 早就关注过它们的电学性质 (参看第 17 章). **【又见 17.15 节】**

14.8.4 晶体结构

亚铁磁体的磁性与其晶体结构密切相关. 例如, Fe_3O_4 晶格的组成单元是由 O^{2-} 离子围成的面心立方晶格, Fe 离子处于其间隙位置中. 在单胞中 Fe 离子有 96 个可能的间隙位置, 其中 64 个位置上有 4 个近邻 O^{2-} 离子, 32 个位置上有 6 个近邻 O^{2-} 离子, 实际上, 单胞中只有 24 个位置被 Fe 离子占据. 其中 8 个位置为 Fe^{2+} 离子, 它具有 4 个未配对的电子. 16 个位置为 Fe^{3+} 离子, 它具有 5 个未配对的电子. 所以, Fe 离子不仅具有两种不同的磁矩, 且因不同的占位而具有不同的晶体场. 实际的分布取决于结晶过程, 确定离子在各个晶格位置的电离状态并不容易. 有证据表明离子的占位在晶体的所有单胞中也不相同.

Standley[106] 列举了同类化合物的晶体学数据, 计有: 尖晶石 (一般的结构式为 $M^{2+}Fe_2^{3+}O_4^{2-}$, 或者 $M^{2+}O^{2-}Fe_2^{3+}O_3^{2-}$, 其中 M 是二价金属离子), 石榴石和钙钛矿. 这些化合物包括天然磁石, 都是亚铁磁性绝缘体.

读者大概已意识到磁性氧化物形成了一个复杂而庞大的家族. 因其熔点很高, 实际上难于制备具有预定成分的这类化合物. 既然如此, 它们为什么受到这么多注意? 的确, 直到 20 世纪 40 年代晚期, 对于它们的兴趣还是有限的. 但是现在, 这类物质在我们的周围比比皆是, 尽管人们也许还没有意识到这点. 只需提到特殊的铁氧体及与其密切相关类别材料的很熟悉的应用: 无线电装置的内装天线, 磁带用记录介质, 计算机和各种 “卡” 上的永久信息存储. 而这些只是亚铁磁性绝缘体的部分应用.

因此, 一个可能更贴切的问题应当是亚铁磁体是如何被选作这些特殊通途的? 早期不可能提出这个问题, 更不用说给出答案, 因为只是在许多亚铁磁体的性质得以揭示之后, 它们的可能应用才被认识到. 现在我们当然可以回答这个问题了, 它们的这些特殊用途是从人们辛辛苦苦取得的大量有关亚铁磁体信息库挑出来的. 于是, 铁氢体开发的故事成了对研究应当以消费者市场为导向的主张的一个绝好的反例, (倘若没有人们对铁氢体性质的长期研究) 对可携带的小收音机的需求能生产出哪怕一个其必须的部件, 如铁氢体天线来吗?

亚铁磁体的宏观磁性与铁磁体极其相似, 其微观机制则接近反铁磁体. 但是, 没有理由认为, 两个次晶格磁矩的大小及其温度关系是相同的, 尽管次晶格磁矩方向彼此反平行取向. 这样一来, 亚铁磁体净宏观磁矩的温度行为就不同于铁磁体磁矩的温度行为. Néel[107] 在他的开创性工作中讲到了这一点, 并预言了其他可能出现的现象. 最为有趣的预言就是: 随着温度上升, 铁氧体的净磁矩可以降到零, 然后在相反的方向增长. 可是, 在多数亚铁磁体中并未看到这个现象. 后来 Gorter 和 Schulkes[108] 是在混合型铁氧体中证实了此事. 净磁矩为零所对应的温度称为抵消点.

从现在开始, 我们主要的注意力将集中在尖晶石和石榴石铁氧体及其应用上, 它们的电性是绝缘的.

在共振实验中, 高电阻率的直接后果很明确. 在导体的铁磁共振中, 微波辐射只能进入材料非常薄的一层 (趋肤效应). 这就是 Griffiths 在实验中使用导体薄膜的原因, 薄膜被放在微波谐振腔的非磁性壁上. 如此一来, 未配对自旋参与共振的数量就受到了限制. 绝缘体的情况就不同, 对于微波辐射而言材料是透明的. 可能存在某些特别的由磁性造成的吸收, 包括磁畴壁的运动、磁矩的转动和共振. 非共振效应的信号一般非常弱, 这就意味着可以采用大块样品, 而且如果需要, 样品可以放置在共振腔任何位置.

在电磁波沿外磁场方向传播的研究中, 上述透明性被充分地开发了. Polder[109] 从理论上证明, 平面偏振波的 Faraday 旋转现象非常有趣. 如果电磁波向某个方向传播并穿过一个有限样品, 其偏振面转动某一角度, 那么再反方向传播, 转动的角度是相同的. 换言之, 如果沿一个方向的传播对应于右螺旋转动, 反方向传播就对应于左螺旋转动. 这个性质已经被用于制造一些器件[110], 如隔离器 (图 14.12). 还发现[111] 某些铁氧体置于高功率微波辐射中时, 它们将发出频率倍增的辐射, 这一结果引起了对非线性效应的大量兴趣. Pippin[112] 用两个频率不同的入射波, 得到和频与差频的辐射. Suhl[113] 证明用非线性效应还可以制造微波参量放大器, 这个设想很快就被 Weiss[114] 实现了. 因为, 将放大器的部分输出反馈到输入端就可以引起振荡从而制成振荡器.

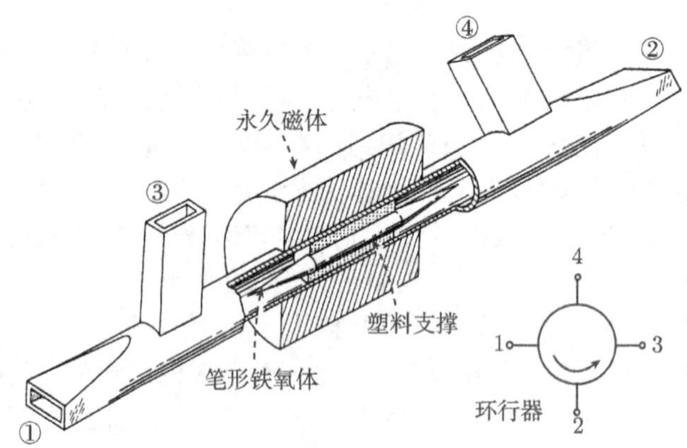

图 14.12　偏振波从位置 1 进入, 其偏振面转动 45° 并由位置 2 输出. 同样的波从位置 2 进入从位置 3 输出. 所以, 在相反方向传播的波是彼此分开的. 这个器件可用于雷达中, 将输出的微波与它的反射波分开 (1cm 的铁氧体就可以使得偏振面旋转约 90°)

14.8.5　磁记录

早在 1898 年, Poulsen 就申请了一个仪器专利, 内容是说磁畴的取向可以用于声音的记录和再生. 读者可以在 Lowman[115] 的《磁记录》一书第 13 页上找到他的器件图样. 当其在 1900 年巴黎博览会上展示时, 这个发明引发了空前的兴趣并获得了大奖. 但是发展到目前水平的过程中, 磁记录设备还是面临了很多实际障碍, 尽管基本思路没有改变. 铁氧体进入实用之前, 记录体是铁磁性金属薄带. 声音转化成的电信号进入记录线圈, 在线圈上随时间变化电流转化为磁场. 磁场进而磁化铁磁性金属薄带, 在薄带上面形成各种局部的永久磁矩. 这个永久磁矩就被保存下来了. 可惜记录薄带是导电的, 进入的信号磁场对薄带的磁化以及信号结束后磁化退回剩磁态的这两个过程都需要时间的延迟. 换言之, 用作记录的铁磁性金属薄带难以重现瞬时信号电流. 另外一个问题是, 信号磁场垂直磁化薄带的装置技术上是最方便的. 可是, 最优磁化方式却是磁矩平行于薄带.

铁氧体的出现 (包括其他一些亚铁磁性和铁磁性绝缘体在内) 改变了上述状况. 因为新的记录磁带材料对信号磁场的响应速度远远超过了铁磁性金属薄带. 尽管还有不少的困难, 但是到了 20 世纪 40 年代晚些时候, 已经非常接近目标了, 证明产业界的大量研究活动确有成就.

组成当今磁记录带的磁性颗粒具有单轴磁各向异性, 这些颗粒均匀弥散在特定的非磁性胶体中, 然后被涂敷在非磁性薄带上. 有些制备过程是: 首先将磁带加热到高于 Néel 点的温度, 从而达到退磁化状态; 然后在强磁场下冷却, 使得颗粒磁矩在磁带上取向. 当记录磁头扫过磁带时, 电信号脉冲经过磁头转换成磁场脉冲, 其磁场强度先是从零上升然后下降到零. 经过这个磁场循环, 磁带上被脉冲磁化的局部颗粒处于剩磁状态, 这就是记录的元过程, 反过来就是读出过程. 为了在读出过程中得到质量好的再生信号, 就应使得记录时磁性颗粒的磁化与电信号的电流成比例. 可是由于颗粒磁化循环过程的非线性, 这件事成为难题. 人们发现若施加一个较强的且频率高于记录信号的振荡电压, 就可以获得性能较好的再生信号.

磁记录方面现存大量的技术和经验, 例如, 优质磁记录材料、适用薄带的生产以及最好的记录技术等. 应用磁性材料的评述可参考 Bate[116] 的专著. 有关磁记录技术可阅读 Lowman[117] 的专著.

14.8.6　泡状磁畴

1957 年 Dillon[117] 报告, 可见光能够透过亚铁磁性的钇铁石榴石极薄的截面. 这就开辟了一种可能性, 利用法拉第旋转借助显微镜去观察磁畴图形. 如果对于磁畴中磁矩的某个方向, 平面偏振光旋转是右手螺旋, 那么对于具有相反方向磁矩的磁畴, 偏振光的旋转就是左手螺旋, 通过特殊的偏振解析晶体就可以将二者分辨开. 最早使用这种新技术在薄膜中得到的磁畴照片没有施加外磁场[118]. 磁畴具有蛇形图样卷曲在样品上面, 而相邻“蛇”中的磁矩取向相反 (在垂直于薄膜平面的方向上). 可以发现每个磁畴倾向于在薄膜边界结束而不是自身封闭, 且引入外磁场就很容易使得图形变动. 此后随着技术的发展, 大量结果出现在众多文献中 (图 14.13).

此前人们以静态形式将信息存储在磁带上, 再移动磁带并以磁头读出信息. 一个新方案是将信息存储在静止磁带上, 再直接移动信息本身. Bobeck[119] 曾对这方面的进展给出了初步总结. 研究过很多可能的亚铁磁体, 其中有些铁磁体的 Dillon 蛇形磁畴会将自己闭合起来. 当垂直于薄片施加一个均匀磁场时, 顺磁场方向的磁化区域将增长, 反方向的磁化区域则减小. 达到一定的磁场强度, 后者将收缩为小的圆形磁畴, 它们分布在具有磁化方向相反的磁矩的海洋中. 由光学系统观察到的这些圆形磁畴被称为磁泡, 就物理性质而言它们与小的圆柱形磁体相似, 在非均匀外磁场中很容易被移动. 泡状磁畴及其动力学研究的热情一度相当高[120]. 在磁带边沿施加合适的外磁场并采用其他技术, 可以闭合蛇形磁畴从而产生泡状磁畴, 进一步将它按照需要加以驱动. 至此, 前面提到的将存储在静止磁带上的信息加以移动的途径就找到了. 如果将磁泡的密度再加以适当控制且磁畴花样可作整体移动就相当满意了.

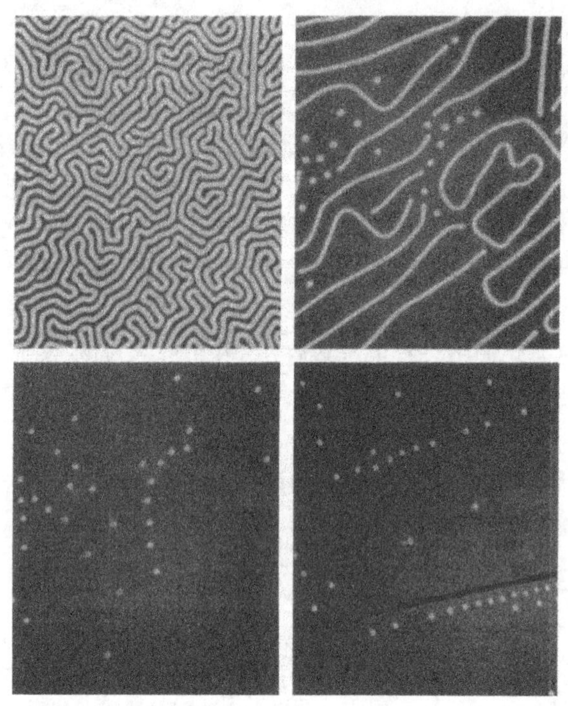

图 14.13　泡状磁畴的形成过程. Bell 电话实验室给出的系列照片展示磁性石榴石薄片上泡畴的形成. 样品中磁畴磁矩的取向或者向上或者向下, 从而造成偏振光旋转方向的不同. 调整偏振光滤波器, 同一方向的磁畴就呈现出或者亮区或者暗区 (二者取其一). 上左图表示没有外磁场情形. 磁畴呈现蛇形图样, 磁化相反的两种磁畴具有相同面积 (曝光技术会产生一点误差). 上右图表示在垂直样品薄片方向施加了外磁场的情形. 磁化方向与之相反的磁畴被压缩了, 有一些收缩成泡状. 虽然这些圆形磁畴被称为泡, 实际上, 从侧面看就是一些矮胖的圆柱. 下左图表示进一步增加外磁场强度时, 所有剩余的“岛状”磁畴成为泡状. 下右图表示借助于一条被外磁场磁化的“软磁”线, 人们可以随意移动这些泡状磁畴. 因为泡畴彼此排斥, 所以它们会保持最小的分隔间距. 泡状磁畴的密度约为每平方英寸一百万个

利用磁泡的出现和消失与信息单元的“1”或“0”的对应，可以将其作为存储单元. 进而对于这些单元进行加法和减法，就可用作计算的基本元素[15]. 但是，后来的事态表明磁泡方案整体性能不敌半导体芯片.

14.8.7 稀土金属及其合金

在第二次世界大战之前对稀土金属磁性就有很大兴趣. 但是随着这些材料日益容易取得且分离技术更好，由于对当时所用材料的纯度存疑许多战前研究工作的不可靠性日渐明显. 较早的绝缘体 EPR 实验研究表明，来自稀土离子特别是杂质钆的共振峰影响了宏观磁性测量因此许多这类工作测到了本不应当存在的磁性离子的共振. 不过，战前的工作也预示了很有趣的磁性，如证实钆具有铁磁性. 似乎全部稀土族成员都是十分有价值的. 后来随着金属和合金更易得到且纯度的提高，研究工作的可信度大为增加.

和大多数金属不同，稀土金属钕的顺磁磁化率在临近室温范围随温度变化很剧烈. 其行为与含有三价钕离子的盐类相似[121]. 这些盐类的磁化率机制基于自由离子的 Zeeman 分裂以及对 EPR 的分析. 对金属磁性的解释也是相似的，即磁性源于局域的内壳层 4f 电子.

复杂性还是出现了. 首先，来自于金属铒与钬多晶样品的中子衍射的研究[122]. 接着在元素及其合金中揭示出一系列异乎寻常的磁矩组态. Legvold[123] 仔细研究了这些及各种不同的物理性质与各种类型磁有序的关联. 低于临界温度 (通常在室温以下)，某些元素 (如钆) 磁矩的排列为典型的铁磁性. 另外一些元素 (如铽)，磁矩处于晶体中一系列平行的平面之中，从一个平面到另一个平面，磁矩的方向以固定角度转向. 还有一些元素 (如钬) 则是上述两种模式的组合，磁矩的一些分量从平面到平面转向，而另一些分量垂直平面 (图 14.14). 除此而外，各种元素材料中磁矩的排列也随温度而变化.

更多信息还从非弹性中子散射中得到 (如第 12 章所述). 实验中，入射中子损失能量并改变它的运动方向，从而在磁性系统中产生相应能量和动量的元激发. 这些元激发虽然在实验上与普通铁磁体中的自旋波相似，然而我们不愿意在如此复杂的磁系统中使用同样的描述，元激发几乎不能被看作是简单的电子自旋的翻转. 它们被称为磁激子或磁波子. **【又见 12.2 节】**

长期以来就认为稀土离子的电子结构中具有未填满的 4f 壳层，实际上在元素金属中都接受这个概念. 这些部分填充了 4f 壳层的电子是局域的，而电流则由外层电子承担. 按照 Slater 的观点，在周期结构中所有电子包括 4f 壳层电子都处于能带状态. 广泛接受的观念应该是 4f 电子有别于其他能带电子，它可以用晶体场理论来处理，稀土离子处于传导电子海中，而后者是晶体场的主要贡献者.

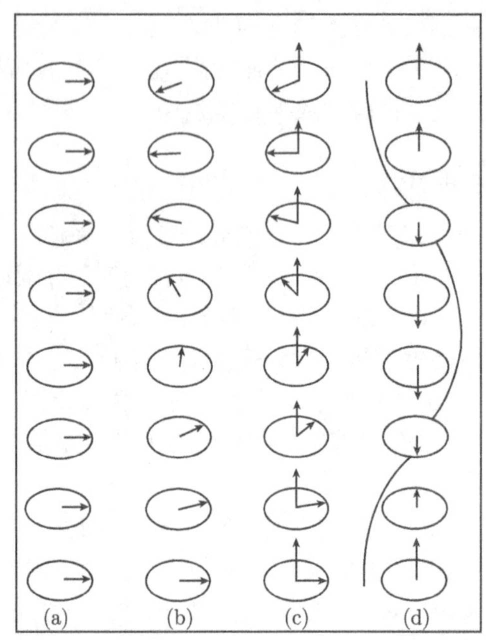

图 14.14　重稀土金属的磁结构. 在晶体的任一个六角层内所有的磁矩取向一致

(a) 在底平面内铁磁体所有磁矩都排列在磁化强度的方向; (b) 螺旋磁矩：在两个相邻平面磁矩之间有一固定转角; (c) 锥形：这是平面螺旋与垂直轴铁磁矩分量的组合; 总磁矩在一个锥形表面上旋转; (d) 纵向波结构：垂直轴磁矩分量作正弦变化, 同时底平面内磁矩分量作无规分布. 这些结构的出现可以从交换耦合与晶体场的共同作用来理解. 其中, 交换耦合导致沿着 c 轴具有长程周期性, 晶体场则令磁矩沿晶体轴取向

于是稀土金属的这种图像完全类似于盐类. 所以, 它们的高温 Curie-Weiss 磁化率就容易理解而不需要交换相互作用的细节描述. 然而, 在金属中出现复合相的温度却远高于盐类, 这个问题仍然存疑. 早年曾经对处于非磁性晶体中锰离子间的交换作用产生过一个想法：认为以传导电子为媒介可能形成锰磁矩之间的间接交换作用. 这个想法用到了稀土金属中. 当传导电子移动到一个局域磁矩附近时, 假设传导电子自旋与局域磁矩之间存在交换作用, 当传导电子离开局域磁矩后, 交换关联还保持. 这个关联被传递到第二个局域磁矩上, 导致这两个局域磁矩之间的间接关联. 这种耦合机制被称为 RKKY 相互作用 (取四位主要贡献者姓氏的字头. Ruderman 和 Kittel[124], Kasuya[125] 和 Yosida[126]). 与绝缘体中交换作用不同的是, 随两个局域磁矩的间距增加, RKKY 相互作用的大小呈振荡形式缓慢下降, 符号也交替变化. 元激发磁子的图像应该是, 局域磁矩耦合系统的激发以及在传导电子云中引起感生磁矩[127].

为了澄清晶体场的性质, 在与稀土金属晶体结构相同的非磁性晶体中置入较少的稀土元素. 从而大大减小了自旋间的交换作用, 就可直接从非弹性中子散射观测到由晶体场造成的能级劈裂的低能级花样[128]. 这一工作不仅给出了晶体场参数, 而且证明了对不同稀土元素而言这些参数差别并不大.

这一研究清楚地给出了轨道没有冻结的证据, 如何描述交换作用却成了问题, 很难想象它还能够和轨道冻结情形取相同形式. 考虑晶体场造成的劈裂还带来其他的复杂性, 唯一的希望似乎是应用中子色散谱来提供交换作用的细节. Mackintosh[129] 叙述了这方面所取得的成果.

假如关于稀土元素的研究工作没有如此成功, 很可能究竟应当用局域化描述还是非局域化描述的观点分歧仍会继续下去. 但是有了这些周期性晶格无疑存在的例子后, 想要坚持它们只能在能带论基础上解释变得越来越困难, 虽然按照 Freeman[130] 的观点这也并非不可能 (他似乎要继承 Slater 的衣钵). 对于绝缘体相应的困难不需引入能带论就解决了, 对于导体似乎也不是不可以这样解决. 无疑晶体场的简单概念将会消失, 尽管这并没有阻止各类研究者们试图通过金属 (如金和铝) 的静电模型估计晶体场的努力. 在多数这类工作中, 4f 电子是与其他电子分开研究的, 不过 Schmitt 没有这样作, 他找到了一种类似交换作用对晶体场的贡献[131].

作者本人试图在用等价算符取代晶体场时计入电子的不可分辨性, 但是没有成功[132]. 后来, Dixon 和 Wardlaw[133] 的努力也没有完全解决这类问题.

在理论进展受阻的同时, 实验工作则不同. 人们发现了含稀土元素的合金具有很多的用途. 关于这方面的情形, 列举几篇评论就足够了. 这是在《九十年代的磁学》一书中的三篇文字, 它们回顾过往并展望了未来. 首先, K Strnat 和 R Strnat[134] 给出关于稀土–钴合金及其用途的评述. 其中一些合金在工业上地位重要, 性能强大的永久磁体市场需求量非常大, 价值无限可供使用的磁体并不简单. 对此, 作者指出"真正的磁体远比确认为潜在硬磁材料的金属间化合物复杂. 它们不是具有理想化学配比的化合物, 通常都有几个相共存, 冶金学结构复杂且不在热力学平衡状态. 某些磁体甚至还包含非磁性结合物." 第二篇文章中, Herbst 和 Croat[135] 描述了另一个非常重要的钕—铁—硼盐家族. 第三篇文章中, Buschow[136] 描述了另一类永磁体 $RT_{12-x}M_x$ 系统, 其中 R 是稀土元素, T 为 Fe、Co、Ni、Mn 中的任一个, 而 M 为 Al、Si、Ti、V、Cr、Mo、W、Re 中的任一个. 上述三篇评述给出了大量参考文献, 进一步的资料可以在 Landolt-Börnstein 的著名丛书[137] 中找到.

14.9 变化着的格局

大约在 20 世纪 70 年代中期, 第二次世界大战后发展起来的电子共振、铁氧体、稀土等课题尽管还有进展但已经风光不再, 研究的兴趣开始转移到新的领域. 20 多年来, Slater 认为周期系统物理需要能带论的观点, 在磁学领域逐渐淡化. 基于局域观念的磁学取得了很大成功, 从而与基于能带论的磁学分道扬镳, 后者已难以推进. 这件事和固体物理中其他分支的情形迥然不同, 能带论在那里已经成为主流. 于是, 铁、钴、镍作为传统的铁磁体处境尴尬, 既不像是用能带论也不像是用局域矩就能说明的. 当然, 随后的研究表明, 局域模型并不需要区分电子也不需要放弃周期性, 不要放弃有用的概念的常识性处理方法似乎取得了成功.

上述评论对存在的问题有些夸大, 因为虽然能带论在固体物理的广泛领域中取得了巨大成绩, 然而人们越来越强烈地意识到某些时候需要更多的新思想. 不拘泥于过多细节, 对此给出一些评论就足够了. 两个基本问题值得一谈. 第一个问题是给出一个能带的结构, 例如金属钠的晶格结构, 它可能给出格点位置上 3s 电子出现的数目可能是 0, 1 或者 2 的概率. 孤立的钠原子只有一个这种电子, 故予期这将显然是其在固体中的最可几占据数, 然而从能带论导出的数值与此非常不同引起了人们的关注. 看来需要对能带论作一些修正, 以限制局域电子数目的可能取值. 技术之一[138] 是引入从 Bloch 函数导出的一种局域函数, 当中含有 Hubbard U 参数为其特征 (命名是对 John Hubbard 的一种赞颂, 20 世纪 60 年代他发表了关于这一问题的若干重要论文并英年早逝).

第二个问题是, 能带论中几乎所有电子都是自旋配对的. 作为未配对电子自旋产生的磁性的范围就受到了限制, 尽管具有局域磁矩的例子还在增加. 中子散射实验表明: 甚至金属铬和锰中也有小的局域自旋磁矩, 某些锕系金属也有类似情况 (锕系元素具有未配对的 5f 轨道, 曾经预期具有与稀土元素相似的磁性. 但是, 由于这些电子处于外部的壳层, 它们受到环境的影响较大. 实际情形远为复杂, 可能部分甚至全部电子会在附近的 6d 轨道上. 锕系的磁性受到很多注意, 但这里不准备详细评述. 对于这些元素及其化合物的磁性, 系统的研究工作较少). 作为研究非磁性金属电子行为的十分有力的技术, de Haas-van Alphen 效应以明确的证据支持 Stoner 的巡游磁性概念. 正如在第 17 章中解释的那样, 从这个效应可以得到传导电子能带结构的详细图像. Gold 首次指出铁和镍的传导电子按照自旋取向形成两个不同的集合. 两个集合中电子数的差值就是饱和磁化强度, 与实验符合的程度很高. 这个课题很复杂, 其中很多问题尚待解决. 诸如局域电子与巡游电子的区别等. 这些烦扰 Slater 的问题的研究一直非常活跃. 有关评述可见 Lonzarich[139]. 【**又见 17.18 节**】

讨论局域电荷分布的问题时, 考虑到从晶格上一个格点到另一个格点, 分布电荷的变化值远小于电荷本身, 这就产生了电荷涨落的概念. 同样的, 局域磁矩的自旋涨落值也小于单个自旋. 这些有用的表述常常也误导读者. 他们通常认为在一格位上的电荷和磁矩会随时间变化, 然而这里的涨落是指其空间变化, 在时间上是静止不变的. 不过作为技术术语, 我们仍保留使用它们.

导电体磁性能带论的研究工作仍然继续增长, 巡游磁性理论是这些领域中最为活跃的课题之一. 其中, 最引人注目之处是对随着温度下降磁性消失现象的研究.

14.9.1 近藤 (Kondo) 效应

可以给一个例子, 多年前, de Haas 等[140] 研究金属电阻随温度的变化. 他们观测到金的电阻在温度为 5K 时出现一个极小. 接着, 在镁和其他元素材料上也看到类似效应[141]. 尽管意识到可能是杂质所致, 但是对这个意外的发现还是缺乏合适的解释. 进一步提高了非磁性金属的纯度, 特别是仔细地减少了 3d 元素杂质 (如产生局域磁矩的锰元素) 之后, 上述想法得到肯定 (能带和内壳层电子贡献的磁性与温度无关, 被认为是正常金属的普适行为. 任何只有这类磁性的导体被看作是非磁性的). 磁性杂质导致的顺磁性表现为 Curie 型的温度关系, 其来源是局域磁矩. 实验发现, 在电阻出现极小的温度下顺磁性消失了. **【又见 17.17 节】**

这个现象导致大量的理论工作. 为了感谢近藤 (Kondo) 在 20 世纪 60 年代发表的一系列论文[142] 作出的贡献, 此现象被命名为近藤效应. 它的物理机制可理解如下: 随着温度下降, 在磁性杂质附近的电荷与自旋的局域性增加. 到出现极小的温度, 传导电子云的局域磁矩正好抵消杂质上的局域磁矩. 二者的抵消导致总自旋为零, 从而形成一个非磁性团簇. 早期在电导中出现的问题, 即与磁矩的抵销以及巡游磁性的扩展相关, 这都需要考虑所谓的强关联电子系统.

14.9.2 中间价态和重 Fermi 子

早在 20 世纪 70 年代, 就观察到与前面类似的现象, 即在低温下, 某些全组分稀土导电化合物的磁矩消失了. 看来似乎又是传导电子感生了磁矩, 其数值正好与 4f 电子的局域磁矩抵消. 因为如果不是这样, 这种过程发生在晶体中全部稀土的晶格点上就很难接受 (与此相关的问题自然就是, 当杂质含量增加时, 正常金属中的近藤效应会有何变化).

说明这个现象的思路最好是回到稀土金属当中. 问题是为什么巡游的传导电子会和部分填充的 4f 状态中局域电子共存. 最简单的解释就是, 应该考虑热平衡下达成电子分布的必要条件. 取出 4f 电子并放置在传导电子 Fermi 分布的顶端, 就需要消耗一份能量. 同样, 移动电子以增加 4f 电子数目的反过程, 也需要消耗一份能量. 换言之, 在任何晶格点上, 改变 4f 电子的数目在能量上都是不利的.

现在假定在某些稀土导体上, 从一个特定晶格点上将 4f 电子移动到 Fermi 能级, 可以得到一份不多的能量. 就是说降低了能量. 既然允许这一移动, 为何不允许第二个电子从另一个晶格点上移动过来? 这应该是可以实现的. 被传送的电子已经退局域了, 晶格点上电子移动的过程继续进行, 电子从一个个晶位移动到导带. 后者不得不进入较高的能量态. 前面空出来的较低的状态, 又被已经传送出去的电子占据. 一旦传递电子所需要的能量变为正值, 这个过程将会停止. 如果被传递的电子数目少于 4f 位置的总数, 就可能出现位置的混合状态, 有的位置从 4f 壳层丢失了电子, 有的并没有丢失. 问题出在如何协调这个物理图像: 从量子力学观点, 晶体学等价的位置上必须有相同的电荷.

在某些稀土硫化物实验中表明存在着上述传递机制, 而且所有稀土离子晶格点总是保持晶体学等价的. 除这个困难外, 还发现低温下, 传导电子出现局域磁矩并与 4f 壳层电子的磁矩相抵消. 那么, 在全组分系统中似乎也存在类似近藤效应的现象. 假如没有传递发生就会有局域磁矩, 而且很可能在温度足够高的情况下, 虽然发生了向传导状态的传递, 仍然有局域磁矩.

现在以中间价态这个术语描述整个现象. 无论上述物理机制可信与否, 人们迅速认识到对此现象的理论处理已经成了量子力学中的一个重要问题. 低温下磁矩消失的基本现象还不能说是磁学中最令人激动的事件, 此外还有诸如强关联电子 —— 近藤格子[143] 和重 Fermi 子[144] 等主要存在于锕系导体中的相当相似的现象. 无论如何磁学是这些新事物生长的良好土壤, 这里的专家十分熟悉各种有效的理论方法.

新的发展中, 主要问题是缺乏可靠的实验技术以确定发生了什么物理现象. 所幸在绝缘体研究中, 存在适用的共振技术. 金属的运气就没有那么好, 因为电磁波无法穿透大块样品. 可以使用中子和弹性波, 但仅是在有限的频率范围内. 电磁辐射只是用在极低或极高频率范围. X 射线可以将束缚态电子激发到高能量导带, 甚至将电子撞出导体以供测量. 虽然这种电子光发射技术的应用已经普遍, 不过迄今为止, 对这些和类似方法的解释不像共振实验那么容易.

看待扩展巡游磁性的这些努力的最好的办法很可能是期望它们最终导致磁学作为固态物理中一个独立分支的消失. 这确实很可能是因为在能带论的重要性被充分认识之前, 磁学已经是一个相当成熟的课题, 而且其发展主要由晶体场理论主导, 故而使得它成为单独的分支. 整个磁学是否会融入固态物理而消失是另一码事, 因为只有着重于晶体材料的传统的磁学看来似乎接近于被统一, 而新的涉及非周期晶格的领域却正在开辟. 现在, 相当大的兴趣集中在非晶态磁性材料和非常薄的薄膜上, 这些膜只在二维上保持周期, 而在第三维上毫无周期可言.

14.9.3 非晶态磁性和薄膜

磁性合金的实验和应用经历了很长的历史. 磁性合金可以看作是广义的无序体系. 同样在 EPR 实验中, 随处分布在晶体中的磁性离子也是另一类型的无序体系. 虽然在这里, 无序性的后果并不明显. 随着晶体中磁性离子浓度增加, 特别当交换作用是反铁磁性时 (通常如此), 情况发生了变化. 在低浓度情形, 反铁磁性的建立并不伴随相变. 但是当浓度上升时, 就会出现某种类型的相变. 所谓自旋玻璃引领了这类系统的研究. 它是 (至少在理论上) 由两类情形造成的: 其一, 空间取向无规的自旋系统, 自旋间由短程交换作用耦合; 其二, 晶格位置占位无规的自旋系统, 自旋间由长程交换作用耦合, 类似导体中杂质自旋的 RKKY 理论那样, 耦合的符号可变化. 两类模型虽然给理论家带来很多困难, 但是过去十年中也激发了大量的兴趣. 特别是相变问题, 如何确认体系发生了相变, 它确实存在抑或根本不存在. 一个简明的例子可以说明这类问题是怎样提出的, 那就是三个自旋组成的系统, 彼此之间存在着反铁磁性耦合. 非常难以确定低温下系统的这些自旋如何排列, 因为无法实现全部自旋彼此反平行. 这种现象被称为“失措”(frustration)[145].

实验家很容易得到非晶态磁性样品. 制造这类材料的技术很多, 材料中既有绝缘性的也有导电性的. 因而并不缺乏研究的例子. 另一方面, 理论家尽管提出了各种模型, 但大多难以由此得到更多的认识. 至于实验家和理论家能否取得实质上的共识, 以我的能力尚无法判断. 也许在现阶段这还不重要. 因为, 磁学的进展通常依靠实验研究, 理论只是促进一下或者做一些事后的解释. 当然, 制造磁性材料技术上的兴趣才是更大的推动力.

另一个重大进展是薄膜的研究. 薄膜的厚度可以是 100 个原子层或更薄, 其结构可以是晶体或非晶态, 其性质可以是磁性或非磁性的. 无论单层膜或者成分各异的多层膜, 其生长所需基片可以用很多材料制成. 大量工作导致各种新材料和新性质层出不穷. 如果在普通的非磁性导电层上生长一层绝缘的铁氧体薄膜, 改变铁氧体的磁化强度就能够使得导电层的电阻变化, 这样的结构可以用于磁带录音机的读出磁头.

两个理由使得在这一节没有给出参考文献. 其一, 很难判断创造如此多贡献的研究者的先后; 其二, 很难恰当地评估如此丰富的成果和它们今后发展的潜力. 为了弥补作者的这些不足, 推荐读者阅读《九十年代的磁学》[144] 一书中的文章. 这些文章讨论了 20 世纪余下时间里磁学可能的发展. 对于不久前的发展, 可以参看 1991 年度的国际磁学会议论文集[146], 这是每三年召开一次的正规的系列会议.

14.10 核 磁 性

14.10.1 核磁共振 (NMR)

在铁磁共振及电子顺磁共振发展的同时, 人们也注意到与原子核有关的共振现象. 1946 年出现的两篇论文[97,98] 搭起了磁学新发展的舞台. 众所周知, 很多原子核的自旋不为零, 相应的核磁矩 (如同电子情形一样) 取决于自旋取向. 可以预期在外磁场中核磁矩将围绕磁场方向进动. 进动的频率决定于磁场强度和核的 g 因子, 后者是磁矩与角动量的比值. 具有这个频率的横向振荡场将导致自旋取向 (核磁矩在磁场方向的投影) 间的转变. 事实上, 各种磁共振现象的概念是相似的, 它们属于同一概念下的不同具体类型. 但是因为实验技术的诸多差异使得它们未能进一步统一. 然而特别是在理论方面, 各种共振存在较多联系. 在 NMR 的理论描述中将更着重差别而不是相似性.

核自旋的大小与电子自旋大小的数量级相同, 但是核质量却比电子质量高 1000 倍. 因此, 核磁矩就比电子磁矩小同样的倍数. 我们已知, 产生 EPR 共振的横向场的频率在微波波段如 10^{10}Hz, 而产生核共振的横向场频率则约为 10^7Hz. 这样, 二者实验技术的差别自然很大. 在两种情形下的共振吸收强度都与下列因素有关: 磁矩的大小, 样品中自旋的总数, 以及与外磁场方向平行和反平行的自旋数目之差. 这就引入一个重要的因子 $\mu H/kT$, 其中 μ 是磁矩、T 是绝对温度. 任何新技术在引进之初, 一般很难立即见效. 最早的核磁共振几乎与电子共振实验同时观测到. 对于核共振而言, 上述因素中除了自旋总数外其他并不显优势, 是低频下检测手段的高灵敏度补偿了其他方面的不足. 当然样品的选择也很重要.

1942 年由 Gorter 和 Broer[147] 做的第一个固体中核共振实验并不成功. 到 1946 年才实现了在石蜡和水中的质子 (氢核) 共振实验. 这得益于实验技术的改进, 进而又被用于其他原子核实验. 从一开始就对于弛豫现象有很多兴趣, 即自旋之间的能量交换以及自旋系统到环境的能量损耗. 但是, Zeeman 能级劈裂的概念还不能直接描述实验. 不过, Bloch[55] 方程却可以作出很好的唯象的描述. 这是陀螺运动的经典和量子力学方程的推广. 共振现象实际是进动着的磁化强度矢量的变化. 可以将它分为两部分: 外磁场方向的恒定部分和在垂直平面上转动的部分 (图 14.10). 后者就是所有自旋进动合成的结果, 只要外部激发场存在它就具有一个非零的不变值. 然而, 一旦撤掉外部激发场, 磁化强度的上述两个分量将发生变化. 首先看恒定部分磁化强度的改变. 因为共振改变了磁矩朝上和朝下 (在磁场方向的恒定部分) 的初始热分布. 所以当外部激发场撤掉以后, 系统就会回复到初始热平衡分布. 这个机制的特征时间 T_1 被称为自旋–晶格弛豫时间. 另一部分即横向磁矩, 在共振实验开始前就是零. 如果撤掉外部激发场, 横向磁矩将衰减回到零即初始热平衡状态. 系统中取向相反的自旋通过相互的自旋翻动, 破坏了自旋进动的一致性, 从而使得总的横向磁矩回归到零. 这个机制的特征时间 T_2 被称为自旋–自旋弛豫时间. 液体中没有晶格, T_1, T_2 过程是彼此关联的. 两个靠近的磁性偶极子之间存在相互作用, 如果它们的位置 (像在固体中那样) 是固定的, 这个相互作用将导致 T_2 过程. 但是, 液体的原子核是在运动中的, 其中一个偶极子就会产生随时间变化的场, 并作用在另一个偶极子上, 这就像共振实验中的外部激发场, 它也可以导致自旋相互翻动 (T_2 过程), 这就像对 T_1 过程的贡献一样. 这种与 EPR 实验中的自旋–晶格弛豫的相似性, 表明 NMR 在研究液体运动中具有潜力.

NMR 实验所用的低频率对于研究金属比 EPR 有利得多, 因为激发场可以进入样品的深处. NMR 之所以有价值及广泛用途的主要原因是原子核实际经受的恒定场除了外加磁场还有核外电子云感生磁矩的贡献. NMR 共振的研究有助于探讨导体中的局域磁矩. 同样的效应在化学中也普遍有用, 因为它为识别不同的化学合成物提供了一种工具. 这就是所谓的化学位移, 它可以区别在乙醇中处于不同分子基团 CH_3、CH_2、OH 中的质子. 由于不同分子基团中电子云分布不同, 即使外磁场相同, 在不同分子基团中质子所经受的场也不同. 因为共振峰的位置很靠近, 为便于分辨, 共振线宽应该非常窄以避免重叠. 在固体中比液体问题更多些. 例如所谓运动致窄, 使得共振线很窄. 但是若样品中的外场均匀度不够, 分辨率会受到损失. 如果处于样品不同部位的相同分子基团受到的场强不同, 这就会导致在不同场强处产生共振, 从而人为地使共振线变宽. 图 14.15 中给出的例子是高分辨 NMR 结果, 它要求一个高度均匀的外磁场. 每一个共振线的强度与每个分子基团中质子数目成比例, 这一点是非常有用的.

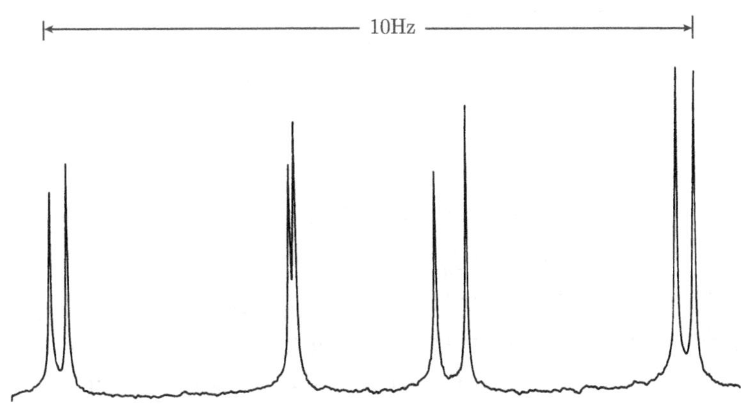

图 14.15 特别尖锐的质子共振谱线. 频率为 200MHz, 外磁场为 4.7T. 整个谱带范围是 10Hz, 而共振线的峰值半宽度只有 0.04Hz. 谱线是用 WP200 型谱仪 (Bruker, Spectrospin Ltd 制造) 获得. 样品是重氢丙酮中的正二氯苯 $C_6H_4Cl_2$ 稀释溶液

可以换一个角度来考虑共振实验. 因为假设样品中外磁场具有不均匀性但是其具体形式已知, 而被测量的原子核的化学环境完全相同. 那么, 在一个特定场值中共振线的强度就给出了那个特定场中核数目的测度. 如果知道样品的各个细小部位经受的不同外磁场的数值, 共振线型就给出那个部位原子核的空间密度分布. 此外, 如果相同的核处于两种不同环境, 利用非均匀场时间变化, 就有可能确定两种环境下的空间分布. 实现上述想法实在是对技术的真正的挑战. 因为将原子核分隔于不同位置使其共振发生在不同场值的组数越多, 共振线就越弱. 不过人们还是在提出了许多重要的概念并实现了相应的实验之后, 迎接了这场挑战.

Hahn[148] 提出用脉冲代替强度固定的射频波, 在共振吸收实验中取得很大成功. 开始情形似乎没有很大改变甚至像是退步, 因为这样会减少自旋获得的能量, 从而带来不少问题. 首先理论上对于共振的几何安排, Bloch 方程能够以相当高的精度求解. 例如考虑移动搜集信号者的位置等条件. 然后 Hahn 及合作者有了可能来考虑怎样设计脉冲序列以提高实验灵敏度. 一个进展是所谓产生"回波". 在自旋系统中, 适当的激发将在稍微迟些时间产生回波, 并在接收线圈中得到一连串响应信号, 从而给出 T_1 或 T_2 的数值. 另外一些序列可以在低丰度与高丰度自旋系统之间传递自旋极化. 如此, 低丰度自旋系统的共振就可以被间接测出. 结合时间可变的恒定主磁场, 这些技术可以导致磁共振成像. 成像技术目前在医学方面已有广泛用途. 人体组织器官中质子或其他原子核的密度 (或者弛豫时间) 被直接揭示出来, 这就是所谓医学非介入技术. 通过核磁共振成像和化学位移数据的结合, 有充分信心期待今后可以追踪人体内发生的化学反应 (这些化学反应造成体内不同化学基团浓度的改变).

核磁共振文献浩如烟海, 这里只能给出简评. 进一步的了解可阅读以下这些作者所撰的书籍: Andrew[149], Abragam[150], Mansfield 与 Morris[151]. 这些文献覆盖了主要的研究内容.

14.10.2 核退磁

经过大量的努力, 利用某些磁性晶体退磁的方法, 可以达到远低于用液氦获得的低温. 例如, 获得了 0.01K 的低温, 进而有希望达到 0.001K 低温[30]. 不熟悉低温工作的人可能认为, 为了降低这一点点温度所付出代价似乎太多. 其实在低温物理中, 重要的参数实际上是温度的倒数. 如果温度 T 从液氦的沸点 4K 下降到 0.01K, 那么因子 $1/T$ 就从 0.25 增大到 100. 如果温度进一步降到 0.001K, 因子 $1/T$ 就达到 1000. 显然, 这是一个很大的拓展. Kurti 采用两阶段退磁: 首先利用电子磁矩, 其次再用原子核磁矩[152], 后来发展了稀释制冷机, 这第一阶段可以省略. 基于混合氦同位素性质, 该机器可以将降温的起始温度不定期地保持在 0.01K.

从 0.01K 起始的直接核退磁看来很有希望. 不过这个方法也有一些问题, 虽然 0.01K 的核退磁与起始温度为 2K 的电子退磁存在许多相似处. 而且, 在那么低的温度下还有不少障碍需要克服. 细节就不再讨论, 建议读者参看两篇论文, 它们介绍了英国兰开斯特[153] 和德国拜罗伊特[154] 两地的工作. 两组工作者将铜冷却到10^{-5}K, 最近甚至达到 10^{-7}K. 在如此低的温度下, 原子核自旋排列转换为反铁磁结构.

14.11 结 论

在篇幅有限的一篇文章中叙述一个世纪的磁学并不容易, 加之个人直接涉猎的领域只是其中一部分. 作者也不能奢望所有读者同意其在本章中的选材和讲述方式, 只是希望作者的缺失不至于造成对于在磁学界共事 40 年的朋友们的纷扰. 作者所期望的是设法向非专业读者表明为什么磁学让我们感到如此有兴趣. 有幸在这个领域工作的专家们为磁性物理着迷, 同样对于磁性为我们美好社会作出的巨大贡献心怀自豪. 开始于指南针和吸铁石的磁学, 已经在从电力工业到信息存取技术等诸多方面获得重大发展. 现在, 磁共振成像技术似乎就要改变医学实践的整个领域, 据目前所知它不会带来任何负面作用 (图 14.16). **【又见 25.13 节】**

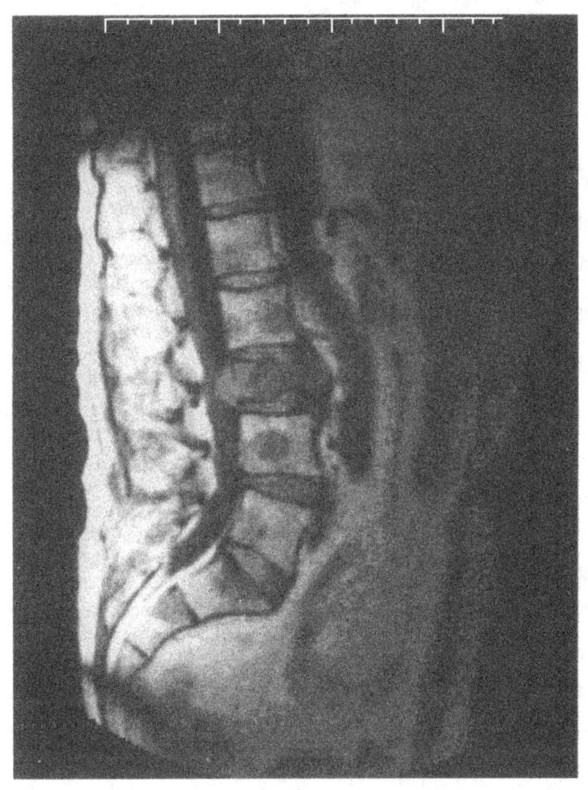

图 14.16 人脊柱的磁共振成像

(i) 脊柱中心已经断裂的脊椎骨; (ii) 脊椎中的肿瘤暗区显示正常脊髓被肿瘤替代. 脊柱左边的脊柱索和神经根也清晰可见

回顾以往, 成绩骄人. 的确, 人们的好奇心推动了磁学的进展.

致谢

我感谢 Brebis Bleaney, 在写作计划的早期他给予了帮助和建议. 感谢我在诺丁汉大学的同事们一贯的帮助. 我特别感谢 John Fletcher, 他为我搜集早期出版的磁学书籍, 还与我分享他在物理学上渊博的学识. 感谢 John Owers-Bradley, 是他给了我有关绝热退磁和其他课题的知识. 感谢 Peter Morris 在核磁共振方面的指引以及 Brian Worthington 提供的图 14.16.

(赖武彦译, 郑庆祺校)

参考文献

[1] Curie P 1895 Ann. Chim. Phys. 5 289

[2] Voigt W 1920 Ann. Phys., Lpz 9 115

[3] Thomson J J 1903 Phil. Mag. 6 673

[4] Langevin P 1905 Ann. Chim. Phys. 5 70

[5] van Leeuwen J H 1919 Dissertation Leiden

[6] Bohr N 1972 Collected Works (with English translations) vol 1, ed J R Nielson (North-Holland: Amsterdam)

[7] Bohr N 1913 Phil Mag. 26 1

[8] Pauli W 1925 Z. Phys. 31 765

[9] Pauli W 1920 Z. Phys. 23 201

[10] Debye P W 1926 Phys. Z. 27 67

[11] Weiss P 1907 J. Physique 5 70

[12] Weiss P and Foëx G 1931 Le Magnétisme (Paris: Libraire Armand Colin)

[13] Hund F 1925 Z. Phys. 33 85

[14] Van Vleck J H and Frank A 1929 Phys. Rev. 34 1494

[15] Bobeck A H and Scovil H E D 1971 Sci. Am. June p 78

[16] Barkhausn H 1919 Phys. Z. 20 401

[17] Galison P 1987 How Experiments End (Chicago: University of Chicago Press) ch 2

[18] Goudsmit S and Uhlenbeck G E 1925 Naturwissenschaften 13 953

[19] Beck K 1918 Vjschr. Naturf. Ges. Zurich 63 116

[20] Van Vleck J H 1926 Bull. Natl Res. Counc. 10 9

[21] Hund F 1927 Z. Phys. 43 788

[22] Heisenberg W 1926 Z. Phys. 38 411

[23] Dirac P A M 1926 Proc. R. Soc. A 112 661

[24] Kramers H A 1930 Proc. Amsterdam Acad. 33 959

[25] Debye P 1926 Ann. Phys., Lpz 81 1154

[26] Giauque W F 1927 J. Am. Chem. Soc. 49 1864

[27] Kurti N and Simon F 1933 Naturwissenschaften 21 178

[28] Giauque W F and MacDougall D P 1933 Phys. Rev. 43 768

[29] de Haas W J, Wiersma E C and Kramers H A 1934 Physica 1 1

[30] Hudson R P 1972 Principles and Application of Magnetic Cooling (Amsterdam: North-Holland)

[31] Van Vleck J H 1932 Electric and Magnetic Susceptibilities (Oxford: Oxford University Press)

[32] Van Vleck J H 1950 Am. J. Phys. 18 495

[33] Van Vleck J H 1937 J. Chem. Phys. 5 320

[34] Bitter F 1938 Phys. Rev. 54 79
[35] Hulthen 1936 Proc. Am. Phys. 39 190
[36] Jacobs I S 1961 J. Appl. Phys. 32 61S
[37] Néel L 1936 Ann. Phys. 5 232
[38] Bizette H, Squire C F and Tsai B 1938 C. R. Acad. Sci., Paris 207 449
[39] Foëx G and Graff M 1939 C. R. Acad. Sci., Paris 209 160
[40] Van Vleck J H 1940 Phys. Rev. 57 426
[41] Gorter C J and Kronig R 1936 Physica 3 1009
[42] Gorter C J 1947 Paramagnetic Relaxation (Amsterdam: Elsevier)
[43] Standley K J and Vaughan R A 1969 Electron Spin Relaxation Phenomena in Solids (London: Hilger)
[44] Landau 1930 Z. Phys. 64 629
[45] Honda K and Kaya S 1928 Sci. Rep. Tohoku Univ. 17 1157
[46] Sucksmith W, Potter H H and Broadway L 1928 Proc. R. Soc. A 117 471
[47] Kaya S 1928 Sci. Rep. Tohoku Univ. 17 1157
[48] Landau L and Liftshitz E 1935 Phys. Z. 8 153
[49] Bitter F 1932 Phys. Rev. 41 507
[50] Bozorth R M 1951 Ferromagnetism (New York: Van Nostrand)
[51] Urbain G et al 1935 C. R. Acad. Sci., Paris 200 2132
[52] Stoner E C 1933 Phil Mag. 15 1018
[53] Mott N F 1935 Proc. Phys. Soc. 47 571
[54] Van Vleck J H 1937 Phys. Rev. 52 1178
[55] Bloch F 1946 Phys. Rev. 70 460
[56] Zavoisky E 1945 Fiz. Zh. 9 211, 245
[57] Cummerow R L and Halliday D 1946 Phys. Rev. 70 433
[58] Bagguley D M S, Bleaney B, Griffiths J H E, Penrose R P and Plumpton B I 1948 Proc. Phys. Soc. 61 542, 511
[59] Penrose R P 1949 Nature 163 992
[60] Abragam A and Pryce M H L 1949 Nature 163 992
[61] Abragam A and Pryce M H L 1950 Proc. Phys. Soc. 63 409; 1951 Proc. R. Soc. A 205 135
[62] Van Vleck J H 1939 J. Chem. Phys. 7 61
[63] Abragam A and Pryce M H L 1951 Proc. R. Soc. A 205 135; 1952 Proc. R. Soc. A 206 164, 173
Stevens K W H 1963 Magnetism vol 1 (New York: Academic) p 1
[64] Stevens K W H 1952 Proc. Phys. Soc. 65 209
[65] Bleaney B and Stevens K W H 1953 Rep. Prog. Phys. 16 108
[66] Owen J and Stevens K W H 1953 Nature 171 836

[67] Van Vleck J H 1935 J. Chem. Phys. 3 807
[68] Abragam A and Bleaney B 1970 Electron Paramegnetic Resonance of Transition Ions (Oxford: Clarendon)
[69] Guha B C 1951 Proc. R. Soc. A 206 353
[70] Bleaney B and Bowers K D 1952 Phil. Mag. 43 372; 1952 Proc. R. Soc. A 214 451
[71] Shull C G, Strausen W A and Wollan E O 1951 Phys. Rev. 83 333
[72] Anderson P W 1963 Magnetism vol 1 (New York: Academic) ch 2
[73] Feher E R 1956 Phys. Rev. 103 500
[74] Kleiner W H 1952 J. Chem. Phys. 20 1784
[75] Freeman A J and Watson R E 1960 Phys. Rev. 120 1254
[76] Slater J C 1953 Rev. Mod. Phys. 25 199
[77] Cyrot M 1982 Magnetism of Metals and Alloys (Amsterdam: North-Holland)
de Haas W J et al 1933 Physica 1 1115
[78] Gondairi K-I and Tanabe Y 1966 J. Phys. Soc. Japan 21 1527
Stevens K W H 1976 Phys. Rep. C 24 1
Brandow B 1977 Adv. Phys. 26 651
[79] Jacobsen E H, Shiren N S and Tucker E B 1959 Phys. Rev. Lett. 3 81
[80] Bloembergen N, Shapiro S, Persham P S and Attman J O 1959 Phys. Rev. 114 445
[81] Van Vleck J H and Penney W G 1934 Phil. Mag. 17 9
[82] Trounson E P et al 1950 Phys. Rev. 79 542
[83] Kittel C 1951 Phys. Rev. 82 565
[84] Nagamiyz T 1951 Prog. Theor. Phys. Japan 6 342
[85] Kittel C 1948 Phys. Rev. 73 155
[86] Johnson F M and Nethercot A H Jr 1959 Phys. Rev. 114 705
[87] Caspers W J 1989 Spin Systems (Singapore: World Scientific)
[88] Riste T and Wanic A 1961 J. Phys. Chem. Solids 17 318
[89] Collins M F 1964 Proc. Int. Conf. on Magnetism (Nottingham, 1964) (London: Institute of Physice/Physiscal Society) p 319
[90] Keffer F 1966 Handbuch der Physik Band XVIII/2 p 1
[91] Martel P, Cowley R A and Stevenson R W H 1967 J. Apple. Phys. 39 1116
[92] Aleonard R, Panthenet R, Rebouillat J P and Vevrey C 1968 J. Appl. Phys. 39 379
[93] Moriya T 1963 Magnetism vo1. 1(New York: Academic) ch 3
[94] Moriya T 1960 Phys. Rev. 117 91
[95] Griffiths J H E 1946 Nature 158 670
[96] Rabi I I 1937 Phys. Rev. 51 652
[97] Bloch E, Hansen W W and Packard M 1946 Phys. Rev. 70 474
[98] Purcell E M, Torrey H C and Pound R V 1946 Phys. Rev. 69 37
[99] Van Vleck J H 1950 Phys. Rev. 78 266

[100] Lee E W, Callaby D R and Lynch A C 1958 Proc. Phys. Soc. 72 233
[101] Craik D J and Tebble R S 1961 Rep. Prog. Phys. 14 116
[102] Dillon J F 1963 Magnetism vol III (New York: Academic)
[103] Bagguley D M S and Owen J 1957 Rep. Prog. Phys. 20 304
[104] Snoek J L 1947 New Developments in Ferromagnetic Materials (Amsterdam: Elsevier)
[105] de Boer J H and Verwey E J W 1937 Proc. Phys. Soc. 49 59
[106] Standley K J 1962 Oxide Magnetic Materials (Oxford: Clarendon) ch 3
[107] Néel L 1948 Ann. Phys., Paris 206 49
[108] Gorter E W and Schulkes J A 1953 Phys. Rev. 90 487
[109] Polder D 1949 Phil. Mag. 40 99
[110] Nicolas J 1980 Ferromagnetic Materials vol 2 (Amsterdam: North-Holland) 243
[111] Melchor J L et al 1957 Proc. Inst. Radio Eng. 45 643
[112] Pippin J E 1956 Proc. Inst. Radio Eng. 44 1054
[113] Suhl H 1957 Phys. Rev. 106 384
[114] Weiss M T 1957 Phys. Rev. 107 317
[115] Lowman C E 1972 Magnetic Recording (McGraw-Hill: New York)
[116] Bate G 1980 Ferromagnetic Materials vol 2 (Amsterdam: North-Holland)381
[117] Dillon J F 1957 Phys. Rev. 105 759
[118] Dillon J F 1958. J. Appl. Phys. 29 1286
[119] Bobeck A H 1967 Bell Syst. Tech. J. 46 1901
[120] Bobeck A H and Della Torre E 1975 Magnetic Bubbles (Amsterdam: North-Holland)
Malozemoff A P and Slonczewski J C 1979 Applied Solid State Science: Advances in Materials and Device Research (Supplement 1: Magnetic Domain Walks in Bubble Materials) ed R Wolfe (New York: Academic)
[121] Elliot J F, Legrold S and Spedding F H 1954 Phys. Rev. 94 50
Bates L F, Leach S J, Loasby R G and Stevens K W H 1955 Proc. R. Soc. B 68 181
[122] Koehler W C and Wollan E O 1955 Phys. Rev. 97 1177
[123] Legvold S 1980 Ferromagnetic Materials vol 1, ed E P Wohlfarth (Amsterdam: North-Holland) ch 3
[124] Ruderman M A and Kittel C 1954 Phys. Rev. 96 99
[125] Kasuya T 1956 Prog. Theor. Phys. 16 45
[126] Yosida K 1957 Phys. Rev. 106 893
[127] Kasuya T 1966 Magnetism vol IIB, ed G T Rado and H Suhl (New York: Academic) p 215
[128] Rathmann O and Toubourg P 1977 Phys. Rev. B 16 1212
Touboung P 1977 Phys Rew. B 16 1201
[129] Mackintosh A R 1977 Phys. Today June p 23

[130] Freeman A J 1972 Magnetic Properties of Rare Earth Metals ed R J Elliott (London: Plenum)

[131] Schmitt D 1979 J. Phys. F: Met. Phys. 9 1759

[132] Stevens K W H 1976 Magnetism in Metals and Metallic Compounds ed J T Lopuszanski, A Pekalski and J Przystawa (New York: Plenum) p 1
Stevens K W H 1977 Crystal Field Effects in Metals and Alloys ed Furrer (New York: Plenum)

[133] Dixon J M and Wardlaw R S 1986 Physica 135 105

[134] Strnat K J and Strnat R M W 1991 Magnetism in the Nineties ed A J Freeman and K A Gescheidner Jr (Amsterdam: Elsevier) p 38

[135] Herbst J F and Croat J J 1991 Magnetism in the Nineties ed A J Freeman and K A Gescheidner Jr (Amsterdam: Elsevier) p 57

[136] Buschow K H J 1991 Magnetism in the Nineties ed A J Freeman and K A Gescheidner Jr (Amsterdam: Elsevier) p 79

[137] Landolt-Börnstein 1962 Eigenschaften der Materie in Ihren Aggregatzuständen (Berlin: Springer) p 9

[138] Hubbard J 1966 Proc. R. Soc. A 296 82

[139] Lonzarich G G 1980 Electrons at the Fermi Surface ed M Springford (Cambridge: Cambridge University Press) p 225

[140] de Haas W J, Wiersma E C and Kramers H A 1934 Physica 1 1

[141] MacDonald D K C and Mendelssohn K 1950 Proc. R. Soc. A 202 523

[142] Kondo J 1969 Solid State Phys. 23 183

[143] Lacroix C 1991 Magnetism in the Nineties ed A J Freeman and K A Gescheidner Jr (Amsterdam: North-Holland) p 90

[144] Adroja D T and Malik S K 1991 Magnetism in the Nineties ed A J Freeman and K A Gescheidner Jr (Amsterdam: North-Holland) p 126
Steglich F 1991 Magnetism in the Nineties ed A J Freeman and K A Gescheidner (Amsterdam: North-Holland) p 186

[145] Binder K and Young A P 1986 Rev. Mod. Phys. 58 801

[146] ICM′91 J. Magn. Magn. Mater. 104–107, 108

[147] Gorter C J and Broer L J F 1942 Physica 9 591

[148] Hahn E L 1950 Phys. Rev. 80 580

[149] Andrew E R 1955 Nuclear Magnetic Resonance (Cambridge: Cambridge University Press); 1970 Magnetic Resonance ed C K Coogan, N S Ham, S N Stuart, J R Pilbrow and G V H Wilson (New York: Plenum) p 163

[150] Abragam A 1961 The Principles of Nuclear Magnetism (Oxford: Oxford University Press)

[151] Mansfield P and Morris P 1982 Advances in Magnetic Resonance Supplement 2, ed Waugh (New York: Academic)

[152] Kurti N et al 1956 Nature 178 450

[153] Bradley D I, Guenault A M, Keith V, Kennedy C J, Miller I E, Mussett S G, Pickett G R and Pratt W P 1984 J. Low Temp. Phys. 57 359

[154] Gloos K, Smeibide P, Kennedy C, Singaas A, Sekowski P, Mueller R M and Pobell F 1988 J. Low. Phys. 73 101

第15章　原子核动力学

David M Brink

15.1　背　　景

在中子发现以后，物理学家们对于原子核性质的研究兴趣越来越浓. 在这一章，我们将介绍 1936~1975 年期间核结构物理的发展，重点介绍第二次世界大战后 10 年的发展. 许多人对于实验和理论的发展做出了贡献，而这里我们集中介绍那些对于开辟新的研究领域最具有意义的发展.

1932 年是核物理发展的转折点. 1932 年 4 月 28 日，英国皇家学会召开了一次原子核结构的重要会议. Rutherford 勋爵在开幕词中回顾了在过去的三年里的核结构研究的进展[1]，他谈到了 Chadwick 发现了中子[2]，Urey, Brickwedde 和 Murphy 发现了氘核. 他也报告了 J Cockcroft 和 E Walton 利用加速器人工产生的离子进行的第一个核蜕变的实验结果[3]. 这些是改变人们对原子核认识的一系列激动人心的进展中的第一批结果. Pais 和 Brown 分别在本书第 2 章和第 5 章对这些进展做了一些详细描述，这里我们再次提及它们是为了给随后介绍的原子核动力学方面的进展提供一个背景. Abraham Pais 写过一本名为《内界》(*Inward Bound*) 的书[4]. 从这本书中，我们可以找到关于这段时间所发生的历史事件有趣的信息.

在 1932 年，大多数核物理学家都假定一个重元素的原子核主要是由一些 α 粒子掺入几个自由的质子和电子组成的. Rutherford 在皇家学会的演讲中，用了一些篇幅讨论这个模型及与它相联系的一些难题. 他建议说："一个电子并不能以一种自由的状态存在于一个稳定的原子核内，而必须总是与一个质子或其他可能的重质量单元联系在一起. 从这一方面考虑，在某些原子核内存在中子的迹象具有非常重要的意义."

在 Chadwick 宣布他发现了中子后仅 4 个月，1932 年 6 月 Heisenberg 提交了他的系列文章的第一篇[5]，在这篇文章中，他提出了关于原子核结构的中子–质子模型的基本思想，他假定中子具有自旋 1/2，遵从 Fermi 统计规律. 他谈到了之所以需要作这些假定，是为了解释氮原子核的玻色统计及关于原子核矩的经验结果. 在 2.12 节中 Pais 对这些进展做了介绍.

在 1932 年皇家学会会议的致词中，Rutherford 介绍了在英国剑桥的卡文迪什实验室、美国华盛顿特区卡内基研究所地磁学部和加州大学伯克利分校的工作者们在带正电的离子加速器方面的进展, 并且宣布了利用加速器在剑桥所做出的第一批关于原子核研究的实验结果. 在几个月以后, 另外两个组也做了类似的实验. 而在此以前, 关于原子核结构的绝大部分信息都是来自利用天然放射源放出的 α 粒子进行的实验. 利用加速器成了另外一种途径, 这个途径具有许多优越性. 加速器的束流强度大得多, 粒子的能量可以随意改变. 在那个时代加速器对于核物理学的发展所产生影响的大致情况可以从 M Livingston 和 H Bethe 在 1937 年发表的评论文章中看到[6]. 在下面几段要描述的一些事件细节都可以在他们的评论文章中找到. Pais 在他的书 17b 节给出了有意思的历史性的见解[4].

人们曾经预计, 在靶核和入射体之间要发生核反应的话, 入射能量需要大于它们之间的 Coulomb 排斥所产生的位垒高度. 在 1928 年, G Gamow[7], E Condon 和 R Gurney[8] 引入了关于 α 衰变的量子力学理论. 按照这个理论, 他们预言, 当粒子能量比翻过位垒的顶峰所需要的能量小得多时, 仍然有一定的几率可以贯穿这个位垒 (2.11 节). Cockcroft 和 Walton[9] 也曾经注意到用相对低能的质子有可能产生核反应.

Cockcroft 和 Walton 于 1929 年在卡文迪什实验室就开始了他们的工作. 在 1930 年, 利用一个半波整流器他们得到了稳定的电压, 利用一个单节的加速器真空管他们产生了 300keV 能量的质子. 然后, 他们利用一个电压倍加器和一个两节的真空管设计制造了一台功率更强的机器, 得到的质子能量达到 700keV. 用这台机器, 他们于 1932 年完成了第一个核蜕变实验

$$^{7}\mathrm{Li} + \mathrm{P} = {}^{4}\mathrm{He} + {}^{4}\mathrm{He}$$

1929 年, 加州大学的 E O Lawrence 开始了设计回旋加速器的工作. 到 1930 年, 他制造出了一个小的模型, 得到了 80keV 能量的质子. 1932 年 E O Lawrence 和 S Livingston 建造了一台更大的机器, 可把质子加速到 1MeV.

在更早几年的 1926 年, G Breit 研究了用 Tesla 线圈产生高电压的办法. 后来, 在华盛顿特区卡内基研究所地磁学部的 M Tuve 加入了这项工作. 到 1930 年, 在设计加速管方面已经取得了重大进展. 然而, Tesla 变压器并不是理想的变压源, 因为它产生的电压具有脉冲特性, 而且电压的峰值起伏不定. 1929 年, 在普林斯顿, R van de Graaff 建造了第一台静电起电机. 后来, 这种加速器就以他的名字命名. Tuve 和他的同事们注意到了 van de Graaff 起电机作为一个高压源的优点, 于是他们于 1932 年, 利用他们在 Tesla 变压器工作中曾经用过的一个金属和玻璃组合的加速管, 建造了一个小的模型. 用这台机器, 他们把离子加速到 600keV, 1932 年他们发表了用这台机器所做的核反应实验的第一批结果. 用这台机器在随后的几年里所做的实验结果都收集在 Livingston 和 Bethe 于 1937 年所写的评论文

章中[6].

一个非常重要的事件是 1934 年 Iréne 和 Frédéric Joliot-Curie 发现了人工放射性[10], 这不仅是新的同位素产生的第一个事例, 还是一个具有重大实用意义的发现. 这件事提供了区分不稳定同位素的一个方便的标签, 也是 Enrico Fermi 所做的重要的中子俘获反应实验的一个先驱. 它也为放射性同位素应用于化学和医学研究提供了可能性 (2.12 节).

Ernest O Lawrence
(美国人, 1901~1958)

Lawrence1901 年 8 月 8 日出生于美国南达科他州的一个名叫坎顿的小镇, 父母是挪威的移民.

Lawrence1919 年进入南达科他大学, 于 1922 年毕业并取得化学学士学位. 然后, 他相继在大学明尼苏达大学、芝加哥和耶鲁大学学习, 于 1925 年在耶鲁获得博士学位并得到了一个为期两年的国家研究基金在该校从事研究. 1923 年, 他与 Mary Kimerly Blumer 结婚.

1927 年, Lawrence 接受了在伯克利的副教授职位. 他被核物理的研究所吸引, 并且受到了 Rutherford 实验的激励. 他认为, 如果有办法把带电粒子加速到更高的速度, 则有可能做出新的进展. 由于他和他的同事们的努力, 1932 年在伯克利的第一台回旋加速器投入了运行. 1935 年, 他成了辐射实验室的主任, 1939 年获得诺贝尔奖.

Lawrence 具有直观物理感觉, 是一个天生的发明家. 到后来, 他的不寻常的领导才能, 他的热情和人格魅力比他的物理显得更为重要. 他于 1958 年 8 月 27 日去世.

15.1.1　核质量与液滴模型

液滴模型是 Gamow 为了描述原子核的一系列基本性质而发明的. 1931 年 5 月在中子发现以前, Gamow 出版了一本名为《原子核的组成与放射性》(*The Constitution of Atomic Nuclei and Radioactivity*) 的书[11]. 我们将从这本书的第一章开始我们的故事. 这是一本只有 114 页的薄书. 作者写这本书的目的是 "对于我们目前关于原子核性质的实验和理论知识给予尽可能完全的报道". 当然, Gamow 是最合适做这件事情的人选. 他在 1928 年就发展了 α 衰变的理论, 指出了 α 衰变现象可以用量子力学的位垒穿透过程来解释. Bohr 对于他的工作印象深刻, 邀请他于 1928~1929 年到哥本哈根从事学术工作 (图 15.1). Bohr 也安排他于 1929 年 1 月和 2 月访问了剑桥, Gamov 于 2 月在伦敦召开的皇家学会的会议上[12] 报告了他的理论. 他在剑桥度过了 1929~1930 学年, 然后回到哥本哈根. 在哥本哈根期间, 他与 Bohr、H Casimir、F Houtermans、L Landau 及 N Mott 都有接触.

当 Gamow 写他这本书的时候, 关于原子核质量的详细信息刚刚出现. 在 1919 年, F Aston 发表了他的质谱仪的一篇报道. 他的第一批结果证实了 F Soddy 关于元素普遍存在同位素的预言. 他的仪器可以测量质量的精度是千分之一. 测量结果表明, 如果把普通的氧同位素质量取为 16, 则每一个同位素的原子质量大致上都是一个整数 (质量数 A).

图 15.1　N Bohr 摄于 Cockcroft-Walton 加速器旁

后来其他人也进入了这个领域, 而且在产生重金属离子源的技术方面也有了进展. 1927 年, Aston 建造了他的第二个质谱仪. 这个新的仪器的精度对于比较轻的同位素可达万分之一, 对于重的同位素可达五千分之一. 有关质谱仪的有趣的历史信息可以参考 K Bainbridge 1951 年写的一篇文章[13].

Enrico Fermi

(意大利人, 1901~1954)

1901 年 11 月 29 日 Fermi 出生于意大利罗马. 他的父母亲都是来自意大利波河谷地. 父亲是在意大利铁路上工作的公务员. Fermi 在 15 岁的时候就有志于物理学. 当他被比萨师范学校录取的时候, 他对于考题的非同寻常的掌握令考试老师们吃惊. Fermi 于 1922 年毕业后在哥廷根和莱顿度过了短短的一段时光. 1926 年, 他被任命为罗马大学理论物理的新讲席教授. 从 1922 年以后, 他一直得到参议员、政治家、学者和科学家、时任罗马大学物理研究所所长的 Corbino 的支持. Fermi 于 1926 年发表了他关于 Fermi 统计的著作, 1934 年发表了他的 β 衰变的理论.

1927 年, Fermi 开始组建一个研究组从事核物理的研究, 1934 年开始了中子引起的放射性的实验, 1928 年 7 月, 他与 Laura Capon 结婚, 1938 年获得诺贝尔奖. 在获奖以后, 他立即离开意大利去了美国哥伦比亚大学, 于 1939 年元月 2 日到达纽约. 在哥伦比亚大学他开始研究链式反应. 1942 年他去芝加哥指导实验, 建造了第一台链式反应堆. 第二次世界大战以后, 他是芝加哥大学原子核研究所的一名教授, 直到 1954 年 11 月 29 日去世.

Fermi 具有不寻常的专心致志和追求清晰的才能, 在他的工作中, 他强调理论的物理内含而不是它们的形式.

到了 1928 年, 人们已经知道了 250 种同位素的原子重量. 人们能够足以在 20%的精度以内来测量质量的偏差 (精确的原子重量与质量数之间的差别). 为了解释这种质量偏差, 有人建议一种模型, 这个模型假定原子核是由质子和电子组成的. 正像 1929 年 Rutherford[14] 在皇家学会的会议所表述的, 这个模型的基本思想是这样的: “自由的质子和原子核中质子的质量差别是归因于一种包装效应, 即在高密度的原子核中质子和电子的电磁相互作用. 按照现代的观点, 我们知道能量与质量密切相关 (Einstein 关系或 $E = Mc^2$). 自由质子的质量是 1.0073, 而原子核内质子的质量非常接近于 1. 这个明显的质量损失意味着自由质子进入到原子核结构中要放出大约 7MeV 的能量.” Aston 的测量表明, 在整个周期表中每个核子的结合能都几乎是一个常数. Gamow 最先认识到了这个事实的重要意义, 他用这样一个事实表述了原子核的液滴模型.

现在我们知道, 在原子核的内部区域, 物质的密度分布近似为一个常数, 而在核表面, 密度迅速趋于零. 原子核的半径可以近似地用下式来表示:

$$R = r_0 A^{1/3} \tag{15.1}$$

式中，A 为原子核的质量数; r_0 近似为 1.2fm (1fm=10^{-15}m). 原子核的体积近似地正比于 A, 或者等价地说, 在整个周期表中, 原子核的内部的 "核物质" 密度几乎是一个常数.

在 1931 年, 人们对于原子核的认识还不十分清晰. 通过 α 粒子的散射和重核的 α 衰变寿命, 人们对于轻核的大小有了一些了解. 早在 1928 年 11 月, Gamow 就曾指出, 从 α 散射得到的铝核的半径与那些通过 α 衰变的得到的重原子核的半径和公式 (15.1) 都是一致的. 虽然还没有足够的数据证实 Gamow 的假定, 但这个想法与 1929 年 2 月在皇家学会的讨论中所表述的原子核模型是一致的.

Gamow 建议, 在原子核的结构中, α 粒子起到一个重要的作用. 他说, 原子核包含有少数 "松散的质子" 和一些 "松散的电子", 而原子核中的大部分质子和电子是 "包装" 成 α 粒子. 在一段时间里, 人们无法理解电子在原子核中令人困惑的行为. 在他的书中[11], 他这样写到: "由于某种未知的原因, 尽管在原子核中的电子的行为很奇怪和模棱两可, 这对于控制原子核中 α 粒子和质子运动的规律影响不大." 关于 "电子问题" 的讨论还有很多, 特别是在本书 Pais 和 Brown 所写的两章 (第 2 章和第 5 章) 有关 β 衰变的内容中都提到了 "电子问题". Gamow 在不考虑原子核中的电子的情况下取得了进展, 当然, 直到 1932 年 Chadwick 发现中子以后, "电子问题" 才消失.

Gamow 假定, 在原子核中的 α 粒子像是硬球, 它们之间具有一个强的吸引力, 强度随着距离增大迅速减小. 这样一群 α 粒子的性质与一个小的液滴相似. 在这个模型的基础上, 原子核的结合能和体积都正比于 α 粒子的数目, 这个结果与 Aston 的质量测量是一致的.

这种 α 粒子模型很快就将被人们废弃. 1932 年 2 月, Chadwick 在《自然》杂志上发表了中子存在的证据, 仅仅 4 个月之后的 1932 年 6 月, Heisenberg 就发表了他的三篇系列文章中的第一篇, 在这篇文章中, 他提出了一种模型, 这个模型成了随后的原子核结构研究的基础. 在这个模型中, 他建议原子核是由质子和中子组成的, 原子核结构可以按照核子之间的相互作用, 用量子力学的规律来描述. 这个新的理论也用了 Gamow 关于核物质的思想. Heisenberg 在 1932 年讨论原子核的稳定性中就用了 Gamow 关于原子核的体积正比于质量数的假定[5]. 1933 年 E Majorana 写了一篇关于原子核的质子–中子模型的文章, 在这篇文章中, 他这样写到[15]: "因此, 在一个原子的中心, 人们发现了一种物质, 这种物质的性质与普通物质一样, 具有均匀的密度, 轻核和重核都是由这种物质组成的, 轻核和重核之间的差别主要决定于它们包含的核物质数量不同."

Heisenberg 在他的第三篇文章中假定了中子–中子力和中子–质子力的形式, 利用了 Thomas-Fermi 方法去研究核物质的性质. 他猜想原子核是一种遵从 Fermi 统计的自由运动的粒子组成的气体, 由核力把它们束缚在一起. 他曾试图找到一种自洽的有效作用势. Heisenberg 的理论是原子核结构的独立粒子模型的第一个应用, 是壳层模型的一个先兆. 利用这个模型, Heisenberg 得到了核物质结合能和核质量数 A 的关系的一个近似表达式. 然而, 这个理论存在着一个困难: Heisenberg 发现, 如果假定不管核子之间相距多远相互作用都是吸引力的话, 核结合能作为原子重量 A 的函数比 A^2 的变化还要快. 这个结果与 Aston 的质量测量是矛盾的. 核物质的密度是一个常数及结合能与 A 成正比关系这样的事实对于核力施加了很强的限制条件. 产生这种性质的核力必须满足 “饱和条件”, 而 Heisenberg 的力不能产生饱和性. **【又见 5.2.2 节】**

为了满足饱和性条件, Heisenberg 不得不假定核力在小距离变成排斥力. 1933 年 3 月, Majorana 建议了另一种办法来克服这个困难. 在 Heisenberg 试图寻找核子之间合适的相互作用时, 他受到一种相似的相互作用的启发. 他把中子看成复合粒子, 假定它们之间的相互作用类似于造成氢分子离子束缚的相互作用. Majorana 怀疑这种相似性的真实性, 而倾向于另一种途径. 他想找到产生饱和性的最简单的相互作用规律, 最终提出了后来以他的名字命名的交换相互作用, 并指出这种作用满足上面的标准. 在随后的几年里, 一些物理学家试图利用从轻核理论中推出的力计算核物质的性质, 所有这些尝试都不成功. 1936 年 Bethe 和 Bacher 在他们的评论文章中得出这样的结论: “统计模型 (即 Thomas-Fermi 模型) 对于核结合能的处理是十分不恰当的.” 事实上, 从一个真实的核子–核子相互作用来计算核物质的性质是非常困难的. Bethe 及其他一些人为处理这个问题花费了近半个世纪的时间.

1935 年, C von Weizsäecker[16] 建议了一种半经验的方法计算原子核的能量. 他假定了一个核能量的公式, 这个公式受到了统计模型的启示. 在液滴描述的基础上, 从简单的定性考虑出发可以推导出来这个公式. 然而, 在这个公式中, 一些常数是任意的, 它们是由实验数据来确定的. von Weizsäecker 的途径非常成功, 对原子核结构的液滴模型给予了强有力的支持.

15.2　作为多体问题的核动力学

Heisenberg 把原子核想象成由质子和中子组成的气体, 遵从 Fermi 统计, 质子和中子在原子核内独立地运动, 但由强的核力把它们束缚在一起[5]. 在两三年的时间里, 这种 Fermi 气体模型都是原子核结构的标准图像. 而到了 20 世纪 30 年代中期, Fermi 气体模型就不太受人推崇了. 对于原子核结构看法的这种改变是由于 Fermi 的中子俘获实验结果及 Bohr 对于这些实验结果的解释引起的.

在 Chadwick 发现中子后不久, Joliot-Curies 又发现了人工放射性, Fermi 认识到, 中子引起的核反应将是研究原子核的理想工具. 他在罗马聚集了一群很有能力的年轻物理学家, 决定研究利用中子轰击原子核来产生人工放射性[17]. 在 Laura Fermi 的书中[18] 及 Fermi 去世后 E Segrè 在 1955 年所写的一篇文章中[19] 都叙述了这段故事. 对于罗马小组来说, 核物理仍是一个新的领域, 他们中的许多人都到过世界上许多实验室访问和学习技术. 所访问的实验室包括在帕萨迪纳的 R Millikan 实验室, 在莱比锡的 P Debye 实验室, 在汉堡的 O Stern 实验室及在柏林的 Lise Meitner 实验室. 他们的中子实验的第一个正面结果是 1934 年 3 月用氟靶得到的. 到了 7 月, 罗马小组已经研究了大约 60 种元素. 其中, 40 多种元素可以被中子活化. 在 10 月份, 这个小组发现, 如果存在含氢的物质的话, 中子的俘获率要大大增加. 他们对此给予了解释, 认为这是由于中子与氢中的质子碰撞, 使中子慢化到热中子能量, 而低速中子引起的反应截面会迅速增加.

对于反应率的第一批实验结果人们感到很古怪, 后来才注意到截面中存在许多尖锐的共振. 在 Bohr 提出原子核反应的复合核理论[20] 以前, 这些结果始终是一个谜. 关于复合核模型的出现, 在本书的第一卷中 Pais 做了描述, 在 Stuewer 的关于 Bohr 与原子核物理的文章中[12] 也做了描述. Stuewer 描述了除核结构的独立粒子模型以外的原子核运动. 1934 年 9 月, Bethe 在哥本哈根作了一个演讲, 在这个演讲中, 他报告了核反应的单粒子理论. 自从第一批人工嬗变实验结果出来以后, Bohr 就对反应的机制产生了兴趣. 他并不喜欢 Bethe 的途径. 6 个月以后, 刚从罗马回到哥本哈根的 C Møller 报告了最新的中子俘获实验结果. 刚刚报告完大约半小时, Bohr 突然站起来发言, 对 Fermi 的实验给出了一个新的解释. 到了 1935 年年底, Bohr 已经发展了他关于中子引起核反应的复合核理论[20]. **【又见 2.12.5 节】**

在 Bethe 1937 年所写的关于核反应评论文章[21] 的引言中, 对于这种观点的改变做了描述. Bethe 写到: “正是 Bohr 最先指出每一个核过程都应该按多体问题来处理, 一点都不容许使用单体近似, 特别是对于重核更是如此.” 他继续说, 当一个中子或质子落到靶核上时, 它与靶核中的单个粒子发生强的作用, 作用的结果是把最初集中在入射粒子上的能量很快在入射粒子和靶核中所有组成复合核的粒子之间进行分配. Bethe 把这种基本思想表述如下: “ ‘复合核’ 中的每一个粒子都会具有某种能量, 但任何一个粒子所具有的能量都不足以让它与其余部分分离. 仅仅在一个相对长的时间以后, 能量可以 ‘偶然地’ 再次集中到一个粒子上, 这样, 这个粒子就能够逃脱掉.”

虽然原子核的过程是受量子规律所支配的, 但 Bohr 认识到, 用一个经典的图像可以描述复合核形成的物理本质. 在哥本哈根研究所的讨论会上, 为了说明他的理论, 他做了一些小的模型. 这些模型包括圆形的木头盘子 (表示原子核), 里面装满了一些小的轴承钢珠 (表示核子). 1937 年, Bohr 在美国的许多大学报告复合核模型时都是借助于他的木质模型 (图 15.2). 1937 年, 在他发表于《科学》杂志上的一篇文章中[22], 描述了这个模型是怎么工作的: “如果碗是空的, 送进去的一个球将沿着一个斜坡滚下去, 并且以原来的能量从对面跑出去. 然而, 当在碗里还有其他球存在的话, 进来的球将不能自由通过, 而是首先与其中的一个球瓜分它的能量, 这两个球又会与其他的球分配它们的能量, 一直这样下去, 直到入射的动能在所有的钢球之间分配为止." 按照量子力学, 一个束缚的原子核具有定态的能量状态. Bohr 认识到, 具有几个兆电子伏特激发能的一个原子核, 会有一系列能量间隔很接近的能级. 而处在把它打碎成一个中子 (或质子) 和一个剩余核的分解能量附近的这些能级, 本质上具有相同的特性.

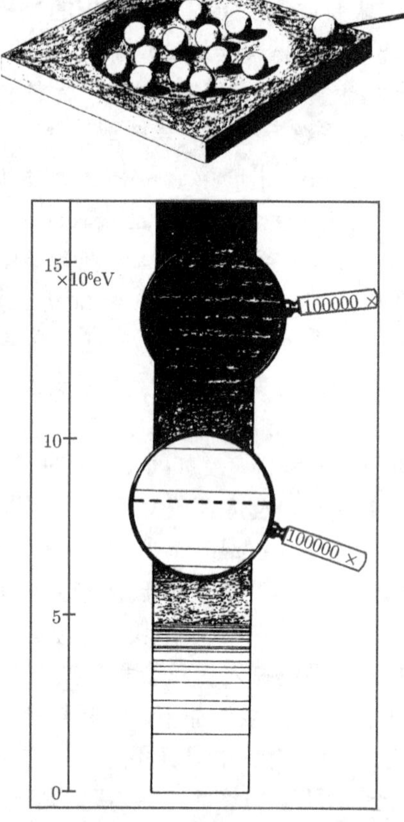

图 15.2　Bohr 的复合核示意图

1935 年, Bethe 和 Fermi 在一种独立粒子图像的基础上曾发展了中子俘获的理论. 他们试图理解为什么慢中子容易被许多原子核所俘获. 他们把一个中子与一个原子核之间的相互作用用一个势阱来描述, 利用量子力学去计算俘获截面. 他们发现, 在低中子速度极限下, 俘获截面反比于中子的速度. 这个结果在某些方面与实验数据一致, 而与其他理论的结果并不一致.

1936 年, 在普林斯顿工作的 Breit 和 Wigner 建议了一种机制[23]. 在这种机制中, 中子被俘获到一个准定态 (虚的) 能级, 它可以通过重新发射一个中子或发射 γ 光子而衰变. 他们的结果就是著名的共振反应的反应截面公式. Bethe 是这样描述这个思想的: "如果入射粒子的能量等于或接近于复合核的一个能级的话, 形成复合核的几率显然比那些入射粒子的能量处于两个共振能级之间的情况要大得多. 因此, 我们会看到随着入射能量的改变, 每一种核反应过程的产额具有特征性的涨落. 在共振能量, 产额很高, 在两个共振能级之间, 产额很小." 除了复合核的复杂性以外, 这个简单的反应截面 Breit-Wigner 公式定量地给出了反应截面随着能量的变化. 共振能量, 总宽度和分宽度可以作为参数通过拟合实验数据而得到.

物理学家很快认识到, Breit-Wigner 理论把 Bohr 复合核半经典图像与量子力学的假定变得一致了. Jensen 当时正在哥本哈根, 1963 年他在获得诺贝尔奖的演讲中, 这样描述了 Breit-Wigner 公式所产生的影响: "它源于哥本哈根以外, 但很快可以在 Bohr 研究所的每一块黑板上都看到这个公式."

复合核模型图像与液滴模型非常一致. 它表明在一个原子核内的核子之间有很强的耦合, 这似乎排除了任何按照独立粒子运动的处理办法. Bohr 在他 1936 年的文章中写到: "按照通常的看法, 原子核的激发是归因于原子核中一个单粒子升到一个更高能量的量子态. 与通常的看法相反, 实际上我们必须假定这种激发态是相应于所有核粒子的某种量子化的集体运动." 1937 年, Bohr 和 Kalkar 详细阐述了这个思想. 他们建议[24], 有可能存在相应于核 "液滴" 表面振动的原子核激发态.

Bohr 发明的复合核模型为的是解释 Fermi 和他的同事们所做的中子俘获反应的实验结果. 罗马小组开始对他们能够拿到的所有的元素都进行了中了俘获的研究, 特别是用中子轰击铀. 他们希望产生原子序数大于 92 的元素. 巴黎的 Irène Joliot-Curie 和柏林的 Lise Meitner 及 Otto Hahn 也开始从事这个方面的研究. 一开始, 铀的结果总是令人不解. 人们发现了许多不同的放射性周期, 他们还试图用放射化学的方法来确定反应产物的原子质量数, 但都没有得到任何明确的结论.

在放射性核的 β 和 γ 谱方面, Hahn 和 Meitner 曾断断续续地合作了差不多三十年, 做出了重要的工作. 一个年轻的分析化学家 Fritz Strassmann 加入了他们的铀研究项目, 对放射化学分析做出了贡献. 由于样品是微量的, 而且像镭和钡这些元素, 它们的质量数差别很大, 而化学性质又很相似. 所以, 化学方法很难区分二者. 1938 年 6 月, 这个项目刚刚开始 4 个月, 由于 Meitner 是犹太人, 她不得不离开柏林. 在这之前, 由于她是奥地利国籍, 她还一直受到保护, 未受到纳粹的迫害. 1938 年 3 月 12 日, 德国军队进入了奥地利, 她的地位在一夜之间发生了变化. 于是她去了哥本哈根 (她的侄儿 Otto Frisch 在 Bohr 研究所工作), 到了 6 月她又去了斯德哥尔摩, 加入了 Siegbahn 的实验室. Hahr 和 Strassmann 在柏林继续他们的研究, 很快发现当铀受到中子轰击后形成一组至少包括三种放射性的产物. 在化学性质上, 这三种放射性的产物与钡非常相似. 开始, 他们认为产生了镭的同位素, 而进一步的实验使他们不得不得出结论, 中子轰击铀 (Z=92) 的一个结果是形成了钡 (Z=56) 的同位素.

Hahn 和 Strassmann 把他们的结果送去发表[25], 并且于 1938 年 12 月 19 日把这个消息告诉了 Meitner. Meitner 和 Frisch 正在瑞典的西海岸一起度圣诞节. 他们讨论了柏林实验室的结果并得出一种解释, 在 1939 年 1 月 11 日的《自然》杂志上以短文形式发表[26]. 他们写到: “考虑在原子核内粒子包得很紧, 它们之间又有强的能量交换, 可以预计重核中的粒子以一种集体的方式运动, 类似于一个液滴的运动. 如果增加的能量使这种运动足够剧烈, 这样一个液滴本身可能分成两小滴.” 在分开以后, 两滴之间相互排斥, 得到大约 200MeV 的动能. 整个裂变过程可以用一种本质上经典的办法加以描述. **【又见 2.14.1 节】**

回到哥本哈根以后, Frisch 设想了一个实验去证实这种裂变的解释. 他测量了那些带很多电荷的裂变碎片所产生的电离. 仅用一周时间就完成了这个实验, 结果与裂变的假设相吻合, 这些结果发表于 1939 年 2 月 18 日的《自然》杂志上[27]. 早在 1 月, Frisch 与 Bohr 就讨论了这种裂变的假设, Bohr 立刻就接受这个想法. 几天以后, Bohr 带着这个新闻出发去美国访问. 这次访问立即产生了反响, 在 1 月 29 日的纽约时报上还登了这个发现的一篇短文. 在美国期间, Bohr 与 John Wheeler 合作完成了裂变过程的详细理论. 他们的文章在 1939 年底送到《物理评论》发表[28].

15.3 第二次世界大战的影响

第二次世界大战对于战后原子核物理的发展具有意义深远的影响. 本节着重讲两点, 第一点是勾画战时的活动如何导致战后国家实验室的产生, 第二点是由于战时的计划使得在实验技术及在理解原子核动力学方面产生的主要进展.

在第二次世界大战以前就有大量的科学家移民, 许多物理学家、化学家和生物学家离开了德国和其他欧洲大陆国家, 去了美国、英国及世界上不同的国家. 这些科学家中的许多人后来都卷入了国防工作. 在战争中间, 又有一些人从英国、丹麦和法国去了美国或加拿大参加那里的国防项目. 这些科学家以美国和加拿大的各种实验室为基地, 并与这些实验室建立了联系. 在战后, 当这些科学家回到他们原先的研究机构时, 这种联系继续保持并发展成了合作关系. 这一点, 在战后原子核物理发展的道路上具有深远的影响.

美国的科学家早在 1939 年就开始考虑一项核防卫计划[29,30]. 1938 年底, Fermi 移居到美国, 加入了哥伦比亚大学物理系. 在 1939 年 1 月, Bohr 把发现裂变的消息带到纽约以后, Fermi 和 Herber Anderson 与物理系主任 Pegram 教授及回旋加速器实验室主任 J R Dunning 合作开始用哥伦比亚大学的回旋加速器进行裂变实验[18]. 后来, 匈牙利物理学家 Leon Szilard 和加拿大人 Walter Zinn 也加入了这个项目组. 很快他们变得关注裂变有可能是一种核武器的基础这个问题, 并且于 1939 年 2 月首次试图与政府建立联系. 10 月, Roosevelt 总统任命了一个铀顾问委员会. 1941 年 12 月, 在珍珠港事件之前, 美国决定动用所有的力量从事原子能的研究, 这很快变成了那个巨大的曼哈顿计划. 这个决定是在美国政府看到了 1941 年 7 月英国的 Maud 报告[31,32] 之后做出的, 这个报告解释了为什么有可能做出原子弹和如何做出这种原子弹.

一批核物理防务实验室差不多立即建立起来. 在 1940 年 6 月, Roosevelt 总统就成立了国家防务研究委员会, 由 Vannevar Bush 任主任. 1941 年 10 月, MIT 被选择为新的雷达研究的辐射实验室的场所. 1942 年的上半年在芝加哥大学的冶金实验室, 1943 年年初在新墨西哥的洛斯阿拉莫斯, 1943 年年底在橡树岭的克林顿实验室及 1944 年在华盛顿的汉弗德工程工厂都开始了原子核的项目. 从 1942 年 4 月到 1944 年夏天, Fermi 的研究基地在芝加哥.

1941 年在伯克利发现了钚, 在本章 15.8 节还要描述这个发现的故事. 人们证实, 在 ^{235}U 裂变中产生的中子有可能把天然的铀转变成钚. 关于钚的工作在伯克利回旋加速器上一直继续到 1942 年初, 然后转到了芝加哥的冶金实验室. 同时也开始了反应堆物理的研究, 第一座原子堆 (核反应堆) 于 1942 年 12 月在芝加哥的一个壁球场开始运行 (图 15.3). 1945 年 7 月 16 日在新墨西哥的阿拉莫哥多进行了试验性的原子弹爆炸. 然后, 在太平洋战争结束前夕的 1945 年 8 月, 两颗核弹投到了日本.

图 15.3 在芝加哥的反应堆. 1942 年 12 月 2 日 Fermi 在这里首次实现了人工链式反应. 左边是 Fermi 最初团队的一个成员 H W Newson 博士

战争结束以后, 美国政府决定继续原子核的研究, 既为军用, 也为民用. 在战争期间的实验室转变为发展核能和其他核应用的国家研究实验室. 芝加哥的冶金实验室是阿贡国家实验室的前身. 洛斯阿拉莫斯和橡树岭也发展成国家实验室. 它们都包含有很强的物理部, 在那里进行了重要的核物理研究.

其他国家也建立了研究实验室. 在加拿大的巧克河实验室和英国的哈维尔实验室的建立过程特别有趣. 在裂变发现以后不久, 有些英国的科学家就产生了制造核武器的想法. Margaret Gowing 在她的《英国与原子能 1939-45》一书[31,32] 中就讲了这段故事. Maud 委员会是 1940 年成立的, 目的是提出一个铀原子弹的可行性报告. 通过紧张而又富有成果的长达 15 个月的工作, 英国科学家于 1941 年 7 月写出了 Maud 报告. 1939~1940 年, 在 J F Joliot 的领导下, 一个法国小组也在研究关于核反应堆计划的一些想法, 并且成功地从挪威得到了重水用作慢化剂. 在法国沦陷的前夕, H von Halban 和 L Kowarksi 成功地带着 185kg 重水逃离了法国, 去了英国.

由于 Henry Tizard 爵士和 John Cockcroft 在 1940 年秋天对华盛顿特区的一次访问, 英国小组与美国小组之间的接触就开始了. 加拿大也卷入了英国的计划. 加拿大之所以卷入, 一方面是加拿大可以为英国的计划提供铀; 另一方面, 加拿大的物理学家对此项计划也很感兴趣. 因此, 加拿大被考虑为英国原子能计划的一个可能的场所. 在 Maud 报告送出以后, 英国计划和美国计划之间存在着一个合作的问题. 对于这种合作, 两国之间存在着许多困难和误解. 差不多花费了两年的时间, 合作问题才得以解决. 最终的结果是 1943 年 8 月的魁北克协议. 这个协议的结果是英国科学家小组加入到在洛斯阿拉莫斯、橡树岭和伯克利的各个美国计划中去. 即使在魁北克协议以前, 英国、加拿大和法国的小组就在蒙特利尔建立了一个实验室, 以继续他们的重水慢化反应堆的工作. 经过复杂的讨价还价, 美国、加拿大和英国最终于 1944 年 4 月达成协议. 这样, 在加拿大建设一个重水反应堆的计划才得以继续, 这就导致了加拿大巧克河实验室的建立, 巧克河实验室的职员是加拿大人、法国人和英国人. 尽管稍后开始的小的实验性反应堆 ZEEP 在太平洋战争结束时还没有达到临界状态, 但是这个计划成了战后英国和加拿大的原子能计划的奠基石. 英国的科学家从那里得到了建造和运行反应堆的经验. Cockcroft 从巧克河实验室的主任直接成了哈维尔实验室的主任. 即使在哈维尔实验室建立以后, 英国和加拿大的科学家还在一起工作了许多年. 在战后, 哈维尔在许多年里都是英国顶尖的核物理实验室.

在战争期间, 技术也有了进步, 得到了新的知识. 在某些领域的进步特别引人注目, 值得一提的是中子物理和同位素的产生和分离的技术. 国防工作侧重于军事应用, 但是在战后, 所涉及的方法能够在其他领域得到应用. 在战争期间, 中子源的发展让人目不暇接. 战争的早期, 在哥伦比亚回旋加速器上用氘轰击铍, Fermi 和其他物理学家们所得到的中子源的强度比他在罗马时所得到的中子源强度大十万倍. 后来, 1943~1944 年, 在芝加哥的冶金实验室, 他们从核反应堆得到的中子源强度要比哥伦比亚的强度大十万倍. 用这样的中子源, 他们可以产生宏观数量的放射性同位素. 当然, 当时强调的是钚的生产, 而在那里得到的知识, 后来能够应用于生产研究及医学和工业上要用的放射性同位素.

高强度的回旋加速器可以直接用来产生大量的放射性同位素. 正是 Seaborg 和他的合作者在伯克利最早用 3500mAh 的氘束流轰击铀靶, 生产了 0.5mg 的钚. 后来, 这就成了产生其他放射性同位素的一个标准方法.

在国防计划的进程中, 对许多元素的中子截面都用高流强的中子源进行了测量. 1945 年, 在芝加哥大学冶金实验室的 Goldsmith 和 Ibser 为曼哈顿实验室收集和编辑了各种元素的中子截面[33], 这个汇编的一个更新版本最终于 1947 年发表在《现代物理评论》上[33]. 在铀裂变中, 产生许多不稳定的同位素. 在战争中间, 人们对于大约 60 种裂变链进行了确认和研究. 产生的许多同位素都分离出来了, 对于它们的质量和寿命也都做了测量, 测量结果最终于 1946 年发表于钚计划报告[34].

15.4 技术进步

15.4.1 1930 年的技术

在物理学中, 理论的进展总是伴随着新的实验技术的发展. 从核物理开始起, 人们总是不断地努力寻找引起核反应的入射粒子的新来源和探测反应产物的新方法. 本节将介绍 1930~1965 年在这些方面某些突破的历史. Rutherford、Chadwick 和 Ellis 在他们的《放射性物质的辐射》(*Radiations from Radioactive Substance*)一书中[35], 详细地列举了中子发现和 1932 年加速器发明之前在 1930 年已经有了的技术.

直到 1932 年, 核反应的研究所用到的入射粒子都是来自于天然放射源. 一种常见的物质是钋的一种同位素 (RaF), 这种同位素可以用电化学的办法从它的母物质中分离出来, 这种同位素提供了一个具有能量为 5.30MeV 的单能 α 粒子源. 从钋的另一种同位素 RaC′, 人们可以得到能量为 7.68MeV 的更高能量的 α 粒子. 一个最常用的 γ 射线源是一种铊的同位素 ThC″, 它发出 2.62MeV 的单能量的 γ 射线.

在 1930 年探测带电粒子通常用 4 种装置, 它们分别是照相底板、硫化锌闪烁器、Geiger 计数器和 Wilson 云室. Becquerel 最早发现的放射性就是通过观察它在照相底板上的径迹得到的. 到 1930 年 (甚至以后的一段时期内), 这种照相底板作为探测器已经用到了各种类型的粒子谱仪上. 当然, 它们也能够以其他方式被利用. α 粒子和其他的带电粒子在穿过照相底板时要留下径迹. 1910 年 Kinoshita 最初的研究表明[36], 沿着带电粒子走过径迹的一连串颗粒可使得带电粒子的径迹变得清晰可见. 这样, 在底板中发生的反应可以通过测量粒子的径迹来进行研究.

用硫化锌作为闪烁体计数 α 粒子的闪烁方法是 1908 年 Regener 设计出来的[37]. 这种方法最早被 Geiger 和 Marsden 于 1908~1909 年用到了 α 粒子散射实验上[38], 直到 1930 年, 硫化锌仍然是一种重要的探测器. 闪烁是用显微镜来计数的, 为了增加视觉亮度, 显微镜带了一个大的数值孔径. Rutherford、Chadwick 和 Eillis 的书中, 有一节介绍了决定观测者闪烁计数效率的方法.

1908 年 Rutherford 和 Geiger 迈出了电计数法的第一步[39], 他们利用了 Townsend 发现的一种特性, 即在具有强电场的低压气体中, 一个运动的离子由于与气体分子的碰撞会产生新离子的雪崩. 适当调节所处的条件, 一个 α 粒子产生的电离会产生可测量的电流. Geiger 接着对这种方法在各个方面都进行了发展, 大大提高了灵敏性. 于是, Geiger 计数器变成了探测带电粒子的最重要的装置之一, 这种情况大约一直持续到 1950 年. 20 世纪 20 年代末引进了电子计数方法后, Geiger 计数器的重要性大大提高. 同时, 探测单个带电粒子并测量它们能量的其他类型的电离室也有了发展 (Ward, Wynn-Williams 和 Cave, 1929)[40]. Geiger 计数器还可以探测 γ 射线.

膨胀法来自于 Wilson 的发现[41]. 在超饱和条件下, 带电粒子穿过气体产生的离子成为水蒸气凝聚的核心. Wilson 发现, 利用这种方法, 人的眼睛可以清楚地看到单个 α 粒子和 β 粒子的径迹并且可以进行拍照. 对于 Blackett[42] 在 1925 年进行的早期核反应研究及其他人的研究, Wilson 云室起了特别重要的作用. 粒子的能量也可以利用射程–能量关系在云室内进行测量.

通过带电粒子在磁场中的偏离可测量这种带电粒子的能量. 1903 年, Rutherford 首次测量了 α 粒子的能量, 随后的几十年里, 技术不断改进. β 放射性物质发射出的单能电子群的发现就是由于 1911 年 von Baeyer、Hahn 和 Meitner 的工作而实现的[43], 他们研究了 β 射线在一个弱磁场中的偏转. 事实上, 这些单色电子群根本不是衰变电子, 而是与 γ 射线跃迁相伴随的内转换电子. 这个电子群对于测量 γ 射线跃迁能量具有最重要的意义. 1913 Danysz 发明了第一台聚焦 β 射线谱仪, Rutherford 和 Robinson 又对它加以发展[44,45]. 到了 1950 年, 许多精巧的 β 谱仪都出现了. γ 射线的波长是 Rutherford 和 Andrede 于 1914 年利用晶体衍射第一次直接测量的[46].

最初, α 粒子的能量是比较难以测量的, 因为需要更强的磁场以产生一种很大的偏转. 由于技术上的不断改进, 1914 年 Rutherford 和 Robinson[45] 能够测量从 RaC 放出的 α 粒子的能量, 测量精度好于 1%.

15.4.2 加速器

在许多年里, 回旋加速器和同步回旋加速器是核物理研究的最重要加速器. Livingston 于 1952 年对于加速器的发展历史做过评述[47], 关于早期的更多的信息可以在他的文章中找到. 从 Livingston 和 Blewett 写的一本书中可以找到 1962 年以前有关加速器方面的有兴趣的信息[48].

回旋加速器是 Ernest O Lawrence 在加利福尼亚州的伯克利发展起来的. 第一台机器是 1931 年 Lawrence 和 Livingston 建造的, 极面直径为 11 吋, 产生 1.2 MeV 的质子束流. 很快地, 它被另一台具有 37 吋极面直径、可以把 α 粒子加速到 16MeV 的回旋加速器超过. Lawrence 和他的同事们继续设计更大的装置, 于 1939 年完成了 60 吋的机器, 这台机器能产生 8MeV 的质子、16MeV 的的氘和 38MeV 的 α 粒子 (图 15.4). 伯克利 60 吋的机器是第一台这种大型回旋加速器, 它成了设计同样尺寸的其他机器的样本. 到 1952 年, 在英国和欧洲已经有了 14 台回旋加速器, 在美国有了 21 台. 这些加速器大多数建在科学研究实验室里, 支持着核物理的研究, 或为化学、生物学和医学的研究生产放射性示踪同位素.

图 15.4 在辐射实验室安装的 60 吋回旋加速器

后排从左到右: Alvarez, McMillan 前排从左到右: Cooksey, Lawrence, Thornton, Backus, Salisbury

对于这种固定频率的回旋加速器, 若再进一步提高能量, 60 吋就到了相对论极限. 1945 年, McMillan[49] 建议使用频率调制来克服这种相对论极限. 苏联的 Veksler 发现了这种机器中重要的轨道稳定性特性. 研究表明, 当使用的频率慢慢减小的时候, 粒子会绝热地跟随这种变化, 这样就慢慢得到能量并保持在共振状态. 第一台频率调制的加速器是 184 吋的同步回旋加速器, 它是 1946 年底在伯克利投入运行的, 它可以把质子加速到 350MeV, 把氘加速到 200MeV, 把 α 粒子加速到 400MeV. 到 1952 年, 在世界上共有 7 台同步回旋加速器在运行. 在第二次世界大战终结的时候, 日本有 4 台回旋加速器, 但美国占领军摧毁了所有这些机器.

1959 年随着螺旋脊回旋加速器的发明, 加速器技术又有了进一步的发展. 这是一种固定频率的机器, 质量随着能量的相对论变化通过一种磁场加以补偿, 这种磁场是随着角度和半径以一种特别的方式变化的. 第一批这种加速器之一是 1962 年在伯克利建造的 88 吋的机器. 一个螺旋脊机器的平均流强要比同步回旋加速器的流强大 100 倍.

另一类核物理研究中广泛应用的加速器是 van de Graaff 静电起电机. van de Graaff, Trump 和 Buechner 曾写过一篇很有意义的评论[50], 这篇评论给出了到 1948 年 (即用 van de Graaff 加速器完成第一个实验后的 15 年里) 这种机器的发展状况. 第一批这种大型机器是 1935 年由 Tuve 等在卡内儿研究所的地磁学部建成的和 1936 年由 van de Graaff 和他的同事们在 MIT 完成的 (图 15.5). 他们得到的终端电压是大约 3MV. 在一个静电加速器中所产生的电位势受到电晕放电的限制. 人们发现, 如果机器在具有一定压力的气体绝缘介质中运行的话, 产生的电位势可以提高. 在威斯康星的 Herb 和他的助手把一台发生器放在含有氟里昂的大气中运行, 得到了出色的结果. 到 1948 年, 人们发现六氟化硫是最理想的绝缘气体.

图 15.5　在卡内儿研究所的 2 米 van de Graaff 发生器. 穿西装的是 Merle Tuve

关于串列加速器的起源, Rose 为一本纪念 L W Alvarez 的书写了一篇很有意思的文章[51]. 下面一段的信息就是取自这篇文章. Rose 写到, 私营高压工程公司

(HVE) 于 1946 年创建, 目的是建造和销售静电发生器. Denis Robinson 是公司董事长, Robert van de Graaff 和 John Trump 也与这个公司相关. 1951 年, 高压工程公司为橡树岭国家实验室建造了一台非常有效的 6.5MeV 的机器, 随着这个成功, HVE 公司从大学和政府的实验室盗取了这个创先权. 在 20 年里, 它成了直流加速器的世界领先者. 到了 1950 年中, 他们又发展了串列加速器, 这种加速器成了低能核物理研究最普遍使用的一种机器. 在串列加速器中, 离子源产生的负离子被加速到正高压终端, 在这个终端中, 离子穿过一个具有较高气压的区域, 在这个区域, 负离子与气体分子的碰撞把电子削掉, 变成了正离子, 这时加速器继续把正离子从高压终端推开. 串列的想法最初是 Bennett 1950 年的一项专利, 这个概念又被 Alvarez 重新发明. Alvarez 热情地促成了这种加速器并鼓励 Robinson 把它作为 HVE 公司的一种新产品. 第一台这种机器卖给了巧克河实验室并于 1958 年交货. 它的终端电压为 5MV, 能把质子加速到 10MeV, 把重离子加速到一个更高的能量. 这种机器的安装和使用都非常简单, 受到用户欢迎, 这种机器共建了 62 台, 卖给了全世界的各个实验室.

还有另外两种加速器对核结构的研究产生过非常重要的影响, 它们是电子感应加速器和直线加速器. 第三种是同步加速器, 这种加速器对于粒子物理非常重要, 而对于核物理就没有那么重要.

电子感应加速器是伊利诺伊大学的 D Kerst 发明的[48], 1940 年他在他的实验室里建造了一台 2.3MeV 的机器, 那是一台圆形加速器, 具有特别的磁场结构, 粒子是通过磁感应而被加速. 它的设计是基于 Kerst 和 Serber 的详细理论计算. 一旦理解了它的基本原理, 这种机器很容易建造, 并且可以把电子加速到很高的能量. 1942 年 Kerst 把他的工作基地转移到了美国通用电器公司 (GEC) 的研究实验室, 在那里他建成了一台 20MeV 的机器. GEC 的 Westendorp 和 Charlton 继续加以发展, 于 1945 年建成了一台 100MeV 的机器. 于是, 对于这种加速器, 在 GEC 及其他一些公司开始了商业化的生产. 商业化的机器主要是能量在 20MeV 范围的机器, 是为了适应来自研究实验室、医院及工业部门日益增长的需求. 之后 Kerst 又回到伊利诺伊建造了一个 300MeV 的模型, 这是最大的, 也可能是最终的电子感应加速器. 现在核物理研究很少使用电子感应加速器, 而在 20 世纪 40 年代, 这种机器提供了第一个高能 γ 射线源. 这种射线是高能电子撞击钨靶所产生的 X 射线 (韧致辐射), 能量随着电子能量的改变而改变. 1947 年, 利用 GEC 的 100MeV 的电子感应加速器上产生的高能 γ 射线, 人们发现了原子核中集体巨单极共振.

第一台质子直线加速器是 L Alvarez 和他的小组于 1947 年在伯克利建造的. 在参考文献 [52] 中, W Panofsky 对于这种加速器的结构做了描述. 低能直线加速器是 Sloan 和 Lawrence 于 1931 年建造的. 由于在超高频功率源的开发方面取得了许多进展, 到第二次世界大战结束时, 人们对直线加速器重新产生了兴趣. 事实上, 1940~1943 年 Lawrence 和 Alvarez 就在 MIT 辐射实验室从事微波雷达功率源和发射方面的工作[53]. 促使 Alvarez 推崇直线加速器的原因之一是关于高能加速器造价的估算. 他解释说, 回旋加速器的造价随着能量的三次方而增加, 而对于一台直线加速器, 能量与造价的关系大致上是线性的. 因此, 从经济上考虑, 当能量要求很高时, 最终直线加速器将取代回旋加速器. 这种论点原先曾是正确的, 但当发明了强聚焦回旋加速器以后, 这种论点就不再合适了. Alvarez 的第二个动力是在战后有一些剩余的雷达装置可供使用. 这样, 他建成了可以产生 32MeV 质子束流的机器并成功投入运行. 一些基本的质子–质子散射实验以各种核反应的研究都用到了这台机器. 后来, 其他一些质子直线加速器又相继建成, 最值得一提的是在美国洛斯阿拉莫斯的介子工厂 (LAMPF), 在许多年里, 它都是中能核物理的主导工具.

实践证明, 直线加速器对于加速电子比加速质子更重要. 直线加速器特别适用于产生高能电子. 在一台圆形的机器中, 通过磁场把电子向圆心方向的连续加速会产生大量的辐射损失, 而这一点在直线加速器上可以避免. 直线加速器的另一个优点是它具有极好的出射线束的校准. 斯坦福一直是高能电子直线加速器的一个中心. 最初的驱动力是来自 W W Hansen, 他在 1930 年中期时就在考虑这种类型的机器. 直到为雷达应用而研发的磁控管出现, 这种机器才实际上成为可能. 这种加速器的工作也开始于第二次世界大战的末期, 到 1948 年, 建成了一台两米的机器, 这台机器可以把电子加速到 4MeV. 1948 年 Fry 和 Walkinshaw 在一篇评述文章中对于这些早期的进展做了介绍[54]. 斯坦福马克 I 机器[48] 是 1947 年建造的, 它是 12 呎长, 用磁控管作为功率源, 能提供 6MeV 的电子. 然后, 斯坦福团队开发了高功率的速调管, 这种速调管具有较好的相位稳定性的特点. 斯坦福的马克 II 机就是用速调管提供功率, 把电子加速到 35MeV, 马克 II 是马克 III 的样机, 马克 III 机的设计电子能量为 1GeV, 它本质上是由 30 个马克 II 加速器排放在一条线上构建成的. 它是分阶段建造的, 最后于 1960 年建成. 在 1953 年以后, Hofstadter 和他的合作者利用低能电子在其上进行了重要的原子核结构的研究工作.

15.4.3　中子源

1934~1942 年期间, 标准的中子源是把铍的粉末和氡的气体封装在一起的一个管子. 氡是 α 放射性的, α 粒子可以通过下述反应产生中子:

$$^{4}\mathrm{He} + {}^{9}\mathrm{Be} \longrightarrow {}^{12}\mathrm{C} + \mathrm{n}$$

Fermi 和他的合作者, Hahn、Meitner、Strassmann 及其他人所进行的大多数实验都是用这种类型的中子源. 氡及它的子核都具有高的 γ 辐射, 这种 γ 辐射要污染中子源. 用钋代替氡作为 α 粒子源可以消除这种污染.

1942 年裂变反应堆的发展提供了一种新的、高强度的中子源. 在反应堆的屏蔽层上开一个小孔, 让中子束流引出用于实验. 这种来自反应堆的高通量的中子对于通过中子俘获反应生产放射性同位素是特别有用的.

15.4.4 测量装置和探测器

磁谱仪是通过测量带电粒子在一种适当安排的磁场中的偏转来测量这种粒子的动量的. 早在第二次世界大战开始的时候, 磁谱仪的设计就已经达到精巧的高水平, 而且磁谱仪用到了质谱仪和 β 射线谱仪中. 战后, 谱仪开始与加速器结合在一起用于分析加速器束流产生的核反应产物, 谱仪的设计对解决加速器当中的问题具有贡献. 反过来, 加速器问题的解决又帮助了谱仪的设计. 特别是关于回旋加速器和电子感应加速器轨道稳定性的 Kerst-Serber 理论还应用到了谱仪的设计中, 而 Siegbahn 的双聚焦 β 谱仪[55] 的原理也被用到了加速器谱仪的设计上.

另一项现在看来仅具有历史兴趣的技术是测量 γ 射线波长的晶体衍射谱学. 这个方法是 1914 年 Rutherford 和 Andrade 最先使用的[46], 后来其他人加以发展. 最成功的装置是 1930 年 DuMond 和 Kirkpatrick 建议的弯曲晶体聚焦谱仪[56]. 基于这个原理, DuMond 和他的合作者在 1947 年设计了一个谱仪. 这个谱仪可以测量 0~500KeV 的 γ 射线的波长, 精度好于 0.01%. 现在, 半导体计数器可以测量的 γ 射线能量的精度与它差不多.

在第二次世界大战以后, 探测器技术有了一些重要的进展, 其中之一就是正比计数器的发明, 它来源于对 Geiger 计数器的一个改进. 如果仔细设计一个雪崩计数器并在可控制的条件下运行, 则这个计数器就可以作为 β 或 γ 射线的探测器, 同时也测量辐射的能量. D H Wilkinson 在他的书中[57] 对 1950 年正比计数器的状况作了详述. 到了 1960 年这种类型的计数器大部分都被半导体计数器代替了.

对发自某些有机物质的荧光脉冲进行光电测量, 由此对电离辐射进行计数的方法是 1947 年 Kallman 首先提出的. 这是对老的闪烁方法的一个发展, 这里闪烁不再是用人的眼睛计数, 而是用一个光电倍增管进行电子计数. 于是研究人员立即开始寻找可以与光电倍增管一起很好工作的闪烁物质. 1948 年, Hofstadter[58] 发现, 用铊激活的碘化钠晶体可以作为 γ 射线的有效探测器来使用. Hofstadter 不是在随机地寻找, 他知道合适的闪烁物应该具有的特性. Rutherford 和他的同事早就知道了杂质的重要性, 在参考文献 [35] 的第 126 节有这样的叙述: “人所共知, 不论是用 α 粒子轰击, 还是用光去照射纯净的硫化锌都不会使它闪光, 为了使硫化锌变得敏感, 掺入微量的杂质 (如铜) 是必要的.” 在 20 世纪 30 年代, 人们对于碱性卤化物的磷光特性就已经有了研究. 对于 γ 射线, 碘化钠晶体具有很强的阻止本领, 而且可以生长成大块晶体, 所以, 碘化钠似乎是一个有希望的选择. 直到 1949 年, Geiger 计数器还是测量 γ 射线最常用的探测器. 但在几年的时间里, 它就被碘化钠晶体探测器所代替了, 计数效率提高了 1000 倍. 如果没有这种新的探测器, 50 年代初期的许多重要实验都是不可能实现的. 碘化钠探测器现在仍然常常用作 γ 探测器, 常常与半导体探测器一起使用. 闪烁探测器把探测效率和适当的能量分辨结合在一起. 如果需要高的能量分辨率, 仍然需要使用 β 谱仪或晶体衍射技术. 这种情况随着基于硅和锗半导体计数器的引入开始有所变化. 参考文献 [59] 和 [60] 对于这些探测器的发展做了评述. 早在 1949 年, McKay[61] 在朝着设计一种锗半导体计数器的道路上迈出了第一步. 1953 年, 他又进一步研究了硅的使用. 在普渡大学的一个小组也对这种探测器产生了浓厚的兴趣[62]. 转折点是在 1958 年 Walter, Dabbs 与 Roberts 把锗结成功地应用到了低温核物理实验中[63]. 从那以后, 在欧洲和北美的一些实验室开始广泛开发半导体粒子探测器. 到了 1962 年, 半导体探测器已经被普遍使用. 接下来的发展就是锂漂移锗 (Ge(Li))γ 射线探测器, 到 1967 年, 这种探测器也已被广泛使用. 在过去的 25 年里, 带电粒子和 γ 射线的最高分辨率的探测器都是基于半导体技术. 如果需要最高的效率的话, Ge(Li) 探测器就没有碘化钠闪烁探测器合适, 但它的能量分辨率要好一个量级, 可以得到 1KeV 的线宽. 硅粒子探测器的能量分辨率并没有磁谱仪那么好. 当然, 在多数情况下, 并不需要那么高的分辨率.

15.5 原子核的壳层结构

Bethe 和 Bacher 1936 年的文章[64] 对于中子发现以后的 4 年里原子核结构理论的进展做过回顾. 人们已经认识到核力具有饱和性, 所以, 原子核的结合能及原子核的体积近似地正比于质量数 A. 人们用 Weizsäcker 质量公式理解了原子核的结合能随着中子数 N 和质子数 Z 的变化. 物理学家已经知道, 至少有两种力可以产生饱和性, 一种可能性是 van der Waals 类型的力, 这种力在长距离上是吸引力而在短距离上是排斥力, 另外一种是交换力. 人们也认识到还存在一种对效应, 这种效应使得 N 和 Z 都是偶数的原子核比奇数核更稳定. 这篇 1936 年的评论文章讨论了氘核的理论, 还包括了对于中子–质子散射、中子被质子俘获及氘核的光电离解的计算. 在 1932 年前后建造的新加速器上开始有了这些反应的实验数据. 这篇评论文章也包括了一节关于氚、He^3 和 α 粒子的理论. 作者们得出结论, 这些原子核的结合能同核子之间具有一种短程力的看法是一致的. 由于电荷对称性, 中子–中子力与质子–质子力必须是大致上相等的. 通过对原子核质量的测量及在新的加速器上进行的核反应实验也已经得到了原子核的结合能的实验数据.

在对核物质的 Fermi 气体模型进行了分析以后, Bethe 和 Bacher 讨论了较重原子核结构的 Hartree 模型或壳层模型. 这个模型假定了单个质子和中子的独立运动. 文章的作者们写到: “肯定不能断言这种假定可以对核结合能的计算取得更多的成功. 然而, 它对核结构中具有重要实验证据的某种周期性, 提供了一种预言的基础." 这里所说的周期性的实验证据包括, O^{16} 的强束缚及当绘出元素的丰度随着 $I = N - Z$ 变化曲线时出现断裂的现象, 以及在 N=82 和 N=126 处存在某种异常. 这些规律性是 Bartlett[65]、Elsasser[66] 和 Guggenheimer[67] 等分别注意到的. 在 1933~1934 年, Bartlett 考虑了质子和中子在一个位阱中的能级, 这些能级分成一组一组的壳. 考虑到 Pauli 原理的限制, 质子和中子按能量增加的顺序填充这些能级. 当一个壳被填满时, 可以预言一个特别稳定的原子核. 当一个新的壳开始的时候, 新增加的粒子的结合能要比填满上一个壳层的粒子的结合能小.

Elsasser[66] 的壳层模型预言在 N 或 Z 为 2、8 和 20 的地方为闭壳, 这与结合能与丰度的数据一致. 但是, 这个模型不能给出 N=82 和 N=126 的闭壳. 在这以后不久, Bohr 系统地表述了他的复合核理论, 这是一个强作用模型, 这个模型似乎与独立粒子运动相矛盾, 复合核理论的成功使壳层模型被人们抛弃了长达十几年.

jj 耦合壳层模型是在 1949 年分别由 Maria Goeppert Mayer[68] 和 Haxel, Jensen 和 Suess[69] 独立发现的. 在 Mayer[70] 和 Jensen[71] 获得诺贝尔奖的演讲中及 D Kurath[72] 和 H A Weidenmüller[73]1989 年为纪念壳层模型 40 周年在阿贡国家实验室召开的会议演讲中, 都对这段历史做了有趣的回顾. Maria Mayer 师从哥廷根的 Max Born. 在取得博士学位以后, 她与美国人 Joseph Mayer 结婚, 并于 1930 年移居美国. 由于在大学里的反裙带关系规则, 在那里她找不到工作. 但在各种各样协会的帮助下, 她还是设法继续物理研究. 1946 年, Joseph Mayer 去了芝加哥大学, Maria 在新建的阿贡实验室得到了一份半职工作. Hans Jensen 是在汉堡读书, 在 30 年代, 他在哥本哈根 Bohr 研究所度过了一些时光. 在战后, 他在汉诺威得到了一个位置并开始与 Haxel 和 Suess 合作.

在 1947 年前后, Maria Mayer 与 Edward Teller 一起研究元素的起源, 作为第一步, 他们开始分析同位素丰度的数据. 从元素的丰度分布证实原子核的结合能具有规律性, Haxel、Jensen 和 Suess 也对此产生了兴趣. 到了 1948 年, 已有的资料比在 1934 年的时候要丰富得多, 图像变得更加清晰. 1948 年 Maria Mayer 发表了[74] 关于质子或中子数为 20, 50, 82 和 126 原子核具有特别的稳定性的证据. 其中部分证据是 D J Hughes 在阿贡测量的. Hughes 发现, 在中子数为 82 和 126 的靶核上中子的吸收截面很小. 于是, 20 世纪 30 年代 Elsasser 等的想法再次复活, 人们在寻找一种合适的壳层模型. 尝试了不同的想法后. Mayer 和 Jensen 分别独立地提出了 jj 耦合的壳层模型, 这个模型给出了实验上观察到的幻数 (图 15.6). Maria Mayer 在获得诺贝尔奖的演讲中[70] 这样写到: "那个时候, Enrico Fermi 对于幻数很感兴趣 ······ 一天, Fermi 在即将要离开我的办公室时问我: '有没有任何自旋轨道耦合的证据?' 只要是像我一样拥有这些数据的人, 就会立即回答: '当然有证据, 并且自旋轨道耦合将解释这一切'. Fermi 并不相信, 他带着我的 '占卜八卦' 数表离开了我". 接着在同一个报告中, 她说: "一周以后, 当我仔细地写出其他的结果时, Fermi 不再怀疑了, 他甚至在他的核物理课堂上讲授了这一点".

图 15.6　Mayer 与 Jensen

Maria Mayer 的 1949 年文章已经提到了壳层模型的某些预言. 其中一个预言是与奇 A 核的自旋和宇称有关. 在 1949 年, 人们已经知道了一些奇 A 核的自旋和宇称. 在随后的几年里, 人们测量了许多基态和激发态的自旋和宇称. 测量原子核态自旋的一个技术是 γ 射线的角关联, 这个方法是 1948 年前后发展起来的, 而在碘化钠闪烁计数器发明以后, 这样的实验变得实际得多. 人们可以把测量到的自旋和宇称与壳层模型的预言相比较.

有一类激发态是同核异能态的能级. 这些同质异能态有很长的寿命, 几小时、几天, 甚至几年. 同核异能态的自旋与基态的自旋差别很大, 由于角动量的选择规则, γ 跃迁的几率受到阻碍, 这就解释了为什么这些同核异能态的寿命特别长. 在 jj 耦合壳层模型中, 能级的分布显示, 在周期表的某些特别区域的原子核, 预计具有同质异能态, 这些区域称之为同核异能岛. 模型还预言了退激发 γ 跃迁的多极化性及寿命, jj 壳层模型的这些预言与实验数据惊人地一致.

壳层模型成立的一个必要条件是在原子核内一个核子的平均自由程比原子核的半径要大, 这样才可以确切地定义单粒子轨道. 这一点与核反应的 Bohr 理论是有矛盾的. 事实上, Bohr 理论的成功曾经激励理论家放弃原子核结构的壳层模型描述. 在他 1936 年的文章中 [20], Bohr 明确地反对基于独立粒子运动的核结构理论. 关于壳层模型, 他写到: "…… 不管怎样, 这一点是很清楚的, 到目前为止, 详细处理的原子核模型对于原子核典型性质的描述都是不合适的. 正如我们已经看到的, 对于这些性质的描述, 单个核子之间的能量交换是一个决定性的因素". 在同一段中, 他继续说: "在原子和原子核中, 对于多体力学问题的处理我们的确有两种极端的情形. 把多体问题落实到单体问题是一种近似处理方法, 这种近似处理方法在一种情形下很可能是有效的, 而在另一种情形下, 则可能完全丧失了真实性. 在这种情形中, 本质上讲, 从一开始我们就必须面对组分粒子之间相互作用的集体性质.”.

在 1949 年, 尽管与上面一段所谈到的 Bohr 的观点有明显的矛盾, 壳层模型还是很快被人们所接受. 这可能有两个理由: ① 这个模型可以解释幻数; ② 这个模型给出了核态的波函数, 用这些波函数可以做出预言, 利用新的实验技术得到的观测量可以检验这些预言. Bohr 也被这些新的结果说服了, 在一篇未发表的通讯中, 他谈到, 为了把两种观点统一起来, 需要对量子力学的多体问题有一个更深入的理解, 在他的选集的第九卷重印了这篇通讯[75].

就在同时, 出现了独立粒子运动的另一个证据. 那就是 Feshbach, Porter 和 Weisskopf[76] 于 1954 年建议的低能中子或质子散射的光学模型. 他们认为, 一个核子入射到一个靶核上, 可能被吸收形成一个复合核, 也可能穿透过去, 只是它的运动由于受到它与靶中核子的平均相互作用而发生了改变. 这种光学模型有时被称之为混浊晶体球模型. 混浊意味着吸收, 而晶体球暗指由于平均场的存在, 核子的路径发生折射. 在光学模型中的平均场与壳层模型中的平均场具有相同的来源, 光学势的实部应该与壳层模型的势阱类似, 吸收是用光学势中的一个虚部来表示的. Bohr 的复合核模型相应于一种极限情况, 即吸收很强, 原子核是黑的. 弹性散射的新实验结果证实了光学模型的预言, 并且显示出吸收相应于在原子核内的一个核子相对长的平均自由程, 这个平均自由程已经足够长, 允许定义壳层模型的轨道.

壳层模型中的另一个不可思议的地方是自旋–轨道相互作用的来源. 为了得到正确的幻数, 需要有自旋–轨道相互作用. 但是, 在很多年里, 对于它的来源人们并没有清楚的看法. 随着实验和理论上对于核力认识的进展, 这个问题部分地得到了解决. 按照汤川的理论, 核子之间的力是由于介子交换产生的. 在 1949 年, 人们知道的强相互作用介子是 π 介子, π 介子交换所产生的核子–核子力有一个张量分量, 而没有自旋–轨道部分. 在一段时间里, 人们企图从这种张量力的二阶效应来推导一种自旋–轨道力, 但得到的自旋–轨道效应太弱. 到 20 世纪 60 年代初期, 由于 ρ 介子和 ω 介子的发现, 情况发生了变化. 这两种介子是自旋 S=1 的矢量介子, 把汤川理论推广到向量介子就产生了具有自旋–轨道分量的核力. 通过进行质子–质子和中子–质子散射实验去测量核子–核子力, 在整个 50 年代, 人们在这方面做出了系统的努力. 1957 年 Stapp 等的一个分析[77] 发现了核力中存在自旋–轨道分量的清楚证据. 这至少解释了壳层模型中的自旋–轨道力的一部分. 对于这是否是最终的答案, 直到现在还没有清晰的一致意见.

自从 1949 年以来, 人们已经推广了壳层模型, 使它能够描述复杂的原子核状态的性质. 而且, 对核结构与核反应的认识也取得了巨大的进展. 在 1989 年召开的壳层模型 40 周年的讨论会上, Talmi 的报告[78] 对于某些进展做了评述. 他写到: “人们不再需要在 ‘理论基础’ 上检验壳层模型, 对于壳层模型的证明是它的预言与实验一致, 人们已经是毫无保留地确信了这一点”. 也许并不是所有的核物理学家都接受这个陈述, 但这代表了人们广泛持有的一种看法.

15.6　原子核中的集体运动

在 1936 年关于复合核理论的文章中, Niels Bohr 在文章的好几段都谈到了原子核的集体运动. 他把这种集体运动看成原子核中的核子之间具有强作用情况的自然特征, 并把原子核想象为一小滴液体, 甚至一块固体. 不管是那种情况, 原子核都可以有各种振动方式. 在 1937 年关于核动力学的一篇评论文章中, Bethe 描述了 Bohr 和 Kalckar 有关在高激发的原子核中不同状态的能级间距的一个计算. 这些激发是由表面振动或体积振动模式组成的. 采用这个模型, Bohr 和 Kalckar 也计算了液滴的热性质. 由于 Frisch 和 Meitner 以及后来 Bohr 和 Wheeler 的工作, 核裂变的液滴模型又涉及了大振幅集体运动.

15.6.1　巨共振

1948 年发现了一种新的集体运动. 实验是 Baldwin 和 Klaiber 做的[79], Goldhaber 与 Teller, 以及 Migdal 对于这个实验给予了解释[80]. 对于这种集体运动模式, 他们使用一个词叫偶极振动. 后来, 人们又把它叫做巨偶极振动或 GDR. 实验是在位于纽约塞奈克塔迪的通用电气公司实验室做的, 用的是由 Kerst 及他的合作者建造的一个新的电子回旋加速器产生的 γ 射线. Baldwin 和 Klaiber 测量了在铀核和钍核的光致裂变截面及在碳和铜靶的光生中子截面. 这些截面都出现了一种高频共振, 其共振能量对于碳核是 30MeV, 铜核是 22MeV, 铀核和钍核是 16MeV. 这些结果引人注目, 因为这些原子核处于周期表完全不同的区域, 但是它们却具有相似的共振. 共振能量随着 A 的增加有规律地减小, 而且对于很不相同的末态, 这些共振也非常相似.

Goldhaber 和 Teller 建议[80], 这是由于 γ 射线激发了一种原子核中的集体运动, 在这种集体运动中, 质子沿着一个方向运动, 而中子朝着相反的方向运动, 这就是偶极振动这个名字的来源. 他们还说明了共振的宽度是由于从这种有序的偶极振动到其他模式的能量转移引起的. 也就是说, 这种宽度是由于一种类似于摩擦力引起阻尼的过程. 这个反应有两个阶段, 第一个阶段是原子核吸收一个光子形成一个复合核, 而第二阶段则是复合核衰变成最终的反应道. 对于重核, 形成的复合核首选的衰变是裂变, 而对于较轻的核, 复合核首选的衰变是中子发射. Goldhaber 和 Teller 也能够估算能量积分光吸收截面, 结果与实验数据一致. 在随后几年所做的

γ 射线引起的反应实验确认了巨偶极共振的这种普遍特征.

几年以后, Wilkinson[81] 建议了一个巨偶极共振的壳层模型理论. 他解释说, 对于这种偶极共振有贡献的原子核状态是那些把一个单核子提升到下一个更高的壳层所形成的状态. 在所有的情况下, 被提升的粒子的角动量和留下空穴的角动量要耦合成总角动量 $J=1$, 总的宇称是负. 所有这些状态的能量都集中在所观测的共振能量附近. 吸收的光子激发了这些壳层模型粒子–空穴态的一个特别的线性组合. 他指出, 这种壳模型态的相干叠加相应于集体的 Goldhabar-Teller 模式[82]. 这种情况正是集体模型描述等价于壳层模型描述的一个例子. 1961 年, Thouless 指出[83], 在无规相位近似下, 对像巨偶极共振这样的振动状态能够给出一个系统的理论描述.

巨偶极共振是一种同位旋矢量模式, 因为质子和中子是异相运动. 1972 年, 在质子非弹性散射的实验中, 又发现了同位旋标量巨四极模式[84]. 后来, 在 1977 年, 利用 α 粒子非弹性散射, 人们又发现了同位旋标量巨单极共振, 或吸收模式. 在同位旋标量模式中, 质子和中子同相运动. 四极和单极模式与巨偶极共振一样具有普适性, 它们存在于整个周期表的原子核中, 它们的性质以一种系统的方式随着 N 和 Z 而变化. 后来, 在许多原子核中又发现了自旋巨共振, 但是它们的性质更依赖于壳层结构. 这些共振激发可以通过质子或电子的非弹性散射而实现. 1981 年, Bertrand 和 Bertsch 对于这个领域的状况作了综合评述[85].

15.6.2 低能集体模式

Mayer 与 Jensen 的壳层模型是基于这样一种想法, 即一个原子核中的质子和中子是在一种球形壳层模型势中运动. 这种势表示原子核中的一个核子与其他核子的平均相互作用. 1949 年, C H Townes, H M Foley 和 W Low 收集到了有关奇 A 核电四极矩已有的全部信息[87]. 四极矩是在原子光谱的超精细结构中测量的. Townes 和他的同事们把 Q/R^2 作为原子序数 Z 的函数绘了一个图, 他们发现这个量具有壳层结构的证据 (Q 是四极矩, R 是核半径). 这个图显示出有规律的形状, 形状与单粒子能级的填充情况有关. 四极矩在 Z 为闭壳数值处为零, 在闭壳前面一点, 四极矩是负的, 而在后面一点是正的, 这与壳层模型的预言是一致的. 在两个闭壳 Z=50 和 Z=82 之间, 这个图有一个宽的峰. 这里出现了一种未曾预料到的结果, 在峰值处 Townes 对这个量做了估算, 实验的 Q/R^2 是单个奇数质子给出的预期值的 35 倍.

在 1950 年发表的一篇文章中, James Rainwater 提出了这样一个论点[86], 认为四极矩的数据强烈地暗示这些原子核的基本核形状不是真正球形的, 而是相应于整个原子核形变成一种椭球形的形状. 他也指出, 在闭壳情况下核子的单粒子运动倾向于球形, 当离开闭壳时, 奇数核子的离心压力倾向于产生一种变形的平衡形状. Rainwater 是哥伦比亚大学物理系的一名教授, 在 1949~1950 年学术年度, Aage

Bohr(Niels Bohr 的儿子) 也在这个系从事研究工作 (图 15.7). 在这一年, 他们在一个办公室工作[87]. Bohr 也对封闭壳之间的原子核具有大的四极矩感兴趣, 并研究了形变的原子核具有转动谱的可能性. 他研究了一种奇 A 核的模型, 得到了一些结果. 在这个模型中, 奇数核子与所有其他核子组成的一个变形核芯的转动相耦合. 他特别研究了形变对于原子核磁矩的影响[88].

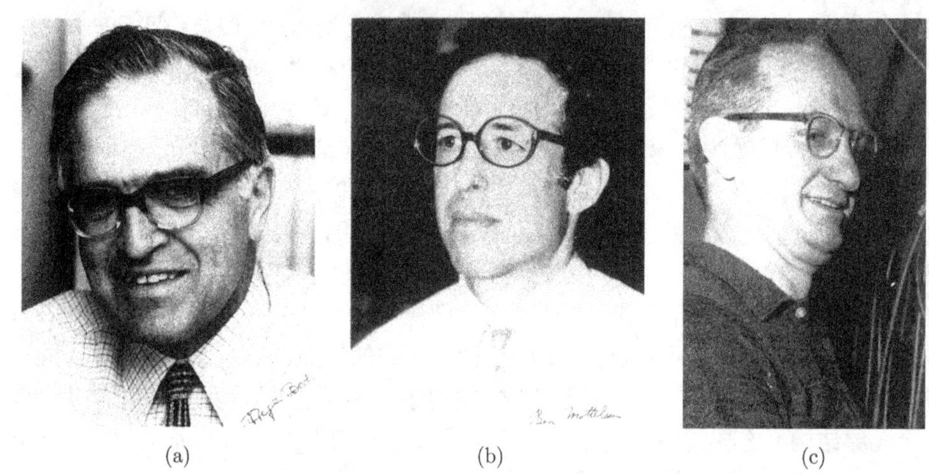

(a)　(b)　(c)

图 15.7　(a) A Bohr; (b) B Mottelson; (c) J Rainwater

1950 年秋天, Aage Bohr 回到了哥本哈根, 继续进行集体运动的研究. Ben Mottelson 以哈佛学者的身份来到 Bohr 研究所从事研究, 与 Bohr 一块工作. 根据已发表的纪录来判断, 到 1952 年的下半年, 新情况开始出现. 6 月, Mottelson 做了一个演讲, 在这个演讲中, 他概括了一种新的模型产生的后果, 这个模型考虑了表面振动与容易激发的单粒子模式相耦合. 在 Alder 与 Winther 关于 Coulomb 激发的书中[89] 包括有那次演讲的抽印本. 在这一点上的进展受到了另一篇评论文章的影响. 1952 年 7 月, Goldhaber 和 Hill 写了一篇关于 "核的同质异能性与壳层模型"(*Nuclear isomerism and the shell model*) 的评论文章[90]. 在这篇文章中. 他们收集了有关许多原子核的能级图和电磁跃迁几率的大量实验测量到的信息. 1952 年 11 月, Bohr 和 Mottelson 给物理评论杂志送去了一篇关于一系列偶核电四极同质异能跃迁的通信文章[91]. 文中他们评论道, 实验测量的电磁跃迁几率比壳层模型的预言要大 100 倍, 如果原子核是变形的, 则可以解释实验的电磁跃迁几率. 他们按照变形核转动态对这些实验给出了一个解释.

在 1953 年 3 月, Bohr 和 Mottelson 又给物理评论杂志送去了另一篇通信[92], 这篇通信特别聚焦在转动运动上. 对于一个具有偶 Z 和偶 N 的变形的转动原子核, 预计有一个能级带, 可以把激发能写成 $E = CI(I+1)$, 其中自旋 $I = 0, 2, 4, 6, \cdots, C$ 是一个与转动惯量成反比的常数. 核子数 A 为奇数的原子核能谱可以通过单粒子态与这个转动的核芯的耦合而得到. 在 3 月的这篇通信中, 作为第一批例子, 他们给出了核子数 $A = 178$ 和 $A = 180$ 的两个铪同位素的转动谱. 在 1953 年的一篇更详尽的文章中[93] 他们给出了这些结果和其他的结果. 在随后的一年里, 人们又发现了转动谱的许多例子. 例如, 1953 年 7 月, Asaro 和 Perlman[94] 向物理评论杂志提交了一篇通信, 报告了偶核 α 衰变谱中的样式, 这种样式可以用转动模型给予解释.

与此同时, 哥本哈根小组正在考虑从实验上研究集体模型的其他办法. 1953 年 5 月, Mottelson 曾建议, Coulomb 激发是研究原子核中低激发模式的一种理想的实验工具[89]. 他建议 "用能量远低于 Coulomb 位垒的带电粒子轰击原子核. 这种粒子穿透位垒的几率是很小的, 而且原子核仅仅感受到 Coulomb 场. 因此, 由于电磁能量冲击产生的激发所反映出来的靶核的性质将与入射粒子和靶核之间的核力带来的复杂性无关." 当然, 以前已经有人考虑过 Coulomb 激发, 1938 年 Weisskopf 就首次提出过这个建议. 后来, 在 1951 年 Ter-Martirosyan 也曾建议过 (参见文献 [89]). 1939 年也曾经有两个实验观测到了 Coulomb 激发, 一个是 Barnes 和 Ardine 做的实验, 另一个是 Lark-Horowitz 和他的合作者完成的实验. 在 1953 年, 与以前不同的情况是理论家和实验家都在寻找一种研究集体运动的强有力的方法. Coulomb 激发提供了一种有前景的途径.

第一批新一代的 Coulomb 激发的实验是 1953 年由 Huus 和 Zupancic[89,95] 在哥本哈根及 McClelland 和 Goodman[96] 在 MIT 完成的. 他们都使用了质子作为入射粒子, 用了碘化钠计数器作为 γ 探测器. 两个小组都观测到了强的 Coulomb 激发. 此次以后, 这方面的研究蓬勃发展. 在华盛顿特区卡内基研究所地磁学部的 Temmer 和 Heydenburg 用了 α 粒子作为入射粒子[89,97]. 这时, Coulomb 场要更强, Coulomb 位垒更高并且截面要更大. 在橡树岭的 McGowan 和 Stelson 把 Coulomb 激发与 γ 射线的角分布结合在一起去测量核激发态的自旋[89,98]. 在 1956 年, Alder, Bohr, Huus, Mottelson 和 Winther[89,99] 在一篇很长的评述文章中讲述了 Coulomb 激发的理论和第一批实验结果. 到这个时候, 差不多在 150 种不同的同位素靶上都做了 Coulomb 激发态的实验, 在 Bohr[100] 和 Mottelson[101] 的诺贝尔奖的演讲中给出了所有这些进展的有意思的信息.

为了把转动模型与壳层模型统一起来, Nilsson 在 1955 年走出了重要的一步[102]. 在 Rainwater 的最初文章中, 已经有了这种想法的前兆, 在那篇文章中, 他计算了一个类似球形的势阱中的单粒子状态. 按照 Rainwater 的思路, Nilsson 认为, 对于一个变形核来说, 表示一个核子与一个原子核的平均相互作用的壳层模型势应该是非球形的. 用一个适当的变形势计算出来的单粒子波函数能够与转动模型相结合预言奇 N 或奇 Z 的变形核的性质. 这个模型及紧接着的更精细的版本非常成功. Nilsson 模型给出了变形核的一个静态图像. 1954 年, Inglis 用他的引人注

目的 "推转公式" 引入了低激发态的动力学机制[103].

低激发态集体运动的研究一直是核结构物理中最富有成果的领域之一. 它的标志是理论与实验之间卓有成效的互动, 已经发现并不断在发现许多新的有趣的现象. 这个理论对于那些具有大变形的原子核的性质的描述已经特别有效. 一个最近的发展是 Twin 和他的合作者于 1985 年在达累斯伯里实验室发现的超变形原子核. 这些核态的长轴与短轴之比是 2:1, 它们具有某些不寻常的性质, 人们认为这反映了强变形的 Fermi 系统也能够出现闭壳效应. Strutinsky 在 1966 年就曾经预言了这种效应[104], 并且在裂变同核异能素中观察到了这种效应. 第一个裂变同质异能素是 Polikanov 和他的同事在杜布纳发现的. Strulinsky 关于裂变同核异能素性质的预言在 1968 年被 Migneco 和 Theobald 及其他小组所确认. 1980 年 Bjornholm 和 Lynn 曾评述了这种裂变同核异能素的故事 [105], 在那里可以找到有关的参考文献.

15.6.3 相互作用玻色子模型

Bohr 和 Mottelson 的核结构理论有时被称之为几何集体模型. 它来源于 Niels Bohr 把原子核看成小的液滴的想象, 这个液滴具有与核表面运动相关的激发态. 在变形核的情况下, 这种运动是转动及在非球形平衡形状附近的振动. 某些原子核具有一个球形的平衡形状, 这时在几何集体模型中, 激发态将具有振动的特征. 按照几何模型的思想, 对于闭壳外有少数核子的偶原子核, 其激发态具有振动谱, 而那些在闭壳外有许多核子的原子核的激发能谱是转动谱. 在两者之间是过渡区的原子核, 它们具有与非简谐振动相联系的更复杂的能谱.

1977 年有马朗人 (Arima) 和 Iachello[106] 提出了一种研究原子核中集体运动的新理论途径. 这个理论与 Bohr 和 Mottelson 的几何集体模型相反, 被称为代数集体模型. 代数模型的来源是壳层模型. 在一个原子核中, Fermi 面附近的核子相互发生作用形成核子对. 这些核子对所起的作用像玻色子. 集体态是由这些玻色子组成的. 这个相互作用玻色子模型的数学工具是群论. 在一些极限的情况下, 理论的预言可以用代数的方法以一种完备的形式写出来. 在描述偶原子核能谱方面, 特别是上一节提到的过渡区原子核的能谱方面相互作用玻色子模型非常成功.

15.7 核散射与核反应

15.7.1 复合核

Bohr 的复合核理论的中心思想是把一个核反应分成两步. 第一步是复合核形成, 第二步是复合核分解成反应的产物. 在适度的激发能情况下, 反应截面显示一个共振结构. 单个的共振相应于复合核的量子状态. 这个理论沿着两种途径发展,一个是统计途径, 这个办法是对所有的共振结构作平均. 另一个途径的目的在于对详细的能量依赖关系作完整的描述.

基于复合核的思想, 假定反应的两个阶段可以独立处理, Weisskopf 和 Ewing[107] 对于能量平均反应截面发展了一种定量理论. 他们假定, 复合核分解的方式决定于复合系统的能量、角动量和宇称, 而与复合核形成的方式无关. 虽然 Weisskopf 和 Ewing 的理论对于能量和角动量的依赖关系做了一些简化的假定, 但这个理论非常有效, 直到今天人们还在使用. 1952 年, Hauser 和 Feshbach 做出了一个更完整的理论[108], 这个理论形成了完善的统计模型理论的基础, 人们已经用这种统计模型理论分析实验数据.

反应截面的共振结构[23] 是 Breit 和 Wigner 于 1936 年首先做出的. 1938 年 Kapur 和 Peierls[109] 给出了一个更详细的推导, 这个工作成了核反应的严格理论的基础. 这个理论把核反应分成内部区域和外部区域, 在内部区域, 组成复合核的各部分之间有很强的相互作用, 而在外部区域, 反应产物自由的分开, 这两个区域由边界条件相连接. 复合核的结构通过集中关注内部区域加以分析. 1946 年 Wigner 和他的合作者又对这些公式做了进一步的发展[110], Wigner 的表述与 Kapur 和 Peierls 的表述的差别在于边界条件的形式, Lane 和 Thomas 在文献 [111] 中对于后来的发展做了一个全面评述.

15.7.2 直接反应理论

在第二次世界大战后不久, 对于原子核结构和原子核反应流传着一些新的想法. 1949 年出现了 Mayer 与 Jensen 的壳层模型, 紧接着又出现了第一个直接反应理论, 这种直接反应是一种快过程, 并不需要复合核中间态的形成. 一旦入射粒子与靶发生作用, 反应产物就产生了.

1938 年, Lawrence, Livingston 和 Lewis[112] 对于 (d,n) 反应首先猜测了一种直接反应机制, 而第一个直接反应理论是 Oppenheimer 和 Phillips 于 1935 年建议的[113]. 在第二次世界大战前的一段时间就有许多 (d,p) 和 (d,n) 反应的实验测量[21], 已经知道这种反应的截面很大. 第二次世界大战以后, 利用伯克利的同步回旋加速器上 200MeV 的氘核束流进行了实验, 得到的产额比 Bohr 的复合核模型给出的结果大得多. 其他的实验又报告了角分布中的朝前峰, 这与 Bohr 的复合核理论也不符合, 复合核理论预言角分布应该是相对于 $90°$ 对称的. 很清楚, Bohr 的复合核模型在这里不适用了, 理论家开始考虑核反应理论的新途径. 第一批新途径之一是 1947 年由 Serber 建议的[114].

1950 年和 1951 年, 实验上对一些到达确定末态的 (d,p) 和 (d,n) 反应角分布做了测量. 这些实验是 1950 年分别由 Burrows、Gibson 和 Rotblat, 以及 Holt 与 Young 完成的. 他们用 ^{16}O 和 ^{27}Al 靶进行了测量. 发现角分布的特征是一个大的朝前峰和一个或多个稍小的峰, 这使人回想起非常像衍射的图像. 1950 年与伯明翰的 Peierls 一道工作的 Butler 建议了一种 (d,p) 反应的理论[115], 并且利用这种理论分析了 Burrows 及其合作者的数据. 通过拟合实验角分布, 他能够确定剩余核中转移中子的角动量. 在 Butler 的理论中, 靶核从氘核上削掉了中子, 原来氘核中的质子继续往前走. 正因为这个原因, (d,p) 和 (d,n) 反应后来被称之为削裂反应. Butler 理论几经改进, 最后, 最成功的途径是扭曲波 Born 近似 (distorted wave Born approximation, DWBA). 1953 年, Horowitz 和 Messiah 给出了 DWBA 的系统的数学公式.

人们很快认识到, 由 Butler 理论解释的削裂反应或它的后继者 DWBA 是一个极好的核谱学工具. 人们利用削裂反应对于角动量转移的灵敏性得到这种反应到达的原子核态的自旋的信息. 而且, 削裂的几率正比于靶原子核接收一个单中子和单质子的几率, 所以, 截面的大小给出了原子核状态的单粒子结构的信息. 直到目前, 用氘核及其他入射粒子的削裂反应对于原子核谱学的研究仍然是重要的.

核子、α 粒子或其他入射粒子的非弹性散射是另一类直接相互作用, 可以把 Butler 的理论加以修改用于计算这种反应, 但这样做并不太成功. 对于非弹性散射可以推导一种新版本的 DWBA 公式. 1957 年 Levinson 和 Banerjee 把 DWBA 用到了质子非弹性散射的情况[116], 这是完整的 DWBA 理论在核反应上的第一个应用, 并且十分成功, 尽管成功的原因还没有被完全理解. 1959 年 Blair 和他的同事在华盛顿大学的回旋加速器上用 40MeV 的 α 粒子进行了一系列散射实验[117], 从这些实验结果可得到对物理的深入了解. 弹性角分布显示出一系列有规则间隔的衍射极大, 这与把原子核看成一个黑盘子的模型理论预言结果是一样的. 1959 年 Blair[118] 发展了一种非弹性散射的衍射理论, 结果相当好. Blair 认识到, 非弹性散射的角分布对于靶核相对入射粒子的透明度敏感. 这种黑盘子的原子核模型对于 α 粒子入射是一个好的近似, 对于核子就不太好. 在了解这种物理内涵以后, 人们相信, 一旦仔细选择产生扭曲波的光学势, DWBA 可以用于各种入射粒子.

复合核理论中的一个大问题是如何把内部的复合核区域与外部区域分离开. 从核结构的观念看内部区域是有意思的, 而外部区域只是被简单的运动学支配. 另外一个问题是如何使复合核与直接反应有一个统一的描述. 1958 年 Feshbach[119] 基于一种投影算符技术发明了一种新的办法. 这种办法在数学观点上是方便的, 并且从物理上可以把反应振幅的瞬时 (直接反应) 分量与时间延迟 (复合核) 分量清晰地分离开来.

15.7.3　电子散射

第一个高能电子散射实验是 Hofstadter 于 1953 年利用斯坦福直线加速器完成的[120]. 随后几年, 他们继续了这方面的工作, 1956 年 Hofstadler 对实验结果做了综合评述. 电子散射对于原子核中的电荷分布敏感. 为了研究电荷分布的细节, 电子的 de Broglie 波长要比原子核的尺度小, 这就意味着电子的能量应为 200~500MeV.

1953 年第一个斯坦福实验用的是 116MeV 的电子, 很快电子能量升到 180MeV, 到 1956 年, 电子能量可达 550MeV, 到这个时侯, 技术已足够好, 可以给出原子核中电荷分布半径和表面弥散的精确数值[121].

15.8 新同位素和新元素

在地球上存在的绝大多数原子核都是稳定的. 一种元素可以有几种稳定的同位素, 已知的稳定同位素大约有 270 种. 把它们按照 Z-N 图绘出来, 它们沿着一个稳定性谷作集团分布. 在自然界也存在一些放射性同位素, 它们当中多数的寿命要么比地球的年龄长, 或者出现在长寿命同位素所产生的放射性衰变链中. 有几种放射性同位素是由宇宙线少量产生的. 例如, ^{14}C 被用来测定有机物质的年代. 质子数大于 Z=82 的同位素核都是放射性的, 它们是不稳定的, 可以发生 α 衰变或自发裂变. 这种不稳定性是由于质子之间的静电排斥, 并且随着 Z 增大, 原子核变得越发不稳定. 离开稳定线的轻核可以是 β 放射性的, 在丰质子一边, 它们通过正电子发射或电子俘获而衰变. 在丰中子一边, 它们通过电子发射而衰变. 通常 β 放射性的同位素的半衰变期是在微秒到几年的范围. 所以, 它们寿命足够长, 以至于人们可以研究它们的性质. 当原子核变得非常丰中子或非常丰质子时, 它们分别对于中子发射或质子发射是不稳定的. 这种同位素的寿命非常短, 人们把这种原子核称之为超过中子或质子滴线的核. 本节所考虑的同位素都是放射性的, 但它们都是位于质子和中子滴线内的.

第一批同位素 ^{13}C 和 ^{30}Si 是 1933 年由 Joliot-Curie 夫妇制备出来的人工放射性原子核. Fermi 及罗马小组在他们的中子反应实验中发现了更多的放射性原子核. 到 1937 年, 利用各种不同的反应已经产生了大约 200 种人工放射性同位素. 到 1960 年, 这个数字增加到 800. 这些新的同位素中, 许多都是裂变碎片, 它们的质量和寿命都已经被测量, 且在许多情况下对其激发态能谱进行了研究.

15.8.1 超铀元素

在核物理的历史上, 最激动人心的发展之一是超铀元素的人工制备. 超铀元素是指原子序数大于 92 的元素, 它们都是不稳定的, 通过 α 或 β 发射或者裂变而发生衰变. 有些超铀元素的寿命很长, 尽管如此, 即使它们在地球外壳形成的时刻已经高浓度存在, 这些元素的寿命还是不足以使得它们在自然界中幸存下来. 一个例外的发现是钚的同位素 ^{239}Pu, 人们在加拿大和刚果的沥青铀矿中发现了少量的 ^{239}Pu. 人们设想这是由于铀自发裂变中产生中子, 而这个中子又被铀核俘获, 于是产生了这种同位素. 在 Hyde, Perlman 和 Seaborg 写的书中[122], 引用了许多早期的参考文献. 其他有兴趣的和更近期的参考文献是 Hyde 等的书[123] 及 Seaborg 和 Loveland 的书[124].

故事开始于 1934 年 Fermi 和他的合作者在罗马所做的中子俘获实验. 在把铀的样品经中子辐照以后, 他们从铀的样品中分离出一种半衰期为 13 分钟的放射性元素, 并且他们从化学上又把这种放射性元素同原子序数为 82 和 92 的元素分离开了. 于是, 他们得出结论, 这种半衰期为 13 分钟的放射性元素是元素 93 的一种同位素. 然而, 罗马小组和其他国家的研究组的进一步实验显示, 情况非常复杂. 直到 1938 年年底 Hahn 和 Strassmam 发现裂变以后, 这个问题才得以解决. 他们的工作扫清了超铀元素进一步研究的障碍.

加州大学的 McMillan 专门关注了一种具有 23 分钟半衰期的放射性元素, 这种放射性元素是 1937 年 Meitner、Hahn 和 Strassmam 确认的一种铀的同位素. 到 1940 年, McMillan 和 Abelson[125] 才最终宣布第一个超铀元素的发现 (图 15.8). 它的原子序数为 Z=93, 取名为镎 (neptunium), 这个名字取自在天王星 (Uranus) 外的第一个行星海王星 (Neptune), Uranium 是 1789 年发现铀的 Klaproth 给这个元素起的名字, 用以纪念 1781 年 Herschel 发现天王星. 由于化学性质与人们曾经预计的不同, 所以, 镎的确认被延迟了一些时间. 这个 23 分钟放射性是由于 ^{239}U 到达 ^{239}Np 的衰变. ^{239}Np 本身也是不稳定的, 它要通过 β 衰变变成 Z=94 的钚同位素 ^{239}Pu. ^{239}Pu 这种新元素具有的长半衰期一直困扰着对于这种同位素的正面确认. 但是, Kennedy, Seaborg, Segrè和 Wahl 利用伯克利 60 吋回旋加速器上 16MeV 氘束做的一个主要实验最终完成了对它的确认 [126]. 这些实验成功的分离出 0.5μg ^{239}Pu 的样品, 并发现在慢中子轰击下, 它会裂变.

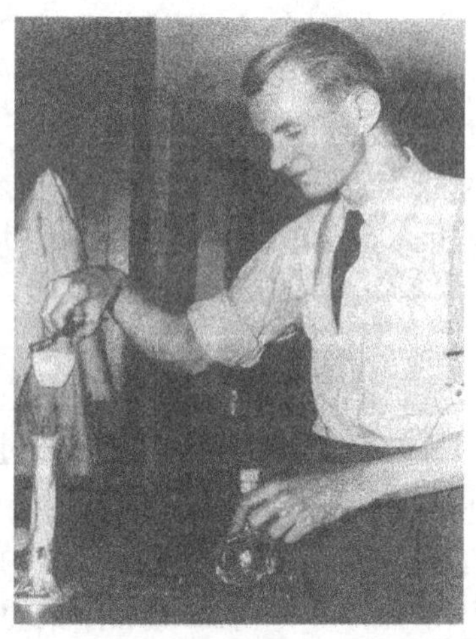

图 15.8　McMillan 在他的实验室发现镎

人们认识到, ^{235}U 的慢中子裂变能使可观数量的天然铀转变成钚, 于是铀委员会组建了保密的钚计划. 在 Smythe 于 1945 年写的《原子能的军事用途》(*Atomic Energy for Military purposes*) 一书中记录了这段历史. 在 1940 年以后, 所有关于超铀元素的工作都是保密的, 在 1945 年以前, 研究结果都没有发表.

超铀元素有许多同位素, 有些是在加速器实验中发现的, 有些是用反应堆做实验时发现的. 一旦产生出了一种同位素, 人们就可以研究它的化学性质, 这样得到的信息又对其他同位素的确认有所帮助. 后面的一些元素是在 1944~1945 年, 在反应堆发明以后发现的. 在那个时候, 已经存在足够量的 ^{239}Pu, 可以制成靶用于加速器和反应堆实验. 以 Marie 和 Pierre Curie 的姓命名的元素锔的第一个同位素 (^{242}Cu, Z=96) 就是在 1944 年中, 用伯克利回旋加速器上的 α 粒子轰击钚由 Seaborg、James 和 Ghiorso 制备的. 镅的一个同位素 (^{241}Am, Z=95) 是在芝加哥冶金实验室用中子辐照钚产生的.

产生新元素的一般战略是选择尽可能重的靶核, 然后给它增加几个核子. 下面的两个元素锫 (Z=97) 和锎 (Z=98) 的第一批同位素是在 1949~1950 年用 α 粒子做入射粒子轰击镅靶和锔靶产生的. 对于这些实验, 微克数量的靶物质足够了. 1952 年 11 月 "麦克" 热核爆炸的一个有意思后果是在产生的碎片中发现了第 99 和 100 号元素, 锿和镄. 除了这些新元素以外, 人们还确认了钚、镅、锔、锫和锎等的许多新的同位素[127].

到 1992 年, 人们已经公认了所产生的直到 Z=109 的所有元素. 也还有迹象表明, Z 直到 112 的元素也可能已经产生出来[128]. 这些超铀元素多数都是在伯克利首先产生的, 有些是在苏联杜布纳, 有些是在德国达姆施塔特. 随着 Z 增大, 元素对裂变和 α 发射变得越来越不稳定. 例如, 最稳定的锎 (Z=98) 同位素的半衰期是 900 年, 而最不稳定的𬭊(Z=105) 同位素的半衰期是 40s①.

重离子加速器的建成改变了新元素形成的工具和可以采用的策略. 直到 1955 年, 新元素的产生都通过选择尽可能重的靶, 添加几个核子. 利用重离子作入射粒子, 人们可以使用较轻的更方便的靶核[124]. 元素 107 就是在德国达姆施塔特的 GSI 实验室通过下述反应产生的:

$$^{209}\text{Bi} + {}^{54}\text{Cr} \longrightarrow {}^{262}107 + \text{n}$$

在 1966 年, Myers 和 Swiatecki 用了一种精致的滴液质量公式加上经验的壳修正研究了超铀元素的裂变位垒. 他们的计算表明, 在幻数 Z=114 和 N=184 附近的原子

① 105 号元素的命名曾存在争议, 几乎同时发现这个元素的两个实验室苏联的杜布纳联合核研究所和美国加州大学伯克利实验室曾分别称其为 nielsbohrium(纪念 Niels Bohr) 和 hahnium(纪念 Otto Hahm). 我国的出版物曾称其为𬭛(hahnium, Ha). 1997 年国际纯粹与应用化学联合会正式建议按其首先发现地命名为𬭊(dubnium, Db).—— 终校者注

核由于封闭壳效应变得稳定, 并且具有比轻核更高的裂变位垒. 通常, 原子核的 A 越大, 裂变和 α 衰变的寿命越短. 这种一般趋势到了这里可能要翻过来, 某些这种超重元素甚至可能是稳定的. 这个结果开辟了一个试图在重离子反应中产生超重核及在自然界中寻找超重核的计划. 然而, 至今尚未发现这种超重核. 尽管如此, 目前已经产生的最重的超铀元素与预言的超重区域已经相距不太远了. 在一次新闻发布会上, Hofmann 等还宣布在 GSI 产生了 Z=110 的元素[129].

15.9 元素的产生

有关认识元素起源方面的进展, Bethe 在 1967 年的诺贝尔奖演讲中 [130] 和 Fowler 在 1983 年的诺贝尔奖演讲中[131] 都做了综述, 最近也有一些这方面的教科书出版[132,133], 这一节的材料主要取自文献 [130, 131]. 元素起源这个问题总是与星体中能量的产生密切相关的. 1929 年, Rutherford 写到[134]: "很自然地设定, 在我们地球上的铀是来自太阳." 1929 年, Atkinson 和 Houtermans 得出结论, 在星体的内部, 温度足够高, 可以发生核反应. 在 1936 年 Gamow 写的一本名为《原子核及核转变》(*Atomic Nuclei and Nuclear Transformations*)[135] 的书中, 有一章是关于元素的相对丰度与起源. 他写到了星球中的热核反应, 并提到了中子俘获反应会是构成重元素的一种有效途径.

很久以来人们就知道, 绝大多数星体是由氢和氦及少于 1%的较重的元素所组成的. 因此, 如果能量是由于核反应产生的话, 那么, 这种核反应必然会涉及氢和氦. 1937 年, Weizsäcker 假定了一种从质子产生氦的图像 (pp 过程), 1938 年, Bethe 和 Critchfield 做了计算. 第一步是两个质子相互作用产生一个氘、一个正电子和一个中微子. 这是一个弱作用过程, 截面非常小. 然而, 在天文尺度上, 它还是有效的. 这些氘又很快进一步发生作用, 最终产生 ^{4}He. 受 1938 年 Gamow 在华盛顿特区组织的讨论会的激励, Bethe 建议了从氢组成氦的另一种图像, 碳-氮循环. 在这个过程中, 碳像是一种催化剂, 在循环的最后又重新产生. 结果是两种过程都重要. 现在人们知道 pp 过程是在太阳中运行的机制, 而碳-氮循环是在氢燃烧阶段, 在大质量星体中主导能量产生的过程.

在寻找合成更重元素的途径的一种尝试中, Gamow 和他的合作者们建议[136], 早期宇宙可能起到了一个巨大的聚变反应堆的作用. 从最初的质子和中子混合, 通过中子俘获、β 衰变及其他核反应, 可以产生所有的原子核. 然而, 由于并不存在质量为 5 和 8 的稳定原子核, 这种想法陷入了困境. 1937 年, 在加州理工学院 Kellogg 辐射实验室工作的 Staub 和 Stephens 发现[137], ^{5}He 是不稳定的. 后来发现 ^{5}Li 也是不稳定的. 1949 年, Hemmendinger[138] 发现, ^{8}Be 也是不稳定的. 在 A=5 和 A=8 处的质量间隙不管对宇宙爆炸中的元素合成还是在星体的内部的元素合成都是一个问题.

在 pp 过程或碳–氮循环中, 从氢可以合成氦. 下一步是发现一种构成比氦更重元素的机制. 由于在质量数为 5 和 8 处的原子核是不稳定的, 在 ^{4}He 和 ^{12}C 之间建立桥梁就存在问题. 最终 Hoyle 解决了这个问题[139]. 他相信, 在红巨星中, 通过三个 α 粒子的融合可以形成 ^{12}C 原子核. 这个反应需要三个 α 粒子同时碰撞, 这是一个不太可能的事件, 除非这个反应倾向于一种双共振. 1951 年, 在访问 Kellogg 辐射实验室期间, Salpeter 计算了 α-α 散射中的共振效应[140]. 但是, 他估算的三个 α 粒子融合成 ^{12}C 的几率仍然是太小了. Hoyle 注意到, 如果 ^{12}C 在刚刚分解成三个 α 粒子的阈能以上有一个激发态的话, 这个过程将会加快. Hoyle 在 1953 年初访问了 Kellogg 实验室, 曾经问实验室的工作人员他提到的这个状态是否可能存在. 在那个时候, 人们并不清楚, 于是, Dunber 等[141] 在核反应中寻找了这个状态, 并且发现了这个态, 与 Hoyle 预言的位置几乎精确一样.

一旦 A=5 和 8 的质量间隙通过了, 更重的元素就可以通过各种各样的核反应构建出来. 在 Hoyle 的经典文章中, 直到铁组的恒星元素的原子核合成都是通过带电粒子的反应完成的. 正如 Gamow 建议的[135,136], 更重的元素可以通过中子俘获产生. 对于中子俘获过程, 也有两种方式. 一种是 1935 年 Gamow 建议的 s-过程. 这是一个慢过程, 两次连续俘获之间的时间间隔通常比 β 衰变的寿命要长. 而且, 生成更重的原子核的路径是沿着稳定性谷. 另一种是 γ 过程, 这是一种快的俘获过程, 在 β 衰变以前就有可能俘获两个或多个中子. 它趋向于产生丰中子原子核. 1957 年, E Burbidge, G Burbidge, Fowler 和 Hoyle 在文章中用这种机制讨论了超新星中重元素的产生[142].

太阳中微子的问题已经困惑人们 20 多年了. 对于氢燃烧的 pp 链, 有各种各样的侧枝. 1958 年 Fowler 和 Cameron 指出, 作为 pp 链的附产品, 应该产生了少量的 ^{7}B 和 ^{8}B[143]. 这些原子核的衰变产生中微子, 这些中微子的能量足够高, 以至于可以通过它们与 ^{37}C1 的作用形成放射性的 ^{37}Ar. 因此, 可以通过探测 ^{37}Ar 来对中微子进行探测. B Pontecorvo 和 L Alvarez 在 20 世纪 40 年代就建议过这种想法. 1970 年, R Davis 及其合作者建造了一套实验装置, 这个装置安放在南达科他州里德的霍姆斯塔克金矿的地下, 从 1970 年开始取数据. 结果只发现了预计中微子数的四分之一. 这是标准行星模型中的一个问题.

利用核方法测量天文时间尺度的想法是 1929 年 Rutherford 在投到《自然》杂志关于锕的起源与地球的年龄的一篇短文中建议的. 他假定锕是源于锕铀的衰变链的一个成员, 锕铀是当时一种未知的铀的同位素, 质量数为 235, 利用不同的放射性衰变链中已知的同位素的丰度, 他得以估算出锕铀 (^{235}U) 的寿命应该是大约 4.2 亿年, 并且由此推论地球的年龄应该大于 34 亿年. 这是利用核过程测量宇宙时间尺度的第一次尝试.

我们用另一个把核物理与宇宙学联系在一起的例子来结束本章. 质量数 A=254 的锎同位素 $^{254}C_f$ 是 1952 年在热核爆炸的碎片中首次被确认的, 测量出它的半衰变期是 55 天. Baade 和 Minkowski 在超新星的光强中研究了这个衰变, 发现有两类表现可以区分开来. 所有的类型 I 超新星都有明显类似的光的曲线, 在超新星诞生后的 100 天, 亮度以大约 50 天的半衰期在对数尺度上线性地减弱. 1956 年 Baade, G Burbidge, Hoyle, E Burbidge, Christy 和 Fowler[144] 建议这个光的能源可能是 ^{254}Cf 的衰变, 而 ^{254}Cf 是在超新星爆发中通过 γ 过程产生的. A=254 的同位素通过裂变过程衰变并释放很大的能量. Baade[145] 收集了历史上超新星观测的信息, 并建议 1572 年 Tycho Brahe 观测到的超新星及 1604 年 Kepler 观测到的超新星都具有同样的衰变周期. 人们很快又意识到, 故事要更复杂一些. 同位素 ^{254}Cf 的确是在超新星爆发时产生的, 但数量上不足以解释光的曲线, 某些半衰期处于 50 天范围的中等质量的元素, 对 Baade 和 Minkowski 注意到的效应有主要的贡献. 原子核 ^{59}Fe 是特别的重要, 它的半衰期是 45 天, 它通过 β 发射而衰变, 每一次衰变释放 1.57MeV 的能量. 与 ^{254}Cf 裂变释放的能量相比, 这个能量要小一些, 但是 ^{59}Fe 产生的数量要大得多[146].

(姜焕清译, 宁平治、秦克诚校)

参 考 文 献

[1] Rutherford E 1932Proc. R. Soc. A 136 735

[2] Chadwick J 1932 Nature 129 312

[3] Cockcroft J D and Walton E T S 1932 Proc. R. Soc. 137 229

[4] Pais A 1986 Possible existence of a neutron Inward Bound (Oxford: Oxford University Press)

[5] Heisenberg W 1932 Über den Bau der Atomkerne Z. Phys.77 1; 1932 Z. Phys. 78 156; 1933 Z. Phys. 80 587

[6] Livingston M S and Bethe H A 1937 Nuclear physics C. Nuclear dynamics, experimental Rev. Mod. Phys. 3 245

[7] Gamow G 1928 Z. Phys. 51 204; 1929 Z. Phys. 52 510

[8] Condon E U and Gurney R W 1928 Nature 122 439; 1929 Phys. Rev. 33 127

[9] Cockcroft J D and Walton E T S 1930 Proc. R. Soc. A 129 477

[10] Curie I and Joliot F 1934 C. R. Acad. Sci., Paris 198 254, 561

[11] Gamow G 1931 Un nouveau type de radioactivité The Constitution of Atomic Nuclei and Radioactivity (Oxford: Oxford University Press)

[12] Stewer R 1985 Niels Bohr and nuclear physics Niels Bohr a Centennial Volume ed A P

French and P J Kennedy (Cambridge, MA: Harvard University Press)

[13] Bainbridge K T 1960 Charged particle dynamics and optics, relative isotopic abundances of the elements, atomic masses Experimental Nuclear Physics vol 1, ed E Segrè (New York: Interscience)

[14] Rutherford E 1929 Proc. R. Soc. A 123 373

[15] Majorana E 1933 Über die Kerntheorie Z. Phys. 82 137

[16] von Weizsäcker C F 1935 Z. Phys. 96 431

[17] Fermi E, Amaldi E, D'Agostino O, Rasetti F and Segrè E 1934 Proc. R. Soc. 146 483

[18] Fermi L 1955 Atoms in the Family (London: Allen and Unwin)

[19] Segrè E 1955 Fermi and neutron physics Rev. Mod. Phys. 27 257

[20] Bohr N 1936 Neutron capture and nuclear constitution Nature 137 344

[21] Bethe H A 1937 Nuclear physics B. Nuclear dynamics, theoretical Rev. Mod. Phys. 9 69

[22] Bohr N 1937 Transmutations of atomic nuclei Science 86 161

[23] Breit G and Wigner E 1936 Capture of slow neutrons Phys. Rev. 49 519

[24] Bohr N and Kalkar F 1937 On the transmutations of atomic nuclei by impact of material particles, I: general theoretical remarks Mater.-Fys. Medd. Dan. Vidensk. Selsk. 14 No. 10

[25] Hahn O and Strassmann F 1939 Naturwissenshaften 27 11

[26] Meitner L and Frisch O R 1939 Disintegration of uranium by neutrons: a new type of nuclear reaction Nature 143 239

[27] Frisch O R 1939 Physical evidence for the division of heavy nuclei under neutron bombardment Nature 143 276

Bohr N 1939 Disintegration of heavy nuclei Nature 143 330

[28] Bohr N and Wheeler J A 1939 The mechanism of nuclear fission Phys. Rev. 56 426

[29] Smyth H D 1946 Atomic Energy for Military Purposes (Washington, DC: US Government Printing Office)

[30] Hewlett R G and Anderson O F Jr 1962 The New World: History of the United States Atomic Energy Commission (University Park, PA: Penn State University Press)

[31] Gowing M 1964 Britain and Atomic Energy 1939-45 (New York: Macmillan)

[32] Gowing M 1985 Niels Bohr, a Centenary Volume ed A P French and P J Kennedy (Cambridge, MA: Harvard University Press) p 266

[33] Goldsmith H H, Ibser H W and Feld B T 1947 Neutron cross sections of the elements Rev. Mod. Phys. 19 259

[34] Siegel J M (ed) 1946 Plutonium project report Rev. Mod. Phys. 18 513; 1946 J. Am. Chem. Soc. 68 2411

[35] Rutherford E, Chadwick J and Ellis C D 1930 Radiations from Radioactive Substances (Cambridge: Cambridge University Press)

[36] Kinoshita S 1910 Proc. R. Soc. A 83 432

[37] Regener E 1908Verh. Deutsch. Phys. Ges. 19 78, 351

[38] Geiger H 1908 Proc. R. Soc. A 81 174
Geiger H and Marsden E 1909 Proc. R. Soc. A 82 495

[39] Rutherford E and Geiger H 1908 Proc. R. Soc. A 81 141-161

[40] Ward F A B, Wynn-Williams C E and Cave H M 1929 Proc. R. Soc. 125 715

[41] Wilson C T R 1913 Phil. Trans. R. Soc. 193 289

[42] Blackett P M S 1925 Proc. R. Soc. A 107 349

[43] von Baeyer O and Hahn O 1910 Phys. Z. 11 488
von Baeyer O, Hahn O and Meitner L 1911 Phys. Z. 12 273, 378

[44] Rutherford E and Robinson H 1913 Phil. Mag. 26 717

[45] Rutherford E and Robinson H 1914 Phil. Mag. 28 557

[46] Rutherford E and Andrade E N 1914 Phil. Mag. 27 854; 1914 Phil. Mag. 28 263

[47] Livingston M S 1952 Ann. Rev. Nucl. Sci. 1 157, 169

[48] Livingston M S and Blewett J P 1962 Particle Accelerators (New York: McGraw-Hill)

[49] Livingston M S 1959 Phys. Today 12 18
McMillan E M 1959 Phys. Today 12 24

[50] van de Graaff R J, Trump J G and Buechner W W 1946 Rep. Prog. Phys. 11 1

[51] Rose P H 1987 The tandem accelerator: workhorse of nuclear physics Discovering Alvarez; Selected Works of L W Alvarez ed W P Trower (Chicago, IL: University of Chicago Press)

[52] Panofsky W K H 1987 Building the proton linear accelerator Discovering Alvarez; Selected Works of L W Alvarez ed W P Trower (Chicago, IL: University of Chicago Press)

[53] Johnston L 1987 The war years Discovering Alvarez; Selected Works of L W Alvarez ed W P Trower (Chicago, IL: University of Chicago Press)

[54] Fry D W and Walkinshaw W 1948 Linear accelerators Rep. Prog. Phys. xii 102

[55] Siegbahn K (ed) 1955 Beta- and Gamma-ray Spectroscopy (Amsterdam: North-Holland)

[56] Du Mond J W M and Kirkpatrick H A 1930 Rev. Sci. Instrum. 1 88

[57] Wilkinson D H 1950 Ionisation Chambers and Counters (Cambridge: Cambridge University Press)

[58] Hofstadter R 1948 Phys. Rev. 74 100; 1949 Phys. Rev. 75 796

[59] Miller G L, Gibson W M and Donovan P F 1962 Ann. Rev. Nucl. Sci. 12 189

[60] Tavendale A J 1967 Ann. Rev. Nucl. Sci. 17 73

[61] McKay K G 1949 Phys. Rev. 76 1537

[62] Orman C, Fan H Y, Goldsmith G J and Lark-Horowitz K 1950 Phys. Rev. 78 646

[63] Walter F J, Dabbs J W T and Roberts L D 1958 Bull. Am. Phys. Soc. 3 181
[64] Bethe H A and Bacher R F 1936 Nuclear physics A. Stationary states of nuclei Rev. Mod. Phys. 8 82
[65] Bartlett J A 1932 Phys. Rev. 41 370; 1932 Phys. Rev. 42 145
[66] Elsasser W M 1933 J. Phys. Radium 4 549; 1934 J. Phys. Radium 5 389
[67] Guggenheimer J 1934 J. Phys. Radium 5 253, 475
[68] Goeppert Mayer M 1949 Phys. Rev. 75 1969
[69] Haxel O, Jensen J H D and Suess H E 1949 Phys. Rev. 75 1766
[70] Goeppert Mayer M 1973 Nobel Lectures: Physics, 1963-72 (Amsterdam: Elsevier) p 20
[71] Jensen J H D 1973 Nobel Lectures: Physics, 1963-72 (Amsterdam: Elsevier) p 40
[72] Kurath D 1990 Nucl. Phys. A 507 lc
[73] Weidenmüller H A 1990 Nucl. Phys. A 507 5c
[74] Goeppert Mayer M 1948 Phys. Rev. 74 235
[75] Bohr N 1977 Comments on atomic and nuclear constitution Niels Bohr:Collected Works vol 9 (Amsterdam: North-Holland) p 523
[76] Feshbach H, Porter C and Weisskopf V F 1954 Phys. Rev. 96 448
[77] Stapp H P, Ypsilantis T J and Metropolis N 1957 Phys. Rev. 105 302
[78] Talmi I 1990 Nucl. Phys. A 507 295c
[79] Baldwin G C and Klaiber G S 1947 Phys. Rev. 71 3; 1948 Phys. Rev. 73 1156
[80] Goldhaber M and Teller E 1948 Phys. Rev. 74 1046
Migdal A 1944 J. Phys. (Moscow) 8 331
[81] Wilkinson D H 1959 Ann. Rev. Nucl. Sci. 9 1
[82] Brown G E and Bolsterli M 1959 Phys. Rev. Lett. 3 472
[83] Thouless D J 1960 Nucl. Phys. 21 225; 1961 Nucl. Phys. 22 78
[84] Lewis M B and Bertrand F E 1972 Nucl. Phys. A 196 337
Pitthan R and Walcher Th 1971 Phys. Lett. B 36 563
Fukuda S and Torizuka Y 1972 Phys. Rev. Lett. 29 1109
[85] Bertrand F 1981 Nucl. Phys. A 354 129c
Bertsch G F 1981 Nucl. Phys. A 354 157c
[86] Rainwater J 1950 Phys. Rev. 79 432
[87] Rainwater J 1976 Background for the spheroidal nuclear model proposal (Nobel Lecture) Rev. Mod. Phys. 48 385
[88] Bohr A 1951 Phys. Rev. 81 134
[89] Alder K and Winther A 1966 Coulomb Excitation (New York: Academic) (带有评述性导论的一本原始论文集)
[90] Goldhaber M and Hill R D 1952 Rev. Mod. Phys. 24 179
[91] Bohr A and Mottelson B 1953 Phys. Rev. 89 316

[92] Bohr A and Mottelson B 1953 Phys. Rev. 90 717

[93] Bohr A and Mottelson B R 1953 Dan. Mater. Fys. Medd. 27 No. 16

[94] Asaro F and Perlman I 1953 Phys. Rev. 91 763; 1954 Phys. Rev. 93 1423. 又见, 1953 Phys. Rev. 92 694, 1495

[95] Huus T and Zupancic C 1953 Dan. Mater. Fys. Medd. 28 No. 1

[96] McLelland C L and Goodman C 1953 Phys. Rev. 91 51

[97] Temmer G M and Heydenburg N P 1954 Phys. Rev. 94 426

[98] McGowan F K and Stelson P H 1955 Phys. Rev, 99 127

[99] Alder K, Bohr A, Huus T, Mottelson B and Winther A 1976 Rev. Mod.Phys. 28 432

[100] Bohr A 1976 Rotational motion in nuclei (Nobel Lecture) Rev. Mod. Phys. 48 365

[101] Mottelson B 1976 Elementary modes of excitation in the nucleus (Nobel Lecture) Rev. Mod. Phys. 48 375

[102] Nilsson S G 1955 Mater.-Fys. Medd. Dan. Vidensk. Selsk. 29 No. 16

[103] Inglis D R 1954 Phys. Rev. 96 1059
Thouless D J and Valatin J G 1962 Nucl. Phys. 31 211

[104] Strutinsky V M 1966 Yad. Fiz. 3 614; 1967 Nucl. Phys.A 95 420

[105] Bjornholm S and Lynn J E 1980 Rev. Mod. Phys. 52 725

[106] Arima A and Iachello F 1975 Phys. Rev. Lett. 35 1069
Arima A, Otsuka T, Iachello F and Talmi I 1977 Phys. Lett. 66 B 205

[107] Weisskopf V F 1937 Phys. Rev. 52 295
Weisskopf V F and Ewing D H 1940 Phys. Rev. 57 472, 935

[108] Hauser W and Feshbach H 1952 Phys. Rev. 87 366

[109] Kapur P L and Peierls R E 1938 Proc. R. Soc. A 166 277

[110] Wigner E P 1946 Phys. Rev. 70 606
Wigner E P and Eisenbud L 1947 Phys. Rev. 72 29

[111] Lane A M and Thomas R G 1958 Rev. Mod. Phys. 30 257

[112] Lawrence E O, Livingston M S and Lewis G N 1933 Phys. Rev. 44 56

[113] Oppenheimer J R and Phillips M 1935 Phys. Rev. 47 845; 1935 Phys. Rev. 48 500

[114] Serber R 1947 Phys. Rev. 72 1008

[115] Butler S T 1950 Phys. Rev. 80 1095; 1951 Proc. R. Soc. A 208 559

[116] Levinson C A and Banerjee M K 1957 Ann. Phys., NY 2 471, 499; 1958 Ann. Phys., NY 3 67

[117] McDaniels D K, Blair J S, Chen S Y and Farwell G W, 1960 Nucl. Phys. 17 614

[118] Blair J S 1959 Phys. Rev. 115 928

[119] Feshbach H 1958 Ann. Phys., NY 5 357; 1962 Ann. Phys., NY 19 287; 1967 Ann. Phys., NY 43 410

[120] Hofstadter R, Fechter H R and McIntyre J A 1953 Phys. Rev. 91 422

[121] Hofstadter R 1956 Rev. Mod. Phys. 28 214

[122] Hyde E K, Perlman I and Seaborg G T 1971 Nuclear Properties of the Heavy Elements (New York: Dover) ch 9 p 745

[123] Hyde E K, Perlman I and Seaborg G T 1971 The Nuclear Properties of the Heavy Elements vol II (New York: Dover) p 745

[124] Seaborg G T and Loveland W D 1984 Treatise on Heavy Ion Science vol 4, ed D A Bromley (New York: Plenum) p 254

[125] McMillan E and Abelson P H 1940 Phys. Rev. 57 1186

[126] Kennedy J W, Seaborg G T, Segrè E and Wahl A C 1946 Phys. Rev. 69 555 (原始论文写于 1941 年 5 月但直至第二次世界大战后才发表)

[127] Fields P R et al 1956 Transplutonium elements in thermonuclear test debris Phys. Rev. 102 180

[128] Barber R C et al 1992 Discovery of the transfermium elements Prog. Part. Nucl. Phys. 29 453 (这是由国际纯粹与应用物理联合会与国际纯粹与应用化学联合会共同设立的确定电荷数超过 100 的元素的发现优先权的工作组所写的报告.)

[129] Hofmann S, Nivor V, Hessberger E P, Armbruster P, Folger H, Munzenberg G, Schölt H J, Popeko A C, Yeremin A V, Andreyev A N, Saro S, Janik R and Leino M 1995 Z. Phys. A(January)

[130] Bethe H A 1973 Nobel Lectures: Physics, 1963-72 (Amsterdam: Elsevier)

[131] Fowler W A 1983 Nobel Prize Lecture Nobel Lectures in Physics 1981-90 ed G Ekspong (Singapore: World Scientific) p 172

[132] Rolfs C E and Rodney W S 1988 Cauldrons of the Universe (Chicago, IL: Chicago University Press)

[133] Clayton D D 1968 Principles of Stellar Evolution and Nucleosynthesis (New York: McGraw-Hill)

[134] Rutherford E 1929 Nature 123 313

[135] Gamow G 1936 Atomic Nuclei and Nuclear Transformations (Oxford: Oxford University Press)

[136] Gamow G 1948 Nature 162 680
Alpher R and Herman R C 1950 Rev. Mod. Phys. 22 153

[137] Staub H and Stephens W E 1939 Phys. Rev. 55 131

[138] Hemmendinger A 1948 Phys. Rev. 73 806; 1949 Phys. Rev. 74 1267

[139] Hoyle F 1946 Mon. Not. R. Astron. Soc. 106 343; Astrophys. J. Suppl. 1 121

[140] Salpeter E E 1952 Astrophys. J. 115 326

[141] Dunbar D N F, Pixley R E, Wenzel W A and Whaling W 1953 Phys. Rev. 92 649

[142] Burbidge E M, Burbidge G R, Fowler W A and Hoyle F 1957 Rev. Mod. Phys. 29 547

[143] Fowler W A 1958 Astrophys. J. 127 551
Cameron A G W 1958 Ann. Rev. Nucl. Sci. 8 249

[144] Baade W, Burbidge G R, Hoyle F, Burbidge E M, Christy R F and Fowler W A 1956 Supernovae and californium 254 Proc. Astron. Soc. Pacific 68 296

[145] Baade W 1943 Astron. J. 97 119; 1945 Astron. J. 102 309

[146] Hoyle F 1975 Astronomy and Cosmology (San Francisco, CA: Freeman) p 383

第 16 章　单位、标准和常量

Arlie Bailey

16.1　引　言

本章的中心主题是应用物理学中的新发现以物理常量来取代任意的材料测量标准. 这并不是一种偶然无计划的过程. 约在公元前 2500 年, 自从巴比伦皇室颁布了重量、长度和容量的标准以来, 计量学已作为科学的一个分支由政府一贯地主持. 维护和普及通常与货币铸造有关的贸易上采用的标准重量和度量 (法制计量学) 是只有政府才能担当的责任①.

然而拥有了先进技术后, 18 世纪准确测量的科学兴趣开始发展. 英国皇家学会和法国科学院参与了目的在于改进标准的实验, 包括国际比对. 由此得出的一个结论是, 与物理常量相关的标准将具有对于任何地方的需要它都能加以复制的优越性. 秒摆的长度曾考虑为一种可能性, 但却遭到拒绝, 因为它与重力值有关. 1790 年, Talleyrand 向法国国民议会提出建立米制时, 选择的标准是以地球子午线长度的四千万分之一作为米, 以一立方分米的水在 4°C 时的质量作为千克. 测定工作付出了很大的努力, 制成了称为档案米和档案千克的实际标准. 改进后的测量技术揭示了这类测量并不能精确地复现定义值, 因此原先的定义被废除, 而保持使用实物的材料标准.

到了 19 世纪, 以技术为基础的工业发展导致对更广泛的标准以及国家和国际组织对这些标准予以支持的需求. 例如, 在英国, 1841 年建立的英国科学促进协会极大地推动了这项工作, 并建造了测试温度计、钟、棱镜及其他仪器的装置, 在定义电学单位及建立电能工业所需要的标准方面进行了开创性的工作.

1867 年, 参加巴黎博览会的一些科学家讨论了对国际公认标准的工业需求. 为此, 法国政府在 1875 年举行了会议. 有 20 个国家的代表参加, 并导致了签署米制公约. 此后建立的国际计量组织包括.

(1) 国际计量局 (the International Bureau of Weights and Measures, BIPM), 这个建在巴黎附近塞佛尔的实验室与各国的国家实验室合作, 建立了基本标准, 开展国际比对, 进行物理常数的测量[1].

---

① 在本章中所用的 "标准" 一词唯一地用于 "测量标准" 的含意 (法语 "etalon"), 而不是 "规范标准" 的含意 (如 "英国标准"—— 法国的 "norme").

(2) 国际计量大会 (the General Conference on Weights and Measures, CGPM) 监督国际计量局的行政和财务, 以及批准国际计量委员会 (CIPM) 的重要决定①.

(3) 国际计量委员会是一个执行国际计量大会决定的科学委员会, 根据需要提出国际单位制 (SI) 及标准的更迭, 为国家实验室提供计划合作的论坛, 并直接指导国际计量局的运行.

(4) 一系列咨询委员会和工作组, 它们在某些专题上对国际计量委员会提出建议, 并组织国际比对.

随着米制公约的签订, 成立了具有发展和保持标准责任的国家实验室. 第一个国家研究所是 1887 年建立的德国帝国物理技术研究所 (现称联邦物理技术研究所 (PTB)). 随后有英国的国家物理实验室 (the National Physical Laboratory, NPL)[2], 美国国家标准局 (the National Bureau of Standards, NBS—— 现称国家标准技术研究所, NIST)[3], 以及许多其他国家的类似实验室[4,5]. 它们在揭示能用于复现标准和建立单位制的新的物理现象方面, 起到关键的作用.

米制不但在法国, 而且在欧洲和拉丁美洲的其他国家逐渐得到采纳, 这些国家到 19 世纪中叶开始采用米制. 在日常生活的使用中, 它在英语国家未受到普遍欢迎, 但推动其在科学中应用的主要因素是, 随着电信和输电工业的发展, 需要电学量测量的一致性. 1851 年, W E Weber 提出了建立以厘米、克、秒作为基本单位的相关单位制 (CGS 单位制), 采用了静电量和电磁量两种形式, 它们分别基于电荷之间与磁极之间力的反平方定律. Maxwell 指出, 这些单位的比率是由光速确定的. 这是单位与基本物理常量相连接的第一个例子. 1863 年, 与电学标准有关的英国科学促进会委员会推荐采纳 CGS 单位制.

然而, 随着电力工业的不断发展, 单位的大小显然在实用上已不是很方便. 1881 年, 有些国际协定采用了实用单位, 即伏特、欧姆和安培, 它们分别为 CGS 制的磁当量的 10^8、10^9 和 10^{-1} 倍. 1908 年在伦敦的国际大会上, 用材料标准定义了国际单位 —— 国际欧姆是特定汞柱的电阻, 国际安培是以特定速率由溶液沉积银的电流, 国际伏特作为这两个单位的乘积, 或是作为 Weston 电池的电压的某个分数值. 这些定义的应用一直延续到 1948 年, 当时所用的绝对测量的改进方法使得国际计量大会采用目前的安培定义代替了上述定义.

同时, 1902 年 G Giorgi 提出了一个导致采用 MKSA 制的重要的建议, 这个单位制中有 4 个基本单位 —— 米、千克、秒和安培. 这个单位制的大小非常适合实用的目的, 采用安培消除了电磁单位与静电单位之间的区别. 这个单位制是相关的, 其含意是其他单位都能从基本单位导出, 而不用 1 以外的系数. 当其他的基本单位, 即热力学温度、发光强度以及物质含量等的基本单位被确认后, 国际计量大会越来

① 国际计量大会 (CGPM)、国际计量委员会 (CIPM) 及其咨询委员会和工作组的会议记录由国际计量局 (BIPM) 发表, 其地址为, Pavillon de Breteuil F-92313, Sevres Cedex. France

越多地专心处理单位的定义. 在进行许多次讨论后, 1960 年召开的第 11 届国际计量大会采纳了国际单位制 (SI), 它是现在物理测量认可的基础[6]. 在本章中, 我们首先简明地观察一下基本单位 (除摩尔单位外, 与其他单位的意义有所不同, 它不是一个物理量) 也包含确定的导出单位是如何确定的. 然后, 我们考虑基本物理常量的确定, 以及它们的准确数值是如何反馈到测量本身的过程中去的.

16.2 单位和标准

16.2.1 质量

1. 千克

千克单位是独一无二的. 它是过去一百多年以来唯一尚未更改定义的基本单位, 并且是仍然用材料标准定义的唯一的基本单位. 1878 年米制公约签署后, 三个原器的千克砝码是用 90%的铂和 10%的铱的合金制成的圆柱体[1]. 它们与巴黎天文台的档案千克砝码进行比对: 质量最接近的选为国际千克单位, 从此至今一直由国际计量局保管 (图 16.1). 1889 年第一届国际计量大会正式采用为国际千克单位. 1882 年进一步定制了 40 个圆柱体: 这些圆柱体的质量均被调整到使它们与国际千

图 16.1 千克砝码

千克砝码是目前仅有的用材料标准定义的物理单位 —— 这个铂铱圆柱体是 1878 年制造的, 由国际计量局保存

克砝码质量的差别在 1mg 以内, 其中 34 个复制品作为米制公约成员国的国家基准使用. 随后又制成其他千克砝码. 它们用特殊的保护条件保持, 并且很少使用. 这些标准已进行了两次正式的国际比对, 比对结果分别向 1913 年和 1954 年举行的国际计量大会作了报告.

过去的一个世纪期间内, 主要在一些国家实验室已研制成用于质量比对的一些特殊天平. 关键之点在于寻找在刀口上避免改变负载的方法、保持系统的热稳定性及消除基础震颤. 最好的系统是由美国国家标准局所研制的单臂天平[1], 其中参考标准与配重砝码依此进行比对. 采用这种方法, 标准千克的比对精度可以达到 1μg, 或 1×10^{-9}g.

在贸易和物理学中衡量当然都是重要的操作. 为此, 次级标准是由国家保持的. 例如, 在英国, 国家衡量和测量研究所保持着米制的、英国常衡制及金衡制的标准, 所有这些标准均可溯源到英国国家物理实验室千克标准.

2. 可能的更替

人们已在探索用基本物理常量而不是用材料标准的质量来表示千克的方法上付出很多努力. 这可以通过电学单位来进行: 用一对带电导体之间的力定义安培, 因此与千克相联系. 如果将此过程逆转, 用基本常量定义安培, 则可以导出千克.

图 16.2　英国国家物理实验室的运动线圈实验 —— 试图用与电学现象相关的数值取代用材料标准定义的千克所进行的努力

测定基本常量的数值将在 16.3 节中讨论. 已探讨过的可能性包括采用质子旋磁比[7,8]、Faraday 常量和 Avogadro 常量[9]. 目前, 所有方法的准确度均在 1×10^{-6} 的范围内, 离取代材料标准的需要还相差三个量级. **【又见 16.3 节】**

现在最有希望的方法似乎是英国国家物理实验室的 Kibble 发明的方法, 这种方法是将悬挂在天平一端的线圈部分地置于永久磁体的磁场中 (图 16.2). 需要进行两项测量: 第一项是以一已知电流流过静止线圈以平衡已知质量, 第二项是线圈在磁场中以已知速度运动, 测量其感生电压. 由此, 质量可以与电学量有关, 与基本常量并无直接的牵连, 由于采用相同的装置, 消除了一些不确定因素[10,11], 但是在对这个方法作完全评估之前, 还有许多工作要做.

16.2.2 长度

1. 国际米

与千克单位的方式相同, 米单位最初也是用材料标准定义的, 但所经过的历史有些不同: 70 年后它用物理量波长, 并相继用基本常数光速重新定义.

许多米原器是用与千克相同的铂铱合金制作的, 其中之一选择作为国际基准米, 并在 1889 年第一届国际计量大会上获得批准. 然而, 直至 1927 年第七届国际计量大会上国际米原器的长度才正式作为米的定义. 所制作的复制品分布在世界各有关实验室和国际计量局, 作为参考标准. 1921 年开始延续了约 15 年的国际比对确认了各国国家米的数值, 1940 年发表了测量结果.

米原器是用总长约 120cm 的 X 型截面的铂铱棒制成的. 在平坦的中心带上, 每端刻有三条横线, 所刻的两条中心刻线之间的距离作为米的定义[1]. 使用的条件必须严格规定, 1927 年的定义作了完整的表述[6]:

> 长度单位是米, 它的定义是保存在国际计量局的铂铱棒上所刻的两条中心刻线的轴线之间在 0° 时的距离, 由第一届国际计量大会会议宣布为米原器, 棒保存在标准大气压下, 放在两个对称地置于同一水平面上并相距 571mm 的直径至少为 1cm 的圆柱上.

国际计量局从它成立的初期开始, 就介入对 1m 以外的长度测量及勘测卷尺标度的校准. 为后一目标装配了 "大地测量基线", 用许多显微镜和运动标尺标定 24m 基线, 其不确定度约为 10μm. 在 20 世纪初, 发展了许多准确比对米标准长度的技术, 对此 Johnson 较详细地作过介绍[12]. 用 Brunner 比较仪, 国际计量局可将两个标准的比对精度达到 0.1μm[1].

2. 波长标准

光的波长可以用于长度测量的思想也许并不完全如波动理论本身那样古老, 但肯定可以回溯到 19 世纪初期. 1859 年 Maxwell 提出钠黄线能作为标准应用. 国际计量局用干涉仪监测了长度标准, 1893 年, Michelson 提供了一台干涉仪并在国际计量局用这台干涉仪测量了镉红线的波长, 后来 (1927 年) 这就成为光谱学的长度标准和埃的基础. 直至 1940 年之前, 在不同的实验室共进行了 9 次用波长确定米的工作. 在此过程中, 了解到了各种光谱线的详细特性, 以及在最准确的测量中必须考虑的性质. 其中, 必须处理 Doppler 效应、超精细结构和同位素分离等一些问题. 第二次世界大战后, 由国际计量委员会和米定义咨询委员会对波长标准的想法作了许多考虑. 约在 1950 年, 适当的同位素选择收窄到镉 114、汞 198 和氪 84 或氪 86. 国际计量局详细地检测了这些同位素的谱线的轮廓, 并考察了产生这些谱线的方法. 最终, 米定义咨询委员会推荐使用氪 86 橙黄谱线, 它是冷却到液氮温度下的冷阴极放电灯产生的谱线[13].

3. *光速*

16.3.2 节中描述了如何进行光速的测量, 由此使光速成为最准确的已知物理常量之一. 1983 年, 第十七届国际计量大会重新定义了米单位, 其表述如下：

米是光在真空中在 1/299 792 458 秒的时间间隔内的行程.

由于激光干涉仪在导致这个决定中起到很大的作用, 定义所用的大多数所需相对标准的设备已经具备, 继续提高精度的改进在规程中只需很小的变化就能实现. **【又见 16.3.2 节】**

4. *应用*

诚然, 许多方面的应用都需要对长度进行准确测量. 在贸易领域, 广泛应用线纹标准; 在工程领域, 必须标定块规和类似的仪器; 在勘测领域, 要用到皮带卷尺. 所有各方面的需求使法制计量学与测量的可溯源性的国家服务必需通过国家标准研究所来进行.

在 20 世纪的早期, 通常应用光学比长仪[12]. 随着波长标准的更换, 应用干涉方法的时期到来并已采用激光作为光源. 在某些情况下, 它们已影响到对设备的要求. 国际计量局用于标准化 24m 基线卷尺测量的技术是用 Fabry-Perot 标准具实现的[14], 并已研制了用于勘测的大地测量仪器: 第一台是光学精密测距仪[15], 它采用光的偏振, 用典型的 500MHz 调制. 通过发射与反射波的相位比较, 有可能将准确度达到每千米为 1mm 的量级. 这类仪器及其进一步的发展, 诸如双色激光测距仪 (Georan) 采用两个波长, 已在勘测、土木工程及大地测量学等领域得到进一步的发展[16].

从科学研究的目的出发对准确已知波长的谱线仍有持续要求。1965 年国际天文联合会确认, 用于定义米的氪 -86 的那条谱线以及其他各发自氪 -86、汞 -198 和镉 -114 的四条谱线的波长, 覆盖了从 435nm 至 645nm 的波长范围, 其不确定度约

为 2×10^{-8} 至 7×10^{-8}[17]. 随着激光的发展, 已可得到更准确的光源。在 1983 年米被重新定义后, 国际计量委员会推荐了五类稳频激光标准 [18], 并确认一些标准现在可以在整个红外范围内应用.

为了特殊的目的还采用一些其他的单位. 天文单位 (AU—— 近似为地球绕太阳轨道的半径) 是 Gauss 引力常量 k 的值为 0.017 202 098 95 时的距离. 秒差距 (1 弧度秒的视差) 是 1 天文单位张开的角度为 1 秒时所对应的距离, 即 3.086×10^{16}m. 光年 (9.46×10^{15}m) 也许更易理解, 它用于天文学的普及读物中.

S W Stratton

(美国人, 1861~1931)

Stratton 博士出生于美国伊利诺伊州里奇菲尔德, 是一个农场主的儿子. 从小即对农业机械及其他机械装置感兴趣, 后前往伊利诺伊大学学习机械工程, 毕业后从事机械工程研究. 1892 年应 Albert Michelson 的邀请前往芝加哥大学, 与 Michelson 一起研究仪器制造. 他也对国防事务发生兴趣并于 1898 年美国–西班牙战争时期以海军上尉身份在美国海军服役.

1902 年美国国家标准局建立时他被任命为该局的第一任局长, 负责标准局的选址、规划局内实验室的设置以及决定全局研究计划. 为此要求他与美国国会保持持久的接触和交流, 他也因此获得 “科学政客” 的称号. 第一次世界大战对标准局提出了繁重的任务要求, 他的国防背景对于他决定标准局战时研究计划 (包括航空研究及海军所需研究) 起了弥足珍贵的作用.

战后, 他利用他与工业界的关系重新规划标准局的研究计划, 使之沿着更为商业化的路线进行. 这使得他与当时的国务院商务秘书 Herbert Hoover 产生接触. Hoover 于 1923 年安排 Stratton 担任麻省理工学院校长. 在此期间, 他仍以国家标准局的客座委员会成员关心该局工作, 并对局内研究计划起到积极的指导作用. 1931 年 10 月, 他在口授一篇关于 Thomas Edison 的文章时因突发心脏病逝世. 他广博的科学和工程知识背景、他对国家科学研究需求的明智判断, 以及他的政治意识使得他成为国家标准局理想的第一任局长.

在尺度的另一端, 我们在光谱学中采用埃 (Å), 这是用瑞典物理学家 A J Ångström 的名字命名的, 他在 1868 年发表了标准太阳光谱图, 其中波长用毫米的十万分之一给出. 波长用镉红线定义, 在标准空气中, 其波长值为 6438.4696Å. 在米的定义用光速改变后, 埃重新定义为 10^{-10}m 的精确值. 以前用的 “X 单位” 或 “Siegbahn 单位” 约为 10^{-13}m, 它是以前用来表示 X 射线波长的, 1948 年废除后改用埃单位.

当然国际计量委员会并不鼓励用 SI 单位外的其他单位. X 单位是包含在 “通常不赞成应用” 的列表内的, 埃单位作为临时应用, 更正式地是采用纳米 (10Å) 单位.

16.2.3　时间和频率

1. 背景

人们从史前就开始进行时间的测量[19]. 最早形式的钟是日晷和水钟. 直到中世纪才引入连接时间和频率的振荡系统. 约在公元 1300 年之后, 最早的振荡系统叫做原始平衡摆, 是装在枢轴上的一根杆往返移动带动齿轮作旋转. 这并不是一类正弦式振荡器, 但也许有多谐振荡器的性质. 约在 1660 年发明的摆钟及在 20 年后发明的弹簧控制的摆轮是一种真正的振荡器. 这些钟都遵从机械钟的原理.

直到 20 世纪 60 年代, 时间尺度几乎仅仅是天文学家考虑的领域, 虽然也采取了某些实际步骤以满足日常生活的需求. 直到 19 世纪中期, 才使用当地时间, 如在英国布里斯托的时间比伦敦的时间延迟 10 分钟. 1880 年, 火车的出现导致了通用的铁路时间 (格林威治时间) 成为英国的法定时间. 在 1884 年华盛顿的国际会议上一致同意, 根据格林威治时间将世界分成许多时区. 这保持至今, 而只有很少的变化.

19 世纪的工业发展推动了对钟表检验准确度的要求, 这是天文学家的装备所不能满足的要求. 在英国, 英国科学促进会接收了已废弃的基尤天文台, 并建立了用于检验这些和其他仪器的装置. 1900 年英国国家物理实验室成立后, 这个职责转交给它来实施. 值得注意的是, 为了 1948 年伦敦的奥林匹克比赛, 国家物理实验室测试了 200 块手表.

2. 计时器和频率标准

第一批摆钟在计时时每天有 10 秒钟的变化. 因此需要摆钟能更准确地运行, 特别是对于长徒的远洋航行. 误差的来源包括了温度的改变及其对摆长的影响、大气压的影响以及需要以机械或电的方式与摆耦合以使其摆动并驱动其他机构. 到 1900 年大部分消除误差的工作得以完成, 摆钟的稳定度达到了每天约 0.01 秒. 摆钟的极终发展是 Shortt 钟, 这种钟于 1924 年达到其最后形式 (图 16.3). Shortt 钟用了两个钟摆, 除去要以半分钟的最小周期对其施加一驱动脉冲并为第二个钟摆提供同步信号之外, 第一个钟摆基本上是个自由摆, 第二个摆被称为 “役使” 摆, 它用于驱动钟的摆轮. 这使得钟的计时误差有可能达到约每天 0.001 秒. 一个这样的钟曾在国家物理实验室用于提供时间信号, 以插入天文台给出时间信号之间, 这是为了精确测量时间间隔, 比如检验精确计时器.

图 16.3 Shortt 钟 ——20 世纪 20 年代在 NPL 用于时间间隔测量的具有主动和被动摆的极限摆钟

从 1922 年开始到 1931 年得到改进型号, 国家物理实验室还用音叉开发了基于精确频率的另一种形式的钟 [20]. 这种钟使用了插在由热离子管驱动的电磁铁线圈中的镍铬恒弹性钢音叉. 在隔绝空气的密封和恒定温度下, 其稳定性可达到每小时 5×10^{-8} 和每周 3×10^{-7}. 在被石英钟超过之前, 这种钟一直在使用.

使用石英的压电性质精确控制振荡回路的频率是众所周知的事情. 早期的研究是由 Cady 在 1921 年做出的, 第一次将其用于时间测量是 Marrison 于 1927 年在 Bell 电话实验室进行的. 国家物理实验室的研究工作导致 "Essen 环" 的开发并广泛地用于极为稳定的时间和频率标准. 它达到了每小时 1×10^{-10} 及每周 1×10^{-8} 的稳定性 [21].

即使原子钟因其极高的准确度超过了石英振荡器, 由于石英振荡器的应用领域非常多样 (诸如科学、工业应用乃至每年仅误差大约 10 秒钟的便宜手表等), 故它至今仍被使用. 石英的性质会随使用期限略有改变. 于是有人建议使用外界参考物来克服这个困难. 1949 年美国国家标准局的 H Lyons 用氨分子的吸收谱线作为参考物开发了这样性质的一套系统, 显示出了约 10^{-8} 的长期频率稳定性 [22]. 事实上, 这就是第一个原子钟 (图 16.4). 此后又研究了许多可能的系统 [23–26].

在 20 世纪 20 年代和 30 年代, 有好几个实验证明原子束穿过磁场与射频场时会发生状态跃迁 [23]. 1938 年 Rabi 及其同事用实验演示了锂原子核中两个态间跃迁的共振曲线 [27], 而 1950 年 Ramsey 证明, 使用以漂移空间隔开的射频场的两个区域, 可以得到更尖锐的共振线 [28]. Essen 及其同事在国家物理实验室开发的第一台运转铯原子钟中利用了这个原理, 该钟于 1955 年投入使用 [29]. 在铯原子钟中, 原子的基态分裂为能量差相当于频率约为 9192MHz 微波的两个分量 (图 16.5). 在

Essen 型的原子钟内, 由原子炉发出的原子束通过磁铁时被分成两个状态. 一个状态的原子通过中间具有准直狭缝和纵向磁场的 50 厘米长的微波腔, 再穿过与第一个腔耦合的第二个微波腔, 一个专门设计的磁铁将改变了状态的任何原子偏转到探测器上. 通过变化微波场的频率可以探查共振花样: 发现共振主峰的宽度在 500Hz 范围. 通过设计锁定这个主峰的回路, 可得到频率标准偏差为 1×10^{-10} 的稳定源.

图 16.4　第一台原子钟 ——1949 年在美国国家标准局制成, 这是采用氨分子的微波吸收谱线来控制振荡器的频率, 精度约为二千万分之一

铯原子钟已在许多国家实验室得到使用并已有很多进一步的开发, 它们现已成为容易购得的商品, 其中有些是轻便可携带型的. 现在最好的时间标准的精确度为约 1×10^{-14}[30−32]. 加拿大的国家科学研究院和德国的联邦物理技术研究所曾开展了最有兴趣的研究工作 [33,34].

也研究过许多其他的原子系统 [26]. 这些系统包括现已有商品出售铷标准器, 铊原子束和氢原子束系统以及各种微波激射器和激光器. 氢原子微波激射器具有非常好的短期稳定性并已在许多实验室使用, 通常用来补充铯标准器.

图 16.5 20 世纪 70 年代英国国家物理实验室的铯钟

3. 时标和秒

20 世纪开始的时候, 时间的标度完全以天文学观察为基础, 秒定义为平太阳日的 1/86 400. 由于地球在围绕太阳的轨道上运动, 真太阳日的长度, 即太阳与天球子午圈相继交会的时间间隔, 其年变化约为几秒, 基于此的时标与基于年平均的平太阳日的时标是有差别的, 这个差别在 11 月的最大值为 16 分钟. 这项差值定义为 "时差"[35].

就天文学本身而言太阳的位置并不太重要, 它采用恒星时. 这是基于恒星通过子午圈的时间. 地球的旋转轴存在微小变化的校正: 当测量准确度提高时, 就能观测到地球的旋转速率有由地球结构上的变化引起的无法预言的变化, 地球结构变化会影响其转动惯量.

其他各类时标用于各种特殊目的. 1952 年, 国际天文联合会 (the International Astronomical Union, IAU) 为进行动力学计算引入了历书时. 实际上, 这是基于 1900 回归年的长度, 这个时标对于一般应用的缺点是, 仅在事件发生后几年才能准确知道其值, 因为需要有观测过程[36~38]. 原子钟引入后的其他时标将在以后介绍.

由于时间测量的准确度得到改进, 首先用石英钟, 后来用铯钟, 非常明显用平均太阳年定义秒不再令人满意. 1956 年, 国际计量委员会设立了秒定义咨询委员会 (CCDS) 研究这个问题, 经多次讨论后, 于 1967 年 8 月国际计量大会采纳了下述定义:

> 秒是铯 133 原子基态的两个超精细能级之间跃迁所对应的辐射的 9192631770 个周期的持续时间.

这是至今仍在采用的秒的定义.

从 1955 年以来, 国际时间局 (the Bureau International de J'Heure, BIH) 通过不同国家用低频无线电信号比对钟保持了平均原子时标 (简称 AM). 1970 年, 名称改为国际原子时 (International Atomic Time, TAI). 到那时通过修正由于地球运动的某些不规则性, 已改进了平均恒星时, 并称为世界时 (UT). 为保持连续性, 1958 年 1 月 1 日, 将国际原子时和世界时安排成互相符合. 为了日常使用, 必须考虑地球的转动, 1972 年 1 月 1 日起, 建立了协调世界时 (UTC), 其秒的标记与国际原子时的标记完全重合, 但经常用闰秒的加减来保持小时和分与太阳日的对准. 这是目前广泛使用的作为广播时间信号的时标.

长期以来国际计量局理所当然地关心秒作为一个单位的复现, 但在引入国际原子时之后, 该局也越来越关注时间的标度. 秒定义咨询委员会全力投入国际时间局的咨询工作, 1971 年第十四届国际计量大会批准了国际原子时并给出其正式定义. 1975 年的第十五届国际计量大会批准了使用协调世界时. 1987 年将时标的责任转移给了国际计量局, 国际时间局不复存在. 原国际时间局涉及地球转动的另一部分项目, 在国际地球转动服务中心 (IERS) 的名号下留在了巴黎天文台. 国际计量局继续维持和传播国际原子时 [39], 现在它已用铯钟建立了自己的守时单位.

4. 时间和频率的传播

天文台的一个非常重要的作用曾经是让所有需要使用时标的人都得到时标. 新的通信技术始终将传递时间信号作为一项早期任务. 1800 年前夕, 英国海军部设立了一串旗语信号站以提供从伦敦到朴茨茅斯船坞的联系并传递白天的时间信号 (人们现在对他们在大雾天气下如何传递信号感到好奇). 电报刚一发明即被广泛用于传递时间信号. 1908 年法国经度局曾建议那时设在埃菲尔铁塔上的军用电报站应当用于发送每小时的时间. 导致国际时间局建立的 1912 年大会启动了在世界不同地方的无线电电台播送时间和天气信号的项目. 这使得在大海航行的船只可以检验他们的计时器. 这些选定的无线电站全都在 2500 米波长的长波段操作, 以保证能够长距离接收 [40].

这些服务最初主要是为了军事或技术目的. 从无线电广播刚一开始出现的时候起, 就开始为广大公众的接收而发送时间信号. 在英国, 皇家格林尼治天文台就为 BBC 广播公司的 “六响毕毕”(广播电台报时信号的拟声化俗称) 提供计时, 1942 年之后以天文台的石英钟为参考标准. 世界不同地方的许多广播发射台都精确地控制其载波频率, 包括位于德罗维奇的 BBC 公司的 198kHz 发射台, 其发射频率偏差控制在 2×10^{-12} 之内.

自 20 世纪 20 年代以来, 一些国家已提供了对于准确的时间和频率信号的特殊无线电传输, 在从甚低频 (VLF) 到高频 (HF) 的频率范围内. 但因另一种方法已经形成, 许多这些传输都已中止. 一种依赖于准确定时并已提供了有用的信号的发展, 为罗兰 C 导航系统. 这一系统在不同的位置用许多站准确地传输 100kHz 的同步脉冲. 通过接收这些脉冲及比较它们到达的时间, 接收器可以确定其位置, 误差为 50~500m, 距离在 2000km 以上. 在已知的位置, 信号提供了约 1μs 的时间比对, 相当于频率不确定度约 1×10^{-12}. 这种方法已用于联合各个国家的时标以形成国际原子时.

无线电方法已在很大程度上由卫星作为时间比对的方法所取代. 美国海军天文台已用移动钟[41], 大多涉及 GPS(美国海军的全球定位卫星系统), 其中每个卫星上均载有原子钟, 由这些星载钟可以取得的时间约在 10μs 的精度内[41]. 最近在美国国家标准局也已有了这类工作[42].

16.2.4 温度

1. 背景

约在 1600 年发明了第一支温度计, 随后出现了许多不同类型的温度计[43]. 这些温度计都可以付诸实际应用, 但温度的科学意义直至 19 世纪还尚未明确. 如 Ruhemann 所述 “在 Kelvin 勋爵证明热力学第二定律给出了具有绝对温标的温度计之前的温度计只不过是任意定义零点和一度的某种东西而已”[44]. Kelvin 指出, Carnot 循环能用于定义与所用材料无关的热力学温标. 后来表明, 用在零压强下的理想气体能测量热力学温度. 约在 19 世纪末, 接受了采用热力学温标和用气体温度计来实现这一温标. 20 世纪温度测量技术及其应用有了广泛的发展[45], 我们在此仅考虑一些基本状况.

2. 实际温标

从 1875 年成立以来, 国际计量局即全力开展计温术的研究, 主要是实用原因, 即其千克和米的标准需要保持准确已知的温度. 氢温度计被选为能给出最佳近似热力学温标的温度计, 1887 年国际计量委员会接受用此作为标准, 在特定条件下的融化冰和沸腾水的温度作为固定点使用.

随着 20 世纪初国家标准实验室的发展, 出现了其他需要, 特别是需要更大的温度范围. 1911 年提出, 热力学温标应在增加一些附加固定点以扩展测温范围的情况下正式采纳. 第一次世界大战的爆发延缓了这一进程, 但在经过长时间讨论后, 第七届国际计量大会批准了温度在 −190°C 以上的国际温标. 在采用热力学温标作为正式定义温度时, 也同意了应表述其实际复现方法. 确定了从氧的沸点到金的凝固点的 6 个固定点, 与所用的仪器 (铂电阻温度计和 Pt/PtRh 热电偶) 及其内插公式一起构成了实际复现方法.

这个温标, 现熟知为 ITS27, 已广泛受到欢迎并得到普遍应用. 为适应新技术的应用提出的某些修正要求, 1939 年, 国际计量委员会建立了温度计量咨询委员会 (Consultative Committee on Thermometry, CCT) 对应作的变化提出建议和考虑[46]. 其间发生了战争, 但在 1948 年的第九届国际计量大会采纳了修订的国际实用温标 IPTS48. 同时决定, 将单位名称由百分度改为摄氏度. 这个温标与早期温标非常类似, 仅稍作了改进. 两者之间在 600° 下并无差别, 而仅在更高的温度时稍有差别.

当时已经认识到, 对于热力学温标, 基于两个固定点之间的单位是反常的, 所需要的只是一个绝对零度和一个固定点. 在经过多次讨论后, 1954 年的第十届国际计量大会决定以下定义:

> *热力学温标的定义是选择水的三相点作为基本固定点, 并赋予它的温度精确地为 273.16K.*

这使得开氏度 K(现简称为 kelvin) 尽量接近等于摄氏度.

1968 年, 国际计量委员会推荐了进一步的温标形式, 并在 1975 的第十五届国际计量大会正式采用为国际实用温标 68(IPTS68)[47,48]. 增加了新的固定点以扩展范围和对内插公式作了修正, 尽可能采用新技术使实用温标与热力学温标紧密结合而尽量一致.

1990 年引入了另一种温标[49], 称为国际温标 90(ITS90). 温标上的最低温度减小为 0.65K, 将赋予 16 个固定点的温度调整到尽量接近于相应的热力学温度. 这类温标的结构表明, 物理学最近的发展已影响到测量过程.

(1) 在 0.65~5.0K 之间, 温度 T_{90} 用氦 3 和氦 4 的压强与蒸气压相关的定律来定义;

(2) 在 3.0K 与氖的三相点 (25K) 之间, 温度用氦气体温度计来定义;

(3) 在氢的的三相点 (14K) 至银的凝固点 (1235K), 温度用铂电阻温度计来定义;

(4) 在银的凝固点以上, 温度用 Planck 辐射定律定义.

我们将会观测到某些定义范围是相互重叠的, 这是为了允许在受到限制的范围内测量的一致, 而不出现尖锐的不连续性. T_{90} 与 T_{68} 之间的差别在 200°C 以下时为 0.02K 之内, 1000°C 以下时为 0.3K 之内.

16.2.5 光度学

与计温学相比, 光度学测量更主要地应用于工业和日常生活目的, 也未对物理科学作出重要的贡献. 然而, 主要的国家标准实验室从它们建立开始就致力于这些测量, 国际计量局只在最近才介入这些测量: 坎德拉是发光强度的 SI 基本单位. 因此, 我们将给出一个关于光度学单位非常简明的表述, 并建立它的标准.

最早的照明法定标准可能是在1860 年由英国伦敦都市煤气仲裁团引入的测试煤气灯的英国议会烛光. 其他国家研制了不同的标准, 在它们之间少有协调, 也许是由于所追求的并不是一个物理量的标准, 而是一个主观效应. 1909 年, 在美国国家标准局、英国国家物理实验室和法国电学中心实验室之间达成协议, 采用基于碳丝灯的相同单位. 1921 年, 在国际照明委员会 (the Commission International de l'Eclairage, CIE) 的会议上, 比利时、意大利、西班牙和瑞士加入协议并一致同意将该单位命名为 "国际烛光".

进一步的发展导致国际计量委员会在 1937 年建立了光度学咨询委员会 (Consultative Committee for Photometry, CCP). 他们推荐采用一个单位, 即基于黑体辐射亮度的新坎德拉. 1948 年, 第九届国际计量大会正式批准改用坎德拉的名称. 国际计量大会还于 1960 年采用 SI 单位制时批准了流明的定义, 这包含了坎德拉作为基本单位, 流明和勒克斯作为导出单位[50~52].

由于光度学技术的改进, 使得可能把照度测量与客观辐射度的测量联系在一起, 并使黑体源的缺点暴露无遗. 1979 年, 第十六届国际计量大会决定需要作出全面改变并采用全新的坎德拉的定义:

> *坎德拉为一光源在给定方向的发光强度, 该光源发出频率为 540×10^{12}Hz 的单色辐射, 且在此方向上的辐射为 1/683 W/球面度.*

540×10^{12}Hz 的频率相应于 555nm 的波长, 选择这个频率是因为它是人眼灵敏曲线的峰值[53].

16.2.6 电学单位和标准

1. 背景

电学单位的定义及复现这些定义的标准的取得与科学和科学应用的发展密切相关. 16 世纪 Gilbert 首次确认了电磁现象. 但直到 19 世纪继 Faraday 的实验之后出现了 Maxwell 方程, 电磁现象才真正成为主要的科学分支. 19 世纪 30 年代出现电报并于 1880 年后首次为电照明供电. 1881 年英国科学促进会设立了电学标准委员会, 这个委员会在定义有理单位制和发展实用标准方面起了领导作用. 委员会的这些工作曾遭到电报业人士的怀疑, 他们觉得 "组成委员会的这些先生们很少与实用电报业联系 …… 这可能使得他们推荐采用难以适应电报的各种独特需要的 Weber 的绝对单位或其他的量的单位 [54]". 事实上, 委员会在辨别单位和标准的作用以及在坚实的科学基础上构建有用的单位制两方面, 都表现出了很强的洞察力.

由于当时还没有相互协调的电学量单位制, 委员会把解决这件事放在很高的优先地位. 大约十年之前 Weber 曾提出了厘米-克-秒制 (CGS 制), 委员会接受以此为基础, 同时意识需要用这些单位的倍数来满足实际要求. 1863 年委员会向科学促进会返回报告并将实用单位定义为欧姆、安培和伏特, 分别是 CGS 制电磁单位的 10^9, 10^{-1} 和 10^8 倍.

英国科学促进会还主持了一个很大的研究项目, 用于构建参考标准和确定这些参考标准的绝对量. 1863 年, Maxwell, Fleeming Jenkin 和 Balfour Stewart 建造了第一个绕线电阻器并确定了其电阻值. 所用的办法是由 Weber 建议的, 使用了一个在地磁场中转动的线圈, 它既能使电流通过电阻器又可偏转一个磁铁. 安培则是使用 Weber 的电功率计以类似的方法确定的. 几年以后主要的工作转给剑桥大学卡文迪什实验室, 由 Glazbrook 博士, 即后来的 Richard 爵士和国际物理实验室的第一任主任负责此项工作 [55,56].

1881 年在巴黎召开的一次大会上英国科学促进会的电学单位制 (简称 BA 单位制) 为国际所接受. 会议一致同意, 如 Siemens 早就提议的那样, 采用具有特定尺度的汞柱作为欧姆的参考标准. 这就是所谓的 "法定欧姆". 虽然当时国际计量局并未正式介入电学标准的制定, 但该局的 Benoit 博士还是为法国政府复制了一些法定欧姆的复制品. 不过由于其阻值与 BA 单位制值略有差异, 英国一直没有承认它.

这是向建立一个可用于工业而又不受正处于不断研究阶段的绝对电学量值的偶然变化影响的实用标准系统迈出的第一步. 1893 年在芝加哥召开的国际大会进一步推动这一过程并在 1908 年的伦敦大会上达到高峰. 在伦敦大会上一致同意国际电学单位应以材料标准定义:

(1) 国际欧姆为在冰的融化温度下、质量为 14.452g、横截面为常量、长度为 106.300 厘米的水银柱的电阻值;

(2) 国际安培为硝酸银水溶液以每秒 0.00111800g 的速率析出银时所通过的电流;

(3) 国际伏特为通过一欧姆电阻时产生一安培电流的电压; 随后大会接受了一个基于摄氏温度 20 度下 Weston 电池的电动势为 1.0183 国际伏特的可供选择的定义.

伦敦大会非常有效地消除了各种误解. 在允许对绝对单位不受阻碍地继续研究的同时, 国际单位为工业界和其他使用者提供了一个可使用多年的令人满意的实用单位制.

2. 国家实验室的作用

尽管国际计量局保有若干电学测量设备, 而且 1907 年它又为法国政府提供了标准, 但他们一直到较晚的时候才正式参与了电学标准的研究. 1921 年第六届国际计量大会修订了包括电学单位在内的米制公约. 1927 年第七届国际计量大会设立了电学咨询委员会 (CCE), 这个委员会于下一年举行会议并建议国家计量局应全面参与国际电学标准的工作.

到那时为止, 各国家实验室一直都承担建立和协调标准的责任. 确实, 制定标准以满足快速成长的电力工业的需求在决定各国建立国家实验室中起了主要作用. 这些国家实验室中的第一个, 德国帝国物理技术研究所 (PTR), 就是在 Siemens 强力支持下于 1883 年成立的, 由 Helmholtz 担任第一任所长.

R T Glazebrook

(英国人, 1854~1935)

Richard Glazebrook 爵士出生于利物浦. 在剑桥大学的三一学院得到数学学位后, 他在 Maxwell 指导下在卡文迪什实验室从事光学研究. 1883 年, 英国科学促进会任命他为该协会电学标准委员会的秘书, 负责保持英国科学促进会的标准电阻和标准电容并负责单位的绝对测定.

担任利物浦大学的学院院长一年后, 他于 1900 年出任国家物理实验室的第一任主任. 他的经验、科学洞察力和战略才能使得他领导国家物理实验室成功地渡过了早期岁月, 并促使政府认识到国家物理实验室必须在发展新技术方面发挥极其重要的作用, 包括空气动力学、船舶试验、道路和无线电等方面的新技术. 约在 1917 年他与英国财政部协商做出一项新的安排, 将国家物理实验室作为政府机构归属英国科学和工业研究部 (DSIR).

1919 年他从国家物理实验室退休, 但继续对其研究项目进行咨询. 他成为帝国学院的航空 Zaharoff 教授. 1917 年他被封爵并获得其他许多荣誉和奖励. 他是确定二十世纪英国和国际应用物理研究格局的主要人物之一.

在英国, 1882 年及 1888 年的电照明法案授权英国贸易委员会 (该委员会成立于 1696 年, 最初是用来监管北美殖民地的的贸易, 后来被赋予监督衡量和度量的职责) 负责为供电业制定规章, 包括规定标准以及批准电表类型. 委员会给予国际单位制以法律上的批准, 提供了以英国科学促进会标准为基础的国家标准并设立了一个检验仪器的实验室. 但是人们认识到贸易委员会没有能力开发新的标准或参与国际活动, 所以当国家物理实验室确定其研究项目后, 贸易委员会标准于 1920 年转交到国家物理实验室. 出于法律的原因, 这个标准作为单独的标准一直保持到约 1950 年.

其他国家也经历了类似的发展. 在美国, 国会一开始并不肯批准建立国家实验室, 然而在 Edison1876 年在门罗公园建立他的研究室且其他人纷纷效仿之后 (但出口的电学仪器必须送到德国的帝国物理技术研究所去校准), 议案得以一边倒的方式通过, 并于 1901 年建立了美国国家标准局. 在一些国家, 这项工作由工业界和政府联合进行: 例如在法国, 电气工业中心实验室 (LCIE) 就是工业界和政府联合支持的.

3. 绝对测定

国际单位制虽然满足了工业界的需求, 但从科学的观点看并不令人满意, 故国家实验室仍继续寻求从其厘米 - 克 - 秒制定义实现它们的更佳方法. 20 世纪初期, 德国帝国物理技术研究所、美国国家标准局、英国国家物理实验室以及法国电气工业中心实验室开展了一项合作计划, 即用各种电流天平以载流线圈间的力确定安培 (图 16.6). 欧姆则用 Lorentz 机 (其中一个导电盘在已知尺寸线圈的场中旋转) 与 Campbell 电感器测量, 后者的互感是根据其尺寸计算的. 这些测量的结果用于校准汞的电阻标准和 Weston 电池, 这些电池在参与研究的实验室之间传递 [55]. 第一次世界大战后这方面工作的继续进行导致了国家计量局介入电学标准并最后导致国际单位制的建立 (16.2.6 节第 4 小节).

第二次世界大战后出现了进一步的发展, 澳大利亚的国家测量实验室 (NML) 发起了两项最重要的研究. 1956 年发表了 Thomson-Lampard 定理 [57,58]. 他们证明, 如果将一个任意截面的导体柱的壁平行于柱轴切为间隙可忽略不计的四块, 相对的一对面间的交叉电容是可以计算的, 假定这些面切成对称的, 则单位长度的电容由下式给出

$$C = \varepsilon_0(\ln 2)/\pi \mathrm{Fm}^{-1} = 1.95354904\mathrm{pFm}^{-1}$$

利用这一原理在澳大利亚国家计量实验室、美国国家标准局、美国电气测量实验室和英国国家物理实验室制造了电容器, 并用联系电容和电阻的四臂 — 电桥方法测定欧姆的绝对值, 其不确定度在 1×10^{-7} 的范围内, 与以前的测定相比, 提高了一个数量级 [59].

伏特的绝对测量可由测量处于不同电压的两个平面电极间的吸引力得到. 两个相距 d 米、电压差为 V、处于真空中的无限大平面上每单位面积的受力为

$$\varepsilon_0 V^2/(4\pi d)\mathrm{N} \cdot \mathrm{m}^{-1}$$

基于这种方法在美国国家标准局和电气测量实验室用金属片和天平完成了多次测量. 1965 年, 澳大利亚国家计量实验室的 Clothier 提出了采用置于水银池上方的金属片的办法: 当在片上施加电压时, 水银表面水平的升高程度能以很高的准确度被测量出来. 这样做可达到的不确定度在 3×10^{-7} 内 [60,61].

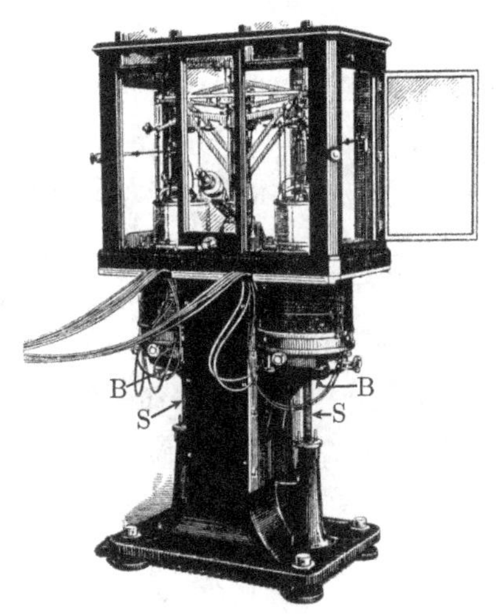

图 16.6 作安培绝对测定的 Ayrton-Jones 电流天平 —— 由英国科学促进会发起并于 1907 年在国家物理实验室完成

4. **电学单位随后的发展**

按照电学咨询委员会的建议, 国际计量局于 1929 年建立了伏特和欧姆的参考标准, 并当四个国家实验室将它们的标准送到国际计量局时, 于 1932 年进行了第一次国际比对. 随着参加者日益增多, 进一步的比对每两年进行一次, 直到被第二次世界大战所打断. 后来恢复了比对, 但从 1957 年开始每三年才进行一次比对.

1928 年电学咨询委员会得出结论, 不应永远保持国际伏特、欧姆和安培, 一旦两套单位之间的关系以适当的准确度确立后, 应该由绝对单位制来代替它们. 经过进一步的工作后, 国际计量委员会决定从 1948 年 1 月 1 日起采用绝对单位制. 这个单位制的基础是 1901 年由 Giorgi 提出的修正 CGS 制 [62,63]. 这个单位制又称为米 - 千克 - 秒 - 安培单位制 (简称 MKSA 制), 它的单位量值大小很适合于实际测量, 且从安培的定义中消除了不方便的 4π 因子. 第 9 届国际计量大会正式批准的定义是: 安培用两个平行导体之间的力定义; 伏特是流过 1 安培恒定电流、消耗 1 瓦功率的导线两端的电位差; 欧姆是加 1 伏特的恒定电位差产生 1 安培恒定电流的导体的电阻 [6]. 其他单位也都作了定义, 并于 1960 年第 11 届国际计量大会正式批准被收入 SI 单位制, 其中安培被指定为电学量的基本单位.

然而, 安培的定义并不宜于实际复现, 因此与国际计量局的相互比对仍在继续并接受了将国际计量局标准值作为伏特和欧姆的约定. 到 1970 年, 约有十个国家实验室将它们的标准送到国际计量局进行每三年一次的国际比对: 这些国家标准欧姆值的分散度约为 1×10^{-6}, 伏特值的分散度约为欧姆值分散度的两倍或三倍 [64]. 根据比对的结果, 这些国家实验室有时调整它们的标准值, 国际计量局在

1968 年也对自己标准的值进行了调整.

随着国际计量局工作负担的日益增多, 以及传运参考标准, 尤其是 Weston 电池所引起的对准确度的限制, 显然迫切需要改用另一个规程. 鉴于本章 16.3 节所介绍的工作的进展, 物理常量可代替材料标准的潜力变得十分清楚. 已经提出过很多导出电学标准方法的建议. 一度曾认为最有希望的是通过质子旋磁比 [7]. 然而, 这方面实际上并未取得任何重要的改善, 现在所利用的两个效应, 分别是导出伏特的 Josephson 效应及导出欧姆的量子 Hall 效应.

1962 年 Josephson 预言了现在以他的名字命名的效应 [65]. 如果将两个超导体用薄绝缘间隙相连接, 并用频率为 f 的电磁波辐照, 在超导结两端所加的直流电压将产生一电流, 其电流–电压特性具有下式给出的电压阶梯:

$$\Delta V = (h/2e)f$$

式中, h 是 Planck 常量, e 是电子电荷. 这一结果使得各计量实验室产生了很大的兴趣, 因为它清晰地表示了一个用频率及基本常数准确地测定电压的方法. 其中的困难是, 我们对常数的了解程度还不如可以比对的电压标准那样精密. 但是, 如果我们将关系式写为

$$\Delta V = K_{\text{J}} f$$

式中的 K_{J} 称为 Josephson 常量, 如果 K_{J} 具有一个公认的数值, 尽管现在还不是一种绝对方法, 但以上关系仍可提供一个检测电压标准的有效方法, 而无须运送 Weston 电池来进行比对. 一些国家实验室用它们的电压来测量 Josephson 常数, 并用其检测自己的电压标准. 在 1972 年的电学咨询委员会会议上, 委员会注意到这些进展并得出以下结论：1969 年 1 月 1 日的国际计量局电压 $V_{69-\text{BI}}$ 在百万分之一的一半的精度内等于频率为 483 594.0 GHz 的电磁波辐照超导结的 Josephson 效应所产生的电压 (图 16.7). 并非所有的国家都准备采用这个数值, 因为实际上它显然与国际单位制 (SI) 值并不一致. 1986 年电学咨询委员会成立了一个工作组来检查这项证据, 此后工作组向电学咨询委员会返回报告并推荐应在 1990 年 1 月 1 日起采用以下数值:

$$K_{\text{J}-90} = 483597.9\text{GHz} \cdot \text{V}^{-1}$$

在那些可能要检测国家标准的地方使用, 其不确定度估计为 4×10^{-7}. 电学咨询委员会明确指出这仅代表一个参考标准, 并不意味单位的 SI 定义或基本常量的数值有任何变化. 它表达了这样一种观点, 即在可预见的未来一段时间内推荐值不变将是必要的.

一个实际问题是单个 Josephson 结产生的电压太小 —— 例如, 5 GHz 频率对应的电压约为 10mV, 这使得检测 1V 标准不很容易, 但美国国家标准技术研究所

(NIST) 的研究已得到串联 20000 个结的阵列, 由此解决了这个问题 [66].

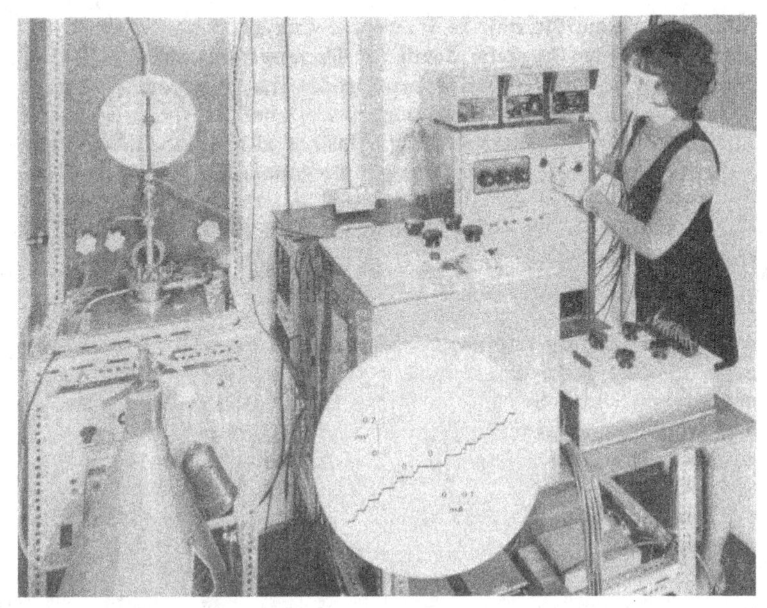

图 16.7 英国国家物理实验室的 Josephson 结电压标准 —— 中间的插图显示了电流–电压特性

检测欧姆基本上与检测伏特类似. 如果半导体在与磁场垂直的方向上载有电流 I, 则在与电流和磁场二者都垂直的方向上产生的电压为 V_H. 这是熟知的 Hall 效应, 其比值

$$R_{\mathrm{H}} = V_{\mathrm{H}}/I$$

是熟知的 Hall 电阻. 通常这个电阻依赖于半导体的几何形状和磁场的强度, 但 1980 年 von Klitzing 证明, 在某些将电流有效地限制在二维的半导体内, Hall 电阻是量子化的, 其值为

$$R_{\mathrm{H}} = R_{\mathrm{K}}/i$$

其中 $i = 1, 2, 3, \cdots$ (与场强有关), R_{K} 是一个常量, 即 von Klitzing 常量, 其理论值为 h/e^2 [67–70]. 利用这个效应, 有可能建立一个用于检测国家欧姆的电阻标准. 如同利用 Josephson 效应一样, 利用这个效应的装置并不简单, 例如它必须在液氦温度下运行, 因此几乎不能作为日常的参考标准, 但作为不需传送的最高水平的比对却是非常有用的.

1986 年电学咨询委员会设立了另一个工作组来考虑量子 Hall 效应. 在收到该工作组 1988 年的报告后, 电学咨询委员会推荐从 1990 年 1 月 1 日起采用

$$R_{\mathrm{K}-90} = 25812.807\,\Omega$$

为用于在可能的地方检测国家欧姆标准的 von Klitzing 常量的数值, 电学咨询委员会再次强调指出, 这并不意味着单位定义的任何变化, 或 h 和 e 的数值的变化, 而只是一个参考值, 在可预见的未来似乎可以不变. 估计的不确定度为 2×10^{-7}.

与伏特和欧姆有关的改变由国际计量局在其生效日期的前一年公布 [71]. 在此同时, 还公布了新的温标 ITS-90. 对于即将使用的新规程以及应当如何表达新结果, 国际计量局也给出了详细的建议. 这使得国家实验室承担了相当大的工作量, 它们不但要改变其自身的规程, 而且要确保所有依靠它们校准标准的实验室了解情况. 几乎所有的国家伏特和欧姆数值实际上都发生了百万分之几的变化, 这些都必须考虑进保持校准的历史记载中去.

过程实际上似乎进行得相当平稳, 我们期待电学测量有一个更平静的时期. 令人好奇的是, 电学测量的主要变革似乎每 20 年发生一次: 1908 年, 我们采用了国际单位, 1928 年, 电学咨询委员会会议召开第一次会议, 1948 年, 采用了 "绝对" 单位, 1968 年, 决定了对国家伏特和欧姆的数值作重大的重新调整, 1988 年, Josephson 常量和 von Klitzing 常量提交给了我们. 2008 年, 我们期望将会带来奇迹.

这些变化都伴随着不确定度的减小. 在撰写本章的时候, 我们似乎超前于用户的要求, 但不可能永远如此. 基本常量值的周期性评论将继续进行, 仍然存在可能的新技术探索. Kibble 给出了对目前状况及未来趋势的综述 [10].

另一个有趣之点是, 虽然已反复地向基于绝对值和物理常量的标准推进, 实际上我们在即将结束 20 世纪时仍与开始这个世纪时一样, 始终在使用由国际委员会选择的电学量的参考标准.

16.3 物 理 常 量

16.3.1 常量的类型

我们现在介绍作为物理学基础的测量技术的应用, 它对测量过程本身也有反作用, 我们在电学单位的关系中就可以看出这种影响.

物理理论依赖于大量具有数值的物理量, 我们相信在整个时间和整个宇宙内这些数值是恒定的 (虽然这种信念有时还有疑问). 为了便于讨论, 将它们分成以下几类.

(1) 数学常数, 如 e 和 π, 这些数值是固定值, 并且用公式可以计算到所需的位数.

(2) 约定常量, 如真空中光速, 精确的 $c=299\,792\,458\text{m/s}$, 以及自由空间中的磁导率

$$\mu_0=4\pi\times10^{-7}=1.256\,637\cdots\times10^{-6}\text{H/m}$$

根据上述数值可以导出自由空间中的电容率

$$\varepsilon_0 = 1/\mu_0 c^2 = 8.854\,19\cdots \times 10^{-12}\mathrm{F/m}$$

以及自由空间中的特征阻抗

$$Z_0 = (\mu_0/\varepsilon_0)^{1/2} = 376.730\cdots \times 10^{-12}\Omega$$

(3) 测量常量, 这包含大量的物理常量, 如包括引力常量 G、Planck 常量 h、电子电荷 e(不要与上述 (1) 中的 $e = 2.718\cdots$ 相混淆) 及其他常量. 它们的数值通过测量来确定, 它们之间许多值是紧密相关的. 因此, 最准确的数值并不能根据单次测量导出, 而是以所有可用的数据的最小二乘法处理得出. 国际科学联合会 (the International Council of Scientific Unions, ICSU) 的国际科学技术数据委员会 (the Committee on Data, CODATA) 与时俱进地从事这项处理. 1986 年发表了最近的几百个量的数据组[72], 并已提出了一些变化[73].

这些常量通常被 CODATA 称为基本物理常量. 这可能会有些混淆, 因为它们之间的联系意味着, 独立常量的数量远小于所发表数值的常量的总数. 它们也许在某些物理学分支意义下都是基本的, 但如果有人认为某些量与其他量相比更加基本的话, 也是可以谅解的. 这就是由 Petley 给出的基本物理常量表的价值所在 (参考文献 [59] 的第二页), 这些量见表 16.1.

表 16.1　基本物理常量[59]

真空中电磁辐射的速度	c
基本电荷	e
电子的静止质量	m_e
质子的静止质量	m_p
Avogadro 常量	N_A
Planck 常量	h
普适引力常量	G
Boltzmann 常量	k

重要的是应牢记常量不可能永远属于某一特殊类别. 今天, π 对我们而言是一个数学常数, 根据公式我们可以计算到任意所要求的准确度. 但在公元前 3 世纪并非如此, 当时 Archimedes"通过内接和外切多边形测量圆, 不断增大边数, 直到多边形接近为圆[74]". 按这种方法, 他得到了 3+(1/7) 和 3+(10/71) 之间的数值 (精确值到小数点后面 3 位以内). 最近, 光速在多次测定其数值后, 从一个测量常量变成一个约定常量. 1983 年, 国际计量大会重新定义了米, 因此固定了光速值 (16.2.2 节). 进一步测量其数值就变得毫无意义. 重要的是, 这种情况与 Josephson 常量和 Klitzing 常量的情况显然非常类似, 后者由电学咨询委员会于 1988 年给出了推荐

值来检测伏特和欧姆 (16.2.2 节), 但并不包含单位定义的改变, 这两个常量保持为可测量, 未来的某个时间可以推荐其改进值.

另一个值得注意的是, 从协调的实验中导出的一些常量值通常并不是都被普遍接受. 例如, Eddington 根据 “一个完全能量张量” 的独立分量数, 对精细结构常量 α^{-1} 导出了精确地为 137 的理论值[75]. 实验值已在 137 的范围内, 但并不精确地相等, 最近的 CODATA 推荐值是 137.035 989 61[72]. 宇宙理论提出了更加意义深远的挑战, 它假定物理常量实际上会随时间而发生变化.

在本节中, 我们首先考虑两类 “经典” 常量, c 和 G, 它们的数值已进行了几百年的测量, 与其他常量数值并不密切相关. 然后, 我们讨论组织测定常量链接组的方法, 最后我们给出贡献于常数的协调测量的实例. 在 20 世纪已进行了几百次这样的测定. 显然, 我们没有足够篇幅详细讨论所有的实验技术. 然而, 我们将给出了最重要发展的某些例子并列出参考文献, 从中可以进一步得到详细情况.

16.3.2　光速

我们已提到过如何测量光速, 最终导致光速成为一个约定量. 这些测量具有很长的历史.

在经典时代, 人们相信光以无限速度行进. Galileo 怀疑这个观点, 并企图通过盖住和不盖住两三英里外的手提灯来测量光速, 当然未获得结果. 1676 年, Roemer 通过在地球轨道的不同位置上观测木星的卫星蚀的时间, 得到了第一个有效的测量结果. 1849 年, Fizeau 在地球上进行了第一次成功的测量, 他采用了一个旋转的飞轮作为从几英里远的镜子上反射光束的时间快门. Foucault 进行了类似的测量. 但是, 当时最重大的发展是电磁波的 Maxwell 理论, 用他的结论, 光速可由下式给出:

$$c = (\mu_0 \varepsilon_0)^{-1/2} = \nu\lambda$$

式中, ν 为频率, λ 为波长, 如前所述, μ_0 和 ε_0 为自由空间的磁导率和电容率. 这开辟了测量 c 的不同方法的途径, 我们将在后文中进行讨论. 到了 19 世纪末, 开展过关于是否存在以太的许多争论. 人们预期, 如果地球正通过以太运动, 光速就会与传播方向有关. 1887 年的 Michelson-Morley 实验表明, 这并非是真实的情况. 这导致了 Fitzgerald-Lorentz 收缩, 最终导致 1905 年 Einstein 的相对论. 因此, 即便在 20 世纪开始前测量对于物理学理论已有了意义深远的影响.

贯穿整个 20 世纪, 对于光速值的兴趣依然持续不减. 人们对光速值作了许许多多的仔细测定, 我们在此无法一一详述. 使用的方法五花八门. 20 世纪前半叶, Michelson 用旋转镜法作了进一步的测量 [76], Mittelstaedt[77,78], Hütel[79] 和 Anderson[80,81] 用基本类似的方法, 他们用 Kerr 盒作为时间快门, 通过观测在平行传输线上的驻波, Mercier[82] 得到频率约 50MHz 的电磁波的速度. 但最强大的方法是由 Rosa 和 Dorsey[83] 在 1907 年采用的, 他们根据静电与电磁的电学单位之比, 给出了当时比任何其他方法精度更高的结果. 直到 1940 年的结果由 Birge 作了评论[84]. 他对早期的某些测量结果的误差估计作了一定的批评, 并在详细分析这些结果后, 采用

$$c = 299\,776 \pm 4\text{km/s}$$

作为最佳可用值.

在第二次世界大战期间, 为了军事目的所发展的新技术对计量学的很多方面有了极大的影响. 无线电导航的结果表明, 对 c 的最佳值的需求, 及微波和红外区新光谱领域的开辟使得新的测量成为可能. Essen 及他在英国国家物理实验室的同事们用微波腔振荡器测量了已知频率辐射的波长[85,86]. 他的同事 Froome 在高频 (24GHz 和 72GHz) 用微波干涉仪[87,88] 作了类似的测量 (图 16.8). 许多人还用雷达使用 Kerr 盒及其他测地学方法作了进一步测量. Froome 的测量结果是最准确的, 他在 1958 年得到的结果为 299 792.5km/s, 引入的不确定度为 0.1km/s.

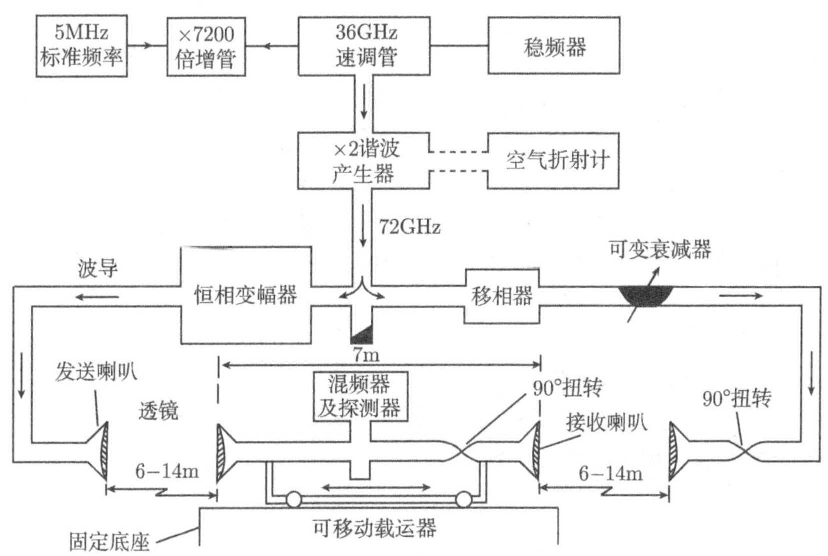

图 16.8 测量微波频率的电磁辐射速度的 Froome 干涉仪

1970 年后, 具有很高谱纯度的激光的发展使得有可能得到更高的准确度 (图 16.9). 借助于中间标定的激光器, 频率用谐波混频与铯标准进行比对, 而波长用氪 86 长度基准进行测量, 美国国家标准局 [89,90]、英国国家物理实验室 [91,92] 和加拿大国家研究院 [93] 执行的一项协作项目得出的结果的标准偏差在 1m/s 范围内. Petley[59] 对这些测量和早期结果进行了详细的讨论. 这些结果提供了一个如何将新技术用于提高测量准确度的极其明显的实例 —— 在这种情况下, 提高了两个

量级.

图 16.9　20 世纪 70 年代中期在 NPL 用于测量光速的激光器系列

这些测量已对 SI 单位制产生了深远的影响, 如我们在 16.2.2 节中所见. 1975 年, 在对测量结果的应用进行了评论后, 国际计量大会推荐的光速值为 $c = 299\,792\,458$ m/s, 其不确定度为 $\pm 4 \times 10^{-9}$m/s. 1983 年, 第十七届国际计量大会采用这个数值重新定义米作为光在 1 秒的 1/299 792 458 内在真空中所行进的路程的长度. 同时, 邀请国际计量委员会确定实际复现米的规则, 这是用某些确定的分子跃迁稳定的激光来实现的. 因此, 光速就不再作为一个可测量的常量. 它的数值将不再进行测定.

16.3.3　引力常量

在几个世纪内进行独立测定的另一个常数是引力常量 G. 在 17 世纪末, 从著名的苹果下落与行星运动的关系出发, 并最后发表在《原理》(*Principia*) 一书上, Newton 发展了他的引力定律. 我们可将这个定律表示如下:

$$F = Gm_1m_2r^{-2}$$

式中, F 为相距为 r 的两个质量 m_1 和 m_2 之间的力. 多年来, 在对 G 值的测定, 及确认它是否确实是一个常数方面已开展了许多工作. 这个数值不仅理论上有意义, 而且提供了测定质量, 从而确定地球密度的方法.

G 值的早期测定是通过测量从靠近大山的铅锤离开垂线的偏差来完成的. 1740 年, 在秘鲁的青勃拉索山, 由 Bouguer 进行了首次尝试, 恶劣的气候条件毁掉了他的测量, 虽然十分清楚, 即使这种效应真的出现, 结果在数值上也不会明显. 1774 年当时的皇家天文学家 Maskelyne 在苏格兰珀斯希尔郡的希哈里翁山的测量得到了好一些的结果. 另一些人通过比较地球表面和很深的矿井底部的重力加速度的值来测量 G, 但显然这些方法中没有一个能产生精确的结果, 于是这些方法被在实验室内测两个物体间吸引力的方法所取代. 这些方法中的第一个使用扭力天平, 这是由 Michell 首先开创的, 不幸的是仪器装置尚未最后完成, 他就去世了. Cavendish 接手这个装置进行了实验, 在 1798 年发表了结果. 他得到的地球密度的数值为 5.448, 相应于

$$G = 6.754 \times 10^{-11}\mathrm{m}^3/(\mathrm{kg} \cdot \mathrm{s})$$

随后, 有许多其他的测定, 尤其是在 19 世纪后半叶, 包括 Boys 的工作, 他采用具有绕竖直轴旋转臂的扭力天平, 做了类似于 Cavendish 和 Poynting 的实验, 后者采用的是臂在竖直平面旋转的天平. 两个大质量与臂的两端相连, 由于有中心的刀刃, 所以重力可提供恢复力.

将一个很大的质量置于转台上以使得它可以位于转动臂两端的两个质量的任一个之下. 通过将它从一个位置移到另一个位置并观察发生的偏转, 即可将力, 从而把 G 计算出来. 有关这些 G 值测量的有用的概述分别由 Boys[94] 及 Poynting 及 Thomson[95] 给出. 前者还给出了 19 世纪末所获得的测量值的表.

在 20 世纪, 对 G 又作了许多进一步的测定, 全都采用各种形式的扭力天平. Heyl[96] 采用振动方法, Zahradnicek[97] 采用谐振方法. 最近, 原苏联的 Karagioz[98]、Sagitov[99] 和美国的 Luther 和 Towler[100] 发表了进一步的结果. Lowry 等[101] 和 Petley[59] 已对这些结果作了评述. 目前的 CODATA 推荐值为

$$G = 6.672\,59(85) \times 10^{-11}\mathrm{m}^3/(\mathrm{kg} \cdot \mathrm{s})$$

其不确定度约为 1×10^{-4}[73]①.

对引力常量的兴趣不仅在其绝对值上, 引力理论是研究宇宙发展的核心. Newton 的简单反平方律在 20 世纪已以许多方式被怀疑. 这是一个引人入胜的故事, 但遗憾的是, 我们没有篇幅对故事的细节作详细讨论. 我们将试图指出一些已揭示的主要方向, 以及对其有影响的测量结果, 并指出哪里能发现进一步的详情. 一个巨大变化是由 Einstein 的相对论所带来的, 它导致了基于张量的引力理论[102], 并已试图发展引力的量子理论[103]. **【又见 4.3.1 节】**

人们对于确认 G 在大距离和长时间范围上是否真的为常量有过持久的兴趣, 这是 Dirac 于 1937 年发表的倍增创生宇宙学理论所引起的, 在这个理论中, G 以及其他 "常量" 是不断变化的. 理论中 G 的变化可能仅在每年 10^{-11} 范围, 这当然远在直接测量的范围之外. 这导致许多对 G 的任何变化的极限做出估计的努力, 这些估计主要采用的是地球温度变化的古生物学证据、地球和其他行星轨道的变化、大陆漂移、银河团聚, 以及近来用雷达和激光雷达对月亮和其他行星距离的测

① 文中所引的是 1992 年 CODATA 的数据, 2006 年 CODATA 推荐的数据 $G = 6.674\,28(67) \times 10^{-11}\mathrm{m}^3/(\mathrm{kg{\cdot}s})$, 但其不确定度仍为 1×10^{-4}. —— 译者注

量和其他现象. 对这些研究的概述以及研究结果的总结已由 Petly 给出 (文献 [59], 47-59 页). 最近的结果的不确定度在小于每年 10^{-12} 到约每年 10^{-10} 范围内. 很清楚, 与 Dirac 理论相比, 这些结果不能证明 G 肯定是常量, 但公平而言, 这些结果也没有提供 G 不是常量的证据.

另一个问题是引力是否只是质量的函数, 它是否还与所包含的物质的性质有关. 研究这个问题的经典实验是 Eötvös 的实验[104]. 他采用了很广泛的物质, 没有发现所提到的组分的任何影响的证据, 后继的工作确认了这点[59]. 还有工作检验了反平方定律以及 G 随其他物理参量如量子态的可能变化. 在文献 [105] 中给出了一些目前研究状况和最近结果的概述.

16.3.4　常量的链接集合

我们已讨论了 c 和 G 两个经典物理学中重要的常量, 它们的数值主要通过直接测量而得到. 我们必需考虑的其他常量几乎都涉及原子或量子理论, 它们的数值一般是相关的. 因此, 实际测定的不仅是单个常量的数值, 而且是一系列测量中的链接常量组的数值.

20 世纪初就开始意识到这种需求, 但首次正式的认可是在 20 世纪 20 年代初出版的《国际校勘表》中提供的. 表中给出了 9 个 “公认的基本常量” 的值以及由此导出的许多其他常量值. 加州大学伯克利分校的 Raymond Birge 对一些发表值的推导并不完全满意, 于是他对当时可得的所有证据进行了广泛的校勘评估. 其结果发表在 1929 年他的题为 “(1929 年 1 月 1 日) 通用基本常数的概然值” 的经典论文中 [106]. 他强调了采用最小二乘法计算概然误差的的重要性. 1930 年和 1931 年, W N Bond 发表了论文 [107,108], 文中讨论了 Birge 的结果并在 Birge 及其他数据的基础上构建并给出自称是 “…… 肯定是当今用任何方法所可能得到的最精确的” 结果. Birge 在他 1932 年的下一篇论文 “e, h, e/m 和 α 的概然值”[109] 中对 Bond 的这些结果作了批评. 但 Bond 实际上作了非常重要的贡献, 他所使用的与最小二乘法相容的图像表示不仅可以显示出一系列相关测量的结果, 并有助于对最佳值的估计. Birge 在他 1932 年的论文中采纳了 Bond 的图示法, 并成为广为人知的 “Birge-Bond 图”, 其中的一个带有详细解释的例子由 Petley 给出 (文献 [59],296 页). 1941 年, Birge 发表了对 “普适物理常量” 的进一步评论 [84], 给出了十几个主要常量和许多导出常量的最新数值. 他的主要常量包括光速、引力常量、升 (以 cm^3 为单位)、理想气体的体积、国际欧姆和安培、某些原子量、标准大气压、冰点、Joule 当量、Faraday 常量、Avogadro 常量、电子电荷和 Planck 常量. 我们有趣地注意到, 他这里给出的某些常量如升、国际欧姆和安培现已不再作为可测量常量.

1969 年, Taylor, Parker 和 Langenberg 发表了题为 “用超导体内的宏观量子相位相干性测定 e/h: 量子电动力学和基本物理常数的意义” 的论文 [110]. 在这篇文章中, 他们指出, 作为使用 Josephson 效应的结果, e/h 值的测量精度得到改善, 这一情况使得重新计算所有有关的常量值成为必要. 显然, 有必要随时重新估算常量值. 国际纯粹和应用物理联合会 (IUPAP) 在 1956 年的会议后已组建了原子质量及相关常数委员会. 该委员会以后每隔几年召开会议, 1972 年委员会将着重点改变为为原子质量及基本常数 [111]. 国际纯粹与应用物理联合会的母体国际科学联合会, 如我们所知, 由 CODATA 作为委员会不时发表基本常数的最小二乘法修订版本 [72].

16.3.5 链接测定的若干例子

1. F, R, N_A 和 k

在 19 世纪的大部分时间里, 与 Maxwell 的电磁理论一起发展了物质结构的原子和分子的思想及气体动理学理论. 尤其是人们认识到, 某些性质可以用每摩尔物质来表示, 即用克–分子量表示. 列在这个链接组中的物理量均起源于这一时期并在电子发现之前. 它们是:

F, Faraday 常量, 任何元素一个克当量所带的电荷;

R, 气体常量, 对于一摩尔的理想气体, 由 $PV = RT$ 给出;

N_A, Avogadro 常量, 单位摩尔的分子数;

k, Boltzmann 常量, 由 $k = R/N_A$ 给出.

Faraday 常量已用电解质作了直接测量, 当已知电流在已知时间内通过电解质时, 测量电解质所沉积出的物质的量. 包括 Rayleigh 和 Sidgwick[112] 所作的一个测量在内的早期测量都是用银做的. 这类测量的缺点是银通常没有单一同位素. 碘具有单一同位素, 因此 1912 年 Washburn 和 Bates 用碘作的测量是特别重要的[113]. 随后的测量也使用了有机化合物, 报道的不确定度没有多大的变化[59]. 目前公认的值是[73]

$$F = 96485.309\text{C/mol}$$

当然, 测量气体常量 R 的困难是气体都不是理想气体, 并不严格遵循 Boyle 定律. 传统方法已测量了实际气体的密度, 通常用在不同压强下的氧, 并外插到零压强. 最近, Quinn 和他的同事们已用保持在准确已知温度下的声学干涉仪测定 R[114](图 16.10). Colclough[115] 已评论了这项结果, CODATA 公布的最新值是[73]

$$R = 8.314\,510\text{J}\cdot\ \text{mol}^{-1}\cdot\text{K}^{-1}$$

在 19 世纪中叶, Loschmidt 曾试图测量 Avogadro 常量, 但结果却是大错特错. 20 世纪初期, Rutherford 通过对镭样品放射出的粒子数和总电荷计数, 测量了一个 α 粒子的电荷. 稍后, Millikan 直接测量了在电子上的电荷 (见下节). 根据电解质中离子电荷的已知数值, 就可能计算出 N_{A} 的数值. 1900 年, Planck 表述了他的黑体辐射定律, 其中涉及 k 和 h 的量. 根据实验结果, 他计算了 k 和 h 的数值, 并导出了 $N_{\mathrm{A}} = R/k$. 最近, 已通过准确测量硅的密度及其晶格间距来确定 N_{A}. 当允许样品采用同位素组分时, 这种方法就可能给出至今为止的最佳值[116]. CODATA 最近公布的值是[73]

$$N_{\mathrm{A}} = 6.022\,1367 \times 10^{23}\mathrm{mol}^{-1}$$

虽然 Planck 从辐射测量导出了 Boltzmann 常量 k, 现在这个常量是从 R 和 N_{A} 的值计算得出, 它比我们所知的其他方法更加准确. CODATA 公布的值是[73]

$$k = 1.380\,658 \times 10^{-23}\mathrm{J} \cdot \mathrm{K}^{-1}$$

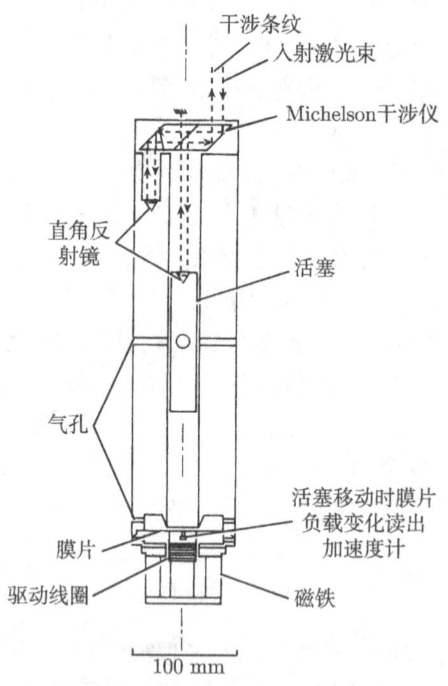

图 16.10　20 世纪 70 年代初期 Quinn 等[114] 用于测量普适气体常数的声学干涉仪

2. $e, h, e/m$ 和 α

这个常量组形成了 1932 年 Birge 的最小二乘法平差的核心[109]. 它们与电子的性质有关, 实际上它们的某些测量首先导致了电子的确认. 约在 19 世纪中叶, 对电解溶液中的离子导电现象已有很好的了解, 1895 年 Röngten 发现 X 射线之后, 人们发现该射线会引起气体导电, 很容易确认, 这是由在气体状态下的离子导电引起的, 但在 1870 年前后首次产生阴极射线后, 出现了更多的问题. 人们开始认为阴极射线是与光很类似的波，但后来 Crookes 证明这种射线会被磁场偏转. 1890 年后, Schuster 用这个效应表明, 它们必然是具有荷质比 e/m 的粒子, 比氢离子的荷质比大很多倍. 随后又有许多进一步的测量. 其中值得注意的是, Thomson 对它由电场和磁场偏转的测量[117] 和 Millikan 用油滴方法一直延续到 20 世纪 20 年代的电荷值测定[118]. 这些测量确立了电子作为粒子的确认, 其质量约为氢离子的两千分之一, 其电荷与氢离子电荷相等而符号相反[119].

后来, 采用光谱和间接方法测定电子的性质, 通常包含 Planck 常量 h、精细结构常量 $\alpha(=\mu_0 ce^2/2h)$、Rydberg 常量 R_∞、Faraday 常量和 Avogadro 常量. 它们之间的关系由 Birge 作了详细的讨论[84,109]. 最近, Josephson 效应和 von Klitzing 效应的发现已提供了另一种方法. Josephson 常量由下式给出:

$$K_{\mathrm{J}} = 2e/h$$

von Klitzing 常量为

$$R_{\mathrm{K}} = h/e^2 = \mu_0 c/2$$

式中, μ_0 为自由空间的磁导率.

提供伏特和欧姆的参考标准的需求 (16.2.6 节), 导致了对这两个常量开展能达到最佳精确度的集中和协调测量. 结果由电学咨询委员会的两个工作组评论[120]. 推荐值已获得国际计量委员会同意. 上述提到的常量的最新 CODATA 数值示于表 16.2 中[73].

表 16.2 物理常量的最近 CODATA 推荐值①

基本电荷	e	$1.602\,177\,33\times10^{-19}$C
Planck 常量	h	$6.626\,0755\times10^{-34}$ J·s
荷质比	e/m_{e}	1.758 819 62C/kg
精细结构常量	α	$7.297\,353\,08\times10^{-3}$
Rydberg 常量	R_∞	10 973 731.534m^{-1}
电子质量	m_{e}	$9.109\,3897\times10^{-31}$kg

① 这个表给出的是 1992 年发表的 CODATA 推荐值, 2006 年发表的推荐值为:

基本电荷	e	$1.602\,176\,487\times10^{-19}$C
Planck 常量	h	$6.626\,068\,96\times10^{-34}$ J·s
荷质比	e/m_{e}	1.758 820 150C/kg
精细结构常量	α	$7.297\,352\,5376\times10^{-3}$
Rydberg 常量	R_∞	10 973 731.568 527m^{-1}
电子质量	m_{e}	$9.109\,382\,15\times10^{-31}$kg

—— 译者注

3. **其他常量**

CODATA 的清单中给出了 100 多个常量值. 我们只能讨论其中一小部分. 其他大部分常量具有特殊的性质. 例如, 约 60 个给出了基本粒子 —— 电子、μ 子、质子、中子和氘的详细性质的数值. 少量常量是普遍感兴趣的 —— 例如, Bohr 磁子、Stefan-Boltzmann 常量、第一和第二辐射常量和 Wien 位移定律常量等. 最近很感兴趣的一个常量是质子旋磁比, 曾考虑将它作为提供绝对安培测定的另一种更准确的方法, 并为此目的开展了不少测量[8,9].

物理常量的数值的确定是一个不断进行的过程, 很可能随着测量技术的改进无限期地继续下去. 期望在 1995 年完成一组新的最小二乘法平差[73]. 一组新的推荐值将由 CODATA 发表.

16.4 应 用

在本章中我们已详细地观察了国际单位制 (SI) 的基本单位的导出, 这些基本单位标准的保持以及基本物理常数的测定. 这些是计量学与物理科学关系最密切的领域, 在这些领域中开展了非常重要的国际合作.

此外, 国家标准实验室具有保持基本单位和导出单位的次级标准的责任, 以实现支持贸易、工业和民用的目的以及通过校准服务来普及这些标准. 以英国为例, 国家测量鉴定所 (NAMAS) 作为英国国家物理实验室的一个服务单位, 它在工业和其他部门认可了一千个以上的校准和测试实验室的资质, 以使得所作的测量可溯源到国家和国际的标准. 这些实验室的大部分很少涉及基础物理学, 大多数国家提供计量标准服务的细节情况很容易得到 [4,5].

导出量的两个领域的计量科学主要是在 20 世纪发展起来的, 它们是放射性和微波, 这两个领域标准的建立极为重要, 国际计量局在建立这些标准中起了主要作用. 1896 年 Becquerel 发现了放射性, 当时他观测到铀盐能影响照相底片. 不久又发现了钍和镭, 1911 年, Marie Curie 制出了第一个镭标准并将它寄存在国际计量局, 从而成为第一个国际标准. 进一步的标准需求导致国际计量局建立了新的实验室, 这些实验室于 1964 年投入工作并负责标准源的制备、X 射线和.γ 射线的剂量学标准的建立和中子测量 [1]. 它们还为定义包括戈瑞 (gray) 和西弗特 (sievert) 在内的放射性国际单位制单位率先引路 [121].

第二次世界大战期间微波在通信、雷达和导航中的应用急剧增长. 战后人们很快明白需要统一国际测量标准. 1952 年, 国际无线电科学联合会 (URSI) 发起微波功率的国际比对, 随后又包括了噪声、衰减和电容率等物理量的国际比对. 显然亟需比国际无线电科学联合会所能提供的服务更为正规的安排, 1965 年电学咨询委员会任命了一个有关射频测量的工作组 (GT-RF) 来组织国际比对. 有十几个以上的实验室参加了国际比对. 大多数物理量的测量覆盖了高达 18GHz 的频带, 少数测量的频率高达约 100GHz 以及波长在 10.6 和 1.06μm 的激光源的频率 [122,123]. 各个国家实验室负责的物理量的清单已在国际无线电科学联合会记录中给出 [5].

计量学是既服务于纯粹科学又服务于日常需求的学科的一个极为有意思的例子. 国家计量体制至少始于公元前 3000 年, 计量制度的国际间协调则至少从罗马时代开始. 18 世纪初英国皇家学会和法国科学院安排了国际比对并开始考虑将实际标准与物理常量联系起来的可能性. 此后计量学作为一门科学的发展就与其在贸易和日常生活中的应用携手并进. 没有任何科学分支可以像计量科学那样如此多年地开展积极而融洽的国际合作且其结果对人类活动产生如此广泛的影响. 在本章中, 我们强调了计量科学在物理学发展中的重要性, 并以向读者推荐 Cook 的论文 [124−126] 作为文献结束本章, 他在这些论文中给出了我们在本章所述论题的广泛而意义深远的评论.

(沈乃澂译, 刘寄星校)

参 考 文 献

[1] Page C H and Vigoureux P 1975 The International Bureau of Weights and Measures 1875-1975 (Washington, DC: US Department of Commerce)

[2] Pyatt E C 1983 The National Physical Laboratory-A History (Bristol: Hilger)

[3] Cochrane R C 1966 Measures for Progress-A History of the National Bureau of Standards (Washington, DC: US Department of Commerce)

[4] Dobbie B, Darrell J, Poulter K and Hobbs R 1987 Review of DTI Work on Measurement Standards (London: Department of Trade and Industry) ch 20

[5] Bailey A E (ed) 1990 URSI Register of National Standards Laboratories for Electromagnetic Metrology (Bristol: Hilger)

[6] Bell R J (ed) 1993 SI-The International System of Units 6th edn (London: HMSO)

[7] Vigoureux P 1971 The gyromagnetic ratio of the proton-a survey Precision Measurement and Fundamental Constants (Gaithersburg, MD: NBS)

[8] Kibble B P and Hunt G J 1979 A measurement of the gyromagnetic ratio of the proton in a strong magnetic field Metrologia 15 5-30

[9] Taylor B N 1973 Determining the Avogadro constant to high accuracy via improved measurements of the absolute ampere Metrologia 9 21-23

[10] Kibble B P 1991 Present state of the electrical units Proc. IEE A 138 187-197

[11] Kibble B P, Robinson I A and Belliss J H 1988 A realisation of the SI watt by the NPL moving-coil balance NPL Report DES 88

[12] Johnson W H 1923 Comparators and Line standards of length Dictionary of Applied Physics, III ed R T Glazebrook (London: Macmillan) pp 232-57, 465-477

[13] 1960 Comptes Rendues 11th CGPM Resolution 6

[14] Carre P and Hamon J 1966 Mesure interfkrentielle de la base geodesique du BIPM Metrologia 2 143-150

[15] Froome K D and Bradsell R H Distance measurements by means of a modulated light beam yet independent of the speed of light Symposium on Electronic Distance Measurement (Oxford, September, 1965) (London: Hilger-Watts)

[16] Laurila S H 1976 Electronic Surveying and Navigation (New York Wiley)

[17] 1965 Transactions of the International Astronomical Union vol XI1 A

[18] 1983 Proces-Verbaux CIPM Recommendation 1

[19] Ward F A B 1970 Time Measurement-Historical Review (London: Science Museum)

[20] Dye D W and Essen L 1934 Proc. R. Soc. A 143 285

[21] Essen L 1938 Proc. Phys. Soc. 50 413

[22] Lyons H 1949 Microwave spectroscopic frequency and time standards Electron. Eng. 68 251

[23] Beehler R E 1967 A historical review of atomic frequency standards Proc. IEEE 55 792-805

[24] Audoin C and Vanier J 1976 Atomic frequency standards and clocks J. Phys. E: Sci. Instrum. 9 697-720

[25] Terrien J 1976 Standards of length and time Rep. Prog. Phys. 39 1067-1108

[26] Vanier J and Audoin C 1989 The Quantum Physics of Atomic Frequency Standards (Bristol: Hilger)

[27] Rabi I I, Zacharias J R, Millman S and Kusch P 1938 A new method of measuring nuclear magnetic moment Phys. Rev. 53 318

[28] Ramsey N F 1950 A molecular beam resonance method with separated oscillatory fields Phys. Rev. 78 695-699

[29] Essen L and Parry J V L 1957 The caesium resonator as a standard of frequency and time Phil. Trans. A 250 45-69

[30] Bowhill S A (ed) 1984 Brief reviews of developments in frequency standards and in time scale formation and comparisons Review of Radio Science 29 82-83 (Brussels: URSI (Intemational Union of Radio Science))

[31] Mungall A G 1986 Frequency and time-national standards Proc. IEEE 74 132-136

[32] 参见发表在 1986 special issue on radio measurement methods and standards 上的其他几篇文章 Proc. IEEE 74 137-182

[33] Mungall A G, Daams H and Boulanger J-S 1980 Design and performance of the new 1-m NRC primary caesium clocks IEEE Trans. Instrum. Meas. IM-29 291-297

[34] Becker G 1977 Performance of the primary Cs-standard of the Physikalisch-Technische Bundesanstalt Metrologia 13 99-104

[35] Ward F A B 1970 Time Measurement-Historical Review (London: Science Museum) ch I

[36] Guinot G and Seidelmann P K 1988 Time scales: their history, definition and interpretation Astron. Astrophys. 194 304-308

[37] Winkler G M R and Van Flandem T C 1977 Ephemeris time, relativity, etc Astron. I. 82 84-92

[38] 又见 Kaye and Laby 1992 (reprint) Astronomical and atomic time systems Tables of Physical and Chemical Constants 15th edn (London: Longmans) section 1.9.1

[39] Quinn T J 1991 The BIPM and the accurate measurement of time Proc. IEEE 79 894-905

[40] Fleming J A 1913 The Wonders of Wireless Telegraphy (London: SPCK)

[41] Winkler G M R 1986 Changes at USNO in global timekeeping Proc. IEEE 74 151-155

[42] Beehler R E and Allan D W 1986 Recent trends in NBS time and frequency distribution services Proc. IEEE 74 155-157

[43] Quinn T J and Compton J P 1975 The foundations of thermometry Rep. Prog. Phys. 38 151-239

[44] Ruhemann M and Ruhemann B 1937 Low Temperature Physics (Cambridge: Cambridge University Press) p 52

[45] Hall J A 1967 The early history of the Intemational Practical Scale of Temperature Metrologia 3 25

[46] Hall J A and Barber C R 1967 The evolution of the Intemational Practical Temperature Scale Metrologia 3 78

[47] Barber C R 1969 Intemational Practical Temperature Scale of 1968 Nature 222 929

[48] The International Practical Temperature Scale of 1968 (London: National Physical Laboratory/HMSO) (amended edn 1975)

[49] 1990 The Intemational Temperature Scale of 1990 (ITS-90) NPL Leaflet. 又见 Kaye and Laby 1992 (reprint) The International Temperature Scale of 1990 (ITS-90) Tables of Physical and Chemical Constants 15th edn (London: Longmans) section 1.5.1

[50] Preston J S 1961 Photometric standards and the unit of light NPL Notes on Applied Science No 24 (London: HMSO)

[51] Crawford B H 1962 Physical photometry NPL Notes on Applied Science No 29 (London: HMSO)

[52] Jones 0 C 1975 Optical radiation scales Contemp. Phys. 16 287-310

[53] Jones 0 C 1978 Proposed changes to the SI system of photometric units Lighting Res. Technol. 10 3740

[54] Clark Latimer 1862 Letter to the editor The Electrician 17 January p 1862

[55] Glazebrook R T 1913 The Ohm, the Ampere and the Volt-a memory of fifty years, 1862-1912: The Fourth Kelvin Lecture, 27 February 1913 Proc. IEE 50 560-592

[56] Paul R W 1936 Electrical measurements before 1886 J. Sci. Instrum. 13 1-8

[57] Thomson A M and Lampard D G 1956 A new theorem in electrostatics with applications to calculable standards of capacitance Nature 177 888

[58] Lampard D G 1957 A new theorem in electrostatics with applications to calculable standards of capacitance Proc. IEE 104 C 271-280

[59] Petley B W 1985 The Fundamental Physical Constants and the Frontier of Measurement (Bristol: Hilger) pp 142-145

[60] Clothier W K 1965 A proposal for an absolute liquid electrometer Metrologia 1 181-184

[61] Clothier W K, Sloggett G J, Baimsfather H, Currey M F and Benjamin D J 1989 A determination of the volt with improved accuracy Metrologia 26 9-46

[62] Giorgi G 1901 Unita razionali di elettromagnetismo Atti Assoc. Elettrotecn. 5 402-418

[63] Vigoureux P 1989 Eighty-eight years of Giorgi's MKS units J Phys. E: Sci. lnstrum. 22 671-673

[64] Dix C H and Bailey A E 1975 Electrical standards of measurement, Part 1 DC and low-frequency standards Proc. 1EE 122 1018-1036

[65] Josephson B D 1962 Supercurrents through barriers Phys. Lett. 1 251. 又见 1964 Rev. Mod. Phys. 26 216; 1965 Adv. Phys. 14 419

[66] Burroughs C J and Hamilton C A 1990 Voltage calibration systems using Josephson junction arrays lEEE lnstrumentation and Measurement Conference (23-15 Februa y, 1990) (New York: IEEE) pp 291-294

[67] Von Klitzing K, Dorda G and Pepper M 1980 New method for high accuracy a determination based on quantised Hall resistance Phys. Rev. Lett. 45 494-497

[68] Von Klitzing K and Ebert G 1985 Application of the quantum Hall effect in metrology Metrologia 21 12-18

[69] Taylor B N 1987 History of the present value of 2e/h commonly used for defining national units of voltage and possible changes in national units of voltage and resistance IEEE Trans. lnstrum. Meas. IM-36 659-664

[70] Taylor B N and Witt T J 1989 New international electrical reference standards based on the Josephson and quantum Hall effects Metrologia 26 47-62

[71] Quinn T J 1989 News from the BIPM Metrologia 26 69-74

[72] The 1986 adjustment of the fundamental physical constants: report of the CODATA Task Group on Fundamental Constants CODATA Bulletin 63 (Oxford: Pergamon). 又见 1973 Recommended consistent values of the fundamental physical constants CODATA Bulletin 22 (Paris: CODATA Secretariat)

[73] Cohen E R and Taylor B N 1992 The fundamental physical constants Phys. Today August BG 9-13

[74] Dampier-Whetham W C D 1930 A Histoy of Science (Cambridge: Cambridge University Press) p 47

[75] Eddington A S 1946 Fundamental Theoy (Cambridge: Cambridge University Press)

[76] Michelson A A, Pease F G and Pearson F 1935 Astrophys. I. 82 26

[77] Mittelstaedt 0 1929 Ann. Phys., Lpz 2 285

[78] Mittelstaedt 0 1929 Phys. Z. 30 165

[79] Hüttel A 1940 Ann. Phys., Lpz 37 365

[80] Anderson W C 1937 Rev. Sci. Instrum. 8 239

[81] Anderson W C 1941 1. Opt. Soc. Am. 31 187

[82] Mercier J 1924 1. Phys. Radium 5 168

[83] Rosa E B and Dorsey N E 1907 Bur. Stand. Bull. 3 433

[84] Birge R T 1942 Rep. Prog. Phys. 8 90

[85] Essen L and Gordon-Smith A C 1948 Proc. R. Soc. A 194 348

[86] Essen L and Froome K D 1951 Proc. Phys. Soc. B 64 862

[87] Froome K D 1958 Proc. R. Soc. A 247 109

[88] Froome K D and Essen L 1969 The Velocity of Light and Radio Waves (New York Academic)

[89] Bay Z and White J A 1972 Phys. Rev. D 5 796

[90] Evenson K M, Wells J S, Peterson F R, Danielson B L, Day G W, Barger R L and Hall J L 1972 Phys. Rev. Lett. 29 1349

[91] Blaney T G, Bradley C C, Edwards G J, Jolliffe B W, Knight D J E, Rowley W R C, Shotton K C and Woods P T 1977 Proc. R. Soc. A 355 61

[92] Woods P T and Jolliffe B W 1976 I. Phys. E: Sci. Instrum. 9 395

[93] Baird K MI Smith D S and Witford B G 1980 Opt. Commun. 12 367

[94] Boys C V 1923 Earth, the mean density of the, Dictionary of Applied Physics ed R T Glazebrook (London: Macmillan)

[95] Poynting J H and Thomson J J 1934 Textbook of Physics; Properties of Matter (London: Griffin)

[96] Heyl P R 1930 Bur. Stand. J. Res. 5 1243
Heyl P R and Chrzanowski P 1942 J. Res. NBS 29 1

[97] Zahradnicek J 1933 Phys. Z. 34 126

[98] Karagioz 0 V, Ismaylov V P, Agafonov N L, Kocheryan E G and Tarakanov Yu A 1976 Izv. Akad. Sci. USSR 12 351

[99] Sagitov M V, Milyukov V R, Monakhov E A, Nazhidinov V S and Tadzhidinov Kh G 1977 Dokl. Akad. Nauk. 245 567

[100] Luther G G and Towler W R 1982 Phys. Rev. Lett. 48 121

[101] Lowry R A, Towler W R, Parker H M, Kuhlthau A R and Beams J W 1972 The gravitational constant G Atomic Masses and Fundamental Constants 4 ed J H Sanders

and A H Wapstra (New York Plenum) p 521

[102] 例如参见 Nunn T P 1923 Relativity and Gravitation (London: University of London Press); Hawking S W and Israel W 1979 General Relativity-an Einstein Centenary Survey (Cambridge: Cambridge University Press)

[103] Ashtekar A and Geroch R 1974 Quantum theory of gravitation Rep. Prog. Phys. 37 1211-1256

[104] Eötvös R VI Pekar D and Feteke E 1922 Ann. Phys., Lpz 68 11

[105] 例如参见 Petley B W 1985 The Fundamental Physical Constants and the Frontier of Measurement (Bristol: Hilger) ch 7
Gillies G T 1982 BlPM Rapport BPM-82/9 Will C M 1984 The confrontation between general relativity and experiment, an update Phys. Rep. 113 345-422

[106] Birge R T 1929 Rev. Mod. Phys. 1 1

[107] Bond W N 1930 Phil. Mag. 10 994

[108] Bond W N 1931 Phil. Mag. 12 632

[109] Birge R T 1932 Phys. Rev. 40 228

[110] Taylor B N, Parker W H and Langenberg D N 1969 Rev. Mod. Phys. 41 375

[111] Sanders J H and Wapstra A H (ed) 1972 Atomic Masses and Fundamental Constants 4 (New York Plenum)

[112] Lord Rayleigh and Mrs Sidgwick 1884 Phil. Trans. 175 411

[113] Washburn E W and Bates S J 1912 J. Am. Chem. Soc. 34 1341, 1515

[114] Quinn T J, Colclough A R and Chandler T R D 1976 Phil. Trans. 283 367

[115] Colclough A R 1981 Precision Measurement and Fundamental Constants 2, NBS Special Publication 635 (Gaithersburg, MD: NBS) p 263

[116] Deslattes R D 1980 Ann. Rev. Phys. Chem. 31 435

[117] Thomson J J 1897 Phil. Mug. 44 293

[118] Millikan R A 1912 Trans. Am. Electrochem. Soc. 21 185

[119] Millikan R A 1917 The Electron-lts lsolation and Measurement and the Determination of some of its Properties (Chicago: University of Chicago Press) (2nd edn 1924)

[120] Comité Consultatif d'Electricité 1988 Report of the 28th meeting, Appendix E2, Report from the Working Group on the Josephson Effect; and Appendix E3, Report from the Working Group on the Quantum Hall Effect BlPM. 又见 Hartland A 1988 Quantum standards for electrical units Contemp. Phys. 29 477

[121] International Commission on Radiological Protection 1980 Radiation Quantities and Units ICRP Report 33 (Oxford: ICRP)

[122] Bailey A E 1980 Intemational harmonisation of microwave standards Proc. IEE H 127 70-73

[123] Bailey A E, Hellwig H W, Nemoto T and Okamura S 1986 Intemational organisation in electromagnetic metrology and intemational comparison of RF and microwave

standards Proc. IEEE 74 9-14

[124] Cook A H 1972 Quantum metrology-standards of measurement based on atomic and quantum phenomena Rep. Prog. Phys. 35 463

[125] Cook A H 1975 The importance of precise measurement in physics Contemp. Phys. 16 395

[126] Cook A H 1977 Standards of measurement and the structure of physical knowledge Contemp. Phys. 18 393

本卷图片来源确认与致谢

第 9 章

R P Feynman—— 美国物理联合会 (AIP)Meggers 诺贝尔奖获得者画廊提供
R R Wilson—— 承蒙 Fermi 实验室惠赠
图 9.1 经允许复制自 Phys. Rev.72 241-243 页, 1995 年版权属美国物理学会
图 9.2 美国物理联合会 Emelio Segré 视像档案馆提供
图 9.3 布鲁塞尔国际物理与化学研究所提供
图 9.5 经允许复制自 Nature 160 855 页, 1995 年版权属 Macmillan Magazines 有限公司
图 9.7 经允许复制自 Phys. Rev. Lett.12 204-206 页, 1964 年版权属美国物理学会
图 9.8 Alan W Richard 摄影, 承蒙 Emelio Segré 视像档案馆惠赠
图 9.9 取自 M Goldhaber, L Grodzins and A W Sunyar, Phys. Rev.109, 1015-1017 页. 1958 年版权属美国物理学会
图 9.10 承蒙布鲁克海文国家实验室惠赠
图 9.12 承蒙 Fermi 实验室惠赠
图 9.16 承蒙斯坦福直线加速器中心和美国能源部惠赠
图 9.18 取自 M Riordan, *The Hunting of the Quark*, Simon & Schuster, 1987
图 9.19 S Glashow 与 A Salam 的照片承蒙美国物理联合会惠赠, S Weinberg 的照片承蒙 Fermi 实验室惠赠
图 9.21 (a) 布鲁克海文国家实验室提供, 承蒙美国物理联合会 Emelio Segré 视像档案馆惠赠; (b) 经允许复制自 Phys. Rev. Lett.33 1404-1406 页, 1974 年版权属于美国物理学会
图 9.22 左图: (a) 经允许复制自 Phys. Rev. Lett.33 1406-1408 页, 1974 年版权属于美国物理学会; (b) 经允许复制自 Phys. Rev. Lett.33 1406-1408 页, 1974 年版权属于美国物理学会; (c) 经允许复制自 Phys. Rev. Lett.33 1406-1408 页, 1974 年版权属于美国物理学会
右图: 斯坦福直线加速器中心和美国能源部提供
图 9.24 经允许复制自 Phys. Lett.122B 398-410 页, 1983 年版权属于位于阿姆斯特丹的 Elsevier Science BV
图 9.25 承蒙 Fermi 实验室惠赠

图 9.26 上图：经 1991 年版权持有者 Annual Reviews, Inc. 允许复制自*Annual Review of Nuclear and Particle Science* Vol 41
图 9.28 经允许复制自 Phys. Rev.D50 1173-1825 页, 1994 年版权属于美国物理学会
图 9.30 经允许复制自 Phys. Rev.D45 S1-S584 页, 1992 年版权属于美国物理学会
图 9.31 (a) 经允许复制自 Phys. Rev. Lett.39 1240-1242 页, 1977 年版权属于美国物理学会; (b) 经允许复制自 Rev. Mod. Phys.61 547-560 页, 1989 年版权属于美国物理学会
图 9.33 上图: 汉堡德国电子回旋加速器 (DESY) 提供; 下图: 康奈尔大学康奈尔电子储存环 (CESR) 提供
图 9.34 美国物理联合会 Niels Bohr 图书馆提供
图 9.35 承蒙 Fermi 实验室惠赠
图 9.37 下图: 承蒙 Joe Stancampiano 及 Karl Luttrell 惠赠
图 9.39 经允许复制自*Proceedings DPF 94 Meeting* (Albuquerque, NM, August 2994), World Scientific, Singapore

第 10 章

L Prandtl—— 美国物理联合会 Emelio Segré 视像档案馆 Lande 藏品提供
G I Taylor—— 剑桥大学图书馆提供, 承蒙美国物理联合会 Emelio Segré 视像档案馆惠赠

第 11 章

H Kamerlingh Onnes——Burndy 图书馆提供, 承蒙美国物理联合会 Emilio Segré 视像博物馆惠赠
J Bardeen—— 美国物理联合会 Emilio Segré 视像博物馆提供
图 11.1 取自*Low Temperature Physics* by L C Jackson, John Wiley (US) and Methuen (UK)
图 11.4 承蒙皇家学会会员 J F Allen 教授惠赠
图 11.9 取自 W P Halperin and L P Pitaevskii 所著*Helium3* (North-Holland, Amsterdam)
图 11.11 取自*Superconductivity* by P F Dahl, AIP Press, New York
图 11.12 经允许复制自 Appl. Phys. Lett.51 57 页, 1987 年版权属于美国物理学会
图 11.13 经允许复制自 Phys. Rev.B 38, 2477 页, 1988 年版权属于美国物理学会

第 12 章

P D Debye—— 美国物理联合会 Emilio Segré 视像博物馆提供, Francis Simon 摄影
M Born—— 美国物理联合会 Emilio Segré 视像博物馆 Lande 藏品提供

图 12.3(a) 经允许复制自 Physica 14 139 页. 1948 年版权属于 Elsevier Science; (b) 经允许复制自 Physica 14 510 页. 1948 年版权属于 Elsevier Science
图 12.5 取自 R Berman, 1953, Advances in Physics 2 103, Taylor and Francis
图 12.7(a) 经允许复制自 M Blackman, Proc. R. Soc. A148 365 页, 1935 年版权属于英国皇家学会
图 12.8(a): 经允许复制自 E W Kellerman, Phil. Trans. R. SOC. 238 513 页, 1940 年版权属于英国皇家学会; (b): 经允许复制自 E W Kellerman, Proc. R. Soc. A178 17 页, 1941 年版权属于英国皇家学会
图 12.11 经允许复制自 Phys. Rev.100 756 页, 1955 年版权属于美国物理学会
图 12.12 经允许复制自 Phys. Rev.112 90 页, 1958 年版权属于美国物理学会
图 12.14 经允许复制自 Phys. Rev.128 1099 页, 1962 年版权属于美国物理学会
图 12.15 经允许复制自 Phys. Rev.B13 4258 页, 1976 年版权属于美国物理学会
图 12.17 经允许复制自 Phys. Rev.65 117 页, 1944 年版权属于美国物理学会

第 13 章

H Massey——D H Rooks 摄影
W F Meggers—— 美国物理联合会 (AIP)Meggers 诺贝尔奖获得者藏品提供
G Herzberg—— 美国物理联合会 (AIP)Meggers 诺贝尔奖获得者藏品提供
图 13.1 承蒙美国国家标准技术研究所 J J McLelland, 惠赠
图 13.2 取自*Physics of Atoms and Molecules* by U Fano, University of Chicago Press
图 13.3 取自 T E Sharp, Atomic Data 2 119-169 (1972), Academic Press, San Diego
图 13.4 取自 A E Douglas and W E Jones, Can. J. Phys.44 2251 页 (1966), National Research Council of Canada, Ottawa
图 13.5 取自 Physical Chemistry by R S Berry, S A Rice and J Ross. 1980 年版权属于 John Wiley and Sons, 经 John Wiley and Sons, Inc. 允许复制
图 13.6 取自 A P Lukirskii et al, Optics and Spectroscopy 9 262 页. 1960 年版权属于美国光学学会
图 13.7 承蒙美国国家标准技术研究所 R D Deslattes 惠赠
图 13.8 承蒙美国国家标准技术研究所 R P Madden 惠赠
图 13.9 经允许复制自 Rev. Mod. Phys.40 456 页图 68, 1968 年版权属于美国物理学会
图 13.10 经允许复制自 A B Bleaney et al, Proc. Roy. Soc. A189, 1947 年版权属于位于伦敦的英国皇家学会
图 13.11 取自 U Fano and A R P Rau, *Atomic Collisions and Spectra*, Academic Press, Orlando

图 13.12 位于布里斯托的英国物理联合会出版社 (IOP) 提供

图 13.13 经允许复制自 Phys. Rev. Lett.10 104 页图 2, 1963 年版权属于美国物理学会

图 13.14 位于布里斯托的英国物理联合会出版社 (IOP) 提供

图 13.15(a) 取自 G Herzberg and C Jungen, 1972, 1. Mol. Spect. 41 425, Academic Press, Orlando

图 13.16 经允许复制自 K T Lu, Phys. Rev. A4, 579 页, 1971 年版权属于美国物理学会

图 13.17(a) 经允许复制自 Phys. Rev.128, 662 页图 7, 1962 年版权属于美国物理学会; (b) 经允许复制自 P F Ziemba and E Everhart, Phys. Rev. Lett.2 299 页图 1, 1959 年版权属于美国物理学会

图 13.18 经允许复制自 S U Ovchinnokov and E A Solov'ev, Sov. Phys. JETP 63 538 页图 2, 1986 年版权属于美国物理联合会

图 13.19 经允许复制自 R Villa and R D Deslattes, J. Chem. Phys.44 4399 页, 1966 年版权属于美国物理联合会

图 13.20 取自 B W Petley, *The Fundamental Physical Constants*, Adam Hilger

图 13.21 经允许复制自 K von Klitzing et al, Phys. Rev. Lett.45 494 页图 1, 1980 年版权属于美国物理学会

图 13.22 位于布里斯托的英国物理联合会出版社 (IOP) 提供

第 14 章

P E Weiss—— 美国物理联合会 Emilio Segré 视像博物馆 Goudsmit 藏品提供

J H Van Vleck—— 美国物理联合会 Meggers 诺贝尔奖获得者画廊提供

图 14.2 取自 A H Bobeck and H E D Scovil 所著*Magnetic Bubbles*, 84 页, 1971 年 6 月版权属于科学的美国人有限公司 (保留一切版权)

图 14.7 取自 R M Bozorth, *Ferromagnetism* , D Van Nostrand Co., Inc., 版权属于 Bell 电话实验室éééé公司

图 14.10 经允许复制自 A R Mackintosh, Physics Today(1977 年 6 月)28 页图 6, 1977 年版权属于美国物理联合会

图 14.11 经允许复制自 Griffiths, Nature 158 670 页, 1946 年版权属于 Macmillan Magazines Ltd

图 14.12 取自 J K Standley,*Oxide Magnetic Materials*, Clarendon Press, Oxford 183 页图 9.7

图 14.14 经允许复制自 A R Mackintosh, Physics Today, (1977 年 6 月)26 页图 4, 1977 年版权属于美国物理联合会

图 14.15 取自 A B Pippard, *Physics of Vibration*, 经位于英国剑桥的剑桥大学出版社允许复制

图 14.16 承蒙 B S Worthington 教授惠赠

第 15 章

E 0 Lawrence——Lawrence 辐射实验室提供, 承蒙美国物理联合会 Emilio Segré 视像博物馆惠赠

E Fermi—— 美国物理联合会 Emilio Segré 视像博物馆提供

图 15.1 Niels Bohr 研究所提供, 承蒙美国物理联合会 Emilio Segré 视像博物馆惠赠

图 15.2 承蒙 Max Planck 核物理研究所惠赠

图 15.3 美国阿贡国家实验室提供, 承蒙美国物理联合会 Emilio Segré 视像博物馆惠赠

图 15.4 Lawrence 伯克利实验室提供, 承蒙美国物理联合会 Emilio Segré 视像博物馆惠赠

图 15.5 美国华盛顿卡内基研究所地磁学部提供, 承蒙美国物理联合会 Emilio Segré 视像博物馆惠赠

图 15.7 美国《奥克兰论坛》提供, 承蒙美国物理联合会 Emilio Segré 视像博物馆惠赠

第 16 章

R T Glazebrook—— 承蒙 Marguerite Pyatt 夫人, Hungerford, Berks 惠赠

图 16.2 取自*Measurement at the Frontiers of Science*, 1991, National Physical Laboratory

图 16.3 取自 E Pyatt,*National Physical Laboratory-A History*, 1983, Adam Hilger

图 16.4 取自 Cochrane, *Measures for Progress*, NIST

图 16.5 取自 E Pyatt,*National Physical Laboratory-A History*, 1983, Adam Hilger

图 16.6 取自 E Pyatt,*National Physical Laboratory-A History*, 1983, Adam Hilger

图 16.7 取自 E Pyatt,*National Physical Laboratory-A History*, 1983, Adam Hilger

图 16.8 取自 B W Petley,*The Fundamental Constants and the Frontier of Measurement*, 1988, Adam Hilger

图 16.9 取自 E Pyatt,*National Physical Laboratory-A History*, 1983, Adam Hilger

图 16.10 取自 B W Petley, *The Fundamental Constants and the Frontier of Measurement*, 1988, Adam Hilger